住房城乡建设部土建类学科专业"十三五"规划教材
高校建筑学专业指导委员会规划推荐教材

建筑结构
（第二版）

BUILDING STRUCTURE

湖南大学　邓　广　何益斌　主编

中国建筑工业出版社

图书在版编目（CIP）数据

建筑结构/邓广主编．—2版．—北京：中国建筑工业出版社，2016.12（2024.2重印）
高校建筑学专业指导委员会规划推荐教材
ISBN 978-7-112-20216-4

Ⅰ.①建… Ⅱ.①邓… Ⅲ.①建筑结构-高等学校-教材 Ⅳ.①TU3

中国版本图书馆CIP数据核字（2017）第004232号

责任编辑：仕　帅　陈　桦
责任校对：王宇枢　关　健

高校建筑学专业指导委员会规划推荐教材
建筑结构
（第二版）
BUILDING STRUCTURE
湖南大学
邓　广　何益斌　主编

*

中国建筑工业出版社出版、发行（北京海淀三里河路9号）
各地新华书店、建筑书店经销
北京红光制版公司制版
北京圣夫亚美印刷有限公司印刷

*

开本：787×1092毫米　1/16　印张：28¾　字数：647千字
2017年8月第二版　2024年2月第三十二次印刷
定价：**58.00**元
ISBN 978-7-112-20216-4
　　（33490）

版权所有　翻印必究
如有印装质量问题，可寄本社退换
（邮政编码　100037）

第二版前言

本书出版十多年来，国内外在工程结构理论和设计方法方面都取得了新进展及新成果，尤其是设计规范、规程的修订和新颖结构应用对理论研究的推动所取得的成果，基于此我们对该书进行了全面的修订。修订版保持了原书论述较为系统、浅显易懂的特点。尤其针对非结构工程专业类人员对结构分析较困难的特点，修订后侧重原理的论述和分析流程理解。此外，还增加了木结构及混凝土受扭构件承载力计算、框架结构抗震设计等内容，并修订了原书的一些错误，使全书内容及质量有进一步的完善和提高。

本书除第 5 章由刘桂秋编著，第 10 章由邓广编著外，其余均由何益斌编著，全书由邓广负责统稿，何益斌审定。

本书作为高等学校建筑学专业指导委员会规划推荐教材，出版十多年来得到了读者的厚爱，此次修订吸收了读者的建议，希望继续得到读者的批评和指正。

本书附多媒体教学课件，有需要的读者可以发送邮件至 lalalawh@sina.cn 索取。

编者

2017.4

第一版前言

我国土木工程领域近年来有了很大的发展,很多大城市都兴建了大量的建筑,随着经济的快速发展和工程经验的不断增加,各类建筑结构规范、规程也在不断更新和完善,本书就是为适应这一变化而编著的。

本书在编写上依据建筑结构的内在联系,以混凝土结构基本原理和设计为主要内容,将砌体结构和钢结构有机结合,形成建筑结构课程体系。此体系充分体现了建筑结构知识的系统性,保证了非土木工程专业对建筑结构知识的基本要求。

在编写中,作者贯彻在教学中以学生为中心、以教师为主导的思想。针对非土木工程专业学生力学和数学知识较弱的特点,注重实用性和工程性,将基本知识、工程概念和基本技能的培养作为重点,力求基本内容讲解透彻、突出重点、开创新意,同时贯彻少而精的原则,使本课程内容和体系能满足非土木工程专业对建筑结构知识的要求。

本书第一、四、十章由何益斌编写,第二章由吴方伯编写,第五、十一章由刘桂秋编写,第三、七、十二章由樊海涛编写,第六、八章由郦世平编写,第九章由邓广编写,第四章有关楼盖例题的内容由夏栋舟完成。全书由何益斌教授负责制定编写大纲并进行统稿。

由于编写时间仓促及编者水平所限,书中定有不当之处,敬请读者批评指正。

目 录

第1篇 建筑结构概论

第1章 概论 ... 2
    1.1 建筑结构与建筑的关系 ... 2
    1.2 建筑结构的分类 ... 6
    1.3 通用符号和计量单位 ... 13
    1.4 本课程的任务 ... 15

第2章 建筑结构设计基本原理 ... 17
    2.1 结构上的作用 ... 17
    2.2 极限状态设计法 ... 22
    思考题与习题 ... 27

第3章 结构材料力学性能及结构分析方法 ... 29
    3.1 结构材料基本要求 ... 29
    3.2 结构分析方法 ... 30

第2篇 各种建筑结构

第4章 混凝土结构 ... 34
    4.1 钢筋和混凝土材料及其力学性能 ... 34
    4.2 受弯构件正截面承载力计算 ... 50
    4.3 受弯构件斜截面承载力计算 ... 71
    4.4 受弯构件裂缝与变形验算 ... 84
    4.5 轴心受力构件承载力计算 ... 94
    4.6 偏心受压构件正截面承载力计算 ... 103
    4.7 偏心受拉构件正截面承载力计算 ... 112
    4.8 偏心受力构件斜截面承载力计算 ... 114
    4.9 受扭构件承载力计算 ... 115
    4.10 预应力混凝土结构基本知识 ... 121
    4.11 混凝土楼盖结构 ... 132

思考题与习题 · 152

第5章 砌体结构 · 156
　5.1 砌体结构类型 · 156
　5.2 砌体材料及力学性能 · 157
　5.3 墙、柱受压承载力计算 · 164
　5.4 房屋墙、柱静力计算方案 · 170
　5.5 构造要求 · 174
　5.6 墙梁、挑梁、过梁 · 178
　5.7 砌体结构房屋抗震设计简述 · 179
　　思考题与习题 · 185

第6章 钢结构 · 186
　6.1 钢结构特点及发展 · 186
　6.2 钢结构材料及力学性能 · 187
　6.3 受拉构件 · 189
　6.4 轴心受压构件 · 192
　6.5 受弯构件 · 194
　6.6 压弯构件 · 198
　6.7 钢结构连接 · 199
　6.8 钢构件连接 · 207
　　思考题与习题 · 209

第7章 木结构 · 210
　7.1 木结构特点及发展 · 210
　7.2 木结构材料及力学性能 · 211
　7.3 轴心受力构件 · 214
　7.4 受弯构件 · 217
　7.5 拉弯或压弯构件 · 219
　7.6 木结构连接 · 220
　7.7 木结构防火和防护 · 224
　　思考题与习题 · 225

第8章 钢筋混凝土单层厂房 · 226
　8.1 结构类型及结构布置 · 226
　8.2 单层厂房内力计算 · 236
　8.3 厂房主要构件设计 · 241
　　思考题与习题 · 243

第9章 多层与高层钢筋混凝土结构 · 244
　9.1 结构体系与结构布置 · 244

9.2 框架结构 ································· 250
9.3 剪力墙结构 ······························ 257
9.4 框架-剪力墙结构 ······················· 266
9.5 筒体结构 ································· 268
9.6 框架-核心筒结构 ······················· 272
9.7 巨型结构 ································· 276
9.8 带转换层结构 ··························· 280
9.9 板柱-剪力墙结构 ······················· 282
9.10 混合结构 ································ 283
9.11 国内外高层建筑典型实例 ············ 286
思考题与习题 ································· 295

第10章 地基与基础 ························ 296
10.1 地基土分类及承载力 ················· 296
10.2 基础类型及选择 ······················· 298
10.3 基础设计 ································ 301
思考题与习题 ································· 308

第11章 大跨度建筑结构 ··················· 309
11.1 单层刚架 ································ 309
11.2 桁架结构 ································ 312
11.3 拱结构 ··································· 321
11.4 薄壳结构 ································ 325
11.5 折板结构 ································ 335
11.6 网架结构 ································ 338
11.7 悬索结构 ································ 362
11.8 薄膜结构 ································ 371
11.9 组合空间结构 ·························· 377
思考题与习题 ································· 386

第3篇 建筑抗震设计基本知识

第12章 抗震设计基本概念 ················ 388
12.1 地震基本概念 ·························· 388
12.2 抗震设计基本要求 ···················· 392
12.3 设计地震反应谱 ······················· 399
12.4 水平地震作用计算 ···················· 402
12.5 结构抗震验算 ·························· 404
12.6 提高抗震性能措施 ···················· 407
思考题与习题 ································· 410

第13章　多高层钢筋混凝土框架结构抗震设计简述 ……………………… 411
　　13.1　地震破坏特点 ………………………………………………………… 411
　　13.2　设计一般规定 ………………………………………………………… 415
　　13.3　抗震验算 ……………………………………………………………… 419
　　13.4　抗震设计 ……………………………………………………………… 421
　　思考题与习题 ………………………………………………………………… 428

附表 ……………………………………………………………………………… 429

参考文献 ………………………………………………………………………… 449

第1篇
建筑结构概论

Part 1
Introduction to Building Structure

第1章 概 论

1.1 建筑结构与建筑的关系

人类为了生存和生活，必须具备一定的场所来抵御自然灾害，并保存劳动成果、休养生息、抚养子女，以及利用它来进行劳动生产和从事经济文化教育等多方面的活动。这些活动中所包含的要求不仅有物质方面的，还有精神方面的。建筑是根据人们物质生活和精神生活的需求，为满足人们在生产和从事经济文化教育的需要而建造的有组织、有目的的内部及外部空间环境。在历史的不同阶段、不同的人群阶层，对物质生活和精神生活的需求是不同的，导致了不同形式的建筑的出现，建筑具有物质产品和精神产品的双重特点，这也是建筑的主要特征。所谓建筑是建筑物和构筑物的总称，是人们为了满足社会生活需求，利用所拥有的物质技术手法，并运用一定的科学规律和美学法则建造的人工环境，是工程技术和建筑艺术的综合创作。而建筑学作为研究设计和建造建筑物或构筑物的学科，主要内容涉及建筑功能、工程技术、建筑经济、建筑艺术及环境规划等许多方面的问题，其中工程技术涉及的最主要内容即为结构技术。结构技术主要指在既定结构基础上采用的分析、设计方法及所涉及的建筑材料、施工技术等。可以说结构技术是建筑得以发展和飞跃的重要因素。所谓建筑结构广义地讲是指房屋建筑和土木工程的建筑物、构筑物及其相应组成部分的实体，具体是指各种工程实体的承重骨架。

建筑的三个最基本要素包括强度、适用和美观。适用是指该建筑的实用功能，即建筑可提供的空间要满足建筑的使用要求，这是建筑最基本的特性；美观是建筑物能使那些接触它的人产生一种美学感受，这种效果可能由一种或多种原因产生，其中也包括了建筑形成的象征意义，形状、花纹和色彩的美学特征；强度是建筑的最基本特征，它关系到建筑物保存的完整性和作为一个物体在自然界的生存能力，满足此"强度"所需要的建筑物部分是结构，结构是建筑物的基础，没有结构就没有建筑物，也不存在适用，更不可能有美观。

结构的主要功能是保证建筑的安全及正常使用，也即满足承载力极限状态要求和正常使用极限状态要求。一般情况下，对承重结构部分必须进行合理分析与设计方可满足二类极限状态要求，对非承重结构部分，一般通过适当的构造要求，即可满足上二类极限状态要求，在以后论述中重点是讨论承重结构。

结构体系的形式不可避免地与它要支撑的建筑物形式和功能密切相关，在满足建筑三个最基本要素前提下，尽量达到经济最省的目标。从一个极端来说，建筑师在建筑物形式的创意过程中可能完全忽略结构因素，并且在建筑物的建造过程中完全隐藏结构构件。如众所周知的纽约港入口处的自由女神像就是这样一个实例（图1-1），它含有一套包含楼梯和电梯的内部交通系统，被看作一座建筑物，从外观上讲，它已是完全隐藏了结构内涵。2008年奥运会场馆的水立方游泳馆也是这种创意的典型实例（图1-2）。从另一个极端来说，建筑师也可能完全依赖于结构构件，设计建造一个几乎完全由结构组成的建筑，如德国慕尼黑的奥运会体育馆（图1-3）和英国千年穹顶（图1-4）就是这样实例，2008年奥运会主场馆国家体育馆（图1-5）也是一个典型依赖于结构的建筑。

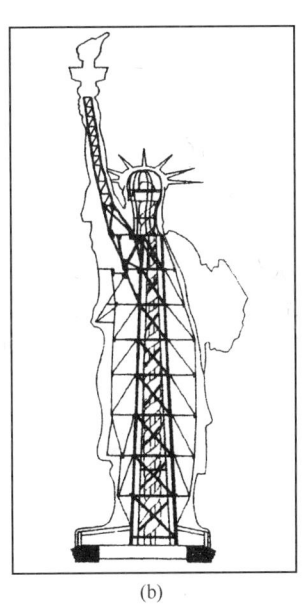

图1-1　自由女神像
(a) 外观；(b) 内部骨架

图1-2　水立方游泳馆
(a) 内部；(b) 外观

因此，结构与建筑之间的关系处理能够采用多种形式，结构是建筑物的基本受力骨架，一个优秀的建筑物是各专业人员相互渗透、密切配合的结果。在满足建筑物功能要求下的结构形式及方案的对比分析是很必要的，有时方案的形成还

图 1-3　慕尼黑体育馆

图 1-4　英国千年穹顶

图 1-5　国家体育馆
(a) 鸟巢外貌；(b) 鸟巢内部

受当时或当地施工条件的约束，也即一个方案的好坏不是绝对的，我们平常说方案只有更好，而没有最好就含有这方面含义。

一栋好的建筑除了好的建筑元素外，还必定有优质的结构基因包括在内，一个好的建筑师必定是一个结构行家。一般情况下，建筑师在方案阶段应注意在结构上的三大原则概念。

1) 功能优先原则

(1) 满足建筑功能：房屋建筑功能是明确的，当然有些功能不是单一要求的，如超市建筑要求空间布置灵活多变、视觉开阔，体育馆要求空间高大，为满足这些功能要求，建筑在高度、跨度及空间方面都应区别对待；在结构上应有相应体系与之协调。

（2）满足造型要求：建筑在立面和平面布局中，为了空间效果，不可避免地有些不规则，如立面的凹凸、悬挑、转角、咬合，为避免这些不规则导致的应力集中或受力复杂，结构上应限制不规则尺寸的程度（大小）、设置变形缝或者加强部位处理等办法解决。

（3）建筑、结构及施工三协调：建筑造型由结构骨架来体现，而结构骨架的建造离不开施工，因此结构的布局不仅与建筑要协调，还要充分考虑施工条件。结构的构成与施工方法密切相关，施工方法的不同可能导致构件的受力不同，结构分析中必须保证构件实际受力与计算模型相一致。

（4）选择正确结构体系：不同的结构体系对应其不同的抗侧移刚度（如框架结构、框-剪结构、筒体结构），因此，在不同设防烈度区，建筑高度的大小决定了结构体系的类型。当然，对主、附楼已分开处理的结构选型，可根据主、附楼各自受力特点采用各自不同的结构体系，但须设置必要的变形缝，以避免沉降及地震时房屋的互相碰撞。

（5）进行超限审查，满足功能要求：为了满足建筑造型新颖的要求，建筑立面、平面布置等不可避免地超过规定的限制，这时必须详细地分析，包括受力及变形等多方面，通过分析计算，如通过专家委员会专项审查，则可以实现新颖的造型。

2）受力合理原则

（1）构件传力明确：结构中传力途径可分为两个主要体系，一是水平传力体系，二是竖向传力体系。在力传递过程中，必须明确力的传递路径，为此可以采用调整构件刚度的方法实现，通过主梁、次梁、次次梁等来实现。主梁、次梁和次次梁是一个相对概念，是相对传力途径而言的。

（2）结构空间受力：从结构力学可知，赘余力越多，结构成为可变机构的可能性就越小。在地震作用下，结构双向抗力显得更为必要。因此，在结构整体布局中，尽量构建空间受力体系。对一些特殊建筑，还可采用设置斜撑方法以加强空间刚度。

（3）优化构件布置：结构的行为表现在受力合理、变形满足要求及结构自振周期适当等参数上。为使结构受力合理，可将构件设计成连续构件（梁、板），并尽量对称、规则、刚度中心与质量中心重合，尽量减少扭转；各种材料的构件有其优势的受力状态，必须加以充分利用。如使混凝土构件尽量处于受压，甚至轴心受压，砌体结构尽量少受弯、受拉，钢结构处于受压或受拉状态。为使变形满足要求同时自振周期合适，还要控制好结构刚度，须重视"适度"或"优化"的概念。

（4）多道设防体系：随着建筑高度增加，水平作用已由次要地位占据主导地位。在地震作用下，为实现"大震不倒"的原则，不仅结构抗侧力要足够，而且还应采用多道设防，如在框架-剪力墙结构中，剪力墙是第一道设防体系，等到此体系失效后，还有框架结构可以抵抗水平力，可作为第二道设防体系。

（5）减轻结构自重：结构自重的增加主要体现在填充墙用材及建筑装饰用材方面，自重增加不仅使基础负荷加大，增加造价，同时更明显的是增大了地震作用，相应地增加了工程造价。减轻自重的途径可以是选择轻质的复合材料，或者是利用其他高效能结构类型，如用网架作大跨结构、壳体作屋顶等。

（6）设置合理构造：由于结构布置的复杂及地质条件的不均匀性，使结构在施工及使用过程中出现一些难以处理的问题，如不均匀沉缝、受力复杂部位开裂、混凝土徐变性能、收缩性能等导致的裂缝，这些我们可以通过合理构造来解决。如设置变形缝（沉降缝、伸缩缝和抗震缝）解决不均匀沉缝、收缩及房屋相互碰撞导致的裂缝和破坏。设置可滑动键解决构件两端在施工过程中因徐变等性能而引起的相对竖向位移差。这些位移差产生的附加内力可达荷载产生内力的6~8倍，完全可能引起构件尚未使用就开裂甚至破坏。此时采用滑动键解决问题就是有效方法之一。

3）实际出发原则

（1）施工条件：我国量大、面广的建设所需的人力和技术主要还是以当地条件为主进行。在进行建筑设计时，必须考虑当地的施工技术水平，建筑师不能太"任性"，一味强调新颖的结果必然是高造价，甚至由于施工技术达不到要求，导致工程存在不安全因素，留下安全隐患。

（2）材料选用：我国传统的三大主材——钢筋、混凝土及砌体已成为大家所熟悉掌握的材料，但预应力混凝土大跨结构、高性能混凝土材料等并未在全国各地普遍使用。因此，对某些特高效能材料使用必须在深入调查基础上方可考虑，尽量不要别出心裁地为体现发展趋势在局部小范围内采用某些新技术。

（3）降低造价：同样的建筑，用不同的结构体系和不同的材料，导致的工程造价是不一样的，一般情况下，砌体结构造价最低，钢结构造价最高，钢筋混凝土结构介于中间。应在保证适用、安全的前提下，尽量降低造价，不要盲目地追求建筑的高端、大气、上档次。

（4）初始投资与全寿命费用：我国目前注重控制建房时一次性投入，即初始投资，但据分析对比，房屋在后期的维修保养中也将花费不菲的费用。因此，在前期需综合考虑建筑寿命与结构用材及造价相匹配的问题。

1.2 建筑结构的分类

根据建筑结构采用的材料及受力特点，可从组成的材料、结构体系及建筑物层数等几方面进行分类，现分述如下：

1）按材料分类

根据建筑结构所采用的材料，建筑结构可分为：

（1）木结构

木结构是指以木材为主要受力骨架而建造的结构，广泛用于住宅、办公楼等中低层建筑之中，也可用于大跨度建筑中，如厂房、体育馆及商场等。在古代还用于塔庙建筑中。木结构具有较好的保温隔热性能、重量较轻、建造方便及良好的抗震性能等优点,此外它还是一种最为绿色的环保材料,资源再生产容易。它的缺点是材料受力性能各向异性明显,容易腐蚀,容易燃烧。

(2) 砌体结构

由砖砌体、石砌体或砌块砌体用砂浆砌筑的砌体作为竖向承重构件而建造的结构,称为砌体结构。

砌体材料,如黏土、砂和石是天然材料,具有分布广、容易就地取材且价格便宜等优点。此外砌体还具有良好的耐火性和较好的耐久性能,使用期限较长。砌体尤以其保温、隔热性能好,节能效果明显,而广泛被采用,并且砌体结构施工设备和方法较简单,能较好地连续施工。砌体结构的缺点是自重大、强度较低、抗震性能差,因而砌体结构的应用在层数及抗震区受到一定限制。

(3) 混凝土结构

混凝土结构包括素混凝土结构、钢筋混凝土结构及预应力混凝土结构。素混凝土结构是由混凝土组成,未配置钢筋,抗拉性能很差,它主要用于基础垫层等以受压为主的结构中。钢筋混凝土结构是将钢筋和混凝土有机合理组合在一起的结构,钢筋放置在受拉边,以提高混凝土抗拉能力,混凝土则主要承受压力。钢筋混凝土结构是应用最广泛的结构,它具有就地取材、耐火性好、可模性好及整体性好等优点。其缺点是自重较大,抗裂性能较差。预应力混凝土结构是针对钢筋混凝土结构抗裂性能差的缺点,在构件受拉区预先施加压应力而形成的结构,它适用于跨度较大的梁板等结构。

(4) 钢结构

以钢材为主要承重骨架而制作的结构称为钢结构。

钢材的抗拉及抗压、抗剪强度相对来说比较高,钢结构构件截面尺寸小,自重轻,施工周期短,基础负载也相对减少,降低了基础造价。此外,钢结构材料均匀,具有良好的延性,抗震性能好,尤其在高烈度地震区,使用钢结构更为有利。钢结构的缺点是容易生锈,耐火性较差,且价格较昂贵。

(5) 混合结构

混合结构是指在结构中核心部分为钢筋(型钢)混凝土结构,而外围部分为钢(型钢)结构的体系。型钢混凝土结构是指型钢埋入混凝土结构中共同受力的结构,按其组成方式可分为钢骨混凝土结构和钢管混凝土结构等。所谓钢骨混凝土结构是指将型钢(工字钢、角钢或槽钢)配置在钢筋混凝土的梁柱中而形成的结构。

各种结构各有其特点,表1-1为国内外高层建筑的技术指标统计,表1-2为各种结构的参数分析对比。

国内外高层建筑的技术指标　　　　表1-1

	钢结构	混合结构	钢筋混凝土结构		钢结构	混合结构	钢筋混凝土结构
自重	1	1.22	1.72	施工期	1	1.33	1.6
结构面积	0.28	0.37	1	耗钢量	1.45	1.23	1

我国几栋高层建筑施工工期的比较　　　　表1-2

工程名称	层数（地上/地下）	总建筑面积（m²）	结构形式	施工周期（月）
上海瑞金大厦	29/1	36167	S	20
北京香格里拉饭店	26/2	56710	SRC	24
上海静安-希尔顿酒店	43/1	52000	S	30
北京长富宫中心	25/3	50516	S	30
北京国际饭店	27/3	97000	RC	43
北京国际大厦	29/3	47700	RC	36

注：S—钢结构，SRC—钢骨混凝土结构，RC—钢筋混凝土结构。

由上表可知，钢结构在自重、施工周期及构件尺寸等方面具有较明显的优势，混合结构介于钢结构与钢筋混凝土结构之间。

2）按结构体系分类

按建筑结构的结构体系受力特点，建筑结构可分为：

（1）砌体结构

砌体结构是指楼、屋盖一般采用钢筋混凝土结构构件，墙体及基础采用砌体而形成的结构，它的受力特点是以承受竖向荷载为主。由于砌体由砌块砌筑而成，因此其抗水平力及抗裂能力较弱，不适应高地震设防区和层数较多的房屋，主要用于量大、面广的多层住宅建筑及办公楼建筑（图1-6）。

图1-6 砌体结构房屋

（2）框架结构

采用梁、柱等杆件刚接组成空间体系作为建筑物承重骨架的结构称为框架结构。它的特点是承受竖向荷载的能力较强，承受水平荷载（如风荷载、地震作用）的能力较弱。框架结构的侧向刚度较小，属柔性体系，因而其高度受到限制。目前，在多层工业厂房、仓库以及需要较大空间的商店、旅馆、办公楼以及建筑组合较复杂的多层住宅中，一般都采用框架结构体系（图1-7）。

（3）剪力墙结构

利用墙体构成的承受水平作用和竖向作用的结构称为剪力墙结构。它的特点是比框架结构具有更强的侧向和竖向刚度，抵抗水平作用能力强。缺点是如果采用纯剪力墙结构，则平面布置和空间布置都受到一定的局限。广州的白云宾馆是我国第一座超过100m的钢筋混凝土剪力墙结构（图1-8）。

（4）框架-剪力墙结构

图1-7 框架结构房屋

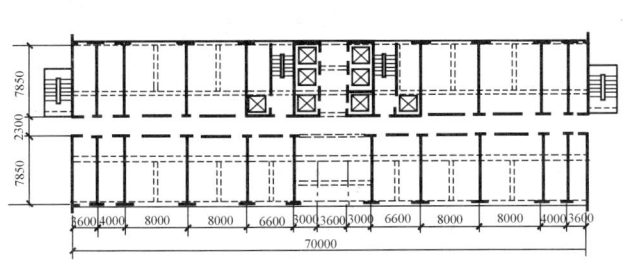

图 1-8 广州白云宾馆

在框架结构中适当布置一定数量的剪力墙或在剪力墙结构中用框架取代一部分整片剪力墙或取代一部分剪力墙的下部部分层数的剪力墙（即所谓框支剪力墙），从而构成以框架和剪力墙共同承受水平和竖向荷载作用的结构称为框架-剪力墙结构。由于在结构中有框架，故空间布置较为灵活，易形成较大的空间，同时由于剪力墙的存在，使结构具有较大的抗侧刚度。因此，目前在多高层建筑中，这种结构体系应用最为广泛。广州的中信大厦即为框架-剪力墙体系（图1-9）。

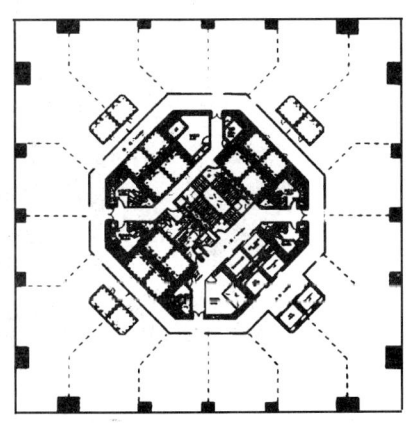

图 1-9 广州中信大厦

（5）筒体结构

利用竖向筒体组成的承受水平和竖向作用的高层建筑结构为筒体结构。由于筒体的布置及组成方式不同，筒体结构又可分为框筒结构、筒中筒结构和束筒结构。

框筒结构是指筒体位于结构核心部位，周边由间距很密的柱和截面很高的梁组成的密柱深梁框架而形成的结构。深圳的华联大厦即为框筒结构（图1-10）。

筒中筒结构是由内外筒体组成的结构，通常情况下，内筒为剪力墙的薄壁筒，外筒为密柱组成的框筒。所谓密柱，常指间距不大于3m的柱。广州国际大酒店即为筒中筒结构（图1-11）。

束筒结构是指由多个筒体拼在一起而形成的结构，它具有竖向和水平刚度都

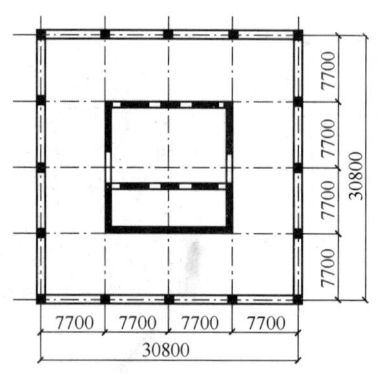

图 1-10 华联大厦

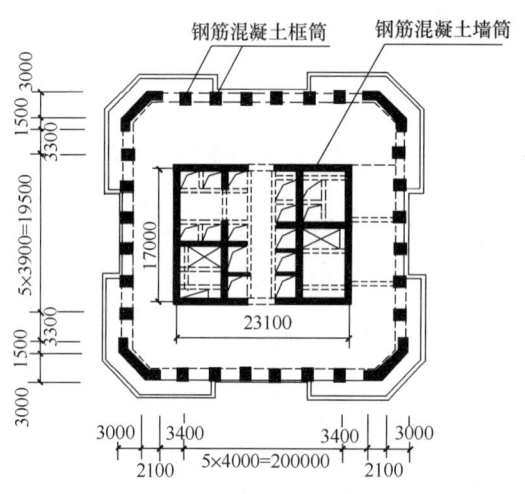

图 1-11 广州国际大酒店

很大的优点。世界著名的芝加哥西尔斯大厦即为典型的束筒结构，它随着建筑物的增高，束筒数量在不断地变化，在 1～50 层为 9 个筒体组成的平面，51～66 层在一对角上切二个角，为 7 个筒组成的平面，67～90 层在另一对角上又切二个角，由 5 个筒体组成对称平面，91 层以上再切 3 个单筒（图 1-12）。

(6) 排架结构

以上的结构中，大多以公共建筑及住宅建筑为主，都难以形成较大跨度空间来满足工业生产的需要，为此我们可以用排架结构来满足此要求。排架结构由屋面梁或屋架、柱和基础组成，主要用于单层工业厂房（图 1-13）。其受力特点是柱下部固结，顶部与屋架铰接，施工时可采用预制构件，施工周期短。

其他类型的特种结构，如拱、薄壳、网架、悬索和膜等结构将在第 11 章中详细介绍，可参考相关内容。

第1篇 建筑结构概论

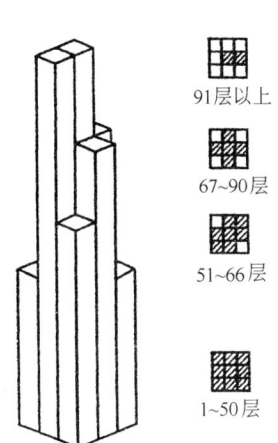

图 1-12 芝加哥西尔斯大厦

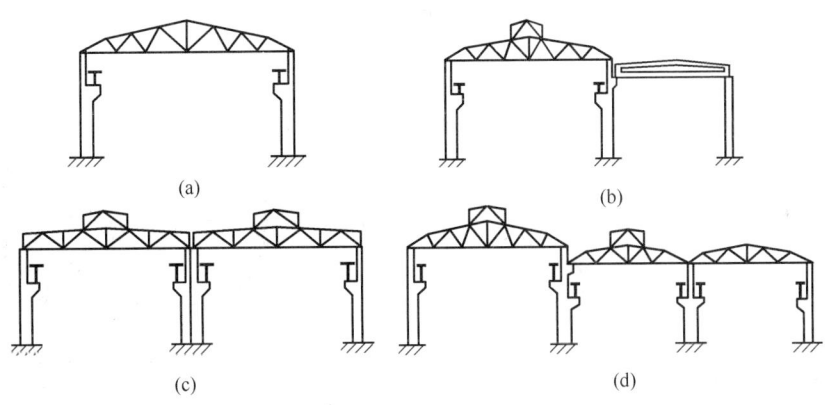

图 1-13 排架结构
(a) 单跨排架；(b) 两跨不等高排架；(c) 两跨等高排架；(d) 三跨不等高排架

3) 按建筑物层数分类

按建筑物的层数和高度，建筑结构可分为：

(1) 高层建筑

按《高层建筑混凝土结构技术规程》JGJ 3—2010、《建筑设计防火规范》GB 50016—2014 和《高层民用建筑钢结构技术规程》JGJ 99—2012 中规定：10 层及以上的居住建筑或 24m 以上的公共建筑称为高层建筑。考虑到消防、结构设计等方面原因，将高度超过 100m 的建筑称为超高层建筑。深圳的地王大厦即为超高层建筑，它总高 384m（图 1-14）。

高层建筑结构的受力特点是：除了承受竖向荷载作用外还须承受由风、地震等作用产生的水平力，抵抗水平力已成为它的主要功能。从钢结构建筑分析可知，在竖向荷载作用下结构用钢量增加与结构层数的增加几乎呈线性关系，但在

图1-14 深圳地王大厦

水平力作用下，用钢量的增加速度比结构层数的增加速度要快。对超高层建筑结构的分析及设计，以抵抗水平作用为主进行。

（2）多层建筑

把层数在4～9层的建筑称为多层建筑。

（3）低层建筑

把1～3层的建筑称为低层建筑。

随着我国房地产业的兴旺发展，也将12层左右的高层建筑称为小高层建筑，以区别多层和更高的高层建筑。

随着国民经济的飞速发展，人们对建筑的形式及功能要求越来越高，许多新颖建筑大量出现，如奥运会水立方游泳馆（图1-2）、主场馆鸟巢（图1-5）、中央电视台新楼（图1-15）、上海环球金融中心（图1-16）、上海中心大厦（图1-17）、马来西亚石油公司大厦（图1-18）、广州电视塔（图1-19）及迪拜大厦（又名哈利法塔）（图1-20）。这些建筑的出现，不仅给建筑师带来了巨大挑战，也给结构工程师带来了挑战或创新机遇，这要求设计师必须站在全局的高度、全新的角度审视我们的设计问题。

图1-15 中央电视台新楼

图1-16 上海环球金融中心

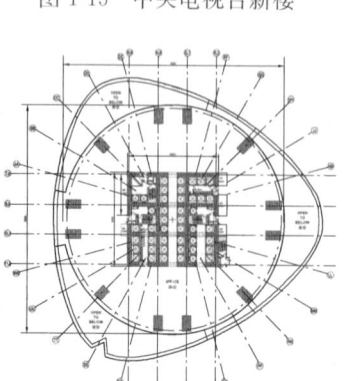

图1-17 上海中心大厦

第1篇　建筑结构概论

图 1-18　马来西亚石油公司大厦

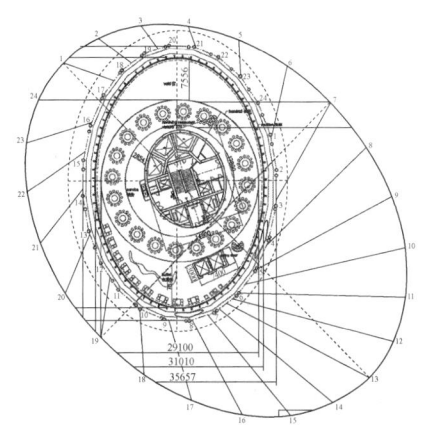 

图 1-19　广州电视塔

 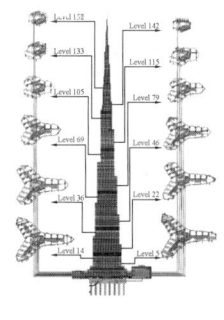 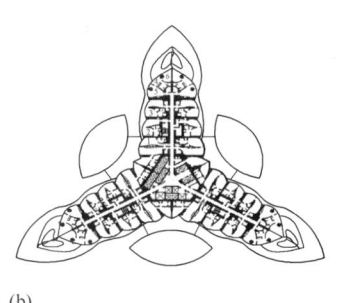

(a) (b)

图 1-20　哈利法塔
(a) 外观；(b) 典型楼层平面

1.3　通用符号和计量单位

1. 通用符号

本书将用到的符号是根据《建筑结构设计术语和符号标准》GB/T 50083—97

中的通用符号选用的,并符合《有关量、单位和符号的一般原则》GB 3101—82 和《结构设计基础—标志—通用符号》ISO 3898（1987年版）的规定。

1) 构成原则

混凝土、砌体、钢材、木材等材料的符号体系是由主体符号或带上、下标的主体符号构成。主体符号一般代表物理量,上、下标则代表物理量或物理量以外的术语或说明语（说明材料种类、受力状态、部位等）,来进一步表示主体符号的含义。

各符号的书写和印刷规则如下：

（1）主体符号

主体符号采用下列三种字母,一律用斜体字母写书和印刷：斜体大写拉丁字母,如 M、V、A；斜体小写拉丁字母,如 b、h、d；斜体小写希腊字母,如 ρ、ξ、σ。

（2）上、下标

上标一般采用标记或正体小写拉丁字母,下标一般采用正体小写拉丁字母或正体数字,但字母 l 除外,如 e'、$\sigma_{p,min}^f$、f_y。

2) 通用符号

（1）材料性能符号

E_c——混凝土弹性模量；

C30——立方体强度标准值 $30N/mm^2$ 的混凝土强度等级；

HRB500——强度级别为 500MPa 的普通热轧带肋钢筋；

f_{ck}、f_c——混凝土轴心抗压强度标准值、设计值。

（2）作用和作用效应符号

$G_k(g_k)$、$G(g)$——恒荷载标准值、设计值；

M_k、M——弯矩标准值、设计值；

w_{max}——按荷载效应的准永久组合并考虑长期作用影响计算的最大裂缝宽度。

（3）几何参数符号

b——矩形截面宽度,T 形、I 形截面的腹板宽度；

l_0——计算跨度或计算长度；

A_s——受拉区纵向非预应力钢筋的截面面积。

（4）计算系数及其他

a_E——钢筋弹性模量与混凝土弹性模量的比值；

ρ——纵向受力钢筋的配筋率。

2. 计量单位

1) 法定计量单位

我国采用中华人民共和国法定计量单位。计量单位和词头的符号应采用拉丁字母或希腊字母,且书写和印刷必须采用正体字母。如：

力的单位：N（牛顿）、kN（千牛顿）；1kN=1000N。

应力的单位：N/mm^2 或 MPa（兆帕斯卡或兆帕）。

长度的单位：mm（毫米）、cm（厘米）、m（米）。

2）非法定计量单位与法定计量单位的换算关系

表 1-3 给出了非法定计量单位与法定计量单位换算关系，需要时可以查用。

非法定计量单位与法定计量单位的换算关系表　　　　表 1-3

量的名称	非法定计量单位		法定计量单位		换算关系
	名称	符号	名称	符号	
力、重力	千克力	kgf	牛顿	N	1kgf=9.80665N
	吨力	tf	千牛顿	kN	1tf=9.80665kN
力矩、弯矩	千克力米	kgf·m	牛·米	N·m	1kgf·m=9.80665N·m
	吨力米	tf·m	千牛·米	kN·m	1tf·m=9.80665kN·m
应力、材料强度	千克力每平方毫米	kgf/mm²	兆帕斯卡（牛顿每平方毫米）	MPa(N/mm²)	1kgf/mm²=9.80665MPa (N/mm²)
	千克力每平方厘米	kgf/cm²	兆帕斯卡（牛顿每平方毫米）	MPa(N/mm²)	1kgf/cm²=0.0980665MPa (N/mm²)
弹性模量、变形模量	千克力每平方厘米	kgf/cm²	兆帕斯卡（牛顿每平方毫米）	MPa(N/mm²)	1kgf/cm²=0.0980665MPa (N/mm²)

1.4 本课程的任务

建筑结构课程主要介绍建筑材料的力学性能、结构设计方法、钢筋混凝土结构构件的设计计算、砌体结构的设计计算、钢结构及木结构构件和连接的设计计算，以及结构选型和结构布置原则，并对多高层房屋结构设计和抗震设计基本知识进行介绍。通过本课程的学习，使建筑专业学生在建筑设计中能具备结构总体知识，对所设计建筑的结构体系、结构布置及结构形成有一定了解，并在建筑设计的基础上能对常用、简单的结构进行计算。此外，对于功能复杂、技术先进的大型建筑设计也具有初步的结构知识。

在本课程的学习中，须注意以下特点：

（1）由于材料的力学性能复杂，混凝土结构、砌体结构及木结构的基本计算理论大都基于一定的试验，部分计算公式都是半经验半理论的，对它们必须注意其试验前提及简化模型的适用条件。

（2）设计是一种创造性的劳动，其解答是多样性的，因而并不是惟一的。在决策过程中，要综合考虑安全适用、经济合理等多方面因素，并进行多方案的对比分析，做到科学决策。

（3）建筑结构及构件的设计是在国家规范或规程指导下进行的工作，本书所介绍的公式是规范或规程所规定的，而一些构造知识，有的为规范所规定，有的为行之有效的工程经验总结。学习时要克服感觉构造繁琐枯燥的毛病。大量的工程事故表明，往往是由于构造不当酿成的。学习中应明确构造措施的目的，要记忆一些基本的构造要求。

（4）在学习中一定要注重房屋的整体受力（或传力）行为，使结构受力（或传力）明确，路径清楚，同时在方案或初步设计中能运用基本理论知识进行结构构件的基本估计，把握方案的合理性。

第 2 章 建筑结构设计基本原理

2.1 结构上的作用

1. 结构的作用、作用效应、抗力及其随机性

1) 作用

作用是指施加在结构上的集中或分布荷载以及引起结构外加变形或约束变形因素的总称。习惯上将前者称为直接作用,即通常所说的荷载,如结构自重、楼面人群、屋面的雪荷载以及墙面的风荷载等。而将引起结构外加变形或约束变形的原因称为间接作用,如地震、地基沉降、混凝土收缩及温度等因素。图 2-1 (a) 中梁上的作用是荷载,图 2-1 (b) 中梁上的作用是荷载和中间支座沉降。

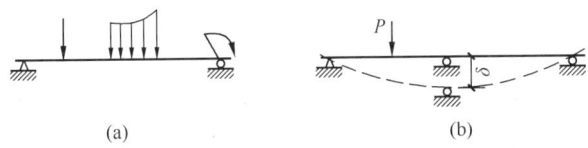

图 2-1 结构上的作用

2) 作用效应

由作用引起的结构或构件的反应称为作用效应。如对钢筋混凝土结构而言,结构上的作用使结构产生内力与变形,还可能使之出现裂缝,这些都是作用效应。值得注意的是,直接作用和间接作用都能产生作用效应(图 2-2),从作用效应后果来看,间接作用效应后果不为人们所重视和感观,但有时其后果比直接作用效应更具破坏性,如地震间接作用的作用效应就具有很大的破坏力(图 2-3)。

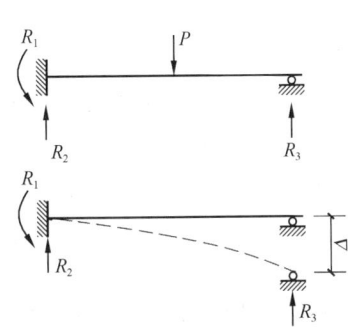

图 2-2 作用效应示意图

图 2-3 地震作用下房屋倒塌严重

3) 结构抗力

结构或结构构件承受作用效应的能力称为结构抗力。结构抗力与构件的截面

尺寸、形式及材料等级有关。

4) 随机性

楼面上的人群荷载，屋面上的雪荷载以及工业厂房中的吊车荷载等，都是可移动的，且其数值可能较大，也可能较小，具有随机性质。即使结构自重，由于所用材料的不同，或在制作过程中出现的不可避免的尺寸误差，其重量也不可能与设计值完全相等。地震、地基沉降及温差等间接作用也具有随机性质。也即作用具有随机性。

作用效应是结构上作用效果的反应，既然结构上的作用是随机的，作用效应也就具有随机性质。

影响结构抗力的主要因素是材料性能和构件的几何尺寸及计算的精确性等。由于材质及生产工艺等因素的影响，构件的制作误差及施工安装误差等的存在，构件几何参数、强度和变形也将存在差别，加之计算公式的不精确和理论上的假定，这些都导致结构抗力具有随机的性质。

2. 荷载的代表值及标准值

1) 荷载的分类

荷载可以按照时间、空间及结构反应不同进行分类，它们适用于不同的场合。

(1) 按时间的变异分类，可以将荷载分为：

① 永久荷载：结构上的荷载是不随时间而变的。设计结构时，必须相对固定一个时间坐标以作为基准，这就是"设计基准期"，设计基准期一般为 50 年。永久荷载是指在设计基准期内，其值不随时间变化，或其变化与平均值相比可以忽略不计的荷载。属于永久荷载的有结构自重、土压力、预加应力、地基沉降以及焊接等，有时也称为恒荷载。

② 可变荷载：在设计基准期内，其值随时间变化，且其变化值与平均值相比不可忽略的荷载。属于可变荷载的有安装荷载、风荷载、雪荷载、吊车荷载以及温度变化等，有时也称为活荷载。

③ 偶然荷载：在设计基准期内不一定出现，而一旦出现，其量值很大，且持续时间很短的荷载。属于偶然荷载的有地震、爆炸以及撞击等。

(2) 按空间位置的变异分类，可以将荷载分为：

① 固定荷载：在结构空间位置上具有固定分布的荷载。属于固定荷载的有结构构件的自重以及工业与民用建筑楼面上的固定设备荷载等。

② 可动荷载：在结构空间位置上的一定范围内可以任意分布的荷载。例如工业与民用建筑楼面上的人群荷载、吊车荷载等。

(3) 按结构的反应分类，可以将荷载分为：

① 静态荷载：对结构构件不产生加速度，或其加速度可以忽略不计的荷载。例如结构自重、住宅与办公楼的楼面活荷载等。

② 动态荷载：对结构或构件产生不可忽略的加速度的荷载。例如吊车荷载、地震、设备振动、作用在高耸结构上的风荷载等。

2) 荷载的代表值

荷载是随机变量，任何一种荷载的大小都具有程度不同的变异性。因此，进行建筑结构设计时，对于不同的荷载和不同的设计情况，应采用不同的代表值。

（1）永久荷载的代表值

对于永久荷载而言，只有一个代表值，这就是它的标准值。

永久荷载标准值，对于结构自重，可按结构构件的设计尺寸与材料单位体积（或单位面积）的自重计算确定。

对于常用材料的构件，单位体积的自重可由《建筑结构荷载规范》GB 50009—2012 附录 A 查得。例如，几种常见材料单位体积的自重可查得为：

  素混凝土   22～24kN/m³
  钢筋混凝土   24～25kN/m³
  水泥砂浆   20kN/m³
  石灰砂浆   17kN/m³

对于某些自重变异较大的材料或构件（如现场制作的保温材料、混凝土薄壁构件等），自重的标准值应根据对结构的不利状态，取上限值或下限值。原则上，荷载的标准值应取其在结构设计基准期内可能达到的最大量值。

（2）可变荷载的代表值

对于可变荷载，应根据设计的要求，分别取如下不同的荷载值作为其代表值。

① 标准值

可变荷载的标准值，是可变荷载的基本代表值。《建筑结构荷载规范》GB 50009—2012 中，对于楼面和屋面活荷载、吊车荷载、雪荷载和风荷载等可变荷载的标准值，规定了具体数值或计算方法，设计时可以查用。例如，民用建筑楼面均布活荷载标准值可由表 2-1 中查得。

民用建筑楼面均布活荷载标准值及其组合值、频遇值和准永久值系数 表 2-1

项次	类 别	标准值 (kN/m²)	组合值系数 ψ_c	频遇值系数 ψ_f	准永久值系数 ψ_q
1	（1）住宅、宿舍、旅馆、办公楼、医院病房、托儿所、幼儿园 （2）试验室、阅览会、会议室、医院门诊室	2.0	0.7	0.5 0.6	0.4 0.5
2	教室、食堂、餐厅、一般资料档案室	2.5	0.7	0.6	0.5
3	（1）礼堂、剧场、影院、有固定座位的看台 （2）公共洗衣房	3.0 3.0	0.5 0.7	0.5 0.6	0.3 0.5
4	（1）商店、展览厅、车站、港口、机场大厅及其旅客等候室 （2）无固定座位的看台	3.5 3.5	0.7 0.7	0.6 0.5	0.5 0.3
5	（1）健身房、演出舞台 （2）运动场、舞厅	4.0 4.0	0.7 0.7	0.6 0.9	0.5 0.3

续表

项次	类别	标准值 (kN/m²)	组合值系数 ψ_c	频遇值系数 ψ_f	准永久值系数 ψ_q
6	(1) 书库、档案库、贮藏室 (2) 密集柜书库	5.0 12.0	0.9	0.9	0.8
7	通风机房、电梯机房	7.0	0.9	0.9	0.8
8	汽车通道及停车库： (1) 单向板楼盖（板跨不小于2m）和双向板楼盖（板跨不小于3m×3m） 　客车 　消防车 (2) 双向板楼盖（板跨不小于6m×6m）和无梁楼盖（柱网尺寸不小于6m×6m） 　客车 　消防车	 4.0 35.0 2.5 20.0	 0.7 0.7 0.7 0.7	 0.7 0.7 0.7 0.7	 0.6 0.6 0.6 0.6
9	(1) 厨房的其他 (2) 厨房的餐厅	2.0 4.0	0.7 0.7	0.6 0.7	0.5 0.7
10	浴室、卫生间、盥洗室	2.5	0.7	0.6	0.5
11	走廊、门厅： (1) 宿舍、旅馆、医院病房、托儿所、幼儿园、住宅 (2) 办公楼、餐厅、医院门诊部 (3) 教学楼及其他可能出现人员密集的情况	 2.0 2.5 3.5	 0.7 0.7 0.7	 0.5 0.6 0.5	 0.4 0.5 0.3
12	阳台： (1) 一般情况 (2) 当人群有可能密集时	2.5 3.5	0.7	0.6	0.5

注：1. 本表所给各项活荷载适用于一般使用条件，当使用荷载较大或情况特殊时，应按实际情况采用；

2. 第6项书库活荷载当书架高度大于2m时，书库活荷载尚应按每米书架高度不小于2.5kN/m²确定；

3. 第8项中的客车活荷载只适用于停放载人少于9人的客车；消防车活荷载是适用满载总重为300kN的大型车辆；当不符合本表的要求，应将车轮的局部荷载按结构效应的等效原则，换算为等效均布荷载；

4. 第11项楼梯活荷载，对预制楼梯踏步平板，尚应按1.5kN集中荷载验算；

5. 本表各项荷载不包括隔墙自重和二次装修荷载；对固定隔墙的自重应按恒荷载考虑，当隔墙位置可灵活自由布置时，非固定隔墙自重应按每延米长墙重（kN/m）的1/3作为楼面活荷载的附加值（kN/m²）计入，附加值不小于1.0kN/m²。

② 组合值

当结构承受两种以上的可变荷载，且承载能力极限状态按基本组合设计或正常使用极限状态荷载按标准组合设计时，考虑到这两种或两种以上可变荷载同时达到最大值的可能性较小，因此，可以将它们的标准值乘以一个小于或等于1的荷载组合系数，用 ψ_c 表示。这种将可变荷载标准值乘以荷载组合系数以后的数值，称为可变荷载的组合值。因此，可变荷载的组合值是当结构承受两种或两种以上的可变荷载时的代表值。

③ 频遇值

对可变荷载，在设计基准期内，其超越的总时间仅为设计基准期一小部分的作用值，或在设计基准期内其超越频率为某一给定频率的作用值，称为可变荷载的频遇值。

频遇值大小为可变荷载标准值乘以荷载频遇值系数，民用建筑楼面均布活荷载的频遇值系数见表 2-1，用 ψ_f 表示。屋面活荷载的频遇值系数见表 2-2。

屋面均布活荷载、标准值及其组合值、频遇值和准永久值系数　　表 2-2

项次	类别	标准值（kN/m²）	组合值系数 ψ_c	频遇值系数 ψ_f	准永久值系数 ψ_q
1	不上人屋面	0.5	0.7	0.5	0
2	上人屋面	2.0	0.7	0.5	0.4
3	花园屋面	3.0	0.7	0.6	0.5

注：1. 不上人屋面，当施工或维修荷载较大时，应按实际情况采用；对不同类型的结构应按有关设计规范的规定采用，但不得低于 0.3kN/m²；
2. 上人的屋面，当兼作其他用途时，应按相应楼面活荷载采用；
3. 花园屋面活荷载不包括花园土石等材料自重；
4. 对于因屋面排水不畅引起的积水荷载，应采用构造措施加以防止；必要时，应按积水的可能深度确定屋面活荷载。

④ 准永久值

可变荷载虽然在设计基准期内其值会随时间而发生变化，但研究表明，不同的可变荷载在结构上的变化情况不一样。以住宅楼面的活荷载为例，人群荷载的流动性较大，家具荷载的流动性则相对较小，而图书馆中的活荷载，人群荷载的流动性较大，图书的荷载流动性则相对较小。可变荷载中在整个设计基准期内出现时间较长（一般认为总的持续时间不低于 25 年）的那部分荷载值，称为该可变荷载的准永久值。

可变荷载的准永久值为可变荷载标准值乘以荷载准永久值系数。由于可变荷载准永久值只是可变荷载标准值的一部分，因此，可变荷载准永久值系数小于或等于 1.0，用 ψ_q 表示。

《建筑结构荷载规范》GB 50009—2012 中给出了各种可变荷载的准永久值系数取值，设计时可以查用。民用建筑楼面均布活荷载和屋面均布活荷载的准永久值系数均见表 2-1 及表 2-2。

正常使用极限状态按长期效应组合设计时，应采用可变荷载的准永久值作为其代表值。

2.2 极限状态设计法

1. 结构功能要求

设计任何建筑物或构筑物,必须在其设计使用年限内,满足以下各预定功能的要求:

① 安全性要求:要求结构构件在正常施工和使用时,能承受可能出现的各种作用;在偶然事件发生时及发生后,仍能保持必需的整体稳定性。

② 适用性要求:要求结构构件在正常使用时具有良好的工作性能。如受弯构件在正常使用时不出现过大的挠度和过宽的裂缝。

③ 耐久性要求:要求在正常维护下,结构具有足够的耐久性能。这里足够的耐久性能是指结构在规定的工作环境下,在预定的设计期内,其材料性能的恶化不致导致结构出现不可接受的失效概率。

结构的安全、适用和耐久是其可靠的标志,总称为结构的可靠性。

2. 极限状态设计法

1) 结构的可靠度理论

结构的可靠度是指在规定的时间和规定的条件下,完成既定功能的概率。这里所指的规定时间指设计使用年限,一般为50年;规定的条件指正常设计、正确施工及正常使用的条件,即不违反有关国家规范及规程的要求;既定功能是指结构的安全性、适用性和耐久性。由此可见,可靠度是结构可靠性在概率上的度量。

(1) 结构的可靠概率与失效概率

设结构抗力为 R,作用效应为 S,则定义结构的功能函数 $Z=R-S$ 来描述其工作状态。

当 $Z>0$ 时,结构抗力大于作用效应,结构可靠;

当 $Z<0$ 时,结构抗力小于作用效应,结构失效;

当 $Z=0$ 时,结构抗力等于作用效应,结构处于极限状态。

因此,结构可靠的基本条件是 $Z \geqslant 0$($R \geqslant S$)。

我国的《建筑结构可靠度设计统一标准》GB 50068—2001 在大量统计的基础上,对于一般性工业与民用建筑的失效概率规定不得超过以下限值:

延性破坏的结构 $[P_f] = 6.9 \times 10^{-4}$

脆性破坏的结构 $[P_f] = 1.1 \times 10^{-4}$

且结构的可靠概率 P_s 和失效概率 P_f 须满足 $P_s + P_f = 1$。

(2) 可靠指标

我们引入可靠指标 β 替代失效概率 P_f 来具体度量结构的可靠性。

可靠指标 β 为结构功能函数 Z 的平均值 μ_Z 与其标准差 σ_Z 之比,即:

$$\beta = \frac{\mu_Z}{\sigma_Z} = \frac{\mu_R - \mu_S}{\sqrt{\sigma_R^2 + \sigma_S^2}} \tag{2-1}$$

可靠指标与失效概率存在对应的关系，β值越大，失效概率P_f越小；反之β越小，失效概率P_f越大（表2-3）。

β与P_f的关系　　　　表2-3

β	2.0	2.5	2.7	3.0	3.2	3.7	4.0	4.2
P_f	2.28×10^{-2}	6.21×10^{-3}	3.5×10^{-3}	1.35×10^{-3}	6.9×10^{-4}	1.1×10^{-4}	3.17×10^{-5}	1.3×10^{-6}

建筑物的安全等级是根据结构破坏可能产生后果的严重程度进行划分，共分为三级（表2-4）。各类结构构件按承载力极限状态进行设计时可靠指标与安全等级的关系如表2-5所示。

建筑结构的安全等级　　　　表2-4

安全等级	破坏后果	建筑物类型	安全等级	破坏后果	建筑物类型
一级	很严重	重要的房屋	三级	不严重	次要的房屋
二级	严重	一般的房屋			

结构构件承载能力极限状态的可靠指标　　　　表2-5

破坏类型	安全等级		
	一级	二级	三级
延性破坏	3.7	3.2	2.7
脆性破坏	4.2	3.7	3.2

以上讨论的主要是承载能力的问题，它涉及结构的最基本要求，即安全性问题。对于适用性和耐久性问题，在正常使用条件下结构构件设计的可靠指标β的取值可以比承载力极限状态设计时的取值低一些。

2) 概率极限状态设计法

目前，我国规范是以可靠度理论作为设计的理论基础，实际设计中，仍采用一些分项系数来代替可靠指标，以各类变量的标准值为基础，以极限状态法进行具体设计。这种以功能函数为目标函数，以概率为理论基础的分析方法称为概率极限状态设计法。

(1) 极限状态的分类

整个结构或其中一部分，超过某一特定状态就不能满足设计规定的某一功能（安全、适用、耐久）要求，此特定状态称为该功能的极限状态。

我国规范将混凝土结构的极限状态分为承载能力极限状态和正常使用极限状态两类。

承载能力极限状态：结构或构件达到最大承载能力或不适于继续承载的变形状态，称该结构或结构构件达到了承载能力极限状态。

当结构或结构构件出现下列状态之一时，即认为超过了承载能力极限状态：

① 整个结构或结构的一部分作为刚体失去平衡（如倾覆等）；

② 结构构件或连接件因材料强度被超过而破坏或因过度的塑性变形而不适于继续承载；

③ 结构转变为机动体系；
④ 结构或结构构件丧失稳定。

图 2-4 为结构超过承载力极限状态的示意图。

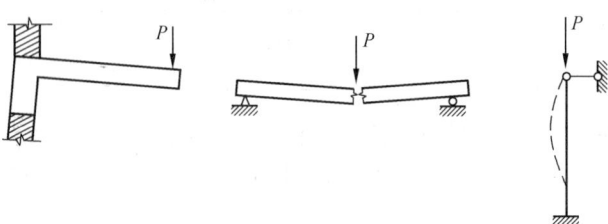

图 2-4　结构超过承载力极限状态示意图

正常使用极限状态：结构或结构构件达到正常使用或耐久性能的某项规定限值的状态，称为正常使用极限状态。

当结构或结构构件出现下列状态之一时，可认为超过了正常使用的极限状态，而失去正常使用和耐久的功能：

① 影响正常使用或外观的变形；
② 影响正常使用或耐久性能的局部损坏；
③ 影响正常使用的振动；
④ 影响正常使用的其他特定状态。

图 2-5 为构件超过正常使用极限状态的示意图。

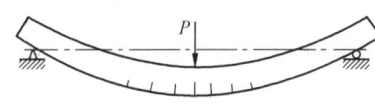

图 2-5　构件超过正常使用极限状态示意图

尽管超过正常使用极限状态的后果在一般情况下不如超过承载力极限状态严重，但不可以忽视，构件过大的变形将影响房屋或精密仪器的工作，过大的裂缝将导致渗漏，影响结构的耐久性，也使用户心里有不安全感，因此在进行结构和构件设计时，承载力极限状态及正常使用极限状态均需满足。

(2) 按承载能力极限状态设计的方法

承载能力极限状态设计表达式如下：

$$\gamma_0 S \leqslant R \tag{2-2}$$

式中　γ_0——结构构件的重要性系数，对安全等级为一级或设计年限为 100 年及以上的结构构件，其值不小于 1.1，对安全等级为二级或设计使用年限为 50 年的结构构件，其值不小于 1.0，对安全等级为三级或设计使用年限为 5 年的结构构件，其值不小于 0.9；对建筑结构安全等级的划分见《建筑结构可靠度设计统一标准》GB 50068—2001；

　　　　S——荷载效应组合的设计值；

　　　　R——结构构件抗力的设计值。

对荷载效应组合设计值 S 的计算采用以下方法进行：

① 荷载基本组合设计值 S 应从以下组合值中取最不利值：

a. 由可变荷载效应控制的组合：

$$S = \gamma_G S_{GK} + \gamma_{Q1} \gamma_{L1} S_{Q1K} + \sum_{i=2}^{n} \gamma_{Qi} \gamma_{Li} \psi_{ci} S_{QiK} \qquad (2\text{-}3)$$

式中 γ_G——永久荷载的分项系数,当其效应对结构不利时,取 1.2,有利时取 1.0,对结构的倾覆、滑移等取 0.9;

γ_{Q1}、γ_{Qi}——第 1 个和第 i 个可变荷载分项系数,一般取 1.4;

γ_{L1}、γ_{Li}——第 1 个和第 i 个关于结构设计使用年限的荷载调整系数,设计使用年限为 5 年时,$\gamma_L = 0.9$,设计使用年限为 50 年时,$\gamma_L = 1.0$,设计使用年限为 100 年时 $\gamma_L = 1.1$;

S_{GK}——永久荷载标准值效应;

S_{Q1K}——在基本组合中起控制作用的一个可变荷载标准值效应;

S_{QiK}——第 i 个可变荷载标准值效应;

ψ_{ci}——可变荷载 Q_i 的组合值系数,对民用建筑楼屋面均布活荷载,一般取 0.7(书库、风机房及电梯机房取 0.9),屋面积灰荷载取 0.9,其余情况不应大于 1.0;

n——参与组合的可变荷载数。

b. 由永久荷载效应控制的组合:

$$S = \gamma_G S_{GK} + \sum_{i=1}^{n} \gamma_{Qi} \gamma_{Li} \psi_{ci} S_{QiK} \qquad (2\text{-}4)$$

式中 γ_G——意义同前,但取 1.35;

其余符号意义同上。

② 基本组合的简化

对一般排架和框架结构,可按下式对基本组合进行简化。

由可变荷载效应控制的组合:

$$S = \gamma_G S_{GK} + \gamma_{Q1} \gamma_{L1} S_{Q1K} \qquad (2\text{-}5)$$

$$S = \gamma_G S_{GK} + 0.9 \sum_{i=1}^{n} \gamma_{Qi} \gamma_{Li} S_{QiK} \qquad (2\text{-}6)$$

按上式组合中最不利值作为组合值。

由永久荷载效应控制的组合,仍按式(2-4)进行。

对于偶然荷载的组合,内力组合设计值的计算方法为:偶然荷载(如地震)的代表值不乘以分项系数;与偶然荷载同时出现的其他可变荷载,可依据可靠的数据采用适当的代表值,在相应规范中均有其相应的设计值计算方法。

对结构构件的抗力设计值 R 采用以下方法计算:

构件抗力设计值 R 的大小,与构件截面的形状、几何尺寸及材料的种类和强度等多种因素有关,对钢筋混凝土构件,其表达式为:

$$R = R(f_c, f_s, a_k \cdots\cdots) / \gamma_{Rd} \qquad (2\text{-}7)$$

式中 f_c——混凝土强度设计值;

f_s——钢筋强度设计值;

a_k——构件几何参数标准值;

γ_{Rd} ——构件的抗力模型不定性系数；静力设计时取 1.0，对不确定性较大的结构构件根据具体情况取大于 1.0 的数值，抗震设计时，应该用承载力抗震调整系数 γ_{RE} 代替 γ_{Rd}。

由以上分析可知，构件承载力极限状态的计算公式，是以荷载标准值和材料强度标准值作为基本指标，并且用结构重要性系数、荷载分项系数、材料分项系数及内力组合值系数等多个参数进行表达的。

(3) 按正常使用极限状态验算的方法

① 一般验算公式

根据不同的设计要求，采用荷载的标准组合、频遇组合或准永久组合，并按下式进行计算：

$$S \leqslant C \tag{2-8}$$

式中 C ——结构或结构构件达到正常使用要求的规定限值，体现为裂缝宽度、挠度及振幅等。

② 荷载组合值 S 计算公式

a. 标准组合：主要用于当一个极限状态被超越时将产生严重的永久性损害的情况，其荷载效应组合的设计值 S 为：

$$S = S_{GK} + S_{Q1K} + \sum_{i=2}^{n} \psi_{ci} S_{QiK} \tag{2-9}$$

b. 频遇组合：它是针对可变荷载考虑的，指设计基准期内荷载达到和超过该值的总持续时间与设计基准期的比值小于 0.1 的荷载代表值，荷载效应组合的设计值 S 为：

$$S = S_{GK} + \psi_{f1} S_{Q1K} + \sum_{i=2}^{n} \psi_{fi} S_{QiK} \tag{2-10}$$

式中 ψ_{f1} ——可变荷载 Q_1 的频遇值系数；

ψ_{fi} ——可变荷载 Q_i 的频遇值系数。

c. 准永久组合：它也是针对可变荷载考虑的，主要用于长期效应是决定性因素时的一些情况。按照在设计基准期内荷载达到和超过该值的总持续时间与设计基准期的比值为 0.5 来确定。准永久组合的荷载效应组合的设计值 S 为：

$$S = S_{GK} + \sum_{i=1}^{n} \psi_{qi} S_{QiK} \tag{2-11}$$

式中 ψ_{qi} ——可变荷载 Q_i 的准永久值系数。

值得指出的是，荷载组合式是基于弹性范畴，即荷载与荷载效应是线性关系。

③ 裂缝和变形验算公式

a. 裂缝验算：验算一般公式为：

$$w_{max} \leqslant w_{lim} \tag{2-12}$$

式中 w_{max} ——按荷载准永久组合并考虑长期作用影响计算的最大裂缝宽度；

w_{lim} ——最大裂缝宽度限值，见附表 2-1。

b. 变形验算：验算一般公式为：

$$a_{f,\max} \leqslant a_{f,\lim} \tag{2-13}$$

式中 $a_{f,\max}$ ——按荷载准永久组合并考虑长期作用影响计算的最大挠度；

$a_{f,\lim}$ ——最大挠度限值，见附表 2-2。

对于大跨度楼盖结构，必须考虑舒适度要求，即必须对其自振频率进行验算。对于构件裂缝和变形的具体验算方法，在后面章节中介绍。

(4) 耐久性设计

混凝土结构由于混凝土碳化、氯离子对混凝土的侵蚀、混凝土碱-骨料反应和混凝土中钢筋的锈蚀等原因，有可能使其达不到预定的服役年限而提前失效。这就是混凝土结构耐久性问题。

混凝土结构的耐久性取决于环境状况、设计使用年限的要求、混凝土的组成成分、施工养护方法以及结构的防护措施等因素。

① 耐久性设计内容

混凝土结构应根据设计使用年限和环境类别进行耐久性设计，耐久性设计主要包括下列内容：确定结构所处的环境类别；提出材料的耐久性基本要求；确定构件中钢筋的混凝土保护层厚度。

对临时性的混凝土结构，可不考虑混凝土的耐久性要求。

② 结构所处环境分类

混凝土结构的环境类别划分为一、二 a、二 b、三 a、三 b、四、五共七个类别。一类环境最好，五类环境最差。

③ 耐久性对材料及结构要求

a. 设计使用年限为 50 年的混凝土结构，其混凝土材料（如最大水胶比、混凝土最低强度等级、最大氯离子含量及最大碱含量）宜符合一定的要求。

b. 一类环境中，设计使用年限为 100 年的混凝土结构应符合下列规定：钢筋混凝土结构的最低强度等级为 C30；预应力混凝土结构的最低强度等级为 C40；混凝土中的最大氯离子含量为 0.06%；宜使用非碱活性骨料，当使用碱活性骨料时，混凝土中的最大碱含量为 3.0kg/m³。

c. 二、三类环境中，设计使用年限 100 年的混凝土结构应采取专门的有效措施。

d. 混凝土保护层厚度应符合附表 4-12 的规定；当采取有效的表面防护措施时，混凝土保护层厚度可适当减小。

思考题与习题

2-1 什么是结构上的作用？它们如何分类？

2-2 什么是结构的"设计基准期"？我国的"设计基准期"规定的年限为多长？

2-3 什么是作用效应？什么是结构抗力？

2-4 结构必须满足哪些功能要求？

2-5 结构可靠概率与结构失效概率有什么关系？

2-6 结构的安全等级与结构的可靠指标之间有什么关系？

2-7 什么是永久荷载的代表值？可变荷载有哪些代表值？进行结构设计时如何选用这些

代表值？

2-8 什么情况下要考虑荷载组合系数？为什么荷载组合系数值小于或等于1？

2-9 为什么要引入荷载分项系数？如何选用荷载分项系数值？

2-10 如何划分结构的极限状态？

2-11 结构超过承载力极限状态的标志有哪些？

2-12 结构超过正常使用极限状态的标志有哪些？

2-13 结构构件的截面承载力与哪些因素有关？

2-14 裂缝控制如何分级？对于每种控制等级的裂缝或截面应力有什么要求？

2-15 如图2-6所示的某简支梁，计算跨度长$l_0=4m$，承受的恒载为均布荷载，其标准值$g_k=4000N/m$，承受的活荷载为跨中作用的集中荷载，其标准值$Q_k=2000N$，结构的安全等级为二级，求由可变荷载效应控制和由永久荷载效应控制的梁跨中截面的弯矩设计值。

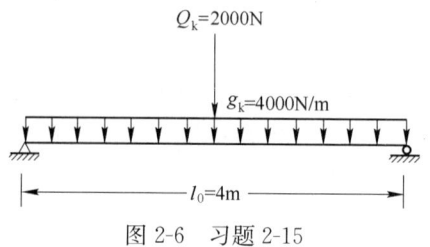

图 2-6 习题 2-15

第3章　结构材料力学性能及结构分析方法

3.1　结构材料基本要求

1. 结构材料力学性能基本要求

结构材料性能直接影响到结构构件的受力性能和能否满足使用功能要求。因此，在选择结构材料时应对其力学性能有具体的要求。结构材料的主要力学性能指标有：强度、弹性、塑性、冲击韧性与冷脆性、徐变和松弛等。

1) 强度

强度是材料抵抗破坏能力的指标。根据材料在受力时的变形状态不同，材料有弹性极限强度、屈服强度、极限强度；根据材料的受力状态不同，又有抗压强度、抗拉强度、抗剪强度和抗扭强度等；如果材料受到循环荷载作用，还要考虑疲劳强度。

(1) 弹性极限强度

材料在受力初期，材料的应力和应变基本满足线性关系，如果此时卸载，构件的变形能够完全恢复，此阶段为弹性阶段。弹性阶段的最大应力称为弹性极限应力或弹性极限强度。

(2) 屈服强度

材料根据其变形性能可以分为塑性材料和脆性材料。塑性材料在应力超过极限弹性应力后，应力不再有明显增加，而是在小范围内波动，但应变急剧增大，这种现象称为屈服。一般以屈服阶段最小应力作为屈服强度。脆性性质的钢材没有明显的屈服阶段，取残余变形 0.2% 对应的应力作为名义屈服强度。

(3) 极限强度

试件所能够承受的最大荷载与初始截面面积的比值称为最大名义应力，也称为材料的极限强度。

(4) 疲劳强度

结构构件在变幅循环荷载作用下，当达到一定的循环次数时，会发生脆性破坏，且破坏应力远小于屈服应力，这种破坏称为疲劳破坏。在规定的荷载循环次数和荷载变化幅度下，材料能够承担的最大动态应力称为材料的疲劳强度。

2) 弹性与塑性

材料在外力作用下产生变形，当外力去除后能完全恢复到原始形状的性质称为弹性。相应的变形称为弹性变形。在弹性范围内，应力与应变的比值定义为弹性模量。材料的弹性模量越大，材料的刚度越大，即越不容易变形。

材料在外力作用下产生变形，当外力去除后，有一部分变形不能恢复，这种性质称为材料的塑性。材料塑性性能可以通过测量材料伸长率、断面收缩率或冷弯性能来确定。

3）冲击韧性

冲击韧性是指钢材抗冲击而不破坏的能力。冲击韧性与材料的塑性有关，它是强度和塑性的综合指标。材料的冲击韧性与其内在质量、宏观缺陷和微观组成有关；此外，冲击韧性易受温度影响，温度的下降将会明显的降低材料的冲击韧性，对结构的安全不利。

4）徐变和应力松弛

徐变是指在恒定温度和应力条件下，构件或材料的变形随时间增加而增大的现象。混凝土具有徐变特性，钢材在高温下也会出现徐变特性。

应力松弛是指在恒定温度和应变条件下，构件或材料的应力随时间的增加而减小的现象。对于预应力钢筋混凝土结构，应力松弛将会引起预应力损失，从而降低构件的抗裂度。

2. 其他要求

结构材料还需满足的一些其他要求：

1）协同工作性能

材料的协同工作性能是指两种或两种以上的材料或杆件可以融合成一体，共同参与受力和变形，而不会轻易分开的性能。如钢材的可焊性、钢筋和混凝土之间以及砌块与砂浆之间的粘结性能等。

2）耐久性

耐久性对建筑物的使用寿命起到至关重要的决定作用，要根据材料所处的使用环境等因素，综合考虑耐久性，合理选择结构材料或采取相应的保护措施。

3）可加工性

材料制成构件的过程中，都要进行加工，如钢材的切割、焊接，因此，在选择结构材料时，要充分考虑材料的加工难度和施工企业的实际加工制作能力。

4）取材便利

构件采用的材料尽量在当地取用，并且尽可能少地破坏当地环境资源，从而达到价格合理，经济适用，满足可持续性发展目的。

3.2 结构分析方法

依据建筑物功能要求及场地特性，我们可以对结构进行选型，并在此基础进行结构布置，包括平面及立面布置，之后可以依据荷载及计算简图进行结构分析。作为结构应包括以下三个承重部分：一是水平承重结构，二是竖向承重结构，三是基础承重结构。所谓水平承重结构包括楼盖及屋盖结构，竖向承重结构包括框架结构、桁架结构、剪力墙结构及筒体结构等，基础承重结构包括地基和基础部分。三者构成承重结构整体，同时又相互作用、相互影响，一般是水平承重结构将楼盖和屋面上的各种荷载传递给竖向承重结构（通过梁或直接由板传递），竖向承重结构将自己承受的荷载和水平承重结构传来的荷载传递给基础承重结构。

1. 结构分析应遵循的基本原则

1) 结构分析步骤

结构选型和布置确定之后，可以进行结构分析。其步骤可以概括如下：

(1) 假定结构构件截面尺寸规格，选择材料。

(2) 确定结构计算简图。

(3) 计算荷载的大小：当有抗震设防要求时，还要计算地震作用的大小；当要求对温度、地基不均匀沉降、混凝土收缩、徐变影响进行分析时，还要计算温差、地基不均匀沉降以及混凝土收缩、徐变量的大小。

(4) 选择合适的结构分析方法。

(5) 进行结构的内力与变形计算。

结构的内力求得以后，可以对其进行构件设计；结构的变形求得以后，可以对其进行变形验算，以检验结构构件的刚度是否满足要求。

2) 结构分析基本原则

进行结构分析时，应遵循以下基本原则：

(1) 所有情况下均应对结构进行整体分析。对结构中的重要部位、形状发生突变的部位以及内力和变形有异常变化的部位，必要时应另做更详细地局部分析。对两种极限状态进行分析时，应分别采用相应的荷载代表值和荷载组合值。

(2) 当结构在施工和使用期的不同阶段有多种受力状况时，应分别进行结构分析，并确定其最不利的作用效应组合。结构有可能遭遇火灾、爆炸、撞击等偶然作用时，尚应按国家现行有关标准的要求进行相应结构分析。

(3) 结构分析中所采用的各种简化和近似假定，如边界条件、材料本构关系、材料性能的计算指标、初始应力和变形状况等，应有理论或试验的依据，并应具有相应的构造保证措施，或经工程实践验证。计算结果的准确程度应符合工程设计的要求。

(4) 结构分析应满足力学平衡条件；应在不同程度上符合变形协调条件，包括节点和边界的约束条件。

2. 分析方法及其适用范围

1) 混凝土结构

混凝土不是理想的弹性材料，当压应力较大时，应力-应变关系不为直线，呈非线性发展，内力与按弹性方法计算的结果有较大出入。

混凝土结构的分析方法可归纳为五类，进行结构分析时，宜根据结构类型、构件布置、材料性能和受力特点等进行选择。这五类方法是：

(1) 弹性分析方法

弹性分析方法以弹性材料为基础，它可以用于各种混凝土结构的承载能力极限状态及正常使用极限状态的作用效应分析。

下列构件宜采用弹性分析方法进行分析：直接承受动力荷载的结构；使用期间要求不出现裂缝的结构；处于侵蚀环境的结构；长期处于高温或负温的结构。

(2) 塑性内力重分布分析方法

这种方法考虑了混凝土结构在较大荷载下结构由于裂缝的出现与开展等非线性性质相对于弹性分析结果发生的变化，是对弹性计算内力进行调整的方法。

房屋建筑中的钢筋混凝土连续梁和连续单向板，宜采用考虑塑性内力重分布的分析方法进行分析。

(3) 塑性极限分析方法

塑性极限分析方法又称为塑性分析法或极限平衡法，主要用于有明显屈服点钢筋配筋的混凝土结构破坏阶段的分析。

承受均布荷载的周边支承的双向矩形板，可采用塑性极限分析法进行承载能力极限状态设计，同时应满足正常使用极限状态的要求。

(4) 弹塑性分析方法

弹塑性分析方法以钢筋混凝土的实际力学性能为依据，可准确地分析结构受力全过程的各种荷载效应，而且可以解决各种体形和复杂受力的结构分析问题。

特别重要的或受力状况特殊的大型杆系结构和二维、三维结构，必要时尚应对其整体或局部进行受力全过程的非线性分析。

(5) 试验分析方法

根据试验结果，采用可靠度分析理论，可作为两种极限状态的设计依据。

2) 钢结构

(1) 一般规定

① 建筑结构的内力和变形可按结构静力学方法进行弹性或弹塑性分析。结构稳定性设计应在结构分析中或在构件设计中考虑二阶效应。

② 结构内力分析可采用一阶弹性分析、二阶弹性分析或直接分析。二阶弹性分析和直接分析应考虑初始几何缺陷和残余应力的影响。

③ 结构的初始缺陷应包含结构整体初始几何缺陷和构件初始几何缺陷及残余应力。

(2) 一阶弹性分析与设计

当钢结构的内力和位移计算采用一阶弹性分析时，可按照有关规定进行构件连接和节点设计。对于形式和受力都复杂的结构，应按结构弹性稳定理论确定构件的计算长度系数。

(3) 二阶弹性分析与设计

二阶弹性分析应考虑二阶 $P\text{-}\Delta$ 效应和结构整体初始缺陷，宜考虑构件初始缺陷，对未在分析中考虑的因素应在设计阶段得到体现。二阶效应可按近似的二阶理论对一阶弯矩进行放大来考虑。

(4) 直接分析设计法

① 直接分析设计法应考虑二阶 $P\text{-}\Delta$ 和 $p\text{-}\delta$ 效应，同时考虑结构和构件的初始缺陷，允许材料的弹塑性发展、内力重分布。

② 结构和构件采用直接分析设计法进行分析和设计时，计算结果可直接作为结构或构件在承载能力极限状态和正常使用极限状态下的设计依据。

第 2 篇
各种建筑结构

Part 2
Main Kinds of Building Structures

第4章 混凝土结构

4.1 钢筋和混凝土材料及其力学性能

1. 混凝土结构的基本概念

以混凝土为主要材料制作的结构称为混凝土结构。它包括素混凝土结构、钢筋混凝土结构、型钢混凝土结构、钢管混凝土结构和预应力混凝土结构等。

素混凝土结构是指不配置任何钢材的混凝土结构。

钢筋混凝土结构是指用钢筋作为配筋的混凝土结构。图4-1为常见钢筋混凝土构件和结构的配筋实例。在钢筋混凝土结构和构件中，钢筋和混凝土不是任意结合的，而是将混凝土和钢筋这两种材料合理有机地结合在一起，使两者共同工作。所谓合理有机指使混凝土主要承受压力，钢筋主要承受拉力，以体现充分利用材料各自力学特性的优势，以满足工程结构的使用要求。

型钢混凝土结构又称为钢骨混凝土结构。它是指用型钢或用钢板焊成的钢骨架作为配筋的混凝土结构。图4-2为型钢混凝土梁、柱配筋的截面形式。

钢管混凝土结构是指将混凝土浇捣于钢管内形成的混凝土结构（图4-2c）。

预应力混凝土结构是指在结构构件制作时，在其受拉部位人为地预先施加压应力的混凝土结构（图4-3）。

素混凝土结构由于承载力低、呈脆性，很少用来作为土木工程的承力结构。型钢混凝土结构承载能力大、抗震性能好，但耗钢量较多，多在高层、大跨或抗震要求较高的工程中采用。钢管混凝土结构的构件连接较复杂，维护费用多，承载力高，在高层建筑中广泛使用。本章重点讲述钢筋混凝土结构的材料性能、设计原则、计算方法和主要构造措施。

图4-4（a）、（b）所示为两根截面尺寸、跨度、混凝土强度均相同的简支梁。一根为素混凝土梁，另一根则在梁的受拉区配有适量的钢筋。梁的跨中作用两个集中荷载P。试验结果表明，两者的承载力和破坏形式有很大的差别。素混凝土梁由于混凝土抗拉能力小，在荷载作用下，梁的下边受拉区边缘混凝土一旦开裂，梁立即破坏（图4-4a）。试件的破坏由混凝土抗拉强度控制，受压区混凝土的抗压强度没有得到利用，梁的承载能力很低，这种破坏是突然发生的，没有明显的预兆。如果在梁的底部受拉区配置适量钢筋，在荷载作用下，受拉区混凝土仍然开裂，梁中和轴以下的拉力主要是由钢筋承担，中和轴以上受压区的压应力由混凝土承担，试件开裂后，梁还可以承受继续增加的荷载，随着荷载增大，裂缝的数量和宽度也将增大，直到钢筋达到其屈服强度，然后受压区的混凝土被压碎，梁才宣告破坏（图4-4b）。很显然，钢筋混凝土梁的承载力比素混凝土梁有

(a)

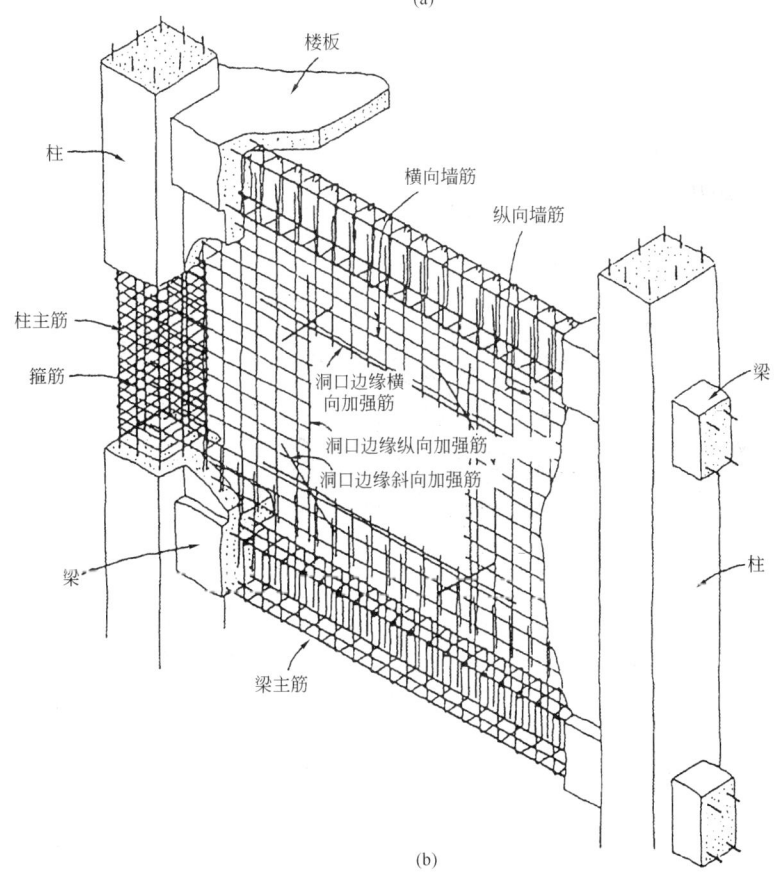

(b)

图 4-1 钢筋混凝土构件和结构实例
（a）钢筋混凝土板配筋；（b）钢筋混凝土框架局部配筋

很大的提高，并且破坏时钢筋的抗拉强度和混凝土的抗压强度得到了充分的利用，变形和裂缝都发展得很充分，呈现出明显的破坏预兆。因此，在混凝土结构中合理配置一定形式和数量的钢筋，可以提高结构的承载能力及改善结构受力性能。

钢筋混凝土除了能合理利用钢筋和混凝土两者的材料性能优势外，与钢结

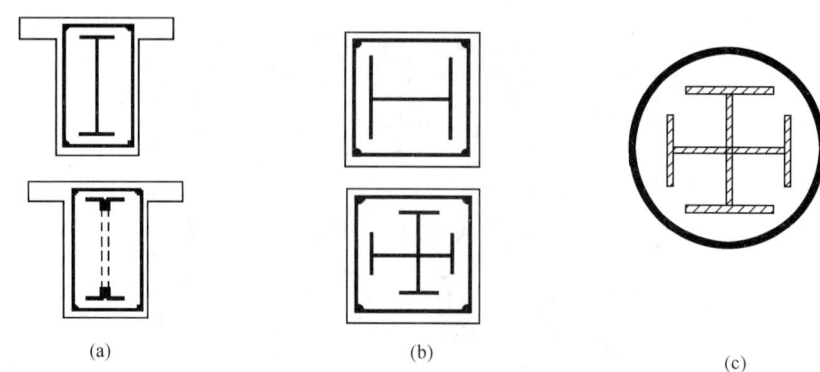

图 4-2　型钢混凝土构件截面（单位：mm）
(a) 型钢混凝土梁截面；(b) 型钢混凝土柱截面；(c) 钢管型钢混凝土柱截面

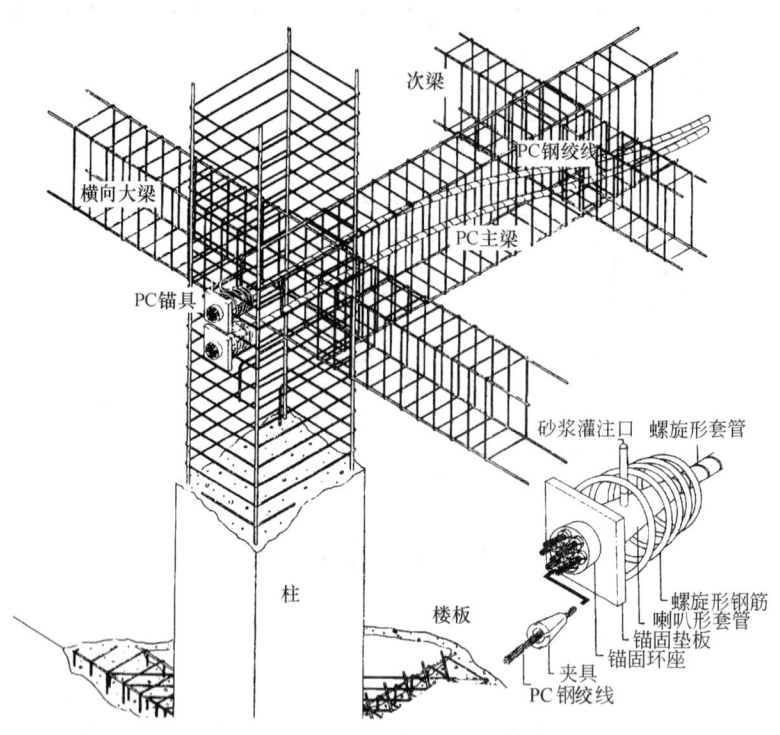

图 4-3　预应力混凝土结构

构、砌体结构等相比还有下列优点：

① 就地取材。钢筋混凝土结构中，砂和石料所占比例很大，砂和石料一般可以由建筑工地附近供应。

② 节约钢材。钢筋混凝土合理地发挥了材料的性能，在某些结构中可代替钢结构，从而节约工程造价。

③ 耐久、耐火。钢筋埋放在混凝土中，受混凝土保护不易发生锈蚀，因而提高了结构的耐久性。当火灾发生时，钢筋混凝土结构不会像木结构那样被燃

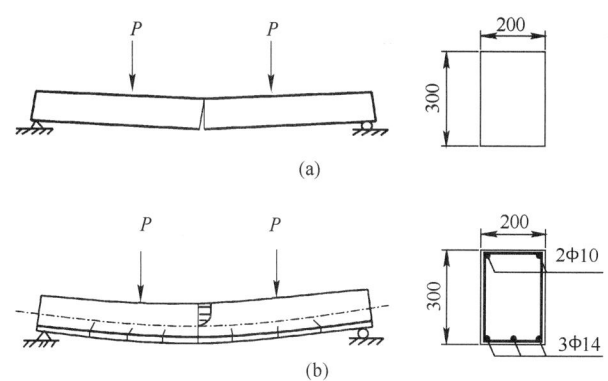

图 4-4 素混凝土与钢筋混凝土梁的破坏比较（单位：mm）

烧，也不会像钢结构那样很快软化而被破坏。

④ 可模性好。钢筋混凝土可以根据需要浇制成各种形状和尺寸的结构。

⑤ 现浇或装配整体式钢筋混凝土结构的整体性好，刚度大，且具备必要的延性，适于用作抗震结构；同时它的防振性和防辐射性也好，适于用作防护结构。

正是由于钢筋混凝土结构具有以上的这些优点，所以在国内外的工程建设中得到了广泛的应用。

钢筋混凝土结构也存在下述主要缺点：

① 自重大。钢筋混凝土的重度约为 $25kN/m^3$，比砌体和木材的重度都大。尽管比钢材的重度要小，但构件的截面尺寸比钢结构构件的大，因而其自重远远超过相同跨度或高度的钢结构，在大跨及超高层建筑结构中应用受到一定限制。

② 抗裂性差。混凝土的抗拉强度非常低，因此，普通钢筋混凝土结构经常带裂缝工作。影响了结构的耐久性和美观。当裂缝数量较多和开展较宽时，还将给人造成不安全感。

③ 建造较费工。如现浇结构模板需耗用较多的木材，施工受到气候条件的限制。

随着对钢筋混凝土研究的不断深入，其缺点已经或正在逐步加以改善。例如，目前国内外均大力研究轻质、高强混凝土以减轻混凝土的自重，克服钢筋混凝土自重大的缺点；采用预应力混凝土以减小构件尺寸和提高结构的抗裂性能，克服普通钢筋混凝土容易开裂的缺点；采用预制装配构件以节约模板加快施工速度；采用工业化的现浇施工方法以简化施工等。

混凝土结构的发展历史只有 160 年左右。我国在 19 世纪末和 20 世纪初开始有了钢筋混凝土建筑物，从 20 世纪 70 年代起，在一般民用建筑中广泛使用。改革开放以来，高层建筑在我国有了较大发展，混凝土结构得到了充分的使用。对于未来，超高层建筑及真正意义的摩天大楼将对高效能的混凝土结构提出了更高的要求。

2. 钢筋

混凝土结构主要用钢筋和混凝土材料制作而成。为了合理地进行混凝土结构设计，必须了解钢筋和混凝土力学性能和共同工作基础。

1) 钢筋的品种

(1) 钢材的品种

钢材是一种金属材料，其主要化学成分为铁，碳元素的含量低于2%，此外还含有硅、锰、磷、硫等化学元素。

按所含碳量不同钢材可分为碳素钢和合金钢，碳素钢又分为低碳钢（含碳量小于0.25%）、中碳钢（含碳量为0.25%~0.60%）和高碳钢（含碳量大于0.60%），随着含碳量的增加，钢筋的强度提高，但塑性降低。硅、锰元素可以提高钢材的强度并保持一定的塑性。磷、硫是钢材中有害元素，使钢筋易于脆断。合金钢又分为低合金钢（合金元素总含量小于5.0%）、中合金钢（合金元素总含量为5.0%~10%）和高合金钢（合金元素总含量大于10%）。本书主要阐述建筑用钢筋。

按照钢材生产加工工艺及力学性能的不同，用于混凝土结构中的建筑钢筋分为热轧钢筋、中高强钢丝和钢绞线以及冷加工钢筋三大系列。近年来，强度高、性能好的预应力钢筋已充分供应，应优先采用。

(2) 热轧钢筋

① 热轧钢筋的种类

热轧钢筋是钢厂用普通低碳钢和普通低合金钢制成，有明显的屈服点，分为HPB300、HRB335、HRBF335、HRB400、HRBF400、RRB400、HRB500、HRBF500，其常用种类、代表符号和直径范围及强度如表4-1所示。

普通钢筋强度标准值（N/mm²）　　　　　表4-1

牌号	符号	公称直径 d（mm）	屈服强度标准值 f_{yk}	极限强度标准值 f_{stk}
HPB300	Φ	6~22	300	420
HRB335 HRBF335	Φ ΦF	6~50	335	455
HRB400 HRBF400 RRB400	Φ ΦF ΦR	6~50	400	540
HRB500 HRBF500	Φ ΦF	6~50	500	630

HPB300为热轧光面钢筋，HRB335和HRB400是热轧变形钢筋，RRB400是余热处理钢筋。

钢筋的直径范围并不表示在此范围内任何直径的钢筋钢厂都生产。钢厂提供的钢筋直径为6、6.5、8、8.2、10、12、14、16、18、20、22、25、28、32、36、40、50mm。其中$d=8.2$mm的钢筋仅适用于有纵肋的热处理钢筋。设计时，应在表4-1的直径范围和上述提供的直径内选择钢筋。

为了使钢筋的强度能够得到充分地利用，强度越高的钢筋要求与混凝土粘结的强度越大。提高粘结强度的办法是将钢筋表面轧成有规律的凸出花纹，称为变形钢筋。HPB300 钢筋强度低，表面做成光面即可（图 4-5a），其余级别的钢筋强度较高，表面均应做成带肋形式，即为变形钢筋。变形钢筋的表面形状，我国以往长期采用人字纹和螺旋纹两种（图 4-5b、c）。近几年来我国已将变形钢筋的肋纹改为月牙纹（图 4-5d）。月牙纹钢筋的特点是横肋呈月牙形，与纵肋不相交，且横肋的间距比老式变形钢筋大，克服了老式钢筋的缺点，而粘结强度降低不多。

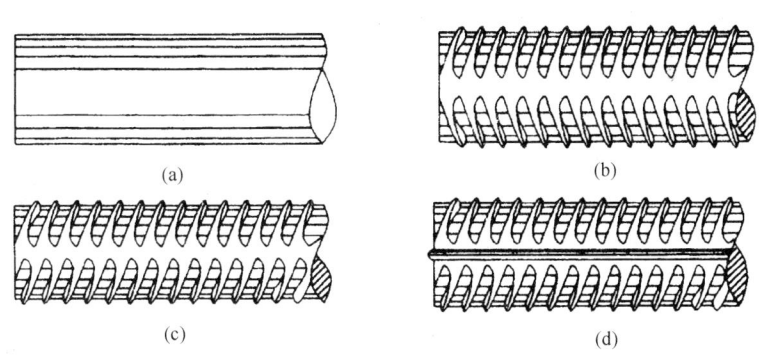

图 4-5　钢筋表面形状
（a）光面钢筋；（b）人字纹钢筋；（c）螺纹钢筋；（d）月牙纹钢筋

② 热轧钢筋的力学性能

a. 应力-应变曲线的一般特征

图 4-6 为热轧钢筋拉伸时的应力-应变关系曲线，又称本构关系，它反映出钢材的主要力学特征。

从图中可看出，从开始受拉到拉断，经历了四个阶段：弹性阶段（OA）、屈服阶段（AB）、强化阶段（BC）和颈缩阶段（CD）。

a) 弹性阶段（OA）

在 OA 阶段，材料表现为弹性性质。应力与应变的比值称为弹性模量，A 点为比例极限点。

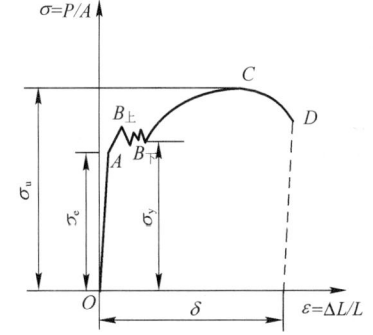

图 4-6　有明显屈服阶段的应力-应变关系曲线

b) 屈服阶段（AB）

超过 A 点后应力应有一小幅度波动，不再明显增加，而变形明显增大，且出现了塑性变形，这个阶段属于屈服阶段。与屈服阶段最小应力（$B_下$）对应的应力值称为屈服强度。

c) 强化阶段（BC）

在荷载作用下试件变形继续增加，由于材料内部金属晶格结构发生变化，使其抵抗变形能力又重新提高，此阶段称为强化阶段。与 C 点对应的应力称为极限抗拉强度或简称为抗拉强度。

d) 颈缩阶段（CD）

当试件的应力超过 C 点后，试件的抗变形能力明显下降，在最薄弱的部位截面显著减小，称为颈缩现象。最终试件在颈缩部位发生断裂而破坏。

b. 强度及弹性模量

钢材的强度包括屈服强度、极限抗拉强度及疲劳强度。

a）屈服强度

一般以有明显屈服阶段材料拉伸应力-应变曲线屈服阶段的下限应力（图 4-6）或无明显屈服阶段应力-应变曲线 0.2% 残余变形对应的应力作为屈服强度（图 4-9）。屈服强度是确定钢结构容许应力的主要依据。

b）极限抗拉强度

极限抗拉强度不能作为设计的依据，但是屈强比（屈服强度与极限抗拉强度的比值）在工程上有重要意义。屈强比越小，结构的强度储备越大，结构的可靠度越高，但是材料强度的利用率也就越低，合理的屈强比一般在 0.6~0.75 之间。

c）疲劳强度

一般把钢材承受 $10^6 \sim 10^7$ 次反复荷载时发生破坏的最大应力称为疲劳强度。

钢筋强度用标准值和设计值表示。根据可靠度要求，《混凝土结构设计规范》GB 50010—2010 取具有 95% 以上的保证率的屈服强度作为钢筋强度的标准值 f_{yk}。钢筋强度的设计值 f_y 等于钢筋强度标准值除以材料分项系数 γ_s，即：

$$f_y = \frac{f_{yk}}{\gamma_s} \tag{4-1}$$

由于钢材的均质性较好，规范对各种热轧钢筋统一取 $\gamma_s = 1.10$，对 500MPa 级钢筋取 1.15，对于预应力用钢丝、钢绞线取为 1.20，其他可按工程经验及原则进行调整。钢筋强度设计值用于承载能力极限状态的计算。

热轧钢筋强度标准值见附表 4-1，设计值见附表 4-3，弹性模量见附表 4-5。

在建立钢筋混凝土构件截面承载力计算模型时，对热轧钢筋强度取值作如下两点简化：忽略从比例极限到屈服点之间钢筋微小的塑性应变；不利用应力强化阶段。据此热轧钢筋的应力-应变关系可简化为图 4-7 所示的曲线。

c. 塑性性能

a）伸长率。伸长率是衡量钢筋塑性性能的一个指标。试件拉伸试验后，把试件断裂的两段拼起来，便可测得标距范围内的实际长度 l_1，l_1 减去标距长 l 就是塑性变形值，此值与标距长 l 的比率称为伸长率，伸长率用 δ 表示：

$$\delta = \frac{l_1 - l}{l} \times 100\% \tag{4-2}$$

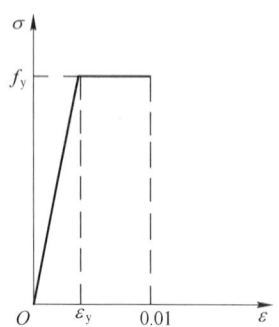

图 4-7　热轧钢筋的理想应力-应变曲线

它的数值越大，表示钢材塑性越好。良好的塑性，可将结构上的应力（超过屈服点的应力）进行重新分布，从而避免结构过早破坏。

b) 冷弯试验。冷弯试验也是检验钢材塑性性能的另一种方法,能反映钢材脆化的倾向。冷弯试验是通过检验试件经过规定的弯曲程度后,弯曲处有无裂纹、起层、鳞落和断裂等情况来评定。冷弯试验可以暴露材料内部的某些缺陷。对于重要结构和需要弯曲成形的钢材,冷弯性能必须合格。

(3) 中、高强钢丝和钢绞线

中、高强钢丝的直径为 4~10mm。钢丝外形有光面、刻痕、月牙肋及螺旋肋几种,而钢绞线则为绳状,由 2 股、3 股或 7 股钢丝捻制而成,均可盘成卷状。刻痕钢丝、螺旋肋钢丝和绳状钢绞线的形状如图 4-8 所示。

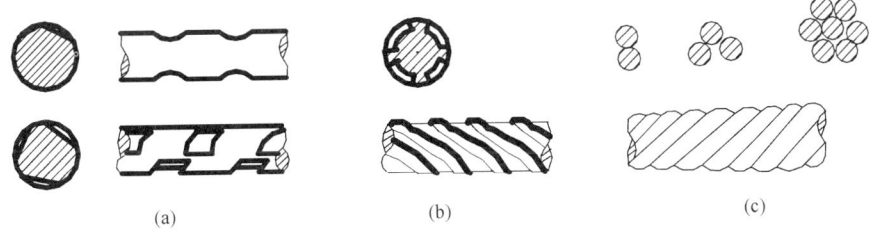

图 4-8 刻痕钢丝、螺旋肋钢丝和绳状钢绞线
(a) 刻痕钢丝(二面、三面);(b) 螺旋肋钢丝;(c) 绳状钢绞线

中强钢丝的抗拉强度为 800~1370MPa,高强钢丝、钢绞线的抗拉强度为 1470~1860MPa。伸长率很小,$\delta_{100}=3.5\%\sim 4\%$。中、高强钢丝和钢绞线的应力-应变特征如图 4-9 所示。图中 $\sigma_{0.2}$ 为对应于残余应变为 0.2%的应力,称之为无明显屈服钢筋的条件屈服点。

中、高强钢丝和钢绞线用作预应力混凝土结构的钢筋。在预应力混凝土结构中,还采用热处理钢筋。它是将强度很高的热轧钢筋经过加热、淬火和回火等调质工艺处理的热轧钢筋,无明显的屈服点和屈服台阶,其抗拉强度为 1470MPa,伸长率 $\delta_{10}=6\%$。中高强钢丝、钢绞线和热处理钢筋的代表符号、直径范围、强度标准值见附表 4-2,设计值见附表 4-4,弹性模量见附表 4-5。

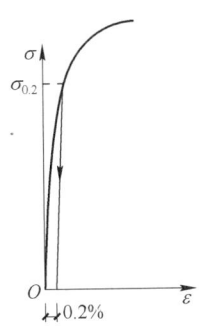

图 4-9 无明显屈服点钢筋的应力-应变曲线

屈服强度、极限强度、伸长率及冷弯性能是对有明显屈服点钢筋进行质量检验的四项主要力学性能指标,对无明显屈服点的钢筋只测定后三项。此外,钢材的弹性模量也是重要的力学性能指标。

(4) 冷加工钢筋

冷加工钢筋是指在常温下采用某种工艺对热轧钢筋进行加工得到的钢筋。常用的加工工艺有冷拉、冷拔、冷轧和冷轧扭四种。其目的都是为了提高钢筋的强度,以节约钢材。同时伸长率显著降低,除冷拉钢筋仍具有明显的屈服点外,其余冷加工钢筋均无明显屈服点和屈服台阶。

① 冷拉钢筋

冷拉是使热轧钢筋的冷拉应力值先超过屈服强度,然后卸载,如果停留一段时间后再进行张拉，屈服点将得到提高，这种现象称为时效硬化。为了使钢筋冷拉时效后，既能显著提高强度，又能使钢材具有一定的塑性，应合理选择张拉控制点。由于冷拉只能提高钢筋的抗拉强度而不能提高钢筋的抗压强度，因此目前已不提倡使用冷拉钢筋。

② 冷拔钢筋

冷拔是将钢筋用强力拔过比其直径小的硬质合金拔丝模。经过几次冷拔，钢筋强度与原来相比有很大提高，但塑性则显著降低，且没有明显的屈服点。冷拔可以同时提高钢筋的抗拉强度和抗压强度。

③ 冷轧带肋钢筋

冷轧带肋钢筋是以低碳筋或低合金钢筋为原材料，在常温下进行轧制而成的表面带有纵肋和月牙纹横肋的钢筋。用这种钢筋逐步取代普通低碳钢筋和冷拔低碳钢丝，可以改善构件在正常使用阶段的受力性能和节省钢材。

④ 冷轧扭钢筋

冷轧扭钢筋是以热轧光面钢筋 HPB300 为原材料，按规定的工艺参数，经钢筋冷轧扭机一次加工轧扁扭曲呈连续螺旋状的冷强化钢筋。

冷拔低碳钢丝、冷轧带肋钢筋和冷轧扭钢筋都有专门的设计与施工规程，供设计与施工时查用。

2) 钢筋的选用原则

在钢筋混凝土结构及预应力混凝土结构中，构件承受的拉力主要由钢筋来承受，因此钢筋性能直接影响到钢筋混凝土构件的受力性能。工程中对钢筋选用的规定如下：

① 钢筋混凝土结构中的钢筋和预应力混凝土结构中的非预应力钢筋宜优先采用：纵向受力普通钢筋宜采用 HRB400、HRB500、HRBF400、HRBF500 钢筋，也可采用 HPB300、HRB335、HRBF335、RRB400 钢筋；梁、柱纵向受力普通钢筋应采用 HRB400、HRB500、HRBF400、HRBF500 钢筋；箍筋宜采用 HRB400、HRBF400、HPB300 钢筋，也可采用 HRB335、HRBF335 钢筋。

② 预应力钢筋宜采用预应力钢绞线、中高强钢丝，也可以采用预应力螺纹钢筋。

此外混凝土结构对钢筋性能还有一定的要求，主要体现在：

强度方面：对钢筋屈服强度及极限强度都有相应要求；同时采用较高强度的钢筋可以省材，从而获得较好的经济效益。

变形方面：为使构件破坏有足够的预兆，各类钢筋的伸长率及冷弯性能都要求合格。

可焊性方面：钢筋的接头常需要焊接，因此在一定工艺条件下钢筋焊接后不产生裂纹和过大的变形，确保接头性能良好。

粘结力方面：使钢筋与混凝土之间有足够的粘结力，从而保证二者能很好地共同工作。

在寒冷地区，对钢筋有一定的低温性能要求。

钢筋的计算截面面积及质量见附表 4-6，钢绞线及钢丝的公称直径及理论重量见附表 4-7 及附表 4-8。

3. 混凝土

混凝土是由水泥、水、粗骨料和细骨料经过人工搅拌、入模、捣实、养护和硬化后形成的人工石。混凝土各组成成分的比例及加工制作过程都会直接影响混凝土最终的物理力学性能。

在混凝土凝结初期，由于水泥胶块的收缩及骨料下沉等原因，导致水泥胶块与骨料之间存在接触面上的微裂缝，它是混凝土内部最薄弱的环节，在外部荷载作用下，对混凝土的强度及变形产生不利影响。

1) 混凝土强度

(1) 混凝土抗压强度

混凝土抗压强度是混凝土力学性能中最重要的指标，它是混凝土强度分级的标准，也是施工中控制混凝土质量的重要依据。在钢筋混凝土结构中可以通过抗压强度推断出混凝土其他力学指标。根据混凝土试件的不同，有二种不同的抗压强度指标：立方体抗压强度、棱柱体抗压强度（圆柱体抗压强度）。从设计方面考虑，我们想了解的是如何测定混凝土强度、不同测试方法之间强度系数关系以及测试所得的混凝土强度与实际构件混凝土强度之间的关系。

① 立方体抗压强度 $f_{cu,k}$

目前国际上采用的混凝土试件形状有圆柱体和立方体两种，我国采用立方体试件，欧美国家采用圆柱体试件，两类试件强度可通过 ISO 3898 标准进行换算。

我国《混凝土结构设计规范》GB 50010—2010 规定：混凝土强度等级应按立方体抗压强度标准值确定。立方体抗压强度标准值指按照标准方法制作养护的边长 150mm 的立方体试件，在 20±3℃ 的温度和相对湿度在 90% 以上的潮湿空气中养护 28d，用标准试验方法测得的具有 95% 保证率的抗压强度，用符号 $f_{cu,k}$ 表示。$f_{cu,k}$ 与平均值 μ_f 和标准差 σ_f 的关系为：

$$f_{cu,k} = \mu_f - 1.645\sigma_f \tag{4-3}$$

混凝土立方体试件除了边长 150mm 外，还可以采用边长 100mm 和 200mm 的立方体试件。当采用不同的立方体试件时，应乘以修正系数来换算成标准尺寸的立方体强度，一般边长 100mm 和 200mm 的试件分别乘以 0.95 和 1.05 的系数来换算。

混凝土强度等级一般可划分为：C15、C20、C25、C30、C35、C40、C45、C50、C55、C60、C65、C70、C75、C80，C 代表混凝土，C 后的数字即为混凝土立方体抗压强度的标准值，其单位为"N/mm²"，例如 C60 表示混凝土的立方体抗压强度标准值为 $f_{cu,k}=60\text{N/mm}^2$。

不同的试验方法对混凝土的 $f_{cu,k}$ 值有较大影响。当试件承压接触面上不涂润滑剂时，混凝土的横向变形受到摩擦力的约束，形成"箍套"作用，试件破坏时形成两个对顶的角锥形破坏应力状态，如图 4-10 (a) 所示。如果在试件承压面上涂一些润滑剂，这时试件与压力机垫板间的摩擦力就大大减小，试件沿着力的作用方向平行地产生几条裂缝而破坏，所测得的抗压极限强度较低，如图 4-10 (b) 所

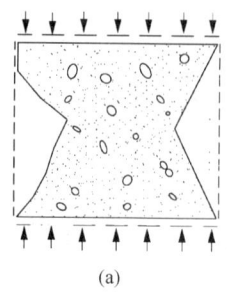 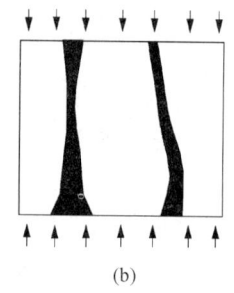

图 4-10 混凝土立方体破坏情况
(a) 不涂润滑剂；(b) 涂润滑剂

示。标准试验方法不加润滑剂。

混凝土强度随时间而增长，初期增长较快，后期增长缓慢，至最后稳定。龄期在 4 周时其强度大体稳定，以此时间定义为划分强度等级的时间。混凝土强度大约在 5 年以后趋于稳定，其强度可比 28 天强度高出 20%。

② 轴心抗压强度 f_{ck}

实际结构和构件往往不是立方体，而是棱柱体，因此采用棱柱体试件能更好地反映混凝土的实际抗压能力，可以用棱柱体测得的抗压强度作为轴心抗压强度，又称为棱柱体抗压强度，用 f_{ck} 表示。

我国《普通混凝土力学性能试验方法》规定，采用 150mm×150mm×300mm 的棱柱体作为标准试件，按照标准试验方法测得的强度，称为混凝土轴心抗压强度。轴心抗压强度标准值 f_{ck} 与立方体抗压强度标准值 $f_{cu,k}$ 之间折算关系为：

$$f_{ck} = 0.88 a_1 a_2 f_{cu,k} \tag{4-4}$$

式中　a_1——棱柱体强度与立方体强度的比值；

a_2——混凝土的脆性系数；

0.88——考虑结构中的混凝土强度与试块混凝土强度之间的差异等因素的修正系数。

(2) 混凝土抗拉强度 f_{tk}

混凝土抗拉强度是混凝土的基本力学性能指标之一。混凝土抗拉强度很低，在实际结构中，只有钢筋混凝土构件的抗裂性、抗剪、抗冲切和抗扭等与混凝土的抗拉强度有关。

目前，混凝土抗拉强度试验方法主要有直接拉伸试验、劈裂试验和弯曲抗折试验三种。

抗拉强度标准值 f_{tk} 与立方体抗压强度标准值 $f_{cu,k}$ 之间的折算关系为：

$$f_{tk} = 0.88 a_2 \times 0.395 f_{cu,k}^{0.55} (1 - 1.645\delta)^{0.45} \tag{4-5}$$

式中，系数 0.88 和 a_2 的意义同式 (4-4)，$0.395 f_{cu,k}^{0.55}$ 为轴心抗拉强度与立方体抗压强度的折算关系，而 $(1-1.645\delta)^{0.45}$ 则反映了试验离散程度对标准值保证率的影响。

混凝土抗压强度设计值 f_c 和抗拉强度设计值 f_t 与其对应的标准值的关系为：

$$f_c = \frac{f_{ck}}{\gamma_c} \tag{4-6}$$

$$f_t = \frac{f_{tk}}{\gamma_c} \tag{4-7}$$

式中 γ_c——混凝土的材料分项系数，取 $\gamma_c=1.40$。

混凝土强度标准值见附表 4-9，设计值见附表 4-10。

(3) 混凝土在复合应力作用下的强度

混凝土结构和构件很少使混凝土处于理想的单向应力状态，更多的是处于双向或三向受力状态，由于混凝土非均质材料的特点，目前仍只有借助有限的试验资料建立起经验公式。

① 混凝土的双向受力强度

试验表明，混凝土双向受压时混凝土两个方向的抗压强度都有所提高，最大可以达到单向受压时的 1.2 倍左右，最大受压强度发生在 σ_2/σ_3 等于 $0.2\sim1.0$ 时；对双向受拉情况，双向受拉强度均接近于单向受拉强度；对双向异号应力都使强度降低。

② 混凝土的三向受压强度

混凝土三向受压时，各个方向的抗压强度及应变都有所提高（图 4-11）。原因通常用侧向约束的概念来说明。侧向约束限制了混凝土受压后的横向变形，包括限制了内部裂缝的产生和发展，从而提高了在受压方向上的抗压强度。在实际工程中，常常采用横向钢筋约束混凝土的办法提高混凝土的抗压强度，例如采用密排螺旋钢筋、钢管混凝土柱，相应的构件延性（承受变形的能力）有所提高。

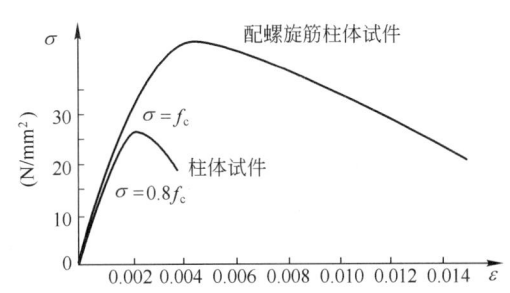

图 4-11 配螺旋筋柱体试件的应力-应变曲线

2) 混凝土变形

混凝土的变形可以分为两类：一类为混凝土的受力变形，包括一次短期荷载下的变形、长期荷载下的变形和多次重复荷载下的变形；另一类为混凝土的非受力变形，如体积收缩、膨胀及温度变化而产生的变形。

(1) 混凝土的受力变形

① 混凝土的应力-应变曲线

混凝土的应力-应变曲线也称作本构关系，它是钢筋混凝土构件应力分析、建立强度和变形计算理论必不可少的依据。图 4-12 为混凝土在一次性加载时受压应力-应变曲线，曲线由上升段 OC 和下降段 CDE 两部分组成，具有如下变形特点：

OC 段为曲线的上升段：线性段（OA 段），此段很短，线性极限应力 $\sigma = (0.3\sim0.4)f_{ck}$，A 点称为比例极限点。超过 A 点后，进入稳定裂缝扩展阶段，应变增长明显快于应力的增长，混凝土表现出塑性特点，临界点 B 相对应的应力

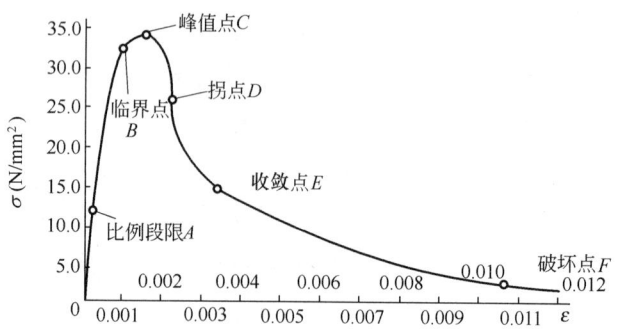

图 4-12 混凝土受压应力-应变曲线

可作为长期受压强度的依据（一般取为 $0.8f_{ck}$）。之后形成裂缝快速发展的不稳定状态直至 C 点，应力达到的最高点为 f_{ck}，f_{ck} 相对应的应变称为峰值应变 ε_0，一般 $\varepsilon_0=0.0015\sim0.0025$，平均取 $\varepsilon_0=0.002$。

CDE 段为下降段：D 点和 E 点为两个反弯点。一般达到 D 点时，试件在宏观上已经完全破坏，因此可以取 D 点的应变为极限压应变 ε_u，极限压应变的试验结果为 $0.003\sim0.006$，我国混凝土结构设计规范取 0.0033。在拐点 D 之后 σ-ε 曲线中曲率最大点 E 称为"收敛点"。E 点以后主裂缝已很宽，试件的承载力极低，承载力主要由破碎的混凝土内部机械咬合力与摩擦力提供。

混凝土的受拉应力-应变曲线与受压应力-应变曲线相似，但极限拉应力只有极限压应力的 $1/20\sim1/8$，极限拉应变也只有极限压应变的 $1/20$ 左右，而且曲线只有上升段。

② 混凝土的弹性模量

由于受压混凝土的 σ-ε 曲线是非线性的，应力和应变的关系并不是常数。我国规范中弹性模量 E_c 值用如下方法确定：采用棱柱体试件，取应力上限为 $0.5f_c$，重复加载 $5\sim10$ 次，此时变形趋于稳定，混凝土的 σ-ε 曲线接近于直线，自原点至 σ-ε 曲线上 $\sigma=0.5f_c$ 对应点的连线斜率为混凝土的弹性模量。E_c 与 f_{cu} 的经验关系为：

$$E_c=\frac{10^5}{2.2+\dfrac{34.7}{f_{cu}}} \quad (\text{N}/\text{mm}^2) \tag{4-8}$$

混凝土弹性模量取值见附表 4-11。

混凝土的泊松比（横向应变与纵向应变之比）$\gamma_c=0.2$。混凝土的剪变模量 $G_c=0.4E_c$。

③ 混凝土在重复荷载作用下的变形

若将试件加荷至某一数值，然后卸荷至零，并将这种过程多次重复，这就是通常所指的重复荷载作用。

混凝土棱柱体试件经历一次加荷卸荷时，其应力-应变曲线如图 4-13（a）所示。加荷曲线为 OA，卸荷曲线为 AB，其中应变包括三部分：一是卸荷后立即

恢复的弹性应变 ε_{ce}，二是停留一段时间还能恢复的应变 BB'（称为弹性后效 ε_{ae}），三是不能恢复而残存在试件中的应变 OB'（称为残余应变 ε_{cp}）。

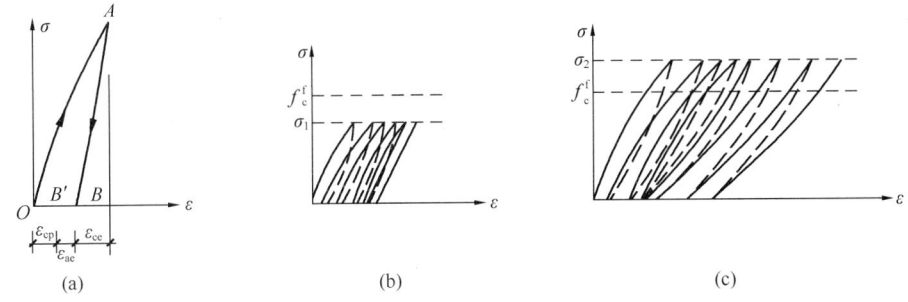

图 4-13　混凝土在重复荷载下的应力-应变曲线

当每次循环所加的压应力较小时（如 $\sigma_c < 0.5 f_c$），经过若干次加荷卸荷后，累计塑形变形将不再增长，混凝土的加卸荷应力-应变曲线成为直线（图 4-13b），此后混凝土将按弹性性质工作。如若每次加荷时的最大压应力超过某个限值（例如 $\sigma_c > 0.5 f_c$），则在经历若干次循环后，应力-应变曲线也成为直线，但在继续经过多次重复加、卸荷后，曲线将从凸向应力轴而逐渐凸向应变轴，它标志着混凝土趋近疲劳破坏（图 4-13c）。

上述两种不同应力-应变曲线的发展和变化，取决于施加荷载时应力的大小是低于还是高于混凝土在重复荷载下的界限强度，这个界限强度称为混凝土的疲劳极限强度 f_c^f，其值大约在 $0.5 f_c$ 左右。

④ 混凝土的徐变

混凝土在长期不变荷载作用下，沿作用力方向随时间而产生的塑性变形称为混凝土的徐变。混凝土产生徐变的原因是：在长期荷载作用下，水泥石中的凝胶体产生黏性流动，向毛细管内迁移，或者凝胶体中的吸附水或结晶水向内部毛细孔迁移渗透所致。

在荷载作用初期或混凝土硬化初期，徐变增长较快。以后徐变速度越来越慢，经过一定时间后，徐变趋于稳定。

混凝土的徐变对混凝土构件的受力性能有很大影响，主要体现在：a. 使试件在长期荷载作用下的变形增加；b. 引起试件或结构内部的应力重分布；c. 引起预应力损失。

混凝土的徐变和许多因素有关，其中主要影响因素有：水灰比、混凝土龄期、温度和湿度、材料配比等。混凝土的应力条件是影响徐变非常重要的因素。混凝土的应力越大，徐变越大。

(2) 混凝土的非受力变形

① 混凝土的收缩与膨胀

混凝土在空气中硬化时体积减小的现象称为混凝土的收缩。混凝土在水中或处于饱和湿度情况下硬结时体积增大的现象称为膨胀。混凝土的收缩和膨胀随时间而增长，整个过程可延续 2 年以上。初期发展较快。混凝土的收缩值比膨胀值大很多，分析研究时以收缩为主。

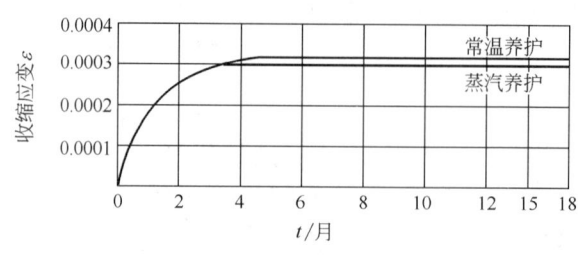

图 4-14 混凝土的收缩

混凝土收缩的原因是混凝土内水泥浆凝固硬化过程中物理化学作用的结果，与水泥品种、水灰比、骨料类型及养护条件有关。收缩量随混凝土的硬化龄期的延长而增加，一般在 120d 内逐渐趋向稳定（图 4-14）。最终收缩值约为 $(2\sim 5)\times 10^{-4}$。

混凝土的自由收缩只会引起混凝土体积的减小，不会产生应力和裂缝。但是当收缩受到约束时（如支承固定或内部钢筋约束时），混凝土内部将产生拉应力，甚至开裂。

② 混凝土的温度变形

当温度变化时，混凝土的体积同样也有热胀冷缩的性质。混凝土的温度线膨胀系数一般为 $(1.2\sim 1.5)\times 10^{-5}℃^{-1}$。

对大体积混凝土工程，在凝结硬化初期，由于水泥水化放出的水化热不易散发而聚集在内部，造成混凝土内外温差很大，有时可达 40~50℃以上，因此产生极大的温度应力，导致混凝土表面开裂。混凝土在正常使用条件下也会随温度的变化而产生热胀冷缩变形，从而在结构内部产生一定的温度应力。

在施工过程中，加强养护、减小水泥用量、控制水灰比、采用坚硬的骨料以及良好的级配、恰当的水泥品种都可以减小混凝土的温度应力。此外，还可以采用分层分段浇筑混凝土、预留后浇带等施工措施减小混凝土的温度应力对结构或构件的不利影响，必要时可在构件内设置冷凝水管。

3）混凝土的选用原则

混凝土结构设计规范规定：素混凝土结构的混凝土强度等级不应低于 C15；钢筋混凝土结构中，混凝土的强度等级不应低于 C20；采用 HRB400 和 RRB400 钢筋以及承受重复荷载的构件，混凝土的强度等级不应低于 C25；预应力钢筋混凝土结构的混凝土强度等级不应低于 C30，不宜低于 C40；采用预应力钢绞线、钢丝、热处理钢筋作预应力钢筋时，混凝土强度等级不宜低于 C40。

4. 钢筋与混凝土间粘结与锚固

钢筋与混凝土这两种性质不同的材料之所以能有效地结合在一起共同工作，主要有三个方面的条件：首先是混凝土硬化后钢筋与混凝土之间产生了良好的粘结力，使两者牢固地粘结在一起，相互间不致滑动而能整体工作；其次，钢筋和混凝土两种材料的温度线膨胀系数非常接近，钢筋为 $1.2\times 10^{-5}/℃$，混凝土为 $(1.2\sim 1.5)\times 10^{-5}/℃$，温度变化不致产生较大的相对变形破坏两者之间的粘结；最后是钢筋至构件边缘间的混凝土保护层，起着防护钢筋锈蚀的作用，能保证结构的耐久性。粘结和锚固是钢筋和混凝土形成整体共同工作的基础。

粘结力包含了水泥胶体对钢筋的粘着力、钢筋与混凝土之间的摩擦力、钢筋表面凹凸不平与混凝土的机械咬合力、钢筋端部在混凝土内的锚固力。

1) 钢筋与混凝土间粘结

只要钢筋和混凝土有相对变形（滑移），就会在钢筋和混凝土交界面上产生沿钢筋轴线方向的相互作用力，这种力就称作钢筋和混凝土的粘结力。正因为粘结力的存在，使钢筋和混凝土能够共同工作。

（1）粘结力组成

粘结性能试验表明，钢筋和混凝土的粘结力主要有下面四种影响因素。

① 化学胶结力：钢筋与混凝土接触面上的化学吸附作用力。这种力一般很小，当接触面发生相对滑移时就消失，仅在局部无滑移区内起作用。

② 摩擦力：混凝土收缩后将钢筋紧紧地握裹住而产生的力。钢筋和混凝土之间的挤压力越大、接触面越粗糙，则摩擦力越大。

③ 机械咬合力：钢筋表面凹凸不平与混凝土产生的机械咬合作用而产生的力。是变形钢筋粘结力的主要来源。

④ 钢筋端部的锚固力：一般是在钢筋端部弯钩、弯折，在锚固区焊短钢筋、短角钢等方法来提供锚固力。

直段光面钢筋的粘结力主要来自于化学胶结力和摩擦力。变形钢筋的粘结效果比光面钢筋好得多，机械咬合力是变形钢筋粘结强度的主要来源。

（2）影响粘结强度的因素

钢筋的粘结强度均随混凝土的强度提高而提高。试验表明：当其他条件基本相同时，粘结强度 τ_u 与混凝土的劈裂抗拉强度 $f_{t,s}$ 成正比。横向钢筋限制了纵向裂缝的发展，可使粘结强度提高，因而在钢筋锚固区和搭接长度范围内，加强横向钢筋（如箍筋加密等）可提高混凝土的粘结强度。

2) 保证钢筋与混凝土之间粘结力的措施

为保证钢筋和混凝土的粘结力，需要在保护层的厚度、钢筋的锚固和连接、局部粘结力传递、混凝土浇筑及锚固区的侧向压力等六个方面采取措施：

（1）保护层的厚度

纵向受力钢筋及预应力钢筋的混凝土保护层厚度（钢筋外边缘到混凝土表面的距离）不能太小，具体规定见附表4-12。

（2）钢筋的锚固

钢筋的基本锚固长度取决于钢筋强度及混凝土的抗拉强度，并与钢筋的外形有关。当计算中充分利用钢筋的强度时，其锚固强度 l_a 按下列公式计算：

普通钢筋：

$$l_a = \alpha \frac{f_y}{f_t} d \tag{4-9}$$

预应力钢筋：

$$l_a = \alpha \frac{f_{py}}{f_t} d \tag{4-10}$$

钢筋的锚固长度具体数值见规范要求。

钢筋末端弯钩：光圆钢筋的粘结性能较差，故除受压钢筋及焊接网或焊接骨架中的光圆钢筋外，其余光圆钢筋的末端均应设置弯钩（图 4-15）。

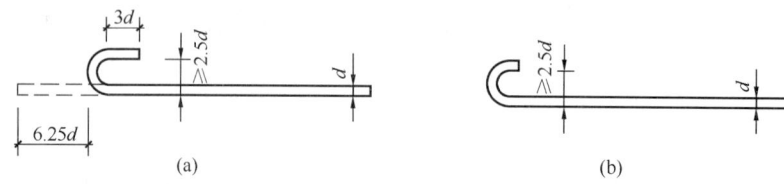

图 4-15　光圆钢筋弯钩
(a) 手工弯标准钩；(b) 机器弯标准钩

（3）钢筋的连接

钢筋的连接有绑扎连接和机械连接或焊接两类。钢筋的搭接长度具体数值见规范要求。

（4）保证局部粘结应力的传递

局部粘结应力是指裂缝两侧产生的粘结应力，其作用是使裂缝之间的混凝土参与受拉工作，为了增加局部粘结作用，应选择直径较小和带肋钢筋。

（5）混凝土的浇筑

粘结强度与浇筑混凝土时钢筋的位置有关。浇筑深度超过 300mm 的上部水平钢筋底面，由于混凝土的泌水、骨料下沉和水分气泡的逸出，形成一层强度较低的空隙层，它将削弱钢筋与混凝土的粘结作用。因此，对高度较大的梁应分层浇筑和采用二次振捣（详见施工规范）。

（6）锚固区的侧向压力

当钢筋的锚固区作用有侧向压应力时，粘结强度将得到提高。因此在支座处（梁的简支端），考虑支座压力的有利影响，伸入支座的钢筋锚固长度可作适当减小。

4.2　受弯构件正截面承载力计算

受弯构件是指截面上通常有弯矩和剪力共同作用而轴力可忽略不计的构件（图 4-16）。梁和板是典型的受弯构件。

受弯构件常用的截面形式如图 4-17 所示。

图 4-16　受弯构件示意图

梁和板的区别在于梁的高度一般大于其宽度，而板的宽度远大于板的高度（厚度）。有时为了降低楼层的高度，将梁做成十字形；有时为了节省混凝土用量，同时减小梁自重，将矩形梁做成工字形梁。当梁和板整体浇筑时，由于梁和板共同承受荷载，梁就成了 T 形梁或 ⌐ 形梁。

受弯构件在荷载等因素的作用下，截面

有可能发生破坏：一种是沿弯矩最大截面的破坏（图 4-18a），另一种是沿剪力最大或弯矩和剪力都较大的截面破坏（图 4-18b）。当受弯构件沿弯矩最大的截面破坏时，破坏截面与构件的轴线垂直，故称为沿正截面破坏；当受弯构件沿剪力最大或弯矩和剪力都较大的截面破坏时，破坏截面与构件的轴线斜交，称为沿斜截面破坏。

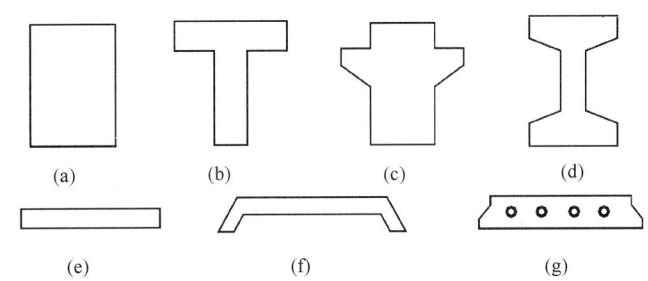

图 4-17 工程中受弯构件的截面形式
（a）～（d）梁；（e）～（g）板

图 4-18 受弯构件的破坏形式
（a）正截面破坏；（b）斜截面破坏

要使受弯构件安全，既要保证构件不得沿正截面发生破坏，又要保证构件不得沿斜截面发生破坏，因此要进行正截面承载能力和斜截面承载能力计算。

1. 受弯构件正截面的受力特性

1）配筋率对构件破坏特征的影响

对一截面宽度为 b、截面高度为 h 的矩形截面受弯构件，假定在受拉区配置了钢筋截面面积为 A_s 的纵向受力钢筋，设从受压边缘至纵向受力钢筋截面重心的距离 h_0 为截面的有效高度，截面宽度与截面有效高度的乘积 bh_0 为截面的有效面积，纵向受力钢筋截面重心到受拉边缘距离计为 a_s（图 4-19）。定义构件的截面配筋率为纵向受力钢筋截面面积与截面有效面积的百分比，即：

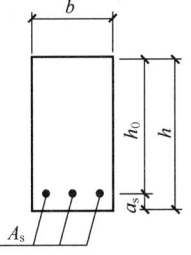

$$\rho = \frac{A_s}{bh_0} \tag{4-11}$$

图 4-19 单筋矩形截面示意图

构件的破坏特征取决于配筋率、混凝土的强度等级、截面形式等诸多因素，但是以配筋率对构件破坏特征的影响最为明显。试验表明，随着配筋率的改变，构件的破坏特征有三种。

以图 4-20 所示承受一个集中荷载作用的矩形截面简支梁为例，说明配筋率对构件破坏特征的影响。

(1) 当构件的配筋率低于某一定值时，构件不但承载能力很低，而且只要一开裂，裂缝就急速开展，裂缝截面处的拉力全部由钢筋承受，钢筋由于突然增大的应力而导致屈服，构件立即发生破坏（图 4-20a），可以说是"一裂就破"，这种破坏称为少筋破坏，破坏前无明显预兆，破坏是突然发生的。

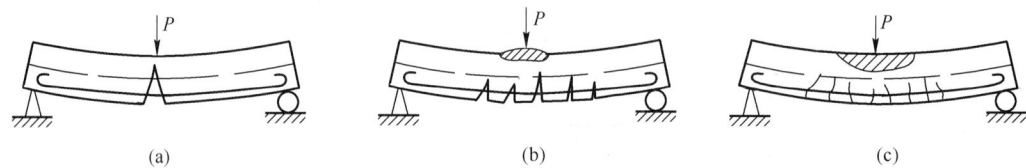

图 4-20 不同配筋率构件的破坏特征
(a) 少筋梁；(b) 适筋梁；(c) 超筋梁

(2) 当构件的配筋率不低也不高时，构件的破坏首先是由于受拉区纵向受力钢筋屈服，然后受压区混凝土被压碎，钢筋和混凝土的强度都得到充分利用，这种破坏称为适筋破坏。适筋破坏在构件破坏前有明显的塑性变形和裂缝预兆，破坏不是突然发生的，呈塑性性质（图 4-20b）。这种破坏有时也叫拉压破坏（钢筋拉断，混凝土压碎）。

(3) 当构件的配筋率超过某一定值时，构件的破坏是由于受压区的混凝土被压碎而引起，受拉区纵向受力钢筋不屈服，这种破坏称为超筋破坏。超筋破坏在破坏前虽然也有一定的变形和裂缝预兆，但不像适筋破坏那样明显，而且当混凝土压碎时，破坏突然发生，破坏带有脆性性质（图 4-20c）。这种破坏有时也叫作受压破坏。

由上述可见，少筋破坏和超筋破坏都具有脆性性质，破坏前无明显预兆，材料的强度得不到充分利用。因此应避免将受弯构件设计成少筋构件和超筋构件，只允许设计成适筋构件。对于少筋和超筋构件，我们通过限制配筋率的上、下值来避免。

2) 适筋受弯构件截面受力的三个阶段

试验表明，对于配筋量适中的受弯构件，从开始加载到正截面破坏，截面的受力状态可以分为三个大的阶段：

(1) 第一阶段——截面开裂前的阶段

当荷载很小时，截面上的内力很小，应力与应变成正比，截面的应力分布为直线（图4-21a），这种受力阶段称为第Ⅰ阶段。

当荷载增大时，截面上的内力也不断增大，由于受拉区混凝土出现塑性变形，受拉区的应力图形呈曲线。当荷载增大某一数值时，受拉区边缘的混凝土可达其实际的抗拉强度和抗拉极限应变值，截面处于开裂前的临界状态（图 4-21b），这种受力状态称为第I_a阶段。

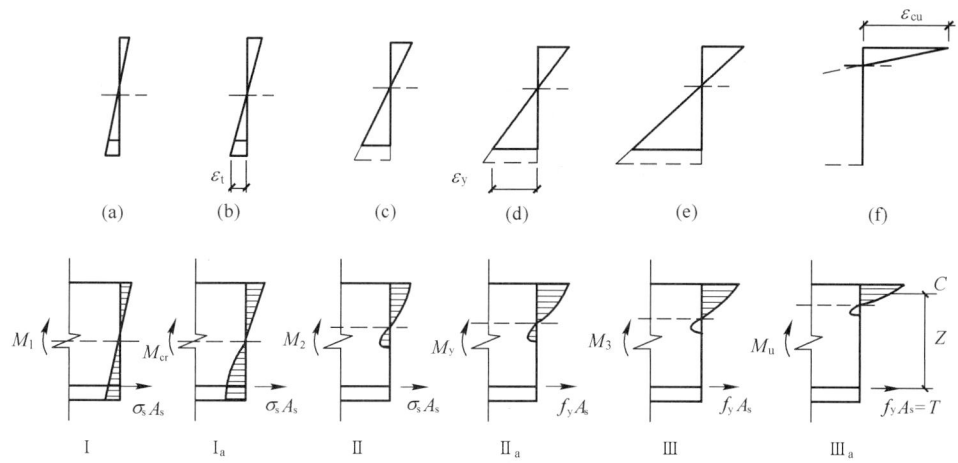

图 4-21 梁在各受力阶段的应力、应变图
C—受压合力；T—受拉区合力

(2) 第二阶段——从截面开裂到受拉区纵向受力钢筋开始屈服的阶段

截面受力达 I_a 阶段后，荷载只要稍许增加，截面立即开裂，截面上应力发生重分布，裂缝处混凝土不再承受拉应力，钢筋的拉应力突然增大，受压区混凝土出现明显的塑性变形，应力图形呈曲线（图 4-21c），这种受力阶段称为第 II 阶段。

荷载继续增加，裂缝进一步开展，钢筋和混凝土的应力不断增大。当荷载增加到某一数值时，受拉区纵向受力钢筋开始屈服，钢筋应力达到其屈服强度（图 4-21d），这种受力状态称为 II_a 阶段。

(3) 第三阶段——破坏阶段

受拉区纵向受力钢筋屈服后，截面的承载能力无明显的增加，但塑性变形急速发展，裂缝迅速开展，并向受压区延伸，受压区面积减小，受压区混凝土压力迅速增大，这是截面受力的第 III 阶段（图 4-21e）。

在荷载几乎保持不变的情况下，裂缝进一步急剧开展，受压区混凝土出现纵向裂缝，混凝土被完全压碎，截面发生破坏（图 4-21f），这种受力状态称为第 III_a 阶段。

试验同时表明，从开始加载到构件破坏的整个受力过程中，变形前的平面，变形后仍保持平面。

在以后的各节中，截面抗裂验算是建立在第 I_a 阶段的基础上，构件使用阶段的变形和裂缝宽度验算是建立在第 II 阶段的基础上，而截面的承载能力计算则是建立在第 III_a 阶段基础上。

2. 单筋矩形截面受弯构件正截面承载力计算

矩形截面配筋分为单筋矩形截面配筋和双筋矩形截面配筋，只在截面受拉区配置纵向受力钢筋的截面称为单筋矩形截面（图 4-22），同时还在受压区配置受压纵向钢筋的截面称为双筋矩形截面。为了固定纵向受力钢筋而在受压区设置的

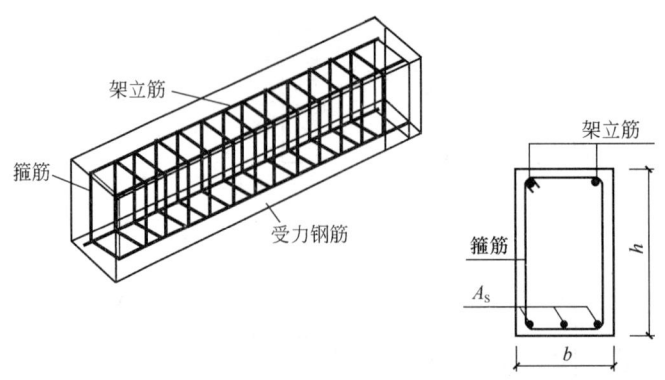

图 4-22 单筋矩形截面梁配筋

构造钢筋——架立钢筋，不能当成是双筋矩形截面。受力钢筋与架立钢筋的区别在于前者是根据受力要求经计算求得，后者是为了构造上的需要而设置的最少量钢筋。当然在受压区设置了受压受力钢筋后，它可以起到架立钢筋的作用，无须在受压区再设置架立钢筋。本节只讨论单筋矩形截面的承载力计算，双筋矩形截面承载力计算在下节中讨论。

1) 基本假定

在进行受弯构件正截面承载力计算时，采用了如下几个基本假定：

(1) 截面应变在变形前后仍保持平面，即所谓平截面假定。

(2) 不考虑混凝土的抗拉强度。

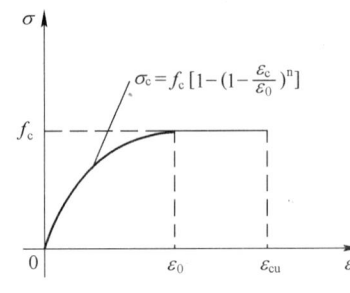

图 4-23 混凝土的应力-应变关系曲线

(3) 混凝土受压的应力与应变关系曲线（图 4-23）按下列规定取用：

当 $\varepsilon_c \leqslant \varepsilon_0$ 时：

$$\sigma_c = f_c \left[1 - \left(1 - \frac{\varepsilon_c}{\varepsilon_0}\right)^n \right] \tag{4-12}$$

当 $\varepsilon_0 < \varepsilon_c \leqslant \varepsilon_{cu}$ 时：

$$\sigma_c = f_c \tag{4-13}$$

$$n = 2 - (f_{cu,k} - 50)/60 \tag{4-14}$$

$$\varepsilon_0 = 0.002 + 0.5(f_{cu,k} - 50) \times 10^{-5} \tag{4-15}$$

$$\varepsilon_{cu} = 0.0033 - (f_{cu,k} - 50) \times 10^{-5} \tag{4-16}$$

式中 σ_c——对应于混凝土应变为 ε_c 时的混凝土压应力；

ε_0——对应于混凝土压应力刚好达到 f_c 时的混凝土压应变，当计算的 ε_0 值小于 0.002 时，应取为 0.002；

ε_{cu}——正截面处于非均匀受压时的混凝土极限压应变，当计算的 ε_{cu} 值大于 0.0033 时，应取为 0.0033；当处于轴心受压时取为 ε_0；

$f_{cu,k}$——混凝土立方体抗压强度标准值；

n——系数,当计算的 n 大于 2.0 时,应取为 2.0。

n、ε_0 和 ε_{cu} 的取值见表 4-2。

n、ε_0 和 ε_{cu} 的取值　　　　表 4-2

	≤C50	C55	C60	C65	C70	C75	C80
n	2	1.917	1.833	1.750	1.667	1.583	1.500
ε_0	0.00200	0.002025	0.002050	0.002075	0.002100	0.002125	0.002150
ε_{cu}	0.00330	0.00325	0.00320	0.00315	0.00310	0.00305	0.00300

(4) 钢筋的应力取钢筋应变与其弹性模量的乘积,但其绝对值不应大于相应的强度设计值。受拉钢筋的极限拉应变取 0.01,即:

$$\left. \begin{array}{l} \sigma_s = \varepsilon_s E_s \leqslant f_y \\ \sigma'_s = \varepsilon'_s E'_s \leqslant f'_y \\ \varepsilon_{s,\max} = 0.01 \end{array} \right\} \quad (4\text{-}17)$$

2) 单筋矩形截面承载力计算

(1) 计算简图

根据以上基本假定,可得如图 4-24 所示的单筋矩形截面计算简图。

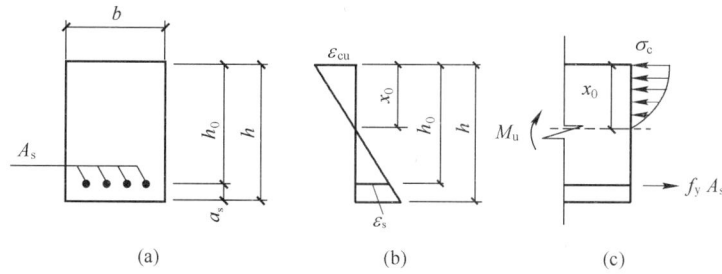

图 4-24　单筋矩形截面计算简图

为了简化计算,可将受压区混凝土的压应力图形用一个等效的矩形应力图形代替 (图 4-25)。矩形应力图的应力取为 $\alpha_1 f_c$,f_c 为混凝土轴心抗压强度设计值。所谓"等效",是指这两个图不但压应力合力的大小相等,而且合力的作用位置完全相同。

按照以上等效原则可求得等效矩形应力图形的受压区高度 x 与按平截面假定

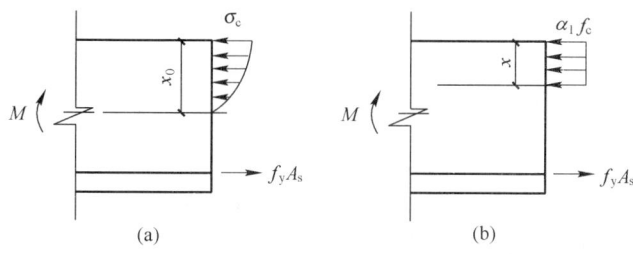

图 4-25　单筋矩形截面受压区混凝土等效应力图

确定的受压区高度 x_0 之间的关系为：

$$x = \beta_1 x_0 \tag{4-18}$$

系数 α_1 和 β_1 的取值见表 4-3。

系数 α_1 和 β_1 表 4-3

	≤C50	C55	C60	C65	C70	C75	C80
α_1	1.00	0.99	0.98	0.97	0.96	0.95	0.94
β_1	0.80	0.79	0.78	0.77	0.76	0.75	0.74

(2) 基本计算公式

对于图 4-25 (b) 的受力状态，可建立两个静力平衡方程：一个是所有各力水平方向上的合力为零，即：

$$\Sigma X = 0 \quad \alpha_1 f_c b x = f_y A_s \tag{4-19a}$$

式中　b——矩形截面宽度；

　　　A_s——受拉区纵向受力钢筋的截面面积。

另一个是所有各力对截面上任何一点的合力矩为零，当对受拉区纵向受力钢筋的合力作用点取矩时，有：

$$\Sigma M_s = 0 \quad M \leqslant \alpha_1 f_c b x \left(h_0 - \frac{x}{2} \right) \tag{4-19b}$$

当对受压区混凝土压应力合力的作用点取矩时，有：

$$\Sigma M_c = 0 \quad M \leqslant f_y' A_s \left(h_0 - \frac{x}{2} \right) \tag{4-19c}$$

$$h_0 = h - a_s \tag{4-19d}$$

式中　M——荷载在该截面上产生的弯矩设计值；

　　　h_0——截面的有效高度；

　　　h——截面高度；

　　　a_s——受拉区边缘到受拉钢筋合力作用点的距离。

按构造要求，当环境类别为一类，混凝土的强度等级不低于 C30 时，梁内钢筋的混凝土保护层最小厚度（指从构件边缘至钢筋边缘的距离）不得小于 20mm，板内钢筋的混凝土保护层不得小于 15mm。假定梁的受力钢筋直径为 20mm，板的受力钢筋直径为 10mm，箍筋直径为 8mm，纵筋净距为 25mm。截面的有效高度在构件设计时一般可按下面方法估算（图 4-26）：

梁的纵向受力钢筋按一排布置时，$h_0 = h - 20 - 8 - \frac{10}{2} \approx h - 35\text{mm}$；

梁的纵向受力钢筋按两排布置时，$h_0 = h - 20 - 8 - 20 - \frac{25}{2} \approx h - 60\text{mm}$；

板的截面有效高度 $h_0 = h - 20\text{mm}$。

对于处于其他使用环境的梁和板，保护层的厚度见附表 4-12。

式 (4-19a～d) 是单筋矩形截面受弯构件正截面承载力的基本计算公式。式 (4-19b) 和式 (4-19c) 不是相互独立的，只能任意选用其中一个与式 (4-19a)

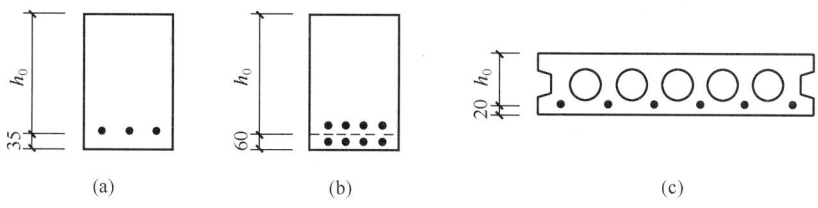

图 4-26 梁板有效高度的确定方法（单位：mm）

一起进行计算。

当混凝土强度变化时，混凝土保护层的厚度要调整，梁板截面的有效高度相应有变化，相应的配筋计算结果有变化，一般情况下，此结果影响较小，实际配筋与计算结果相差不会太大，不必重新计算。

（3）基本计算公式的适用条件

式（4-19）是根据适筋构件的破坏简图推导出的静力平衡方程式。它们只适用于适筋构件计算，不适用于少筋构件和超筋构件计算。所以设计的受弯构件必须满足下列两个适用条件：

① 为了防止构件发生少筋破坏，要求构件的配筋率不得低于其最小配筋率。它是根据受弯构件的破坏弯矩等于其开裂弯矩确定的。受弯构件的最小配筋率 ρ_{min} 按构件全截面面积扣除位于受压边的翼缘面积 $(b'_f - b) h'_f$ 后的截面面积计算，即：

$$\rho_{min} = \frac{A_{s,min}}{A - (b'_f - b) h'_f} \tag{4-20}$$

式中　A——构件全截面面积；

　　$A_{s,min}$——按最小配筋率计算的钢筋面积；

　　ρ_{min}——取 0.2% 和 $45f_t/f_y$（%）中的较大值，ρ_{min}（%）的值如表 4-4 所示，具体原则见附表 4-13。

受弯构件最小配筋百分率 ρ_{min} 值（%）　　表 4-4

	C20	C25	C30	C35	C40	C45	C50	C55	C60	C65	C70	C75	C80
HPB300	0.200	0.212	0.238	0.262	0.285	0.300	0.315	0.327	0.340	0.348	0.357	0.363	0.370
HRB335 HRBF335	0.200	0.200	0.215	0.236	0.257	0.270	0.284	0.294	0.306	0.314	0.321	0.327	0.333
HRB400 HRBF400 RRB400	0.200	0.200	0.200	0.200	0.214	0.225	0.236	0.245	0.255	0.261	0.268	0.273	0.278
HRB500 HRBF500	0.200	0.200	0.200	0.200	0.200	0.200	0.200	0.203	0.211	0.216	0.221	0.226	0.230

由表 4-4 可见，在大多数情况下，受弯构件的最小配筋率均大于 0.2%，即由 $45f_t/f_y$ 条件控制。

② 为了防止构件发生超筋破坏,要求构件截面的相对受压区高度 ξ 不得超过其相对界限受压区高度 ξ_b,即:

$$\xi \leqslant \xi_b \quad (4-21)$$

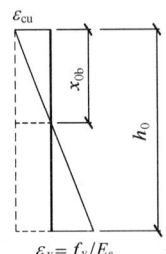

图 4-27 界限配筋时的应变情况

相对界限受压区高度 ξ_b 是适筋构件与超筋构件相对受压区高度的界限值,它可根据截面平面变形假定求出。

a. 配置有明显屈服点钢筋的受弯构件

由图 4-27 可得:

$$\xi_b = \frac{x_b}{h_0} = \frac{\beta_1 x_{0b}}{h_0} = \frac{\beta_1 \varepsilon_{cu}}{\varepsilon_{cu} + \varepsilon_y} = \frac{\beta_1}{1 + \frac{\varepsilon_y}{\varepsilon_{cu}}}$$

$$\xi_b = \frac{\beta_1}{1 + \frac{f_y}{\varepsilon_{cu} E_s}} \quad (4-22)$$

对于常用的有明显屈服点的 HPB300、HRB335、HRB400 和 HRB500 等钢筋,将其抗拉强度设计值 f_y 和弹性模量 E_s 代入式(4-22)中,可求得相对界限受压区高度 ξ_b,如表 4-5 所示,设计时可直接查用。当 $\xi \leqslant \xi_b$ 时,受拉钢筋必将屈服,为适筋构件。当 $\xi > \xi_b$ 时,受拉钢筋不屈服,为超筋构件。

受弯构件有屈服点钢筋配筋时的 ξ_b 值 表 4-5

	≤C50	C55	C60	C65	C70	C75	C80
HPB300	0.5757	0.5661	0.5564	0.5468	0.5372	0.5276	0.5180
HRB335 HRBF335	0.5500	0.5405	0.5311	0.5216	0.5122	0.5027	0.4933
HRB400 HRBF400 RRB400	0.5176	0.5084	0.4992	0.4900	0.4808	0.4776	0.4625
HRB500 HRBF500	0.4822	0.4733	0.4644	0.4555	0.4466	0.4378	0.4290

b. 配置无明显屈服点钢筋的受弯构件

对于无明显屈服点的钢筋,取对应于残余应变为 0.2% 时的应力 $\sigma_{0.2}$ 作为条件屈服点。对应于条件屈服点 $\sigma_{0.2}$ 时的钢筋应变为(图 4-28):

$$\varepsilon_s = 0.002 + \varepsilon_y = 0.002 + \frac{f_y}{E_s} \quad (4-23)$$

式中 f_y——无明显屈服点钢筋的抗拉强度设计值;
E_s——无明显屈服点钢筋的弹性模量。

根据截面平面变形等假设,将推导公式(4-22)时的 ε_y 用公式(4-23)的 ε_s 代替,可以求得无明显屈服点钢筋受弯构件相对界限受压区高度的计算公式为:

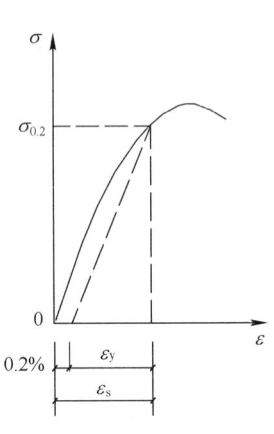

图 4-28 无明显屈服点钢筋应力-应变关系

$$\xi_b = \frac{\beta_1}{1 + \frac{0.002}{\varepsilon_{cu}} + \frac{f_y}{E_s \varepsilon_{cu}}} \quad (4-24)$$

由于截面相对受压区高度 ξ 与截面配筋率 ρ 之间存在对应关系，因此 ξ_b 求出后，可以求出适筋受弯构件截面最大配筋率的计算公式。由式（4-19a）可写出：

$$\alpha_1 f_c b \xi_b h_0 = f_y A_{smax} \quad (4-25)$$

$$\rho_{max} = \frac{A_{smax}}{bh_0} = \xi_b \frac{\alpha_1 f_c}{f_y} \quad (4-26)$$

式（4-26）即为受弯构件最大配筋率的计算公式。常用的具有明显屈服点钢筋配筋的普通钢筋混凝土受弯构件的最大配筋率 ρ_{max} 见表 4-6。

受弯构件截面最大配筋率 ρ_{max}（%） 表 4-6

钢筋等级	混凝土的强度等级												
	C20	C25	C30	C35	C40	C45	C50	C55	C60	C65	C70	C75	C80
HPB300	1.638	2.030	2.440	2.849	3.259	3.600	3.940	4.191	4.420	4.631	4.808	4.954	5.097
HRB335 HRBF335	1.408	1.745	2.097	2.449	2.801	3.095	3.388	3.601	3.797	3.976	4.126	4.248	4.360
HRB400 HRBF400 RRB400	1.104	1.369	1.645	1.921	2.197	2.427	2.657	2.823	2.974	3.110	3.228	3.321	3.413
HRB500 HRBF500	0.851	1.055	1.268	1.481	1.694	1.871	2.049	2.175	2.290	2.395	2.481	2.551	2.620

由构件最大配筋率，按式（4-19b）可求出适筋受弯构件所能承受的最大弯矩为：

$$M_{max} = \alpha_1 f_c b \xi_b h_0 \left(h_0 - \frac{\xi_b h_0}{2}\right) = \xi_b \left(1 - \frac{\xi_b}{2}\right) bh_0^2 \alpha_1 f_c = \alpha_{sb} bh_0^2 \alpha_1 f_c \quad (4-27)$$

式中 α_{sb}——截面最大抵抗矩系数，$\alpha_{sb} = \xi_b \left(1 - \frac{\xi_b}{2}\right)$。

对于具有明显屈服点钢筋配筋的受弯构件，其截面最大抵抗矩系数见表 4-7。

受弯构件截面最大抵抗矩系数 α_{sb} 表 4-7

钢筋种类	≤C50	C55	C60	C65	C70	C75	C80
HPB300	0.4100	0.4059	0.4016	0.3973	0.3929	0.3884	0.3838
HRB335 HRBF335	0.3988	0.3944	0.3901	0.3856	0.3810	0.3763	0.3716
HRB400 HRBF400 RRB400	0.3836	0.3792	0.3746	0.3700	0.3652	0.3604	0.3555
HRB500 HRBF500	0.3659	0.3613	0.3566	0.3518	0.3469	0.3420	0.3370

由上面的讨论可知，为了防止将构件设计成超筋构件，既可以用式（4-21）进行控制，也可以用：

$$\rho \leqslant \rho_{\max} \tag{4-28}$$

或

$$\alpha_s \leqslant \alpha_{sb} \tag{4-29}$$

进行控制。式 (4-21)、式 (4-28) 和式 (4-29) 三者是等价的。

设计经验表明，梁板的经济配筋率为：

实心板：　　　　　　$\rho = (0.4 \sim 1.0)\%$

矩形梁：　　　　　　$\rho = (0.6 \sim 1.5)\%$

T 形梁：　　　　　　$\rho = (0.9 \sim 1.8)\%$

所谓经济配筋率是指在此配筋范围内，施工较方便，受力性能也比较好，因此常将梁板配筋设计在上述范围之内。

(4) 计算例题

在受弯构件设计中，通常会遇见下列两类问题：一类是构件设计问题，即假定构件的截面尺寸、混凝土的强度等级、钢筋的品种以及构件上作用的荷载，或某种因素虽然暂时未知，但可依据实际情况和设计经验假定，要求计算受拉区纵向受力钢筋所需的面积，并且参照构造要求，选择钢筋的根数和直径。钢筋不同间距分布时，每米宽内钢筋面积见附表 4-14。梁宽一定时，钢筋一排布置时最多根数见附表 4-17。另一类是承载能力校核问题，即构件的尺寸、混凝土的强度等级、钢筋的品种和数量以及配筋方式等都已确定，要求计算截面是否能够承受某一已知的荷载或内力设计值。利用式 (4-19) 以及它们的适用条件式，便可以求得上述两类问题的答案，计算步骤见以下各计算例题。

【例 4-1】某宿舍的内廊为现浇简支在砖墙上的钢筋混凝土平板（图 4-29a），板上作用的均布活荷载标准值为 $q_k = 2.5 \text{kN/m}$。水磨石地面及细石混凝土垫层共 30mm 厚（重度为 22kN/m^3），板底粉刷白灰砂浆 12mm 厚（重度为 17kN/m^3）。混凝土强度等级选用 C30，纵向受拉钢筋采用 HRB335 热轧钢筋，设计使用年限为 50 年，环境类别为一类。试确定板厚度和受拉钢筋截面面积。

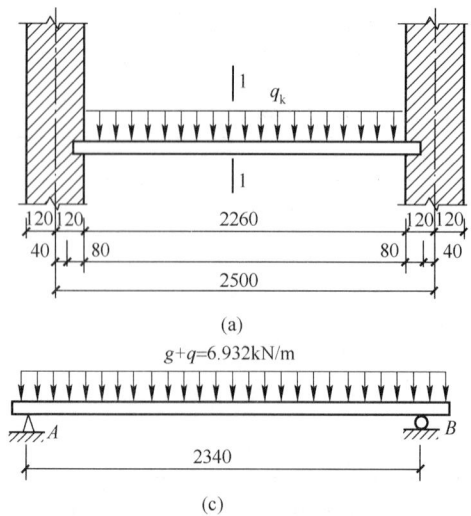
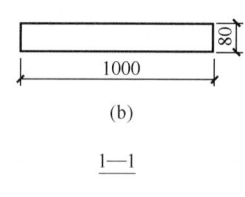

图 4-29　例 4-1 图

【解】（1）计算单元选取及截面有效高度计算

对板的计算，考虑到板上荷载沿短边传递，故沿纵向取出 1m 宽板带作为计算单元，其余板按此配筋。取板厚 $h=80\text{mm}$（图 4-29b），板钢筋的保护层厚 15mm，取 $a_s=20\text{mm}$，则 $h_0=h-a_s=80-20=60\text{mm}$。

（2）计算跨度

单跨板的计算跨度等于板的净跨加板的厚度：
$$l_0=l_n+h=2260+80=2340\text{mm}$$

（3）荷载设计值

计算荷载时，一般先计算恒荷载和活荷载的标准值，再计算其设计值或其他组合，且为防止漏项，可由板面至板底逐项计算（也可由板底至板面逐项计算）。

恒载标准值：水磨石地面　　　　　$0.03\times22=0.66\text{kN/m}$

　　　　　　钢筋混凝土板自重

　　　　　　（重度为 25kN/m^3）　　$0.08\times25=2.0\text{kN/m}$

　　　　　　白灰砂浆粉刷　　　　$0.012\times17=0.204\text{kN/m}$

　　　　　　$g_k=0.66+2.0+0.204=2.864\text{kN/m}$

活荷载标准值：　　　　　　$q_k=2.5\text{kN/m}$

恒荷载分项系数 $\gamma_G=1.2$，活荷载分项系数 $\gamma_Q=1.4$。

恒载设计值：　　$g=\gamma_G g_k=1.2\times2.864=3.432\text{kN/m}$

活荷载设计值：　$q=\gamma_Q q_k=1.4\times2.5=3.5\text{kN/m}$

（4）弯矩设计值 M（图 4-29c）

走道板支承于砖墙上，砖墙对其约束小，可视板为简支，活载为主时：
$$M=\frac{1}{8}(g+q)l_0^2=\frac{1}{8}\times6.932\times2.34^2=4.745\text{kN}\cdot\text{m}$$

恒载为主时：
$$M=\frac{1}{8}(\gamma_G\times g_k+\gamma_Q\gamma_L\cdot\psi_{ci}\cdot q_k)l_0^2$$
$$=\frac{1}{8}(1.35\times2.864+1.4\times1.0\times0.7\times2.5)\times2.34^2$$
$$=4.323\text{kN}\cdot\text{m}<4.745\text{kN}\cdot\text{m}$$

取活载为主时的弯矩设计值　　$M=4.745\text{kN}\cdot\text{m}$

（5）查钢筋和混凝土强度设计值

由附表 4-3 和附表 4-10 查得：

C30 混凝土：　　　　$f_c=14.3\text{N/mm}^2$，$\alpha_1=1.00$

HRB335 钢筋：　　　　$f_y=300\text{N/mm}^2$

（6）求 x 及 A_s 值

由式（4-19a）和式（4-19b）得：
$$x=h_0\left[1-\sqrt{1-\frac{2M}{\alpha_1 f_c b h_0^2}}\right]=60\left[1-\sqrt{1-\frac{2\times4745000}{14.3\times1000\times60^2}}\right]=6.00\text{mm}$$

$$A_s = \frac{x b \alpha_1 f_c}{f_y} = \frac{6.00 \times 1000 \times 14.3}{300} = 286 \text{mm}^2$$

(7) 验算适用条件

查表 4-6 可知：$\xi_b = 0.5500$，查表 4-5 可知：$\rho_{min} = 0.215\%$，本例中：

$$\xi = \frac{x}{h_0} = \frac{6.00}{60} = 0.100 < \xi_b = 0.5500$$

$$\rho = \frac{A_s}{bh_0} = \frac{286}{1000 \times 60} = 0.48\% > \rho_{min} = 0.215\%$$

结果表明不属于超筋构件，也不属于少筋构件。

(8) 选用钢筋及绘配筋图

查附表 4-14，选用 Φ8@125（实配 $A_s = 402\text{mm}^2$），配筋见图 4-30。图中分布钢筋采用 HPB300，选用 Φ8@250。

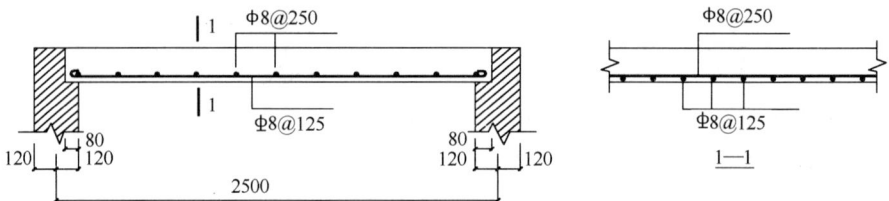

图 4-30 例 4-1 配筋图

【例 4-2】某宿舍一预制钢筋混凝土走道板，计算跨长 $l_0 = 1820\text{mm}$，板宽 480mm，板厚 60mm，混凝土的强度等级为 C30，受拉区配有 4 根直径为 8mm 的 HRB335 钢筋，当使用荷载及板自重在跨中产生的弯矩最大设计值为 $M = 1.5\text{kN} \cdot \text{m}$ 时，试验算该截面的承载力是否足够？

【解】(1) 求 x

由附表 4-3 和附表 4-10 查得：

$$f_c = 14.3 \text{N/mm}^2, \quad \alpha_1 = 1.0$$

$$f_y = 300 \text{N/mm}^2$$

$$h_0 = h - c - \frac{d}{2} = 60 - 15 - \frac{8}{2} = 41\text{mm}$$

$$b = 480\text{mm}, \quad A_s = 201\text{mm}^2$$

由式 (4-19a) 求得受压区计算高度为：

$$x = \frac{f_y A_s}{\alpha_1 f_c b} = \frac{300 \times 201}{14.3 \times 480} = 8.79\text{mm} < \xi_b h_0 = 0.5500 \times 41 = 22.5\text{mm}$$

(2) 求 M_u

$$M_u = \alpha_1 f_c b x \left(h_0 - \frac{x}{2} \right) = 14.3 \times 480 \times 8.79 \times \left(41 - \frac{8.79}{2} \right) = 2208700 \text{N} \cdot \text{mm}$$

(3) 判别截面承载力是否满足

$$M_u > M = 1500000 \text{N} \cdot \text{mm}$$

承载力足够。

(5) 计算表格的制作及使用

① 计算表格的制作

工程中常将计算公式制成表格，从而使计算工作得到简化。

式 (4-19b) 可写成：

$$M=\alpha_1 f_c bx\left(h_0-\frac{x}{2}\right)=\alpha_1 f_c b\xi h_0\left(h_0-\frac{\xi h_0}{2}\right)=\alpha_1 f_c bh_0^2\left[\xi(1-0.5\xi)\right] \quad (4-30)$$

令

$$\alpha_s=\xi(1-0.5\xi) \quad (4-31)$$

则式 (4-30) 可写成：

$$M=\alpha_s bh_0^2 \alpha_1 f_c \quad (4-32)$$

式中，$\alpha_s bh_0^2$ 可以认为是截面在极限状态时的抵抗矩，因此可以将 α_s 称为截面抵抗矩系数。

同样，式 (4-19c) 可写成：

$$M=f_y A_s\left(h_0-\frac{x}{2}\right)=f_y A_s h_0\left(1-0.5\frac{x}{h_0}\right)=f_y A_s h_0(1-0.5\xi) \quad (4-33)$$

令

$$\gamma_s=(1-0.5\xi) \quad (4-34)$$

则式 (4-33) 可写成：

$$M=f_y A_s h_0 \gamma_s \quad (4-35)$$

式中 γ_s——内力臂系数。

由式 (4-31) 可得：

$$\xi=1-\sqrt{1-2\alpha_s} \quad (4-36)$$

代入式 (4-34) 可得：

$$\gamma_s=\frac{1+\sqrt{1-2\alpha_s}}{2} \quad (4-37)$$

式 (4-36) 和式 (4-37) 表明，ξ 和 γ_s 与 α_s 之间存在一一对应的关系，因此，可以事先给出一串 α_s 值，算出与它们对应的 ξ 值和 γ_s 值，并且将它们列成表格（见附表 4-15 和附表 4-16），因而使计算工作得到简化。

② 计算表格的使用

下面通过一个例题来说明计算表格如何使用。

【例 4-3】某实验室一楼面梁的尺寸为 250mm×500mm，跨中最大弯矩设计值为 $M=180000$ N·m，采用强度等级 C30 的混凝土和 HRB400 级钢筋配筋，使用设计年限为 50 年，环境类别为一类。求所需纵向受力钢筋面积。

【解】(1) 利用附表 4-15 求 A_s

先假定受力钢筋按一排布置，则：

$$h_0=h-35=500-35=465\text{mm}$$

查附表 4-3 和附表 4-10 得：

$$\alpha_1=1.0, f_c=14.3\text{N/mm}^2, f_y=360\text{N/mm}^2, \xi_b=0.5176$$

由式 (4-32) 得：

$$\alpha_s=\frac{M}{\alpha_1 f_c bh_0^2}=\frac{180000000}{14.3\times 250\times 465^2}=0.2329$$

由附表 4-15 查得相应的 ξ 值为：
$$\xi=0.2691<\xi_b=0.5176$$
所需纵向受拉钢筋面积为：
$$A_s=\xi bh_0\frac{\alpha_1 f_c}{f_y}=0.2691\times 250\times 465\times \frac{14.3}{360}=1243\text{mm}^2$$
$$\rho=\frac{A_s}{bh_0}=\frac{1243}{250\times 465}=1.07\%>\rho_{\min}=0.2\%$$

选用 3 Φ 25（$A_s=1473\text{mm}^2$），查附表 4-17 可知，一排可以布置得下，因此不必修改 h_0 重新计算 A_s 值。

（2）利用附表 4-16 求 A_s

根据上面求得 $\alpha_s=0.2329$，查附表 4-16 得 $\gamma_s=0.8653$。

由式（4-35）可求出所需纵向受力钢筋的截面面积为：
$$A_s=\frac{M}{f_y\gamma_s h_0}=\frac{180000000}{360\times 0.8653\times 465}=1243\text{mm}^2$$

用表的计算结果完全相同，因此以后只需要选用其中的一个表格进行计算便可以。

由以上分析可知，可以按照下列框图进行受弯构件正截面配筋计算。

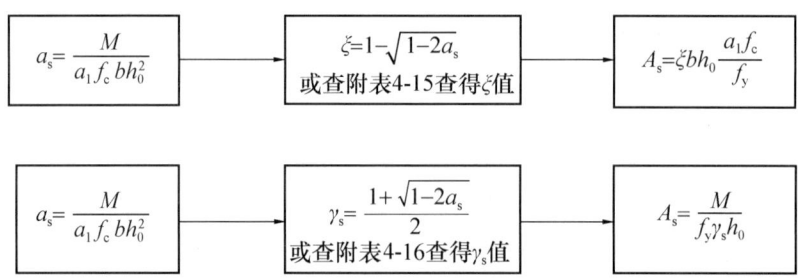

3. T 形截面正截面承载力计算

1）概述

如前所述，在矩形截面受弯构件的承载力计算中，不考虑混凝土的抗拉强度。因此，对于尺寸较大的矩形截面构件，可将受拉区两侧混凝土挖去，形成如图 4-31 所示 T 形截面，以减轻结构自重，获得经济效果。

对于图 4-31 所示的现浇钢筋混凝土连续梁，由于在支座处（1-1 剖面）承受负弯矩，梁截面下部受压，因此支座处按矩形截面计算，而在跨中截面（2-2 剖面）处承受正弯矩，梁截面上部受压，故按 T 形截面计算与设计。

对 T 形截面翼计算宽度 b_f' 的取值问题，是 T 形截面尺寸的关键，在理论上，T 形截面翼缘宽度 b_f' 越大，截面受力性能越好，但离肋部越远压应力越小（图 4-32），纵向压应力沿翼缘宽度方向分布不均匀。为减小计算的复杂性，我们取一有效翼缘宽度，在此范围内的翼缘，认为压应力均匀分布（图 4-33）。尺寸按表 4-8 取用。

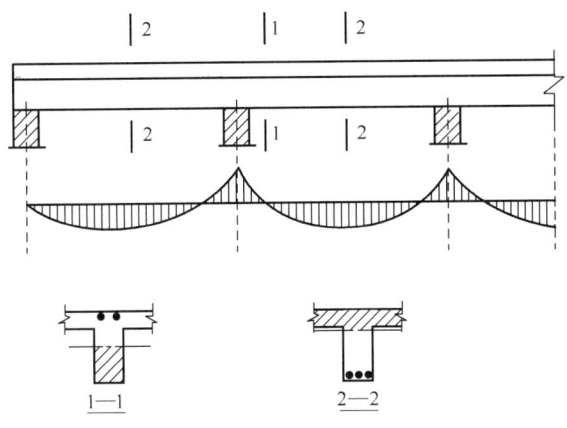

图 4-31 T 形截面

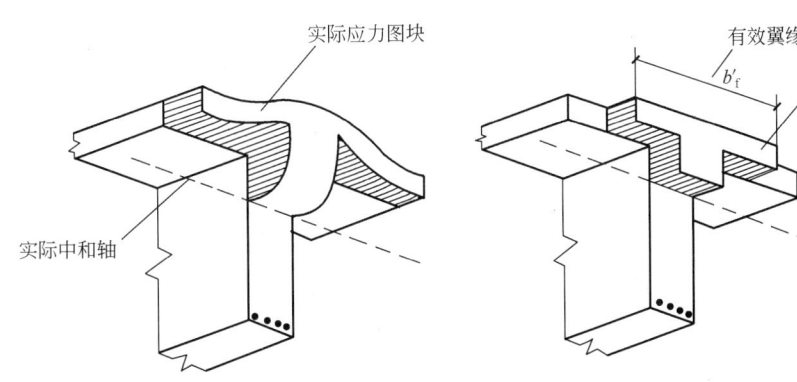

图 4-32 T 形截面翼缘实际压应力分布　　图 4-33 T 形截面有效翼缘宽度 b_f' 及压应力分布

T 形及倒 L 形截面受弯构件受压区有效翼缘计算宽度 b_f'　　表 4-8

情况		T 形截面、工形截面		倒 L 形截面
		肋形梁（板）	独立梁	肋形梁（板）
1	按计算跨度 l_0 考虑	$l_0/3$	$l_0/3$	$l_0/6$
2	按梁（肋）净距 s_n 考虑	$b+s_n$	—	$b+s_n/2$
3	按翼缘高度 h_f' 考虑　$h_f'/h_0 \geqslant 0.1$	—	$b+12h_f'$	—
	$0.1 > h_f'/h_0 \geqslant 0.05$	$b+12h_f'$	$b+16h_f'$	$b+5h_f'$
	$h_f'/h_0 < 0.05$	$b+12h_f'$	b	$b+5h_f'$

注：1. 表中 b 为梁的腹板宽度；
2. 如肋形梁在梁跨内设有间距小于纵肋间距的横肋时，可不遵守表列第 3 种情况的规定；
3. 对有加肋的 T 形、工形和倒 L 形截面，当受压区加肋的高度 $h_h \geqslant h_f'$ 且加肋的宽度 $b_h \leqslant 3h_h$ 时，则其翼缘计算宽度可按表列第 3 种情况规定分别增加 $2b_h$（T 形截面）和 b_h（倒 L 形截面）；
4. 独立梁受压区的翼缘板在荷载作用下经验算沿纵肋方向可能产生裂缝时，其计算宽度应取腹板宽度 b。

2) 基本计算公式

T形截面受弯构件，按受压区的高度不同，可分为下述两种类型：

第一类 T 形截面，中和轴在翼缘内，即 $x \leqslant h'_f$（图 4-34a）；第二类 T 形截面，中和轴在梁肋内，即 $x > h'_f$（图 4-34b）。

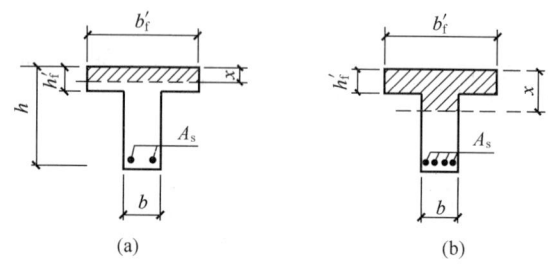

图 4-34　T 形截面分类及受力简图

对第一类 T 形截面（图 4-35），相当于宽度 $b = b'_f$ 的矩形截面，因此不考虑混凝土的抗拉作用，可用 b'_f 代替 b 按矩形截面的公式计算；即：

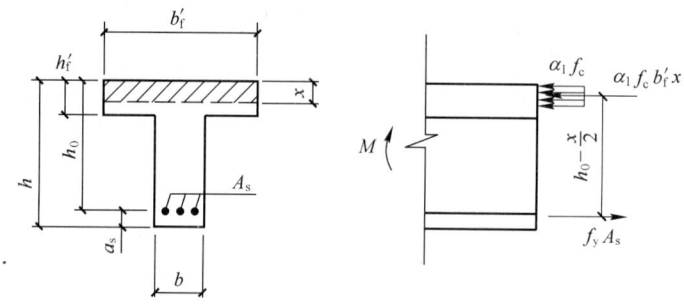

图 4-35　第一类 T 形截面计算简图

$$\alpha_1 f_c b'_f x = f_y A_s \tag{4-38}$$

$$M \leqslant \alpha_1 f_c b'_f x \left(h_0 - \frac{x}{2} \right) \tag{4-39}$$

适用条件：

$$\xi \leqslant \xi_b \tag{4-40}$$

$$A_s \geqslant \rho_{\min} bh \tag{4-41}$$

其中，式（4-40）一般均能满足，因为 h'_f / h_0 都不大，而 $x < h'_f$，故 $\xi = x/h$ 更小于 ξ_b，可不必验算。

对第二类 T 形截面（图 4-36）的计算，由平衡条件可得：

$$\alpha_1 f_c (b'_f - b) h'_f + \alpha_1 f_c bx = f_y A_s \tag{4-42}$$

$$M \leqslant \alpha_1 f_c (b'_f - b) h'_f \left(h_0 - \frac{h'_f}{2} \right) + \alpha_1 f_c bx \left(h_0 - \frac{x}{2} \right) \tag{4-43}$$

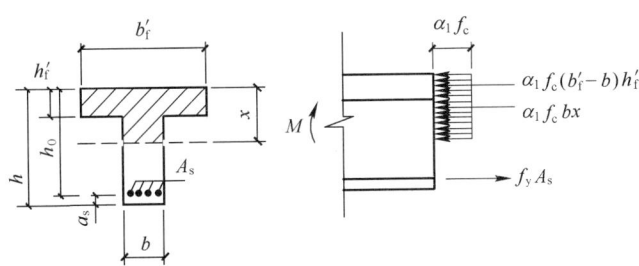

图 4-36　第二类 T 形截面计算简图

适用条件：

$$x \leqslant \xi_b h_0 \tag{4-44}$$

$$A_s \geqslant \rho_{\min} bh \tag{4-45}$$

其中，后面一个条件一般均能满足，不必验算。

3）基本计算公式的应用

截面选择及截面校核是计算的两个基本内容，其步骤同单筋矩形截面。

4. 双筋矩形截面正截面承载力计算

双筋矩形截面适用于下面几种情况：

① 结构或构件承受某种交变的作用（如地震作用），使截面上的弯矩改变方向。

② 截面承受的弯矩设计值大于单筋截面所能承受的最大弯矩设计值，而截面尺寸和材料品种等由于某些限制又不能改变。

③ 由于某种原因，在截面受压区已预先布置了一定数量的受力钢筋。

1）计算公式及适用条件

对双筋矩形截面受弯构件正截面承载力的计算，单筋矩形截面受弯构件承载力计算中的各项假定均有效，此外还假定当 $x \geqslant 2a'_s$ 时，受压钢筋能屈服，其应力等于其抗压强度设计值 f'_y（图 4-37）。

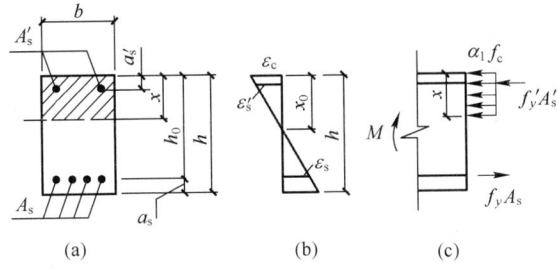

图 4-37　双筋矩形截面计算简图

对于图 4-37 的受力情况，可以像单筋矩形截面一样列出下面两个静力平衡方程式：

$$\sum X = 0 \quad A_s f_y = f'_y A'_s + \alpha_1 f_c bx \tag{4-46}$$

$$\Sigma M = 0 \quad M \leqslant f'_y A'_s (h_0 - a'_s) + \alpha_1 f_c bx \left(h_0 - \frac{x}{2}\right) \quad (4-47)$$

式中 A'_s——受压区纵向受力钢筋的截面面积；

a'_s——从受压区边缘到受压区纵向受力钢筋合力作用点之间的距离；对于梁，当混凝土强度大于 C30，且受压钢筋按一排布置时，可取 $a'_s=35$mm；当受压钢筋按两排布置时，可取 $a'_s=60$mm；对于板，可取 $a'_s=20$mm；当混凝土强度不大于 C30 时，a'_s 增加 5mm。

式 (4-46) 和式 (4-47) 是双筋矩形截面受弯构件的计算公式。它们的适用条件是：

$$x \leqslant \xi_b h_0 \quad (4-48)$$

$$x \geqslant 2a'_s \quad (4-49)$$

满足条件式 (4-48)，可防止受压区混凝土在受压区纵向受力钢筋屈服前压碎。满足条件式 (4-49)，可防止受压区纵向受力钢筋在构件破坏时达不到抗压强度设计值。

当不满足条件式 (4-49) 时，受压钢筋的应力达不到 f'_y 而成为未知数，这时可近似地取 $x=2a'_s$，即忽略受压钢筋作用，并将各力对受压钢筋的合力作用点取矩得：

$$M \leqslant f_y A_s (h_0 - a'_s) \quad (4-50)$$

用式 (4-50) 可以直接确定纵向受拉钢筋的截面面积 A_s。这样有可能使求得的 A_s 比不考虑受压钢筋的存在而按单筋矩形截面计算的 A_s 还大，这时应按单筋截面的计算结果配筋。

2) 计算公式的应用

与单筋矩形截面类似，同样分为截面设计与承载力复核两方面。

(1) 截面设计

根据受压钢筋情况，又分为在受压区是否布置了受压钢筋而分别处理。

① 已知截面的弯矩设计值 M、截面尺寸 $b \times h$、钢筋种类和混凝土强度等级，要求确定受拉钢筋截面面积 A_s 和受压钢筋截面面积 A'_s。

计算公式为式 (4-46) 和式 (4-47)。但是，在这两个公式中，有三个未知数 A_s、A'_s 和 x，必须补充一个方程式方可求解。为了节约钢材，充分发挥混凝土的强度，可以假定受压区的高度等于其界限高度，即：

$$x = \xi_b h_0 \quad (4-51)$$

将 x 代入式 (4-47) 可得：

$$A'_s = \frac{M - \alpha_1 f_c bx \left(h_0 - \frac{x}{2}\right)}{f'_y (h_0 - a'_s)} = \frac{M - \alpha_1 f_c b \xi_b h_0 \left(h_0 - \frac{\xi_b h_0}{2}\right)}{f'_y (h_0 - a'_s)} = \frac{M - a_{sb} b h_0^2 \alpha_1 f_c}{f'_y (h_0 - a'_s)}$$

$$(4-52)$$

由式 (4-46) 有：

$$A_s = \frac{f'_y A'_s + \alpha_1 f_c b x}{f_y} = \frac{f'_y A'_s + \alpha_1 f_c b \xi_b h_0}{f_y} \quad (4\text{-}53)$$

② 已知截面的弯矩设计值 M、截面尺寸 $b \times h$、钢筋种类、混凝土强度等级以及受压钢筋截面面积 A'_s，要求确定受拉钢筋截面面积 A_s。

计算公式仍为式（4-46）和式（4-47），由于 A'_s 已知，只有两个未知数 A_s 和 x，可以求解。由式（4-47）可得：

$$x = h_0 - \sqrt{h_0^2 - 2\frac{M - f'_y A'_s (h_0 - a'_s)}{\alpha_1 f_c b}} \quad (4\text{-}54)$$

由式（4-46）可得：

$$A_s = \frac{f'_y A'_s + \alpha_1 f_c b x}{f_y} \quad (4\text{-}55)$$

按式（4-54）求出受压区的高度以后，如果不满足条件式（4-48），说明给定的受压钢筋截面面积 A'_s 太小，这时应按第一种情况即按式（4-52）和式（4-53）分别求 A'_s 和 A_s。如果不满足条件式（4-49），说明受压钢筋未屈服，此时应按式（4-50）计算受拉钢筋截面面积，计算公式为：

$$A_s = \frac{M}{f_y (h_0 - a'_s)} \quad (4\text{-}56)$$

（2）截面校核

承载力校核时，钢筋种类、混凝土强度等级、截面弯矩设计值 M、截面尺寸 $b \times h$、受拉钢筋截面面积 A_s 和受压钢筋截面面积 A'_s 都是已知的，要求确定截面能否抵抗给定的弯矩设计值。可按以下步骤进行：

先按式（4-46）计算受压区高度 x：

$$x = \frac{f_y A_s - f'_y A'_s}{\alpha_1 f_c b} \quad (4\text{-}57)$$

如果 x 能满足条件式（4-48）和式（4-49），则由式（4-57）可知其能够抵抗的弯矩为：

$$M_u = f'_y A'_s (h_0 - a'_s) + \alpha_1 f_c b x \left(h_0 - \frac{x}{2}\right) \quad (4\text{-}58)$$

如果 $x \leqslant 2a'_s$，由式（4-50）可知：

$$M_u = A_s f_y (h_0 - a'_s) \quad (4\text{-}59)$$

如果 $x > \xi_b h_0$，取 $x = \xi_b h_0$ 计算，则：

$$\begin{aligned} M_u &= f'_y A'_s (h_0 - a'_s) + \alpha_1 f_c b \xi_b h_0 \left(h_0 - \frac{\xi_b h_0}{2}\right) \\ &= f'_y A'_s (h_0 - a'_s) + \alpha_{sb} b h_0^2 \alpha_1 f_c \end{aligned} \quad (4\text{-}60)$$

截面能够抵抗的弯矩 M_u 求出后，将 M_u 与截面的弯矩设计值 M 相比较，如果 $M \leqslant M_u$，则截面承载力足够；反之，如果 $M > M_u$，则截面承载力不够，截面失效，这时可采取加大截面尺寸，增加钢筋面积或选用强度等级更高的混凝土和钢筋等措施来解决。

3) 构造要求

为了使用和施工上的可能和需要，以及在计算中有许多未考虑因素（如温度、混凝土的收缩、徐变等）对截面承载能力带来的不利影响，在构件设计时，除了要符合计算结果外，还必须满足一定的构造要求，这些构造措施是人们在长期实践经验基础上总结出来的，它可防止因在计算中没有考虑的因素影响而导致构件的破坏。现分述如下：

(1) 板的构造要求

① 板的最小厚度

现浇钢筋混凝土板的厚度除应满足各项功能要求外，其厚度尚应符合表4-9的规定。

现浇钢筋混凝土板的最小厚度（mm） 表4-9

板的类别		厚度
单向板	屋面板	60
	民用建筑楼板	60
	工业建筑楼板	70
	行车道下的楼板	80
双向板		80
密肋板	面板	50
	肋高	250
悬臂板（根部）	板的悬臂长度小于或等于500mm	60
	悬臂长度1200mm	100
无梁楼板		150

注：悬臂板的厚度指悬臂根部的厚度；预制板最小厚度应满足钢筋保护层厚度的要求。

② 板的受力钢筋

受力钢筋的直径通常采用6、8、10mm。采用绑扎配筋时，受力钢筋的间距一般不小于70mm；当板厚$h \leqslant 150mm$时，不宜大于200mm；当板厚$h > 150mm$时，不应大于$1.5h$，且不宜大于250mm，在板的每米宽度内不宜少于3根。

③ 板的分布钢筋

板的分布钢筋是指垂直于受力钢筋方向上布置的构造钢筋。分布钢筋与受力钢筋绑扎或焊接在一起，形成钢筋骨架。分布钢筋的作用：将板面的荷载更均匀地传递给受力钢筋，施工过程中固定受力钢筋的位置，以及抵抗温度和混凝土的收缩应力等。分布钢筋的截面面积不宜小于单位长度上受力钢筋截面面积的15%，分布钢筋的间距不宜大于250mm，直径不宜小于6mm，对集中荷载较大的情况，分布筋面积应适当增加，间距不宜大于200mm。对处于温度经常变化较大处的板，其分布钢筋应适当增加。参见第4.11节有关构造。

④ 板内钢筋的保护层厚度取决于周围环境和混凝土强度等级。具体数值参见附表4-12。

(2) 梁的构造要求

① 截面尺寸

独立简支梁的截面高度与其跨度的比值可为 1/12 左右，独立悬臂梁的截面高度与其跨度的比值可为 1/6 左右。

矩形截面梁的高宽比 h/b 一般取 2.0～2.5；T 形截面梁的 h/b 一般取为 2.5～4.0（b 为梁肋宽）。为了统一模板尺寸，梁常用的宽度为 $b=120$、150、180、200、220、250、300、350mm 等，而梁的常用高度则为 $h=250$、300、350…750、800、900、1000mm 等尺寸。

② 纵向受力钢筋

梁中常用的纵向受力钢筋直径为 10～28mm，根数不得少于 2 根。梁高不小于 300mm 时，钢筋直径不应小于 10mm；梁高小于 300mm 时，钢筋直径不应小于 8mm。梁内受力钢筋的直径宜尽可能相同。当采用两种不同的直径时，它们之间相差至少应为 2mm，以便在施工时容易为肉眼识别，但相差也不宜超过 6mm，以保证受力同步。

为了便于浇筑混凝土，保证钢筋能与混凝土粘结在一起，以及保证钢筋周围混凝土的密实性，纵筋的净间距以及钢筋的最小保护层厚度应满足图 4-38 的要求。钢筋排成一行时梁的最小宽度见附表 4-17。

③ 纵向构造钢筋

为了固定箍筋并与钢筋连成骨架，在梁的受压区应

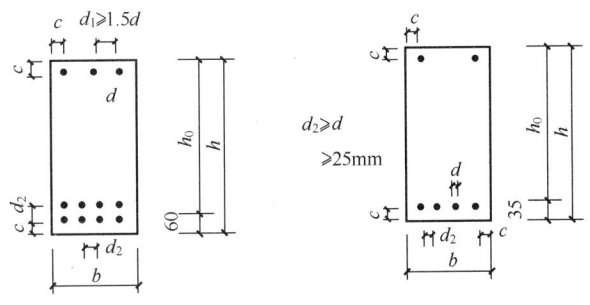

图 4-38 混凝土保护层和钢筋间距
c—保护层厚度

设置架立钢筋，如受压区有受力钢筋，则它可兼作架立钢筋。

架立钢筋直径与梁跨度 l 有关。当 $l>6$m 时，架立钢筋直径不宜小于 12mm；当 $l=4$～6m 时，不宜小于 10mm；当 $l<4$m 时，不宜小于 8mm。

简支梁架立钢筋一般伸至梁端；当考虑其受力时，架立钢筋两端在支座内应有足够的锚固长度。

当梁扣除翼缘厚度后的截面高度大于或等于 450mm 时，在梁的两个侧面沿高度配置纵向构造钢筋，每侧纵向构造钢筋（不包括受力钢筋及架立钢筋）的截面面积不应小于扣除翼缘厚度后截面面积的 0.1%，纵向构造钢筋的间距不宜大于 200mm，但当梁宽较大时可以适当放松。

关于梁板的更多构造要求，可参阅有关的专门资料。

4.3 受弯构件斜截面承载力计算

受弯构件正截面承载力计算，只考虑了弯矩单一作用下构件处于承载力极限

状态时的受力特征及计算问题。在实际工程结构中,构件截面常处于弯矩 M 和剪力 V 共同作用下复合受力状态,其受力和破坏特征与正截面都不同,本节主要讨论受弯构件在剪力和弯矩共同作用下的计算和构造问题。

1. 斜截面开裂前后受力分析

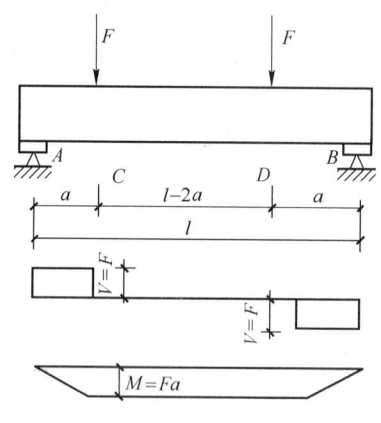

图 4-39 对称加载简支梁

图 4-39 所示的矩形截面简支梁,在对称集中荷载作用下,当忽略梁的自重时,CD 段为纯弯区段,AC 及 DB 段有弯矩和剪力的共同作用。构件在跨中正截面抗弯承载力有保证的情况下,有可能在剪力和弯矩的共同作用下,在支座附近区段发生斜截面破坏。

按材料力学方法绘出该梁在荷载作用下的主应力迹线图,如图 4-40 所示(其中实线为主拉应力迹线,虚线为主压应力迹线)。

从截面 1—1 中分别在中和轴、受压区和受拉区各取出一个微元体,其编号为 1、2、3,它们处于不同的受力状态:位于中和轴处的微元体 1,其正应力为零,剪应力最大,主拉应力 σ_{tp} 和主压应力 σ_{cp} 与梁轴线呈 45°角;位于受压区的微元体 2,由于压应力的存在,主拉应力 σ_{tp} 减少,主压应力 σ_{cp} 增大,主拉应力与梁轴线夹角大于 45°;位于受拉区的微元体 3,由于拉应力的存在,主拉应力 σ_{tp} 增大,主压应力 σ_{cp} 减小,主拉应力与梁轴线夹角小于

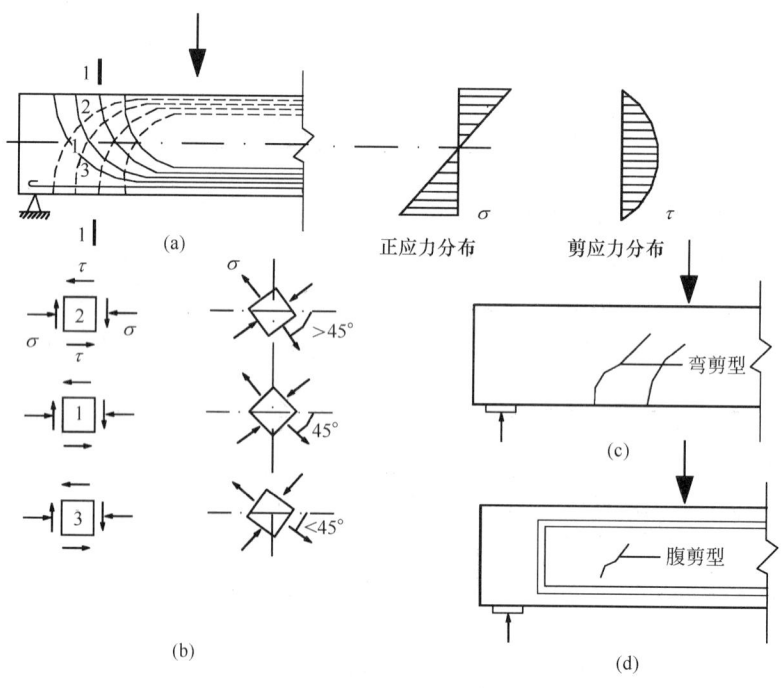

图 4-40 梁的应力状态和斜裂缝形态

(a) 主应力迹线;(b) 单元体应力;(c) 弯剪型斜裂缝;(d) 腹剪型斜裂缝

45°。对于匀质弹性体的梁来说，当主拉应力或主压应力达到材料的复合抗拉或抗压强度时，将引起构件截面的破坏。

对于钢筋混凝土梁，由于混凝土的抗拉强度很低，因此随着荷载的增加，当主拉应力值超过混凝土复合受力下的抗拉强度时，将首先在达到该强度的部位产生裂缝，其裂缝走向与主拉应力的方向垂直，故是斜裂缝。在通常情况下，斜裂缝往往是由梁底的弯曲裂缝发展而成的，称为弯剪型斜裂缝（图 4-40c）；当梁的腹板很薄或集中荷载至支座距离很小时，斜裂缝可能首先在梁腹部出现，称为腹剪型斜裂缝（图 4-40d）。斜裂缝的出现和发展使梁内应力的分布和数值发生变化，最终导致不同部位的混凝土被压碎或拉坏而丧失承载能力，即发生斜截面破坏。

2. 斜截面主要破坏形态

大量试验结果表明，无腹筋（指不配置箍筋和弯起钢筋）梁斜截面剪切破坏主要有三种形态：

1）斜拉破坏（图 4-41a）

当剪跨比 λ 较大时（一般 $\lambda > 3$），斜裂缝一旦出现，便迅速向集中荷载作用点延伸，并很快形成临界斜裂缝，梁随即破坏。

整个破坏过程急速而突然，破坏荷载与出现斜裂缝时的荷载相当接近，破坏前梁的变形很小，并且往往只有一条斜裂缝，破坏具有明显的脆性。

2）剪压破坏（图 4-41b）

当剪跨比适中（一般 $1 < \lambda \leq 3$）时，常发生剪压破坏。其特征是当加载到一定阶段时，斜裂缝中的某一条发展成为临界斜裂缝；临界斜裂缝向荷载作用点缓慢发展，剪压区高度逐渐减小，最后剪压区混凝土被压碎，梁丧失承载能力。

这种破坏有一定的预兆，破坏荷载较出现斜裂缝时的荷载高。但与适筋梁的正截面破坏相比，剪压破坏仍属于脆性破坏。

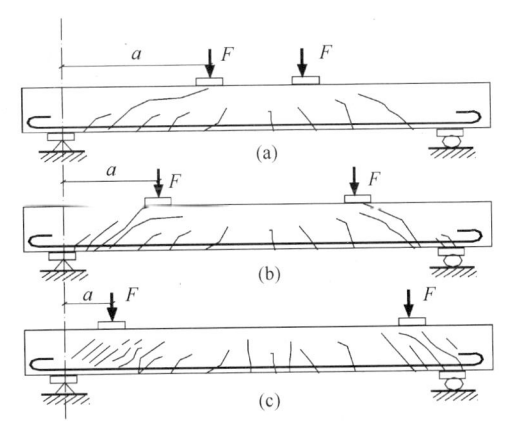

图 4-41 斜截面的破坏形态

3）斜压破坏（图 4-41c）

这种破坏发生在剪跨比很小（一般 $\lambda \leq 1$）或腹板宽度较窄的 T 形和工字形截面梁上。其破坏过程是：首先在荷载作用点与支座间梁的腹部出现若干条平行的斜裂缝（即腹剪型斜裂缝）；随着荷载的增加，梁腹被这些斜裂缝分割为若干斜向"短柱"，最后因短柱混凝土被压碎而破坏。

斜压破坏的破坏荷载很高，但变形很小，亦属于脆性破坏。

除上述主要的斜截面剪切破坏形态外，还有可能发生纵向钢筋在梁端锚固不足而引起的锚固破坏或混凝土局部受压破坏。

进行受弯构件设计时,应使斜截面破坏呈剪压破坏,避免斜拉、斜压和其他形式的破坏。均布荷载作用下的梁临界斜裂缝大致由支座向梁顶 1/4 跨度处发展,跨高比较小时发生斜压破坏,跨高比适中时发生剪压破坏,跨高比很大时发生斜拉破坏。

配置箍筋的梁,其斜截面破坏形态与无腹筋梁类似。当配箍率 ρ_{sv} 太小或箍筋间距太大并且剪跨比 λ 较大时,易发生斜拉破坏。破坏特征与无腹筋梁相同,破坏时箍筋被拉断。当配置的箍筋太多或剪跨比很小($\lambda \leqslant 1$)时,发生斜压破坏,其特征是混凝土斜向柱体被压碎,但箍筋不屈服。当配箍适量且剪跨比介于斜压破坏和斜拉破坏的剪跨比之间时,发生剪压破坏,其特征是箍筋受拉屈服,剪压区混凝土压碎,斜截面受剪承载力随配箍率 ρ_{sv} 及箍筋强度 f_{yv} 的增加而增大。

3. 斜截面承载力计算

试验证明,影响斜截面承载力的主要因素有剪跨比,腹筋数量及混凝土强度等级。

1) 不配置箍筋和弯起钢筋的受弯构件

板类构件通常承受的荷载不大,剪力较小,因此,一般不必进行斜截面承载力的计算,也不配箍筋和弯起钢筋。但是,当板上承受的荷载较大时,需要对其斜截面承载力进行计算。

不配置箍筋和弯起钢筋的一般板类受弯构件,其斜截面的受剪承载力应满足下列计算要求:

$$V \leqslant 0.7\beta_h f_t b h_0 \tag{4-61}$$

$$\beta_h = \left(\frac{800}{h_0}\right)^{1/4} \tag{4-62}$$

式中　β_h——截面高度影响系数:当 h_0 小于 800mm 时,取 h_0 等于 800mm;当 h_0 大于 2000mm 时,取 h_0 等于 2000mm;

　　　f_t——混凝土轴心抗拉强度设计值。

对集中荷载作用下的独立梁,应满足下列公式要求:

$$V \leqslant \frac{1.75}{\lambda+1} f_t b h_0 \tag{4-63}$$

但当截面高度 $h > 300$mm 时,应沿梁全长设置箍筋;当截面高度 $h = 150 \sim 300$mm 时,可仅在构件端部各 1/4 跨度范围内设置箍筋;当在构件中部 1/2 跨度范围内有集中荷载作用时,应沿全梁长设置箍筋;当截面高度 $h < 150$mm 时,可不设箍筋。

2) 矩形、T 形和 I 字形截面的一般受弯构件

在配置箍筋的梁中,箍筋不仅作为桁架的受拉腹杆承受斜裂缝截面的部分剪力,而且还能抑制斜裂缝的开展,使骨料咬合力和纵筋销栓力有所提高。箍筋对梁斜截面受剪承载力的提高是多方面的。

规范以剪压破坏的受力特征作为抗剪承载力计算公式的基础。在有腹筋梁斜截面受剪承载力计算中,采用无腹筋梁混凝土所承担的剪力 V_c 和箍筋承担的剪力 V_s 两项相加形式体现,弯起钢筋作用在此基础上再叠加(图 4-42)。

(1) 计算公式

构件斜截面上的最大剪力设计值 V 应满足下列公式要求：

当仅配置箍筋时：
$$V \leqslant V_{cs} = V_c + V_s \quad (4\text{-}64)$$

当配置箍筋和弯起钢筋时：
$$V \leqslant V_{cs} + V_{sb} \quad (4\text{-}65)$$

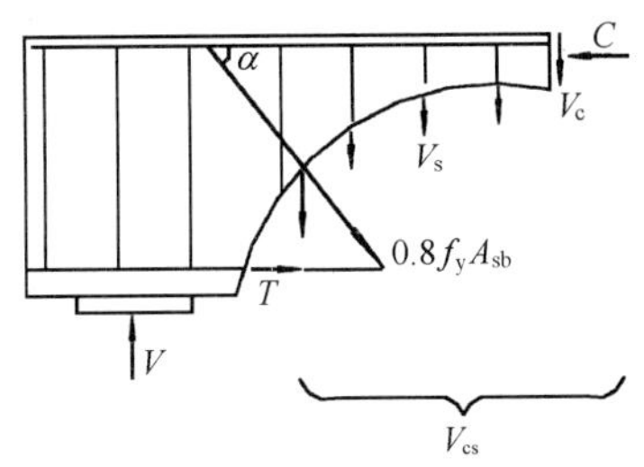

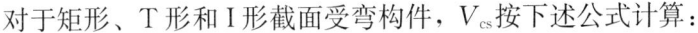

图 4-42 抗剪计算模式

式中 V_{cs}——混凝土和箍筋共同承受的剪力；

V_{sb}——弯起钢筋承受的剪力。

对于矩形、T 形和 I 形截面受弯构件，V_{cs} 按下述公式计算：
$$V_{cs} = a_{cv} f_t b h_0 + f_{yv} \frac{A_{sv}}{s} h_0 \quad (4\text{-}66)$$

式中 V_{cs}——构件斜截面上混凝土和箍筋的受剪承载力设计值；

a_{cv}——斜截面混凝土受剪承载力系数；对于一般受弯构件取 0.7；对集中荷载作用下（包括作用有多种荷载，其中集中荷载对支座截面或节点边缘所产生的剪力值占总剪力的 75% 以上的情况）的独立梁，取 $\frac{1.75}{\lambda + 1.0}$，$\lambda$ 为计算截面的剪跨比，可取 $\lambda = a/h_0$，当 λ 小于 1.5 时，取 1.5，当 λ 大于 3 时，取 3，a 为集中荷载作用点至支座截面或节点边缘的距离；

A_{sv}——配置在同一截面内箍筋各肢的全部截面面积，$A_{sv} = nA_{sv1}$，n 为在同一截面内箍筋的肢数，A_{sv1} 为单肢箍筋的截面面积；

s——沿构件长度方向箍筋间距；

f_{yv}——箍筋抗拉强度设计值。

弯起钢筋承受的剪力按下式计算：
$$V_{sb} = 0.8 f_y A_{sb} \sin\alpha \quad (4\text{-}67)$$

式中 V_{sb}——与斜裂缝相交的弯起钢筋受剪承载力设计值；

f_y——弯起钢筋抗拉强度设计值；

A_{sb}——弯起钢筋截面面积；

α——弯起钢筋与梁轴线夹角，一般取 45°，当梁高 $h > 800\text{mm}$ 时，取 60°；

0.8——应力不均匀系数，用来考虑靠近剪压区的弯起钢筋在斜截面破坏时，可能达不到钢筋抗拉强度设计值。

(2) 计算公式的适用范围

梁的斜截面受剪承载力计算式 (4-61)～式(4-67) 仅适用于剪压破坏情况。为防止斜压破坏和斜拉破坏，还应规定其上、下限值。

① 上限值——最小截面尺寸

只要保证构件截面尺寸不太小，就可防止斜压破坏的发生。最小截面尺寸应满足下列要求：

当 $\dfrac{h_w}{b} \leqslant 4$ 时：

$$V \leqslant 0.25\beta_c f_c b h_0 \qquad (4\text{-}68)$$

当 $\dfrac{h_w}{b} \geqslant 6$ 时：

$$V \leqslant 0.2\beta_c f_c b h_0 \qquad (4\text{-}69)$$

当 $4 < \dfrac{h_w}{b} < 6$ 时，按线性内插法取用或按下式计算：

$$V \leqslant 0.025\left(14 - \dfrac{h_w}{b}\right)\beta_c f_c b h_0 \qquad (4\text{-}70)$$

式中　V——构件斜截面上的最大剪力设计值；

　　　β_c——混凝土强度影响系数，当混凝土强度等级不超过 C50 时，取 $\beta_c=1.0$；当混凝土强度等级为 C80 时，取 $\beta_c=0.8$；其间按线性内插法取用（表 4-10）；

　　　b——矩形截面的宽度，T 形截面或 I 字形截面的腹板宽度；

　　　h_w——截面的腹板高度：矩形截面取有效高度 h_0，T 形截面取有效高度减去翼缘高度，I 字形截面取腹板净高（图 4-43）。

混凝土强度影响系数 β_c 取值　　　　表 4-10

混凝土强度	≤C50	55	60	65	70	75	80
β_c	1.000	0.9667	0.9333	0.9000	0.8667	0.8333	0.8000

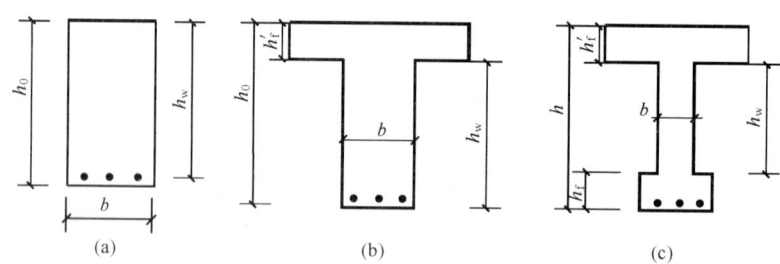

图 4-43　梁的腹板高度
(a) $h_w=h_0$；(b) $h_w=h_0-h_f'$；(c) $h_w=h-h_f'-h_f$

在设计中，如果不满足式（4-68）～式（4-70）的条件，应加大构件截面尺寸或提高混凝土强度等级，直到满足为止。对 T 形或 I 形截面的简支受弯构件，当有实践经验时，式（4-68）中的系数 0.25 可改为 0.3。

② 下限值——最小配箍率和箍筋最大间距

试验表明，若箍筋的配筋率过小或箍筋间距过大，可能发生斜拉破坏。此外，若箍筋直径过小，也不能保证钢筋骨架的刚度。

为了防止斜拉破坏，梁中箍筋间距不宜大于表 4-11 规定，直径不宜小于表

4-12 规定,也不应小于 $d/4$(d 为纵向受压钢筋的最大直径)。

当 $V>0.7f_tbh_0$ 时,配箍率尚应满足最小配箍率要求,即:

$$\rho_{sv} \geqslant \rho_{sv,min} = 0.24 \frac{f_t}{f_{yv}} \tag{4-71}$$

梁中箍筋最大间距 s_{max} (mm)　　　　表 4-11

梁高 h	$V>0.7f_tbh_0$	$V \leqslant 0.7f_tbh_0$	梁高 h	$V>0.7f_tbh_0$	$V \leqslant 0.7f_tbh_0$
$150<h \leqslant 300$	150	200	$500<h \leqslant 800$	250	350
$300<h \leqslant 500$	200	300	$h>800$	300	500

梁中箍筋最小直径 (mm)　　　　表 4-12

梁高 h	箍筋直径	梁高 h	箍筋直径
$h \leqslant 800$	6	$h>800$	8

箍筋最大间距、最小直径及最小配箍率是梁中箍筋设计的基本构造要求。

3) 斜截面受剪承载力的计算位置

位置的选用主要是由计算公式组成部分相应的截面抗剪承载力贡献而定的,其计算位置应按下列规定采用(图 4-44)。

① 支座边缘处截面(图 4-44 中 1—1 截面)。该截面承受的剪力值最大。计算该截面剪力设计值时,跨度取净跨长 l_n(即算至支座内边缘处)。用支座边缘的剪力设计值确定第一排弯起钢筋和 1—1 截面的箍筋。

② 受拉区弯起钢筋弯起点处截面(图 4-44 中 2—2 截面和 3—3 截面)。

③ 箍筋截面面积或间距改变处截面(图 4-44 中 4—4 截面)。

④ 腹板宽度改变处截面。

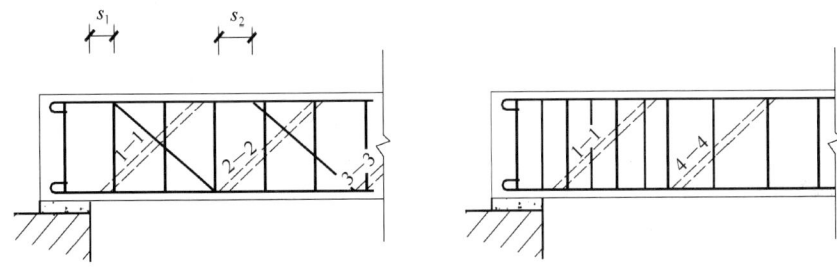

图 4-44　斜截面受剪承载力计算位置

在设计时,弯起钢筋距支座边缘距离 s_1 及弯起钢筋之间的距离 s_2(图 4-44)均不应大于箍筋最大间距 s_{max}(表 4-11),以保证可能出现的斜裂缝与弯起钢筋相交。

4) 斜截面受剪承载力计算步骤

一般先由梁的高跨比、高宽比等构造要求及正截面受弯承载力计算确定截面尺寸、混凝土强度等级及纵向钢筋用量,然后进行斜截面受剪承载力设计计算。

其步骤为：
① 截面尺寸验算；
② 可否仅按构造配箍；
③ 按计算和（或）构造选择腹筋；
④ 当不能仅按构造配置箍筋时，按计算确定所需腹筋数量；
⑤ 绘出配筋图。

5) 计算例题

梁斜截面受剪承载力设计计算中遇到的是截面选择和承载力校核两类问题。构造方面的内容除前面提到箍筋的基本构造要求外，后面还要进一步论述。

【例 4-4】某钢筋混凝土矩形截面简支梁，两端支承在砖墙上，净跨度 $l_n=3660mm$（图 4-45）；截面尺寸 $b \times h = 200mm \times 500mm$。该梁承受均布荷载，其中恒荷载标准值 $g_k=25kN/m$（包括自重），活荷载标准值 $q_k=45kN/m$；混凝土强度等级为 C30（$f_c=14.3N/mm^2$，$f_t=1.43N/mm^2$），箍筋为 HPB300 钢筋（$f_{yv}=270N/mm^2$），按正截面受弯承载力计算已选配 3Φ25 的 HRB335 钢筋为纵向受力钢筋（$f_y=300N/mm^2$）。设计使用年限为 50 年，环境类别为一类。试根据斜截面受剪承载力要求确定腹筋。

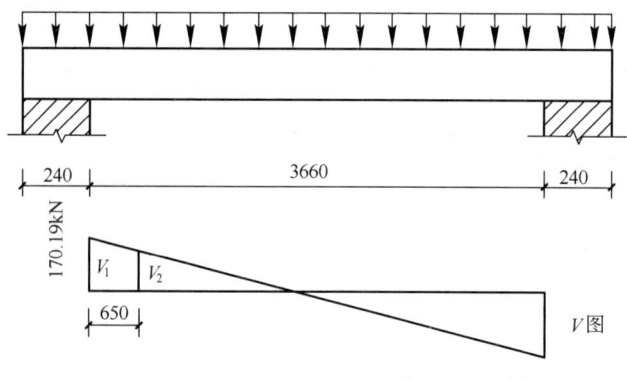

图 4-45 例 4-4 图

【解】取 $a_s=35mm$，$h_0=h-a_s=500-35=465mm$

(1) 计算截面的确定和剪力设计值计算

支座边缘处剪力最大，故应选择该截面进行抗剪配筋计算。该截面的剪力设计值为（经对比分析，截面剪力以活荷载控制为主）：

$$V_1=\frac{1}{2}(\gamma_G g_k+\gamma_Q q_k)l_n=\frac{1}{2}(1.2\times25+1.4\times45)\times3.66=170.19kN$$

(2) 复核梁截面尺寸

$$h_w=h_0=465mm$$

$h_w/b=465/200=2.3<4$，属一般梁。$\beta_c=1.0$，则

$$0.25\beta_c f_c b h_0=0.25\times14.3\times200\times465=332.5kN>170.19kN$$

截面尺寸满足要求。

(3) 验算可否按构造配筋

$$0.7f_t bh_0 = 0.7 \times 1.43 \times 200 \times 465 = 93.09 \text{kN} < 170.19 \text{kN}$$

应按计算配置腹筋,且应满足 $\rho_{sv} \geqslant \rho_{sv,\min}$。

(4) 所需腹筋计算

配置腹筋有两种办法:一种是只配箍筋,另一种是配置箍筋和弯起钢筋。一般都是优先选择只配箍筋方案。分述如下:

1) 仅配箍筋

由 $V \leqslant 0.7f_t bh_0 + f_{yv}\dfrac{A_{sv}}{s}h_0$,得:

$$\frac{nA_{sv1}}{s} \geqslant \frac{170190-93090}{270 \times 465} = 0.638 \text{mm}^2/\text{mm}$$

选用双肢箍筋 $\phi 8@150$,则:

$$\frac{nA_{sv1}}{s} = \frac{2 \times 50.3}{150} = 0.667 \text{mm}^2/\text{mm}$$

满足计算要求及表 4-12,4-13 的构造要求。

也可这样计算:选用双肢箍筋 $\phi 8$,则 $A_{sv1} = 50.3 \text{mm}^2$,可求得:

$$s \leqslant \frac{2 \times 50.3}{0.638} = 153 \text{mm}$$

取 $s = 150 \text{mm}$,箍筋沿梁长均匀布置(图 4-47a)。

2) 配置箍筋和弯起钢筋

按表 4-11 及表 4-12 要求,选 $\phi 8@200$ 双肢箍筋,则:

$$\rho_{sv} = \frac{A_{sv}}{bs} = \frac{2 \times 50.3}{200 \times 200} = 0.252\% > \rho_{sv,\min} = 0.24\frac{f_t}{f_{yv}} = 0.24 \times \frac{1.43}{270} = 0.131\%$$

$$V_{cs} = 0.7f_t bh_0 + f_{yv}\frac{A_{sv}}{s}h_0 = 93090 + 270 \times \frac{2 \times 50.3}{200} \times 465 = 156 \text{kN}$$

由式 (4-65)、式 (4-66) 及式 (4-67),取 $\alpha = 45°$

$$V - V_{cs} \leqslant 0.8 A_{sb} f_y \sin\alpha$$

则有:

$$A_{sb} \geqslant \frac{V_1 - V_{cs}}{0.8 f_y \sin\alpha} = \frac{170190 - 156000}{0.8 \times 300 \times \sin 45°} = 181 \text{mm}^2$$

选用 1Φ25 纵筋作弯起钢筋,$A_{sb} = 491 \text{mm}^2$,满足计算要求。

按图 4-44 的规定,核算是否需要第二排弯起钢筋:

取 $s_1 = 200 \text{mm}$,弯起钢筋水平投影长度 $s_b = h - 50 = 450 \text{mm}$,则截面 2—2(图 4-45)的剪力可由相似三角形关系求得:

$$V_2 = V_1\left(1 - \frac{200 + 450}{0.5 \times 3660}\right) = 98.18 \text{kN} < V_{cs} = 156 \text{kN}$$

故不需要第二排弯起钢筋。其配筋如图 4-46(b) 所示。

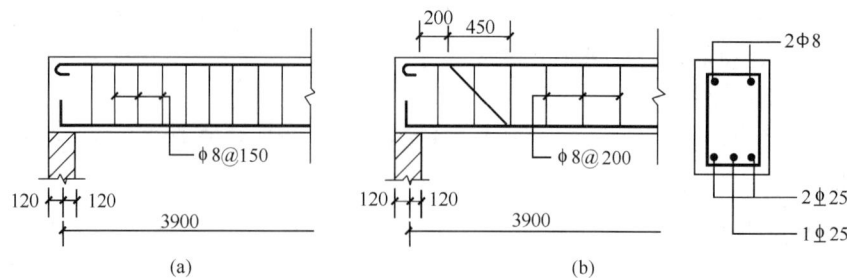

图 4-46 例 4-4 梁配筋图
(a) 仅配箍筋;(b) 配箍筋和弯起钢筋

值得指出的是，在实际工程中，在满足构造要求前提下，第一排弯起钢筋的始弯点距支座内侧的距离一般为 50mm，箍筋亦如此。

4. 纵向钢筋弯起、截断及钢筋锚固

前面讲述的是梁斜截面受剪承载力的计算问题。试验表明，在弯剪区段，梁除发生斜截面破坏外，还可能发生因斜截面受弯承载力不够及锚固不足的破坏，因此在考虑纵向钢筋弯起、截断及钢筋锚固时，还需在构造上采取措施，保证梁的斜截面受弯承载力及钢筋的锚固可靠。

1) 正截面受弯承载力图（材料图）的概念

所谓正截面受弯承载力图，是指按实际配置的纵向钢筋绘制的梁上各正截面所能承受的实际弯矩图。它反映了沿梁长正截面上材料的抗力，故简称为材料图。材料的正截面受弯承载力设计值 M_u 简称为抵抗弯矩。

(1) 材料图的作法

按梁正截面承载力计算的纵向受力钢筋是以同符号弯矩区段的最大弯矩为依据求得的，该最大弯矩处的截面称为控制截面。

以单筋矩形截面为例，若在控制截面处实际选定的纵筋为 A_s，则由第 4.2 节可知：

$$M_u = f_y A_s h_0 (1 - 0.5\xi) \tag{4-72}$$

分析可知，抵抗弯矩 M_u 与钢筋截面面积（或配筋率）为二次曲线关系（图4-47）。

在作材料图时，可用式 (4-72) 求 M_u。为方便分析，各钢筋按其面积的大小（不同规格的钢筋按 $f_y A_s$ 的大小）近似分担弯矩，（由图 4-47 可知：这个假定作出的材料图偏于安全且方便）。

(2) 材料图的作用

① 反映材料利用的程度

显然，材料图越贴近弯矩图，表示材料利用程度越高。

② 确定纵向钢筋的弯起数量和位置

设计中，将跨中部分纵向钢筋弯起的目的有两个：一是用于斜截面抗剪，其数量和位置由受剪承载力计算确定；二是抵抗支座负弯矩，只有当材料图全部覆盖住弯矩图，各正截面受弯承载力才有保证；而要满足截面受弯承载力的要求，

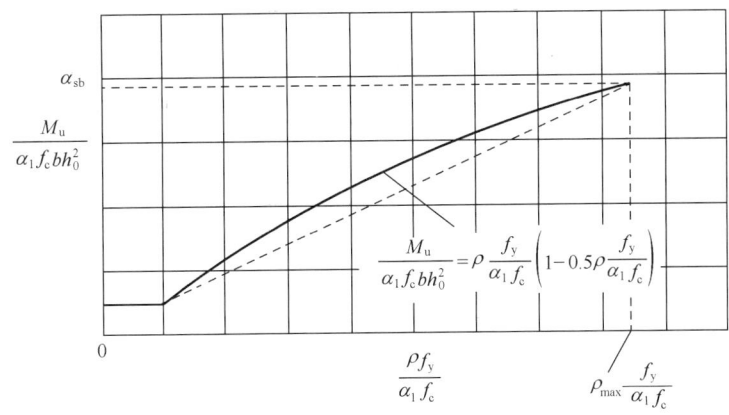

图 4-47 抵抗弯矩与配筋关系

也必须通过作材料图才能确定弯起钢筋的数量和位置。

③ 确定纵向钢筋的截断位置

通过绘制材料图还可确定纵向钢筋的理论截断点及其延伸长度，从而确定纵向钢筋的实际截断位置。

2) 满足斜截面受弯承载力的纵向钢筋弯起位置

图 4-48 表示弯起钢筋弯起点与弯矩图形的关系。钢筋①在受拉区的弯起点为 1，按正截面受弯承载力计算不需要该钢筋的截面位置为 2，该钢筋强度充分利用的截面为 3，它所承担的弯矩为图中阴影部分。可以证明，当弯起点与按计算充分利用该钢筋的截面之间的距离不小于 $h_0/2$ 时，可以满足斜截面受弯承载力的要求（保证斜截面的受弯承载力不低于正截面受弯承载力）。自然，钢筋弯起后与梁中心线的交点应在该钢筋正截面抗弯的不需要点之外。

由上可知，若利用弯起钢筋抗剪，则钢筋弯起点的位置应同时满足抗剪位置（由抗剪计算确定）、正截面抗弯（材料图覆盖弯矩图）及斜截面抗弯（$s \geqslant h_0/2$）三项要求，也即此时不必再进行斜截面受弯承载力计算。但在连续梁或节点中第一排弯起钢筋不能抵抗弯起钢筋所在一侧的支座负弯矩。

3) 纵向受力钢筋的截断位置

根据内力分析所得的弯矩图沿梁纵长方向是变化的，从节省材料的角度出发，所配的纵向受力钢筋截面面积也应沿梁纵长方向有所变化。变化的方式可采取弯起或切断钢筋的形式，但在工程中应用得更多的是将纵向受力钢筋根据弯矩图的变化而在适当的位置切断，所以任何一根纵向受力钢筋在结构中要发挥其承载能力的作用，应从其"强度充分利用截面"外伸一定的长度 l_{d1}，依靠这段长度与混凝土的粘结锚固作用维持钢筋足够的抗力。同时，从按正截面承载力计算"不需要该钢筋的截面"（理论切断点）也须外伸一定的长度 l_{d2}，作为受力钢筋应有构造措施。在结构设计中，应从上述两个条件确定的较长外伸长度作为纵向受力钢筋的实际延伸长度 l_d，作为其真正的切断点（实际切断点）（图 4-49）。

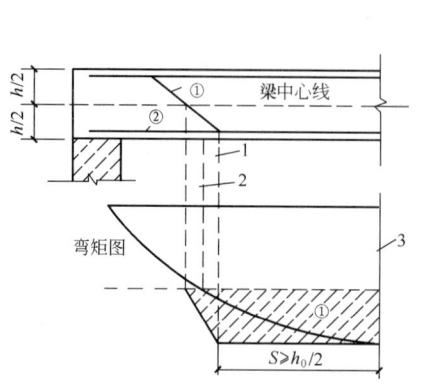 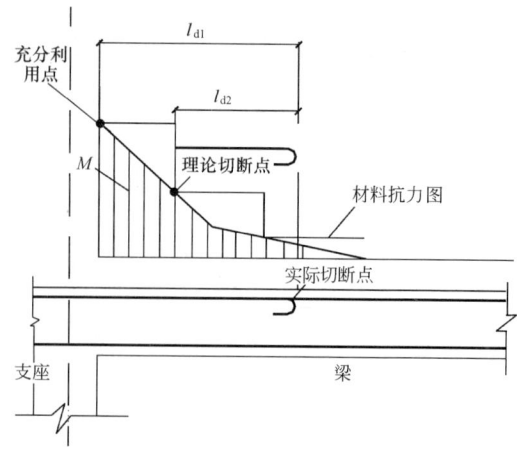

图 4-48 弯起钢筋弯起点的位置　　图 4-49 钢筋的延伸长度和切断点

钢筋混凝土连续梁、框架梁支座截面的负弯矩纵向钢筋不宜在受拉区截断。如必须截断时,其延伸长度 l_d 可按表 4-13 中 l_{d1} 和 l_{d2} 中取外伸长度较长者确定。其中 l_{d1} 是从"充分利用点截面"延伸出的长度,而 l_{d2} 是从"按正截面承载力计算理论切断点截面"延伸出的长度,两者不在同一起始截面。

负弯矩钢筋的延伸长度 l_d　　　　　　　　　　表 4-13

截 面 条 件	充分利用截面伸出 l_{d1}	计算不需要截面伸出 l_{d2}
$V \leqslant 0.7 f_t b h_0$	$1.2 l_a$	$20d$
$V > 0.7 f_t b h_0$	$1.2 l_a + h_0$	$20d$ 且 $\geqslant h_0$
$V > 0.7 f_t b h_0$ 且断点仍在负弯矩受拉区内	$1.2 l_a + 1.7 h_0$	$20d$ 且 $\geqslant 1.3 h_0$

4)纵向钢筋在支座处锚固

支座附近的剪力较大,在出现斜裂缝后,由于与斜裂缝相交的纵筋应力会突然增大,若纵筋伸入支座的锚固长度不够,将使纵筋滑移,甚至从混凝土中被拔出而导致锚固破坏。

为了防止这种破坏,纵向钢筋伸入支座的长度和数量应该满足下列要求。

(1)伸入梁支座的纵向受力钢筋根数

当梁宽≥100mm 时,不应少于 2 根;当梁宽<100mm 时,可为 1 根。

(2)简支梁

简支梁下部纵筋伸入支座的锚固长度 l_{as} 应满足表 4-14 的规定。

简支梁纵筋锚固长度 l_{as}　　　　　　　　　表 4-14

$V \leqslant 0.7 f_t b h_0$	$V > 0.7 f_t b h_0$
$\geqslant 5d$	带肋钢筋不小于 $12d$,光面钢筋不小于 $15d$

当纵筋伸入支座的锚固长度不符合表 4-14 的规定时，应采取专门锚固措施详见规范要求。

（3）连续梁及框架梁

在连续梁、框架梁的中间支座或中间节点处，纵筋伸入支座的长度参见第 4.11 节。

5）弯起钢筋锚固

弯起钢筋的弯终点外应留有锚固长度，其长度在受拉区不应小于 $20d$，在受压区不应小于 $10d$，对光面钢筋在末端尚应设置弯钩（图 4-50）。位于梁底层两角的钢筋不应弯起。

弯起钢筋不得采用浮筋（图 4-51a），当支座处剪力很大而又不能利用纵筋弯起抗剪时，可设置仅用于抗剪的鸭筋（图 4-51b），其端部锚固与弯起钢筋相同。

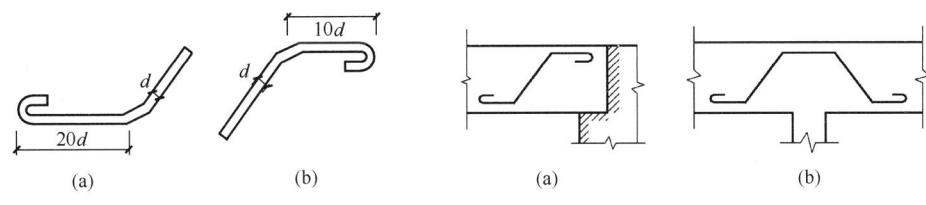

图 4-50 弯起钢筋端部构造　　　　　图 4-51 浮筋与鸭筋
（a）受拉区；（b）受压区　　　　　　（a）浮筋；（b）鸭筋

6）箍筋构造要求

梁中的箍筋对抑制斜裂缝的开展及传递剪力等有积极作用，前述梁的箍筋间距、直径和最小配箍率是箍筋最基本的构造要求，在设计中应予遵守。

箍筋一般采用 HPB300，当剪力较大时，也可采用 HRB335 级钢筋。

箍筋一般采用 135°弯钩的封闭式箍筋。当 T 形截面梁翼缘顶面另有横向受拉钢筋时，也可采用开口式箍筋（图 4-52）。

梁内一般采用双肢箍筋（$n=2$）。当梁的宽度大于 400mm，且一层内的纵向受压钢筋多于四根时，设置复合箍筋（如四肢箍）（图 4-53）；当梁宽度很小时，也可采用单肢箍筋。

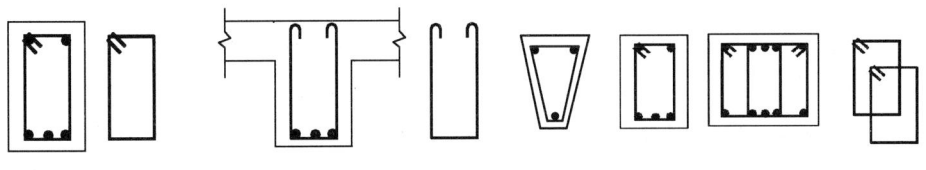

图 4-52 箍筋形式　　　　　　　图 4-53 箍筋肢数

当梁中配有计算需要的纵向受压钢筋（如双筋梁）时，箍筋应为封闭式，其间距不应大于 $15d$（绑扎骨架中）或 $20d$（焊接骨架中），d 为纵向受压钢筋中的最小直径。同时在任何情况下均不应大于 400mm。当一层内的纵向受压钢筋多于 5 根且直径大于 18mm 时，箍筋间距不应大于 $10d$。

在绑扎骨架中非焊接的搭接接头长度范围内设置箍筋,其直径不小于搭接钢筋较大直径的 1/4,当搭接钢筋为受拉时,其箍筋间距 $s\leqslant 5d$,且不应大于 100mm;当搭接钢筋为受压时,箍筋间距 $s\leqslant 10d$,且不应大于 200mm(d 为受力钢筋中的最小直径);当受压钢筋直径大于 25mm,尚应在搭接接头两个端面外 100mm 范围内各设置两个箍筋。

4.4 受弯构件裂缝与变形验算

前面谈到的是承载能力极限状态的问题,本节要谈的是正常使用极限状态中的裂缝和变形问题。在荷载保持不变的情况下,由于混凝土的徐变等特性,裂缝和变形将随着时间的推移而发展。对构件进行正常使用极限状态的验算时,应该按荷载效应的准永久组合并考虑长期作用影响进行验算。正常使用极限状态的一般验算公式为:

$$S \leqslant C \tag{4-73}$$

式中 S——正常使用极限状态的荷载效应组合值;

C——结构构件达到正常使用要求所规定的裂缝宽度、变形和应力的相应限值。

荷载效应的标准组合为:

$$S = S_{GK} + S_{Q1K} + \sum_{i=2}^{n} \psi_{ci} S_{QiK} \tag{4-74}$$

荷载效应的准永久组合为:

$$S = S_{GK} + \sum_{i=1}^{n} \psi_{qi} S_{QiK} \tag{4-75}$$

式中 S_{GK}——永久荷载标准值效应;

S_{Q1K}——在基本组合中起控制作用的第 1 个可变荷载标准值效应;

S_{QiK}——第 i 个可变荷载标准值效应;

ψ_{ci}——第 i 个可变荷载的组合值系数,其值不应大于 1;

ψ_{qi}——第 i 个可变荷载的准永久值系数。

我们先讨论裂缝宽度问题,再讨论变形验算问题。

1. 裂缝宽度验算

按裂缝形成的原因可分两大类:一类是由荷载引起的裂缝;第二类是由非荷载引起的裂缝,如由材料收缩、温度变化、混凝土碳化(钢筋锈蚀膨胀)以及地基不均匀沉降等原因引起的裂缝,很多裂缝往往是几种因素共同作用的结果。调查表明,工程实践中结构物的裂缝属于非荷载因素为主引起的约占 80%,属于荷载为主引起的约占 20%,对非荷载引起的裂缝主要是通过构造措施(如加强配筋、设变形缝等)进行控制。本节讨论由荷载引起的正截面裂缝验算,并提出控制非荷载裂缝的防治方法。

1)验算公式

根据正常使用阶段对结构构件裂缝的不同要求,将裂缝的控制等级分为三级：正常使用阶段严格要求不出现裂缝的构件，裂缝控制等级属一级；正常使用阶段一般要求不出现裂缝的构件，裂缝控制等级属二级；正常使用阶段允许出现裂缝但要控制其宽度的构件，裂缝控制等级属三级。

钢筋混凝土结构构件由于混凝土的抗拉强度低，其裂缝控制等级属于三级。若要使结构构件的裂缝达到一级或二级要求，必须对其施加预应力。

试验和工程实践表明，在一般环境情况下，只要将钢筋混凝土结构构件的裂缝宽度限制在一定的范围以内，裂缝对结构构件的耐久性不会构成威胁。因此，裂缝宽度的验算按下式进行：

$$w_{\max} \leqslant w_{\lim} \tag{4-76}$$

式中 $w_{\max}$——按荷载效应准永久组合并考虑长期作用影响计算的最大裂缝宽度；

$w_{\lim}$——最大裂缝宽度限值，最大裂缝宽度限值见附表 2-1。

2）$w_{\max}$ 的计算方法

规范采用平均裂缝宽度乘以扩大系数的方法确定最大裂缝宽度 $w_{\max}$。

（1）平均裂缝宽度 w_m

以轴心受拉构件为例来建立平均裂缝宽度 w_m 的计算公式。

如图 4-54(a) 所示，在荷载准永久值组合求得的轴向力 N_q 作用下，在裂缝截面处混凝土退出工作（图 4-54b），钢筋应变最大（图 4-54c）；中间截面由于粘结应力使混凝土应变恢复到最大值（图 4-54b），而钢筋应变最小。粘结-滑移理论认为裂缝产生的原因是由于钢筋与混凝土之间的粘结破坏，出现相对滑移，引起裂缝处混凝土回缩而产生的。故平均裂缝宽度 w_m 应等于平均裂缝间距 l_{cr} 之间沿钢筋水平位置处钢筋和混凝土总伸长之差，即：

$$w_m = \int_0^{l_{cr}} (\varepsilon_s - \varepsilon_c) dl$$

为计算方便，现将曲线应变分布简化为平均应变 ε_{sm} 和 ε_{cm} 的直线分布，如图 4-54(b)、(c) 所示，于是：

$$w_m = (\varepsilon_{sm} - \varepsilon_{cm}) l_{cr} = \left(1 - \frac{\varepsilon_{cm}}{\varepsilon_{sm}}\right) \varepsilon_{sm} l_{cr} = \alpha_c \frac{\sigma_{sm}}{E_s} l_{cr} \tag{4-77}$$

由试验取 $\varepsilon_{cm}/\varepsilon_{sm}=0.15$，故 $\alpha_c=0.85$，令 $\sigma_{sm}=\psi \sigma_{sq}$，则式（4-77）为：

$$w_m = \alpha_c \psi \frac{\sigma_{sq}}{E_s} l_{cr} \tag{4-78}$$

式（4-78）尽管由轴心受拉构件导出，也同样适用于受弯、偏心受拉和偏心受压构件，式中 E_s 为钢筋的弹性模量。应该指出的是，按式（4-78）计算的 w_m，是指构件钢筋水平处的裂缝宽度。

① 平均裂缝间距 l_{cr} 的计算

根据试验结果，平均裂缝间距可按下列半理论半经验公式计算：

$$l_{cr} = \beta \left(1.9c + 0.08 \frac{d_{eq}}{\rho_{te}}\right) \tag{4-79}$$

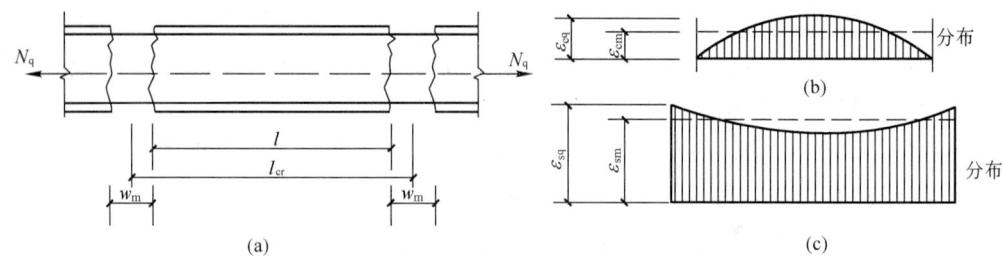

图 4-54 裂缝之间混凝土和钢筋的应变分布
(a) 裂缝宽度计算简图；(b) ε_{cq} 分布图；(c) ε_{sq} 分布图

式中 β——系数，对轴心受拉构件取 1.1，对受弯、偏心受压、偏心受拉构件取 1.0；

c——最外层纵向受拉钢筋外边缘至受拉区底边的距离（mm），当 $c<20\mathrm{mm}$ 时，取 $c=20\mathrm{mm}$，当 $c>65\mathrm{mm}$ 时，取 $c=65\mathrm{mm}$；

d_{eq}——受拉区纵向钢筋的等效直径，$d_{eq}=\dfrac{\sum n_i d_i^2}{\sum n_i v_i d_i}$，$n_i$ 为受拉区第 i 种纵向钢筋根数，d_i 为受拉区第 i 种钢筋的公称直径；

v_i——纵向受拉钢筋相对粘结特征系数，对变形钢筋，取 $v_i=1.0$，对光面钢筋，取 $v_i=0.7$；

ρ_{te}——有效配筋率，是指按有效受拉混凝土截面面积 A_{te} 计算的纵向受拉钢筋的配筋率，即：

$$\rho_{te}=A_s/A_{te} \tag{4-80}$$

有效受拉混凝土截面面积 A_{te} 按下列规定取用：

对轴心受拉构件，A_{te} 取构件截面面积；

对受弯、偏心受压和偏心受拉构件，取：

$$A_{te}=0.5bh+(b_f-b)h_f \tag{4-81}$$

式中 b——矩形截面宽度，T 形和工字形截面腹板厚度；

h——截面高度；

b_f，h_f——受拉翼缘的宽度和高度。

对于矩形、T 形、倒 T 形及工字形截面，A_{te} 的取用见图 4-55(a)、(b)、(c)、(d) 所示的阴影面积。

当计算得的 $\rho_{te}<0.01$ 时，取 $\rho_{te}=0.01$。

② 裂缝截面钢筋应力 σ_{sq}

在荷载准永久值组合作用下，构件裂缝截面处纵向受拉钢筋的应力 σ_{sq}（图 4-56）可按下列公式计算：

a. 轴心受拉（图 4-56a）

$$\sigma_{sq}=\dfrac{N_q}{A_s} \tag{4-82a}$$

b. 受弯（图 4-56b）：

$$\sigma_{sq}=\dfrac{M_q}{0.87h_0 A_s} \tag{4-82b}$$

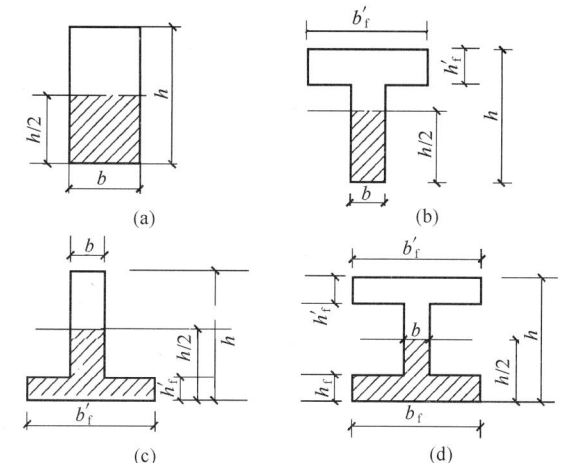

图 4-55 有效受拉混凝土截面面积（图中阴影部分面积）

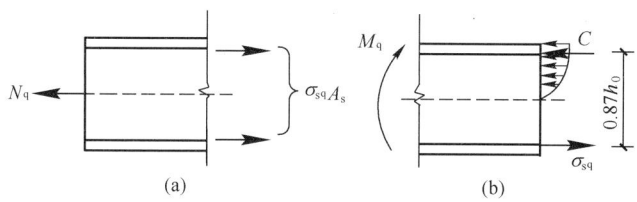

图 4-56 构件使用阶段的截面应力状态
(a) 轴心受拉；(b) 受弯
C—受压区总压应力合力

式中 A_s——受拉区纵向钢筋截面面积；对轴心受拉构件，取全部纵向钢筋截面面积；对受弯构件，取受拉区纵向钢筋截面面积；

M_q、N_q——分别按荷载效应准永久组合计算的弯矩值和轴向力。

③ 钢筋应变不均匀系数 ψ

系数 ψ 为裂缝之间钢筋的平均应变（或平均应力）与裂缝截面钢筋应变（或应力）之比，即：

$$\psi = \sigma_{sm}/\sigma_{sq} = \varepsilon_{sm}/\varepsilon_{sq}$$

系数 ψ 反映裂缝之间混凝土协助钢筋抗拉工作的程度。按下列公式计算：

$$\psi = 1.1 - \frac{0.65 f_{tk}}{\rho_{te} \sigma_{sq}} \tag{4-83}$$

式中 f_{tk}——混凝土抗拉强度标准值，按附表 4-9 采用。

为避免过高估计混凝土协助钢筋抗拉的作用，当按式（4-83）算得的 $\psi < 0.2$ 时，取 $\psi = 0.2$；当 $\psi > 1.0$ 时，取 $\psi = 1.0$。对直接承受重复荷载的构件，$\psi = 1.0$。

(2) 最大裂缝宽度 w_{max}

由于混凝土的非匀质性及其随机性，荷载准永久值效应组合作用下最大裂缝宽度应等于平均裂缝宽度 w_m 乘以荷载短期效应裂缝扩大系数 τ_s、荷载长期效应裂缝扩大系数 τ_l 及考虑到短期效应与长期效应组合作用的组合系数 α_{sL}。

由式（4-78）和式（4-84）可得

$$w_{\max}=\tau_s\tau_l\alpha_{sL}\alpha_c\psi\frac{\sigma_{sq}}{E_s}\beta\left(1.9c+0.08\frac{d_{eq}}{\rho_{te}}\right) \qquad (4-84)$$

令 $\alpha_{cr}=\tau_s\tau_l\alpha_{sL}\alpha_c\beta$，即可得用于各种受力构件正截面最大裂缝宽度的统一计算公式：

$$w_{\max}=\alpha_{cr}\psi\frac{\sigma_{sq}}{E_s}\left(1.9c+0.08\frac{d_{eq}}{\rho_{te}}\right) \qquad (4-85)$$

式中 α_{cr}——构件受力特征系数；对轴心受拉构件 $\alpha_{cr}=2.7$；对偏心受拉构件 $\alpha_{cr}=2.4$；对受弯和偏心受压构件 $\alpha_{cr}=1.9$。

对 $e_0/h_0\leqslant 0.55$ 的偏心受压构件，可不作裂缝宽度验算。

在验算裂缝宽度时，$w_{\max}$ 主要取决于 d、v 这两个参数。当计算得出 $w_{\max}>w_{\lim}$ 时，宜选择较细直径的变形钢筋，也可增加钢筋截面面积 A_s，提高钢筋与混凝土的粘结强度，但钢筋直径的选择也要考虑施工方便。改变截面形式和尺寸，提高混凝土强度等级，效果甚差，一般不宜采用。

式（4-85）是计算在纵向受拉钢筋水平处的最大裂缝宽度，而在结构试验或质量检验时，通常只能观察构件外表面的裂缝宽度，后者比前者约大 τ_b 倍。该倍数可按下列经验公式估算：

$$\tau_b=1+1.5a_s/h_0$$

式中 a_s——从受拉钢筋截面重心到构件近边缘的距离。

【例 4-5】 矩形截面简支梁的截面尺寸 $b\times h=200\text{mm}\times 500\text{mm}$，混凝土强度等为 C20，配置 4Φ16 的 HRB335 级钢筋，混凝土保护层厚度 $c=25\text{mm}$，按荷载准永久值组合计算的跨中弯矩 $M_q=90\text{kN}\cdot\text{m}$，最大裂缝宽度限值 $w_{\lim}=0.3\text{mm}$，试验算其最大裂缝宽度是否符合要求。

【解】 $f_{tk}=1.54\text{N/mm}^2\quad E_s=200\times 10^3\text{N/mm}^2$

$$v_i=v=1.0\quad d_{eq}=d/v=16\text{mm}$$

$$h_0=500-\left(25+\frac{16}{2}\right)=467\text{mm},\quad A_s=804\text{mm}^2$$

$$\rho_{te}=\frac{A_s}{0.5bh}=\frac{804}{0.5\times 200\times 500}=0.0161$$

$$\sigma_{sq}=\frac{M_q}{0.87h_0A_s}=\frac{90\times 10^6}{0.87\times 467\times 804}=275.52\text{N/mm}^2$$

$$\psi=1.1-\frac{0.65f_{tk}}{\rho_{te}\sigma_{sq}}=1.1-\frac{0.65\times 1.54}{0.0161\times 275.52}=0.874$$

$$w_{\max}=1.9\psi\frac{\sigma_{sq}}{E_s}\left(1.9c+0.08\frac{d_{eq}}{\rho_{te}}\right)$$

$$=1.9\times 0.874\times\frac{275.52}{200\times 10^3}\left(1.9\times 25+0.08\times\frac{16}{0.0161}\right)$$

$$=0.193\text{mm}<0.3\text{mm}$$

满足要求。

3）非荷载裂缝的防治方法

在非荷载裂缝中，最常见的是温度收缩裂缝，当混凝土不能自由收缩时，会在混凝土内引起约束拉应力而产生裂缝。这种非荷载裂缝，有一个"时间过程"，裂缝出现后先被约束的变形得到释放或部分释放，约束应力随即消失或部分消失，这是区别于荷载裂缝的主要特点。现有的试验资料表明，混凝土在一年内可完成总收缩值的 60%～85%。因此，在实际工程中许多温度收缩裂缝在一年左右出现，对于上下有梁约束的现浇混凝土墙，这种裂缝的形状呈枣核形（图 4-57a）；对于与基础整体浇筑的基础梁，可形成若干根贯穿构件截面的裂缝（图 4-57b）。规范控制这类温度收缩裂缝采取的措施是规定钢筋混凝土结构伸缩缝最大间距（表 4-15），以及加强梁、板、墙的构造配筋。

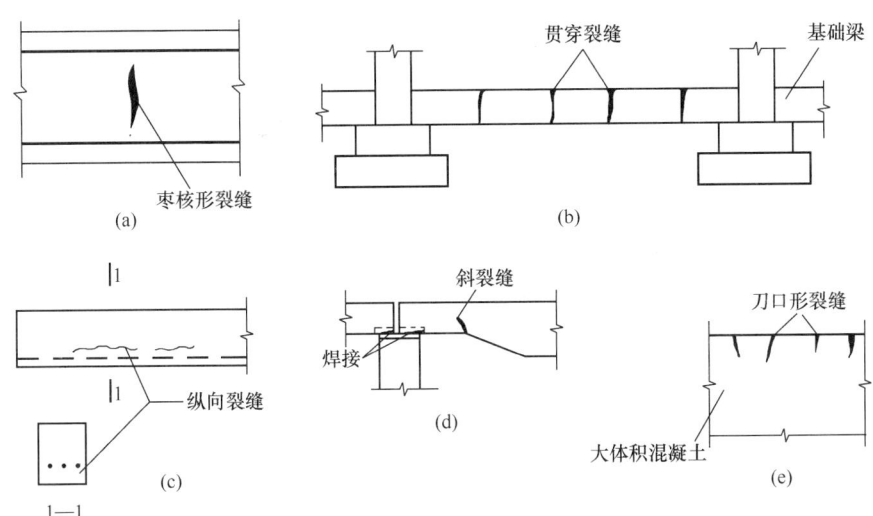

图 4-57 非荷载裂缝
(a) 枣核形裂缝；(b) 贯穿裂缝；(c) 纵向裂缝；
(d) 斜裂缝；(e) 刀口形裂缝

在非荷载裂缝中，值得注意的是另一种裂缝是由碳化引起的锈蚀膨胀裂缝。对于保护层较薄、混凝土密实性较差的构件，混凝土的碳化过程在较短时期就达到钢筋表面，混凝土失去对钢筋的保护作用，钢筋因锈蚀而体积增大，将混凝土胀裂，形成沿钢筋长度方向的纵向锈蚀膨胀裂缝（图 4-57c）。规范控制这种裂缝的措施是规定受力钢筋的混凝土保护层的最小厚度。

此外，在施工过程中，预应力混凝土工字形薄腹梁受拉翼缘与腹板交界处可能出现贯穿的纵向裂缝；两端与柱焊接的折线形吊车梁在支座内折角处常出现斜裂缝（图 4-57d）；大体积混凝土硬结时，其水化热使构件外表面和内部形成较大的温差，因而在温度低的外表层出现垂直于构件表面的刀口形裂缝（图 4-57e）等。

钢筋混凝土结构伸缩缝最大间距（m） 表 4-15

结构类型		室内或土中	露天
排架结构	装配式	100	70
框架结构	装配式	75	50
	现浇式	55	35

续表

结构类型		室内或土中	露天
剪力墙结构	装配式	65	40
	现浇式	45	30
挡土墙、地下室墙壁等类结构	装配式	40	30
	现浇式	30	20

注：1. 装配整体式结构的伸缩缝间距，可根据结构的具体情况取表中装配式结构与现浇式结构之间的数值；
2. 框架-剪力墙结构或框架核心筒结构房屋的局部伸缩缝间距，可根据结构的具体情况，取表中框架结构与剪力墙结构之间的数值；
3. 当屋面无保温或隔热措施时，框架结构、剪力墙结构的伸缩间距宜按表中露天栏的数值采用；
4. 现浇天沟、挑檐、雨篷等外露结构的局部伸缩缝间距不宜大于12m。

在实际工程中，应从结构设计方案、结构布置、结构计算、构造、施工、材料等方面采取措施，避免出现影响适用性和耐久性的各种裂缝。对于已出现的裂缝，则应善于根据裂缝的形状、部位、所处环境、配筋及结构形式以及对结构构件承载力危害程度等进行具体分析，做出安全、适用、经济的处理方案。

2. 受弯构件变形验算

变形验算主要是指受弯构件的挠度验算。

1) 验算公式

受弯构件的挠度验算应满足下面条件：

$$a_{f,\max} \leqslant a_{f,\lim} \tag{4-86}$$

式中 $a_{f,\max}$——受弯构件按荷载效应的准永久组合并考虑荷载长期作用影响计算的挠度最大值；

$a_{f,\lim}$——受弯构件的挠度限值，受弯构件的挠度限值见附表2-2。

2) $a_{f,\max}$的计算方法

(1) 钢筋混凝土受弯构件刚性特征

承受均布荷载 $g_q + q_q$ 的简支弹性梁，其跨中挠度为

$$a_f = \frac{5(g_q + q_q)l_0^4}{384EI} = \frac{5M_q l_0^2}{48EI} \tag{4-87}$$

式中 EI——匀质弹性材料梁的抗弯刚度。

当梁的材料、截面和跨度一定时，挠度与弯矩呈线性关系，如图4-58中的1号曲线所示。

钢筋混凝土梁的挠度与弯矩的关系是非线性的（图4-58中2号曲线），不能用 EI 这个常量来表示。通常用 B_s 表示钢筋混凝土梁在荷载短期效应组合作用下的截面抗弯刚

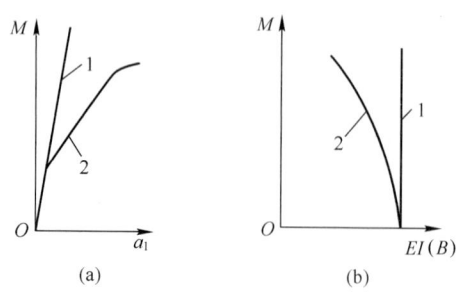

图4-58 M-a_f 与 M-$EI(B)$ 的关系曲线
(a) M-a_f 关系曲线；(b) M-$EI(B)$ 关系曲线
1—均质弹性材料梁；2—钢筋混凝土适筋梁

度,简称短期刚度;而用 B 表示荷载长期效应组合影响的截面抗弯刚度,简称长期刚度。

(2) 短期刚度 B_s 的计算

由材料力学可知,匀质弹性材料梁的弯矩 M 和曲率 $\frac{1}{r}$ 有关系为:

$$EI = \frac{M}{\frac{1}{r}} \tag{4-88}$$

式中,r 为截面的曲率半径,$1/r$ 即为截面曲率。

在混凝土未裂之前,通常可偏安全地取钢筋混凝土构件的短期刚度为:

$$B_s = 0.85 E_c I_0 \tag{4-89}$$

构件受拉区混凝土开裂后,其变形(刚度)计算以第Ⅱ阶段的应力应变状态为根据。图 4-59 为适筋构件纯弯段应变及内力分布图,我们以此为对象,分析刚度的计算方法。

裂缝出现后,受压混凝土和受拉钢筋的应变沿构件长度方向的分布是不均匀的(图 4-59),中和轴呈波浪状,曲率分布也是不均匀的。裂缝截面曲率最大,裂缝中间截面曲率最小。为简化计算,截面上的应变、中和轴位置、曲率均采用平均值。若以裂缝平均间距 l_{cr} 为一单元(图 4-59),根据平截面假定,其受拉钢筋伸长 Δ_s 为:

$$\Delta_s = \varepsilon_{sm} l_{cr}$$

受压边缘混凝土缩短量 Δ_c 为:

$$\Delta_c = \varepsilon_{cm} l_{cr}$$

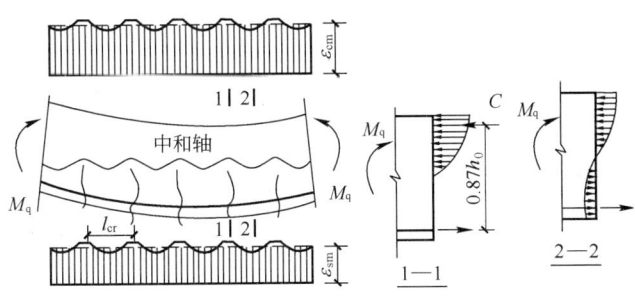

图 4-59 构件中混凝土和钢筋应变分析

由弯矩与曲率及刚度关系可知:

$$B_s = \frac{M_q h_0}{\varepsilon_{cm} + \varepsilon_{sm}} \tag{4-90}$$

式中 ε_{sm} ——裂缝截面之间钢筋的平均应变;

ε_{cm} ——裂缝截面之间受压混凝土边缘的平均应变。

ε_{sm} 的计算公式为:

$$\varepsilon_{sm} = \psi \varepsilon_s = \psi \frac{\sigma_{sq}}{E_s} = \psi \frac{M_q}{\eta h_0 A_s E_s} \tag{4-91}$$

$$\varepsilon_{cm} = \frac{M_q}{\zeta b h_0^2 E_c} \tag{4-92}$$

式中 ψ 按式（4-83）计算；

ζ——受压边缘混凝土平均应变的抵抗矩系数。

将式（4-91）和式（4-92）代入式（4-90）得：

$$B_s = \frac{h_0}{\dfrac{1}{\zeta b h_0^2 E_c} + \dfrac{\psi}{\eta h_0 A_s E_s}} \tag{4-93}$$

以 $E_s h_0 A_s$ 同乘分子和分母，并取 $\alpha_E = E_s/E_c$，$\rho = A_s/bh_0$，同时近似地取 $\eta = 0.87$，即得：

$$B_s = \frac{E_s A_s h_0^2}{1.15\psi + \dfrac{\alpha_E \rho}{\zeta}} \tag{4-94}$$

通过常见截面受弯构件实测结果的分析，可取：

$$\frac{\alpha_E \rho}{\zeta} = 0.2 + \frac{6\alpha_E \rho}{1 + 3.5\gamma_f'}$$

从而可得矩形、T形、倒T形、I字形截面受弯构件短期刚度的公式：

$$B_s = \frac{E_s A_s h_0^2}{1.15\psi + 0.2 + \dfrac{6\alpha_E \rho}{1 + 3.5\gamma_f'}} \tag{4-95}$$

式中 ψ——由式（4-83）求得；

ρ——纵向受拉钢筋配筋率；

γ_f'——T形、工字形截面压翼缘面积与腹板有效面积之比，计算公式为：

$$\gamma_f' = \frac{(b_f' - b) h_f'}{b h_0} \tag{4-96}$$

b_f'、h_f'——截面受压翼缘的宽度和高度，当 $h_f' > 0.2 h_0$ 时，取 $h_f' = 0.2 h_0$。

(3) 长期刚度 B 的计算

构件在持续荷载作用下，由于截面受压区混凝土的徐变、裂缝之间受拉混凝土的应变松弛、受拉钢筋和混凝土之间的滑移、徐变使裂缝之间的受拉混凝土退出工作，从而导致变形随时间不断缓慢增长。

当采用荷载标准组合时

$$B = \frac{M_k}{M_q(\theta - 1) + M_k} B_s \tag{4-97a}$$

当采用荷载准永久组合时，钢筋混凝土受弯构件考虑荷载长期作用影响的刚度可按下式简化计算：

$$B = \frac{B_s}{\theta} \tag{4-97b}$$

根据试验结果，对于荷载长期作用下的挠度增大系数 θ，按下式计算：

$$\theta = 2.0 - 0.4 \rho'/\rho \tag{4-98}$$

式中，ρ（$\rho = A_s/bh_0$）和 ρ'（$\rho' = A_s'/bh_0$）分别为纵向受拉和受压钢筋的配筋率，

当 $\rho'/\rho>1$ 时，取 $\rho'/\rho=1$。由于受压钢筋能阻碍受压混凝土的徐变，因而可以减小长期挠度，上式的 ρ'/ρ 项反映了受压钢筋的这一有利影响。此外还规定，对翼缘在受拉区的倒 T 形截面，θ 应在式（4-98）的基础上增大 20%。

（4）受弯构件挠度的计算

钢筋混凝土受弯构件截面的抗弯刚度随弯矩增大而减小。例如，承受均布荷载的简支梁，当中间部分开裂后，其抗弯刚度分布情况如图 4-60(a) 所示。按照这样的变刚度来计算梁的挠度显然是十分繁琐的。在实用计算中，一般取同号弯矩区段内弯矩最大截面的抗弯刚度作为该区段的抗弯刚度。对于简支梁即取最大正弯矩截面按式（4-97）计算的截面刚度，并以此作为全梁的抗弯刚度（图 4-60b）。对于带悬挑的简支梁、连续梁或框架梁，则取最大正弯矩截面和最小负弯矩截面的刚度，分别作为相应弯矩区段的刚度。这就是挠度计算中通称的"最小刚度原则"，据此可很方便地确定构件的刚度分布。例如，受均匀荷载作用的带悬挑的等截面简支梁其弯矩如图 4-61(a) 所示，而截面刚度分布如图 4-61(b) 所示。

构件刚度分布图确定后，即可按结构力学的方法计算钢筋混凝土受弯构件的挠度。

为简化计算，当计算跨度内的支座截面刚度大于跨中截面刚度的 2 倍，或不小于跨中截面刚度的 1/2 时，该跨也可按等刚度构件进行计算，其构件刚度可取跨中最大弯矩截面的刚度。

受弯构件挠度一般不考虑剪切变形的影响。

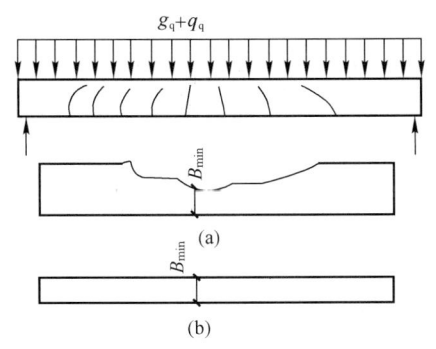

图 4-60 简支梁抗弯刚度分布
(a) 实际抗弯刚度分布；(b) 计算抗弯刚度分布

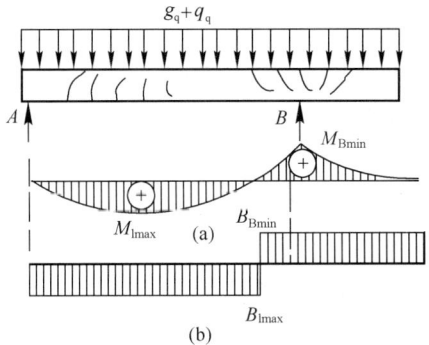

图 4-61 带悬挑简支梁抗弯刚度分布
(a) 弯矩分布；(b) 计算抗弯刚度分布

当计算所得的长期挠度 $a_{f,max}$，不能满足式（4-86）时，最有效的措施是增加截面高度；当设计上构件截面尺寸不能加大时，可考虑增加纵向受拉钢筋截面面积或提高混凝土强度等级，或在构件受压区配置一定数量的受压钢筋。此外，采用预应力混凝土构件也是提高受弯构件刚度的有效措施。

【例 4-6】矩形截面简支梁的截面尺寸 $b \times h = 250\text{mm} \times 600\text{mm}$，混凝土强度等级为 C20，配置 HRB335 的 4Φ18 受拉钢筋，混凝土保护层厚度 $c=25\text{mm}$，承受均布荷载，按荷载的准永久组合计算的跨中弯矩 $M_q=68\text{kN} \cdot \text{m}$，梁的计算跨度 $l_0=6.5\text{m}$，挠度允许值为 $\dfrac{l_0}{250}$。试验算挠度是否符合要求。

【解】 $f_{tk}=1.54\text{N/mm}^2$，$E_s=200\times10^3\text{N/mm}^2$，$E_c=25.5\times10^3\text{N/mm}^2$，$\alpha_E=\dfrac{E_s}{E_c}=7.84$，$h_0=600-\left(25+\dfrac{18}{2}\right)=566\text{mm}$，$A_s=1017\text{mm}^2$，$\theta=2$

$$\rho=\frac{A_s}{bh_0}=\frac{1017}{250\times566}=0.00719$$

$$\rho_{te}=\frac{A_s}{0.5bh}=\frac{1017}{0.5\times250\times600}=0.0136$$

$$\sigma_{sq}=\frac{M_q}{0.87h_0A_s}=\frac{68\times10^6}{0.87\times566\times1017}=135\text{N/mm}^2$$

$$\psi=1.1-\frac{0.65f_{tk}}{\rho_{te}\sigma_{sq}}=1.1-\frac{0.65\times1.54}{0.0136\times135}=0.555$$

$$B_s=\frac{E_sA_sh_0^2}{1.15\psi+0.2+6\alpha_E\rho}$$

$$=\frac{200\times10^3\times1017\times566^2}{1.15\times0.555+0.2+6\times7.84\times0.00719}=5.541\times10^{13}\text{N}\cdot\text{mm}^2$$

$$B=\frac{B_s}{\theta}=\frac{5.541}{2}\times10^{13}=2.770\times10^{13}\text{N}\cdot\text{mm}^2$$

$$a_f=\frac{5}{48}\frac{M_ql_0^2}{B}=\frac{5}{48}\times\frac{68\times10^6\times6500^2}{2.770\times10^{13}}=10.80\text{mm}<\frac{l_0}{250}=26\text{mm}$$

符合要求。

应该指出，裂缝宽度和挠度一般可分别用控制最大钢筋直径和最大跨高比来满足适用性和耐久性的要求。但是，对于采用较高强度的钢筋以及较小截面尺寸的大跨度的简支构件和悬臂构件，在使用荷载下钢筋应力较高，且常为变截面构件，其裂缝宽度和挠度的验算应给予足够重视。

4.5 轴心受力构件承载力计算

当构件轴向力作用线与构件截面形心轴线重合时，即为轴心受力构件。承受轴心拉力的构件称为轴心受拉构件（图4-62a）；承受轴心压力的构件称为轴心受压构件（图4-62b）。

在钢筋混凝土结构中，由于混凝土的非匀质性、钢筋位置的偏离、轴向力作用位置的差异等原因，理想的轴心受力构件是很难找到的。为了计算方便，工程上仍按纵向外力作用线与构件的截面形心轴线是否重合来判别是否为轴心受力。

在实际工程中，按轴心受拉构件计算的有：承受节点荷载的屋架或托架的受拉弦杆和腹杆（图4-63a中的屋架下弦以及腹杆 ab 和 be）、拱的拉杆、圆形水池池壁的环向部分（图4-63b）等。按轴心受压构件计算的有：承受节点荷载的屋架受压腹杆（图4-63a中的腹杆 ad 和 ce）及受压弦杆；以恒荷载作用为主的等跨多层房屋的内柱等。

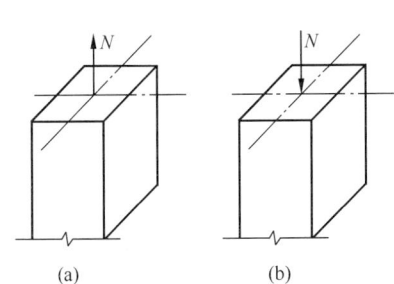

图 4-62 轴心受力构件
(a) 轴心受拉构件；(b) 轴心受压构件

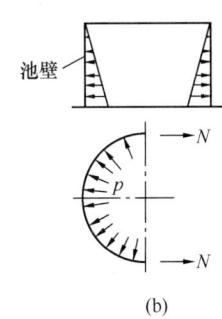

图 4-63 轴心受力构件工程示例
(a) 屋架；(b) 圆形水池

1. 轴心受拉构件承载力计算

1) 轴心受拉构件受力特点

试验表明，构件从开始加载到破坏的受力过程可分为以下三个阶段：

(1) 混凝土开裂前

开始加载时，轴向拉力很小，由于钢筋与混凝土之间的粘结力，构件截面上各点的应变值相等，混凝土和钢筋都处在弹性受力状态。

依据静力平衡条件，有：

$$N = (A_c + \alpha_E A_s)\sigma_c \tag{4-99}$$

式中 N——施加于构件上的轴向拉力；

A_s——纵向受拉钢筋截面面积；

A_c——混凝土截面面积；

α_E——钢筋弹性模量与混凝土弹性模量之比，$\alpha_E = E_s/E_c$。

式 (4-99) 表明：当混凝土和钢筋都处于弹性受力状态时，若将构件截面面积看成是混凝土截面面积 A_c 与钢筋折算成的相当混凝土面积 $\alpha_E A_s$ 之和，则轴心受拉构件可视为由单一混凝土材料组成的构件，并用材料力学的方法进行分析：

$$\sigma_c = N/A_0 \tag{4-100}$$

式中 A_0——构件截面的换算截面面积，$A_0 = A_c + \alpha_E A_s$。

随着荷载的增加，混凝土受拉塑形变形开始出现并开始发展，混凝土的应力与应变不成比例，钢筋则仍然处于弹性受力状态。式 (4-99) 应改为：

$$N = (A_c + \alpha'_E A_s)\sigma_c \tag{4-101}$$

式中 α'_E——钢筋弹性模量与混凝土割线模量 E'_c 之比，$\alpha'_E = E_s/E'_c$。

将式 (4-100) 中的 A_0 改为 $A_c + \alpha'_E A_s$，仍可采用材料力学方法分析构件截面的应力。

当混凝土的应力 σ_c 达到抗拉强度 f_{tk} 时，构件将开裂；此时混凝土割线模量 E'_c 约为其弹性模量 E_c 的一半，则构件的开裂荷载 N_{cr} 可由式 (4-101) 求得为：

$$N_{cr} = (A_c + 2\alpha_E A_s)f_{tk} \tag{4-102}$$

(2) 混凝土开裂后

构件开裂后，混凝土退出工作，所有外力由钢筋承受。荷载还可以继续增加,新裂缝也将产生,原有裂缝将随荷载增加不断加宽。裂缝的间距和宽度与截面的配筋率、纵向受力钢筋的直径与布置等因素有关。一般情况下,当截面配筋率较高,在相同配筋率下钢筋直径较细、根数较多、分布较均匀时,裂缝间距较小,裂缝宽度较细;反之则裂缝间距较大,裂缝宽度较宽。

(3) 破坏阶段

当轴向拉力使裂缝截面处钢筋的应力达到其抗拉强度时,构件进入破坏阶段。当构件采用有明显屈服点钢筋配筋时,构件的变形还可以有较大的发展,但裂缝宽度将大到不适于继续承载的状态。当采用无明显屈服点钢筋配筋时,构件有可能被拉断。

设纵向受力钢筋的截面面积为 A_s,其抗拉强度标准值 f_{yk},则构件破坏的受力状态如图 4-64 所示,由静力平衡条件可求得构件破坏时所能承受的拉力为:

$$N_u = f_{yk} A_s \tag{4-103}$$

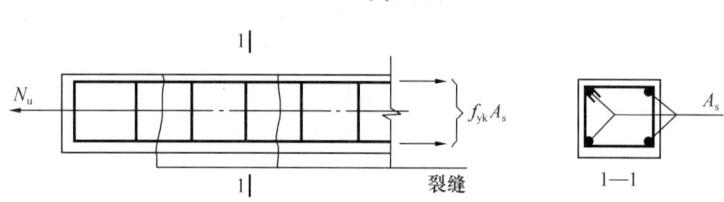

图 4-64 轴心受拉构件破坏阶段受力状态

2) 轴心受拉构件承载力计算

进行结构构件设计时,必须使荷载在构件内产生的拉力设计值不超过构件承载力设计值,即要求:

$$N \leqslant f_y A_s \tag{4-104}$$

式中 N——轴向拉力设计值;

f_y——钢筋抗拉强度设计值;

A_s——纵向受拉钢筋截面面积。

3) 构造要求

(1) 纵向受力钢筋

① 轴心受拉构件的受力钢筋不得采用绑扎搭接;搭接而不加焊的受拉钢筋接头仅仅允许用在圆形池壁或管中,搭接长度应符合计算结果和相应要求。

② 受力钢筋的直径不宜小于 12mm,构件一侧受拉钢筋的最小配筋百分率不应小于 0.2% 和 $(45 f_t / f_y)\%$ 的较大值,全截面配筋率也不应大于 5%。

③ 受力钢筋沿截面周边均匀对称布置,净间距不应小于 50mm,且不宜大于 300mm。

(2) 箍筋

箍筋直径不应小于纵筋直径的 1/4,且不应小于 6mm,间距一般不应大于 400mm 及构件截面短边尺寸。

【例4-7】某钢筋混凝土屋架下弦截面尺寸 $b \times h = 200\text{mm} \times 140\text{mm}$，其端节间承受恒荷载标准值产生的轴向拉力 $N_{gk} = 130\text{kN}$，活荷载标准值产生的轴向拉力 $N_{qk} = 47.66\text{kN}$，结构重要性系数 $\gamma_0 = 1.0$、$\gamma_L = 1.0$，混凝土的强度等级为C30，纵向钢筋为HRB335级热轧钢筋，环境类别为一类。试计算其所需纵向受拉钢筋截面面积，并选择钢筋。

【解】（1）计算轴向拉力设计值

查附表4-3、附表4-10知，HRB335级钢筋的抗拉强度设计值 $f_y = 300\text{N/mm}^2$，C30混凝土 $f_t = 1.43\text{N/mm}^2$。

取 $\gamma_G = 1.2$，$\gamma_Q = 1.4$，活载为主时的下弦端节间的轴力设计值为：

$$N = \gamma_0(\gamma_G \times N_{gk} + \gamma_Q \times \gamma_L \times N_{qk})$$
$$= 1.0 \times (1.2 \times 130 + 1.4 \times 1.0 \times 47.66)$$
$$= 222.7\text{kN}$$

恒载为主时的轴力设计值为：

$$N = \gamma_0(\gamma_G \times N_{gk} + \gamma_Q \times \gamma_L \psi_{ci} N_{qk})$$
$$= 1.0 \times (1.35 \times 130 + 1.4 \times 1.0 \times 0.7 \times 47.66)$$
$$= 222.2\text{kN} < 222.7\text{kN}$$

应以活载为主的拉力配筋。

（2）计算所需求受拉钢筋面积

由式（4-104）求得截面所需要受拉钢筋面积为：

$$A_s \geqslant \frac{N}{f_y} = \frac{222700}{300} = 742\text{mm}^2$$

按最小配筋率计算的钢筋面积为：

$$A_{s,\min} = \rho_{\min} bh = 0.4\% \times 200 \times 140 = 112\text{mm}^2 \text{ 及}$$

$$\frac{90 f_t}{f_y}\% bh = 120\text{mm}^2 < 742\text{mm}^2$$

应按 $A_s = 742\text{mm}^2$ 选择钢筋。选用4根直径为16mm的HRB335级钢筋，记作 4 Φ 16，实配钢筋截面面积为 804mm^2，箍筋采用HPB300级钢筋，直径6mm，间距200mm，记作Φ6@200，配筋如图4-65所示。

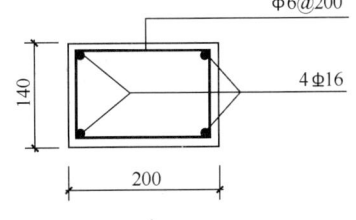

图4-65 例4-7配筋图

2. 轴心受压构件承载力计算

轴心受压构件内配有纵向钢筋和箍筋，纵向钢筋与混凝土共同承担轴向压力。箍筋可以固定纵向受力钢筋的位置，防止纵向钢筋在混凝土压碎之前压屈，保证纵筋与混凝土共同受力直到构件破坏。

根据需要截面形状可做成矩形、圆形、正多边形及环形，根据箍筋配置方式可分为配置普通箍筋和配置螺旋箍筋（或环式焊接箍筋）两大类。

1）配置普通箍筋的轴心受压构件

（1）试验研究分析

根据构件的长细比（构件的计算长度 l_0 与构件的截面回转半径 i 之比）的不同，轴心受压构件可分为短构件（对一般截面 $l_0/i \leqslant 28$；对矩形截面 $l_0/b \leqslant 8$，b 为截面宽度）和中长构件。习惯上将前者称为短柱，后者称为长柱。

钢筋混凝土轴心受压短柱的试验表明：在整个加载过程中，可能的初始偏心对构件承载力无明显影响。钢筋和混凝土两者压应变相等。当达到极限荷载时，极限压应变大致与混凝土棱柱体受压破坏时的压应变相同，钢筋和混凝土的抗压强度都得到充分利用。

对于高强度钢筋，当混凝土的强度等级不大于C50时，极限压应变值为0.002，钢筋应力为 $\sigma'_s = 0.002 E_s = 400\text{N}/\text{mm}^2$，即钢材的强度不能被充分利用，只能取 $400\text{N}/\text{mm}^2$。在临近破坏时，短柱四周出现明显的纵向裂缝，箍筋间的纵向钢筋发生压曲外鼓，呈灯笼状（图4-66），最终以混凝土压碎而破坏。不论受压钢筋在构件破坏时是否屈服，构件的最终承载力都是由混凝土压碎来控制。

对于钢筋混凝土轴心受压长柱，试验表明，加荷时由于种种因素形成的初始偏心距对试验结果影响较大。它将使构件产生附加弯矩和弯曲变形，如图4-67所示。对长细比很大的构件来说，则有可能在材料强度尚未达到以前即由于构件丧失稳定而引起破坏。

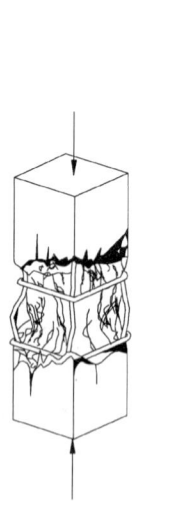
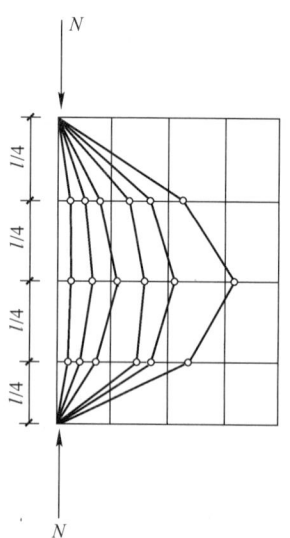

图4-66 短柱破坏特征　　图4-67 弯曲变形

试验结果也表明，长柱的承载力低于相同条件短柱的承载力。可采用引入稳定系数 φ 来考虑长柱纵向挠曲的不利影响，φ 值小于1.0且随着长细比的增大而减小，具体见表4-16。

钢筋混凝土轴心受压构件的稳定系数 φ　　　表 4-16

l_0/b	l_0/d	l_0/r	φ	l_0/b	l_0/d	l_0/r	φ
≤8	≤7	≤28	1.0	30	26	104	0.52
10	8.5	35	0.98	32	28	111	0.48
12	10.5	42	0.95	34	29.5	118	0.44
14	12	48	0.92	36	31	125	0.40
16	14	55	0.87	38	33	132	0.36
18	15.5	62	0.81	40	34.5	139	0.32
20	17	69	0.75	42	36.5	146	0.29
22	19	76	0.70	44	38	153	0.26
24	21	83	0.65	46	40	160	0.23
26	22.5	90	0.60	48	41.5	167	0.21
28	24	97	0.56	50	43	174	0.19

注：1. 表中 l_0 为构件计算长度；b 为矩形截面的短边尺寸；d 为圆形截面直径；r 为截面回转半径；
　　2. 构件计算长度 l_0：当构件两端固定时取 $0.5l$；当一端固定、一端为不动铰支座时取 $0.7l$；当两端为不动铰支时取 l；当一端固定、一端自由时取 $2l$；l 为构件支座间长度。

（2）正截面承载力计算公式

在轴向力设计值 N 作用下，轴心受压构件的计算简图如图 4-68 所示，由静力平衡条件并考虑长细比等因素的影响后，承载力按下式计算：

$$N \leqslant 0.9\varphi(f_y' A_s' + f_c A) \quad (4\text{-}105)$$

式中　φ——钢筋混凝土构件的稳定系数，按表 4-16 取用；

　　　N——轴向力设计值；

　　　f_y'——钢筋抗压强度设计值，见附表 4-3；

　　　f_c——混凝土轴心抗压强度设计值，见附表 4-10；

　　　A_s'——全部纵向受压钢筋截面面积；

　　　A——构件截面面积，当纵向钢筋配筋率大于 0.03 时，A 改用 $A_c = A - A_s'$；

　　　0.9——为了保持与偏心受压构件正截面承载力计算具有相近的可靠度而引入的系数。

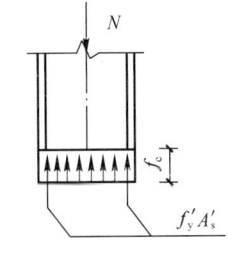
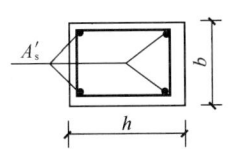

图 4-68　轴心受压柱的计算图

当现浇钢筋混凝土轴心受压构件截面长边或直径小于 300mm 时，式（4-105）中混凝土强度设计值应乘以系数 0.8（构件质量确有保障时可不受此限）。

（3）截面设计

截面设计分为截面选择和承载力校核两类。

在截面选择时，可先确定材料强度等级，并根据建筑设计的要求、轴向压力设计值大小以及房屋整体刚度确定截面形状和尺寸，然后按式（4-105）求出所需钢筋数量。求得全部受压钢筋的配筋率 $\rho'(=A'_s/A)$ 不应小于最小配筋率 ρ'_{min}。

应当注意，实际工程中的轴心受压构件沿截面两个主轴方向的杆端约束条件可能不同，因此计算长度 l_0 和截面回转半径 i 也不同。此时应分别按两个方向确定 φ 值，选其中较小者代入式（4-105）进行计算。

在截面校核时，构件的计算长度、截面尺寸、材料强度、配筋量均为已知，故只需将有关数据代入式（4-105）即可求出构件所能承担的轴向力设计值。

【例 4-8】 某轴心受压柱，轴向力设计值 $N=2680\text{kN}$，计算高度为 $l_0=6.2\text{m}$，混凝土强度等级为 C25，纵筋采用 HRB400 级钢筋，设计使用年限 50 年，环境类别为一类。试求柱截面尺寸，并配置受力钢筋。

【解】 初步估算截面尺寸

由附表 4-10 查得 C25 混凝土的 $f_c=11.9\text{N/mm}^2$，由附表 4-3 查得 HRB400 钢筋的 $f'_y=360\text{N/mm}^2$。取 $\varphi=1.0$，$\rho'=1\%$，由式（4-105）可得：

$$A = \frac{N}{0.9\varphi(f_c+f'_y\rho')} = \frac{2680\times10^3}{0.9\times1\times(11.9+360\times0.01)} = 192.2\times10^3\text{mm}^2$$

若采用方柱，$h=b=\sqrt{A}=438\text{mm}$，取 $b\times h=450\text{mm}$，$l_0/b=6.2/0.45=13.78$，查表 4-16，得 $\varphi=0.923$，由式（4-105）可求得：

$$A'_s = \frac{N-0.9\varphi f_c A}{0.9\varphi f_y} = \frac{2680\times10^3-0.9\times0.923\times11.9\times450\times450}{0.9\times0.923\times360} = 2268\text{mm}^2$$

选配 8 Φ 20（$A'_s=2513\text{mm}^2$）

$$\rho' = \frac{2513}{450\times450} = 1.24\% > \rho_{min} = 0.6\%$$

因此配筋合适。

(4) 构造要求

① 材料

宜采用强度等级较高的混凝土。不宜用高强度钢筋作受压钢筋。同时，也不得用冷拉钢筋作受压钢筋。

② 截面形式

轴心受压构件以方形为主，根据需要也可采用矩形截面、圆形截面或正多边形截面；截面最小边长不宜小于 250mm，构件长细比 l_0/b 一般为 15 左右，不宜大于 30。

③ 纵向钢筋

纵向受力钢筋直径 d 不宜小于 12mm，宜选用较大直径的钢筋。

全部纵向受压钢筋的配筋率 ρ' 不得超过 5%。圆柱中纵向钢筋不宜少于 8 根，不应少于 6 根，且宜沿周边均匀布置。

纵向钢筋应沿截面周边均匀布置，钢筋净距不应小于 50mm，亦不宜大于 300mm。混凝土保护层最小厚度见附表 4-12，最小配筋率见附表 4-13。

④ 箍筋

箍筋的间距 s 不应大于横截面短边尺寸，且不大于 400mm。同时，不应大于

$15d$，d 为纵向钢筋最小直径。

箍筋采用热轧钢筋时，其直径不应小于 6mm，且不应小于 $d/4$（d 为纵向钢筋的最大直径）。

当柱每边的纵向受力钢筋不多于 3 根（或当柱短边尺寸 $b \leqslant 400$mm 而纵筋不多于 4 根）时，可采用单个箍筋，否则应设置复合箍筋（图 4-69）。

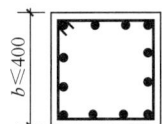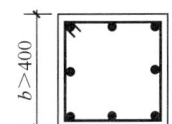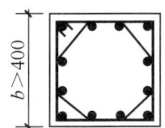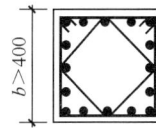

图 4-69 轴心受压柱的箍筋

当柱中全部纵向受力钢筋配筋率超过 3% 时，箍筋直径不宜小于 8mm，其间距不应大于 $10d$（d 为纵向钢筋的最小直径），且不应大于 200mm；箍筋末端应做成 135° 弯钩，且弯钩末端平直段长度不应小于箍筋直径的 10 倍；箍筋也可焊成封闭环式。

在受压纵向钢筋搭接长度范围内的箍筋间距不应大于 $10d$，且不应大于 200mm（d 为受力钢筋最小直径）。当受压钢筋直径 >25mm 时，尚应在搭接接头两个端面外 100mm 范围内各设置两个箍筋。

2）配有螺旋箍筋轴心受压构件

螺旋式或焊接环式间接钢筋配筋（图 4-70）仅用于轴心受压荷载很大而截面尺寸又受限制的柱。

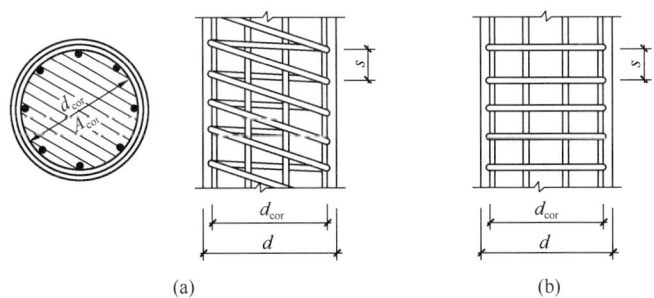

图 4-70 配螺旋式和焊接环式间接钢筋截面
(a) 螺旋式；(b) 焊接环式

（1）试验研究分析

试验研究表明，当混凝土所受的压应力较低时，螺旋箍筋的受力并不明显；当混凝土的压应力相当大后，混凝土中沿受力方向的微裂缝开始迅速扩展，使混凝土的横向变形明显增大并对箍筋形成径向压力（图 4-71），这时箍筋才对混凝土施加被动的径向均匀约束压力；当构件的压应变超过无约束混凝土的极限应变后，箍筋以外的表层混凝土将逐步脱落，箍筋以内的混凝土（称为核心混凝土）在箍筋约束下处于三向压应力状态，可以进一步承受压力，当螺旋箍筋屈服后，构件破坏。

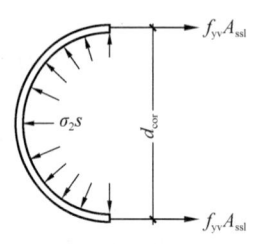

图 4-71 脱离体受力图

(2) 截面承载力计算

根据圆柱体在三向受压情形下试验结果，在径向均匀压力 σ_2 作用下，约束混凝土的轴心抗压强度 f_{cl} 可表述为：

$$f_{cl} = f_c + 4\sigma_2 \quad (4-106)$$

当螺旋筋达到屈服时，受到径向约束力 σ_2（也是反作用于核心混凝土的径向压应力），由隔离体的平衡（图 4-71），可得：

$$2f_{yv}A_{ss1} = \sigma_2 s d_{cor}$$

或

$$\sigma_2 = \frac{2f_{yv}A_{ss1}}{sd_{cor}} \quad (4-107)$$

式中 A_{ss1}——螺旋式（或焊接环式）单根钢筋的截面面积；

s——沿构件轴线方向螺旋钢筋的间距；

d_{cor}——构件的核心直径，算至钢筋内表面；

f_{yv}——螺旋钢筋的抗拉强度设计值。

将式 (4-107) 代入式 (4-106) 中，则有：

$$f_{cl} = f_c + \frac{8f_{yv}A_{ss1}}{sd_{cor}} \quad (4-108)$$

根据轴向力平衡条件，正截面受压承载力公式可表达如下（用于短柱，并引入系数 0.9）：

$$N \leqslant 0.9(f_{cl}A_{cor} + f'_y A'_s) \quad (4-109)$$

将式 (4-108) 的 f_{cl} 代入式 (4-109)，并考虑间接钢筋（螺旋钢筋）对不同强度等级混凝土约束效应影响后，则有：

$$N \leqslant 0.9(f_c A_{cor} + f'_y A'_s + 2\alpha f_{yv} A_{ss0}) \quad (4-110)$$

式中 A_{cor}——构件的核心截面面积，$A_{cor} = \frac{\pi}{4}d_{cor}^2$；

A_{ss0}——螺旋式（或焊接环式）间接钢筋的换算截面面积：

$$A_{ss0} = \frac{\pi d_{cor} A_{ss1}}{s}$$

α——间接钢筋对混凝土约束的折减系数；当混凝土强度等级不超过 C50 时，取 1.0；当混凝土强度等级为 C80 时，取 0.85；其间按线性内插法确定。

利用式 (4-110) 进行计算时，还应注意如下问题：

① 按式 (4-110) 算出的构件受压承载力设计值不应超过按同样材料和截面的普通箍筋受压构件承载力的 1.5 倍。

② 只在 $l_0/d \leqslant 12$ 的轴心受压构件中采用，且不考虑稳定系数 φ。

③ 按上述公式算得的受压承载力不应小于式 (4-105) 算得的承载力；当间接钢筋的换算面积 A_{ss0} 小于全部纵向钢筋面积的 25% 时，仍应按式 (4-105) 进行计算。

(3) 构造要求

在计算中考虑间接钢筋的作用时，其螺距（或环形箍筋间距）s 不应大于

80mm 及 $d_{cor}/5$，同时亦不应小于 40mm。

螺旋箍筋柱的截面尺寸常做成圆形或正多边形（如正八边形），纵向钢筋不宜少于 8 根，不应小于 6 根，沿截面周边均匀布置。

4.6 偏心受压构件正截面承载力计算

当轴向力 N 偏离截面形心或构件同时承受轴向力和弯矩时，则为偏心受力构件。轴向力偏离截面形心的距离称为偏心距；轴向力为压力时称为偏心受压构件（或称压弯构件）（图 4-72a、b、c）；轴向力为拉力时称为偏心受拉构件（或称拉弯构件）（图 4-72d、e、f）。当轴向力的作用线仅与构件截面的一个方向的形心不重合时，称为单向偏心受力构件（图 4-72a、b、d、e）；两个方向都不重合时，称为双向偏心受力构件（图 4-72c、f）。

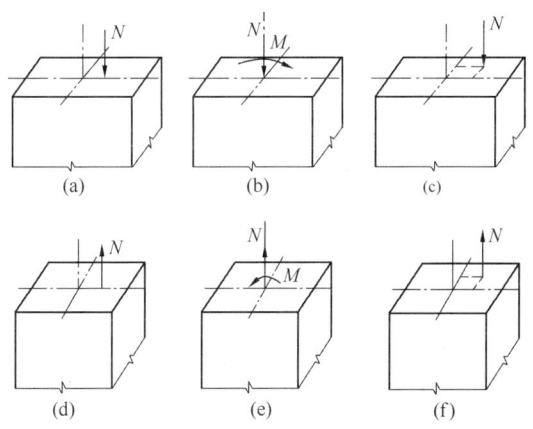

图 4-72 偏心受力构件受力形态

工程结构中的大多数的竖向构件（如单层工业厂房的排架柱、多层或高层房屋的钢筋混凝土墙、柱等）（图 4-73a、b、c）都是偏心受压构件，而承受节间荷载的桁架拉杆（图 4-73d 的上弦）、矩形水池的池壁（图 4-73e）等，则属于偏心受拉构件。

1. 偏心受压构件受力性能

钢筋混凝土偏心受压构件等效于对截面形心的偏心距为 $e_0 = M/N$ 的偏心压力作用。钢筋混凝土偏心受压构件的受力性能、破坏形态介于受弯构件与轴心受压构件之间。

1) 破坏类型

钢筋混凝土偏心受压构件也有长柱和短柱之分。以工程中常用的截面两侧纵向受力钢筋为对称配置（$A_s = A_s'$）的偏心受压短柱为例，说明其破坏形态和破坏特征。随轴向力 N 在截面上的偏心距 e_0 大小的不同和纵向钢筋配筋率（$\rho = A_s/bh_0$）的不同，偏心受压构件的破坏形态有两种：

(1) 受拉破坏——大偏心受压破坏

受拉区混凝土较早地出现横向裂缝，由于配筋率不高，受拉钢筋（A_s）应力

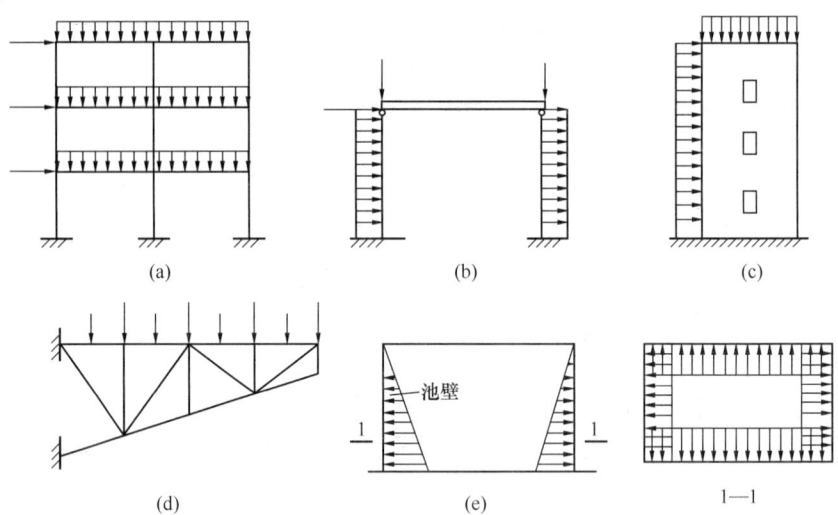

图 4-73 工程中的偏心受力构件
(a) 框架柱；(b) 排架柱；(c) 剪力墙；(d) 桁架上弦杆；(e) 矩形水池池壁

增长较快，首先达到屈服。随着裂缝的开展，受压区高度减小，最后受压钢筋（A_s'）屈服，压区混凝土压碎，达到极限压应变 ε_{cu}。其破坏形态与配有受压钢筋的适筋梁相似（图 4-74）。

破坏是由于受拉钢筋首先到达屈服，最终压区混凝土压坏，其承载力主要取决于受拉钢筋，故称为受拉破坏。这种破坏有明显的预兆。形成这种破坏的条件是：偏心距 e_0 较大，且纵筋配筋率不高，故称为大偏心受压破坏。

(2) 受压破坏——小偏心受压破坏

当轴向力 N 的偏心距较小，或当偏心距较大但纵筋率很高时，构件的截面可能部分受压、部分受拉（图 4-75a），也可能全截面受压（图 4-75b）。其特点是：构件的破坏由于受压区混凝土到达其抗压强度，远离纵向力一侧的钢筋，无论受拉或受压，一般均未达到屈服，但近纵向力一侧的钢筋一般均能达到屈服，构件承载力主要取于受压区混凝土，故称为受压破坏。这种破坏缺乏明显的预兆，

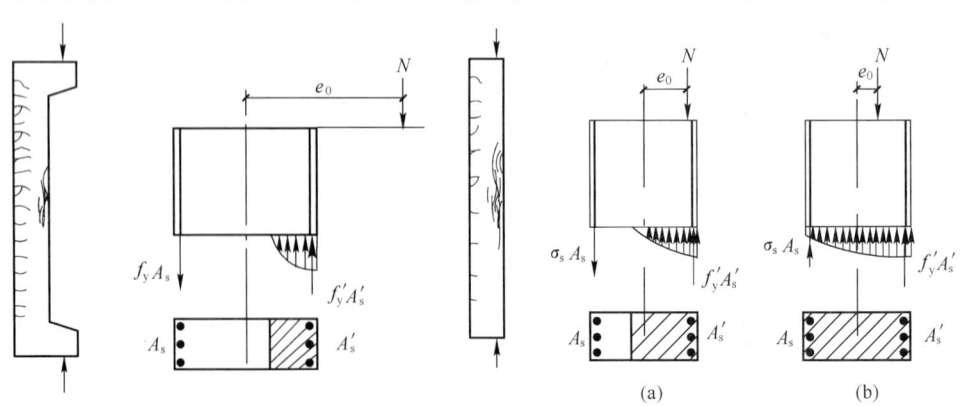

图 4-74 大偏心受压构件的破坏
形态及受力简图

图 4-75 小偏心受压构件的破坏
形态及受力简图

具有脆性破坏的性质。

2) 两类偏心受压破坏的界限

从以上两类偏心受压破坏的特征可以看出，两类破坏的本质区别就在于破坏时远离纵向力一侧的钢筋能否达到屈服。若远离纵向力一侧的钢筋屈服，即为受拉破坏；若远离纵向力一侧钢筋未屈服，则为受压破坏。两类破坏的界限与受弯构件中的适筋破坏与超筋破坏的界限完全相同。当 $\xi \leqslant \xi_b$，受拉钢筋先屈服，然后混凝土压碎，破坏为受拉破坏——大偏心受压破坏；否则为受压破坏——小偏心受压破坏。

3) 附加偏心距 e_a

由于荷载不可避免地偏心、混凝土的非均质性及施工偏差等原因，都可能产生附加偏心距。按 $e_0 = M/N$ 求得的偏心距，实际上有可能增大或减小。在偏心受压构件的正截面承载力计算中，应考虑轴向压力在偏心方向存在的附加偏心距 e_a，其值取 20mm 和偏心方向截面尺寸的 1/30 两者中的较大值。截面的初始偏心距 e_i 等于 e_0 加上附加偏心距 e_a，即：

$$e_i = e_0 + e_a \tag{4-111}$$

4) 结构侧移和构件挠曲引起的附加内力

钢筋混凝土偏心受压构件中的轴向力在结构发生层间位移和挠曲变形时会引起附加内力，即二阶效应。在有侧移框架中，二阶效应主要是指竖向荷载在产生了侧移的框架中引起的附加内力，即通常称为 P-Δ 效应；在无侧移框架中，二阶效应是指轴向力在产生了挠曲变形的柱段中引起的附加内力，通常称为 P-δ 效应，本书只讨论 P-δ 效应问题。

对于无侧移钢筋混凝土柱在偏心压力作用下将产生挠曲变形，计为侧向挠度 a_f（图 4-76）。侧向挠度引起附加弯矩 Na_f。当柱的长细比较大时，挠曲的影响不容忽视，计算中须考虑侧向挠度引起的附加弯矩对构件承载力的影响。不同长细比的柱，附加弯矩的影响是不同的。

规范规定：弯矩作用平面内截面对称的偏心受压构件，当同一主轴方向的杆端弯矩比 M_1/M_2 不大于 0.9 且设计轴压比不大于 0.9 时，若构件的长细比满足式（4-112）的要求时，可不考虑该方向构件自身挠曲产生的附加弯矩影响；当不满足式（4-112）时，附加弯矩的影响不可忽略，需按截面的两个主轴方向分别考虑构件自身挠曲产生的附加弯矩的影响：

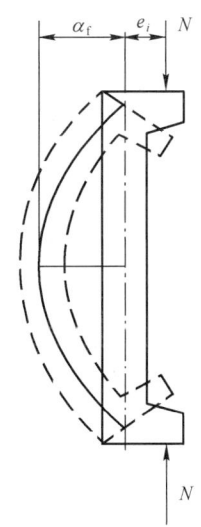

图 4-76 偏心受压构件纵向弯曲图

$$\frac{l_0}{i} < 34 - 12\left(\frac{M_1}{M_2}\right) \tag{4-112}$$

式中　M_1、M_2——偏心受压构件两端截面按结构分析确定的对同一主轴的弯矩设计值，绝对值较大端为 M_2，绝对值较小端为 M_1，当构件按单曲率弯曲时，M_1/M_2 为正，否则为负；

l_0 ——构件计算长度，可近似取偏心受压构件相应主轴方向两支撑点之间距离；

i ——偏心方向截面回转半径。

在确定偏心受压构件的内力设计值时，需要考虑构件侧向挠曲引起的附加弯矩影响，规范将柱端的附加弯矩计算用偏心距调节系数和弯矩增大系数来表示。即偏心受压构件考虑轴向压力在挠曲杆件中产生二阶效应后控制截面的弯矩设计值，应按式（4-113）计算：

$$M = C_m \eta_{ns} M_2 \tag{4-113}$$

$$C_m = 0.7 + 0.3 \frac{M_1}{M_2} \tag{4-114}$$

$$\eta_{ns} = 1 + \frac{1}{1300(M_2/N + e_a)/h_0} \left(\frac{l_0}{h}\right)^2 \zeta_c \tag{4-115}$$

$$\zeta_c = \frac{0.5 f_c A}{N} \tag{4-116}$$

式中　C_m ——构件端截面偏心距调节系数，当小于 0.7 时，取 0.7；

　　　η_{ns} ——弯矩增大系数；

　　　N ——与弯矩设计值 M_2 相应的轴向压力设计值；

　　　e_a ——附加偏心距；

　　　ζ_c ——截面曲率修正系数，当计算值大于 1.0 时取 1.0；

　　　h、h_0 ——截面高度和有效高度；

　　　A ——构件截面面积。

当 $C_m \eta_{ns}$ 小于 1.0 时，取 1.0；对剪力墙及核心筒墙，可取 $C_m \eta_{ns}$ 等于 1.0。

2. 矩形截面偏心受压构件正截面承载力计算

1) 正截面承载力计算公式

矩形截面大偏压构件正截面承载力计算中的截面应力状态与适筋梁完全一致；而对于小偏压构件，离纵向力较远一侧的钢筋合力表达为 $\sigma_s A_s$。偏心受压构件正截面承载力计算简图如图 4-77 所示，由静力平衡条件可得：

$$N \leqslant \alpha_1 f_c b x + f'_y A'_s - \sigma_s A_s \tag{4-117}$$

$$Ne \leqslant \alpha_1 f_c b x \left(h_0 - \frac{x}{2}\right) + f'_y A'_s (h_0 - a'_s) \tag{4-118}$$

式中　e ——轴向力作用点至远离纵向力一侧钢筋之间的距离，按下式计算：

$$e = e_i + \frac{h}{2} - a_s \tag{4-119}$$

　　　e_i ——初始偏心距，按式（4-111）计算；

　　　a'_s ——受压钢筋的合力点至截面受压边缘的距离；

　　　a_s ——受拉钢筋的合力点至截面受拉边缘的距离。

将混凝土相对受压区高度 $\xi(\xi = x/h_0)$ 取代式（4-117）和式（4-118）中的 x，可得：

$$N \leqslant \xi\alpha_1 f_c b h_0 + f'_y A'_s - \sigma_s A_s \quad (4\text{-}120)$$
$$Ne \leqslant \xi(1-0.5\xi)\alpha_1 f_c b h_0^2 + f'_y A'_s (h_0 - a'_s)$$
$$(4\text{-}121)$$

远离纵向力一侧钢筋 A_s 的应力 σ_s 按下列情况计算：当 $\xi \leqslant \xi_b$ 时，取 $\sigma_s = f_y$；当 $\xi > \xi_b$，σ_s 计算采用下列公式进行：

$$\sigma_s = \frac{\xi - \beta_1}{\xi_b - \beta_1} f_y \quad (4\text{-}122)$$

式中 β_1——同受弯构件；当混凝土强度等级不超过 C50 时，取为 0.8；当为 C80 时，取为 0.74，其间按线性内插法确定。

且应符合下列条件：
$$-f'_y \leqslant \sigma_s \leqslant f_y$$

当大偏心受压计算中考虑受压钢筋时，则受压区高度应符合 $x \geqslant 2a'_s$ 的条件（或 $\xi \geqslant 2a'_s/h_0$），以保证构件破坏时受压钢筋达到屈服强度。当 $x < 2a'_s$ 时（或 $\xi < 2a'_s/h_0$），受压钢筋 A'_s 不屈服，其应力达不到 f'_y。

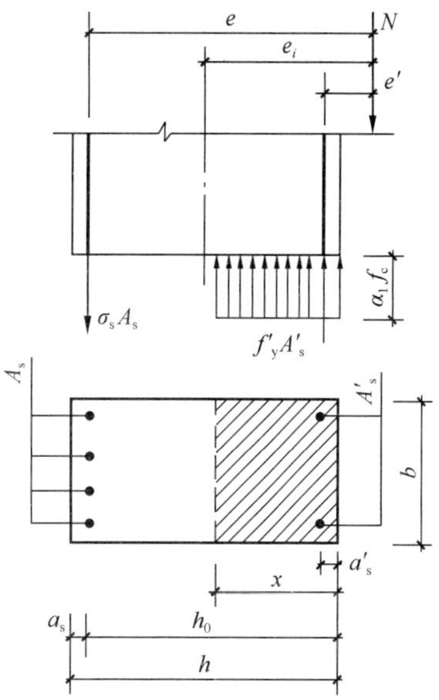

图 4-77 矩形截面偏心受压构件正截面承载力计算简图

2）垂直于弯矩作用平面的受压承载力验算

当轴向压力设计值 N 较大且弯矩作用平面内的偏心距 e_i 较小时，若垂直于弯矩作用平面的长细比 l_0/b 较大或边长 b 较小时，构件承载力则有可能由垂直于弯矩作用平面的轴心受压承载力起控制作用。因此，偏心受压构件除应计算弯矩作用平面内受压承载力外，尚应按轴心受压构件验算垂直于弯矩作用平面的受压承载力。在一般情形下，小偏心受压构件需要进行此项验算；对于对称配筋的大偏心受压构件，当 $l_0/b \leqslant 24$ 时，可不进行此项验算。

3. 矩形截面对称配筋设计计算

对称配筋是实际结构工程中偏心受压柱的最常用配筋形式。例如，单层厂房排架柱、多层框架柱等偏心受压柱，由于其控制截面在不同的荷载组合下可能承受变号弯矩的作用，同时为便于设计和施工，这些构件常采用对称配筋。为保证吊装时不出现差错，装配式柱一般也采用对称配筋。

所谓对称配筋，是指 $A_s = A'_s$，$a_s = a'_s$，并且采用同一种规格的钢筋。对于常用的 HPB300 级、HRB335 级和 HRB400 级钢筋，由于 $f_y = f'_y$，因此在大偏心受压时，一般有 $f_y A_s = f'_y A'_s$（当 $2a'_s/h_0 \leqslant \xi \leqslant \xi_b$ 时）；对小偏心受压，由于 A_s 不屈服，情况稍为复杂一些。非对称配筋设计计算较为复杂，在此不讨论这种配筋情况。

对称配筋偏心受压构件的基本公式仍为式（4-120）～式（4-122）。对称配筋计算同样包括截面设计和承载力复核两方面的内容。

1）截面设计

在对称配筋情形下，由计算式（4-120）可得界限破坏荷载：

$$N_b = \xi_b \alpha_1 f_c b h_0 \tag{4-123a}$$

因此，当轴向压力设计值 $N > N_b$ 时，截面为小偏心受压；当 $N \leqslant N_b$ 时，截面为大偏心受压。由式（4-120）有：

$$\xi = \frac{N}{\alpha_1 f_c b h_0} \tag{4-123b}$$

即对称配筋下的偏心受压构件，可用式（4-123）中的 N_b 或 ξ 直接判断大小偏心受压的类型。

（1）大偏心受压

由式（4-123b）、式（4-121）并考虑 $\xi < 2a'_s/h_0$ 的情况，可得 $A_s(A'_s)$。

（2）小偏心受压

当 $\xi > \xi_b$ 时，应按小偏心受压情形进行计算。

由基本公式（4-120）、式（4-122），并取 $A_s = A'_s$、$f_y = f'_y$、$a_s = a'_s$，可得到 ξ 的三次方程，解此方程算出 ξ 后，即可求得配筋，但解三次方程对一般设计而言过于繁琐。可采用如下简化计算：

对常用钢材，我们取 $\xi(1 - 0.5\xi) = 0.43$，可得：

$$\xi = \frac{N - \xi_b \alpha_1 f_c b h_0}{\dfrac{Ne - 0.43\alpha_1 f_c b h_0^2}{(\beta_1 - \xi_b)(h_0 - a'_s)} + \alpha_1 f_c b h_0} + \xi_b \tag{4-124}$$

式（4-121）可简化为：

$$A_s = A'_s = \frac{Ne - \alpha_1 f_c b h_0^2 \xi(1 - 0.5\xi)}{f'_y(h_0 - a'_s)} \tag{4-125}$$

综上所述，对称配筋偏心受压构件截面设计计算步骤归结如下：

① 由结构功能要求及刚度条件初步确定截面尺寸 b、h；由混凝土保护层厚度及预估钢筋的直径确定 $a_s(a'_s)$。

② 由构件的长细比 l_0/h 及内力，确定是否考虑弯矩增大系数 η_{ns}，进而计算 η_{ns}。

③ 由截面上的设计内力，求得考虑二阶效应的弯矩设计值，计算偏心距 $e_0 = M/N$，确定附加偏心距 e_a，进而计算初始偏心距 $e_i = e_0 + e_a$。

④ 计算对称配筋条件下的 $N_b = \alpha_1 f_c b \xi_b h_0$，$N_b$ 与 N 比较来判别大小偏心。

⑤ 当 $N \leqslant N_b$ 时，为大偏心受压。用式（4-123b）和式（4-121）求出 $A_s(A'_s)$。

⑥ 当 $N > N_b$，为小偏心受压。由式（4-124）求 ξ，再代入式（4-125）确定出 $A_s(A'_s)$。

⑦ 将计算所得的 $A_s(A'_s)$，根据截面构造要求确定钢筋的直径和根数，并绘出截面配筋图。

【例 4-9】某矩形截面钢筋混凝土柱，设计使用年限为 50 年，环境类别为一类。$b = 400\text{mm}$，$h = 600\text{mm}$，柱的计算长度 $l_0 = 7.2\text{m}$。承受轴向压力设计值 N

$=1000\text{kN}$，柱两端弯矩设计值分别为 $M_1=400\text{kN}\cdot\text{m}$、$M_2=450\text{kN}\cdot\text{m}$，单曲率弯曲。该柱采用 HRB400 级钢筋（$f_y=f'_y=360\text{N/mm}^2$）。混凝土强度等级为 C25（$f_c=11.9\text{N/mm}^2$，$f_t=1.27\text{N/mm}^2$）。采用对称配筋，试求纵向钢筋截面面积。

【解】（1）材料强度和几何参数

C25 混凝土，$f_c=11.9\text{N/mm}^2$，$f_t=1.27\text{N/mm}^2$

HRB400 级钢筋，$f_y=f'_y=360\text{N/mm}^2$，$\xi_b=0.518$，$a_1=1.0$，$\beta_1=0.8$

构件最外层钢筋的保护层厚度为 20mm，对混凝土强度等级不超过 C25 的构件要多加 5mm，初步确定受压柱箍筋直径采用 8mm，柱受力纵筋为 20~25mm，则取 $a_s=a'_s=20+5+8+12=45\text{mm}$

$$h_0=h-a_s=600-45=555\text{mm}$$

（2）求弯矩设计值（考虑二阶效应后）

由于 $M_1/M_2=400/450=0.889$（弯矩同号为单曲率弯曲）

$$i=\sqrt{\frac{I}{A}}=\sqrt{\frac{1}{12}}h=\sqrt{\frac{1}{12}}\times 600=173.2\text{mm}$$

$l_0/i=7200/173.2=41.57\text{mm}>34-12\dfrac{M_1}{M_2}=23.33\text{mm}$。应考虑附加弯矩的影响。

根据式（4-113）~式（4-116）有：

$$\zeta_c=\frac{0.5f_cA}{N}=\frac{0.5\times 11.9\times 400\times 600}{1000\times 10^3}=1.428>1.0,\text{取}\zeta_c=1.0$$

$$C_m=0.7+0.3\frac{M_1}{M_2}=0.7+0.3\times\frac{400}{450}=0.9667,\ e_a=\frac{h}{30}=\frac{600}{30}=20\text{mm}$$

$$\eta_{ns}=1+\frac{1}{1300(M_2/N+e_a)h_0}\left(\frac{l_0}{h}\right)^2\zeta_c,$$

$$=1+\frac{1}{1300\times(450\times 10^6/1000\times 10^3+20)/555}\times\left(\frac{7200}{600}\right)^2\times 1.0=1.13$$

考虑纵向挠曲影响后弯矩设计值为：

$$M=C_m\eta_{ns}M_2=0.9667\times 1.13\times 450=491.57\text{kN}\cdot\text{m}$$

（3）求 e_i 及 e

$$e_0=\frac{M}{N}=\frac{491.57\times 10^6}{1000\times 10^3}=491.57\text{mm}$$

$$e_i=e_0+e_a=491.57+20=511.57\text{mm}$$

$$e=e_i+\frac{h}{2}-a_s=511.57+300-45=766.57\text{mm}$$

（4）判别偏心受压类型

$$\xi=\frac{N}{\alpha_1 f_c b h_0}=\frac{1000\times 10^3}{11.9\times 400\times 555}=0.378,$$

$\dfrac{2a'_s}{h_0}=\dfrac{2\times 45}{555}=0.162$，$\dfrac{2a'_s}{h_0}<\xi<\xi_b$，为大偏心受压。

（5）求 A_s（A'_s）

$$A_s = A'_s = \frac{Ne - \alpha_1 f_c b h_0^2 \xi(1-0.5\xi)}{f'_y(h_0 - a'_s)}$$

$$= \frac{1000 \times 10^3 \times 766.57 - 11.9 \times 400 \times 555^2 \times 0.378(1-0.5 \times 0.378)}{360 \times (555-45)}$$

$$= 1727 \text{mm}^2 > 0.002bh = 480 \text{mm}^2$$

每边选用纵筋 3Φ22+2Φ20 对称配置（$A_s = A'_s = 1769\text{mm}^2$），按构造要求选用箍筋Φ8@250。

2) 截面承载力复核

当构件的截面尺寸、配筋面积 A_s（A'_s）、材料强度及计算长度均为已知，要求根据给定的轴力设计值 N（或偏心距 e_0）确定构件所能承受的弯矩设计值 M（或轴向力 N）时，属于截面承载力复核问题。一般情况下，单向偏心受压构件应进行两个平面内的承载力复核：弯矩作用平面内承载力复核及垂直于弯矩作用平面承载力复核。

(1) 弯矩作用平面内承载力复核

首先应按偏心距的大小 e_i 初步确定偏心受压的类型，再利用基本公式求出 ξ，以确定究竟是哪一类偏心受压，然后计算承载力。

(2) 垂直于弯矩作用平面承载力复核

当构件在垂直于弯矩作用平面内的长细比比较大时，应按轴心受压构件验算垂直于弯矩作用平面的受压承载力。这时应考虑稳定系数 φ 的影响，按轴心受压计算承载力 N。

4. 偏心受压构件的构造

1) 混凝土强度等级、计算长度及截面尺寸

(1) 混凝土强度等级的选用

偏心受压构件的混凝土强度等级不应低于 C20，一般设计中常用 C30～C50，并宜优先选择较高的混凝土强度等级。

(2) 混凝土保护层厚度

偏心受压构件的混凝土保护层厚度与结构所处环境类别和设计使用年限有关（附表 4-12），设计使用年限为 100 年的混凝土结构保护层厚度不应小于附表 4-12 的 1.4 倍。同时构件中受力钢筋的保护层厚度不应小于钢筋直径 d。

(3) 柱的计算长度

一般多层房屋中梁柱为刚接，框架结构各层柱段计算长度可按表 4-17 中的规定取用。

框架结构各层柱段的计算长度 表 4-17

楼盖类型	柱 段	计算长度 l_0	楼盖类型	柱 段	计算长度 l_0
现浇楼盖	底层柱段	$1.0H$	装配式楼盖	底层柱段	$1.25H$
	其余各层柱段	$1.25H$		其余各层柱段	$1.5H$

注：表中 H 对底层柱为从基础顶面到一层楼盖顶面的高度；对其余各层柱为上、下两层楼盖顶面之间的高度。

刚性屋盖单层房屋排架柱的计算长度可按表 4-18 规定取用。

采用刚性屋盖的单层房屋排架柱、露天吊车柱和栈桥柱的计算长度 l_0 表 4-18

柱 的 类 型		排架方向	垂直排架方向	
			有柱间支撑	无柱间支撑
无吊车房屋柱	单　跨	$1.5H$	$1.0H$	$1.2H$
	两跨及多跨	$1.25H$	$1.0H$	$1.2H$
有吊车房屋柱	上　柱	$2.0H_u$	$1.25H_u$	$1.5H_u$
	下　柱	$1.0H_l$	$0.8H_l$	$1.0H_l$
露天吊车柱和栈桥柱		$2.0H_l$	$1.0H_l$	—

注：1. 表中 H 为从基础顶面算起的柱全高；H_l 为从基础顶面至装配式吊车梁底面或现浇式吊车梁顶面的柱下部高度；H_u 为从装配式吊车梁底面或从现浇吊车梁顶面算起的柱上部高度；
2. 表中有吊车房屋排架柱的计算长度，当计算中不考虑吊车荷载时，可按无吊车房屋的计算长度采用，但上柱的计算长度仍按有吊车房屋采用；
3. 表中有吊车房屋排架柱的上柱在排架方向的计算长度，仅适用于 H_u/H_l 不小于 0.3 的情况；当 H_u/H_l 小于 0.3 时，计算长度宜采用 $2.5H_u$。

(4) 截面尺寸

为了充分利用材料强度，使构件的承载力不致因长细比过大而降低过多，柱截面尺寸不宜过小，矩形截面的最小尺寸不宜小于 300mm，同时截面的长边 h 与短边 b 的比值常选用为 $h/b=1.5\sim3.0$。一般截面应控制在 $l_0/b\leqslant30$ 及 $l_0/h\leqslant25$（b 为矩形截面的短边，h 为长边）。当柱截面的边长在 800mm 以下时，截面尺寸以 50mm 为模数，边长在 800mm 以上时，以 100mm 为模数。

2) 纵向钢筋及箍筋

(1) 纵向钢筋

轴心受压构件全部纵向钢筋的配筋率 $\rho=A_s/A$ 不得小于 0.006。偏心受压构件中的受拉钢筋的最小配筋率要求与受弯构件相同，受压钢筋的最小配筋率为 0.002。如截面承受变号弯矩作用，则均应按受压钢筋考虑。从经济和施工方面考虑，为了不使截面配筋过于拥挤，全部纵向钢筋配筋率不得超过 5%（附表 4-13）。

纵向受力钢筋一般选用 HRB400、HRB500、HRBF400、HRBF500 热轧钢筋，纵向受力钢筋直径 d 不宜小于 12mm，一般直径为 12~40mm。柱中宜选用根数较少、直径较粗的钢筋，但根数不得少于 4 根。圆柱中纵向钢筋应沿周边均匀布置，根数不宜少于 8 根，且不应少于 6 根。纵向钢筋的保护层厚度要求不小于 25mm 或纵筋直径 d。当柱为竖向浇筑混凝土时，纵筋的净距不应小于 50mm，也不应大于 300mm，配置于垂直于弯矩作用平面的纵向受力钢筋的间距不应大于 350mm。对水平浇筑的预制柱，其纵筋间距的要求与梁同。

当偏心受压柱的 $h\geqslant600$mm 时，在侧面应设置直径为 10~16mm 的纵向构造钢筋，并相应地设置复合箍筋或拉筋（图 4-78）。

(2) 箍筋

受压构件中的箍筋应为封闭式的。箍筋一般采用 HPB300 级钢筋，其直径不

应小于 $d/4$，且不应小于 6mm，d 为纵向钢筋的最大直径。

箍筋间距不应大于 400mm，不应大于构件截面的短边尺寸，且不应大于 $15d$，d 为纵向钢筋的最小直径。

当柱中全部纵向钢筋的配筋率超过 3% 时，箍筋直径不宜小于 8mm，且应焊成封闭式，或在箍筋末端做不小于 135°的弯钩，弯钩末端平直段的长度不应小于 10 倍箍筋直径。其间距不应大于 $10d$（d 为纵向钢筋的最小直径），且不应大于 200mm。

当柱截面短边尺寸大于 400mm，且每边纵筋根数超过 3 根时，应设置复合箍筋；当柱的短边不大于 400mm，但纵向钢筋多于 4 根时，可不设置复合箍筋（图 4-78）。

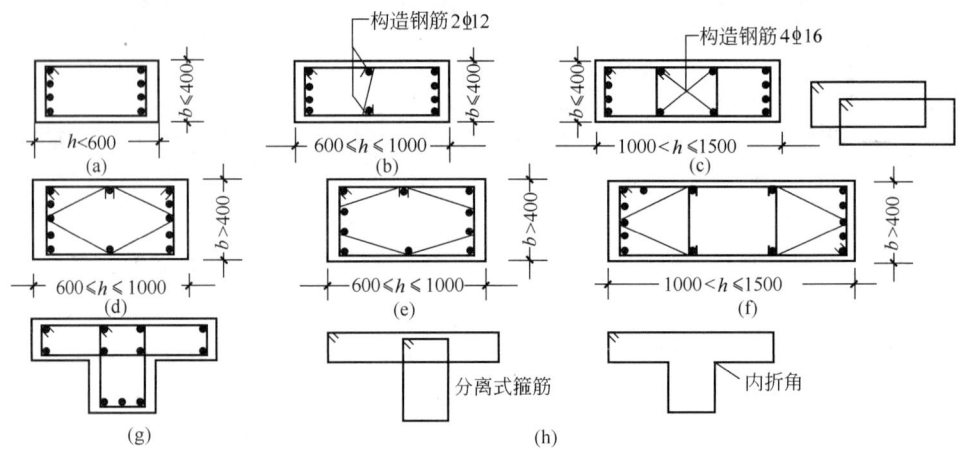

图 4-78 偏心受压构件的构造要求（单位：mm）

柱内纵向钢筋搭接长度范围内的箍筋间距应符合相关规定。

工字形柱的翼缘厚度不宜小于 120mm，腹板厚度不宜小于 100mm。当腹板开有孔洞时，在孔洞周边宜设置 2～3 根直径不小于 8mm 的封闭钢筋。

3）上、下层柱的接头

在多层现浇钢筋混凝土结构中，一般在楼盖顶面处设置施工缝，上下柱须做成接头。具体做法见有关图集。

4.7 偏心受拉构件正截面承载力计算

实际结构工程中的偏心受拉构件多为矩形截面，故本节只介绍矩形截面偏心受拉构件的计算。

1. 分类及破坏特征

1）偏心受拉构件的分类

按照偏心拉力的作用位置，偏心受拉构件可以分为小偏心受拉和大偏心受拉两种。当轴向拉力作用在 A_s 和 A_s' 之间（A_s 为离轴向拉力较近一侧纵筋，A_s' 为离轴向拉力较远一侧纵筋，下同）时，属小偏心受拉（图 4-79a），此时偏心距 e_0

$<h/2-a_s$;当轴向拉力作用于A_s和A'_s之外时,属大偏心受拉(图4-79b),此时偏心距$e_0>h/2-a_s$。

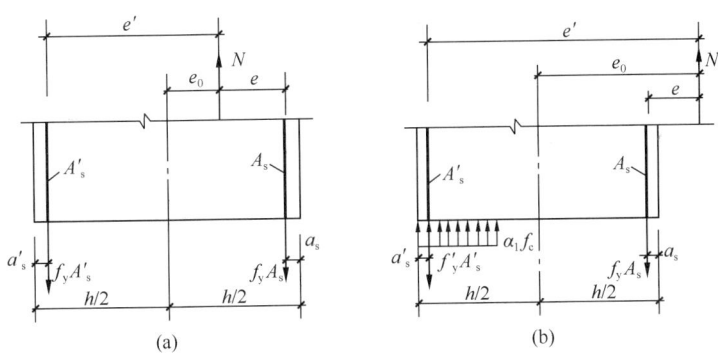

图4-79 偏心受拉构件正截面受拉承载力计算简图
(a)小偏心受拉;(b)大偏心受拉

2)偏心受拉构件破坏特征

偏心受拉构件破坏特征与偏心距的大小有关。由于偏心受拉构件是介于轴心受拉构件和受弯构件之间的受力构件,可以设想当偏心距很小时,其破坏特征接近轴心受拉构件,而当偏心距很大时,其破坏特征则与受弯构件相近。

(1)小偏心受拉构件

在偏心拉力作用下,临破坏时截面全部裂通,A_s和A'_s一般都受拉屈服(图4-79a),拉力完全由钢筋承担。

(2)大偏心受拉构件

由于轴向拉力作用于A_s和A'_s之外,故大偏心受拉构件在整个受力过程中都存在混凝土受压区(4-79b)。破坏时,截面不会通裂;当A_s适量时,破坏特征与大偏心受压破坏相同;当A_s过多时,破坏特征类似小偏心受压破坏。当$x<2a'_s/h_0$时,A'_s也不会受压屈服。

2. 偏心受拉构件正截面承载力计算公式

1)小偏心受拉($0<e_0<h/2-a_s$)

正截面承载力计算简图如图4-79(a)所示。分别对A_s和A'_s取矩,可得计算公式:

$$Ne \leqslant f'_y A'_s(h-a_s-a'_s) \tag{4-126}$$

$$Ne' \leqslant f_y A_s(h-a_s-a'_s) \tag{4-127}$$

式中 e——轴向拉力作用点至A_s合力点的距离,$e=h/2-a_s-e_0$;

e'——轴向拉力作用用点至A'_s合力点距离,$e'=h/2-a'_s+e_0$;

e_0——轴向力对截面重心的偏心距,$e_0=M/N$。

2)大偏心受拉($e_0>h/2-a_s$)

由于其破坏特征与大偏心受压构件相同,正截面承载力计算简图如图4-79(b)所示,由平衡条件可得承载力计算公式:

$$N \leqslant f_y A_s - \xi \alpha_1 f_c b h_0 - f'_y A'_s \tag{4-128}$$

$$Ne \leqslant \xi(1-0.5\xi)a_1 f_c b h_0^2 + f'_y A'_s (h_0 - a'_s) \quad (4\text{-}129)$$

式中 e ——轴向拉力作用点至 A_s 合力点的距离，$e = e_0 - h/2 + a_s$。

式 (4-129) 的适用条件是：

$$\xi \leqslant \xi_b \quad (4\text{-}130\text{a})$$
$$\xi \geqslant 2a'_s/h_0 \quad (4\text{-}130\text{b})$$

同时，A_s 及 A'_s 均应满足最小配筋的条件。

当 $\xi < 2a'_s/h_0$，A'_s 不会达到受压屈服强度，此时取 $\xi = 2a'_s/h_0$ 计算配筋；其他情况的计算与大偏心受压构件类似，所不同的只是 N 为拉力。

4.8 偏心受力构件斜截面承载力计算

在偏心受压和偏心受拉构件中一般都有剪力的存在。当压应力不超过一定范围时，混凝土的抗剪强度随压应力的增加而提高；混凝土的抗剪强度随拉应力的增加而减小。

1. 截面尺寸应符合的条件

为避免斜压破坏，以及防止过多的配箍不能充分发挥，偏心受压和偏心受拉构件的受剪截面均应符合下列条件：

当 $h_w/b \leqslant 4$ 时： $\quad V \leqslant 0.25\beta_c f_c b h_0 \quad (4\text{-}131)$

当 $h_w/b \geqslant 6$ 时： $\quad V \leqslant 0.2\beta_c f_c b h_0 \quad (4\text{-}132)$

当 $4 < h_w/b < 6$ 时，按线性内插法确定。

式中 V ——剪力设计值，其余符号同受弯构件；

β_c ——混凝土强度影响系数。

2. 斜截面受剪承载力计算公式

1) 矩形、T 形和 I 形截面偏心受压构件，斜截面受剪承载力计算公式为：

$$V \leqslant \frac{1.75}{\lambda+1} f_t b h_0 + f_{yv} \frac{A_{sv}}{s} h_0 + 0.07N \quad (4\text{-}133)$$

式中 λ ——偏心受压构件计算截面的剪跨比；

N ——与剪力设计值 V 相应的轴向压力设计值；当 $N > 0.3 f_c A$ 时，取 $N = 0.3 f_c A$，A 为构件的截面面积。

计算截面的剪跨比应按如下规定取用：

(1) 对框架结构柱，当其反弯点在层高范围内时，可取 $\lambda = H_n/(2h_0)$，H_n 为柱净高；当 $\lambda < 1$ 时，取 $\lambda = 1$；当 $\lambda > 3$ 时，取 $\lambda = 3$。

(2) 对其他偏心受压构件，当承受均布荷载时，取 $\lambda = 1.5$；当承受集中荷载时（包括作用有多种荷载但集中荷载对支座截面或节点边缘所产生的剪力值占总剪力值的 75% 以上的情况），取 $\lambda = a/h_0$，此处 a 为集中荷载至支座或节点边缘的距离；当 $\lambda < 1.5$ 时，取 $\lambda = 1.5$；当 $\lambda > 3$ 时，取 $\lambda = 3$。

当剪力设计值较小、符合下列公式的要求时：

$$V \leqslant \frac{1.75}{\lambda+1} f_\mathrm{t} b h_0 + 0.07N \tag{4-134}$$

可不进行斜截面受剪承载力的计算,而仅需根据受压构件配箍的构造要求配置箍筋。

2)矩形、T形和I形截面偏心受拉构件,斜截面受剪承载力计算公式为:

$$V \leqslant \frac{1.75}{\lambda+1} f_\mathrm{t} b h_0 + f_\mathrm{yv} \frac{A_\mathrm{sv}}{s} h_0 - 0.2N \tag{4-135}$$

式中 N——与剪力设计值 V 相应的轴向拉力设计值;
  λ——计算截面的剪跨比,取值同式(4-133)。

虽然轴向拉力使构件的抗剪承载力明显降低,但它对箍筋的抗剪能力几乎没有影响,因此即使在轴向拉力作用下使混凝土剪压区消失,式(4-135)右边的计算值小于 $f_\mathrm{yv} A_\mathrm{sv} h_0/s$ 时,也应取 $f_\mathrm{yv} A_\mathrm{sv} h_0/s$,且 $f_\mathrm{yv} A_\mathrm{sv} h_0/s$ 的值不得小于 $0.36 f_\mathrm{t} b h_0$。

偏心受拉构件的箍筋一般宜满足受弯构件对箍筋的构造要求。

4.9 受扭构件承载力计算

雨篷梁、平面曲梁或折梁以及现浇钢筋混凝土楼盖的边梁等构件在外荷载作用下,除在构件截面上引起弯矩和剪力外,还有扭矩存在。

构件的扭矩可以分为两种类型,第一种扭矩大小可以由静力平衡条件直接求得,与构件刚度无关,这种扭矩叫做平衡扭矩。第二种是构件的扭转由与之相连构件的变形引起,扭矩大小与构件相对刚度有关,须由构件的变形协调条件求得,这种扭矩称为协调扭矩,图 4-80 所示的钢筋混凝土框架结构,次梁对主梁产生的扭矩即为典型的协调扭矩。

本节先从较简单的纯扭构件开始,然后对剪扭、弯扭和弯剪扭构件进行讨论,最后介绍受扭构件的构造要求。

1. 矩形截面纯扭构件承载力计算

1)素混凝土纯扭构件受力性能

矩形截面素混凝土纯扭构件试验破坏过程如下:在扭矩作用下,首先在构件一个长边侧面的中点 m 附近出现斜裂缝。该条裂缝沿着与构件轴线约为 45°的方向迅速延伸,到达该侧面的上、下边缘 a、b 两点后,在顶面和底面上大致沿 45°方向延伸到 c、d 两点,构件形成三面开裂一面受压的受力状态。最后,受压面 cd 两点连线上的混

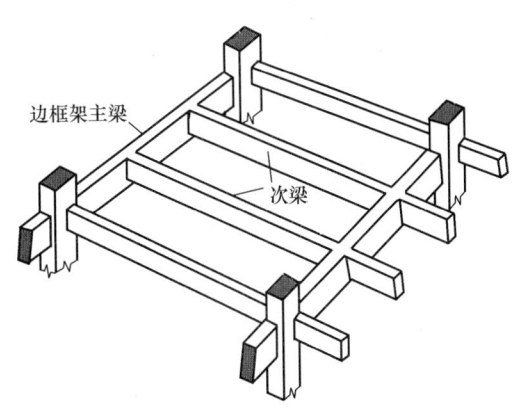

图 4-80 常见受扭构件示例

凝土被压碎，构件断裂破坏（图 4-81a）。破坏面为一个空间扭曲面（图 4-81b）。素混凝土纯扭构件的破坏是突然性的脆性破坏。

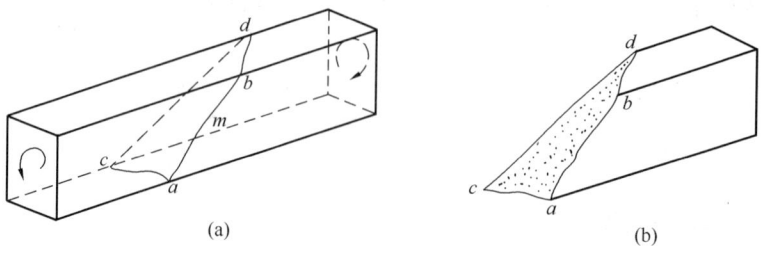

图 4-81 素混凝土纯扭构件破坏面

试验表明，素混凝土构件的实际抗扭承载力介于弹性分析和塑性分析结果之间。根据试验结果素混凝土纯扭构件承载力可表达为：

$$T_u = 0.7 f_t W_t \tag{4-136}$$

式中 W_t——截面的抗扭塑性抵抗矩。

对于矩形截面：
$$W_t = \frac{b^2}{6}(3h - b) \tag{4-137}$$

式中 h——矩形截面的长边；

b——矩形截面的短边。

式（4-136）也近似地用来计算素混凝土构件的开裂扭矩。

2）钢筋混凝土纯扭构件的受力性能

（1）受扭钢筋形式

在混凝土构件中配置适当的抗扭钢筋（图 4-82），对提高构件的抗扭承载力有很大的作用，在实际工程中，一般是采用由靠近构件表面设置的横向箍筋和沿构件均匀对称布置的纵向钢筋共同组成的抗扭钢筋骨架（图 4-82a）。它恰好与构件中抗弯钢筋相协调。

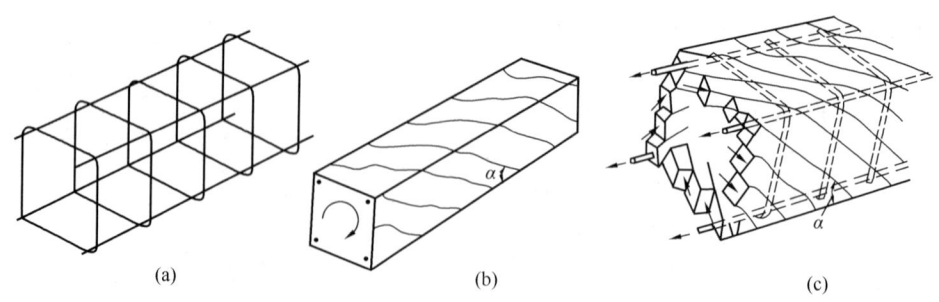

图 4-82 受扭构件的受力性能
(a) 抗扭钢筋骨架；(b) 受扭构件的裂缝；(c) 受扭构件的空间桁架模型

（2）抗扭钢筋配筋率对受扭构件受力性能影响

试验表明，在裂缝出现前，扭矩与扭转角之间基本上保持线性关系。构件的开裂扭矩与素混凝土构件的基本相同，可按式（4-136）近似估算。

在裂缝出现以后，随着外扭矩的不断增大，在构件表面逐渐形成多条大致沿 45°方向呈螺旋形发展的裂缝（图 4-82b）。多螺旋形裂缝形成后的钢筋混凝土构件可以看作如图 4-82(c) 所示的空间桁架，其中纵向钢筋相当于受拉弦杆，箍筋相当于受拉竖向腹杆，而裂缝之间接近构件表面一定厚度的混凝土则形成承担斜向压力的斜腹杆。这时，构件还能继续承受更大的扭矩。

根据国内外大量的钢筋混凝土纯扭构件试验结果，可将这类构件的破坏特征归纳为下列四种类型：

① 当箍筋和纵筋或者其中之一配置过少时，其破坏扭矩基本上与开裂扭矩相等。这种"少筋构件"的破坏是脆性的，在工程中应予避免。

② 当构件中的箍筋和纵筋配置适当时，破坏前构件上陆续出现多条与构件轴线呈 α 角的螺旋裂缝，随着与其中一条裂缝相交的箍筋和纵筋达到屈服，该条裂缝不断加宽，直到最后形成三面开裂一边受压的空间扭曲破坏面，进而受压边混凝土被压碎（图 4-83），破坏具有一定延性和较明显预兆。因此，受扭构件应尽可能设计成这种具有适筋破坏特征的构件。

③ 当构件中配置的箍筋或纵筋的数量过多时，在构件破坏前只有数量相对较少的部分钢筋受拉屈服，故称之为"部分超配筋"情况，破坏特征并非完全脆性，这种构件在工程中还是可以采用的。

④ 当箍筋和纵筋都配置过多时，在两者都还未达到屈服之前，构件因混凝土斜压边被局部压碎而导致突然破坏，破坏具有明显脆性，抗扭钢筋未能得到充分利用，应避免这种"完全超配筋"的构件。

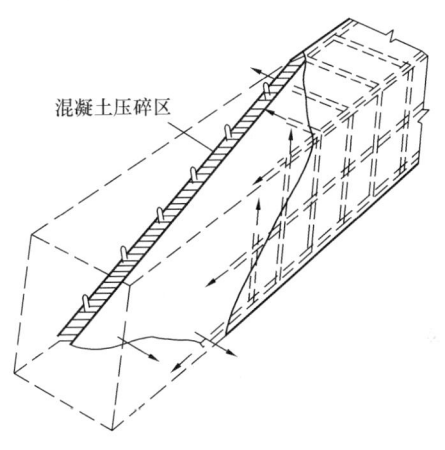

图 4-83 钢筋混凝土纯扭构件破坏面

为使两种钢筋的用量比控制在合理的范围内，定义纵向钢筋与箍筋的配筋强度比值 ζ：

$$\zeta = \frac{f_y A_{stl} s}{f_{yv} A_{st1} u_{cor}} \tag{4-138}$$

式中 A_{stl}——对称布置在截面中的全部抗扭纵筋的截面面积；

A_{st1}——抗扭箍筋的单肢截面面积；

f_y——抗扭纵筋抗拉强度设计值；

f_{yv}——箍筋抗拉强度设计值；

s——箍筋间距；

u_{cor}——截面核芯部分的周长，$u_{cor} = 2(b_{cor} + h_{cor})$，$b_{cor}$ 和 h_{cor} 分别为从箍筋内表面计算的截面核芯部分的短边和长边尺寸（图 4-84）。

系数 ζ 可以理解为沿截面核芯部分周长单位长度内的抗扭纵筋强度 $A_{stl} f_y / u_{cor}$ 与沿构件轴线单位长度内的单肢抗扭箍筋强度 $A_{st1} f_{yv} / s$ 之间的比值。

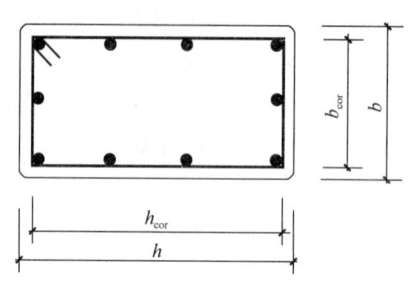

图 4-84 矩形受扭构件截面

试验结果表明,当 ζ=1.2 左右时,纵筋与箍筋的用量为最佳比例情况,规定 ζ 应满足以下条件:

$$0.6 \leqslant \zeta \leqslant 1.7 \quad (4\text{-}139)$$

3) 矩形截面钢筋混凝土纯扭构件承载力计算

钢筋混凝土受扭构件的计算模型建立在图 4-82(c) 所示的这个变角空间桁架模型基础上,构件的抗扭承载力由混凝土的抗扭承载力 T_c 和箍筋与纵筋的抗扭承载力 T_s 两部分构成,即:

$$T_u = T_c + T_s \quad (4\text{-}140)$$

由试验可得矩形截面钢筋混凝土纯扭构件的受扭承载力计算公式为:

$$T \leqslant 0.35 f_t W_t + 1.2 \sqrt{\zeta} \frac{f_{yv} A_{st1}}{s} A_{cor} \quad (4\text{-}141)$$

式中　T ——扭矩设计值;

f_t ——混凝土抗拉强度设计值;

W_t ——截面的抗扭塑性抵抗矩;

f_{yv} ——箍筋抗拉强度设计值;

A_{st1} ——箍筋单肢截面面积;

s ——箍筋间距;

A_{cor} ——截面核芯部分的面积(图 4-84),$A_{cor} = b_{cor} h_{cor}$;

ζ ——抗扭纵筋与箍筋的配筋强度比,按式 (4-138) 计算,并满足式 (4-139) 的条件。

2. 矩形截面剪扭构件承载力计算

1) 剪扭相关性

试验表明,若构件中还有剪力作用,构件的抗扭承载力将有所降低;同样,由于扭矩的存在,也会引起构件抗剪承载力的降低,这便是剪力和扭矩的相关性。

根据试验结果定义剪扭构件混凝土强度降低系数:

$$\beta_t = \frac{1.5}{1 + 0.5 \frac{V W_t}{T b h_0}} \quad (4\text{-}142)$$

β_t 应符合:$0.5 \leqslant \beta_t \leqslant 1.0$。对受剪承载力公式中的混凝土作用项乘以 $(1.5-\beta_t)$,对受纯扭承载力公式中的混凝土作用项乘以 β_t,则可得矩形截面剪扭构件的承载力计算公式,具体按以下步骤进行:

(1) 按抗剪承载力计算需要的抗剪箍筋 $n A_{sv1}/s$

构件的抗剪承载力按以下公式计算:

$$V \leqslant 0.7 f_t b h_0 (1.5 - \beta_t) + f_{yv} \frac{n A_{sv1}}{s} h_0 \quad (4\text{-}143)$$

对集中荷载作用下的独立梁,或集中荷载在支座截面中产生的剪力占该截面

总剪力75%以上时,则改为按下式计算:

$$V \leqslant \frac{1.75}{\lambda+1}(1.5-\beta_t)f_t b h_0 + f_{yv}\frac{nA_{sv1}}{s}h_0 \tag{4-144}$$

式中 $1.4 \leqslant \lambda \leqslant 3$。同时,系数 β_t 也相应改为下式计算:

$$\beta_t = \frac{1.5}{1+0.2(\lambda+1)\frac{VW_t}{Tbh_0}} \tag{4-145}$$

同样应符合 $0.5 \leqslant \beta_t \leqslant 1.0$ 的要求。

(2) 按抗扭承载力计算需要的抗扭箍筋 A_{st1}/s

构件的抗扭承载力按以下公式计算:

$$T \leqslant 0.35\beta_t f_t W_t + 1.2\sqrt{\zeta}\frac{f_{yv}A_{st1}A_{cor}}{s} \tag{4-146}$$

式中的系数 β_t 应区别计算中出现的两种情况,分别按式(4-142)或式(4-145)进行计算。

(3) 按照叠加原理将抗剪计算所需要的箍筋用量中的单侧箍筋用量 A_{sv1}/s 与抗扭所需的单肢箍筋用量 A_{st1}/s 相加,从而得到每侧箍筋总需要量为:

$$A_{sv1}^*/s = A_{sv1}/s + A_{st1}/s \tag{4-147}$$

(4) 抗扭箍筋求得后,由式(4-138)可以求得抗扭所需要的纵向钢筋用量。

3. 矩形截面弯扭和弯剪扭构件承载力计算

在受弯扭作用构件中,准确表达两者相关性相当复杂,可采用简便实用的"叠加法"进行设计,即对构件截面先分别按抗弯和抗扭进行计算,然后将所需的纵向钢筋数量叠加即可。

对矩形截面弯剪扭构件承载力计算,只考虑剪力和扭矩之间的相关性,不考虑弯矩与剪力、扭矩之间的相关性。即按弯矩单独作用,剪扭相关作用后的计算结果叠加。

4. 构造要求

受扭构件还必须满足下面各项构造要求。

1) 截面尺寸限制条件

为避免受扭构件配筋过多发生完全超配筋破坏,受扭构件截面尺寸应符合下式要求。

当 $h_w/b \leqslant 4$ 时:

$$\frac{V}{bh_0} + \frac{T}{0.8W_t} \leqslant 0.25\beta_c f_c \tag{4-148}$$

当 $h_w/b \geqslant 6$ 时:

$$\frac{V}{bh_0} + \frac{T}{0.8W_t} \leqslant 0.2\beta_c f_c \tag{4-149}$$

当 $4 < h_w/b < 6$ 时,按线性内插法确定。

式中 T——扭矩设计值;

b——截面的宽度;

h_0——截面的有效高度;

W_t——受扭构件的截面受扭塑性抵抗矩；

h_w——截面的腹板高度；对矩形截面，取有效高度 h_0；

β_c——混凝土强度影响系数。

2) 构造配筋条件

对纯扭构件，当截面中的设计扭矩不大于截面的开裂扭矩，即满足：

$$T \leqslant 0.7 f_t W_t \qquad (4-150)$$

时，可不进行抗扭计算，而只需按构造配置抗扭钢筋。对于剪扭构件，符合以下条件时，可不进行抗扭和抗剪承载力计算，仅需按构造配置箍筋和抗扭纵筋：

$$\frac{V}{bh_0} + \frac{T}{W_t} \leqslant 0.7 f_t \qquad (4-151)$$

3) 最小配筋率

为防止构件发生"少筋"破坏，箍筋和纵向钢筋应符合下列规定：

(1) 箍筋配筋率不应小于其最小配筋率，即：

$$\rho_{sv} \geqslant \rho_{sv,\min} \qquad (4-152)$$

$$\rho_{sv,\min} = 0.28 \frac{f_t}{f_{yv}} \qquad (4-153)$$

(2) 纵向钢筋的配筋率，不应小于受弯构件纵向受力钢筋的最小配筋率与受扭构件纵向受力钢筋的最小配筋率之和。对受弯构件纵向受力钢筋的最小配筋率，可按附表 4-13 规定取值；对受扭的纵向受力钢筋要求：

$$\rho_{tl} \geqslant 0.6 \sqrt{\frac{T}{Vb}} \cdot \frac{f_t}{f_y} \qquad (4-154)$$

当 $T/(Vb) > 2.0$ 时，取 $T/(Vb) = 2.0$。

式中 ρ_{tl}——受扭纵向钢筋的配筋率；$\rho_{tl} = \dfrac{A_{stl}}{bh}$；

b——构件的截面宽度；

A_{stl}——沿截面周边布置的受扭纵向钢筋总截面面积。

4) 箍筋形式与抗扭纵筋布置

为了保证箍筋在整个周长上都能充分发挥抗拉作用，必须将其做成封闭式，且应沿截面周边设置；箍筋的两个端头相互搭接（图 4-85a），搭接长度不小于 $30d$（d 为箍筋直径）。当采用绑扎骨架，应采用图 4-85(b) 所示的箍筋形式，且箍筋的端部应做成 $135°$ 的弯钩，弯钩末端的直线长度不应小于 $10d$（d 为箍筋直径）。

构件中的抗扭纵筋应该均匀地沿截面周边对称布置，间距不

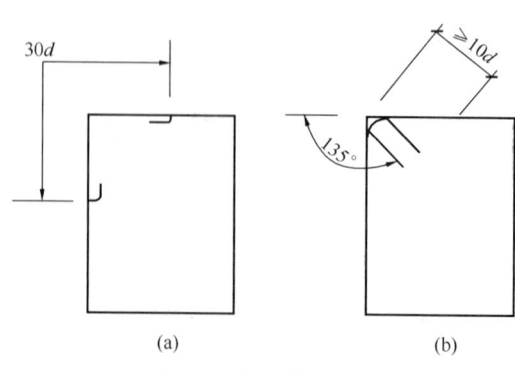

图 4-85 抗扭箍筋构造

应大于200mm，也不应大于截面短边尺寸。在截面的四角必须设有抗扭纵筋。

4.10 预应力混凝土结构基本知识

1. 预应力混凝土的概念及优缺点

1）概念

由于混凝土的极限拉应变很小，自重大，特别不适用于大跨度、重荷载的结构。且对于使用时允许裂缝宽度为 0.2～0.3mm 的构件，受拉钢筋应力只能达到 150～250MPa 左右，在普通钢筋混凝土结构中采用高强度的钢筋（强度设计值超过 $1000N/mm^2$）不能充分发挥其作用。

为了能有效地利用高强度钢材，进一步扩大构件的应用范围，必须要设法提高构件的抗裂性能。预应力混凝土是改善构件抗裂性能的有效途径。

2）预应力混凝土的基本原理

预应力混凝土的基本原理是，在结构承受外荷载之前，在其受拉部位，预先人为地施加压应力，以抵消或减少外荷载产生的拉应力，使构件在正常使用的情况下不开裂，或裂缝开得较晚、开展宽度较小。

图 4-86 所示的混凝土受弯构件，如果在构件使用之前在其两端的截面核心区内施加一对集中压力，则构件各截面均处于全截面受压状态，截面上压应力的分布如图 4-86(a) 所示；在使用荷载（$g_k + q_k$）作用下，截面重心轴以下纤维受拉，重心轴以上纤维受压，应力分布如图 4-86(b) 所示；利用材料力学的叠加原理，便得到预应力混凝土构件使用阶段的应力图（图 4-86c），这时，截面上的拉应力大为减少。

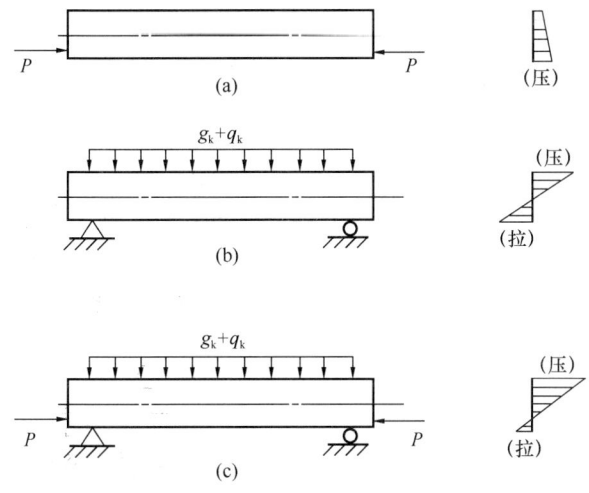

图 4-86 预应力混凝土构件受力分析

3）预应力混凝土的优缺点

预应力混凝土与钢筋混凝土主要区别就在于：后者是将钢筋和混凝土结合在

一起，由它们自然地共同工作；而前者则能将高强度钢材与高强度混凝土更有效地结合在一起，通过预加应力可以使钢材在高应力下工作，同时，还能将部分混凝土从受拉状态转化为受压状态，从而更充分地发挥这两种材料各自的力学性能。

预应力混凝土与普通钢筋混凝土相比，有如下特点：

（1）提高了构件的抗裂能力

因为承受外荷载之前预应力混凝土构件的受拉区已有预压应力存在，所以在外荷载作用下，只有当混凝土的预压应力被全部抵消转而受拉且拉应变超过混凝土的极限拉应变时，构件才会开裂。

（2）增大了构件的刚度

因为预应力混凝土构件正常使用时，在荷载准永久值组合下可能不开裂或只有很小的裂缝，混凝土基本上处于弹性阶段工作，因而构件的刚度比普通钢筋混凝土构件有所增大。

（3）充分利用高强度材料

预应力钢筋先被预拉，而后在外荷载作用下钢筋拉应力进一步增大，因而始终处于高拉应力状态，而且钢筋的强度高，可以减小所需要的钢筋截面面积。与此同时，应该尽可能采用高强度等级的混凝土，获得较经济的构件截面尺寸。

（4）扩大了构件的应用范围

由于预应力混凝土改善了构件的抗裂性能，因而可用于有防水、抗渗透及抗腐蚀要求的环境。更可用于大跨度、重荷载及承受反复荷载的结构。

预应力混凝土构件特别适用于普通钢筋混凝土构件不能达到的情形（如大跨度及重荷载结构）。而普通钢筋混凝土结构由于施工较方便，造价较低等特点在一般工程结构仍广泛应用。

2. 预应力的施加方法

预应力的施加方法按照钢筋张拉和浇筑混凝土先后次序，可将建立预应力方法分为先张法和后张法。

1) 先张法

在浇筑混凝土前，用机械张拉钢筋，待混凝土硬化后，再放松钢筋，从而对混凝土施加预应力，使构件受拉边预先产生压应力的方法。它可采用台座长线张拉或钢模短线张拉。

先张法构件是通过预应力钢筋与混凝土之间的粘结力传递预应力的。此方法适用于在预制厂大批制作中、小型构件，如预应力混凝土楼板、屋面板、梁等。

2) 后张法

在浇筑混凝土并待其硬化后，对在构件预留孔道内设置的预应力钢筋用机械张拉，从而对混凝土施加预应力，使构件受拉边预先产生压应力的方法。

后张法构件是依靠其两端的锚具锚住预应力钢筋并传递预应力的。因此，这样的锚具是构件的一部分，是永久性的，不能重复使用。此方法适用于在施工现场制作大型构件，如预应力屋架、吊车梁、大跨度桥梁等。

3) 预应力混凝土构件的锚、夹具

为了阻止被张拉的钢筋发生回缩，必须将钢筋端部进行锚固。锚固预应力钢筋和钢丝的工具分为夹具和锚具两种类型。在构件制作完毕后，能够取下重复使用的，称为夹具；锚固在构件端部，与构件联成一体共同受力，不能取下重复使用的，称为锚具。

4) 预应力混凝土构件对材料的要求

为了提高预应力的效果，预应力混凝土构件要求采用强度等级较高的混凝土和强度较高的钢筋。

(1) 混凝土

预应力混凝土构件的混凝土强度等级不宜低于C40，且不应低于C30。

(2) 钢筋

预应力筋宜采用预应力钢丝、钢绞线和预应力螺纹钢筋。

除此之外，在常温下热轧钢筋进行加工的钢筋（冷加工钢筋），如冷轧带肋钢筋、冷轧扭钢筋等，其强度标准值为 $650N/mm^2 \sim 970N/mm^2$，可以用作中、小型预应力混凝土构件的预应力钢筋。

3. 预应力混凝土构件设计一般规定

1) 计算内容

预应力混凝土构件的设计计算，一般应包括以下内容：

(1) 使用阶段计算

① 承载力计算。对预应力混凝土轴心受拉构件，应进行正截面承载力计算。对预应力混凝土受弯构件，除应进行正截面承载力计算外，还须进行斜截面承载力计算。

② 裂缝控制验算。根据结构物使用及耐久性要求，对于使用阶段不允许开裂的构件，应进行抗裂验算；对于使用阶段允许开裂的构件，则须进行裂缝开展宽度的验算。

③ 变形验算。对于预应力混凝土受弯构件，还应进行挠度验算。

(2) 施工阶段验算

预应力混凝土构件除应根据使用条件进行承载力计算及变形、抗裂、裂缝宽度和应力验算外，还应根据具体情况对制作、运输、吊装等施工阶段进行验算，以防止这些构件在制作、运输或吊装中开裂或破坏。

2) 张拉控制应力 σ_{con}

(1) 定义

张拉控制应力是指张拉钢筋时，张拉设备（如千斤顶）上的测力计所指示的总张拉力除以预应力钢筋截面面积得出的应力值，用 σ_{con} 表示。

由于摩擦阻力等因素的影响，有时张拉控制应力不一定等于预应力钢筋在张拉时所受到的拉应力。

(2) 张拉控制应力的确定原则

张拉控制应力的数值与预应力钢筋的强度标准值 f_{pyk}（有明显屈服点钢筋）或 f_{ptk}（无明显屈服点钢筋）有关。其确定原则是：

① 张拉控制应力应定得高一些。σ_{con} 越高，在预应力混凝土构件配筋相同的情况下产生的预应力就越大，构件的抗裂性能越好。

② 张拉控制应力不能过高。σ_{con} 过高时，张拉过程中可能将钢筋拉断；同时，构件抗裂能力过高时，开裂荷载将接近破坏荷载，使得构件发生破坏前会缺乏预兆。

③ 根据钢筋种类及张拉方法确定适当的张拉控制应力，规范确定的张拉控制应力允许值见表 4-19。

预应力筋张拉控制应力 σ_{con}　　　　　　　表 4-19

钢 种	张拉控制应力
消除应力钢丝、钢绞线	$\sigma_{con} \leqslant 0.75 f_{ptk}$
中强度预应力钢丝	$\sigma_{con} \leqslant 0.70 f_{ptk}$
预应力螺纹钢筋	$\sigma_{con} \leqslant 0.85 f_{pyk}$

注：f_{ptk} 为预应力筋极限强度标准值；f_{pyk} 为预应力螺纹钢筋屈服强度标准值。

4. 预应力损失

将预应力钢筋张拉到控制应力 σ_{con} 后，由于种种原因，其拉应力值将逐渐下降到一定程度，即存在预应力损失。经损失后预应力钢筋的应力才会在混凝土中建立相应的有效预应力。引起预应力损失的因素很多，分述如下。

1) 张拉端锚具变形和钢筋内缩引起的预应力损失 σ_{l1}

在张拉端由于锚具的压缩变形，锚具与垫板之间、垫板与垫板之间、垫板与构件之间的所有缝隙被挤紧，或由于钢筋、钢丝、钢绞线在锚具内的滑移，使得被拉紧的预应力钢筋松动回缩从而引起预应力损失。

2) 预应力钢筋与孔道壁之间的摩擦引起的预应力损失 σ_{l2}

由于孔道的制作偏差、孔道壁粗糙等原因，张拉预应力筋时，钢筋将与孔壁发生接触摩擦。距离张拉端越远，摩擦阻力的累积值越大。

3) 混凝土加热养护时，受张拉钢筋与承受拉力设备之间的温差引起的预应力损失 σ_{l3}

制作先张法构件时，为了缩短生产周期，常采用蒸汽养护，促使混凝土快硬。当加热升温时，预应力钢筋伸长，但两端的台座因与大地相接，温度基本不升高，台座间距离保持不变，使预应力钢筋内部紧张程度降低，预应力下降。

当在钢模上生产预应力构件时，钢模和预应力钢筋同时被加热，无温差，则该项损失为零。

4) 预应力钢筋应力松弛引起的预应力损失 σ_{l4}

应力松弛是指钢筋受力后，在长度不变的条件下，钢筋应力随时间的增长而降低的现象。当先张法预应力钢筋固定于台座上或后张法预应力钢筋锚固于构件上时，都可看作钢筋长度基本不变，因而将发生预应力钢筋的应力松弛损失。

5) 混凝土收缩和徐变引起的预应力损失 σ_{l5}

混凝土在空气中结硬时体积收缩，而在预压力作用下，混凝土沿压力方向又发生徐变。收缩、徐变都导致预应力混凝土构件的长度缩短，预应力钢筋也随之回缩，产生预应力损失 σ_{l5}。混凝土收缩徐变引起的预应力损失很大，在曲线配筋的构件中，约占总损失的 30%，在直线配筋构件中可达 60%。

结构处于年平均相对湿度低于 40% 的环境下，σ_{l5} 的值应该增加 30%。

6) 螺旋式预应力钢筋作配筋的环形构件，由于混凝土的局部挤压引起的预应力损失 σ_{l6}

对圆形结构物，可采用后张法施加预应力。待钢筋张拉完毕锚固后，由于张紧的预应力钢筋挤压混凝土，钢筋处构件的直径减小，钢筋的周长减小，预拉应力下降。规定：当构件直径 $d \leqslant 3\mathrm{m}$ 时，$\sigma_{l6}=30\mathrm{N/mm^2}$；当构件直径 $d > 3\mathrm{m}$ 时，$\sigma_{l6}=0$。

7) 预应力损失的分阶段组合

以上分项介绍了各种预应力损失。不同的施加预应力方法，产生的预应力损失也不相同。一般地，先张法构件的预应力损失有 σ_{l1}、σ_{l2}、σ_{l3}、σ_{l4}、σ_{l5}；而后张法构件有 σ_{l1}、σ_{l2}、σ_{l4}、σ_{l5}（当为环形构件时还有 σ_{l6}）。

预应力钢筋的有效预应力 σ_{pe} 定义为：张拉控制应力 σ_{con} 扣除相应应力损失 σ_l 后，在预应力钢筋内存在的预拉应力。将预应力损失按各受力阶段进行组合，可计算出不同阶段预应力钢筋的有效预拉应力值，进而计算出混凝土中建立的有效预应力 σ_{pc}。预应力混凝土构件在各阶段的预应力损失值应按表 4-20 的规定进行组合。

各阶段预应力损失值的组合 表 4-20

预应力损失值的组合	先张法构件	后张法构件
混凝土预压前（第一批）的损失	$\sigma_{l1}+\sigma_{l2}+\sigma_{l3}+\sigma_{l4}$	$\sigma_{l1}+\sigma_{l2}$
混凝土预压后（第二批）的损失	σ_{l5}	$\sigma_{l4}+\sigma_{l5}+\sigma_{l6}$

第一批损失记以 σ_{lI}，第二批损失记以 σ_{lII}，全部损失记为 $\sigma_l=\sigma_{lI}+\sigma_{lII}$。

考虑到预应力损失计算值与实际值的差异，并为了保证预应力混凝土构件具有足够的抗裂度，应对预应力总损失值做最低限值的规定。计算求得的预应力总损失值不应小于下列数值：先张法构件为：$100\mathrm{N/mm^2}$；后张法构件为：$80\mathrm{N/mm^2}$。

5. 预应力混凝土轴心受拉构件应力分析

预应力混凝土构件从制作到破坏可分为两个大的阶段：施工阶段和使用阶段。施工阶段是指构件承受外荷载之前的受力阶段，使用阶段是指构件承受外荷载之后的受力阶段。了解预应力轴心受拉构件在各个受力阶段中混凝土和钢筋的应力状态，有助于对计算公式及过程的理解。以先张法构件为例说明各阶段受力情况。

1) 施工阶段

(1) 放松预应力钢筋之前

在放松（截断）预应力钢筋之前，混凝土尚未受力，预应力钢筋中的力由台

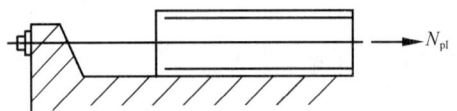

座承受（图4-87），此时混凝土、预应力钢筋和非预应力钢筋的应力分别为：

$$\sigma_{pc} = 0$$
$$\sigma_p = \sigma_{con} - \sigma_{lI}$$
$$\sigma_s = 0$$

图 4-87 放松预应力钢筋之前受力状态

式中 σ_{pc}——由预加力产生的混凝土法向应力；
σ_p——预应力钢筋应力；
σ_{con}——张拉控制应力；
σ_{lI}——第一批预应力损失；
σ_s——非预应力钢筋的应力。

（2）放松预应力钢筋时

放松预应力钢筋时，预应力合力 N_{pI} 全部由构件截面承担（图4-88）。混凝土压应力沿截面均匀分布，其值为 σ_{pcI}，混凝土受到弹性压缩；由于钢筋与混凝土变形一致，钢筋也随之缩短，此时非预应力钢筋应力为：

$$\sigma_{sI} = \alpha_{Es}\sigma_{pcI} \tag{4-155a}$$

预应力钢筋应力为：

$$\sigma_{pI} = \sigma_{con} - \sigma_{lI} - \alpha_E\sigma_{pcI} \tag{4-155b}$$

式中 α_{Es}、α_E——非预应力钢筋、预应力钢筋弹性模量与混凝土弹性模量的比值。

由截面内力平衡条件（图4-88），有：

$$\sigma_{pcI}A_c + \sigma_{sI}A_s = (\sigma_{con} - \sigma_{lI} - \alpha_E\sigma_{pcI})A_p$$

整理得：

$$\sigma_{pcI} = \frac{(\sigma_{con} - \sigma_{lI})A_p}{A_0} \tag{4-156}$$

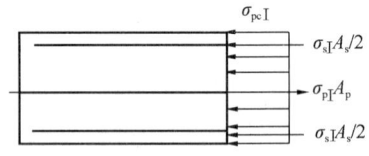

式中 A_0——换算截面面积，$A_0 = A_c + \alpha_{Es}A_s + \alpha_E A_p$；
A_c——扣除孔道、凹槽及钢筋截面面积后混凝土截面面积。

图 4-88 先张法构件放松预应力钢筋时受力状态

按式（4-156）计算出的 σ_{pcI} 用于收缩、徐变损失 σ_{l5} 的计算以及施工阶段的验算。

由式（4-155）可知，在混凝土与钢筋有牢固粘结力的情况下，非预应力钢筋的应力是混凝土应力的 α_{Es} 倍，预应力钢筋应力的变化值是混凝土应力变化值的 α_E 倍。下面还将多次利用这一结论。

（3）完成第二批损失之后

预应力混凝土构件从放松预应力钢筋到投入使用还有一段时间，假定这段时间内构件中第二批预应力损失已经完成，亦即完成全部预应力损失 σ_l，则利用平衡条件同样可求得混凝土和钢筋的应力（图4-89）：

$$\left.\begin{array}{l}\sigma_{s\text{II}} = \alpha_{Es}\sigma_{pc\text{II}} \\ \sigma_{p\text{II}} = \sigma_{con} - \sigma_l - \alpha_E\sigma_{pc\text{II}} \\ \sigma_{pc\text{II}} = \dfrac{(\sigma_{con}-\sigma_l)A_p}{A_0}\end{array}\right\}$$

(4-157)

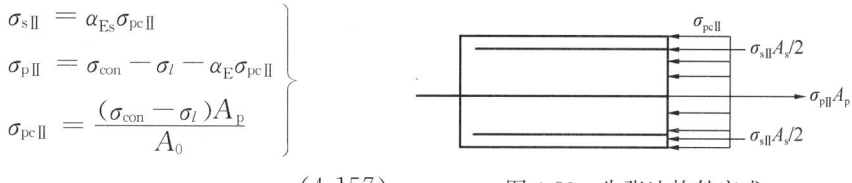

图4-89 先张法构件完成第二批损失之后受力状态

式中，$\sigma_{pc\text{II}}$ 是扣除全部预应力损失后，在混凝土中建立起来的预应力，该预应力对构件使用性能产生影响，称为混凝土有效预压应力，用于构件抗裂性验算。

(4) 非预应力钢筋对预应力影响

在预应力混凝土构件中，非预应力钢筋对混凝土的变形起约束作用，使其收缩徐变值减少，从而使因收缩徐变产生的预应力损失有所降低。但是，当混凝土发生收缩徐变时，由于非预应力钢筋阻碍收缩徐变的发展，使混凝土中产生拉应力，因而降低了混凝土的有效预压应力，影响构件的抗裂性能。规范近似取：

$$\sigma_{pc\text{II}} = \dfrac{(\sigma_{con}-\sigma_l)A_p - \sigma_{l5}A_s}{A_0} \tag{4-158}$$

$$\sigma_{s\text{II}} = \alpha_{Es}\sigma_{pc\text{II}} + \sigma_{l5} \tag{4-159}$$

式中 σ_{l5}——非预应力钢筋由于混凝土收缩徐变而受到的压应力。

2) 使用阶段

在轴向力逐渐增加时，预应力轴心受拉构件逐渐伸长，混凝土预压应力逐渐减少至零，接着混凝土应力变为拉应力，当拉应力达到混凝土轴心抗拉强度标准值时，构件处于开裂状态；开裂后裂缝截面的内力全部由钢筋承受，裂缝逐渐发展，当钢筋达到屈服强度时，构件处于承载力极限状态。这就是使用阶段的整个受力过程。

(1) 混凝土应力为零时

混凝土应力为零时的状态也称为消压状态。显然，当外荷载在截面上产生的拉应力刚好等于混凝土有效预压应力 $\sigma_{pc\text{II}}$ 时，混凝土的应力将等于零（图4-90）。

构件在轴向拉力作用下，混凝土的应力增量（从完成全部预应力损失时算起）为 $\sigma_{pc\text{II}}$，非预应力钢筋和预应力钢筋的应力增量分别为 $\alpha_{Es}\sigma_{pc\text{II}}$ 和 $\alpha_E\sigma_{pc\text{II}}$，故在消压状态时它们的应力分别为：

$$\left.\begin{array}{l}\sigma_{pc} = 0 \\ \sigma_s = \sigma_{l5}(\text{压}) \\ \sigma_p = \sigma_{p0} = \sigma_{con} - \sigma_l(\text{拉})\end{array}\right\} \tag{4-160}$$

由内、外力的平衡条件，可得：

$$N_{p0} = (\sigma_{con} - \sigma_l)A_p - \sigma_{l5}A_s = \sigma_{pc\text{II}}A_0 \tag{4-161}$$

式中 N_{p0}——混凝土法向应力为零时预应力及非预应力钢筋的合力；即为抵消截面上混凝土有效预压应力所需的轴向力，称为消压轴力。

(2) 构件即将开裂时

轴向力继续增加，当混凝土拉应力达到混凝土轴心抗拉强度标准值 f_{tk} 时，构件处于即将开裂的状态（图 4-91）。

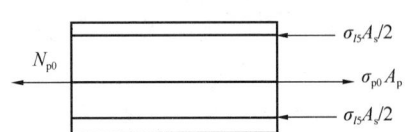
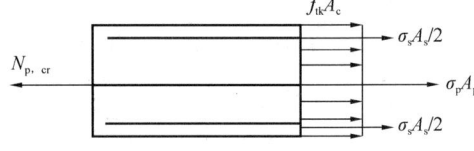

图 4-90　先张法构件混凝土应力为零时受力状态　　图 4-91　先张法构件即将开裂时受力状态

此时混凝土和钢筋的应力分别为：

$$\left.\begin{array}{l}\sigma_{pc} = f_{tk} \\ \sigma_s = \alpha_{Es} f_{tk} - \sigma_{l5} \\ \sigma_p = \sigma_{con} - \sigma_l + \alpha_E f_{tk}\end{array}\right\} \quad (4\text{-}162)$$

由内外力的平衡条件 $N_{p,cr} = f_{tk} A_c + \sigma_s A_s + \sigma_p A_p$，并利用式（4-158）得：

$$N_{p,cr} = (f_{tk} + \sigma_{pcII}) A_0 \quad (4\text{-}163)$$

式中　$N_{p,cr}$——预应力混凝土轴心受拉构件即将开裂时所能承受的轴向力。

（3）构件破坏时

当荷载继续增加时，构件便要开裂，全部外荷载都由钢筋承受。当钢筋达到抗拉强度设计值 f_{py} 时，构件便被认为发生破坏，即达到其承载力极限状态（图 4-92）。此时：

图 4-92　先张法预应力构件破坏时受力状态

$$\left.\begin{array}{l}\sigma_{pc} = 0 \\ \sigma_s = f_y \\ \sigma_p = f_{py}\end{array}\right\} \quad (4\text{-}164)$$

由平衡条件可得：

$$N_u = f_{py} A_p + f_y A_s \quad (4\text{-}165)$$

式中　N_u——预应力混凝土轴心受拉构件破坏时的极限承载力。

由式（4-165）可见，对构件施加预应力并不能提高构件的承载力，但预应力的存在，可大大提高构件的抗裂性能，参见式（4-163）。

6. 预应力混凝土轴心受拉构件计算和验算

为了保证预应力混凝土轴心受拉构件的可靠性，除要进行构件使用阶段的承载力计算和裂缝控制验算外，还应进行施工阶段制作、运输及安装的承载力验算。

1）正截面承载力计算

根据构件破坏时受力状态（图 4-93），可得：

$$N \leqslant f_y A_s + f_{py} A_p \quad (4\text{-}166)$$

式中　f_y、f_{py}——非预应力钢筋、预应力抗拉强度设计值；

A_s、A_p——非预力钢筋、预应力钢筋截面面积；

N——轴向力设计值。

应用以上公式时，一个方程只能求解除一个未知量，一般先按构造要求或试

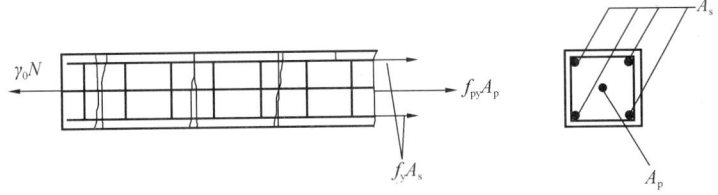

图 4-93 轴心受拉构件承载力计算简图

验定出非预应力钢筋的数量（已知 A_s）再由方程求解 A_p。

2）裂缝控制验算

构件裂缝控制等级分为三级。对于裂缝控制等级为一级和二级构件，须进行抗裂验算；对于裂缝控制等级为三级构件，应进行裂缝开展宽度验算。

（1）严格要求不出现裂缝构件（裂缝控制等级一级）

在荷载标准组合下，受拉边缘应力应符合下列规定：

$$\sigma_{ck} - \sigma_{pc} \leqslant 0 \tag{4-167}$$

式中　σ_{ck}——荷载标准组合下混凝土法向应力，$\sigma_{ck} = N_k/A_0$；

N_k——按荷载标准组合计算的轴向力值；

σ_{pc}——扣除全部预应力损失后的混凝土预应力；$\sigma_{pc} = \sigma_{pcⅡ}$，按式（4-158）计算。

（2）一般要求不出现裂缝的构件（裂缝控制等级二级）

在荷载标准组合下，受拉边缘应力应符合下列规定：

$$\sigma_{ck} - \sigma_{pc} \leqslant f_{tk} \tag{4-168}$$

式中　f_{tk}——混凝土抗拉强度标准值；

σ_{ck}、σ_{pc}——同式（4-167）。

（3）使用阶段允许出现裂缝的构件（裂缝控制等级三级）

此时应采用荷载准永久组合并考虑长期作用影响的效应来验算裂缝宽度。验算方法与钢筋混凝土构件相似，此处从略。

对二 a 类环境预应力构件，在荷载效应准永久组合下尚应符合下列规定：

$$\sigma_{cq} - \sigma_{pc} \leqslant f_{tk} \tag{4-169}$$

式中　σ_{cq}——在荷载准永久组合下的混凝土法向应力，$\sigma_{cq} = N_q/A_0$；

N_q——按荷载准永久组合计算的轴向力值。

3）施工阶段验算

预应力混凝土构件在制作、运输和吊装等施工阶段的受力状态，与使用阶段的受力状态不完全相同。还应对其在施工阶段的受力情况进行验算。

对于先张法预应力混凝土轴心受拉构件，一般只需对放松预应力钢筋时构件的承载力进行验算。对于后张法预应力混凝土轴心受拉构件，除了应对张拉钢筋时构件的承载力进行验算外，还要求对预应力钢筋端部锚固区混凝土局部承压的承载力进行验算。如果预应力混凝土轴心受拉构件在制作、运输和吊装过程中，由于自重等作用（必要时应考虑动力系数）可能在构件中产生较大的应力时，还需要对这种受力情况进行验算。

（1）承载力验算

预应力混凝土轴心受拉构件施工阶段的承载力验算条件为：

$$\sigma_{cc} \leqslant 0.8 f'_{ck} \tag{4-170}$$

式中 f'_{ck}——放松（或张拉）预应力钢筋时混凝土立方体抗压强度标准值，可用直线内插法取值；

σ_{cc}——放松（或张拉）预应力钢筋时混凝土的预压应力。

对先张法构件取：

$$\sigma_{cc} = \frac{(\sigma_{con} - \sigma_{lI})A_p}{A_0} \tag{4-171}$$

对后张法构件取：

$$\sigma_{cc} = \frac{\sigma_{con} A_p}{A_n} \tag{4-172}$$

应当注意，在施加预应力时（即放松或张拉预应力钢筋时），混凝土立方体抗压强度 f'_{cu} 不宜低于设计混凝土强度等级的 75%。

（2）后张法构件端部锚固局部受压承载力验算

后张法构件中，预应力钢筋的预压力是通过锚具传递给垫板，再由垫板传递给混凝土。预压应力在构件端面上是集中于垫板下一定范围之内，然后在构件内逐步扩散，经过一定的扩散长度后才均匀地分布到构件全截面上，一般取扩散长度等于构件截面宽度 b。

如果预压力很大，垫板面积又较小，离开构件端部一定距离的截面虽然不会破坏，但垫板下混凝土有可能发生局部挤压破坏。因此，应对构件端部锚固区混凝土进行局部承压验算。

7. 预应力混凝土材料和构件尺寸

1）材料

（1）钢筋

预应力混凝土结构中的钢筋包括预应力钢筋和非预应力钢筋。非预应力钢筋的选用与钢筋混凝土结构中的钢筋相同。预应力钢筋宜采用预应力钢绞线、消除应力钢丝及热处理钢筋。此外，预应力钢筋还应具有一定的塑性、良好的可焊性以及用于先张法构件时与混凝土有足够的粘结力。

（2）混凝土

预应力混凝土结构中，采用高强度等级的混凝土与高强钢筋配合，可以获得较经济的构件截面尺寸。预应力混凝土结构的混凝土强度等级不应低于C30。当采用钢绞线、钢丝、热处理钢筋作预应力钢筋时，混凝土强度等级不宜低于C40。

2）尺寸形状

预应力混凝土轴心受拉构件通常采用正方形或矩形截面。受弯构件可采用T形、I形及箱形等截面形式，这是因为它们有较大的受压翼缘，节省了腹部混凝土，减轻了构件自重。

由于预应力混凝土构件的抗裂度和刚度较大,对于受弯构件,其截面高度 $h=(1/20-1/14)l$,最小可为 $l/35$(l 为跨度),大致可取普通钢筋混凝土梁高的 70% 左右。翼缘宽度一般可取 $b=(1/3-1/2)h$,翼缘厚度可取 $(1/10-1/6)h$,腹板宽度尽可能薄些,可取 $(1/8-1/15)h$。

确定截面尺寸时,既要考虑构件承载能力,又要考虑抗裂度和刚度的需要,而且还必须考虑施工时的模板制作、钢筋种类、锚具布置等要求。表 4-21 列出了预应力混凝土梁板的常用跨高比及经济跨度,供设计时参考。

预应力混凝土梁板的跨高比   表 4-21

结构形式	跨高比	适用荷载级别	经济跨度(m)
单 向 梁	16~25	轻、中等、重	8~15
扁 梁	20~25	轻、中等	10~18
框 架 梁	12~18	中等、重	15~25
井 式 梁	20~25	中 等	16~32
悬 臂 梁	10	轻、中等	—
单 向 板	35~45	轻、中等	6~9
双 向 板	40~50	轻、中等	7~10
密 肋 板	30~35	中等、重	10~15
悬 臂 板	12	轻、中等	—

8. 部分预应力混凝土和无粘结预应力混凝土概念

1) 部分预应力混凝土

一般的预应力混凝土构件,都采用全预应力或有限预应力形式制作。所谓全预应力混凝土构件是指在使用荷载作用下截面受拉区不出现拉应力的构件,它相当于规范规定严格要求不出现裂缝的构件(裂缝控制为等级一级)。所谓有限预应力混凝土构件,则相当于规范中一般要求不出现裂缝的构件(裂缝控制等级为二级),在使用荷载作用下不同程度地保证受拉混凝土不开裂。

采用全预应力或有限预应力,对提高构件的抗裂性和构件刚度都很有利,但也存在如下缺点:①要求配置受力钢筋数量较多,或者要求对构件施加的预压力大,因而徐变损失也大;②所需设备费用较高;③对于梁类构件,由于受拉区施加了大的预压力,一旦可变荷载不存在时,其恢复的反拱可能导致地面和隔墙开裂或桥面不平等问题。而适当降低预应力(其方法主要是减少预应力钢筋并相应增加非预应力钢筋数量)就可克服上述缺点。这类预应力构件虽然在荷载短期效应组合下会产生裂缝,但在荷载长期效应下裂缝可以闭合,因而称为部分预应力混凝土构件,它相当于规范中裂缝控制等级为三级的构件。部分预应力混凝土构件所需费用较少,在预应力混凝土结构中得到了应用和发展。

2) 无粘结预应力混凝土

除部分预应力混凝土构件外,无粘结预应力混凝土构件已广泛得到应用。无粘结预应力技术和部分预应力技术相结合,形成无粘结部分预应力混凝土。

无粘结预应力技术是克服一般后张法预应力构件施工工艺缺点的有效技术。因为后张法预应力混凝土构件需要有预留孔道、穿筋、灌浆等施工工序，而预留孔道（尤其是曲线形孔道）和灌浆都比较麻烦，灰浆漏灌还易造成事故隐患。因此，若将预应力钢筋外表涂以防腐油脂并用油纸包裹，外套塑料管，它就可以像普通钢筋一样直接按设计位置放入钢筋骨架内并浇灌混凝土，当混凝土达到规定的强度（如不低于混凝土设计强度等级的 75%）后即可对无粘结预应力钢筋进行张拉，建立预应力。因为与混凝土之间用油纸或塑料管隔离，无粘结，这种混凝土称为无粘结预应力混凝土。

无粘结预应力的概念是 20 世纪 20 年代由德国人 Farber 提出的，20 世纪 40 年代开始用于桥梁结构。20 世纪 50 年代初，美国开始用于房屋建筑的楼盖和屋盖，作为大跨度双向板的预应力配筋，可以不设梁，因而可以降低楼层高度，房屋的整体性也较好。我国从 20 世纪 70 年代开始陆续将无粘结预应力技术用于需要连续配筋的楼盖工程及具有曲线后张预应力筋的梁和其他构件，取得了很好效果。如 63 层的广东国际大厦工程采用无粘结预应力楼盖，使楼板厚度从 300mm 降低为 220mm，节省钢材 420t，混凝土 7550m^3。

由于无粘结预应力混凝土技术综合了先张法和后张法施工工艺的优点，因而具有广阔的发展前景，可参见专门的设计资料。

4.11 混凝土楼盖结构

1. 楼盖的结构形式

钢筋混凝土梁板结构广泛应用于楼盖、屋面、阳台、雨篷、水池底（顶）板、烟囱的板式基础及箱形基础底（顶）板。本节的重点是介绍楼盖的平面布置原则及设计计算方法。

楼盖的主要结构功能：把楼盖上的竖向力传给竖向结构；把水平力传给竖向结构或是分配给竖向结构；作为竖向结构构件的水平连系和支撑。它对于保证建筑物的承载力、刚度、耐久性以及抗风、抗震性能具有重要的作用，对于建筑效果、隔声效果和隔热也有直接的影响。

混凝土楼盖的造价大约占土建总造价的 20%～30%，而在高层建筑中，混凝土楼盖的自重大约占总自重的 50%～60%。因此，选择适当的楼盖形式并合理地进行设计计算，对整个房屋的使用和技术经济指标至关重要。

楼盖按其结构形式可分为单向板肋梁楼盖、双向板肋梁楼盖、井式楼盖、密肋楼盖和无梁楼盖等，分别如图 4-94 所示。按施工方法，可分为现浇式、装配式和装配整体式楼盖。其中现浇楼盖刚度大、整体性好、抗震和抗冲击性能好，且适应性强，开洞方便。其缺点是：模板消耗量大、施工工期长。在高层建筑中，楼板宜现浇；对抗震设防的建筑，当其高度大于 50m 时，楼盖应采用现浇；当高度小于 50m，在顶层、刚性过渡层以及平面较复杂的或是开洞过多的楼层，也应采用现浇楼盖。装配式楼盖主要用在多层住宅中。装配整体式楼盖是提高装配式楼盖的刚度、整体性和抗震性能的一种改进措施。它集现浇楼盖和装配式楼

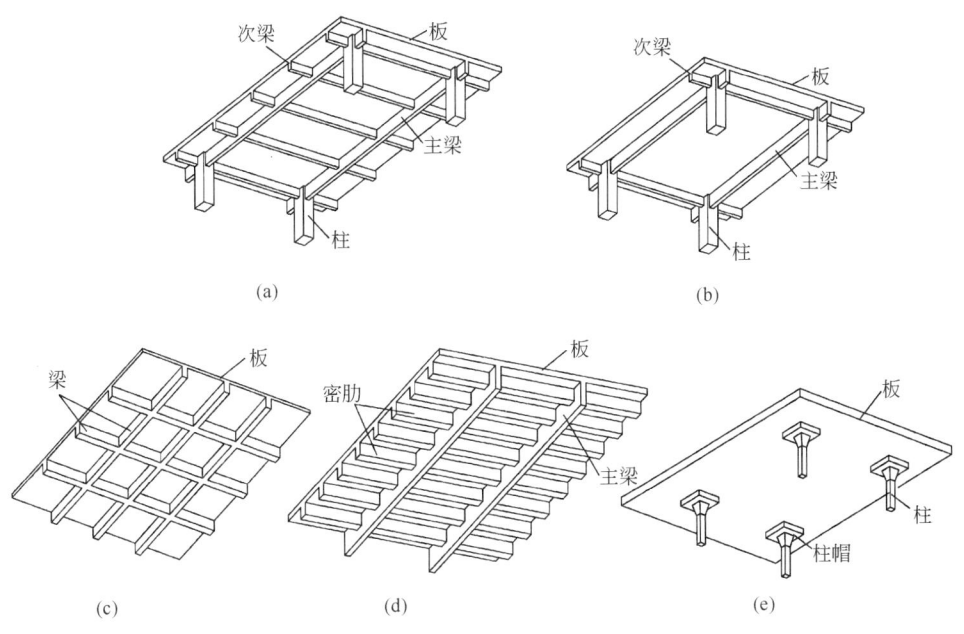

图 4-94 楼盖的结构形式
(a) 单向板肋梁楼盖；(b) 双向板肋梁楼盖；(c) 井式楼盖；(d) 密肋楼盖；(e) 无梁楼盖

盖的优点于一身，克服了两者的不足之处。

2. 现浇单向板肋梁楼盖的计算与设计

1) 结构布置及计算单元

现浇单向板肋梁楼盖是应用最为普通的一种结构形式，它一般由板、次梁和主梁构成。板四周支撑于次梁（或墙、主梁）上，次梁支撑于主梁上。当板的长边边长 l_1 与短边边长 l_2 之比大于 2（按弹性理论计算）或大于 3（按塑性理论计算）时，我们称之为单向板，它的特点是板上荷载绝大部分沿短边方向传递，很少部分沿长边方向传递，工程中常将沿长边方向传递的荷载忽略不计，而在长边方向的配筋上给予一定的构造配筋。从严格意义上讲，所有的四边支承现浇板均为双向板，只是根据荷载传递的比例，而人为地分为单向板和双向板，主要是便于计算和设计，同时又能满足工程实际要求。楼盖设计过程主要包括平面布置、计算简图、结构计算、配筋计算及施工图绘制等主要步骤，以下分述之。

(1) 结构平面布置

结构布置包括柱网、梁格及板的布置。柱网要尽可能的大，为使经济、合理，平面布置时要注意以下问题：

① 在满足建筑物使用的前提条件下，柱网和梁格的划分应尽可能规整，结构布置力求简单、整齐，梁尽可能连续贯通。

② 梁的跨度不宜过大，过大将导致造价过高，经验表明主梁跨度在 5～8m 为宜，次梁跨度在 4～6m 为宜。

③ 板尽可能的薄，构造规定板的最小厚度见表 4-9，由于刚度的要求，板厚

不小于跨度的 1/40。板的跨度一般在 2m 左右为宜，尽量避免楼板直接承受集中荷载。

④ 构件的跨度以等跨为宜，考虑到边支座为铰支，为减少边跨的内力，可使板、次梁及主梁的边跨跨度略小于内跨跨度（10％以内为佳）。

⑤ 为提高房屋的横向刚度，一般将主梁横向布置，次梁纵向布置。但在高层尤其超高层结构中，横纵向长度相差不大，从抗震角度考虑，两个方向的刚度应相差不大，此时平面布置宜双向均匀布置。主梁和次梁是一个相对概念，是以刚度来体现，在井字梁楼盖中，两个方向梁共同受力，不区分主梁和次梁。

（2）荷载及其计算单元

作用于楼盖上的荷载可分为恒荷载和活荷载。

单向板肋形楼盖的荷载计算及荷载计算单元按下述方法确定（图 4-95）：

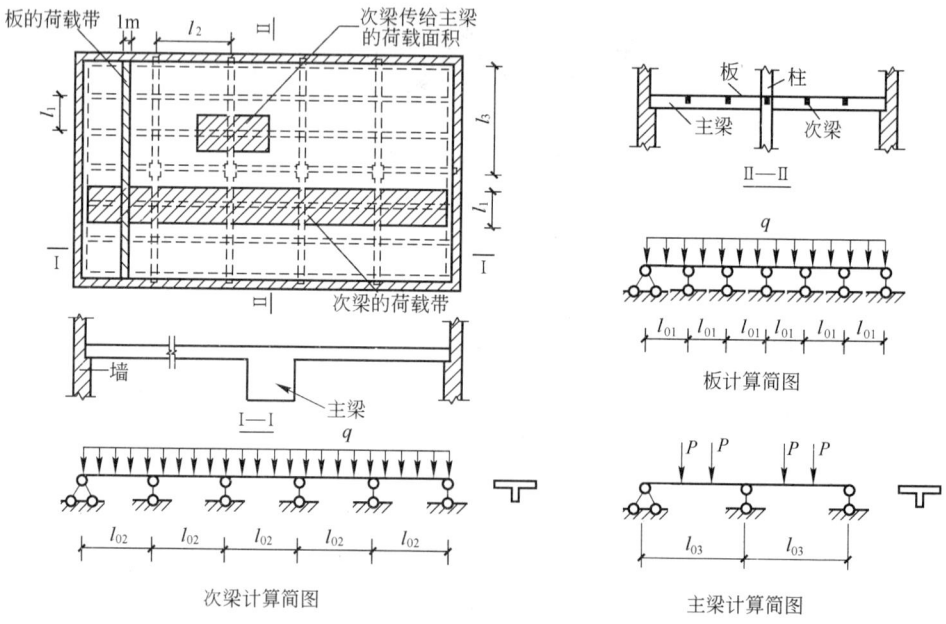

图 4-95　单向肋梁板的计算简图

单向板：除承受结构自重、抹灰荷载外，还要承受作用于其上的活荷载。通常取 1m 宽的板带作为荷载计算单元。

次梁：除承受结构自重、抹灰荷载外，还要承受板传来的荷载，为简化计算，通常将连续板视为简支板，即所谓的"简支传力原则"。取宽度为板跨度 l_1（两次梁中线的距离）的荷载板带作为荷载计算单元。

主梁：除承受结构自重、抹灰荷载外，还要承受次梁传来的集中荷载。同样为了简化计算不考虑次梁的连续性而把它视为简支梁，以梁的支座反力作为主梁的集中荷载。此外，还将主梁结构自重和抹灰荷载简化成集中荷载，以简化主梁的计算。

（3）结构计算简图

计算简图包括支承条件与折算荷载、计算跨度和跨数两方面。

① 支承条件与折算荷载

当楼盖支承于砖墙上时，结构支座可以看成是铰支座，这个条件是比较明确的。在钢筋混凝土现浇整体肋形楼盖中，由于主梁与次梁、次梁与板均为现浇整体相连，主梁和次梁都具有一定的抗扭刚度，主梁与次梁、次梁与板之间并非理想铰接。当次梁和板在跨中弯矩的最不利荷载组合作用时，实际情况是主梁将约束次梁的转动，次梁将约束板的转动。相当于在连续次梁和板的支座上附加有负弯矩（图 4-96），使布置活荷载跨的跨中弯矩有所减少（支座弯矩有所增加，但不会超过支座最不利荷载作用下的弯矩）。由于附加的负弯矩与主梁（或次梁）的抗扭刚度有关，计算十分繁琐。因此，近似地采用折算荷载（增加恒荷载，减少活荷载，而总荷载不变）来考虑这一有利影响（有时叫做卸载影响）：

对于板可取折算荷载：$g' = g + \dfrac{q}{2}$，$q' = \dfrac{q}{2}$；

对于次梁可取折算荷载：$g' = g + \dfrac{q}{4}$，$q' = \dfrac{3q}{4}$。

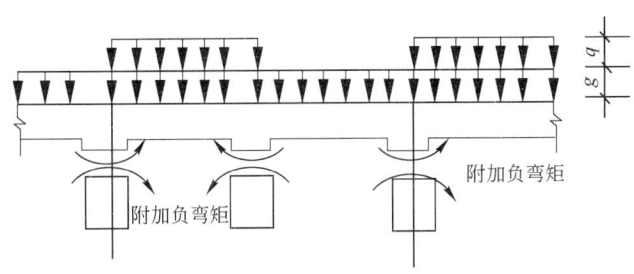

图 4-96　支承结构（主梁或次梁）的附加负弯矩

对于支承在钢筋混凝土柱上的主梁，当主梁与柱线刚度之比大于 3 时，可将主梁视为铰支于柱上的连续梁进行计算，同时应考虑柱宽对主梁内力的影响。否则，应按框架梁进行计算。

② 计算跨度和跨数

计算跨度是在计算内力时所采用的长度，也是支座反力合力作用点之间的距离，其值与支座长度和构件刚度有关，精确计算较为复杂，可按附表 4-18 采用。

对于连续梁、板的跨数小于 5 跨时，按实际跨数计算；对跨数超过五跨的连续梁、板，若各跨荷载、截面尺寸相同且跨度相差不超过 10% 时，可按 5 跨的等跨连续梁、板进行计算，中间跨的内力按第 3 跨的采用；当跨度、刚度、荷载及支承条件不同的多跨连续梁、板，应按实际跨数计算。

2）按弹性理论计算

(1) 结构控制截面

控制截面就是指按此截面内力设计配筋后，能保证构件在各种荷载作用下的安全。一个构件有很多截面，但控制截面不多。对等截面连续梁板而言，梁板的各支座截面和各跨的跨中截面为控制截面。

(2) 荷载最不利组合

结构内力是在恒载和活荷载共同作用下产生的。恒载在结构中产生的内力是不变的；而活荷载的作用位置是可变的，产生的内力也是变化的，要获得结构控制截面出现的最危险的内力，就必须研究活荷载的最不利组合。

以 5 跨等跨连续梁为例，说明确定活荷载的最不利布置原则：

由结构力学知识，我们可以得到如图 4-97 的变形图，根据此变形图，就容易求取控制截面的最不利荷载组合。

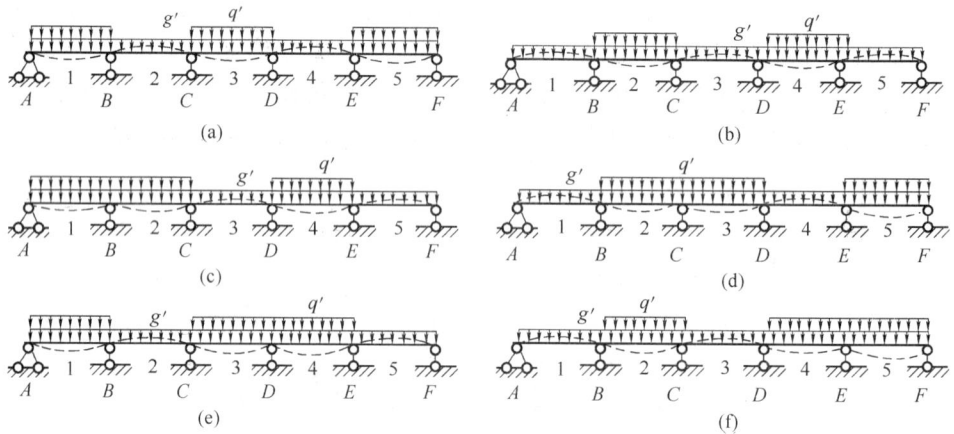

图 4-97 结构的最不利荷载组合

① 若求结构某跨跨内截面最大正弯矩时，应在该跨布置活荷载，然后向两侧隔跨布置。如求第一跨跨中弯矩，活荷载布置如图 4-97（a）；第二跨跨中弯矩，活荷载布置如图 4-97（b）。

② 若求结构某支座截面最大负弯矩（绝对值）时，应在该支座相邻两跨布置活荷载，然后向两侧隔跨布置。如求 B 支座最大负弯矩，活荷载布置如图 4-97（c）；C 支座最大负弯矩，活荷载布置如图 4-97（d）；D 支座最大负弯矩，活荷载布置如图 4-97（e）；E 支座最大负弯矩，活荷载布置如图 4-97（f）。

③ 若求结构某跨跨内截面最大负弯矩（绝对值）时，不应在该跨布置活荷载，而在相邻两跨布置活荷载，然后向两侧隔跨布置。如求第三跨跨中最大负弯矩，活荷载布置如图 4-97（b）。

④ 若求结构边支座截面最大剪力时，除恒载作用外，其活荷载布置与求该跨跨中截面最大正弯矩时活荷载布置相同。如求 A 支座最大剪力，活荷载布置如图 4-97（a）。

⑤ 若求结构中间跨支座截面最大剪力时，其活荷载布置与求该支座截面最大负弯矩（绝对值）时的活荷载布置相同。如求 B 支座最大剪力，活荷载布置如图 4-97（c）。

各种荷载作用下的内力值见附表 4-19。

(3) 内力包络图

将同一结构在各种荷载作用下的内力图（弯矩图和剪力图）叠画在同一张图

上，其外包线所形成的图形称为内力包络图，它反映了各截面可能产生的最大内力值，是设计时选择截面和配置钢筋的依据。图 4-98 所示为上述承受均布荷载的五跨连续梁的弯矩包络图和剪力包络图。

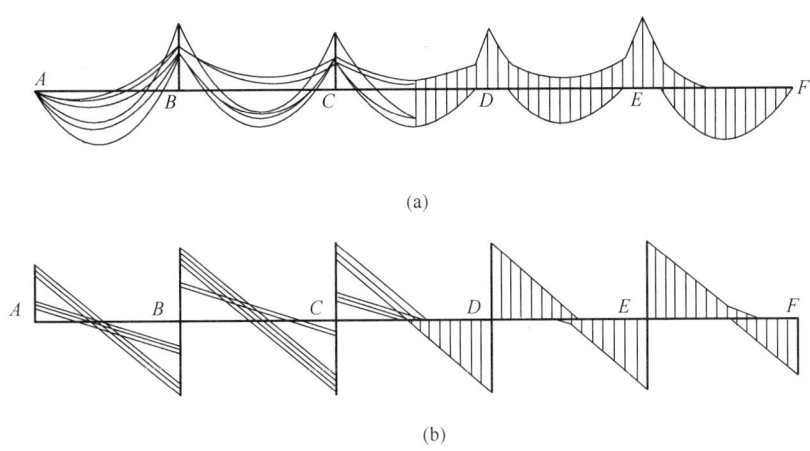

图 4-98 均布荷载作用下五跨连续梁的内力包络图
(a) 弯矩包络图；(b) 剪力包络图

在结构计算的设计软件中，是直接计算在每种活荷载作用下的内力，再叠加就可得到内力包络图。

(4) 支座宽度影响——支座内力（弯矩及剪力）的确定

通常在按弹性理论计算连续梁、板内力时，中间跨的支座反力都是支座中心处的值，当支座宽度较小或支座不是整体时，计算简图与实际情况基本相符。然而对整浇楼盖，支座有一定的宽度，为了使设计更加合理，应取支座边缘截面作为计算控制截面，其弯矩和剪力按支座边缘截面计算。

3) 按塑性理论计算

按弹性理论计算钢筋混凝土连续梁内力的前提是假定它为匀质弹性体，荷载与内力呈线性关系。这在受荷较小，混凝土开裂的初始阶段是适用的。但是随着荷载的增加，由于混凝土受拉区裂缝的出现和开展，受压区混凝土的塑性变形，钢筋混凝土连续梁的内力与荷载的关系已不再是线性的，而是非线性的。钢筋混凝土连续梁的内力，相对于线性弹性分布发生的变化，称为塑性内力重分布现象。

钢筋混凝土连续梁、板内力可以采用基于塑性理论的塑性内力重分布的方法计算，此方法应用较多的是弯矩调幅法。即先按弹性分析求出结构的截面弯矩，然后将结构中一些截面绝对值最大的弯矩（多数为支座弯矩）进行调整，最后确定支座剪力。具体如下：

对均布荷载下等跨连续板、梁考虑塑性内力重分布的弯矩和剪力，按下列公式计算：

(1) 弯矩

板和次梁的跨中及支座弯矩：

$$M = \alpha_m (g+q) l_0^2 \tag{4-173a}$$

式中 g、q——作用在梁板上的均布恒载和活荷载设计值；

l_0——计算跨度，当板或次梁与支座整浇时，取净跨 l_n；当简支于砖墙上时，板的端跨等于净跨加板厚之半；梁的端跨等于净跨加支座宽度之半（或加 $0.025l_n$），取较小者（附表 4-18）；

α_m——弯矩系数，按表 4-22 采用。

弯矩系数 α_m 表 4-22

支承情况	截面位置					
	端支座	边跨跨中	离端第二支座	离端第二跨跨中	中间支座	中间跨跨中
	A	Ⅰ	B	Ⅱ	C	Ⅲ
梁、板搁置在墙上	0	1/11	二跨连续 $-1/10$ 三跨以上连续 $-1/11$	1/16	$-1/14$	1/16
板 与梁整浇连接	$-1/16$	1/14				
梁 与梁整浇连接	$-1/24$					
梁与柱整浇连接	$-1/16$					

(2) 剪力

次梁、板的支座剪力：

$$V = \alpha_v (g+q) l_n \tag{4-173b}$$

式中 l_n——梁或板净跨度；

α_v——剪力系数，按表 4-23 采用。

剪力系数 α_v 表 4-23

支承情况	截面位置				
	端支座内侧 A_{in}	离端第二支座		中间支座	
		外侧 B_{ex}	内侧 B_{in}	外侧 C_{ex}	内侧 C_{in}
搁置在墙上	0.45	0.60	0.55	0.55	0.55
与梁或柱整浇连接	0.50	0.55			

应该指出，表 4-22 的弯矩系数是在 $q/g=3$、跨数为 5 跨的条件下，考虑支承结构抗扭刚度对荷载进行调整之后求得的。对 q/g 在 1/3 到 3 之间的情况同样适用，当超过此值时，要按其原理自行计算。

对于直接承受动力荷载的结构及对于承载力、刚度和裂缝控制有较高要求的结构，不应采用塑性内力重分布的设计方法。

4) 截面配筋与构造

(1) 板的计算与构造

① 板的计算

a. 板所受到的剪力较小，混凝土足已承担相应的剪力，一般不必进行斜截面承载力计算，也不必配置腹筋。

b. 板受荷进入极限状态时，支座处在上部开裂，而跨中在下部开裂，从支座到跨中各截面受压区合力作用点形成具有一定拱度的压力线（图4-99），该现象可减少板中各计算截面的弯矩。对四周与梁整体连接的单向板，其中间跨的跨中截面及中间支座截面的计算弯矩可减少20%，其他截面则不予降低。

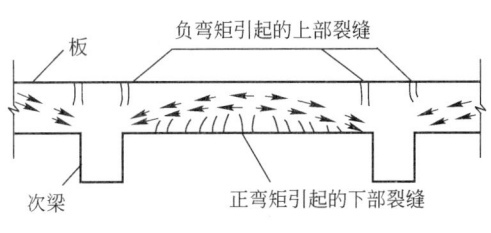

图 4-99 板开裂后的拱效应

c. 根据弯矩算出各控制截面的钢筋面积之后，为使跨数较多的内跨钢筋与计算值尽可能一致，同时使支座截面尽可能利用跨中弯起的钢筋，应按先内跨后外跨，先跨中后支座的程序选择钢筋的直径和间距。

② 板的构造要求

a. 板的厚度：从经济角度考虑，其厚度应尽量薄，从施工、刚度（舒适度）要求考虑，不应小于表4-9和表4-21要求。

b. 板的支承长度应满足其受力钢筋在支座内锚固的要求，一般不小于板厚，当搁置在砖墙上时，不小于120mm。

c. 受力钢筋

a）受力钢筋一般采用 HPB300 或 HRB335 级钢筋，直径通常采用8、10mm。支座截面的负弯矩受力筋，宜采用较大直径钢筋。跨度、荷载较大时，宜采用 HRB400 钢筋。伸入支座的下部钢筋，其间距不应大于400mm，其截面面积不小于跨中受力钢筋截面面积的1/3。当支座是简支时，下部钢筋伸入支座的长度不小于 $5d$，且末端设置弯钩。参见第4.2节有关构造要求。

b）连续板受力钢筋有弯起式（图4-100a）和分离式（图4-100b）两种。前者整体性较好，且可节约钢材，但施工较复杂，工程应用较少。后者整体性稍差，用钢量稍高，但设计和施工方便。当板厚 $h \leqslant 120$mm，且所受动态荷载不大时可采用分离式配筋。此时跨中正弯矩钢筋宜全部伸入支座，其锚固长度不应小于 $5d$（d 为下部纵向受拉钢筋直径）。当连续板内温度收缩应力较大时，伸入支座的锚固长度宜适当增加。支座负弯矩钢筋向跨内的延伸长度应覆盖负弯矩并且满足钢筋锚固要求。

弯起式配筋可先按跨中正弯矩确定其钢筋直径和间距。然后，在支座附近将跨中钢筋按需要弯起1/2（隔一弯一）以承受负弯矩，但最多不超过2/3（隔一弯二）。如弯起钢筋的截面面积不够，可另加直钢筋。

弯起钢筋弯起的角度一般采用30°，当板厚 $h > 120$mm 时，可用45°。采用弯起式配筋，应注意相邻两跨跨中及中间支座钢筋直径和间距互相配合，间距变化应有规律，钢筋直径种类不宜过多，以利施工。

c）为了保证锚固可靠，板内伸入支座的下部正钢筋采用半圆弯钩。对于上部负钢筋，为了保证施工时钢筋的设计位置，宜做成直抵模板的直钩。

d）确定连续板钢筋的弯起点和切断点，一般不必绘弯矩包络图，可按图4-100（a）、（b）所示的构造要求处理。如板相邻跨跨度相差超过20%或活荷载

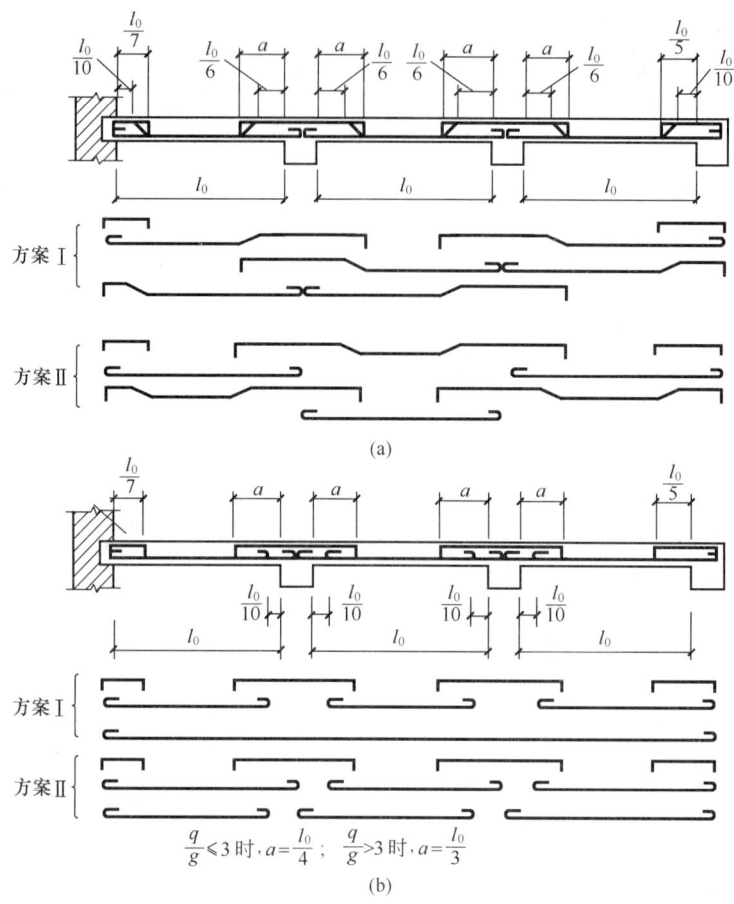

图 4-100 等跨连续板配筋
(a) 弯起式配筋；(b) 分离式配筋

较大或各跨荷载相差较大时，应绘弯矩包络图以确定钢筋的弯起点和切断点。

d. 构造钢筋

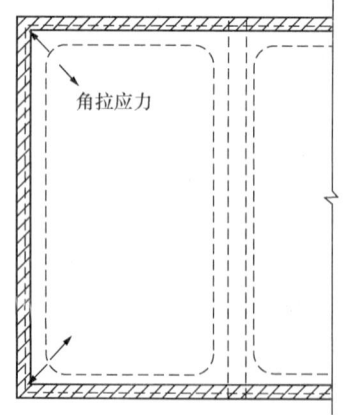

图 4-101 板嵌固在承重墙内时板顶面裂缝分布

a) 分布钢筋：它是与受力钢筋垂直布置的钢筋，对无保温或隔热措施的外露结构，以及温度、收缩应力较大的现浇板区域内，其分布钢筋还应适当加密，宜取为 150～200mm，并应在未配筋表面布置温度收缩钢筋。板的上、下表面沿纵、横两个方向的配筋率均不宜小于 0.1%。参见第 4.2 节有关构造要求。

温度收缩钢筋可利用原有钢筋贯通布置，也可另行设置钢筋网，并与原有钢筋按受拉钢筋的要求搭接或在周边构件中锚固。

b) 嵌入墙内的板面构造钢筋：由于砖墙的嵌固作用及温度收缩影响产生的角部拉应力，出现图 4-101 所示的板面裂缝，为避免这种裂缝的出现和开展需配置间距不宜大于200mm，直径不应小于8mm（包括弯起钢筋在内）的构造钢筋，其伸出墙边长度不应小于$l_1/7$。对两边嵌入墙内的板角部分，应双向配置上述构造钢筋，伸出墙面的长度应不小于$l_1/4$（图 4-102），l_1 为板的短边长度。沿板的受力方向配置的上部构造钢筋，其截面面积不宜小于该方向跨中受力钢筋截面面积的 1/3；沿非受力方向配置的上部构造钢筋，可根据经验适当减小。此外，宜沿斜向平行或放射状布置附加钢筋。

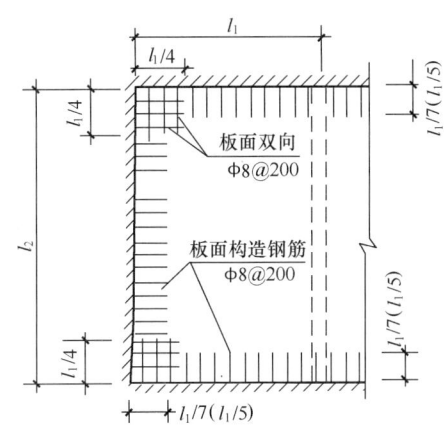

图 4-102　嵌固墙内的板面附加钢筋
（括号内数字用于混凝土梁或墙）

　　c) 垂直于主梁的板面构造钢筋：
靠近主梁的板面荷载将直接传递给主梁，因而产生一定的负弯矩，并使板与主梁相接处产生板面裂缝。应在板面沿主梁方向每米长度内配置不少于 5φ8 的构造钢筋，单位长度内的总截面面积，应不小于板跨中单位长度内受力钢筋截面面积的 1/3，伸入主梁梁边的长度不小于 $l_0/4$，l_0 为板的计算跨度（图 4-103）。

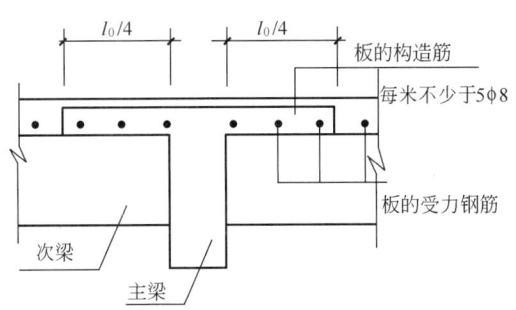

图 4-103　垂直于主梁的板面构造钢筋

　　d) 板内孔洞周边的附加钢筋：当孔洞边长 b（矩形孔）或直径 d（圆形孔）不大于 300mm 时，由于削弱面积较小，可不设附加钢筋，板内受力钢筋可绕过孔洞，不必截断。

　　当边长 b 或直径 d 大于 300mm，但小于 1000mm 时，应在洞边每侧配置加强洞口的附加钢筋，其面积不小于洞口被截断的受力钢筋截面面积的 1/2，且不小于 2φ8。如仅按构造配筋，每侧可附加 2φ8～2φ12 的钢筋（图 4-104a）。

　　当 b 或 d 大于 1000mm，且无特殊要求时，宜在洞边加设小梁（图 4-104b）。对于圆形孔洞，板中还需配置图（4-104b）所示的上部和下部钢筋以及图 4-104(c)、(d) 所示的洞口附加环筋和放射向钢筋。

　　应该指出，楼板平面的瓶颈部位，应适当增加板厚和防裂构造钢筋。

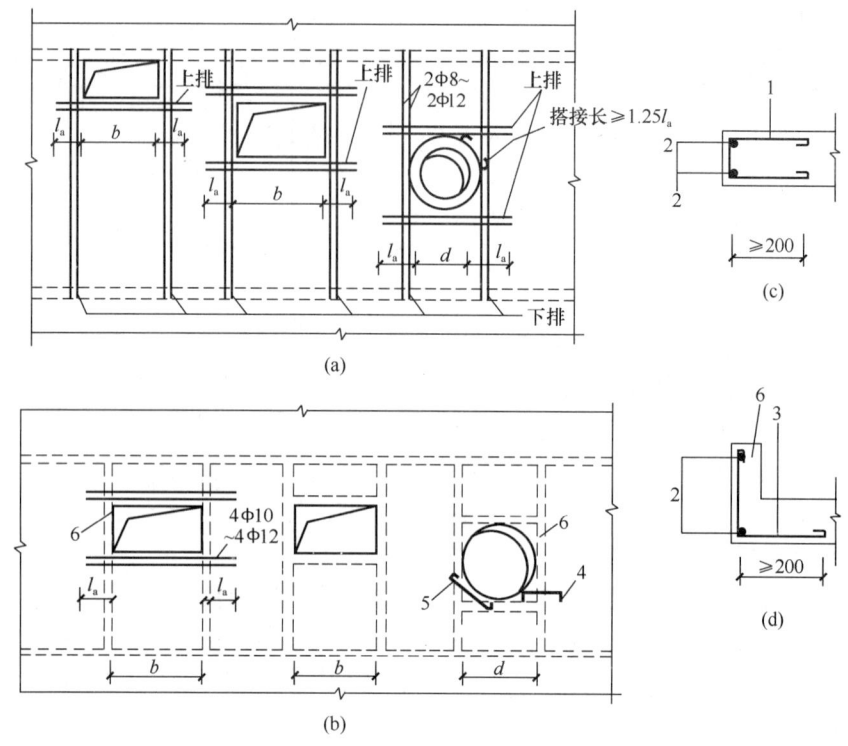

图 4-104 板内孔洞周边的附加钢筋

(a) $300<b$（或 d）$\leqslant 1000$mm 的孔洞周边附加钢筋；(b) b（或 d）>1000mm 的孔洞周边附加钢筋；(c)、(d) 圆形孔洞周边的附加放射向钢筋的环筋

1—附加放射向钢筋Φ8@200；2—附加环筋；
3—附加放射向钢筋Φ8@200；4—上部钢筋；5—下部钢筋；6—洞边小梁

(2) 次梁的计算与构造

① 次梁的计算

a. 按正截面抗弯承载力确定纵向受拉钢筋时，通常跨中按 T 形截面计算，其翼缘计算宽度 b'_f 按表 4-8 采用，支座因翼缘位于受拉区，按矩形截面计算。

b. 按斜截面抗剪承载力确定横向钢筋，当荷载、跨度较小时，一般只利用箍筋抗剪；当荷载、跨度较大时，宜在支座附近设置弯起钢筋，以减少箍筋用量。

c. 截面尺寸满足高跨比($1/18\sim1/12$)和宽高比($1/3\sim1/2$)的要求，且最大裂缝宽度限值为 0.3mm 时，一般不需作使用阶段的挠度和裂缝宽度验算。

次梁截面有效高度，混凝土强度等级为 C30 和 C30 以上、环境类别为一类时，钢筋单排布置，一般可取 $h_0=h-40$mm。

② 次梁的构造要求

a. 次梁的钢筋组成及其布置可参考图 4-105。次梁伸入墙内的长度一般应不小于 240mm。

b. 当次梁相邻跨度相差不超过 20%，且均布恒荷载与活荷载设计值之比

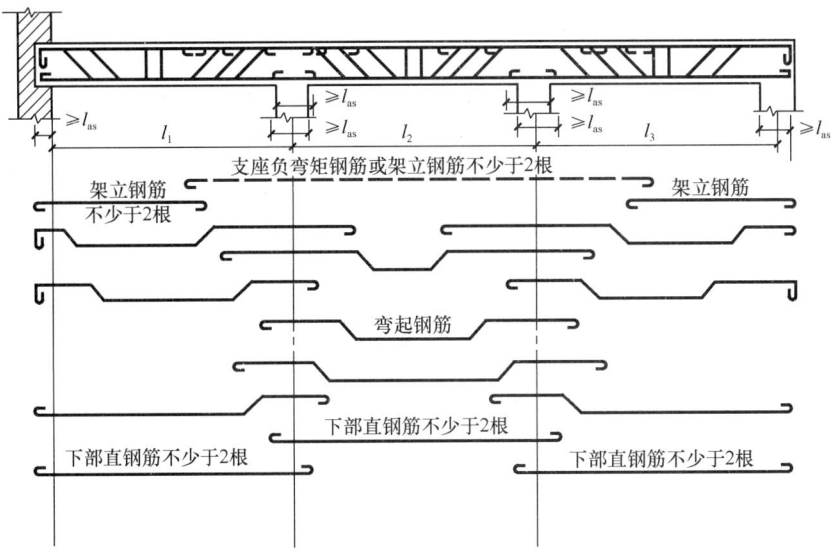

图 4-105 次梁钢筋组成及布置

$q/g \leqslant 3$ 时，其纵向受力钢筋的弯起和切断可按图 4-106 进行。否则应按弯矩包络图确定。

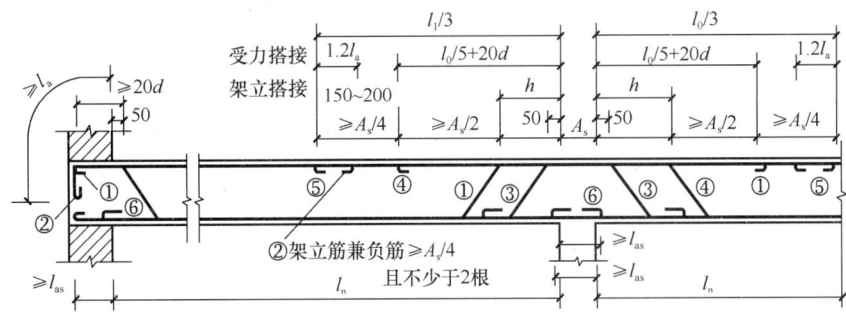

图 4-106 次梁配筋构造要求
③—弯起钢筋或鸭筋仅用于抗剪；②、⑤—支座负弯矩钢筋；
①、④—弯起钢筋可同时用于抗弯及抗剪；⑥—跨中正弯矩钢筋

(3) 主梁的计算与构造

① 主梁的计算

a. 正截面抗弯计算与次梁相同，通常跨中按 T 形截面计算，支座按矩形截面计算。当跨中出现负弯矩时，跨中也应按矩形截面计算。

b. 由于支座处板、次梁、主梁的钢筋重叠交错，且主梁负筋位于次梁和板的负筋之下(图 4-107)，故截面有效高度在支座处有所减小。当钢筋单排布置时，$h_0 = h - (50 \sim 60)$mm；当双排布置时，$h_0 = h - (80 \sim 90)$mm。

c. 截面尺寸满足高跨比 $1/14 \sim 1/8$ 和宽高比 $1/3 \sim 1/2$ 的要求时，一般不必作使用阶段挠度和裂缝宽度验算。

d. 主梁主要承受集中荷载，剪力图呈阶梯形。如果在斜截面抗剪计算中，要利用弯起钢筋抵抗部分剪力，则应考虑跨中有足够的钢筋可供弯起，以使抗剪

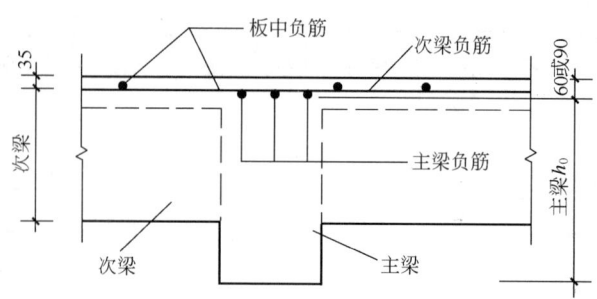

图 4-107　板、次梁、主梁交汇处的钢筋布置

承载力图完全覆盖剪力包络图。若跨中钢筋可供弯起的根数不够，则应在支座设置专门抗剪鸭筋。

② 主梁的构造要求

a. 主梁钢筋的组成及布置可参考图 4-108，主梁伸入墙内的长度一般应不小于 370mm。

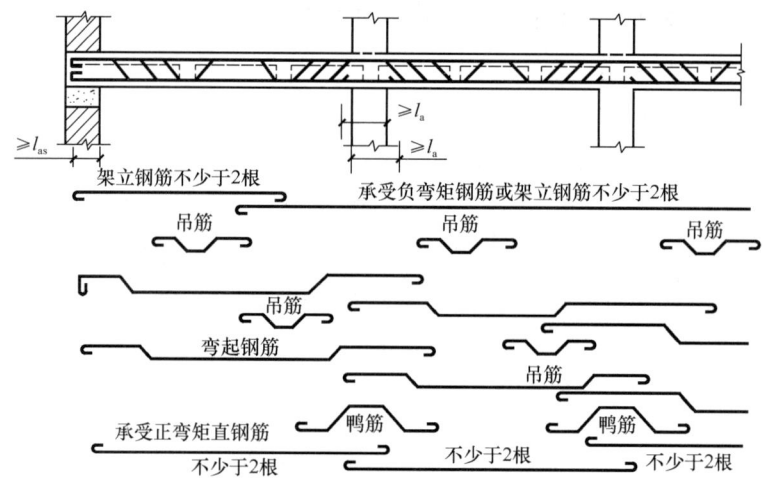

图 4-108　主梁配筋构造要求

b. 主梁纵向受力钢筋的弯起与切断，应使其抗弯材料图覆盖弯矩包络图，并应满足有关构造要求。例如：弯起钢筋的上部弯点离支座边缘的距离一般为 50mm；前一道弯起钢筋的弯起点和后一道弯起钢筋弯终点距离应不大于箍筋最大距离 S_{max}。在抗震设计中一般不采用弯起钢筋抗剪。

c. 在次梁和主梁相交处，次梁主要通过其支座截面剪压区将集中力传给主梁梁腹，并将在梁腹引起斜裂缝（图 4-109a）。为防止这种斜裂缝引起的局部破坏，应在主梁承受次梁传来的集中力处设置附加的横向钢筋（箍筋或吊筋），如图 4-109(b)、(c)所示，附加横向钢筋宜优先采用附加箍筋（图 4-109b）。吊筋应分布在 $(b+h)$ 范围内。设计中，吊筋一般按其下部尺寸略大于次梁的宽度布置（图4-109c）。

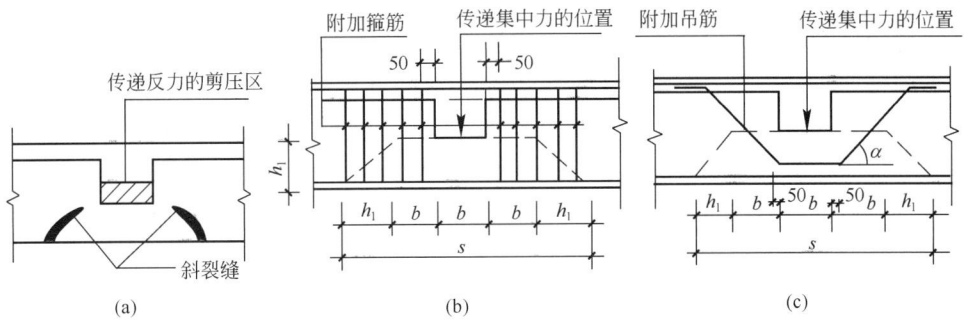

图 4-109　次梁和主梁相交处应力（单位：mm）

规范规定，附加箍筋应布置在长度为 $s=2h_1+3b$ 的范围内。第一道附加箍筋离次梁边 50mm（图 4-109b）。如集中力 F 全部由附加箍筋承受，则所需附加箍筋的总截面面积为：

$$A_{sv}=\frac{F}{2f_{yv}} \quad (4-174)$$

当选定附加箍筋的直径和肢数后，由上式求得的 A_{sv}，即不难算出 s 范围内附加箍筋的根数。

如集中力 F 全部由吊筋承受，其总截面面积为：

$$A_{sb}=\frac{F}{2f_y\sin\alpha} \quad (4-175)$$

当吊筋的直径选定后，亦不难求得吊筋的根数。为使受力均匀，一般吊筋根数不少于 2 根。

如集中力 F 同时由附加吊筋和附加箍筋承受时，应满足下列条件：

$$F=2f_yA_{sb}\sin\alpha+mnA_{sv1}f_{yv} \quad (4-176)$$

式中　F——由次梁传递的集中力设计值；

f_{yv}——箍筋抗拉强度设计值；

A_{sb}——附加吊筋的总截面面积；

A_{sv1}——附加箍筋单肢的截面面积；

n——同一截面内附加箍筋的肢数；

m——在 s 范围内附加箍筋的个数；

α——附加吊筋弯起部分与构件轴线夹角，一般为 45°，当梁高 $h>800$mm 时，采用 60°。

3. 现浇双向板肋梁楼盖计算与构造

双向板肋梁楼盖也是一种常见的楼盖形式。在这种楼盖中，板的长边与短边之比 $l_1/l_2\leqslant 2$（按弹性计算）或 $l_1/l_2\leqslant 3$（按塑性计算），作用于板上的荷载同时向两个方向传递到边梁上。其受力性能较好，可以跨越较大跨度，顶棚整齐美观，当梁格尺寸较大时，双向板肋梁楼盖比单向板肋梁楼盖经济，因此，在民用和工业建筑中得到广泛应用。双向板也有两种计算方法：弹性理论和塑性理论计算方法。本书只介绍弹性理论的计算方法。

1) 单区格双向板内力计算

按弹性理论计算钢筋混凝土双向板的内力，通常是直接应用图表进行。图表是按弹性薄板理论建立公式后计算得到的。附表 4-20 列出了双向板按弹性理论计算的图表，该附表列出了不同边界条件的矩形板在均布荷载作用下的跨内弯矩系数、支座弯矩系数和挠度系数。表中弯矩系数是按单位宽度，且取材料的泊松比 $\mu=0$ 制定的。若泊松比 $\mu\neq 0$ 时，对钢筋混凝土可取 $\mu=0.2$，则跨内弯矩可按下式计算：

$$M_x^{(\mu)}=M_x+\mu M_y \qquad (4-177)$$

$$M_y^{(\mu)}=M_y+\mu M_x \qquad (4-178)$$

式中 $M_x^{(\mu)}$、$M_y^{(\mu)}$——考虑双向弯矩相互影响后的 x、y 方向单位宽度板带内弯矩设计值；

M_x、M_y——按 $\mu=0$ 计算的 x、y 方向单位宽度板带的跨内弯矩设计值。

2) 多区格连续双向板内力计算

多区格的连续双向板利用下述方法转化成单区格板后，仍可利用附表 4-20 进行计算。

(1) 区格跨中最大正弯矩计算

当多区格连续双向板上有恒荷载和活荷载同时作用时，与单向板相似，也需要考虑活荷载的最不利布置。若求跨内最大正弯矩，则荷载的布置如图 4-110 所示，即恒载均匀布置而活荷载棋盘布置。在这种组合的荷载作用下，任一区格板的边界条件既非完全固定又非理想简支，为了能利用单区格双向板的内力计算系数表，可以把荷载分为对称荷载和反对称荷载：

$$\text{对称荷载：} \quad g'=g+q/2 \qquad (4-179)$$

$$\text{反对称荷载：} \quad q'=\pm q/2 \qquad (4-180)$$

在对称荷载作用下中间区格板可视为四边固支的双向板来计算内力，边区格可视

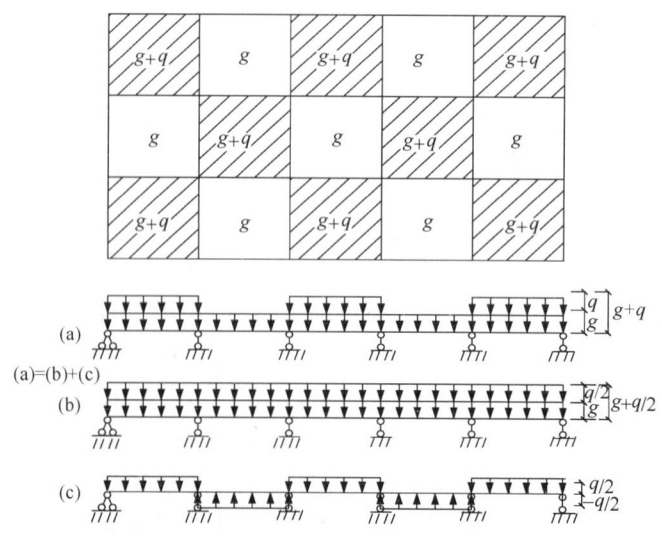

图 4-110 多区格连续双向板活荷载的最不利布置

为三边固支一边简支的情况；角区格可以视为两边简支两边固支的情况。在反对称荷载作用下，各区格均可按四边简支板计算。最后，将对称荷载产生的弯矩和反对称的荷载所产生的弯矩进行叠加，即可得到各区格板的跨中最大弯矩。

（2）支座最大负弯矩计算

为简化计算，假定活荷载满布在连续板所有区格时支座弯矩最大，中间支座视为固定支座。至于边、角区格，外边界条件应按实际情况考虑。对中间支座，由相邻两个区格求出的支座弯矩值常常不相等，在进行配筋计算时可近似地取平均值。

3）双向板肋梁楼盖支承梁计算

双向板传给支承梁的荷载通常采用下述方法来近似地确定（图 4-111）：从每一区格的四角作 45°线与平行长边的中线相交，将整块板分成四个板块，每个板块的荷载传至相邻的支承梁上。因此，作用在双向板支承梁上的荷载不是均匀分布的，长跨梁上的荷载呈梯形分布，短跨梁上的荷载呈三角形分布。

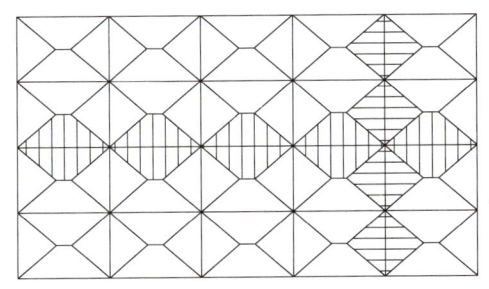
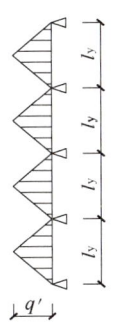
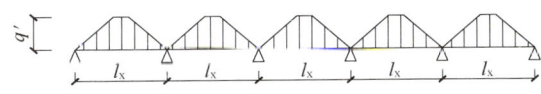

图 4-111 支承梁的受力面积

4）双向板配筋构造

（1）板的厚度：双向板的厚度一般不宜小于 80mm。双向板的变形和裂缝一般不作验算，因而应具有足够的板厚。对于简支板，$h \geqslant l_0/45$；对于连续板，$h \geqslant l_0/50$，l_0 为板的较小计算跨度。

（2）板的配筋通常沿纵横两个方向布置，当同一部位（如跨中）两个方向的弯矩同号时，纵横钢筋必然重叠。这时应将较大弯矩方向的受力钢筋设置于远离中和轴的外层，另一方向的钢筋置于内层。

配筋方式类似于单向板，有弯起式和分离式两种。为简化施工，目前在工程中多采用分离式配筋；但是对于跨度及荷载均较大的楼盖板为提高刚度和节约钢材宜采用弯起式。

当内力按弹性理论计算时，所求得的弯矩是中间板带的最大弯矩。至于靠近支座的边缘板带，其弯矩已大为减少，故配筋也可减少；因此，通常将每个区格板按纵横两个方向划分为两个宽均为 $l_x/4$（l_x 为短跨）的边缘板带和一个中间板带。边缘板带单位宽度上的配筋量为中间板带单位宽度上配筋量的 50%。

至于按塑性理论计算时，其配筋的特点是，不必划分跨中板带和边缘板带，钢筋一般沿纵横两个方向均匀布置，但钢筋实际弯起或切断的数量和位置必须与计算要求一致。

4. 无梁楼盖受力特点与构造

1）概述

无梁楼盖中一般将混凝土板支承于柱上，常用的均为双向板无梁楼盖，与相同柱网尺寸的梁板结构比较，其板的厚度要大一些。为了增强板与柱的整体连接，通常在柱顶设置柱帽，这样可以提高柱顶处板的受冲切承载力，有效地减小板的计算跨度，使板的配筋经济合理。当柱网尺寸和楼面荷载较小时，也可以不设柱帽。柱和柱帽的截面形状可根据建筑使用要求设计成矩形和圆形。

无梁楼盖的优点是结构体系简单，传力途径短捷，因此可以减小房屋的层高和墙体结构。顶棚平整，可以大大改善采光、通风和卫生条件，并可节省模板，简化施工。

无梁楼盖的柱网通常布置成正方形和矩形，以正方形最为经济。楼盖的四周可支承在墙上或边梁上，有时为达到内力平衡，也悬臂伸出边柱以外（图 4-112）。无梁楼盖可以是整体式，也可以是装配式。

无梁楼盖在竖向荷载作用下，相当于受力点支承的平板，根据其静力工作的特点，可将楼板在纵横两个方向假想划分为两种板带，如图 4-113 所示，柱中心线两侧各 $l_x/4$（或 $l_y/4$）宽的板带称为柱上板带；柱距中间宽度 $l_x/2$（或 $l_y/2$）的板带称为跨中板带。板带变形及弯矩分布如图 4-114 所示。

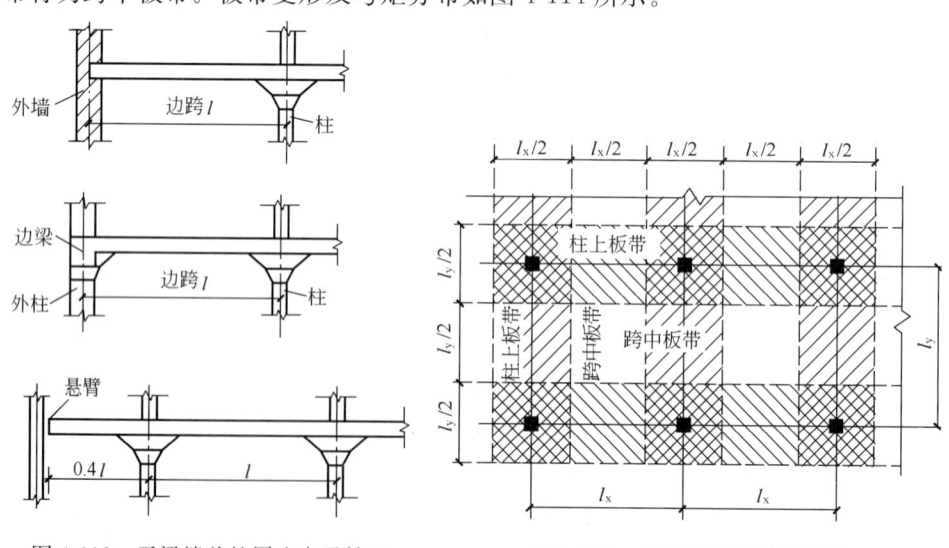

图 4-112 无梁楼盖的周边支承情况　　图 4-113 无梁楼盖板带的划分

2）构造要求

无梁楼盖板的厚度 h 宜遵守下列规定：有顶板柱帽时，$h \geqslant l/35$；无顶板柱

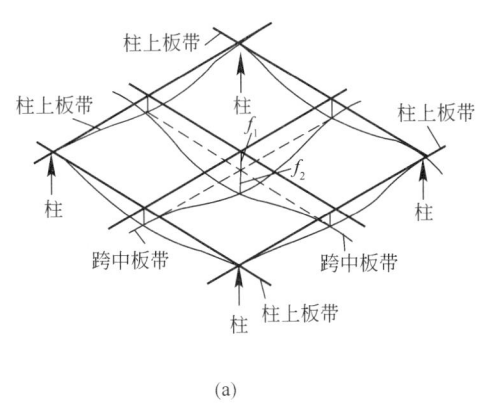 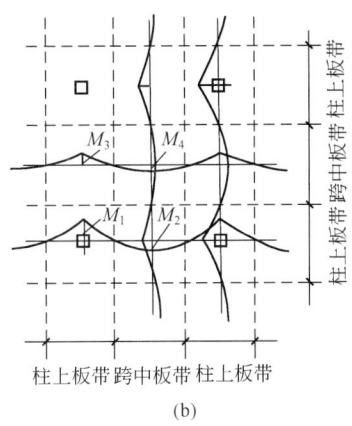

图 4-114 无梁楼盖一个区格的变形及弯矩分布示意图
(a) 区格变形；(b) 区格弯矩

帽时，$h \geqslant l/32$，l 为区格板的长边尺寸；无梁楼盖的板厚均应大于 150mm，当采用无柱帽时，柱上板带可适当加厚。

5. 装配式楼盖简介

钢筋混凝土装配式楼盖的优缺点与现浇楼盖正好相反，其优点是可以在工厂或现场预制，工业化程度比较高，不占土地，有利于采用预应力，模板可以重复使用，构件尺寸误差小，因而被广泛使用。其缺点是整体性能较差，楼盖平面刚度小，要求建筑平面比较规整，施工时吊装条件要求高。

1) 预制板、梁的形式

(1) 预制板有实心板、空心板、槽形板和 T 形板。各有其适宜的跨度和宽度，可参阅有关图集。

(2) 预制梁的截面形式如图 4-115，一般混合结构房屋中楼盖梁大多是简支梁或是带悬臂的简支梁，有时也做成连续梁。当梁高较大时，为了满足净空的要求，常常做成花篮梁的形式。

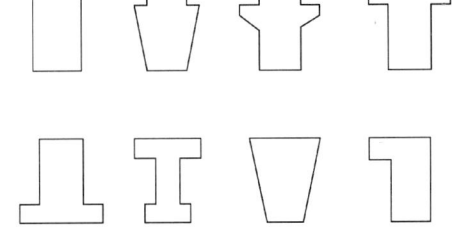

图 4-115 楼盖梁的截面形式

2) 预制构件的计算特点

预制构件应进行使用阶段的计算和施工阶段的验算。

在使用阶段，与现浇构件一样，按规定进行承载力计算和变形及裂缝宽度验算。由于预制构件在运输、堆放及吊装时的受力状况和使用阶段不同，所以在验算中应注意按实际情况和活荷载进行。

3) 楼盖布置与连接

(1) 预制板布置与连接

布置预制板时，应根据房屋的总体承重方案和房间平面的净尺寸以及施工的吊装能力共同确定。尽可能选择较宽的板，而且板的型号不宜过多。板的实际宽度比编号上所示板宽小10mm,排板时容许板和板之间有10～20mm的空隙,以便灌缝。板缝一般用M15级以上的砂浆或细石混凝土灌实,也可以采用挑砖或是局部现浇板带来填补空隙。

(2) 板与墙和板与梁连接构造

预制板支承在梁上,以及预制板和预制梁支承在墙上,一般在支座上坐浆10～20mm。板在墙上的支承长度应大于100mm,在梁上的支承长度应大于80mm,板与非支承墙的连接,一般多采用细石混凝土灌缝的做法,当板跨度大于4.8m时,预制板在靠外墙侧边应与墙或圈梁拉结。

其他构造要求参见第5章。

6. 楼梯的计算与构造

楼梯是多层及高层建筑的竖向通道,是房屋建筑的重要组成部分,混凝土楼梯具有良好的耐火性能而被广泛采用。

1) 楼梯结构形式

楼梯结构形式按施工方法可以分为现浇整体式和装配式;按其结构受力状态可以分为梁式、板式、剪刀式和螺旋式(图4-116)。前两种属于平面结构体系,后两种属于空间结构体系。

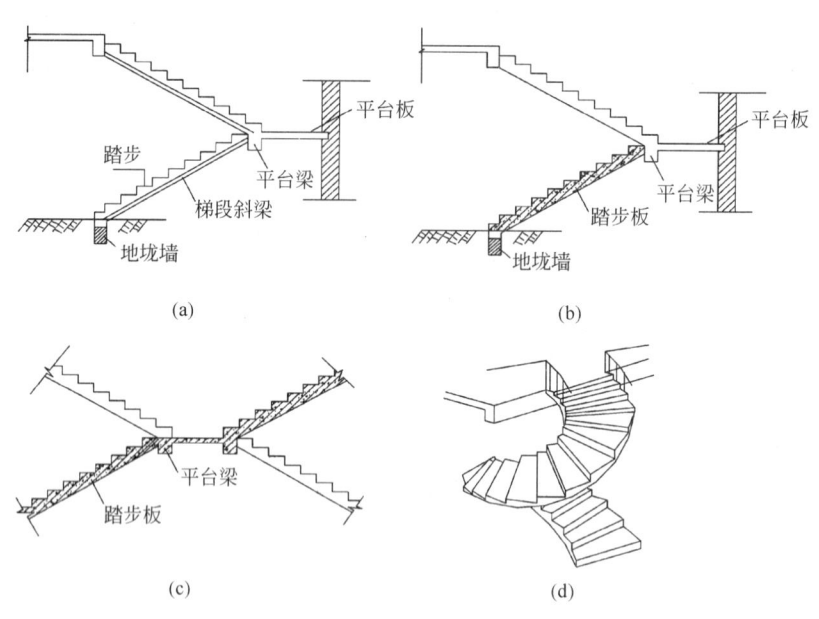

图 4-116 各种形式的楼梯
(a) 梁式楼梯;(b) 板式楼梯;(c) 剪刀式楼梯;(d) 螺旋式楼梯

当梯段水平方向跨度大于3.0～3.3m时,采用梁式楼梯较为经济。螺旋式和剪刀式楼梯,受力状态复杂,施工困难。

2) 现浇板式楼梯

(1) 传力途径

梯段板为沿梯跑方向的受弯构件,荷载通过梯段板传到平台梁上,再由平台梁传至墙体或柱。

板式楼梯段板的厚度一般取 $(1/30\sim1/25)\ l_0$，常用厚度为 $100\sim120$mm。

(2) 内力计算

平台梁对梯段板有一定的嵌固作用，其跨中弯矩可取 $(g+q)\ l_0^2/10$，当为折线板时可按折线梁的计算方法。

平台梁承受由梯段板及平台板传来的均布反力，可按受均布荷载的矩形截面简支梁进行设计。

3) 现浇梁式楼梯

(1) 传力途径

荷载由踏步传给梯段梁，再由梯段梁传至平台梁上，然后再由平台梁传至墙体或柱。

(2) 内力计算

① 踏步板

踏步板可视为支承在斜梁上的单向板，并可取一个踏步作为计算单元，其实际截面为五边形，可以折算为宽度为 b、高度为 h 的矩形截面计算。

② 斜梁

斜梁承受踏步传来的均布荷载，按简支梁计算。无论直线形斜梁和折线形斜梁，都可以化为水平简支梁。作用在斜梁上面的荷载也应换成水平投影长度上的均布荷载。

③ 平台梁

平台梁承受平台板传来的荷载及楼梯斜梁传来的集中荷载，一般按简支梁进行计算并近似按矩形截面进行配筋。

7. 雨篷的计算与构造

雨篷是房屋结构中最常见的悬挑构件，当悬挑较长时，在雨篷中布置悬挑梁来支承雨篷板。当悬挑较小时，则直接布置悬挑雨篷板，此时雨篷梁除需作承载力计算外，还必须进行整体的抗倾覆验算。

1) 雨篷板计算

雨篷板承受的荷载除恒荷载外，还必须考虑施工或检修的集中荷载 $F(F=1$kN，当施工荷载较大时，应按实际情况考虑)、均布的雨篷活荷载标准值 q_k(kN/m²)(可按不上人钢筋混凝土屋面考虑，取 $q_k=0.7$kN/m²)，在雪荷载较大的地区还必须考虑均布雪荷载。但施工荷载、雨篷活荷载和雪荷载不同时考虑，按其不利情况进行设计计算。对雨篷梁计算方法如此。

2) 雨篷梁计算

雨篷梁除承雨篷板传来的恒荷载与活荷载外，还承受雨篷梁上的墙重及楼面板或平台板通过板传来的恒荷载与活荷载。梁板荷载、墙体自重及梁扭矩的计算原则参见规范。

雨篷梁应按弯剪扭构件进行纵筋及箍筋的计算。

3) 雨篷整体抗倾覆验算

由于雨篷为悬挑结构，雨篷板上的荷载将对雨篷梁产生倾覆力矩 M_{ov}，而梁自重、墙重以梁板传来的恒荷载标准值将产生抗倾覆力矩 M_r。抗倾覆要求须满足下列条件：

$$M_{ov} \leqslant M_r \qquad (4-181)$$

式中 M_{ov}、M_r 的计算方法参见规范。

当式（4-181）的条件不满足时，可适当增加雨篷梁的支承长度，以增大墙体自重。

4）雨篷板、梁的构造

根据雨篷板为悬臂板的受力特点，可设计成变厚度板，其端部板厚一般不小于 50mm，根部板厚不小于 70mm。雨篷板受力钢筋不得少于 $\Phi 8@200$，且必须伸入雨篷梁与梁中箍筋连接。此外，还必须按构造要求配置分布钢筋，一般不少于 $\Phi 6@200$。

雨篷梁宽一般与墙厚相同，高度按计算确定，为保证足够的嵌固，雨篷梁伸入墙内的支承长度不小于 370mm。具体配筋构造见图 4-117。

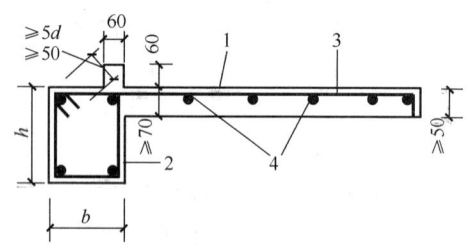

图 4-117 雨篷剖面及构造要求
1—雨篷板；2—雨篷梁；3—受力钢筋；
4—分布钢筋

思考题与习题

4-1 什么是混凝土结构？什么是素混凝土结构？什么是钢筋混凝土结构？什么是型钢混凝土结构？什么是预应力混凝土结构？

4-2 钢筋和混凝土是两种物理、力学性能不相同的材料，它们为什么能结合在一起共同工作？

4-3 人们正在采取哪些措施来克服钢筋混凝土结构的主要缺点？

4-4 立方体抗压强度是怎样确定的？为什么试块在承压面上抹涂润滑剂后测出的抗压强度比不涂润滑剂的高？

4-5 影响混凝土收缩和徐变的因素有哪些？

4-6 受弯构件适筋梁从加载到破坏经历哪几个阶段？各阶段正截面上应力-应变分布、中和轴位置的变化规律如何？各阶段的主要特征是什么？每个阶段是哪种极限状态的计算依据？

4-7 什么叫配筋率？配筋率对梁的正截面承载力有何影响？

4-8 什么叫截面相对界限受压区高度 ξ_b？它在承载力计算中的作用是什么？

4-9 在什么情况下可采用双筋截面梁，其计算应力图形如何确定？在双筋截面梁中受压钢筋起什么作用？为什么双筋截面一定要用封闭箍筋？

4-10 截面为 200mm×500mm 的梁，混凝土强度等级 C25，HPB300 钢筋，截面面积 A_s = 763mm²，求 α_s、γ_s 的值，说明 α_s、γ_s 物理意义是什么？

4-11 无腹筋梁的斜裂缝形成前后的应力状态有什么变化？

4-12 什么是剪跨比？它对梁的斜截面抗剪有什么影响？

4-13 梁斜截面破坏的主要形态有哪几种？它们分别在什么情况下发生？破坏性质如何？

4-14 在梁中弯起一部分钢筋用于斜截面抗剪时，应当注意哪些问题？

4-15 轴心受压构件中箍筋的作用是什么?

4-16 试从破坏原因、破坏性质及影响承载力的主要因素来分析偏心受压构件的两种破坏特征。形成两种破坏特征的条件是什么?

4-17 何谓预应力混凝土?与普通钢筋混凝土构件相比,预应力混凝土构件有何优缺点。

4-18 什么是张拉控制应力σ_{con}?为什么张拉控制应力取值不能过高也不能过低?

4-19 为什么要对混凝土结构构件的变形和裂缝进行验算?

4-20 减小裂缝宽度最有效的措施是什么?

4-21 减小受弯构件挠度的措施有哪些?

4-22 如何提高混凝土结构的耐久性?

4-23 一钢筋混凝土矩形梁截面尺寸$b \times h = 250mm \times 600mm$,混凝土强度等级C25,HRB335钢筋,弯矩设计值$M=140kN \cdot m$,设计使用年限为50年,环境类别为一类。试计算受拉钢筋截面面积,并绘制配筋图。

4-24 一钢筋混凝土矩形梁截面尺寸$b \times h = 200mm \times 450mm$,弯矩设计值$M=120kN \cdot m$,混凝土强度等级C30。设计使用年限为50年,环境类别为一类。试计算其纵向受力钢筋截面面积A_s:(1)当选用HPB300钢筋时;(2)改用HRB335钢筋时;(3)$M=220kN \cdot m$时。最后对三种结果进行对比分析。

4-25 某大楼中间走廊单跨简支板如图4-118所示,计算跨度$l=2.18m$,承受均布荷载设计值$g+q=6kN/m^2$(包括自重),混凝土强度等级C25,HPB300钢筋。设计使用年限为50年,环境类别为一类。试确定现浇板的厚度h及所需受拉钢筋截面面积A_s,选配钢筋,并绘制钢筋配置图。计算时,取$b=1.0m$,$a_s=20mm$。

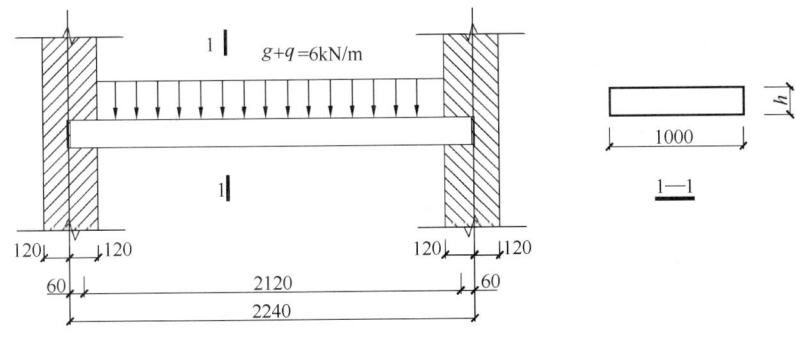

图4-118 习题4-25

4-26 一钢筋混凝土矩形梁截面尺寸$b \times h=250mm \times 600mm$,混凝土强度等级C25,HRB335钢筋,$A_s=509mm^2$(2Φ18)。设计使用年限为50年,环境类别为一类。试计算梁截面上承受弯矩设计值$M=120kN \cdot m$时是否安全?

4-27 一钢筋混凝土矩形梁截面尺寸$b \times h=250mm \times 600mm$,配置4Φ22的HRB335钢筋,分别选C20、C25、C35与C40强度等级的混凝土。设计使用年限为50年,环境类别为一类。试计算梁能承担的最大弯矩设计值,并对计算结果进行分析。

4-28 一简支钢筋混凝土矩形梁如图4-119所示,承受均布荷载设计值$g+q=$

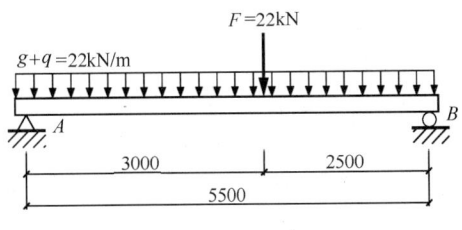

图4-119 习题4-28

22kN/m,距 A 支座 3m 处作用有一集中设计值 F=22kN,混凝土强度等级 C25,HRB335 钢筋。设计使用年限为 50 年,环境类别为一类。试确定截面尺寸 $b \times h$ 和所需受拉钢筋截面面积 A_s,并画出配筋图。

4-29 如图 4-120 所示雨篷板,板面上 20mm 厚防水砂浆,板底抹 20mm 厚混合砂浆。板上活荷载标准值考虑 $500N/m^2$。HPB300 钢筋,混凝土强度等级 C25。设计使用年限为 50 年,环境类别为一类。试求受拉钢筋截面面积 A_s,并绘制配筋图。

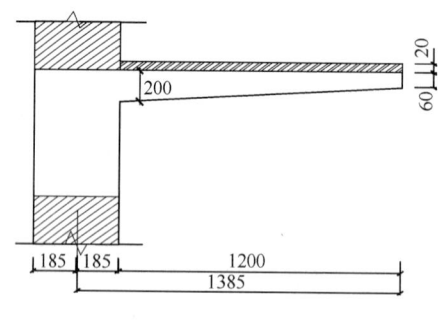

图 4-120 习题 4-29

4-30 某连续梁中间支座截面尺寸 $b \times h$=250mm×700mm,承受支座负弯矩设计值 M=275kN·m,混凝土强度等级 C25,HRB335 钢筋。设计使用年限为 50 年,环境类别为一类。现由跨中正弯矩计算的钢筋中弯起 2Φ20 伸入支座承受负弯矩,试计算支座负弯矩所需钢筋截面面积 A_s,如果不考虑弯起钢筋的作用时,支座需要钢筋截面面积 A_s 为多少?

4-31 图 4-121 所示钢筋混凝土简支梁,集中活荷载标准值 F_k=150kN,均布活荷载标准值 q_k=15kN/m,均布恒荷载标准值(包括梁自重)为 10kN/m,集中恒荷载标准值为 180kN。选用 C25 混凝土,纵向受力钢筋为 HRB335 钢筋,箍筋为 HPB300 钢筋。设计使用年限为 50 年,环境类别为一类。试选择该梁的纵筋和箍筋,并绘制配筋图。

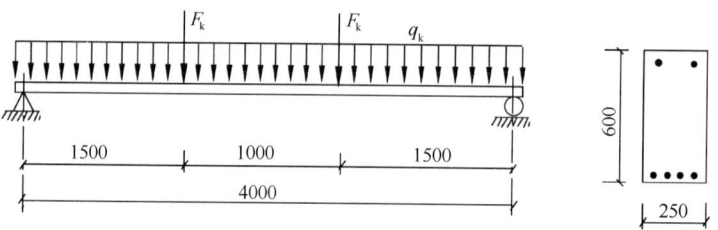

图 4-121 习题 4-31

4-32 已知某钢筋混凝土矩形截面简支梁,计算跨度 l_0=6000mm,净跨 l_n=5760mm,截面尺寸 $b \times h$=250mm×600mm,采用 C25 混凝土,HRB335 纵向钢筋和 HPB300 箍筋。设计使用年限为 50 年,环境类别为一类。若已知梁的纵向受力钢筋为 4Φ22,试求当采用Φ8@200 双肢箍和Φ10@200 双肢箍时,梁所能承受的荷载设计值 $g+q$ 分别为多少。

4-33 某四层四跨现浇框架结构的第二层内柱轴向力设计值 N=140×10^4N,楼层高 H=5.0m,混凝土强度等级为 C25,HRB400 级钢筋。试求柱截面尺寸及纵筋面积。

4-34 已知矩形截面柱 b=300mm,h=450mm。计算长度 l_0 为 3m,作用轴向力设计值 N=380kN,弯矩设计值 $M_1=M_2$=175kN·m,单曲率弯曲,混凝土强度等级为 C30,钢筋采用 HRB335 级钢。试求对称配筋时钢筋数量 $A_s(A_s')$。

4-35 已知矩形截面柱 h=600mm,b=450mm,计算长度 l_0=6m,柱上作用轴向力设计值 N=2400kN,弯矩设计值 $M_1=M_2$=120kN·m,单曲率弯曲,混凝土强度等级为 C30,钢筋为 HRB400。试求对称配筋时钢筋数量 $A_s(A_s')$,并验算垂直弯矩作用平面的抗压承载力,绘制配筋图。

4-36 某门厅入口悬挑板 $l_0=1.5$m,如图 4-122所示,配置Φ16@150 的 HRB335 钢筋,混凝土强度等级为 C30。板上均布荷载标准值:永久荷载 $g_k=8$kN/m², 可变荷载 $q_k=0.6$kN/m²(准永久值系数为 1.0)。试验算板的最大挠度和最大裂缝宽度是否满足规范要求。

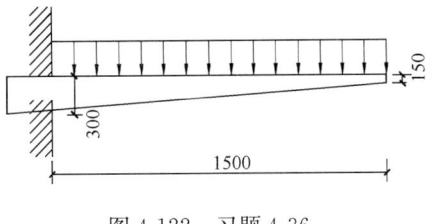

图 4-122 习题 4-36

第5章 砌 体 结 构

5.1 砌体结构类型

由块体和砂浆砌筑而成的墙、柱作为建筑主要受力构件的结构称为砌体结构。

根据砌体结构的受力性能不同，分为无筋砌体结构、约束砌体结构和配筋砌体结构。

1. 无筋砌体结构

无筋或配置非受力钢筋的砌体结构，称为无筋砌体结构。常用的无筋砌体结构有砖砌体、砌块砌体和石砌体结构。

砖砌体结构是由砖砌体制成的结构，根据所用砖的不同分为烧结普通砖、烧结多孔砖、混凝土普通砖、混凝土多孔砖和非烧结硅酸盐砖砌体结构。

砌块砌体结构是由砌块砌体制成的结构。我国主要采用普通混凝土小型空心砌块砌体和轻骨料混凝土小型空心砌块砌体，是替代黏土实心砖砌体的主要承重砌体材料。对孔洞采用灌孔混凝土灌注后，称为灌孔混凝土砌块砌体。

石砌体结构是由石砌体制成的结构，根据石材的规格和砌体的施工方法不同，分为料石砌体、毛石砌体和毛石混凝土砌体结构。

2. 约束砌体结构

约束砌体结构是通过竖向和水平钢筋混凝土构件约束砌体的结构。最为典型的是广为应用的钢筋混凝土构造柱——圈梁形成的砌体结构体系。它在抵抗水平作用时墙体的极限水平位移增大，从而提高了墙的延性，使墙体裂而不倒。其受力性能介于无筋砌体结构和配筋砌体结构之间。

3. 配筋砌体结构

配筋砌体结构是由配置钢筋的砌体作为主要受力构件的砌体，即通过配筋使钢筋在受力过程中强度达到屈服强度的砌体结构。配筋砌体结构具有较高的承载力和延性，改善了无筋砌体结构的受力性能，扩大了砌体结构的应用范围。

本章以无筋砌体结构为主进行介绍。

砌体结构具有如下优点：

① 砌体所用的黏土、砂、石属天然材料，分布较广。粉煤灰砖可利用工业废料，因而砌体材料容易取材，价格较混凝土、钢材和木材要便宜。

② 砌体的保温、隔热、隔声性能均比普通钢筋混凝土好，采用砖、石建造的房屋既美观又舒适。

③ 具有良好的耐火性和耐久性，使用时限较长。

④ 砌体结构施工工艺简单，不需要模板和特殊的施工设备且能较好地连续施工。

⑤ 砌体结构可以大量地节约钢材、水泥和木材，因而工程造价低。

砌体结构的主要缺点：

① 砌体的强度低，构件截面尺寸大，因而结构自重大。

② 砌体的抗拉、抗剪强度低，砌体结构的抗震性能差。

③ 砌筑工作量大，生产效率低。

生产轻质、高强的砌块和砖以及高粘结强度的砂浆以克服砌体的强度低、自重大的缺点，利用配筋砌体结构或预应力砌体结构可扩大砌体结构在地震区和高层建筑中的应用范围。

5.2 砌体材料及力学性能

1. 砌体材料

砌体材料包括块体和砂浆，其中块体常用的有砖、砌块和石材。块体和砂浆的强度等级是根据其抗压强度而划分，是确定砌体在各种受力状态下强度的基础数据。

块体强度等级用符号"MU"（Masonry Unit）表示，砂浆强度等级用符号"M"（Mortar）表示。对于混凝土砖、混凝土砌块砌体，砌筑砂浆的强度等级用符号"Mb"（brick，block）表示，其灌孔混凝土的强度等级用符号"Cb"表示。对于蒸压灰砂砖、蒸压粉煤灰砖砌体，砌筑砂浆的强度等级用符号"Ms"（silicate）表示。

1) 砖

砖包括烧结普通砖、烧结多孔砖、混凝土普通砖和多孔砖及非烧结硅酸盐砖，通常可简称为砖。在我国，无孔洞或孔洞率小于25%的砖，又称为实心砖；孔洞率等于或大于25%、孔的尺寸小而数量多的砖，称为多孔砖。

(1) 烧结普通砖

按《烧结普通砖》GB 5101—2003，以页岩、煤矸石、粉煤灰或黏土为主要原料经焙烧而成的普通砖，称为烧结普通砖。砖的外形尺寸为 240mm×115mm×53mm。它根据抗压强度分为 MU30、MU25、MU20、MU15 和 MU10 五个等级强度。

(2) 烧结多孔砖

按《烧结多孔砖和多孔砖砌块》GB 13544—2011，以页岩、煤矸石、粉煤灰或黏土为主要原料，经焙烧而成主要用于承重部位的多孔砖，称为烧结多孔砖。主要尺寸为 240mm×115mm×90mm 和 240mm×190mm×90mm。它根据抗压强度等级分为 MU30、MU25、MU20、MU15 和 MU10 五个强度等级。

(3) 混凝土普通砖、混凝土多孔砖

按《混凝土实心砖》GB/T 21144—2007，以水泥、骨料以及根据需要加入的掺合料、外加剂等，经加水搅拌、成型、养护制成的实心砖，称为混凝土实心砖。其主要规格尺寸为240mm×115mm×53mm，又称混凝土普通砖。强度等级有MU30、MU25、MU20和MU15四个级别。

按《承重混凝土多孔砖》GB 25779—2010，以水泥、砂、石为主要原材料，经配料、搅拌、成型、养护制成，用于承重的多排孔混凝土砖，称为混凝土多孔砖。砖的主要规格尺寸为240mm×115mm×90mm和190mm×190mm×90mm。强度等级有MU25、MU20和MU15三个级别。

(4) 蒸压灰砂砖和蒸压粉煤灰砖

蒸压砖是一种硅酸盐制品，常用的原料主要是天然砂及工业废料粉煤灰、煤矸石、炉渣等。生产和应用这类砖，可以大量利用工业废料，减少环境污染。此类砖的砖型和规格与烧结砖的相同，可制成普通砖和多孔砖。蒸压普通砖的强度等级有MU25、MU20和MU15三个级别。

2) 砌块

承重用的砌块主要是普通混凝土小型空心砌块和轻骨料（集料）混凝土小型空心砌块。

按《普通混凝土小型空心砌块》GB 8239—1997，普通混凝土小型空心砌块的主规格尺寸为390mm×190mm×190mm，空心率不小于25%且不大于47%。砌块强度等级有MU20、MU15、MU10、MU7.5和MU5五个级别。

按《轻集料混凝土小型空心砌块》GB/T 15229—2002，轻集料混凝土小型空心砌块的主规格尺寸亦为390mm×190mm×190mm。砌块强度等级有MU10、MU7.5、MU5和MU3.5四个级别。

3) 石材

用作承重砌体的石材分为重质岩石和轻质岩石，前者的抗压强度高、耐久性好、导热系数大，后者抗压强度低、耐久性差、易开采和加工、导热系数小。

石材按其加工后的外形规则程度，分为料石和毛石。料石中又分为细料石、半细料石、粗料石和毛料石。毛石形状不规则，但要求毛石中部厚度不小于200mm。

石材强度等级有MU100、MU80、MU60、MU50、MU40、MU30和MU20。

4) 砂浆

砂浆是由胶粘料、细集料、掺合料加水搅拌而成的混合材料。在砌体中起粘结、衬垫和传递应力的作用。砌体中常用的砂浆有水泥混合砂浆和水泥砂浆。其中，水泥砂浆适用于潮湿环境的砌体，但施工中其保水性和流动性差，和易性不好。

砂浆的保水性是指新拌砂浆在存放、运输和使用过程中能够保持其中水分不致很快流失的能力。保水性不好的砂浆降低了砂浆的流动性。另外，在砌筑时水分易被砖迅速吸收，影响胶凝性材料的正常硬化，导致砂浆强度降低。

砂浆的流动性是指在自重或外力作用下砂浆流动的性能。流动性好的砂浆，砌筑时易铺成均匀密实的砂浆层，施工操作方便，砌筑质量可以得到提高。

5) 专用砌筑砂浆与灌孔混凝土

对非烧结块体砌体，采用普通砂浆砌筑；对于混凝土小型空心砌块砌体，为提高砌体建筑的质量，应采用专用砌筑砂浆以及灌孔混凝土。专用砂浆主要有：

（1）混凝土小型空心砌块和混凝土砖砌筑砂浆

它是由水泥、砂、保水增稠材料、外加剂、水以及根据需要掺入的掺合料等组分，按一定比例，机械拌合制成。其强度等级用符号"Mb"表示。

（2）蒸压灰砂砖、蒸压粉煤灰砖砌筑砂浆

它是由水泥、砂、水以及根据需要掺入的掺合料和外加剂等组分，按一定比例，机械拌合制成。其强度等级用符号"Ms"表示。

（3）混凝土小型空心砌块、混凝土砖砌体灌孔混凝土

它是由胶凝材料、骨料、水以及根据需要掺入的掺合料和外加剂等组分，按一定比例，机械拌合制成。具有微膨胀性的混凝土，其强度等级用符号"Cb"表示。

6) 砌体结构耐久性

块体和砂浆的强度等级愈低，所处的环境愈恶劣，房屋的耐久性愈差，可靠性愈低。为保证结构耐久性，结构材料需有一些基本要求。

材料要求与环境类别有关，砌体结构的环境类别分为五类，如表5-1所示。

砌体结构的环境类别　　　　　　　表 5-1

环境类别	条　件
1	正常居住及办公建筑的内部干燥环境
2	潮湿的室内或室外条件，包括与无侵蚀性土和水接触的环境
3	严寒和使用化冰盐的潮湿环境（室内或室外）
4	与海水直接接触的环境，或处于滨海地区的盐饱和的气体环境
5	与化学侵蚀的气体、液体或固态形式的环境，包括有侵蚀性土壤的环境

设计使用年限为50年时，砌体材料的选择、最低强度等级、钢筋的最小保护层厚度及技术措施，均应满足最低强度等级要求，具体数值可参见规范。

2. 砌体力学性能

1) 砌体受压性能及强度设计值

（1）砌体受压破坏特征

以砖砌体为例，砖砌体轴心受压时，根据砌体试验过程中裂缝的出现、发展特点，可分为三个受力阶段（图5-1）。

第一阶段——加载开始到第一条（批）裂缝出现的弹性阶段（图5-1a）。该阶段的特点是仅在单块砖内产生细小裂缝，若不继续增加压力，此裂缝则不会发展。试验结果表明，砖砌体内出现第一批裂缝时的压力约为破坏压力的50%~70%。

第二阶段——裂缝发展的弹塑性阶段（图5-1b）。随着压力的增大，砌体内裂缝增多，单块砖内裂缝沿竖向通过若干层砖，逐渐形成一段一段的裂缝。该阶段的特点是即使不再增加压力，裂缝仍会继续发展，此时的压力约为破坏压力的

80%~90%，表明砌体已接近破坏。

第三阶段——破坏阶段（图 5-1c）。该阶段的特点是砌体中裂缝急剧加长增宽，个别砖被压碎或形成的小柱体发生失稳破坏。

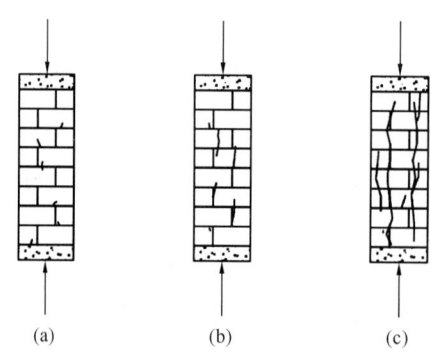

图 5-1　轴心受压砖砌体裂缝分布图

砖砌体在受压破坏时，有一个重要的特征是单块砖先开裂，且砌体的抗压强度总是低于它所采用砖的抗压强度。这是由于砌体内的砖和砂浆相互作用，使砖受到较大的弯曲、剪切和拉应力的复合应力作用。单块砖在复杂的应力作用下开裂，破坏时砌体内砖的抗压强度得不到充分发挥，这是砌体受压性能不同于其他建筑材料受压性能的一个基本特点。

国内外大量试验表明，块体和砂浆的强度是影响砌体抗压强度等级的主要因素。块体和砂浆的强度高，其砌体的抗压强度亦高，反之其砌体的抗压强度低。工程上应合理地选择块体和砂浆的强度等级，并使之匹配，从而使砌体的受力性能较好，又较为经济。

此外，砌筑质量（水平灰缝砂浆饱满度、块体砌筑时的含水率、砂浆灰缝厚度、砌体组砌方法以及施工质量控制等级）对砌体抗压强度也有较大的影响。按《砌体结构工程施工质量验收规范》GB 50203—2011 规定，砌体施工质量控制等级分为 A、B、C 三级，如表 5-2 所示。

砌体施工质量控制等级　　　　　表 5-2

项目	砌块施工质量控制等级		
	A	B	C
现场质量管理	监督检查制度健全，并严格执行；施工方有在岗专业技术管理人员，人员齐全，并持证上岗	监督检查制度基本健全，并能执行；施工方有在岗专业技术管理人员，人员齐全，并持证上岗	有监督检查制度；施工方有在岗专业技术管理人员
砂浆、混凝土强度	试块按规定制作，强度满足验收规定，离散性小	试块按规定制作，强度满足验收规定，离散性较小	试块按规定制作，强度满足验收规定，离散性大
砂浆拌合	机械拌合；配合比计量控制严格	机械拌合；配合比计量控制一般	机械或人工拌合；配合比计量控制较差
砌筑工人	中级工以上，其中高级工不少于 30%	高、中级工不少于 70%	初级工以上

（2）砌体抗压强度设计值

① 烧结普通砖和烧结多孔砖砌体的抗压强度设计值，应按表 5-3 采用。

烧结普通砖和烧结多孔砖砌体的抗压强度设计值（MPa） 表5-3

砖强度等级	砂浆强度等级					砂浆强度
	M15	M10	M7.5	M5	M2.5	0
MU30	3.94	3.27	2.93	2.59	2.26	1.15
MU25	3.60	2.98	2.68	2.37	2.06	1.05
MU20	3.22	2.67	2.39	2.12	1.84	0.94
MU15	2.79	2.31	2.07	1.83	1.60	0.82
MU10	—	1.89	1.69	1.50	1.30	0.67

注：当烧结多孔砖的空洞率大于30%时，表中数值应乘以0.9。

② 混凝土普通砖和混凝土多孔砖砌体的抗压强度设计值，应按表5-4采用。

混凝土普通砖和混凝土多孔砖砌体的抗压强度设计值（MPa） 表5-4

砖强度等级	砂浆强度等级					砂浆强度
	Mb20	Mb15	Mb10	Mb7.5	Mb5	0
MU30	4.61	3.94	3.27	2.93	2.59	1.15
MU25	4.22	3.60	2.98	2.68	2.37	1.05
MU20	3.77	3.22	2.67	2.39	2.12	0.94
MU15	—	2.79	2.31	2.07	1.83	0.82

③ 蒸压灰砂普通砖和蒸压粉煤灰普通砖砌体的抗压强度设计值，应按表5-5采用。

蒸压灰砂普通砖和蒸压粉煤灰普通砖砌体的抗压强度设计值（MPa） 表5-5

砖强度等级	砂浆强度等级				砂浆强度
	M15	M10	M7.5	M5	0
MU25	3.60	2.98	2.68	2.37	1.05
MU20	3.22	2.67	2.39	2.12	0.94
MU15	2.79	2.31	2.07	1.83	0.82

④ 规范对单排孔混凝土砌块和轻集料混凝土砌块对孔砌筑砌体，双排孔、多排孔轻集料混凝土砌块砌体和灌孔混凝土砌块砌体的抗压强度设计值都做出了规定，具体值参见规范。

⑤ 石砌体

块体高度为180～350mm的毛料石砌体的抗压强度设计值，应按表5-6采用。毛石砌体的抗压强度设计值，应按表5-7采用。

毛料石砌体的抗压强度设计值（MPa） 表5-6

毛料石强度等级	砂浆强度等级			砂浆强度
	M7.5	M5	M2.5	0
MU100	5.42	4.80	4.18	2.13

续表

毛料石强度等级	砂浆强度等级			砂浆强度
	M7.5	M5	M2.5	0
MU80	4.85	4.29	3.73	1.91
MU60	4.20	3.71	3.23	1.65
MU50	3.83	3.39	2.95	1.51
MU40	3.43	3.04	2.64	1.35
MU30	2.97	2.63	2.29	1.17
MU20	2.42	2.15	1.87	0.95

注：对细石料砌体、粗石料砌体和干砌勾缝石砌体，表中数据分别乘以调整系数1.4、1.2和0.8。

毛石砌体的抗压强度设计值（MPa） 表 5-7

毛石强度等级	砂浆强度等级			砂浆强度
	M7.5	M5	M2.5	0
MU100	1.27	1.12	0.98	0.34
MU80	1.13	1.00	0.87	0.30
MU60	0.98	0.87	0.76	0.26
MU50	0.90	0.80	0.69	0.23
MU40	0.80	0.71	0.62	0.21
MU30	0.69	0.61	0.53	0.18
MU20	0.56	0.51	0.44	0.15

在表 5-3～表 5-7 中列有砂浆强度为零时的砌体抗压强度设计值，它通常是指施工阶段砂浆尚未硬化的新砌砌体的强度取值。

2）轴心抗拉、弯曲抗拉和抗剪强度设计值

① 砌体的轴心抗拉强度设计值、弯曲抗拉强度设计值和抗剪强度设计值，应按表 5-8 采用。

沿砌体灰缝截面破坏时砌体的轴心抗拉强度设计值、弯曲抗拉强度设计值和抗剪强度设计值（MPa） 表 5-8

强度类别	破坏特征及砌体种类		砂浆强度等级			
			≥M10	M7.5	M5	M2.5
轴心抗拉	沿齿缝	烧结普通砖、烧结多孔砖	0.19	0.16	0.13	0.09
		混凝土普通砖、混凝土多孔砖	0.19	0.16	0.13	—
		蒸压灰砂普通砖、蒸压粉煤灰普通砖	0.12	0.10	0.08	—
		混凝土和轻集料混凝土砌块	0.09	0.08	0.07	—
		毛石	—	0.07	0.06	0.04

续表

强度类别	破坏特征及砌体种类	砂浆强度等级 ≥M10	M7.5	M5	M2.5
弯曲抗拉（沿齿缝）	烧结普通砖、烧结多孔砖	0.33	0.29	0.23	0.17
	混凝土普通砖、混凝土多孔砖	0.33	0.29	0.23	—
	蒸压灰砂普通砖、蒸压粉煤灰普通砖	0.24	0.20	0.16	—
	混凝土和轻集料混凝土砌块	0.11	0.09	0.08	—
	毛石	—	0.11	0.09	0.07
弯曲抗拉（沿通缝）	烧结普通砖、烧结多孔砖	0.17	0.14	0.11	0.08
	混凝土普通砖、混凝土多孔砖	0.17	0.14	0.11	—
	蒸压灰砂普通砖、蒸压粉煤灰普通砖	0.12	0.10	0.08	—
	混凝土和轻集料混凝土砌块	0.08	0.06	0.05	—
抗剪	烧结普通砖、烧结多孔砖	0.17	0.14	0.11	0.08
	混凝土普通砖、混凝土多孔砖	0.17	0.14	0.11	—
	蒸压灰砂普通砖、蒸压粉煤灰普通砖	0.12	0.10	0.08	—
	混凝土和轻集料混凝土砌块	0.09	0.08	0.06	—
	毛石	—	0.19	0.16	0.11

注：1. 对于用形状规则的块体砌筑的砌体，当搭接长度与块体高度的比值小于1时，其轴心抗拉强度设计值 f_t 和弯曲抗拉强度设计值 f_{tm} 应按表中数值乘以搭接长度与块体高度比值后采用；
   2. 对蒸压灰砂普通砖、蒸压粉煤灰普通砖砌体，当采用经研究性试验且通过技术鉴定的专用砂浆砌筑，其抗剪强度设计值按相应的烧结普通砖砌体的采用；
   3. 对采用混凝土块体的砌体，表中砂浆强度等级相应为不小于 Mb10、Mb7.5 和 Mb5。

② 单排孔混凝土砌块对孔砌筑的灌孔砌体的抗剪强度设计值，应按下列公式计算：

$$f_{vg} = 0.2 f_g^{0.55} \qquad (5-1)$$

式中 f_g——灌孔砌体抗压强度设计值。

3）砌体强度设计值调整

工程上，砌体强度在某些情况下有可能会降低，而在某些情况下又需适当提高或降低结构构件的安全储备。因此，砌体结构设计计算时需要考虑砌体强度的调整，砌体强度设计值取 $\gamma_a f$，其中 γ_a 为砌体强度设计值的调整系数，应按下列规定采用：

（1）对无筋砌体构件，其截面面积小于 0.3m² 时，γ_a 为其截面面积加 0.7；对配筋砌体构件，当其中砌体截面面积小于 0.2m² 时，γ_a 为其截面面积加 0.8；构件截面面积以"m²"计。对于局部抗压强度，局部受压面积小于 0.3m² 时，可不考虑此项调整。

（2）当砌体用强度等级低于 M5 的水泥砂浆砌筑时，对表 5-3～表 5-7 中的数值，γ_a 为 0.9，对表 5-8 中的数值，γ_a 为 0.8。

（3）当验算施工中房屋的构件时，γ_a 为 1.1。

配筋砌体的施工质量等级不得采用 C 级。施工阶段砂浆尚未硬化的新砌砌体的强度和稳定性，可按砂浆强度为零进行验算。对于冬期施工采用掺盐砂浆法施工的砌体，砂浆强度等级按常温施工的强度等级提高一级时，砌体强度和稳定性可不另行验算。

5.3 墙、柱受压承载力计算

砌体结构设计原则仍采用以概率理论为基础的极限状态设计方法，以可靠指标变量结构构件的可靠度，采用分项系数的设计表达式进行计算。砌体结构应按承载能力极限状态设计，并满足正常使用极限状态的要求。参见《砌体结构设计规范》GB 50003—2011。

1. 墙、柱受压承载力计算

砌体结构房屋中的墙、柱是受压构件，当压力作用于构件截面重心时，称为轴心受压构件，当压力作用于构件截面重心以外或同时有轴向压力 N 和弯矩 M 作用时，称为偏心受压构件。

根据试验研究结果，无筋砌体轴心和偏心受压构件的承载力按下式计算：

$$N \leqslant \varphi f A \tag{5-2}$$

$$\varphi = \cfrac{1}{1 + 12\left[\cfrac{e}{h} + \sqrt{\cfrac{1}{12}\left(\cfrac{1}{\varphi_0} - 1\right)}\right]^2} \tag{5-3}$$

式中　N——轴向力设计值；

　　　f——砌体抗压强度设计值；

　　　A——截面面积，对各类砌体均应按毛截面计算；

　　　φ——高厚比 β 和轴向力偏心距 e 对受压构件承载力的影响系数，查表5-9～表5-11或按式（5-3）计算；

　　　φ_0——轴心受压构件的稳定系数，φ_0 可在表5-9～表5-11中 e/h（或 e/h_T）=0 的栏内查得。

影响系数 φ（砂浆强度等级不小于 M5）　　　　表 5-9

β	$\dfrac{e}{h}$ 或 $\dfrac{e}{h_T}$											
	0	0.025	0.05	0.075	0.1	0.125	0.15	0.175	0.2	0.225	0.25	0.275	0.3
≤3	1	0.99	0.97	0.94	0.89	0.84	0.79	0.73	0.68	0.62	0.57	0.52	0.48
4	0.98	0.95	0.90	0.85	0.80	0.74	0.69	0.64	0.58	0.53	0.49	0.45	0.41
6	0.95	0.91	0.86	0.81	0.75	0.69	0.64	0.59	0.54	0.49	0.45	0.42	0.38
8	0.91	0.86	0.81	0.76	0.70	0.64	0.59	0.54	0.50	0.46	0.42	0.39	0.36
10	0.87	0.82	0.76	0.71	0.65	0.60	0.55	0.50	0.46	0.42	0.39	0.36	0.33
12	0.82	0.77	0.71	0.66	0.60	0.55	0.51	0.47	0.43	0.39	0.36	0.33	0.31
14	0.77	0.72	0.66	0.61	0.56	0.51	0.47	0.43	0.40	0.36	0.34	0.31	0.29
16	0.72	0.67	0.61	0.56	0.52	0.47	0.44	0.40	0.37	0.34	0.31	0.29	0.27
18	0.67	0.62	0.57	0.52	0.48	0.44	0.40	0.37	0.34	0.31	0.29	0.27	0.25
20	0.62	0.57	0.53	0.48	0.44	0.40	0.37	0.34	0.32	0.29	0.27	0.25	0.23
22	0.58	0.53	0.49	0.45	0.41	0.38	0.35	0.32	0.30	0.27	0.25	0.24	0.22
24	0.54	0.49	0.45	0.41	0.38	0.35	0.32	0.30	0.28	0.26	0.24	0.22	0.21
26	0.50	0.46	0.42	0.38	0.35	0.33	0.30	0.28	0.26	0.24	0.22	0.21	0.19
28	0.46	0.42	0.39	0.36	0.33	0.30	0.28	0.26	0.24	0.22	0.21	0.19	0.18
30	0.42	0.39	0.36	0.33	0.31	0.28	0.26	0.24	0.22	0.21	0.20	0.18	0.17

影响系数 φ（砂浆强度等级不小于M2.5） 表 5-10

β	$\dfrac{e}{h}$ 或 $\dfrac{e}{h_T}$												
	0	0.025	0.05	0.075	0.1	0.125	0.15	0.175	0.2	0.225	0.25	0.275	0.3
≤3	1	0.99	0.97	0.94	0.89	0.84	0.79	0.73	0.68	0.62	0.57	0.52	0.48
4	0.97	0.94	0.89	0.84	0.78	0.73	0.67	0.62	0.57	0.52	0.48	0.44	0.40
6	0.93	0.89	0.84	0.78	0.73	0.67	0.62	0.57	0.52	0.48	0.44	0.40	0.37
8	0.89	0.84	0.78	0.72	0.67	0.62	0.57	0.52	0.48	0.44	0.40	0.37	0.34
10	0.83	0.78	0.72	0.67	0.61	0.56	0.52	0.47	0.43	0.40	0.37	0.34	0.31
12	0.78	0.72	0.67	0.61	0.56	0.52	0.47	0.43	0.40	0.37	0.34	0.31	0.29
14	0.72	0.66	0.61	0.56	0.51	0.47	0.43	0.40	0.36	0.34	0.31	0.29	0.27
16	0.66	0.61	0.56	0.51	0.47	0.43	0.40	0.36	0.34	0.31	0.29	0.26	0.25
18	0.61	0.56	0.51	0.47	0.43	0.40	0.36	0.33	0.31	0.29	0.26	0.24	0.23
20	0.56	0.51	0.47	0.43	0.39	0.36	0.33	0.31	0.28	0.26	0.24	0.23	0.21
22	0.51	0.47	0.43	0.39	0.36	0.33	0.31	0.28	0.26	0.24	0.23	0.21	0.20
24	0.46	0.43	0.39	0.36	0.33	0.31	0.28	0.26	0.24	0.23	0.21	0.20	0.18
26	0.42	0.39	0.36	0.33	0.31	0.28	0.26	0.24	0.22	0.21	0.20	0.18	0.17
28	0.39	0.36	0.33	0.30	0.28	0.26	0.24	0.22	0.21	0.20	0.18	0.17	0.16
30	0.36	0.33	0.30	0.28	0.26	0.24	0.22	0.21	0.20	0.18	0.17	0.16	0.15

影响系数 φ（砂浆强度0） 表 5-11

β	$\dfrac{e}{h}$ 或 $\dfrac{e}{h_T}$												
	0	0.025	0.05	0.075	0.1	0.125	0.15	0.175	0.2	0.225	0.25	0.275	0.3
≤3	1	0.99	0.97	0.94	0.89	0.84	0.79	0.73	0.68	0.62	0.57	0.52	0.48
4	0.87	0.82	0.77	0.71	0.66	0.64	0.55	0.51	0.46	0.43	0.39	0.36	0.33
6	0.76	0.70	0.65	0.59	0.54	0.50	0.46	0.42	0.39	0.36	0.33	0.30	0.28
8	0.63	0.58	0.54	0.49	0.45	0.41	0.38	0.35	0.32	0.30	0.28	0.25	0.24
10	0.53	0.48	0.44	0.41	0.37	0.34	0.32	0.29	0.27	0.25	0.23	0.22	0.20
12	0.44	0.40	0.37	0.34	0.31	0.29	0.27	0.25	0.23	0.21	0.20	0.19	0.17
14	0.36	0.33	0.31	0.28	0.26	0.24	0.23	0.21	0.20	0.18	0.17	0.16	0.15
16	0.30	0.28	0.26	0.24	0.22	0.21	0.19	0.18	0.17	0.16	0.15	0.15	0.13
18	0.26	0.24	0.22	0.21	0.19	0.18	0.17	0.16	0.15	0.14	0.13	0.12	0.12
20	0.22	0.20	0.19	0.18	0.17	0.16	0.15	0.14	0.13	0.12	0.12	0.11	0.10
22	0.19	0.18	0.16	0.15	0.14	0.14	0.13	0.12	0.12	0.11	0.10	0.10	0.09
24	0.16	0.15	0.14	0.13	0.13	0.12	0.11	0.11	0.10	0.10	0.09	0.09	0.08
26	0.14	0.13	0.13	0.12	0.11	0.11	0.10	0.10	0.09	0.09	0.08	0.08	0.07
28	0.12	0.12	0.11	0.11	0.10	0.10	0.09	0.09	0.08	0.08	0.08	0.07	0.07
30	0.11	0.10	0.10	0.09	0.09	0.09	0.08	0.08	0.07	0.07	0.07	0.07	0.06

在应用式（5-2）时，应注意以下几点：
（1）轴向力偏心距限值应满足要求。
对于偏心距较大的受压构件，当荷载较大时，截面受拉边易出现水平裂缝，构件承载力将明显降低。从经济和安全角度，轴向力偏心距应满足下列限值要求：

$$e \leqslant 0.6y \tag{5-4}$$

式中，轴向力偏心距 e 按内力设计值计算；截面重心至轴向力所在偏心方向截面边缘的距离 y 如图 5-2 所示。当轴向力偏心距超过上述限值时，应采取适当措施以减小偏心距，如设置缺口垫块，增大构件截面尺寸，甚至采取其他结构形式。

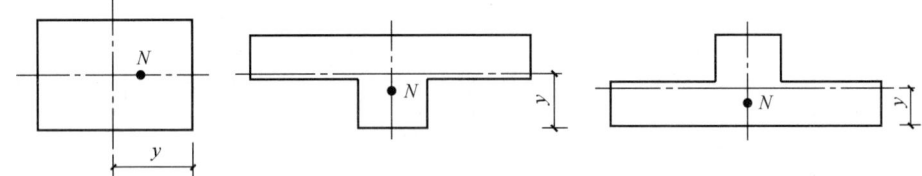

图 5-2 截面 y 的取值

(2) 不同材料种类砌体在受压性能上存在差异，因此在计算影响系数 φ 或查表时，应先对构件高厚比 β 加以修正，按下列公式确定：

对矩形截面：

$$\beta = \gamma_\beta \frac{H_0}{h} \tag{5-5}$$

对 T 形截面：

$$\beta = \gamma_\beta \frac{H_0}{h_T} \tag{5-6}$$

式中 γ_β——不同砌体材料构件的高厚比修正系数，按表 5-12 采用；

H_0——受压构件的计算高度，按表 5-13 确定；

h——矩形截面轴向力偏心方向的边长，当轴心受压时为截面较小边长；

h_T——T 形截面的折算厚度，可近似按 $h_T = 3.5i$ 计算；

i——截面回转半径。

高厚比修正系数 γ_β 表 5-12

砌体材料种类	γ_β
烧结普通砖、烧结多孔砖	1.0
混凝土普通砖、混凝土多孔砖、混凝土及轻集料混凝土砌块	1.1
蒸压灰砂普通砖、蒸压粉煤灰普通砖、细料石	1.2
粗料石、毛石	1.5

注：对灌孔混凝土砌块砌体，γ_β 取 1.0。

受压构件的计算高度 H_0 表 5-13

房屋类型			柱		带壁柱墙或周边拉结的墙		
			排架方向	垂直排架方向	$s>2H$	$2H \geqslant s \geqslant H$	$s<H$
有吊车的单层房屋	变截面柱上段	弹性方案	$2.5H_u$	$1.25H_u$		$2.5H_u$	
		刚性、刚弹性方案	$2.0H_u$	$1.25H_u$		$2.0H_u$	
	变截面柱下段		$1.0H_l$	$0.8H_l$		$1.0H_l$	

续表

房屋类型			柱		带壁柱墙或周边拉结的墙		
			排架方向	垂直排架方向	$s>2H$	$2H \geqslant s \geqslant H$	$s<H$
无吊车的单层和多层房屋	单跨	弹性方案	$1.5H$	$1.0H$	$1.5H$		
		刚弹性方案	$1.2H$	$1.0H$	$1.2H$		
	多跨	弹性方案	$1.25H$	$1.0H$	$1.25H$		
		刚弹性方案	$1.10H$	$1.0H$	$1.1H$		
	刚性方案		$1.0H$	$1.0H$	$1.0H$	$0.4s+0.2H$	$0.6s$

注：1. s 为房屋横墙间距；
2. 表中的构件高度 H 应按下列规定采用：在房屋底层，为楼板顶面到构件下端支点的距离，下端支点的位置可取在基础顶面，当埋置较深且有刚性地坪时，可取室外地面下 500mm 处，在房屋的其他层，为楼板或其他水平支点间的距离；对于无壁柱的山墙，可取层高加山墙尖高度的 1/2；对于带壁柱山墙可取壁柱处的山前高度。

(3) 对于矩形截面构件，当轴向力偏心方向的截面边长大于另一方向的边长时，除了按偏心受压计算平面内承载力外，尚应按轴心受压验算平面外承载力，以确保 $N \leqslant \varphi_0 fA$。

【例 5-1】某教学楼中承受轴心压力的砖柱，截面尺寸为 370mm×490mm，设计时采用烧结页岩普通砖 MU10、水泥混合砂浆 M2.5 砌筑，环境类别为 I 类，设计使用年限为 50 年，施工质量控制等级为 B 级，柱顶截面承受的轴心压力设计值为 180kN，柱的计算高度为 3.6m，试核算该柱的承载力。

【解】砖柱自重设计值为：$1.2 \times 18 \times 0.37 \times 0.49 \times 3.6 = 14.1$ kN

柱底截面上的轴心压力设计值：$N = 180 + 14.1 = 194.1$ kN

由式 (5-5) 和表 5-12 得：

砖柱高厚比：$\beta = \gamma_\beta \dfrac{H_0}{b} = 1 \times \dfrac{3.6}{0.37} = 9.73$

查表 5-10，$\varphi = 0.84$，由表 5-3 和 γ_a 的规定有：

$$A = 0.37 \times 0.49 = 0.181 \text{m}^2 < 0.3 \text{m}^2$$

$$\gamma_a = 0.7 + A = 0.7 + 0.181 = 0.881$$

取 $f = \gamma_a \times 1.30 = 0.881 \times 1.30 = 1.145$ MPa

按式 (5-2)：

$$\varphi fA = 0.84 \times 1.145 \times 0.181 \times 10^3 = 174.1 \text{kN} < 194.1 \text{kN}$$

该柱的承载力不够。

2. 砌体局部受压承载力计算

当轴向压力作用于砌体的部分截面上时，砌体处于局部受压，它是砌体结构中常见的一种受力状态。例如基础顶面的墙、柱支承处以及梁或屋架端部的支承处的砌体截面上均产生局部受压。

根据局部受压面积上的应力是否均匀，砌体局部受压分为局部均匀受压（图

5-3）和局部不均匀受压（图5-4）的两种情况。

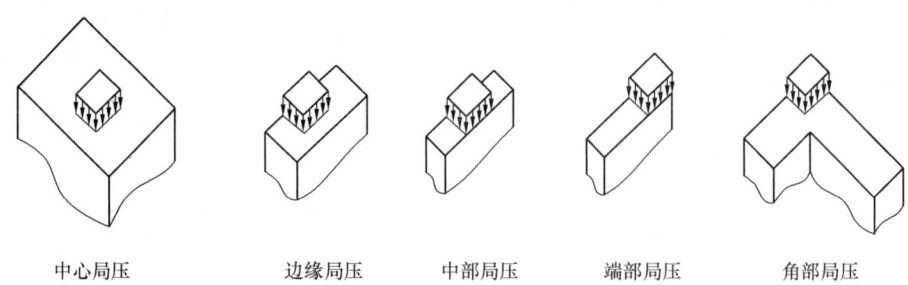

中心局压　　边缘局压　　中部局压　　端部局压　　角部局压

图5-3　局部均匀受压

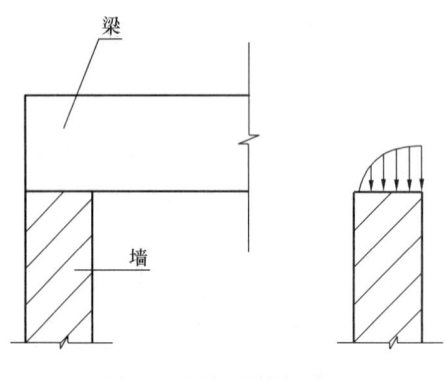

图5-4　局部不均匀受压

1）砌体局部均匀受压

试验研究表明，在局部压力的作用下，局部受压区的砌体将处于三向受力状态，或存在力的扩散现象，也即在不同程度上砌体的局部抗压强度得以提高。砌体的局部抗压强度可取 $\gamma f (\gamma > 1)$，γ 称为局部抗压强度提高系数。

砌体局部抗压强度提高系数 γ 与局部受压砌体所处的位置、受周边砌体约束的程度有关。根据试验结果，局部抗压强度提高系数 γ 可按下式计算：

$$\gamma = 1 + 0.35\sqrt{\frac{A_0}{A_l} - 1} \tag{5-7}$$

式中　A_l——局部受压面积；

A_0——影响砌体局部抗压强度的计算面积，可按图5-5确定。

为了避免发生突然的脆性破坏，按图5-5确定影响局部抗压强度的计算面积 A_0 所计算的 γ 值尚不应超过下列限值。

（1）在图5-5（a）的情况下，$\gamma \leqslant 2.5$；

（2）在图5-5（b）的情况下，$\gamma \leqslant 2.0$；

（3）在图5-5（c）的情况下，$\gamma \leqslant 1.5$；

（4）在图5-5（d）的情况下，$\gamma \leqslant 1.25$。

对按构造要求灌孔的混凝土砌块砌体，在（1）、（2）款的情况下，尚应符合 $\gamma \leqslant 1.5$。对于未灌孔的多孔砌体、混凝土砌块砌体，$\gamma = 1.0$。

砌体截面中受局部均匀压力时的承载力按下式计算：

$$N_l \leqslant \gamma f A_l \tag{5-8}$$

式中　N_l——局部受压面积上的轴向力设计值；

γ——砌体局部抗压强度提高系数，按式（5-7）计算，并符合上述限值要求；

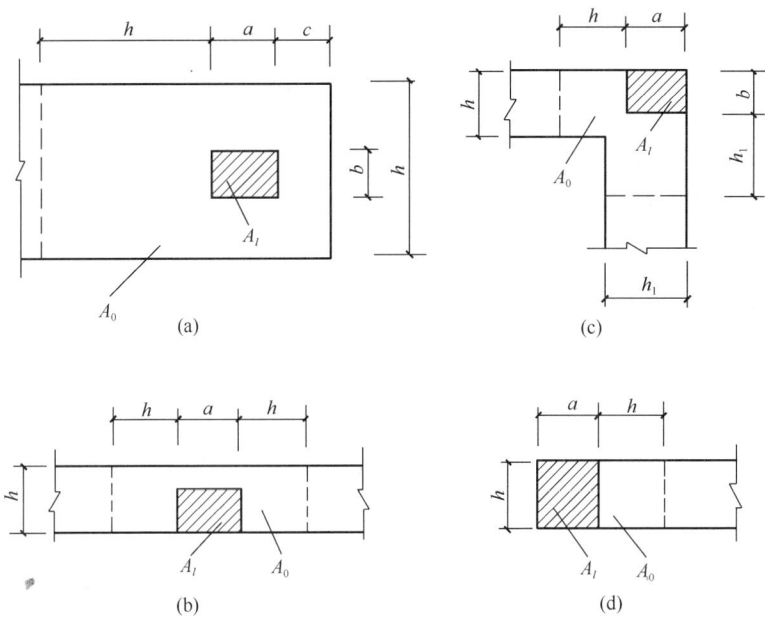

图 5-5 影响局部抗压强度的计算面积 A_0

f——砌体抗压强度设计值；

A_l——局部受压面积。

2) 梁端支承处砌体局部受压

梁端支承处砌体的局部受压属局部不均匀受压。试验表明，当梁上荷载增加时，与梁端底部接触的砌体产生较大的压缩变形。此时如上部荷载产生的平均压应力 σ_0 较小（图 5-6），梁端顶部与砌体的接触面将减小，甚至于砌体脱开，砌体形成内拱来传递上部荷载。但随着 σ_0 的增加，上部砌体的压缩变形增大，梁端顶部与砌体的接触面也增大，内拱作用逐渐减小。这一影响以上部荷载的折减系数 ψ 来表示。

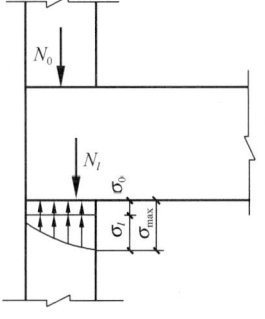

图 5-6 梁端支承处砌体的应力分布图

基于理论和试验结果，梁端有效支承长度 a_0 可按下式计算：

$$a_0 = 10\sqrt{\frac{h_c}{f}} \tag{5-9}$$

式中 h_c——梁的截面高度（mm）；

f——砌体的抗压强度设计值（MPa）。

梁端支承处砌体局部受压承载力按下列公式计算：

$$\psi N_0 + N_l \leqslant \eta\gamma f A_l \tag{5-10}$$

$$\psi = 1.5 - 0.5\frac{A_0}{A_l} \tag{5-11}$$

$$N_0 = \sigma_0 A_l \quad (5\text{-}12)$$

$$A_l = a_0 b \quad (5\text{-}13)$$

式中 ψ ——上部荷载的折减系数，当 $A_0/A_l \geqslant 3$ 时，取 $\psi=0$（此时不考虑上部荷载的影响）；

N_0——局部受压面积内上部轴向力设计值；

N_l——梁端支承压力设计值；

σ_0——上部平均压力设计值；

η——梁端底面压应力图形的完整系数，可取 0.7，对于过梁和墙梁可取 1.0；

a_0——梁端有效支承长度，应按式（5-9）计算，当 $a_0 > a$ 时，应取 $a_0 = a$；

a——梁端的实际支承长度。

3) 梁端下设有刚性垫块时支承处砌体局部受压

当梁端支承处砌体局部受压承载力不满足式（5-10）的要求时，可在梁端下设置垫块，这样可增大局部受压面积，同时又可确保梁端支承反力的有效传递，是解决局部受压承载力不足的一个有效措施。工程上采用预制刚性垫块和梁端现浇成整体的垫块。这两种垫块下砌体的局部受压性能虽有所不同，但为了简化计算，两者的局部受压承载力采用了相同的计算公式。

此外，当梁或屋架端部支承处的砌体墙上设有连续的钢筋混凝土梁（如圈梁）时，梁亦可起垫梁的作用。以上两种垫块和圈梁用作梁垫的计算较为复杂，在此不详述。

5.4 房屋墙、柱静力计算方案

砌体结构房屋墙、柱的静力计算方案，实际上就是通过对房屋的空间受力性能的分析，根据房屋空间刚度的大小确定墙、柱的计算简图。它是墙、柱内力分析以及承载力计算和相应的构造措施的主要依据。

1. 砌体结构房屋结构布置

设计砌体结构房屋时，首先进行结构布置，承重墙、柱的布置不仅影响房屋的平面划分、房间的大小和使用要求，还影响房屋的空间刚度，同时也决定了荷载传递路径。

根据荷载传递路线的不同，砌体结构房屋的结构布置有横墙承重、纵墙承重、纵横墙承重以及底层框架承重等方式。各自的特点在建筑构造教材以及前面混凝土结构布置中已有介绍，在此不再详述。

与混凝土结构不同的是，在砌体房屋中，屋（楼）盖沿纵向具有一定的刚度，并非刚体，此时房屋的空间受力可将屋（楼）盖体系视为支承在横墙或山墙上的复合梁，而山墙为复合梁两端的弹性支座。每开间的墙、柱顶的水平位移与该复合梁的刚度、横墙或山墙的间距和刚度有关。当复合梁刚度为零时，墙或柱顶的水平位移即为平面排架时的水平位移。当复合梁的刚度为有限值时，则墙或柱顶的水平位移也为有限值，但小于平面排架的水平位移。每个开间墙或柱顶的水平位移具有两端小、中间大的特点，如图 5-7 所示。

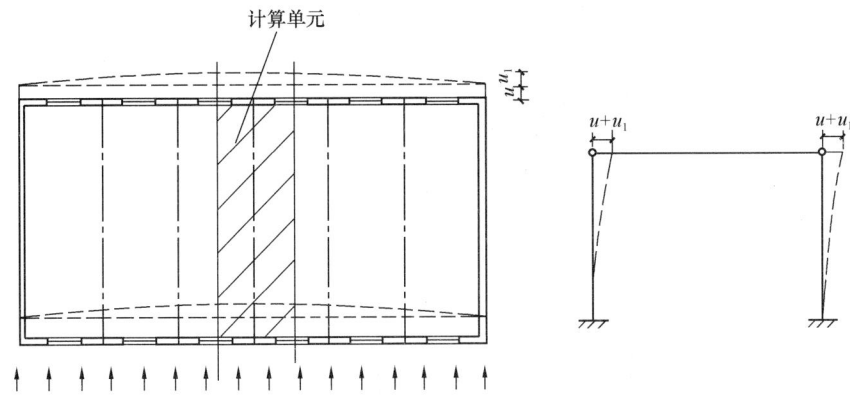

图 5-7 空间受力变形示意

影响房屋空间受力性能的因素主要有屋（楼）盖复合梁在其自身平面内的刚度、横墙或山墙的间距以及横墙或山墙在其自身平面内刚度。

2. 房屋静力计算方案划分

根据影响房屋空间刚度的两个主要因素，即屋（楼）盖的类别和横墙的间距，规范将砌体结构房屋的静力计算方案划分为刚性方案，刚弹性方案和弹性方案。

1）刚性方案

在荷载作用下，房屋的水平位移很小，可忽略不计，此时墙、柱的内力按其顶部为不动铰支承的竖向构件计算，这种房屋的横墙间距较小、屋（楼）盖刚度较大。称为刚性方案房屋。

2）弹性方案

在荷载作用下，房屋的水平位移较大，不能忽略不计，此时墙、柱的内力按不考虑空间工作的平面排架或框架计算，这种房屋的横墙间距较大，屋（楼）盖刚度较小。称为弹性方案房屋。

3）刚弹性方案

在荷载作用下，墙、柱顶端的水平位移较弹性方案房屋的小，但又不可忽略不计，此时墙、柱的内力按其顶部为铰接的考虑空间工作的平面排架或框架计算，房屋称为刚弹性方案房屋。

以上方案的划分原则见表 5-14，在一般房屋设计中，都设计成刚性方案房屋。为保证刚性方案及刚弹性方案的实现，横墙刚度需满足一定的要求。

房屋的静力计算方案　　　　表 5-14

	屋盖或楼盖类别	刚性方案	刚弹性方案	弹性方案
1	整体式、装配整体和装配式无檩体系钢筋混凝土屋盖或钢筋混凝土楼盖	$s<32$	$32 \leqslant s \leqslant 72$	$s>72$

续表

屋盖或楼盖类别		刚性方案	刚弹性方案	弹性方案
2	装配式有檩体系钢筋混凝土屋盖、轻钢屋盖和有密铺望板的木屋盖或木楼盖	$s<20$	$20 \leqslant s \leqslant 48$	$s>48$
3	瓦材屋面的木屋盖和轻钢屋盖	$s<16$	$16 \leqslant s \leqslant 36$	$s>36$

注：1. 表中 s 为房屋横墙间距，其长度单位为米；
2. 当多层房屋的屋盖、楼盖类别不同或横墙间距不同时，可按本表规定分别确定各层（底层或顶部各层）房屋的静力计算方案；
3. 对无山墙或伸缩缝无横墙的房屋，应按弹性方案考虑。

3. 刚性方案房屋墙、柱计算

1) 单层房屋承重纵墙计算

图 5-8 (a) 为此时单层刚性方案房屋（常取一个开间为计算单元）纵墙、柱的计算简图。此时墙、柱是上端为不动铰支座、下端与基础嵌固的竖向构件。

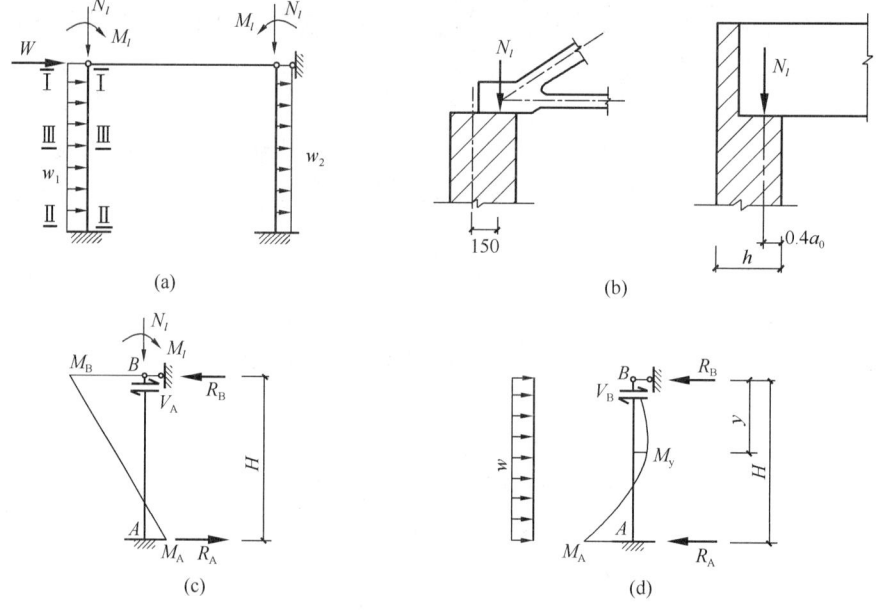

图 5-8 单层刚性方案房屋墙、柱内力分析
(a) 计算简图；(b) N_l 作用点位置；
(c) 竖向荷载作用下的内力；(d) 风荷载作用下的内力

(1) 竖向荷载作用下内力

竖向荷载包括屋盖自重、屋面活荷载和雪荷载以及墙、柱自重。其中，屋盖荷载通过屋架或大梁作用于墙、柱截面（图 5-8b）。屋面荷载作用下墙、柱内力如图 5-8 (c) 所示，分别为：

$$-R_A = R_B = -3M_l/2H \\ M_B = M_l \\ M_A = -M_l/2 \quad (5-14)$$

(2) 风荷载作用下内力

风荷载包括屋面风荷载和墙面风荷载两部分。由于屋面风荷载最后以集中力方式通过屋架传递，故不会对墙、柱的内力造成影响。墙面风荷载作用下墙、柱内力如图 5-8（d）所示，分别为：

$$\left.\begin{array}{l} R_A = 5wH/8 \\ R_B = 3wH/8 \\ M_A = wH^2/8 \\ M_{max} = -9wH^2/128 \,(y = 3H/8) \end{array}\right\} \quad (5\text{-}15)$$

计算时，注意有迎风面和背风面。

(3) 内力组合

根据上述各种荷载单独作用下的内力，按照可能而又最不利的原则进行截面的内力组合，确定其最不利内力。

通常，控制截面有三个，即墙、柱的上端截面Ⅰ-Ⅰ、下端截面Ⅱ-Ⅱ和均布风荷载作用下弯矩最大的截面Ⅲ-Ⅲ（图 5-8a）。

(4) 截面承载力验算

对控制截面Ⅰ-Ⅰ～Ⅲ-Ⅲ，按偏心受压进行承载力验算。对截面Ⅰ-Ⅰ即屋架或大梁支承处的砌体还应进行局部受压承载力验算。

2) 多层房屋承重纵墙计算

图 5-9（a）、（b）为多层刚性方案房屋计算单元内的承重纵墙。计算时常选取一个有代表性或较不利的开间墙、柱作为计算单元，其承受荷载范围的宽度 s 取相邻两开间的平均值。在竖向荷载作用下，墙、柱在每层高度范围内可近似地视作两端铰支的竖向构件，其计算简图如图 5-9（c）所示。在水平荷载作用下，则视为竖向连续梁，其计算简图如图 5-9（d）所示。

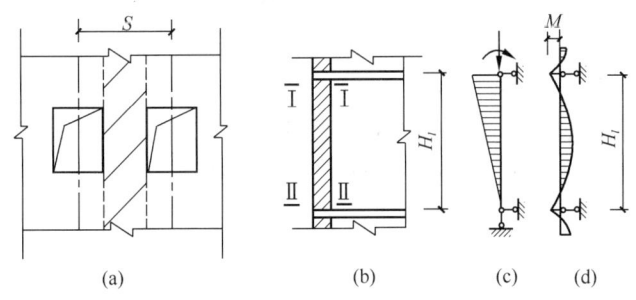

图 5-9 多层刚性方案房屋计算简图

(1) 内力分析

墙、柱的控制截面取墙、柱的上、下端Ⅰ-Ⅰ和Ⅱ-Ⅱ截面，如图 5-9（b）所示。

在竖向荷载作用下，每层墙、柱承受的竖向荷载包括上面楼层传来的竖向荷载 N_u、本层传来的竖向荷载 N_l 和本层墙体自重 N_G。N_u 和 N_l 作用点位置如图 5-10 所示，其中 N_u 作用于上一楼层墙、柱截面的重心处。根据理论研究和试验情况并考虑上部荷载和内力重分布的塑性影响，N_l 距离墙内边缘的距离取 $0.4a_0$（a_0 为有效支承长度，计算公式见式 (5-9)）。N_G 则作用于本层墙体截面重心处。

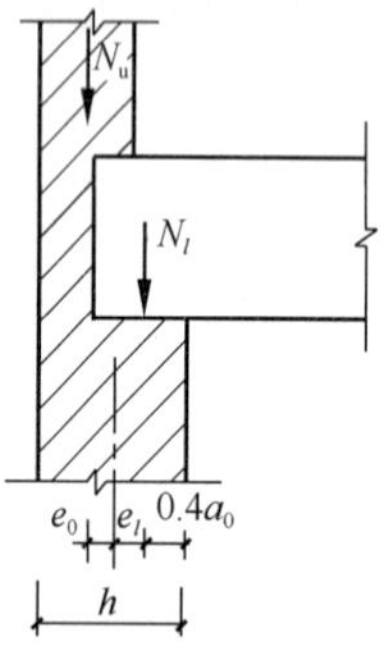

作用于每层墙上端的轴向压力 N_I 和偏心距 e_I 分别为：

$$N_I = N_u + N_l \quad (5-16a)$$

$$e_I = (N_l e_l - N_u e_0)/(N_u + N_l) \quad (5-16b)$$

式中　e_l——N_l 对本层墙体重心轴线的偏心距（图 5-10）；

　　　e_0——上、下层墙体重心轴线之间的距离（图 5-10）。

作用于每层墙下端的轴向压力 N_{II} 和偏心距 e_{II} 分别为：

$$N_{II} = N_u + N_l + N_G \quad (5-17a)$$

$$e_{II} = 0 \quad (5-17b)$$

图 5-10　N_u、N_l 作用点位置

每层墙的弯矩图形为三角形，如图 5-9（c），上端 $M_I = N_I e_I$，下端 $M_{II} = 0$。

Ⅰ-Ⅰ截面的弯矩最大，轴向压力最小；Ⅱ-Ⅱ截面弯矩最小，而轴向压力最大。

在水平荷载作用下，均布风荷载 w 引起的弯矩可近似按式 (5-18) 计算：

$$M = w H_i^2 / 12 \quad (5-18)$$

式中　w——计算单元每层墙体上作用的风荷载；

　　　H_i——第 i 层墙、柱层高。

(2) 截面承载力验算

对控制截面Ⅰ-Ⅰ，按偏心受压进行承载力验算；对控制截面Ⅱ-Ⅱ，按轴心受压进行承载力验算。此外，尚应对截面Ⅰ-Ⅰ大梁支承处的砌体进行局部受压承载力验算。

对于刚性方案房屋，通常风荷载引起的内力往往不足全部内力的 5%，因此墙体的承载力主要由竖向荷载控制。大量计算和调查结果表明，当多层刚性方案房屋的外墙符合一定要求时，可不考虑风荷载的影响。

3) 多层房屋承重横墙计算

多层房屋承重横墙计算原理与承重纵墙计算原理相同，一般不承受水平风荷载，常沿墙轴线取宽度为 1.0m 的墙作为计算单元，在此不再详述。

5.5　构造要求

在砌体结构和构件的承载力计算中有的因素尚未得到考虑或考虑得不充分，如砌体结构的整体性，结构计算简图与实际受力的差异，以及砌体的收缩、温度变形等因素的影响。在设计时，除了使计算结果满足要求外，还须采取必要和合理的构造措施，包括符合墙、柱高厚比的要求，圈梁的布置要求以及防止或减轻墙体开裂的措施。此为基本构造要求，更详细的参见规范。

1. 墙、柱高厚比要求

墙、柱高厚比是指墙、柱的计算高度和墙厚或矩形柱较小边长的比值，用符号 β 表示。墙、柱的高厚比越大，对墙、柱的稳定性越不利。为了确保砌体结构

稳定、满足正常使用极限状态要求，必须对墙、柱高厚比加以限制。

1) 矩形截面墙、柱高厚比验算

矩形截面墙、柱高厚比应按下式验算：

$$\beta = \frac{H_0}{h} \leqslant \mu_1 \mu_2 [\beta] \tag{5-19}$$

$$\mu_2 = 1 - 0.4 \frac{b_s}{s} \tag{5-20}$$

式中 H_0——墙、柱的计算高度，应按表 5-13 确定；

h——墙厚或矩形柱与 H_0 相对应的边长；

$[\beta]$——墙、柱的允许高厚比，应按表 5-15 确定；

μ_1——自承重墙（$h \leqslant 240\text{mm}$）允许高厚比的修正系数，按下列规定采用：当 $h = 240\text{mm}$ 时，$\mu_1 = 1.2$；当 $h = 90\text{mm}$ 时，$\mu_1 = 1.5$；当 $240\text{mm} > h > 90\text{mm}$ 时，μ_1 可按直线内插法取值；

μ_2——在门窗洞口墙允许高厚比的修正系数，且 $\mu_2 \geqslant 0.7$；当洞口高度等于或小于墙高的 1/5 时，取 $\mu_2 = 1.0$；

b_s——在宽度 s 范围内的门窗洞口总宽度，如图 5-11 所示；

s——相邻横墙或壁柱之间的距离。

当洞口高度大于或等于墙高的 4/5 时，可按独立墙段验算高厚比。

墙、柱的允许高厚比 $[\beta]$ 表 5-15

砌体类型	砂浆强度等级	墙	柱
无筋砌体	M2.5	22	15
	M5.0 或 Mb5.0、Ms5.0	24	16
	≥M7.5 或 Mb7.5、Ms7.5	26	17
配筋砌体砌体	—	30	21

注：1. 毛石墙、柱允许高厚比应按表中数值降低 20%；
2. 组合砖砌体的允许高厚比，可按表中数值提高 20%，但不得大于 28；
3. 验算施工阶段砂浆尚未硬化的新砌砌体高厚比时，允许高厚比对墙取 14，对柱取 11。

当与墙连接的相邻两横墙间的距离 $s \leqslant \mu_1 \mu_2 [\beta] h$ 时，墙体的稳定性能够满足要求，墙的计算高度 H_0 可不受式 (5-19) 的限制。

对于变截面柱，分别对上、下截面进行高厚比验算，且验算上柱高厚比时，墙、柱的允许高厚比 $[\beta]$ 可按表 5-15 的数值乘以 1.3 后采用。

2) 带壁柱墙和带构造柱墙的高厚比验算

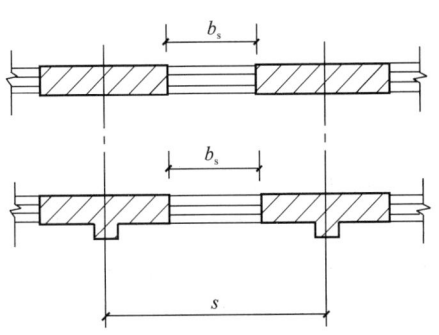

图 5-11 洞口宽度及横墙间距

单层或多层房屋的进深较大时，纵墙常设壁柱成为带壁柱墙，需对整片墙和壁柱间墙分别进行高厚比验算。

钢筋混凝土构造柱可提高墙体使用阶段的稳定性和刚度，带构造柱墙的允许高厚比可适当提高。

以上两类情况计算复杂，在此不详述。

2. 圈梁设置及构造要求

为了加强房屋的整体性，墙体应设置钢筋混凝土圈梁。它可增强抵抗不均匀沉降或较大振动荷载的作用，从而提高房屋的抗震性能和抗倒塌能力。

1) 圈梁设置部位

房屋的类型、层数、是否受到振动荷载作用以及地基条件等是影响圈梁设置位置和数量的主要因素。

(1) 厂房、仓库、食堂等空旷的单层房屋，檐口标高为5~8m（砖砌体房屋）或4~5m（砌块及料石砌体房屋）时，应在檐口标高处设置一道圈梁，檐口标高大于8m（砖砌体房屋）或5m（砌块及料石砌体房屋）时，应增加设置数量。

有吊车或较大振动设备的单层工业房屋，尚应增加设置数量。

(2) 住宅、办公楼等多层砌体民用房屋，且层数为3~4层时，应在底层、檐口标高处各设置一道圈梁。当层数超过4层时，除应在底层和檐口标高处各设置一道圈梁外，至少应在所有纵横墙上隔层设置。

多层砌体工业房屋，应在每层设置现浇钢筋混凝土圈梁。

(3) 建筑在软弱地基或不均匀地基上的砌体房屋，除按上述规定设置圈梁外，尚应符合《建筑地基基础设计规范》GB 50007—2011 的有关规定。

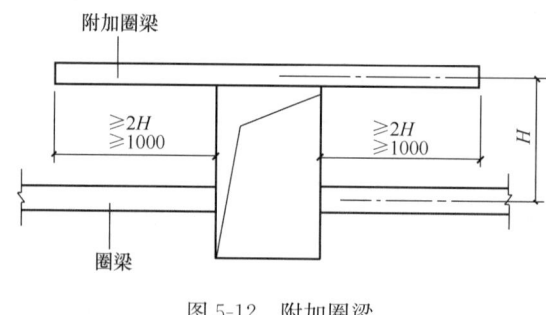

图 5-12　附加圈梁

2) 圈梁构造

(1) 圈梁宜连续地设在同一水平面上，并形成封闭状；当圈梁被门窗洞口截断时，应在洞口上部增设相同截面的附加圈梁。附加圈梁与圈梁的搭接长度不应小于其中到中垂直间距的2倍，且不得小于1m，如图5-12所示。

(2) 纵、横墙交接处的圈梁应有可靠的连接。

(3) 钢筋混凝土圈梁的宽度宜与墙厚相同，当墙厚 $h \geqslant 240mm$ 时，其宽度不宜小于 $2h/3$。圈梁高度不应小于120mm。纵向钢筋不应少于 4Φ10，绑扎接头的搭接长度按受拉钢筋考虑，箍筋间距不应大于300mm。

(4) 圈梁兼做过梁时，过梁部分的钢筋应按计算用量另行增配。

3. 防止或减轻墙体开裂的主要措施

砌体结构房屋的屋（楼）盖常采用钢筋混凝土材料，而墙体则是砌体材料，这两种材料的物理力学性能和构件的刚度相差较大，在温度变形及地基不均匀沉降等作用下，易引起墙体开裂。工程中应根据温度变化、砌体干缩等在墙体中引起的裂缝形式和分布规律采取相应的措施。

1) 防止或减轻由温差和砌体收缩引起墙体竖向裂缝的主要措施

温差和砌体收缩在墙体内产生的拉应力与房屋的长度成正比。房屋很长时,应在墙体中设置伸缩缝。伸缩缝设置在房屋的平面转折处、体型变化处、房屋的中间部位以及房屋的错层处。各类砌体房屋伸缩缝的最大间距可按表 5-16 采用。

砌体房屋伸缩缝最大间距（m）　　　　表 5-16

屋盖或楼盖类别		间距
整体式或装配整体式钢筋混凝土结构	有保温层或隔热层的屋盖、楼盖	50
	无保温层或隔热层的屋盖	40
装配式无檩体系钢筋混凝土结构	有保温层或隔热层的屋盖、楼盖	60
	无保温层或隔热层的屋盖	50
装配式有檩体系钢筋混凝土结构	有保温层或隔热层的屋盖、楼盖	75
	无保温层或隔热层的屋盖	60
瓦材屋盖，木屋盖或楼盖，轻钢屋盖		100

2) 防止或减轻房屋顶层墙体裂缝的主要措施

减小屋盖与墙体之间的温差、选择整体性好和刚度相对较小的屋盖、减小屋盖与墙体之间的约束以及提高墙体自身的抗拉、抗剪强度等均可有效地防止或减轻房屋顶层墙体的裂缝。设计时可采取下列主要构造措施：

（1）屋面应设置保温、隔热层。

（2）顶层屋面板下设置现浇钢筋混凝土圈梁，并沿内外墙拉通，房屋两端圈梁下的墙体内宜适当设置水平钢筋。

（3）顶层及女儿墙砂浆强度等级不低于 M7.5，且女儿墙应设置构造柱，构造柱间距不宜大于 4m，构造柱应伸至女儿墙顶并与现浇钢筋混凝土压顶整浇在一起。

3) 防止地基不均匀沉降引起墙体开裂的主要措施

（1）设置沉降缝

为了防止地基不均匀沉降造成墙体开裂，在房屋的建筑平面的转折部位、高度差异或荷载差异处、长高比过大的房屋的适当部位、地基土的压缩性有显著差异处、基础类型不同处以及分期建造房屋的交界处宜设置沉降缝。

沉降缝与温度伸缩缝有所不同，前者要求缝两侧房屋自基础到屋面在结构构造上完全分开，有利于沉降。此外，沉降缝的宽度较温度伸缩缝的宽，以保证相邻房屋不会因地基不均匀沉降产生倾斜导致相邻构件碰撞。其缝宽一般为：二～三层房屋取 50～80mm；四～五层房屋取 80～120mm，五层以上房屋不小于 120mm。

（2）增强房屋的整体刚度和强度

墙体内宜设置钢筋混凝土圈梁；在墙体上开洞时，宜在开洞部位配筋或采用构造柱及圈梁加强。

4. 墙、柱的一般构造要求

墙、柱对砌体材料的最低强度等级，墙、柱的截面最小尺寸、板的支承长度及连接构造，预留槽洞及埋设管道等都有相应的构造要求，参见规范要求或设计手册。

5.6 墙梁、挑梁、过梁

1. 墙梁

砌体结构房屋中，有的在使用上要求底层有较大的空间，而上部为住宅、旅馆等小空间，此时可采用钢筋混凝土梁（托梁）承托上部墙体，该钢筋混凝土梁与其上部墙体共同承受墙体自重及屋面、楼面荷载。这种由钢筋混凝土托梁和托梁以上计算高度范围内的砌体墙所组成的共同受力构件，称为墙梁。与钢筋混凝土框架结构相比，墙梁具有节约钢材、造价低、施工快等优点。

根据支承情况不同，墙梁可分为简支墙梁、连续墙梁以及框支墙梁，如图5-13所示。

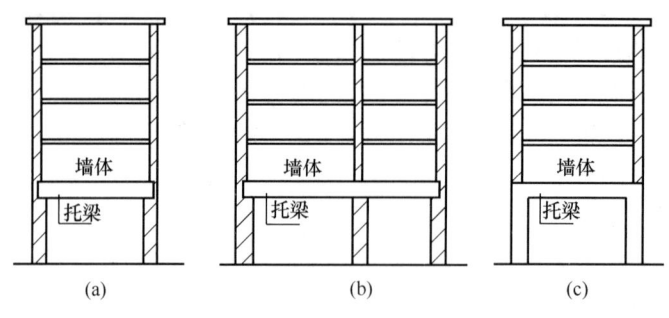

图 5-13　墙梁
(a) 简支墙梁；(b) 连续墙梁；(c) 框支墙梁

根据墙梁是否承受梁、板荷载，墙梁又可分为承重墙梁和自承重墙梁。仅仅承受托梁自重和托梁顶面以上墙体自重的墙梁，称为自承重墙梁，如工业厂房中的基础梁、连系梁与其上部墙体形成自承重墙梁。承重墙梁则还要承受梁、板荷载。

为了保证墙梁的组合工作和避免某些构件因尺寸过小、承载能力很低的破坏形态发生，在设计时墙梁尺寸应符合一定的规定。

墙梁的受力特点是托梁与其上部墙体共同工作，形成一拱形的受力模型，托梁为偏心受拉构件。墙梁具体计算较复杂，可参见专著。

2. 挑梁

挑梁是指一段挑出墙体外面，另一段嵌入砌体墙内的悬挑构件。其作用是承受挑出墙体的阳台或外走廊等传来的荷载，通过自身受弯、受剪将荷载有效地传给承重墙。

设计时，为保证挑梁不发生倾覆破坏，除须对挑梁进行抗倾覆验算外，构造上还要求挑梁埋入砌体长度 l_1 与挑出长度 l 之比宜大于1.2；当挑梁上无砌体

（全靠楼面、屋面恒荷载抗倾覆）时，l_1 与 l 之比宜大于 2。此外，还应确保挑梁本身的承载力（正截面受弯承载力和斜截面受剪承载力）和变形的要求以及挑梁下砌体的局部受压承载力。具体计算方法见规范要求。

3. 过梁

砌体结构房屋中门、窗洞口上的梁，常称为过梁，用以承受洞口以上墙体自重，有时还承受上层楼面梁板传来的均布荷载或集中荷载。常用的过梁有砖砌平拱过梁、钢筋砖过梁和钢筋混凝土过梁。

砖砌平拱和钢筋砖过梁具有砌筑方便、造价低以及节约钢筋、混凝土的优点，在洞口净宽不大的墙中，应用广泛。在有较大振动荷载或可能产生地基不均匀沉降的房屋中，应采用钢筋混凝土过梁。

砖砌平拱其厚度与墙厚相同，高度一般为 240mm 和 370mm，将砖侧立砌筑而成，其净跨度 l_n 不应超过 1.2m。

钢筋砖过梁是在过梁底部水平灰缝内配置纵向受力钢筋而成，钢筋砖过梁净跨度 l_n 不应超过 1.5m。钢筋砖过梁底面砂浆层处的钢筋，直径不应小于 5mm，间距不宜大于 120mm，钢筋伸入支座砌体内的长度不宜小于 240mm，砂浆层的厚度不宜小于 30mm。

钢筋混凝土过梁计算设计方法参见第 4 章混凝土结构相应内容。

5.7 砌体结构房屋抗震设计简述

1. 破坏类型

历次震害调查结果表明，砌体结构房屋通过合理的抗震设计并采取相应的抗震构造措施，且砌体材料和施工的质量均得到保证时，房屋在高烈度区仍具有较好的抗震性能。房屋震害主要是由于承载力不足或构造处理不妥导致，其主要震害可概括为如下几种类型。

1) 墙体破坏

墙体的破坏主要表现为墙体内形成斜裂缝、交叉裂缝、水平裂缝或竖向裂缝，严重时出现倾斜甚至倒塌现象。

当横墙间距过大或楼盖水平刚度过小时，在水平地震作用下，纵墙产生过大的平面外变形，最后墙体因抗弯刚度不足，在窗间墙上下截面处或外纵墙在楼板高度处产生水平裂缝。

2) 墙角破坏

墙角位于房屋的尽端，地震时墙角所受的扭转作用较大，而房屋对它的约束作用相对较弱，墙角处受力复杂。因此，墙角处容易开裂甚至局部倒塌。尤其空旷房间或楼梯间布置在房屋的端部时，墙角破坏更加严重。

3) 楼梯间破坏

楼梯间开间较小且水平方向的刚度较大，分担的地震作用亦较大，楼梯间墙体与楼盖、屋盖的连系较其他墙体差。顶层楼梯间高度较大，为一般楼层高度的 1.5 倍，墙体平面外的稳定性差。因此，楼梯间的破坏比一般墙体严重。此外，若构件连接薄弱，楼梯间还可能出现预制踏步板在接头处拉开、现浇楼踏步板与平台梁连接处拉断等现象。

4）纵横墙连接处破坏

地震时，纵横墙连接处将受到两个方向的地震作用，受力较复杂且易产生应力集中，若纵横墙连接处未按施工要求咬槎砌筑时，该处易产生竖向裂缝，严重时纵墙与横墙脱开，纵墙外闪甚至倒塌，导致房屋整体性丧失。

5）楼盖、屋盖破坏

预制板或梁在墙上的支承长度过小、板或梁与墙体间缺乏可靠的拉结，地震时可能出现楼板从墙内或梁上滑落。

6）其他部位破坏

突出屋面的烟囱、女儿墙等，由于与主体结构连接较差以及地震时的"鞭梢效应"影响，其破坏比主体结构严重。

2. 结构布置原则

砌体结构房屋抗震设计时，结构布置应注意以下几个方面。

1）房屋总高度、层数及层高限制

多层砌体房屋的总高度和层数，应符合表5-17的规定。横墙较小时，需适当降低房屋高度。

多层砌体房屋的层数和总高度限值（m） 表5-17

房屋类型		最小抗震墙厚度（mm）	烈度和设计基本地震加速度									
			6		7				8			9	
			0.05g		0.10g		0.15g		0.20g		0.30g		0.40g
			高度	层数	高度	层数	高度	层数	高度	层数	高度	层数	高度	层数
多层砌体房屋	普通砖	240	21	7	21	7	21	7	18	6	15	5	12	4
	多孔砖	240	21	7	21	7	18	6	18	6	15	5	9	3
	多孔砖	190	21	7	18	6	15	5	15	5	12	4	—	—
	小砌块	190	21	7	21	7	18	6	18	6	15	5	9	3
底部框架-抗震墙房屋	普通砖多孔砖	240	22	7	22	7	19	6	16	5	—	—	—	—
	多孔砖	190	22	7	19	6	16	5	13	4	—	—	—	—
	小砌块	190	22	7	22	7	19	6	16	5	—	—	—	—

注：1. 房屋的总高度指室外地面到主要屋面板板顶或檐口的高度，半地下室从地下室室内地面算起，全地下室和嵌固条件好的半地下室应允许从室外地面算起；
2. 室内外高差大于0.6m时，房屋总高度应允许比表中的数据适当增加，但增加量应少于1.0m；
3. 乙类建筑的多层砌体房屋仍按本地区设防烈度查表，其层数应减少一层且总高度应降低3m；不应采用底部框架-抗震墙砌体房屋。

多层砌体房屋的层高，不应超过3.6m；采用加强措施的普通砖砌体房屋的层高，不超过3.9m。底部框架－抗震墙砌体房屋的底部，层高不应超过4.5m；当底层砌体墙体采取加强措施后，底层的层高不应超过4.2m。

2) 房屋高宽比

为了保证房屋的整体稳定性，房屋总高度与总宽度比值应符合表 5-18 的要求。

房屋最大高宽比 表 5-18

设防烈度	6	7	8	9
最大高宽比	2.5	2.5	2.0	1.5

3) 抗震横墙最大间距

为了确保横向水平地震作用主要由横墙承担，楼盖必须具备足够的水平刚度。多层砌体房屋抗震横墙最大间距不应超过表 5-19 的要求。

房屋抗震横墙的间距（m） 表 5-19

房屋类型		烈　　度			
		6	7	8	9
多层砌体房屋	现浇或装配整体式钢筋混凝土楼、屋盖	15	15	11	7
	装配式钢筋混凝土楼、屋盖	11	11	9	4
	木屋盖	9	9	4	—
底部框架-抗震墙房屋	上部各层	同多层砌体房屋			
	底层或底部二层	18	15	11	—

4) 房屋局部尺寸限值

为了使各墙体受力均匀、避免结构中出现抗震薄弱环节，砌体房屋的某些局部尺寸应符合表 5-20 的要求。

房屋的局部尺寸限值（m） 表 5-20

部　　位	6 度	7 度	8 度	9 度
承重窗间墙最小宽度	1	1	1.2	1.5
承重外墙尽端至门窗洞边的最小距离	1	1	1.2	1.5
非承重外墙尽端至门窗洞边的最小距离	1	1	1	1
内墙阳角至门窗洞边的最小距离	1	1	1.5	2
无锚固女儿墙（非出入口处）的最大高度	0.5	0.5	0.5	0

注：1. 局部尺寸不足时，应采取局部加强措施弥补，且最小宽度不宜小于 1/4 层高和表列数据的 80%；
2. 出入口处的女儿墙应有锚固。

5) 多层砌体房屋结构布置

(1) 应优先采用横墙承重或纵横墙共同承重的结构体系。不应采用砌体墙和混凝土混合承重的结构体系。

(2) 纵横向砌体抗震墙的布置应符合下列要求

① 宜均匀对称，沿平面内宜对齐，沿竖向应上下连续；且纵横两方向墙体的数量不宜相差过大，以满足两个主轴方向振动特性不宜相差过大的要求。

② 平面轮廓凹凸尺寸，不应超过典型尺寸的 50%；当超过典型尺寸的 25%

时，房屋转角处应采取加强措施。

③ 楼板局部大洞口的尺寸不宜超过楼板宽度的30%，且不应在墙体两侧同时开洞。

④ 同一轴线上的窗间墙宽度宜均匀，有利于各墙垛受力均匀，避免应力集中，否则地震时因墙垛刚度相差悬殊，容易造成墙垛各个击破，对抗震不利。

⑤ 为保证房屋纵向的抗震能力，在房屋宽度方向的中部应设置内纵墙，其累计长度不宜小于房屋总长度的60%（高宽比大于4的墙段不计入）。

(3) 防震缝的设置

在实际工程中，不可避免的出现L形、冂形、山字形等非规则平面房屋，因外墙转角较多，故震害较矩形平面房屋更严重。为避免地震时房屋因各部分振动不协调而造成破坏，应采用防震缝将复杂的体形分成若干正规、简单体形的组合（图5-14）。

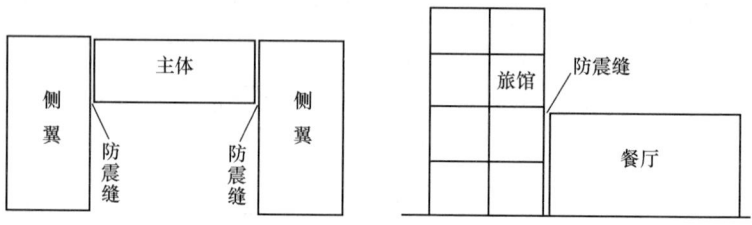

图5-14 防震缝的设置

对于复杂体型的房屋，在下列情况之一时应设置防震缝：

① 房屋立面高差在6m以上；

② 房屋有错层，且楼板高差大于层高的1/4；

③ 各部分结构刚度、质量截然不同。

防震缝应沿房屋全高设置，两侧均应设置墙体，缝宽应根据烈度和房屋高度确定，可采用70～100mm。

(4) 楼梯间的设置

房屋的端部和转角处应力相对集中，对扭转作用较敏感，地震时易产生破坏。因此，楼梯间不宜设置在房屋的尽端和转角处。

6) 底部框架-抗震墙砌体房屋结构布置

底部框架-抗震墙砌体房屋的底部易发生集中变形，产生较大的侧移而破坏，甚至倒塌。因此，底部框架-抗震墙砌体房屋的结构布置，除满足前述有关要求外，还应符合下列要求：

(1) 房屋的底部，应沿纵横两个方向设置一定数量的抗震墙，并应均匀对称布置，使房屋底层或底部纵横两个方向的侧向刚度接近。

(2) 抗震墙应设置整体性好的基础，如采用条形基础、筏形基础。

7) 配筋混凝土砌块砌体剪力墙房屋结构布置

配筋混凝土砌块砌体剪力墙（抗震墙）房屋的结构布置，除满足砌体房屋一般要求外，还在房屋的总高度、高宽比、房屋的层高、剪力墙最大间距、结构抗震等级及防震缝设置等方面要满足一定要求,具体数值参见规范。

3. 抗震承载力验算

砌体结构房屋的地震作用计算方法采用底部剪力法或反应谱法进行(可参见第 12 章相应内容),求得各层间剪力后,各片抗侧力墙体所分配的地震剪力与墙体侧向刚度成正比。原则上应将地震沿房屋的两个主轴方向进行分解,并以此验算房屋纵、横墙抗震能力;对屋面突出的楼梯间、女儿墙等小建筑,须考虑"鞭梢效应"的影响。

1) 砌体的抗震抗剪强度设计值

由于压应力在一定范围内能够有效地提高墙体的抗剪强度,各类砌体沿阶梯形截面破坏的抗震抗剪强度设计值,按下式确定:

$$f_{vE} = \zeta_N f_v \tag{5-21}$$

式中 f_{vE}——砌体沿阶梯形截面破坏的抗震抗剪强度设计值;
f_v——非抗震设计时砌体抗剪强度设计值;
ζ_N——砌体抗震抗剪强度的正应力影响系数,可按表 5-21 采用。

影响系数 ζ_N 表 5-21

砌体类别	σ_0/f_v							
	0.0	1.0	3.0	5.0	7.0	10.0	12.0	≥16.0
普通砖、多孔砖	0.80	0.99	1.25	1.47	1.65	1.9	2.05	
混凝土砌块		1.23	1.69	2.15	2.57	3.02	3.32	3.92

注:σ_0 为对应于重力荷载代表值的砌体截面平均压应力。

2) 普通砖、多孔砖墙体截面抗震抗剪承载力验算

(1) 一般情况下,墙体截面抗震抗剪承载力按下式验算:

$$V \leqslant Af_{vE}/\gamma_{RE} \tag{5-22}$$

式中 V——考虑地震作用组合的墙体剪力设计值;
f_{vE}——砖砌体沿阶梯形截面破坏时抗震抗剪强度设计值;
A——墙体横截面面积;
γ_{RE}——承载力抗震调整系数,应按表 5-22 采用。

承载力抗震调整系数 表 5-22

结构构件类别	受力状态	γ_{RE}
两端均设有构造柱、芯柱的砌体抗震墙	受剪	0.9
组合砖墙	偏压、大偏拉和受剪	0.9
配筋砌块砌体抗震墙	偏压、大偏拉和受剪	0.85
自承重墙	受剪	1.0
其他砌体	受剪和受压	1.0

(2) 水平配筋墙体、网状配筋墙体及设置构造柱墙体截面抗震抗剪承载力都能得以提高,具体计算公式见规范。

3) 混凝土砌块墙体抗震抗剪承载力验算

抗震设防区的混凝土砌块墙体，应设置钢筋混凝土芯柱，这对于提高房屋的抗震能力颇为有效。砌块墙体的截面抗震抗剪承载力验算详见规范。

4. 抗震构造措施

抗震构造措施是指根据抗震概念设计原则，一般不需计算而对结构和非结构各部分必须采取的各种细部要求。其主要目的在于加强房屋的整体性，增强房屋构件间的连接，提高房屋的抗震能力。它是对抗震承载力验算的一种补充和保证。

抗震构造措施主要体现在以下方面，必须指出的是这里所提要求都是最基本的，有许多要根据设防烈度大小进行加强，具体办法可参见有关专著或规范。

1) 构造柱设置

(1) 构造柱设置部位

构造柱设置部位，一般在楼、电梯间四角、楼梯斜梯段上下端对应的墙体处，外墙四角和对应转角，错层部位横墙与外纵墙交接处，大房间内外墙交接处及较大洞口两侧。其他内外墙交接处等应设置构造柱的位置详见规范。

(2) 构造柱截面及连接

构造柱的最小截面可为180mm×240mm，纵向钢筋宜采用4Φ12，箍筋直径可采用6mm，间距不宜大于250mm，且在柱上、下端适当加密。房屋四角的构造柱应适当加大截面及配筋。

构造柱与墙连接处应砌成马牙槎，沿墙高每隔500mm设2Φ6水平钢筋，每边伸入墙内不宜小于1m。

构造柱可不单独设置基础，但应伸入室外地面下500mm，或与埋深小于500mm的基础圈梁相连。

2) 芯柱设置

(1) 芯柱设置部位

芯柱设置在外墙转角，楼、电梯间四角，楼梯斜梯段上下端对应的墙体处，大房间内外墙交接处，错层部位横墙与外纵墙交接处。

(2) 芯柱截面与连接

芯柱截面一般为砌块孔洞的尺寸，芯柱截面不宜小于120mm×120mm，其混凝土强度等级不应低于Cb20。

芯柱的竖向插筋应贯通墙身且与圈梁连接，插筋不应小于1Φ12。

芯柱应伸入室外地面下500mm或与埋深小于500mm的基础圈梁相连。

芯柱可以用构造柱代替，有关构造同构造柱要求。

3) 圈梁设置

圈梁设置及构造要求除满足前述要求外，还需满足在所有墙体上的屋盖处及每层楼盖处，构造柱对应部位设置。

圈梁截面高度不应小于120mm，配筋不少于4Φ10，箍筋最大间距不大于250mm；当考虑地基不均匀沉降要求增设的基础圈梁，截面高度不应小于180mm，配筋不应少于4Φ12。

4) 楼（屋）盖与承重墙体连接

(1) 预制钢筋混凝土楼板在梁、承重墙上必须具有足够的搁置长度。

(2) 钢筋混凝土预制板应相互拉结,并应与梁、墙或圈梁拉结。

(3) 楼、屋盖的钢筋混凝土梁或屋架,应与墙、柱或圈梁可靠连接,不得采用独立砖柱。

5) 楼梯间连接

(1) 顶层楼梯间墙体应沿墙高每隔500mm设拉结网片;7~9度时其他各层楼梯间墙体应在休息平台或楼层半高处设置钢筋混凝土带或配筋砖带。

(2) 突出屋顶的楼、电梯间,构造柱应伸到顶部,并与顶部圈梁连接,所有墙体应沿墙高每隔500mm设拉结网片。

6) 底部框架-抗震墙砌体房屋抗震构造措施

底部框架-抗震墙砌体房屋与上述多层砌体房屋在受力性能上有所不同,其抗震构造措施的重点在于防止该结构体系在地震作用下产生薄弱层或薄弱部位,确保房屋的上、下部有良好的协同抗震能力。为此,除房屋上部墙体、楼盖需符合上述相应的构造措施,应重视对房屋过渡层的楼盖、托梁、柱、墙体及房屋底部抗震墙在材料强度等级、截面尺寸及配筋等方面的要求及采取的加强措施。具体参见抗震设计规范。

7) 配筋混凝土砌块砌体剪力墙房屋抗震构造措施

参见有关规范。

思考题与习题

5-1 影响砌体抗压强度的主要因素有哪些?

5-2 为何要考虑砌体强度设计值的调整系数?

5-3 如何确定混合结构房屋的静力计算方案?以单层房屋为例,绘出相应的计算简图。

5-4 影响无筋砌体受压构件承载力的主要因素有哪些?

5-5 为何要控制无筋砌体受压构件的轴向力偏心距$e \leqslant 0.6y$?当出现$e > 0.6y$时,应采取哪些措施?

5-6 砌体局部抗压强度提高的原因是什么?

5-7 为何要进行墙、柱的高厚比验算?

5-8 地震时,多层砌体结构房屋的破坏特点是什么?

5-9 抗震设防地区的多层砌体结构房屋中设置构造柱、圈梁的目的分别是什么?

第6章 钢 结 构

6.1 钢结构特点及发展

1. 钢结构特点

钢结构是土木工程的主要结构种类之一,由热轧型钢、钢板或冷弯薄壁型钢制造而成。它在房屋建筑、地下建筑、桥梁、海洋平台、矿山建筑、水工建筑中都得到广泛采用,具有以下优点:

(1) 强度高,重量轻。在同样受力的情况下,钢结构与钢筋混凝土结构和木结构相比,构件截面面积较小,重量较轻。

(2) 材性好,可靠性高。材质均匀性好,且有良好的塑性和韧性,计算理论能够较好地反映钢结构的实际工作性能。

(3) 工业化程度高,工期短。钢结构一般为工厂制作,工地安装的施工方法,有效地缩短工期,降低了造价。

(4) 抗震性能好。由于自重轻和结构体系相对较柔,历次地震中表现了良好的抗震性能,是抗震设防地区特别是强震区的最合适结构。

(5) 耐热性较好。钢结构可用于温度不高于 250℃ 的场合。当温度达到 300℃ 以上时,对钢结构必须采取防护措施。

钢结构的下列缺点有时会影响钢结构的应用:

(1) 耐锈蚀性差。钢结构一般隔一定时间都要重新刷涂料,维护费用较高。

(2) 耐火性差。未防护的钢结构在火灾中一般只能维持 20min 左右。如在钢结构外包其他防火材料,或在构件表面喷涂防火涂料则可提高其防火性能。

2. 钢结构发展

解放初期,由于受到钢产量的制约,钢结构仅在重型厂房、大跨度公共建筑、铁路桥梁以及塔桅结构中采用。1975 年建成的上海体育馆采用的三向网架,跨度已达 110m,武汉和南京长江大桥都采用了铁路公路两用双层钢桁架桥。1977 年北京建成的环境气象塔是一高达 325m 的 5 层纤绳三角形杆身的钢桅杆结构。

1987 年以后,钢结构应用的领域有了较大的扩展。高层和超高层房屋、大跨度会展中心、城市桥梁和大跨度公路桥梁以及海上采油平台等都已采用钢结构。1998 年建成的地上 88 层、地下 3 层、高 420m 的上海金茂大厦,标志着我国的超高层钢结构已进入世界前列。1994 年建成的天津新体育馆采用圆形平面球面双层网壳,直径达 108m,使我国网壳结构跨度突破 100m 大关。1994 年建成的铁路、公路两用的双层九江长江大桥,其中主联跨长(180+216+180)m,

并用柔性拱加劲。可以预期，我国钢结构发展的主要方向为：大跨度公共建筑、高层及超高层建筑、大跨度公路及城市桥梁、需拆卸及搬移的结构等。

6.2 钢结构材料及力学性能

掌握钢材在各种应力状态和不同使用条件下的工作性能，能够选择合适的钢材，使结构安全可靠并满足使用要求，又能最大可能地节约钢材和降低造价。

钢结构对钢材性能的要求是多方面的，主要有以下六个方面：

(1) 有较高的强度。屈服点高可以减小构件截面。抗拉强度高可以增加结构安全储备。

(2) 塑性好。塑性性能好，能使结构破坏前有较明显的变形。

(3) 冲击韧性好。冲击韧性好可提高结构抗动力荷载的能力。

(4) 冷加工性能好。冷加工性能好可保证钢材加工过程中不发生裂纹或脆断。

(5) 可焊性好。可焊性保证了钢材的热加工性能。

(6) 耐久性好。耐久性好可以延长钢结构使用寿命。

1. 钢材在单向均匀受拉时的工作性能

钢材在单向均匀受拉时的荷载-变形曲线参见图 4-6，在此不再重述。

2. 钢材在单轴反复应力作用下的工作性能

试验表明，当构件反复应力 $|\sigma|<f_y$ 时，材料处于弹性阶段，反复应力作用下钢材的材性无变化，也不存在残余变形。当钢材反复应力 $|\sigma|>f_y$ 时，材料处于弹塑性阶段，重复应力和反复应力引起塑性变形的增长（图 6-1）。图 6-1 (a) 表示重复加载是在卸载后马上进行的应力-应变图，应力-应变曲线不发生变化。图 6-1 (b) 表示重新加载前有一定间歇时期后的应力-应变曲线。从图中看出，屈服点提高，韧性降低，并且极限强度也稍有提高。这种现象称为钢材的时效现象。图 6-1 (c) 表示反复加载时钢材应力-应变曲线。多次反复加荷后，钢材的强度下降，这种现象称为钢材疲劳。

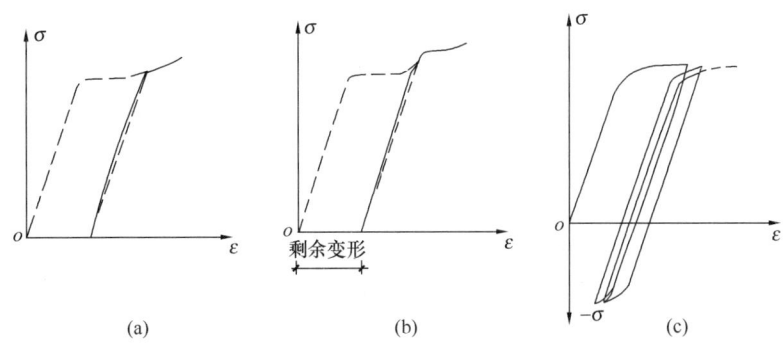

图 6-1 重复或反复加载时钢材 σ-ε 图

3. 钢材种类和规格

1) 钢材种类

在钢结构中采用的钢材主要有两个种类,一是碳素结构钢(或称为普通碳素钢),二是低合金结构钢。

(1) 碳素结构钢

根据国家标准《碳素结构钢》GB/T 700—2006 的规定,碳素结构钢分为 Q195、Q215、Q235 和 Q275 共四种牌号,其中 Q 是屈服强度中屈字汉语拼音的字首,后接的阿拉伯数字表示屈服强度的大小,单位为 N/mm^2,阿拉伯数字越大,含碳量越大,强度和硬度越大,塑性越低。其中 Q235 在使用、加工和焊接方面的性能都比较好,是钢结构常用钢材品种之一。

碳素结构钢力学性能内容为:屈服强度(f_y)、极限强度(f_u)和伸长率(δ_5 或 δ_{10})。

(2) 低合金结构钢

根据国家标准《低合金高强度结构钢》GB/T 1591—2008 的规定,低合金高强度结构钢分为 Q345、Q390、Q420、Q460、Q500、Q550、Q620、Q690 共八种牌号,符号含义同碳素结构钢。其中 Q345、Q390、Q420、Q460 为钢结构常用的钢种。

低合金结构钢力学性能内容为:屈服强度(f_y)、极限强度(f_u)、伸长率(δ_5 或 δ_{10})和冷弯试验。

钢材的强度设计值见附表 6-1。

2) 钢材规格

钢结构所用的钢材主要为热轧成型的钢板、型钢以及冷弯成型的薄壁型钢,还有热轧成型钢管和冷弯成型焊接钢管。

(1) 钢板

钢板有薄板、厚板、特厚板和扁钢(带钢)等。

薄钢板主要是用来制造冷弯薄壁型钢;厚钢板用作梁、柱、实腹式框架等构件的腹板和翼缘,以及桁架中的节点板;特厚板用于高层钢结构箱形柱等;扁钢可作为组合梁的翼缘板、各种构件的连接板、桁架节点板和零件等。

(2) 型钢

常用的型钢是角钢、工字形钢、槽钢和 H 型钢、钢管等。除 H 型钢和钢管有热轧和焊接成型外,其余型钢均为热轧成型。

①角钢:角钢有等边角钢和不等边角钢两种,可以用来组成独立的受力构件,或作为受力构件之间的连接零件。

②工字钢:工字钢有普通工字钢和轻型工字钢两种。主要用于受弯构件,或由几个工字钢组成的组合构件。

③槽钢:槽钢分普通槽钢和轻型槽钢两种,槽钢伸出肢较大,可用于屋盖檩条,承受斜弯曲或双向弯曲。

④H 型钢:H 型钢分热轧和焊接两种。H 型钢的两个主轴方向的惯性矩接近,使构件受力更加合理。H 型钢已广泛应用于高层建筑、轻型工业厂房和大型工业厂房中。

⑤钢管：钢管的类型分为圆钢管和方钢管。钢管常用于网架与网壳结构的受力构件、厂房和高层结构柱，有时在钢管内浇筑混凝土，形成钢管混凝土柱。

(3) 冷弯薄壁型钢

冷弯薄壁型钢采用薄钢板冷轧而制成，其截面形式及尺寸按合理方案设计。用于厂房的檩条、墙梁，也可用作承重柱和梁。常用冷弯薄壁型钢的形式见图6-2。

4. 钢材选用原则

在满足功能要求前提下，尽量节约钢材和降低造价，不要不加条件地选用优质钢材，更不能盲目地选用质量很差的钢材。

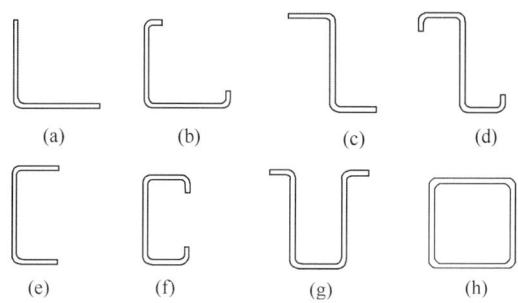

图 6-2 冷弯薄壁型钢形式

(a) 等边角钢；(b) 卷边等边角钢；(c) Z形钢；
(d) 卷边Z形钢；(e) 槽钢；(f) 卷边槽钢；
(g) 向外卷边槽钢；(h) 方钢管

选用钢材应考虑以下特点：一是结构的重要性，根据结构的重要性可区别地选用钢材的型号。二是荷载的性质，对动力荷载应选质量较高的钢材。三是连接方法，焊接对钢材的化学成分、力学性能及可焊性都有较高的要求，对于非焊接连接，这些要求就可以放宽。四是受力性质，对受拉构件或受弯构件，要选用质量较好的钢材。五是工作温度，在低温下的焊接结构，选材时必须慎重考虑。

6.3 受拉构件

受拉构件包括轴心受拉构件和拉弯构件。

1. 轴心受拉构件

1) 截面形式

轴心受拉构件截面形式如图6-3。当受力较小时，可选用热轧型钢和冷弯薄壁

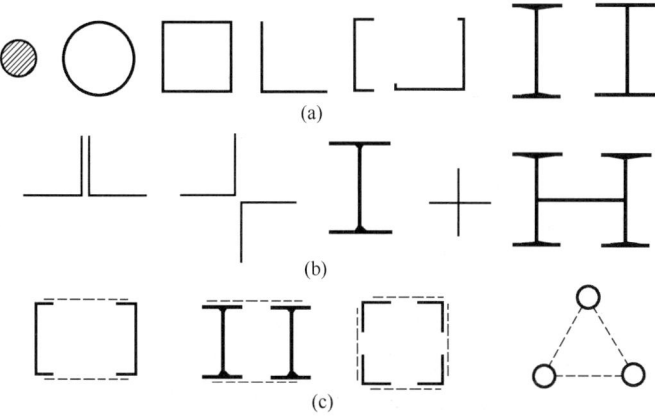

图 6-3 轴心受拉构件截面形式

(a) 热轧型钢及冷弯薄壁型钢；(b) 实腹截面；(c) 格构式截面

型钢（图 6-3a）；当受力较大时，可选用由型钢或钢板组成的实腹式截面形式（图 6-3b）；当构件大且受力较大时，可选用型钢组成的格构式截面形式（图 6-3c）。

2）轴拉构件承载力

在轴心受拉构件中，截面上拉应力是均匀分布的。当截面上的拉应力超过屈服点 f_y 后，虽然还能承担受拉荷载，但其伸长会明显增加，已不能继续使用。所以应以截面上拉应力达到屈服点 f_y 作为轴心受拉构件的强度准则，受拉构件的承载力 N_p 为：

$$N_p = A f_y \tag{6-1}$$

式中　A——轴心受拉构件截面面积。

在工程设计时，作用在轴心受拉构件中的外力 N 应满足：

$$N \leqslant Af \text{ 或 } \sigma = \frac{N}{A} \leqslant f \tag{6-2}$$

式中　N——轴心拉力设计值；
　　　A——构件净截面面积；
　　　f——钢材抗拉强度设计值。

3）受拉构件刚度

为了避免拉杆在制作、运输、安装和使用过程中出现刚度不足现象，应对拉杆刚度进行控制。拉杆刚度用长细比来控制，其表达式为：

$$\lambda_{max} = \left(\frac{l_0}{i}\right)_{max} < [\lambda] \tag{6-3}$$

式中　λ_{max}——拉杆最大长细比；
　　　l_0——计算拉杆长细比时计算长度；
　　　i——截面回转半径；
　　　$[\lambda]$——容许长细比，按表 6-1 采用。

受拉构件容许长细表 $[\lambda]$　　　　表 6-1

项次	构件名称	容许长细比
1	桁架的杆件	350
2	吊车梁或吊车桁架以下的柱间支撑	300
3	其他拉杆、支撑、系杆等（张紧的圆钢除外）	400

注：1. 承受静力荷载的结构中，可仅计算受拉构件在竖向平面内的长细比；
　　2. 在直接或间接承受动力结构荷载的结构中，计算单角钢受拉构件的长细比时，应采用角钢的最小回转半径；但在计算交叉杆件平面外的长细比时，应采用与角钢肢边平行轴的回转半径；
　　3. 受拉构件在永久荷载与风荷载组合作用下受压时，其长细比不宜超过 250。

2. 拉弯构件

拉弯构件是指构件不仅承受轴向拉力还承受弯矩。它分为单向拉弯和双向拉弯。本书只讲单向拉弯构件。计算包括承载力和刚度两方面。

1）拉弯构件承载力计算准则采用边缘纤维屈服准则：在构件受力最大的截面上，截面边缘处的最大应力达到屈服时即认为拉弯构件达到了强度计算准则。拉弯构件在弹性阶段工作。

为节省构件材料,允许构件最大受力截面部分应力达到屈服点后进入截面中间,塑性区发展的深度将根据具体情况给予规定。此时,拉弯构件在弹塑性阶段工作。

2) 单向拉弯构件承载力

构件在轴心拉力 N 和绕一个主轴 x 轴的弯矩 M_x 作用下,在最危险截面上,截面边缘处的最大应力达到屈服时(图 6-4),拉弯构件的强度计算公式为:

$$\sigma = \frac{N}{A} + \frac{M_x}{W_x} < f_y \tag{6-4a}$$

或

$$\frac{N}{N_p} + \frac{M_x}{M_{px}} < 1 \tag{6-4b}$$

式中 N、M_x——验算截面处轴力和弯矩;

A——验算截面处截面面积;

W_x——验算截面处绕截面主轴 x 轴的截面模量;

N_p——屈服轴力,$N_p = A f_y$; (6-5a)

M_{px}——屈服弯矩,$M_{px} = W_x f_y$。 (6-5b)

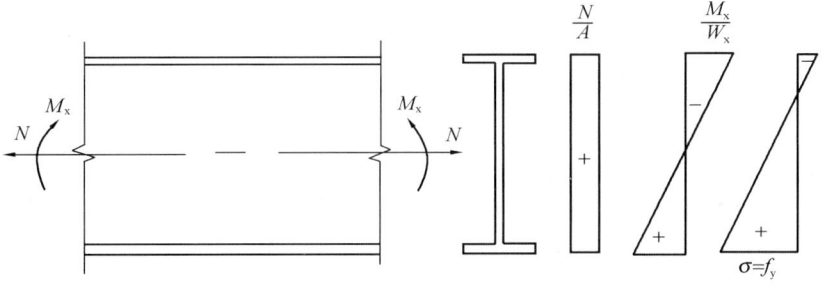

图 6-4 单向拉弯构件应力分布

设计时应考虑截面削弱和最大应力低于强度设计值 f,则上式可写成:

$$\sigma = \frac{N}{A_n} + \frac{M_x}{W_{xn}} < f \tag{6-6a}$$

或

$$\frac{N}{N_{pd}} + \frac{M_x}{M_{pxd}} < 1 \tag{6-6b}$$

式中 A_n——验算截面处净截面面积;

W_{xn}——验算截面处绕截面主轴 x 轴的净截面模量。

$$N_{pd} = A_n f \tag{6-7a}$$

$$M_{pxd} = W_{xn} f \tag{6-7d}$$

当构件在轴力和弯矩作用下一部分截面进入塑性,另一部分截面还处于弹性阶段时(图 6-5),其应力分布将介于弹性和全截面屈服之间。

弯矩-轴力关系可采用直线关系式,即:

$$\frac{N}{A f_y} + \frac{M_x}{\gamma W_x f_y} = 1 \tag{6-8}$$

设计时考虑截面削弱和采用强度设计值 f,则式(6-8)可写成:

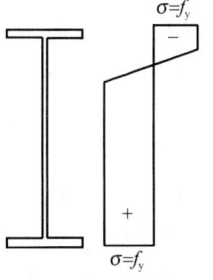

图 6-5 单向拉弯构件截面弹塑性应力分布

$$\frac{N}{A_n} + \frac{M_x}{\gamma W_{xn}} < f \tag{6-9}$$

式中 γ——截面塑性发展系数。

3) 拉弯构件刚度

拉弯构件承受轴向拉力和弯矩,当弯矩不大时,构件以轴向拉力为主,它的刚度计算方法及容许长细比要求均同轴心受拉构件,即

$$\lambda_{max} = \left(\frac{l_0}{i}\right)_{max} < [\lambda] \tag{6-10}$$

式中各符号含义同式(6-3)。

当弯矩较大时,不仅应计算构件长细比是否满足要求,还要进行挠度计算,计算时可偏于安全地忽略轴向拉力对挠度的影响。

6.4 轴心受压构件

轴心受压构件的计算包括强度计算、整体稳定、局部稳定及刚度四个方面。

1. 轴心受压构件可能破坏形式

轴心受压构件可能破坏形式有强度破坏、整体失稳和局部失稳 3 种。

1) 截面强度破坏

轴心受压构件截面如无削弱,一般不会发生强度破坏,因为整体失稳或局部失稳总发生在强度破坏之前。轴心受压构件的截面如有削弱,则有可能在截面削弱处发生强度破坏。

2) 整体失稳

轴心受压构件在轴心压力较小时处于稳定平衡状态,如有微小干扰力使其偏心离平衡位置,则在干扰力除去后,仍能回复到原先的平衡状态。随着轴心压力的增加,轴心受压构件会由稳定平衡状态逐步过渡到随遇平衡状态,这时如有微小干扰力使其偏离平衡位置,则在干扰力除去后,将停留在新的位置而不能回复到原先的平衡位置。随遇平衡状态也称为临界状态,这时的轴心压力称为临界压力。当轴心压力超过临界压力后,构件就不能维持平衡而失稳。构件的初始缺陷和残余应力都导致构件刚度及稳定承载力下降。

3) 局部失稳

轴心受压构件中的板件如工形、H 形截面的翼缘和腹板等均处于受压状态,如果板件的宽度与厚度之比较大,就会在压应力作用下出现波浪状的鼓曲变形,这种现象叫局部失稳。

2. 轴心受压构件强度

轴心受压构件强度与轴心受拉构件的主要不同点在于前者不会断裂。当截面应力超过屈服点后,截面应变会迅速增加,并诱发受压板件局部失稳和构件整体失稳。因此,通常以截面的平均应力达到屈服强度时轴心压力作为轴心受压构件的承载力,设计时应有:

$$N < A_n f \text{ 或 } \sigma = \frac{N}{A_n} < f \tag{6-11}$$

式中 N——构件轴心压力设计值;
A_n——轴心受压构件净截面面积;
f——钢材抗压强度设计值。

3. 轴心受压构件整体稳定计算

轴心受压构件整体失稳的极限承载力 N_{cr} 用下列公式计算:

$$N_{cr}=\varphi A f_y \tag{6-12}$$

设计计算时应使轴心受压构件所受的轴力 N 小于等于整体失稳时的极限承载力设计值,即:

$$N<\varphi A f \text{ 或 } \sigma=\frac{N}{\varphi A}<f \tag{6-13}$$

式中 A——构件截面面积;
φ——轴心压杆稳定系数,按构件的截面分类后查《冷弯薄壁型钢结构技术规范》和《钢结构设计规范》可得此系数。

4. 轴心受压构件局部稳定

轴心受压构件分为实腹受压构件和格构式受压构件两类,对实腹受压构件不允许出现局部失稳的准则是板件受压的应力应小于局部失稳的临界应力,可通过限制构件宽厚比来实现。格构式构件分为缀条格构构件和缀板格构构件两种,其局部稳定均包括三个内容,即受压构件单肢截面板件的局部稳定、受压构件单肢自身的稳定以及缀条(缀板)的稳定。对构件单肢截面板件的局部稳定计算与实腹受压构件局部稳定计算方法相同;对受压构件单肢自身的稳定可通过限制长细比的方法得以保证;对缀条的稳定可通过计算整体稳定来满足,对缀板的稳定可限制缀板的厚度及缀板满足正应力及剪应力的强度要求来满足。

5. 轴心受压构件刚度

与轴心受拉构件一样,轴心受压构件的刚度也用长细比控制。由于受压构件有失稳破坏的可能,因此其长细比控制比轴心受拉构件更为严格。长细比需满足下式要求:

$$\lambda_{\max}<[\lambda] \tag{6-14}$$

式中 $[\lambda]$——受压构件容许长细比,按表 6-2 采用。

受压构件容许长细比 $[\lambda]$ 表 6-2

项次	构 件 名 称	容许长细比 $[\lambda]$
1	柱、桁架和天窗架中的杆件	150
	柱的缀条、吊车梁或吊车桁架以下的柱间支撑	
2	支撑(吊车梁或吊车桁架以下的柱间支撑除外)	200
	用以减少受压构件长细比的杆件	

注:1. 桁架的受压腹杆,当其内力等于或小于承载能力的 50% 时,容许长细比可取为 200;
2. 跨度等于或大于 60m 的桁架,其受压弦杆和端压杆的容许长细比宜取 100,其他受压腹杆可取 150;
3. 计算单角钢受压构件的长细比时,应采用角钢的最小回转半径,但计算在交叉相互连接的交叉杆在平面外的长细比时,可采用与角钢肢边平行轴的回转半径。

6.5 受弯构件

只受弯矩作用或受弯矩与剪力共同作用的构件称为受弯构件。实际工程中，以受弯受剪为主但轴力很小的构件，也常称为受弯构件。结构中的受弯构件主要以梁的形式出现。

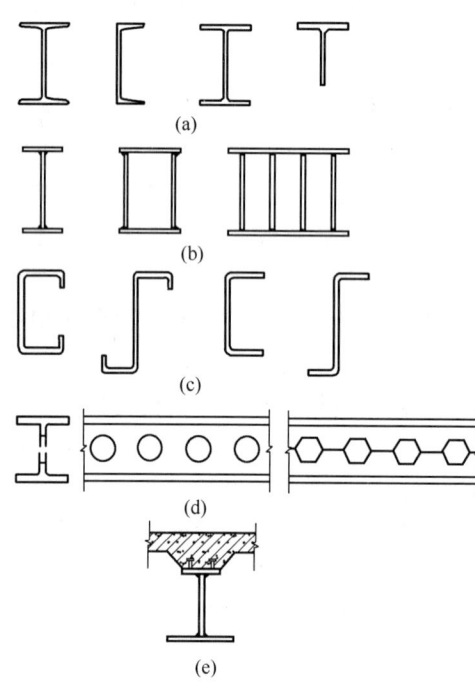

采用型钢的受弯构件，通常使用工字型钢（也称为 I 形钢）或截面宽高比较大（0.5~1.0）的宽翼缘工字钢（以下称 H 型钢）和槽钢等（图 6-6a）。工字钢与 H 型钢的材料在截面上的分布比较符合构件受弯的特点，用钢较省，因此应用普遍。

当型钢规格不能满足受弯构件的要求，可采用焊接组合截面（图 6-6b）。

冷弯薄壁型钢（图 6-6c）也是经常用于受弯构件的型钢截面，多用在承受较小荷载的场合下，例如房屋建筑中屋面檩条。

空腹式截面（图 6-6d）可以减轻构件的自重，方便管道的通行。

除了钢构件外，有用钢筋混凝土板和轧制型钢或焊接型钢构成的组合梁（图 6-6e），用作建筑物楼面、桥梁桥面的混凝土板，也作为梁的组成部分参与抵抗弯矩。

图 6-6　受弯构件截面形式
(a) 槽钢、工字钢、T 型钢；(b) 焊接组合截面；
(c) 冷弯薄壁型钢；(d) 空腹截面；(e) 组合梁

受弯构件计算包括强度、整体稳定、局部稳定和刚度四个方面。

1. 受弯构件主要破坏形式

受弯构件主要破坏形式有强度破坏、整体失稳和局部失稳共 3 种。

1）截面强度破坏

设一双轴对称工字形等截面构件，构件两端施加等值同曲率弯矩 M，并设弯矩使构件截面绕强轴

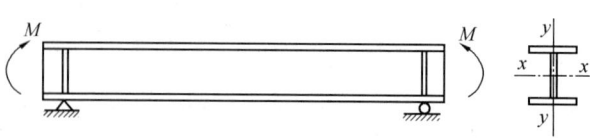

图 6-7　均匀受弯构件

转动（图 6-7）。构件材料的应力应变关系如图 6-8（e）所示。当弯矩较小时（6-8f 中的 a 点），截面处于弹性受力状态，这种状态可以保持到截面最外"纤维"的应

力达到屈服点为止（图6-8a）。之后，随弯矩继续增大（图6-8f中的b点），主轴附近保留一个弹性核（图6-8b）。当弯矩增长使弹性核变得非常小时，截面上的应力分布简化为图6-8（c）所示的情况（图6-8f中的c点）。截面真实的应力状态如图6-8（d）所示（图6-8f的d点），对于工程设计而言，此阶段可利用意义不大。

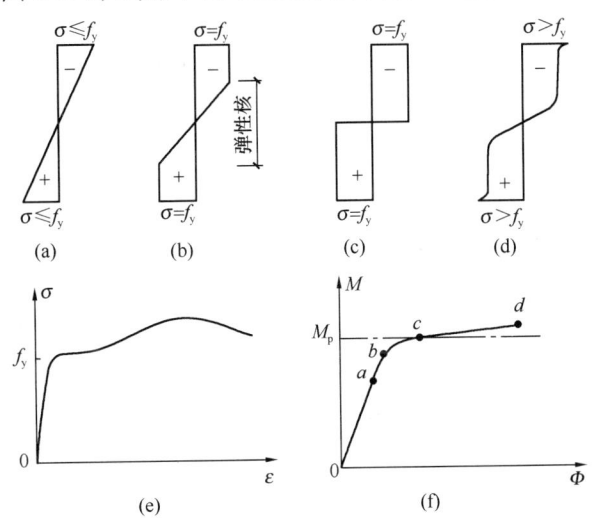

图 6-8　钢材应力应变关系及受弯截面应力发展

2）整体失稳

单向受弯构件在荷载作用下，虽然不利截面上的作用效应还低于截面承载能力，但构件可能突然偏离原来弯曲变形平面，发生侧向挠曲和扭转（图6-9），这种现象称为受弯构件的整体失稳。受弯构件整体失稳后，一般不能再承受更大荷载的作用。

3）局部失稳

受弯构件截面都是由板件组成，在一定的荷载条件下，会出现波浪状的鼓曲变形，这种现象称为局部失稳（图6-10）。与整体失稳不同，若构件发生局部失稳，其轴向变形仍可视为发生在弯曲平面内。局部失稳会恶化构件的受力性能，使得构件的承载能力不能充分发挥。若受弯构件的翼缘局部失稳，可能导致构件的整体失稳提前发生。

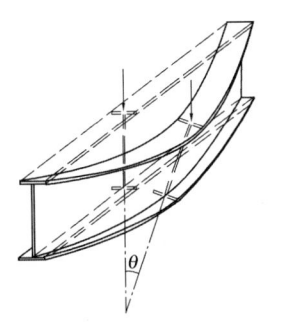
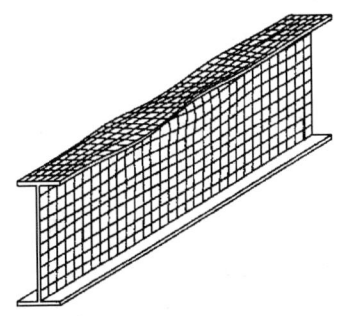

图 6-9　受弯构件整体失稳　　图 6-10　受弯构件局部失稳

2. 受弯构件截面强度

1) 强度准则

采用边缘纤维屈服准则:即截面上边缘纤维的应力达到钢材屈服点,就认为受弯构件截面已达到强度极限,截面上的弯矩称为屈服弯矩。对截面只需进行弹性分析。

为充分利用材料,可将截面进入塑性区但限制在某一范围,一旦塑性区达到规定的范围即视为强度破坏。

2) 抗弯强度

本书只讨论单向弯曲的抗弯强度。

设截面上仅作用绕主轴 x 轴的弯矩 M_x,截面边缘正应力 σ 为:

$$\sigma = \frac{M_x}{W_x} \tag{6-15}$$

式中 M_x——绕 x 轴的弯矩;

W_x——对 x 轴弹性截面模量,或简称截面模量。

当截面最外边缘的正应力达到屈服点 f_y 时,截面承受的弯矩即屈服弯矩 M_{px} 为:

$$M_{px} = W_x f_y \tag{6-16}$$

设计中截面抗弯强度计算公式为:

$$M_x < W_x f \text{ 或 } \sigma = \frac{M_x}{W_x} < f \tag{6-17}$$

式中 f——钢材抗弯强度设计值。

工程设计时有时采取限制截面塑性区在截面高度一定范围内发展,采用有限截面塑性发展系数 γ_x 来表征按此定义的截面抗弯承载强度的提高。

对 x 轴的截面抗弯强度设计值 M_{ux} 可按下式计算:

$$M_{ux} = \gamma_x W_x f \text{ 或 } \frac{M_x}{M_{ux}} < 1 \tag{6-18}$$

3) 抗剪强度

按材料力学,开口截面剪应力按式(6-19)计算:

$$\tau = \frac{V_y S_x}{I_x t} \tag{6-19}$$

式中 V_y——截面上作用的剪力,设与 y 轴平行;

I_x——与剪力作用线垂直的截面主轴惯性矩;

t——计算点处截面宽度或板件厚度;

S_x——计算点处截面面积矩。

工字形截面上剪力主要由腹板承受,剪应力可近似按下式计算:

$$\tau = \frac{V_y}{A_w} \tag{6-20}$$

式中 A_w——腹板面积。

用式(6-19)算得的截面最大剪应力与按式(6-20)计算的腹板平均剪应力在工程上是可以接受的。

抗剪强度计算改用剪力来表达，则为：

$$V < \frac{I_x t}{S_x} f_v \tag{6-21}$$

对于截面上有螺栓孔等微小削弱时，工程上仍用毛截面参数进行抗剪强度计算。

4) 局部承压强度

作用在受弯构件上的横向力以分布荷载或集中荷载形式出现。这类荷载也是有一定分布长度的，不过其分布范围较小而已。

局部承压处的局部承压应力不应超过材料的屈服强度，这是局部承压的设计准则。受弯构件局部承压强度不能满足这一要求时，一般考虑在集中荷载作用处设置支承加劲肋，如图 6-11 所示。

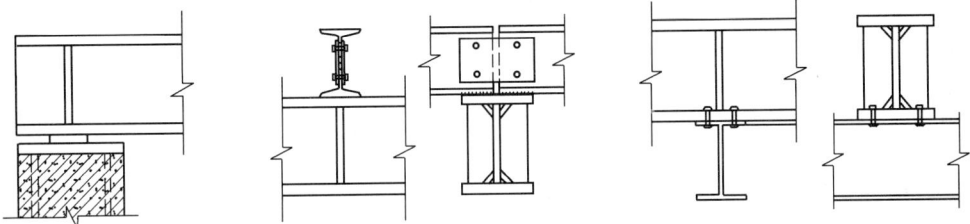

图 6-11　支承加劲肋

3. 受弯构件整体稳定

整体稳定的计算复杂，在此不讨论。当有足够刚度的铺板（钢筋混凝土板、钢板）在受压构件的压翼缘上并与其牢固连接、能有效阻止其侧向变形时，或者构件的自由长度小于某一限值时，可以不考虑构件的整体稳定。

4. 受弯构件局部稳定

受弯构件截面主要由平板组成，其局部失稳是不同约束条件下的平板在不同应力分布下的失稳，包括受压翼缘的局部稳定、腹板的局部稳定，保证局部稳定可通过限制板件宽厚比或长宽比来实现。

当不满足要求时，可以设置加劲肋来改变板件区格分布，或者可增加板厚，图 6-12 是几种典型加劲肋设置方法。

5. 受弯构件变形

受弯构件变形太大，会妨碍正常使用。需限制受弯构件竖向挠度，其表达式为

$$\delta < [\delta] \tag{6-22}$$

式中　δ——荷载作用下产生的最大挠度或跨中挠度，可以按材料力学、结构力学的方法求出，由于挠度是构件整体力学行为，所以采用毛截面参数进行计算；

$[\delta]$——规定的挠度限值，一般为 $l/250$。

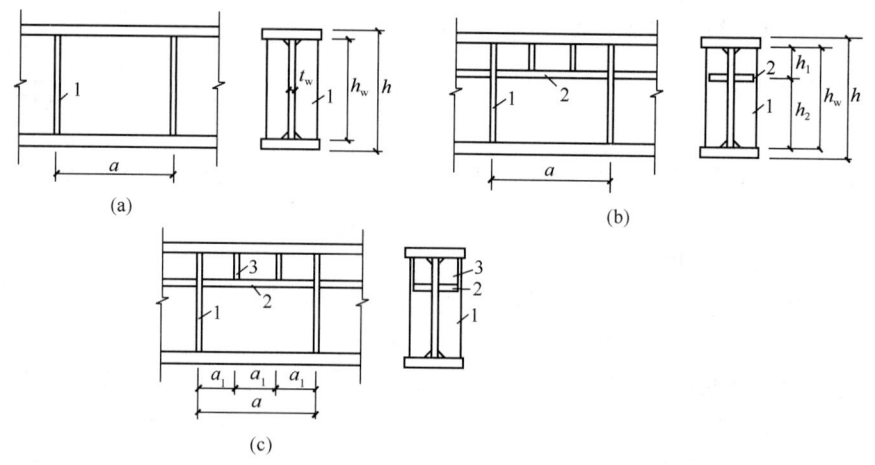

图 6-12 加劲肋设置
1—横向加劲肋；2—纵向加劲肋；3—短加劲肋

6.6 压弯构件

构件受到沿杆轴方向的压力和绕截面形心主轴的弯矩作用，称为压弯构件。弯矩可以由偏心轴力引起，这时称为偏压构件。

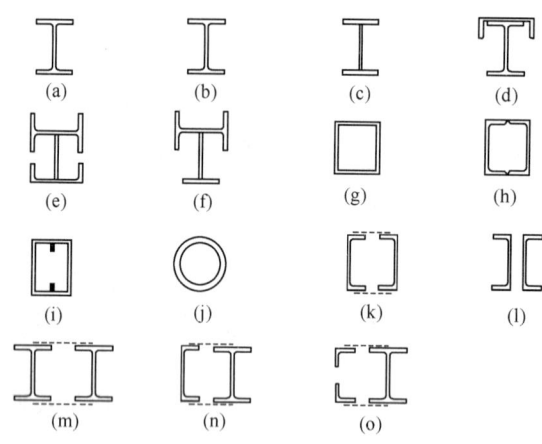

图 6-13 压弯构件截面形式

框架结构中钢柱大多是典型的压弯构件，钢桁架中的受压弦杆和腹杆若比较粗短，加上端部有很强的转动约束时，也是压弯构件。

压弯构件截面形式按其组成方式区分，可以有型钢（图 6-13a、b）、钢板焊接组合截面（图 6-13c、g）或型钢与型钢、型钢与钢板的组合截面（图 6-13d、e、f、h、i）；以几何特征分，可以有开口截面，也可以有闭口截面（图 6-13g～j），有双轴对称也有单轴对称截面；除了实腹式截面外（图 6-13a～j），还有格构式截面（图 6-13k～o）。此外，构件截面沿轴线可以变化。不同的截面形式，在计算方法上会有若干差别。

1. 压弯构件破坏形式

压弯构件破坏形式有强度破坏、整体失稳和局部失稳共 3 种。

压弯构件截面上应力的发展与受弯构件截面有相似之处。单向压弯构件截面应力发展情况见图 6-14。强度破坏指截面的一部分或全部应力都达到甚至超过钢材屈服点的状况。内力最大的截面、等截面构件中因孔洞等原因局部削弱较多的截面、变截面构件中内力相对大而截面相对小的截面可能首先到达这一状况。

整体失稳和局部失稳对构件的影响，可以参考轴心受力构件和受弯构件的叙述。

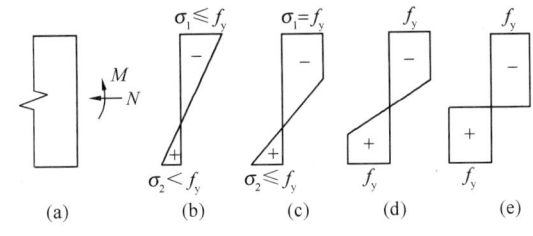

图 6-14 单向压弯构件截面应力发展

2. 压弯构件截面强度

压弯构件的截面强度，其计算公式与拉弯构件中的强度公式相同，只需将公式中的轴力改为轴心压力即可。

3. 压弯构件稳定

压弯构件的稳定也包括整体稳定及局部稳定两类，两者的承载力计算公式很复杂，在此不细述。可参照规范执行。提高整体稳定的手段是减小计算长度或增加侧向支撑。设计中不允许板件发生局部失稳，可通过限制板件宽厚比来保证。

6.7 钢结构连接

钢结构的基本构件由钢板、型钢等连接而成，运到工地后通过安装连接成整体结构。

1. 钢结构连接方式

钢结构连接通常有焊接、铆接和螺栓连接（图 6-15）。

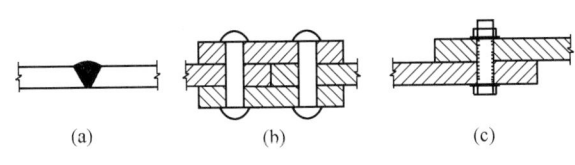

图 6-15 钢结构连接方式
（a）焊接连接；（b）铆钉连接（c）螺栓连接

焊接连接是现代钢结构最主要的连接方式，它的优点是任何形状的结构都可用焊缝连接，构造简单。但焊缝质量易受材料和操作的影响。

铆钉连接需要先在构件上开孔，用加热的铆钉进行铆合。铆钉连接由于费钢费工，现在很少采用。

螺栓连接采用的螺栓有普通螺栓和高强度螺栓两种。普通螺栓的优点是装卸便利，不需特殊设备。高强度螺栓是用强度较高的钢材制作，安装时通过特制的扳手，以较大的扭矩上紧螺帽，使螺杆产生很大的预应力。高强度螺栓连接分为摩擦型连接和承压型连接两种。

除上述常用连接外，在薄钢结构中还经常采用射钉、自攻螺钉和焊钉等连接方式。

2. 焊接连接形式

焊缝连接形式可按构件相对位置、构造和施焊位置来划分。

（1）按构件相对位置可分为平接、搭接和顶接三种类型（图 6-16）。

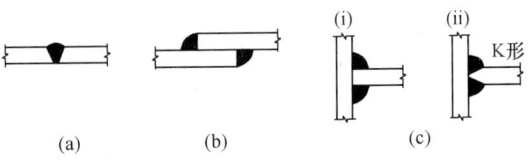

图 6-16 焊接连接形式
（a）平接；(b) 搭接；(c) 顶接

(2) 按构造可分为对接焊接和角焊接两种形式。图 6-16 中的平接（K 形焊接）为对接焊缝，对接焊缝一般焊透全厚度。对接焊缝按作用力方向可分为直缝和斜缝（图 6-17）。搭接和顶接为角焊缝。角焊缝按作用力方向可分为侧缝和端缝（图 6-18）。

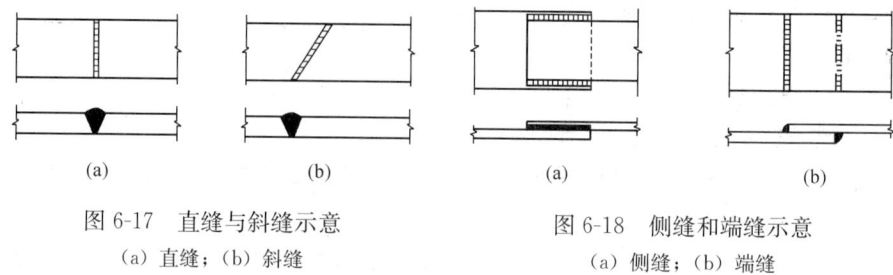

图 6-17　直缝与斜缝示意
(a) 直缝；(b) 斜缝

图 6-18　侧缝和端缝示意
(a) 侧缝；(b) 端缝

(3) 按施焊位置分俯焊、立焊、横焊和仰焊等几种（图 6-19）。

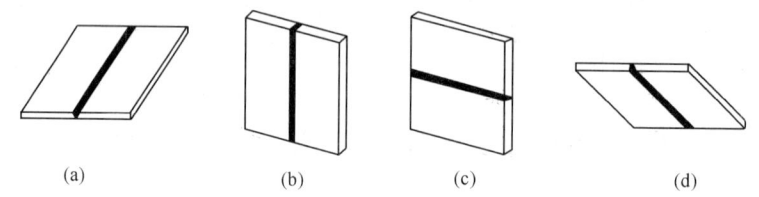

图 6-19　焊缝的施焊位置
(a) 俯焊；(b) 立焊；(c) 横焊；(d) 仰焊

3. 对接焊缝连接构造和计算

1) 对接焊缝构造

对接焊缝的形式有直边缝、单边 V 形缝，双边 V 形缝、U 形缝、K 形缝、X 形缝等（图 6-20），形式与焊件厚度有关。

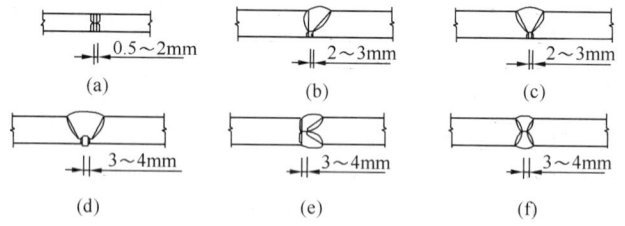

图 6-20　对接焊缝构造
(a) 直边缝；(b) 单边 V 形缝；(c) 双边 V 形缝；(d) U 形缝；(e) K 形缝；(f) X 形缝

在钢板厚度或宽度有变化的焊接中，为了使构件传力均匀，应在板的一侧或两侧做成坡度不大于 1∶2.5 的斜角，形成平缓过渡（图 6-21）。

2) 对接焊缝计算

由于对接焊缝形成了被连接构件截面的一部分，一般要求对焊缝强度进行计算，并满足要求。以下根据焊缝受力情况分述焊缝强度的计算公式。

(1) 轴心受力对接焊缝计算（图 6-22）

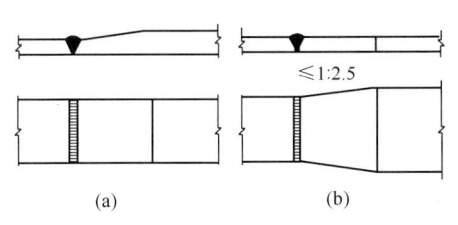

图 6-21　不同厚度或宽度钢板连接
(a) 改变厚度；(b) 改变宽度

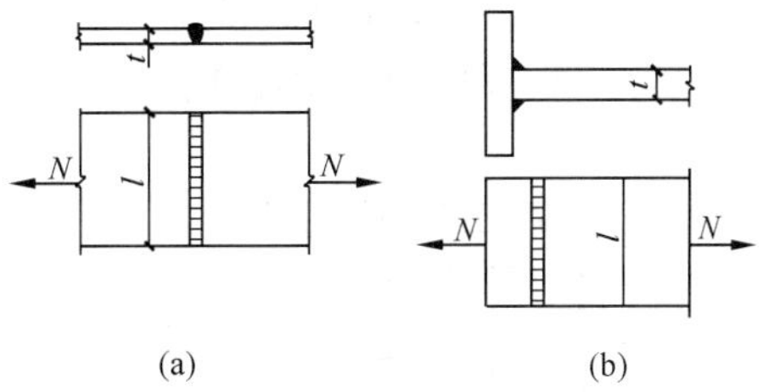

图 6-22　轴心受力对接焊缝
(a) 平接接头；(b) 顶接接头

对接焊缝受轴心力是指作用力通过焊件截面形心，且垂直焊缝长度方向，其计算公式为：

$$\sigma = \frac{N}{l_w t} < f_t^w \text{ 或 } f_c^w \tag{6-23}$$

式中　N——轴心拉力或压力设计值；

　　　l_w——焊接的计算长度，当未采用引弧板时取实际长度减去 $2t$，采用引弧板时，取焊缝实际长度；

　　　t——在对接接头中为连接件的较小厚度，在 T 形连接中为腹板厚度；

f_t^w 或 f_c^w——分别为对接焊缝抗拉、抗压强度设计值，见附表 6-2。

(2) 剪力作用对接焊缝计算（图 6-23）

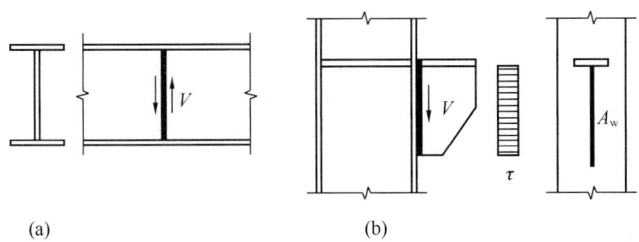

图 6-23　受剪焊缝

对接焊缝受剪是指作用力通过焊缝形心，且平行焊缝长度方向，其计算公式为：

$$\tau = \frac{VS_w}{I_w t} \tag{6-24}$$

式中　V——焊缝承受的剪力；

　　　I_w——焊缝计算截面对其中和轴惯性矩；

　　　S_w——计算剪应力处以上焊缝计算截面对中和轴的面积矩。

对于梁柱节点处牛腿（图 6-23b），假定剪力由腹板承受，且剪应力均匀分布，其计算公式为：

$$\tau = \frac{V}{A_w} \tag{6-25}$$

式中 A_w——牛腿处腹板焊缝计算面积。

(3) 弯矩和剪力共同作用对接焊缝计算（图6-24）。

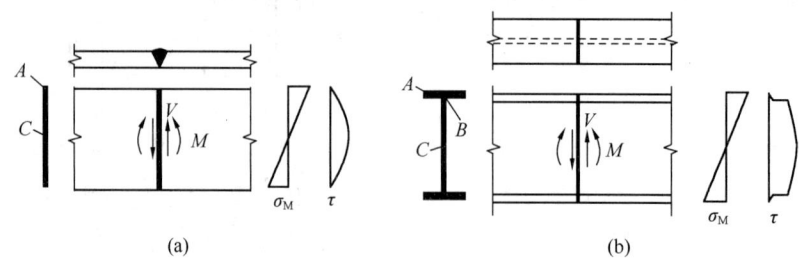

图6-24 弯矩和剪力共同作用下对接焊缝

弯矩作用下焊缝产生正应力，剪力作用下焊缝产生剪应力，其应力分布见图6-24，弯矩作用下焊缝截面上A点正应力最大，其计算公式为：

$$\sigma_M = \frac{M}{W_w} \tag{6-26}$$

式中 W_w——焊缝计算截面模量。

剪力作用下焊缝截面上C点剪应力最大，可按式（6-24）计算。

对于工字形、箱形等构件，在腹板与翼缘交接处，如图6-24（b），焊缝截面的B点同时受有较大的正应力σ_1和较大的剪应力τ_1作用，故还应计算折算应力，其公式为：

$$\sigma_f = \sqrt{\sigma_1^2 + 3\tau_1^2} \tag{6-27}$$

$$\tau_1 = \frac{VS_1}{I_w t} \text{ 或 } \tau_1 = \frac{V}{A_w}$$

$$\sigma_1 = \frac{M}{W_w} \cdot \frac{h_0}{h}$$

式中 σ_1——腹板与翼缘交接处焊缝正应力；

h_0、h——分别为焊缝截面处腹板高度、总高度；

τ_1——腹板与翼缘交接处焊缝剪应力；

S_1——B点以上面积对中和轴的面积矩；

t——腹板厚度。

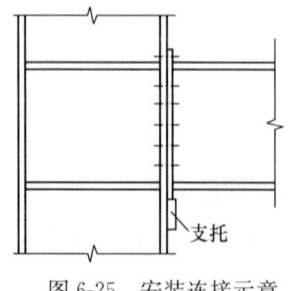

图6-25 安装连接示意

角焊缝的构造与计算原理与对接焊缝类似，在此不再详述，可参见有关书著。

4. 普通螺栓连接构造和计算

普通螺栓分A、B级和C级。A、B级普通螺栓的制作精度和螺栓孔的精度、孔壁表面粗糙度等要求都比C级普通螺栓相应内容严格。在受到拉剪联合作用的连接中，可设计成螺栓受拉、支托受剪的连接形式，如图6-25所示。

普通螺栓按受力情况可以分为剪力螺栓（图6-26a）和拉力螺栓（图6-26b）。

（1）剪力螺栓的工作性能：当外力并不大时，由构件间的摩擦力来传递外力。当外力继续增大而超过极限摩擦力后，构件之间出现相对滑移，螺栓开始接触构件的孔壁而受剪，孔壁则受压（图6-27）。

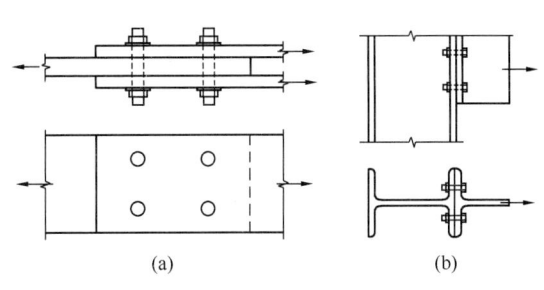

图6-26 剪力螺栓与拉力螺栓
(a) 剪力螺栓；(b) 拉力螺栓

一个剪力螺栓的承载力按下列两种情况计算：

受剪承载力：

$$N_v^b = n_v \frac{\pi d^2}{4} f_v^b \quad (6-28a)$$

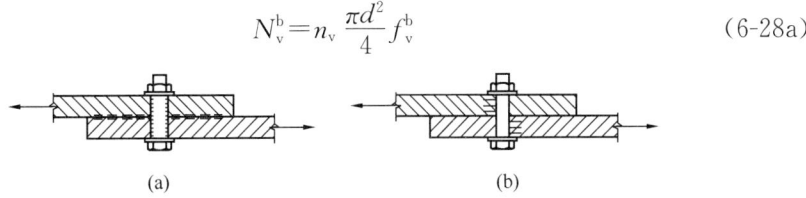

图6-27 剪力螺栓连接的工作性能
(a) 螺栓连接受力不大时，靠钢板间的摩擦力来传力；
(b) 螺栓连接受力较大时，靠孔壁受压和螺杆受剪力来传力

承压承载力：

$$N_c^b = d \sum t f_c^b \quad (6-28b)$$

取二者中最小值，即：

$$[N]_c^b = \min(N_c^b, N_v^b) \quad (6-28c)$$

式中 N_v^b——一个剪力螺栓承载力；

n_v——每个螺栓的剪面数，单剪（图6-28a）$n_v=1.0$，双剪（图6-28b）$n_v=2.0$；

d——螺杆直径；

$\sum t$——在同一受力方向的承压构件的较小总厚度，单剪（图6-28a）时，$\sum t$取较小的厚度；双剪（图6-28b）时，$\sum t = \min |b, a+c|$；

f_v^b，f_c^b——分别为螺栓的抗剪、抗压强度设计值，可按附表6-3采用。

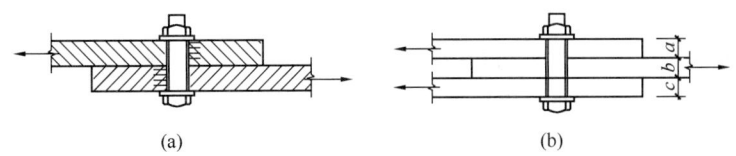

图6-28 剪力螺栓剪面数和承压厚度

（2）拉力螺栓的工作性能：在受拉螺栓连接中，外力使被连接构件的接触面互相脱开而使螺栓受拉，最后螺栓被拉断而破坏。为减小因拼接角钢B的刚度对螺栓拉力的影响（图6-29a、b），可采用将拉力螺栓的抗拉强度降低和在角钢中设加劲肋（图6-29c）或增加角钢厚度构造措施等进行处理。

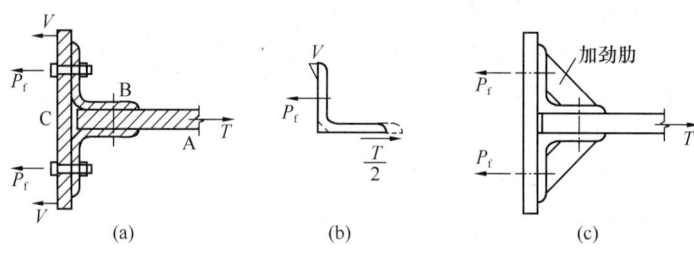

图 6-29 拉力螺栓受力状态

一个拉力螺栓承载力计算公式为：

$$N_t^b = \frac{\pi d_e^2}{4} f_t^b \tag{6-29}$$

式中 d_e——螺栓有效直径，按表 6-3 采用；

f_t^b——螺栓抗拉强度设计值，按附表 6-3 采用。

螺栓的有效面积 表 6-3

螺栓直径 d (mm)	螺距 p (mm)	螺栓有效直径 d_e (mm)	螺栓有效面积 A_e (mm²)	螺栓直径 d (mm)	螺距 p (mm)	螺栓有效直径 d_e (mm)	螺栓有效面积 A_e (mm²)
16	2	14.1236	156.7	52	5	47.3090	1758
18	2.5	15.6545	192.5	56	5.5	50.8399	2030
20	2.5	17.6545	244.8	60	5.5	54.8399	2362
22	2.5	19.6545	303.4	64	6	58.3708	2676
24	3	21.1854	352.5	68	6	62.3708	3055
27	3	24.1854	459.4	72	6	66.3708	3460
30	3.5	26.7163	560.6	76	6	70.3708	3889
33	3.5	29.7163	693.6	80	6	74.3708	4344
36	4	32.2472	816.7	85	6	79.3708	4948
39	4	35.2472	975.8	90	6	84.3708	5591
42	4.5	37.7781	1121	95	6	89.3708	6273
45	4.5	40.7781	1306	100	6	94.3708	6995
48	5	43.3090	1473				

5. 高强度螺栓连接构造和计算

1) 工作性能

高强度螺栓连接有摩擦型和承压型两种。现分述其工作性能。

(1) 摩擦型连接抗剪工作性能：高强度螺栓安装时将螺栓拧紧，使螺杆产生预拉力压紧构件接触面，靠接触面的摩擦力来阻止其相互滑移，以达到传递外力的目的。

(2) 承压型连接抗剪工作性能：当剪力超过摩擦力时，构件之间发生相对滑移，螺杆杆身与孔壁接触，使螺杆受剪和孔壁受压，破坏形式与普通螺栓相同。

2) 摩擦型连接抗剪计算

(1) 抗剪承载力设计值

抗剪承载力的大小与其传力摩擦面的抗剪滑移系数和对钢板的预压力有关

(图 6-30)。一个高强度螺栓的抗剪承载力设计值为：

$$N_v^b = 0.9 n_f \mu P \quad (6-30)$$

式中 n_f——传力摩擦面数目；
μ——摩擦面抗滑移系数，按表 6-4 采用；
P——每个高强度螺栓的预拉力，按表 6-5 采用。

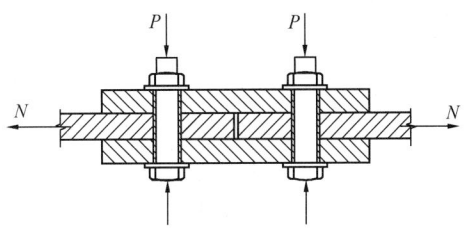

图 6-30 高强度螺栓连接中的内力传递

摩擦面抗滑移系数 μ 值　　　　表 6-4

在连接处构件接触面的处理方法	构件的钢号			
	Q235	Q345	Q390	Q420
喷砂（丸）	0.45	0.50	0.50	0.50
喷砂（丸）后涂无机富锌漆	0.35	0.40	0.40	0.40
喷砂（丸）后生赤锈	0.45	0.50	0.50	0.50
钢丝刷清除浮锈或未经处理的干净轧制表面	0.30	0.35	0.35	0.40

每个高强度螺栓的预拉力 P 值（kN）　　　　表 6-5

螺栓的性能等级	螺栓公称直径（mm）					
	M16	M20	M22	M24	M27	M30
8.8 级	80	125	150	175	230	280
10.9 级	100	155	190	225	290	355

(2) 螺栓群连接轴力作用下计算（图 6-31）

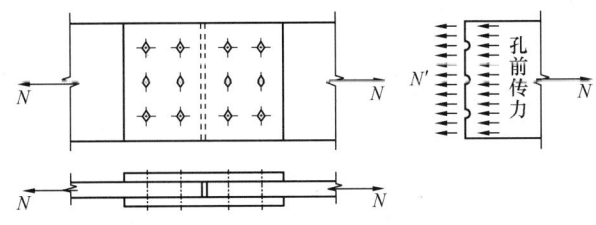

图 6-31 轴力作用下高强度螺栓群连接

轴力 N 通过螺栓群形心，每个高强度螺栓受力为：

$$\frac{N}{n} < N_v^b \quad (6-31)$$

式中 N_v^b——一个高强度螺栓抗剪承载力，按式（6-30）计算。

摩擦型连接中，被连接钢板最危险截面在每个排口螺栓孔处（图 6-31）。根据试验结果，第一排高强度螺栓所分担的内力已有 50% 在孔前为摩擦力所传递，净截面上的拉力为：

$$N' = N - 0.5 \frac{N}{n} \times n_1 = N \left(1 - 0.5 \frac{n_1}{n}\right) \quad (6-32)$$

净截面强度计算公式为：

$$\sigma = \frac{N'}{A_n} < f \tag{6-33}$$

通过以上分析可以看出，在高强度螺栓连接中，开孔对构件截面的削弱影响较普通螺栓连接小，这也是节约钢材的一个途径。

3）摩擦型连接抗拉计算

（1）抗拉承载力设计值

试验表明，当拉力过大时，螺栓将发生松弛现象，这对连接抗剪性能是不利的，故规定一个高强度螺栓抗拉承载力设计值为：

$$N_t^b = 0.8P \tag{6-34}$$

式中　P——螺栓的预拉力。

（2）连接计算

①轴力作用下计算

因力通过螺栓群中心，每个螺栓所受外力相同，一个螺栓的受力应符合下列公式要求：

$$\frac{N}{n} < 0.8P \tag{6-35}$$

式中　n——螺栓数。

②螺栓群在弯矩和轴力作用下计算

螺栓群在弯矩和轴力共同作用下，按下式计算：

$$N_t = \frac{N}{n} + \frac{My_1}{\sum y_i^2} < 0.8P \tag{6-36}$$

4）摩擦型连接同时承受剪力和拉力计算

（1）抗剪承载力设计值按下式计算：

$$N_v^b = 0.9 n_f \mu (P - 1.25 N_t) \tag{6-37}$$

式中　N_t——一个螺栓承受的外拉力。

上式是考虑在外拉力 N_t 作用下，构件接触面上挤压力变为 $P-N_t$，同时摩擦系数也下降，如保持摩擦系数不变，就必须适当提高 N_t 值，故取 $1.25N_t$。

（2）螺栓群在弯矩、拉力和剪力作用下计算

如图 6-32 所示，M、N 作用下使螺栓承受拉力，V 作用下使螺栓承受剪力，计算时分开进行即可。

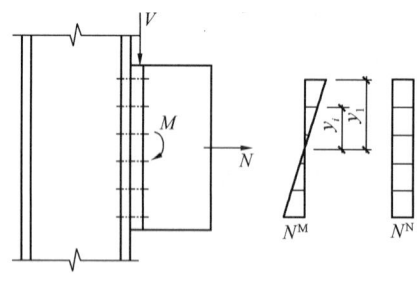

图 6-32　在 M、N、V 共同作用下高强度螺栓连接的受力情况

5）承压型连接计算

承压型连接中高强度螺栓采用的钢材与摩擦型连接中的高强度螺栓相同。因容许被连接构件之间产生滑移，所以抗剪连接计算方法与普通螺栓相同。

在螺栓杆轴方向受拉及承受剪力的高强度螺栓，应按下式计算：

$$\sqrt{\left(\frac{N_v}{N_v^b}\right)^2 + \left(\frac{N_t}{N_t^b}\right)^2} < 1 \qquad (6\text{-}38)$$

和

$$N_v < \frac{N_c^b}{1.2} \qquad (6\text{-}39)$$

式中　N_v、N_t——每个高强度螺栓所承受的剪力和拉力；
　　　N_v^b、N_t^b、N_c^b——每个高强度螺栓的抗剪、抗拉和承压承载力设计值，其强度设计值可按附表6-3采用。

公式（6-39）右边分母1.2是考虑由于螺栓杆轴方向的外拉力使孔壁承压强度的设计值有所降低之故。

高强度螺栓承压型连接仅用于承受静力荷载和间接承受动力荷载的连接中。

6.8　钢构件连接

钢构件间的连接主要包括主梁与次梁、梁与柱及柱与基础的连接三大类。从传力性质上看，连接节点可分为铰接、刚性连接和半刚性连接。从连接方法上看，有焊接、普通螺栓连接和高强螺栓连接。

1. 主梁与次梁连接

主梁与次梁连接可分为叠接和平接二类，叠接是将次梁直接放在主梁上，再用焊接或螺栓连接，平接是主次梁顶面等高或次梁顶面略高于或低于主梁顶面。图6-33为主次梁连接的构造作法。

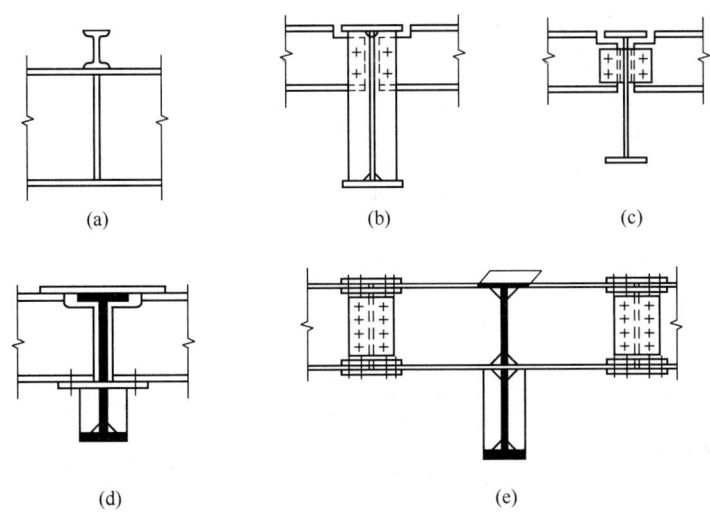

图6-33　主次梁连接
(a) 铰接构造；(b) 铰接构造；(c) 铰接构造；(d) 刚接构造；(e) 刚接构造

2. 梁与柱连接

梁与柱连接可分为铰接和刚接两种，在多高层框架结构中，梁柱连接节点为刚接，其余根据计算模型可以设计成铰接或半刚性连接，图 6-34 为梁柱连接的构造作法。

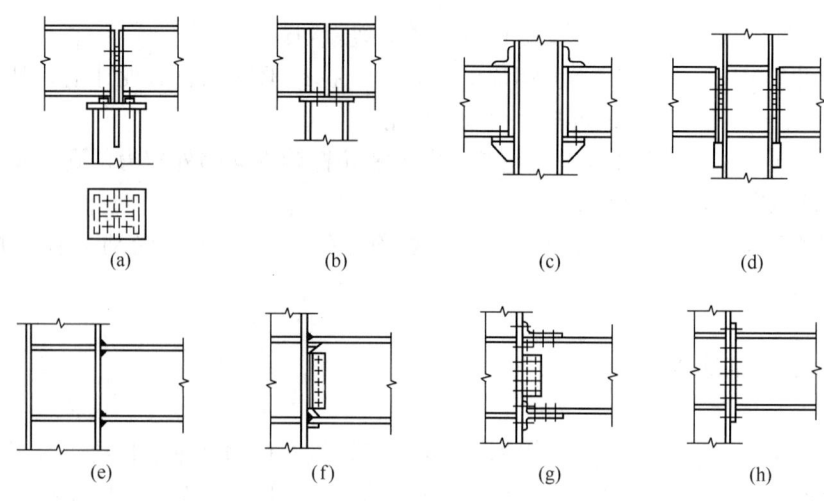

图 6-34 梁柱连接

(a)(b) 梁置于柱顶；(c)(d) 梁置于柱侧；(e)(f)(g)(h) 多层框架梁柱连接

3. 柱与基础连接

柱与基础连接可以是铰接，也可以刚接。铰接节点只承受轴向压力和剪力，刚接连接则承受压力、剪力和弯矩。板式柱脚主要用于铰接柱脚（图 6-35a），埋入式柱脚多用于多高层框架结构的固定端连接柱脚（图 6-35d、e），带靴梁柱脚可用于铰接（图 6-35b、c）也可用于固定端连接柱脚。

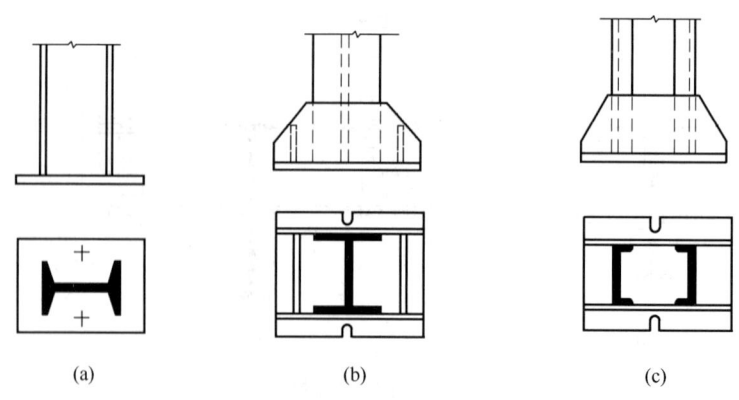

图 6-35 柱与基础连接（一）

(a)(b)(c) 铰接柱脚

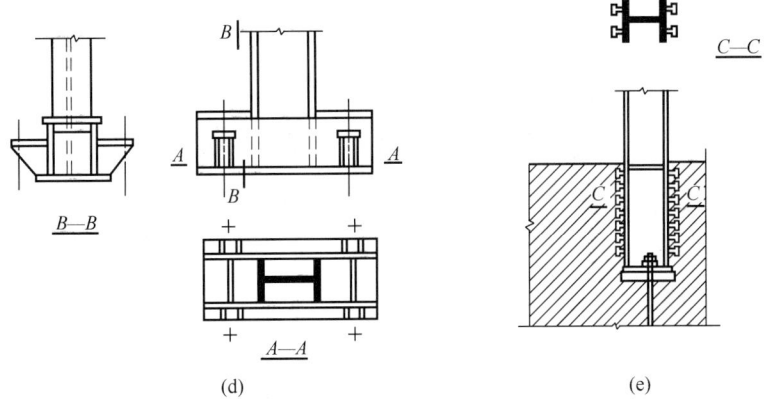

图 6-35 柱与基础连接（二）
(d)(e) 刚接柱脚

思考题与习题

6-1 钢材有哪几项主要力学指标？各项指标可用来衡量钢材哪些方面性能？

6-2 为什么会出现整体失稳现象？如何考虑整体失稳？

6-3 为什么会出现局部失稳现象？如何考虑局部失稳？

6-4 钢结构连接的主要方式？各自优缺点是什么？

第7章 木 结 构

7.1 木结构特点及发展

1. 木结构特点

木结构是指以木材为主要受力构件的工程结构。木结构除大量用于住宅、学校和办公楼等中低层建筑之外，在大跨度建筑（如体育场、会议中心和厂房等）中也有应用。木结构具有以下优点：

（1）木材资源再生容易。木材依靠太阳能周期性地自然生长，一般周期为50～100年，木材是一种绿色环保材料。

（2）木材具有较好的保温隔热性能。木材本身细胞内有空腔，形成了天然的中空材料，木结构有冬暖夏凉之特点。

（3）木结构建造方便。木材容易加工，木结构构件相对轻，运输和安装都较容易。木结构建筑的纹理自然，住在木结构的建筑中使人有一种回归自然的感觉。

（4）木结构建筑具有较好的抗震性能。在国内外历次强震中都表现出良好的抗震性能。

木结构也有一些缺点，经合理设计，可以避免这些缺点对使用的影响：

（1）木材各向异性。木材力学性能沿纵向、横向完全不同。设计中最好使构件纵向承受压力。

（2）木材容易腐蚀、易于燃烧。做好建筑物的通风、防潮，使用干燥的木材是避免木材腐蚀的有效措施。适当的防火间距、安全疏散通道、烟感报警装置的设置等都是防止火灾的必要措施。

2. 木结构发展

欧美许多国家，木结构因取材方便而得到广泛使用。美国华盛顿州塔科马市体育竞技馆采用木结构，穹顶直径为162m，矢高达45.7m，1983年建成时为当时世界最大的木穹顶结构。

我国木结构建筑历史悠久，远溯到3500年前，我国就基本上形成了用榫卯连接梁柱的框架结构体系。如建于公元1056年的中国应县木塔，为八角形楼阁式木塔，全部由木材以榫卯连接而成，总高67.13m，底层直径30m。经历了5级以上的地震十几次，至今依然巍然屹立。

木结构建筑在我国正处于复苏阶段。《木结构设计规范》GB 50005—2003、《木结构设计手册》等修编为木结构建筑提供了一定的技术保障。木结构将朝着高度、耐久性及研发新型木产品的方向发展。

7.2 木结构材料及力学性能

1. 木材构造及种类

1) 木材构造

结构用材可分为针叶材和阔叶材。针叶材一般质地较软，又称为软木；而阔叶材一般质地较硬，又称硬木，软木（针叶材）并非强度一定比硬木（阔叶材）低，硬木的木纹不像软木那样平直、有规律、加工较困难，使用时因木纹方向变化较大使得强度离散性很大，所以硬木用作结构用材较少，结构中的承重构件大多采用针叶材等软木。

木材在宏观构造上体现为：

(1) 边材和心材：边材是位于树皮内侧并靠近树皮处，边材材色一般较浅，心材是位于边材里面的木材，一般颜色较深。

(2) 年轮、早材和晚材：年轮是指一年内木材的生长层，在横断面上围绕髓心呈环状，一年形成一轮，因此通称年轮。靠近髓心部分的木材叫早材，靠近树皮部分的木材叫晚材。

2) 木材种类

结构用木材按照其加工方式不同主要分三大类：原木、锯材和胶合材。

(1) 原木为经去皮后的树干直接用作结构的构件。用原木建造的建筑往往造价很高，且不利于充分利用原材料。

(2) 锯材为树干经去皮处理后，切割成一定长度、断面的材料。锯材分方木、实木板材和规格材。

方木指从原木直锯切得到的、宽厚比小于3的矩形或方形锯材，常用作建筑物的梁和柱。实木板材指从原木直锯切得到的、宽厚比不小于3的矩形锯材，常用于楼、屋面板。规格材为截面厚度不大于90mm、宽度和厚度按规定尺寸加工的规格化矩形截面锯材。

(3) 以木材为原料通过胶合压制成矩形材和板材的总称为胶合材，常用的胶合材有：结构胶合材、胶合板和层板胶合木等。

2. 木材等级和设计强度

1) 木材性能指标

(1) 密度

木材的密度是指构成木材细胞壁物质的密度，约为 $1.50\sim1.56g/cm^3$，各材种之间相差不大，实际计算和使用中常取 $1.53g/cm^3$。

(2) 含水率

木材的含水率是木材中水分质量占干燥木材质量的百分比。

(3) 湿胀干缩性

木材具有显著的湿胀干缩性。木材含水率在纤维饱和点以下时吸湿具有明显的膨胀变形现象，解吸时具有明显的收缩变形现象。木材在干燥的过程中会产生变形、翘曲和开裂等现象，木材的干缩湿胀变形还随树种不同而异。

(4) 强度

木材有抗压、抗拉、抗弯和抗剪强度。木材是一种非均质材料，强度具有各向异性。

木材在长期荷载作用下不致引起破坏的最大强度，称为持久强度。木材的持久强度比其极限强度小，一般为极限强度的 50%～60%。影响木材强度的因素主要有含水率、环境温度、负荷时间、密度及疵病等。

2) 木材材质等级

承重结构用木材分为用于普通木结构的原木、方木和板材，胶合木，轻型木结构规格材三大类。用于普通木结构的原木、方木和板材的材质等级分为 I_a、II_a 和 III_a 三级；胶合木结构的材质等级分为 I_b、II_b 和 III_b 三级；对于轻型木结构用规格材的材质等级按目测分等时为 I_c、II_c、III_c、IV_c、V_c、VI_c 和 VII_c 七级，按机械分等时为 M10、M14、M18、M22、M26、M30、M35 和 M40 八级。不同的材质等级适用于不同的受力构件，内容如表 7-1、表 7-2 及表 7-3 所示。

普通木结构构件的材质等级　　　　　表 7-1

项次	主要用途	材质等级
1	受拉或抗弯构件	I_a
2	受弯或压弯构件	II_a
3	受压构件及次要受弯构件（如吊顶小龙骨等）	III_a

胶合木结构构件的材质等级　　　　　表 7-2

项次	主 要 用 途	材质等级	木材等级配置图
1	受拉或拉弯构件	I_b	
2	受压构件（不包括桁架上弦和拱）	III_b	
3	桁架上弦或拱，高度不大于 500mm 的胶合梁 (1) 构件上下边缘各 0.1h 区域，且不少于两层板 (2) 其余部分	II_b III_b	
4	高度大于 500mm 的胶合梁 (1) 梁的受拉边缘 0.1h 区域，且不少于两层板 (2) 距受拉边缘 0.1h～0.2h 区域 (3) 受压边缘 0.1h 区域，且不少于两层板 (4) 其余部分	I_b II_b II_b III_b	

续表

项次	主要用途	材质等级	木材等级配置图
5	侧立腹板工字梁 (1)受拉翼缘板 (2)受压翼缘板 (3)腹板	I_b II_b III_b	

目测分级规格材的材质等级 表 7-3

项次	主要用途	材质等级
1	用于对强度、刚度和外观有较高要求的构件	I_c
2	用于对强度、刚度和外观有较高要求的构件	II_c
3	用于对强度、刚度有较高要求而对外观只有一般要求的构件	III_c
4	用于对强度、刚度有较高要求而对外观无要求的普通构件	IV_c
5	用于墙骨柱	V_c
6	除上述用途外的构件	VI_c
7		VII_c

3)设计强度

木材强度按作用力性质以及作用力方向与木纹方向的关系一般可分为：顺纹抗拉、顺纹抗压及承压、抗弯、顺纹抗剪及横纹承压等几类。其他形式受力如横纹抗拉等因强度太低，应尽可能避免。

(1) 普通木结构材质强度

普通木结构强度等级按针叶树、阔叶树的树种分等，针叶树种木材强度分为TC17、TC15、TC13及TC11共四个等级，各等级中根据树种不同，又分为A、B两组。阔叶树种分为TB20、TB17、TB15、TB13和TB11共五个等级，各等级木材强度设计值和弹性模量见表7-4。

木材强度设计值和弹性模量（N/mm^2） 表 7-4

等级强度	组别	抗弯 f_m	顺纹抗压及承压 f_c	顺纹抗拉 f_t	顺纹抗剪 f_v	横纹承压 $f_{c,90}$			弹性模量 E
						全表面	局部表面和齿面	拉力螺栓垫板下	
TC17	A	17	16	10	1.7	2.2	3.5	4.6	10000
	B		15	9.5	1.6				
TC15	A	15	13	9.0	1.6	2.1	3.1	4.2	10000
	B		12	9.0	1.5				
TC13	A	13	12	8.5	1.5	1.9	2.9	3.8	10000
	B		10	8.0	1.4				9000
TC11	A	11	10	7.5	1.4	1.8	2.7	3.6	9000
	B		10	7.0	1.2				

续表

等级强度	组别	抗弯 f_m	顺纹抗压及承压 f_c	顺纹抗拉 f_t	顺纹抗剪 f_v	横纹承压 $f_{c,90}$			弹性模量 E
						全表面	局部表面和齿面	拉力螺栓垫板下	
TB20	—	20	18	12	2.8	4.2	6.3	8.4	12000
TB17	—	17	16	11	2.4	3.8	5.7	7.6	11000
TB15	—	15	14	10	2.0	3.1	4.7	6.2	10000
TB13	—	13	12	9.0	1.4	2.4	3.6	4.8	8000
TB11	—	11	10	8.0	1.3	2.1	3.2	4.1	7000

注：计算木结构端部（如接头处）的拉力螺栓垫板时，木材横纹承压强度设计值应按"局部表面和齿面"一栏的数值采用；强度设计值和弹性模量根据各种不同情况还可以调整，参见规范。

（2）胶合木结构材质强度

目前我国木结构设计规范尚无胶合木材料强度设计值的力学指标。

（3）轻型木结构材质强度

规格材强度设计值和弹性模量见表 7-5。

机械分等强度设计值和弹性模量（N/mm²）   表 7-5

强　　度	强度等级							
	M10	M14	M18	M22	M26	M30	M35	M40
抗弯 f_m	8.20	12	15	18	21	25	29	33
顺纹抗拉 f_t	5.0	7.0	9.0	11	13	15	17	20
顺纹抗压 f_c	14	15	16	18	19	21	22	24
顺纹抗剪 f_v	1.1	1.3	1.6	1.9	2.2	2.4	2.8	3.1
横纹承压 $f_{c,90}$	4.8	5.0	5.1	5.3	5.4	5.6	5.8	6.0
弹性模量 E	8000	8800	9600	10000	11000	12000	13000	14000

7.3 轴心受力构件

1. 轴心受拉构件承载力

轴心受拉构件是所受拉力通过截面形心的构件，如木桁架下弦杆，支撑体系中拉杆等。轴心受拉构件的控制截面往往出现在该构件与其他构件连接处或构件截面因开槽、开孔等的削弱处。受拉构件表现出脆性破坏的特点，因此抗拉强度设计值确定时，其可靠指标要高些。

轴心受拉构件承载力验算按式（7-1）进行：

$$\frac{N}{A_n} < f_t \tag{7-1}$$

式中　f_t——木材顺纹抗拉强度设计值（N/mm²）；

N——构件拉力设计值（N）；

A_n——构件净截面面积（mm^2），计算 A_n 时应扣除分布在 150mm 长度上的缺孔投影面积，如图 7-1 所示。

对于图 7-1 所示轴拉构件，净截面强度计算时其面积 A_n 为：$b(h-d_1-d_2-d_3)$、$b(h-d_4)$、$b(h-d_5)$ 三者中的较小者。

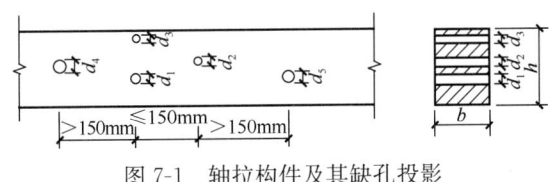

图 7-1 轴拉构件及其缺孔投影

2. 轴心受压构件承载力

轴心受压构件的破坏形式有强度破坏和整体失稳。

当轴心受压构件的截面无削弱时一般不会发生强度破坏，因为整体失稳总发生在强度破坏之前。当轴心受压构件的截面有较大削弱时，则有可能在削弱处发生强度破坏。

1）按强度验算

轴心受压构件承载力，应按式（7-2）进行验算：

$$\frac{N}{A_n} < f_c \qquad (7-2)$$

式中　f_c——木材顺纹抗压强度设计值（N/mm^2）；

N——构件压力设计值（N）；

A_n——构件净截面面积（mm^2）。

2）按稳定验算

轴心受压构件稳定承载力很大程度上取决于构件的长细比。长细比越大，稳定承载力越低。

轴心受压构件稳定按式（7-3）进行验算：

$$\frac{N}{\varphi A_0} < f_c \qquad (7-3)$$

式中　A_0——受压构件截面计算面积（mm^2）；

φ——轴心受压构件稳定系数。

（1）计算面积 A_0 的确定方法

稳定计算时受压构件截面计算面积 A_0 与构件是否有缺口及缺口的位置有关。

①无缺口时，A_0 按式（7-4）进行计算：

$$A_0 = A \qquad (7-4)$$

式中　A——受压构件全截面面积（mm^2）。

②有缺口时，根据缺口的不同位置确定 A_0，缺口的位置见图 7-2。

缺口不在边缘时，如图（7-2a），取 $A_0 = 0.9A$； （7-5）

缺口在边缘且对称时，如图（7-2b），取 $A_0 = A_n$； （7-6）

缺口在边缘但不对称时，如图（7-2c），应按偏心受压构件计算。

验算稳定时，螺栓孔不作为缺口考虑。

(2) 稳定系数 φ

稳定系数应根据树种不同强度等级进行计算。

①强度等级为 TC17、TC15 及 TB20：

当 $\lambda \leqslant 75$ 时，稳定系数 φ 按式（7-7）计算：

$$\varphi = \frac{1}{1+\left(\frac{\lambda}{80}\right)^2} \quad (7\text{-}7)$$

当 $\lambda > 75$ 时，稳定系数 φ 按式（7-8）计算：

$$\varphi = \frac{3000}{\lambda^2} \quad (7\text{-}8)$$

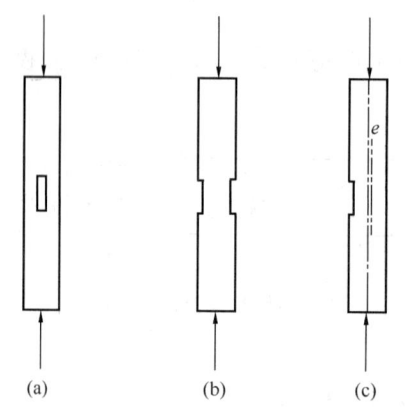

图 7-2 受压构件缺口位置
(a) 缺口不在边缘；(b) 缺口在边缘且对称；
(c) 缺口在边缘但不对称

②强度等级为 TC13、TC11、TB17、TB15、TB13 及 TB11：

当 $\lambda \leqslant 91$ 时，稳定系数 φ 按式（7-9）计算：

$$\varphi = \frac{1}{1+\left(\frac{\lambda}{65}\right)^2} \quad (7\text{-}9)$$

当 $\lambda > 91$ 时，稳定系数 φ 按式（7-10）计算：

$$\varphi = \frac{2800}{\lambda^2} \quad (7\text{-}10)$$

式中 λ——构件长细比。

轴心受压构件稳定系数亦可从附表 7-1 中查得。

(3) 构件长细比 λ 计算

长细比均按全截面面积和全截面惯性矩计算，即不考虑缺孔影响。长细比计算按式（7-11）进行：

$$\lambda = \frac{l_0}{i} \quad (7\text{-}11a)$$

$$i = \sqrt{\frac{I}{A}} \quad (7\text{-}11b)$$

式中 l_0——受压构件计算长度（mm）；
i——构件截面回转半径（mm）；
I——构件全截面惯性矩（mm^4）；
A——构件全截面面积（mm^2）；

受压构件的计算长度，按实际长度乘以下列系数：两端铰接乘以 1.0；一端固定、一端自由，乘以 2.0；一端固定、一端铰接，乘以 0.8。

3) 刚度计算

为保证轴心受压构件的刚度，构件尚需满足一定的长细比要求。

轴心受压构件的刚度用长细比控制，各类压杆长细比限值见表 7-6。

受压构件长细比限值 [λ]　　　　　表 7-6

项次	构件类别	长细比限值 [λ]
1	结构的主要构件（包括桁架的弦杆、支座处的竖杆或斜杆以及承重柱等）	120
2	一般构件	150
3	支撑	200

原木构件沿着构件长度的直径变化按每米 9mm 考虑，当当地树种有经验数值时按此数值计及。长细比按原木构件的中央截面的截面特性计算。

7.4 受弯构件

只受弯矩作用或受弯矩与剪力共同作用的构件称为受弯构件。本书只讨论单向弯曲问题。受弯构件的计算包括抗弯承载力、抗剪承载力、弯矩作用平面外侧向稳定和挠度等几个方面。

1. 抗弯承载力

受弯构件抗弯承载力按式（7-12）验算：

$$\frac{M}{W_n} < f_m \tag{7-12}$$

式中　f_m——木材抗弯强度设计值（N/mm²）；

　　　M——构件弯矩设计值（N·mm）；

　　　W_n——构件净截面抵抗矩（mm³）。

受弯构件的抗弯承载能力一般可按弯矩最大处截面进行验算，但在构件截面有较大削弱，且被削弱截面不在最大弯矩处时，尚应按被削弱截面处弯矩对该截面进行验算。

2. 抗剪承载力

受弯构件抗剪承载力按式（7-13）验算：

$$\frac{VS}{Ib} \leq f_v \tag{7-13}$$

式中　f_v——木材顺纹抗剪强度设计值（N/mm²）；

　　　V——构件剪力设计值（N）；

　　　I——构件全截面惯性矩（mm⁴）；

　　　b——构件截面宽度（mm）；

　　　S——剪切面以上截面面积对中和轴的面积矩（mm³）。

荷载作用在梁顶面，计算受弯构件的剪力 V 值时，可不考虑在距离支座等于梁截面高度范围内所有荷载的作用。

受弯构件设计时应尽可能减少截面因切口而引起应力集中。有可能出现负弯矩的支座处及其附近区域不应设置切口。

当矩形截面受弯构件支座处受拉面有切口时，该处实际抗剪承载能力应按式（7-14）验算：

$$\frac{3V}{2bh_n}\left(\frac{h}{h_n}\right) \leqslant f_v \tag{7-14}$$

式中　f_v——木材顺纹抗剪强度设计值（N/mm²）；
　　　b——构件截面宽度（mm）；
　　　h——构件截面高度（mm）；
　　　h_n——受弯构件在切口处净截面高度（mm）；
　　　V——剪力设计值（N），与无切口受弯构件抗剪承载能力不同的是，计算该剪力 V 时应考虑全跨度内所有荷载的作用。

3. 弯矩作用平面外侧向稳定

受弯构件受到弯矩作用时，截面受压侧类同于压杆，当压应力达到一定值时有受压屈曲的倾向。受弯构件侧向失稳形式如图 7-3 所示。受弯构件抵抗平面外失稳的能力与侧向抗弯刚度和抗扭刚度有关。

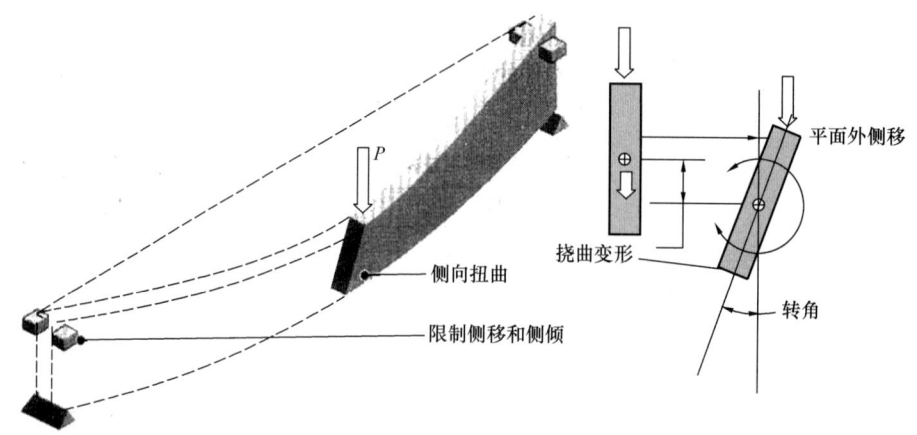

图 7-3　受弯构件侧向失稳形式

受弯构件侧向稳定按式（7-15）验算：

$$\frac{M}{\varphi_l W} < f_m \tag{7-15}$$

式中　f_m——木材抗弯强度设计值（N/mm²）；
　　　M——构件弯矩设计值（N·mm）；
　　　W——受弯构件全截面抵抗矩（mm³）；
　　　φ_l——受弯构件侧向稳定系数，按规范要求采用。

在梁的支座处应设置用来限制侧向位移和侧倾的侧向支撑。或在梁的跨度内，设置有类似檩条能阻止侧向位移和侧倾的侧向支撑时，均能有效提高受弯构件侧向稳定。

4. 挠度验算

受弯构件的挠度，应满足式（7-16）验算要求：

$$w < [w] \tag{7-16}$$

式中　$[w]$——受弯构件的挠度限值（mm），按表 7-7 采用；

w——构件按荷载效应的标准组合计算的挠度（mm），对于原木构件，挠度计算时按构件中间的截面特性取值。

受弯构件挠度限值　　　　　　　　　　表 7-7

项次	构件类别		挠度限值 $[w]$
1	檩条	$l \leqslant 3.3\text{m}$	$l/200$
		$l > 3.3\text{m}$	$l/250$
2	椽条		$l/150$
3	吊顶中的受弯构件		$l/250$
4	楼板梁和搁栅		$l/250$

注：l——受弯构件计算跨度。

7.5　拉弯或压弯构件

在结构体系中既有轴力又有弯矩作用或轴向力合力未作用在构件形心处的构件，称为拉弯或压弯构件。

1. 拉弯构件承载能力

拉弯构件承载能力，按式（7-17）验算：

$$\frac{N}{A_n f_t} + \frac{M}{W_n f_m} \leqslant 1 \tag{7-17}$$

式中　N、M——分别为轴向拉力设计值（N）及弯矩设计值（N·mm）；

A_n、W_n——分别为按轴心受拉构件计算的构件净截面面积（mm²）及净截面抵抗矩（mm³）；

f_t、f_m——分别为木材顺纹抗拉强度设计值及抗弯强度设计值（N/mm²）。

2. 压弯构件及偏心受压构件承载能力

压弯构件及偏心受压构件承载能力分强度和稳定两部分，而稳定又分为平面内稳定和平面外稳定两方面。

（1）强度验算：

$$\frac{N}{A_n f_c} + \frac{M}{W_n f_m} \leqslant 1 \tag{7-18}$$
$$M = N e_0 + M_0$$

（2）弯矩作用平面内稳定验算：

$$\frac{N}{\varphi \varphi_m A_0} \leqslant f_c \tag{7-19}$$

式中　φ、A_0——分别为轴心受压构件的稳定系数及计算面积（按轴心受压构件计算）；

φ_m——考虑轴力和初始弯矩共同作用的折减系数；

N——轴向压力设计值（N）；

M_0——横向荷载作用下跨中最大初始弯矩设计值（N·mm）；

e_0——构件的初始偏心距（mm）；

f_c、f_m——分别为考虑木材强度调整系数后木材顺纹抗压强度设计值及抗弯强度设计值（N/mm²）。

(3) 弯矩作用平面外稳定验算

弯矩作用平面外侧向稳定性复杂，在此不详述。

7.6 木结构连接

1. 木结构连接方式

木材因天然尺寸有限或结构受力构造的需要，常用节点连接的方法将木料连接成构件和结构。连接节点是木结构的关键部位，设计时应传力明确、构造简单、方便制作和便于质量检查。

木结构连接形式很多，常见的连接方法有以下几种：

(1) 榫卯连接

榫卯连接是中国古代匠师创造的一种连接方式。其特点是利用木材之间挤压、嵌合，将相邻构件联系起来。图7-4为梁柱连接的一种榫卯。

(2) 齿连接

齿连接是用于传统普通木桁架节点的连接方式。是将压杆的端头做成齿形，直接抵承于另一杆件的齿槽中，通过木材承压和受剪传力（图7-5）。

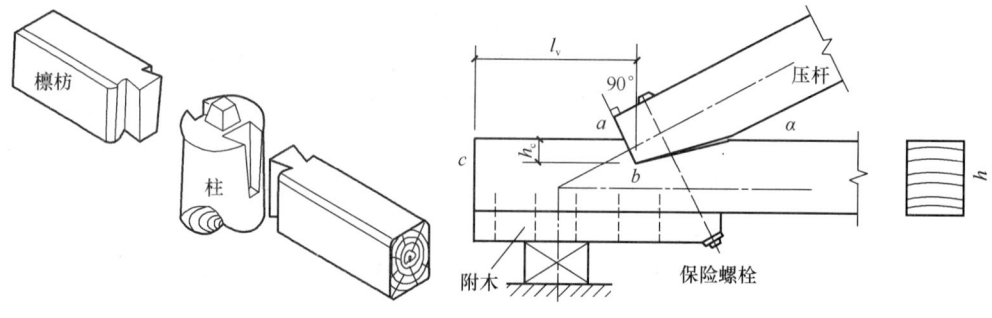

图7-4 梁柱间榫卯连接　　　　图7-5 齿连接

(3) 螺栓连接和钉连接

螺栓和钉的工作原理是相同的，螺栓和钉阻止构件的相对移动，使得孔壁承受挤压，螺栓和钉主要承受剪力。

(4) 键连接

键连接有受力性能较好的板销连接（图7-6）和钢键连接（图7-7）。

本节主要介绍齿连接和螺栓连接。

2. 齿连接

1) 构造要求

齿连接有单齿（图7-8）或双齿（图7-9）两种形式。双齿的木材承压面和抗剪面往往都大于单齿的相应尺寸，可以承受更大的压力或拉力。齿连接在构造上应符合下列规定：

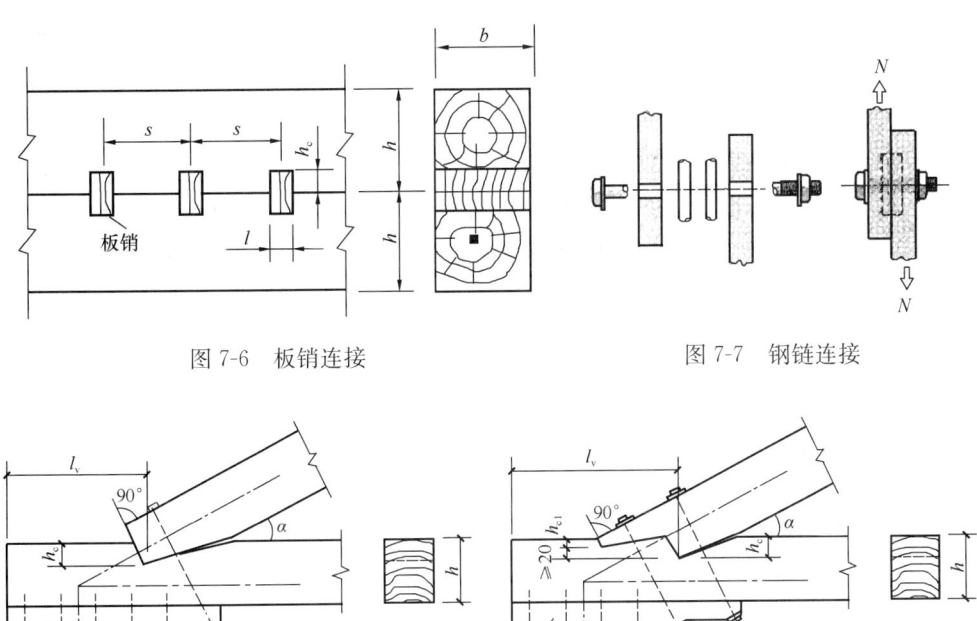

图 7-6 板销连接　　　　　图 7-7 钢链连接

图 7-8 单齿连接　　　　　图 7-9 双齿连接

(1) 齿连接的承压面，应与所连接的压杆轴线垂直；

(2) 单齿连接应使压杆轴线通过承压面中心；

(3) 木桁架支座节点的上弦轴线和支座反力的作用线，当采用方木或板材时，宜与下弦净截面的中心线交汇于一点；当采用原木时，可与下弦毛截面的中心线交汇于一点，此时，刻齿处的截面可按轴心受拉验算；

(4) 双齿连接中，第二齿的齿深 h_c 应比第一齿的齿深 h_{c1} 至少大 20mm；第二齿的齿尖应位于上弦轴线与下弦上表面的交点。单齿和双齿第一齿的剪面长度不应小于该齿齿深的 4.5 倍。

2) 单齿连接计算

单齿连接主要考虑齿面木材承压承载力和齿槽处沿木纹方向抗剪承载力。

(1) 木材承压

木材在齿面上的承压承载力按式（7-20）验算：

$$\frac{N}{A_c} \leqslant f_{c\alpha} \tag{7-20}$$

式中　$f_{c\alpha}$——木材斜纹承压强度设计值（N/mm²）；
　　　N——作用于齿面上轴向压力设计值（N）；
　　　A_c——齿承压面面积（mm²）。

(2) 木材受剪

木材沿顺纹方向的剪切承载力需按式（7-21）验算：

$$\frac{V}{l_v b_v} \leqslant \psi_v f_v \tag{7-21}$$

式中 f_v——木材顺纹抗剪强度设计值（N/mm²）；
V——作用于剪面上的剪力设计值（N）；
l_v——剪面计算长度（mm），其取值不得大于齿深 h_c 的 8 倍；
b_v——剪面宽度（mm）；
ψ_v——沿剪面长度剪应力分布不均匀强度降低系数，按表 7-8 采用。

单齿连接抗剪强度降低系数 ψ_v 表 7-8

l_v/h_c	4.5	5	6	7	8
ψ_v	0.95	0.89	0.77	0.70	0.64

剪面长度除根据计算满足式（7-21）要求外，还需满足介于 $4.5h_c$ 和 $8h_c$ 之间的构造要求。

(3) 木材受拉净截面验算

木桁架下弦杆在齿槽处有较大截面削弱，因此需进行受拉净截面承载力验算。验算公式为式（7-22）：

$$\frac{N_t}{A_n} \leqslant f_t \tag{7-22}$$

式中 f_t——木材抗拉强度设计值（N/mm²）；
N_t——受拉下弦杆件拉力设计值（N）；
A_n——刻齿处的净截面面积（mm²），计算中应扣除由于设置保险螺栓、附木等造成的截面削弱。

3) 双齿连接计算

双齿连接计算仍包含齿面木材承压承载力和齿槽处沿木纹方向抗剪承载力两个方面。

(1) 木材承压

双齿连接的承压，仍按式（7-20）验算，但其承压面面积应取两个齿承压面面积之和。

(2) 木材受剪

双齿连接的受剪仅考虑第二齿剪面工作，按式（7-21）计算，并符合下列规定：

①计算受剪应力时，全部剪力 V 应由第二齿剪面承受；
②第二齿剪面的计算长度 l_v 的取值，不得大于齿深 h_c 的 10 倍；
③沿剪面长度剪应力分布不均匀强度降低系数 ψ_v 值应按表 7-9 采用。

双齿连接抗剪强度降低系数 ψ_v 表 7-9

l_v/h_c	6	7	8	10
ψ_v	1.00	0.93	0.85	0.71

双齿连接时第二齿剪面的计算长度 l_v 介于 $6h_c$ 和 $10h_c$ 之间。

3. 螺栓连接和钉连接

螺栓连接和钉连接具有连接紧密、韧性好、制作简单及安全可靠等优点，它们可以直接将构件连接起来,也可以通过钢板将木构件连成整体,还可以将木构件连接到钢构件和混凝土结构上。

1) 连接形式

螺栓连接包括梁与梁连接、梁与柱连接、节点连接及柱与基础连接几种主要方式。

2) 螺栓、钉的构造要求

无论螺栓连接还是钉连接,从受力角度分析,均以抗剪连接为主。根据连接板件数量可分为双剪连接和单剪连接两大类(图 7-10 和图 7-11)。

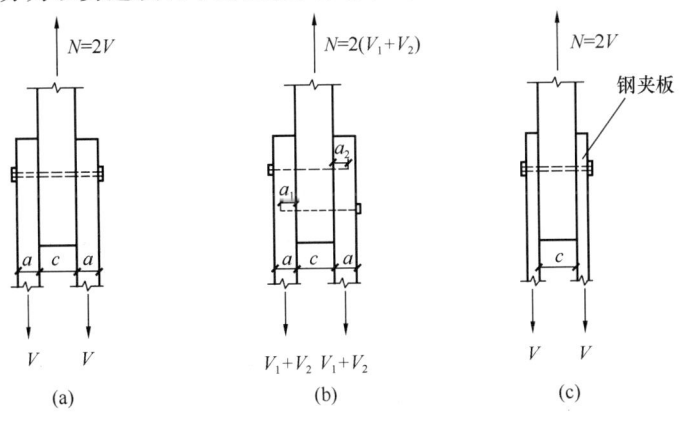

图 7-10 双剪连接

(a) 双剪螺栓连接;(b) 双剪钉连接;(c) 双剪螺栓连接(两侧为钢夹板)

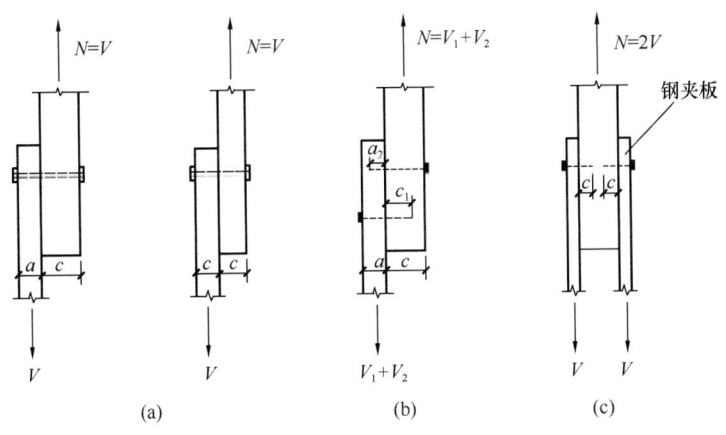

图 7-11 单剪连接

(a) 单剪螺栓连接;(b) 单剪钉连接;(c) 单剪螺栓连接(两侧为钢夹板)

为了避免螺栓和钉连接处木材裂开,要求木构件的最小厚度符合一定规定。

3) 设计承载力

螺栓连接或钉连接顺纹受力的每一个剪面的设计承载力按式(7-23)计算:

$$N_v = k_v d^2 \sqrt{f_c} \tag{7-23}$$

式中 N_v——螺栓或钉连接每一剪面承载力设计值(N);

f_c——木材顺纹承压强度设计值（N/mm²）；
d——螺栓或钉直径；
k_v——螺栓或钉连接设计承载力计算系数，按表 7-10 采用。

螺栓或钉连接设计承载力计算系数 k_v 表 7-10

连接形式	螺栓连接				钉连接				
a/d	2.5~3	4	5	≥6	4	6	8	10	≥11
k_v	5.5	6.1	6.7	7.5	7.6	8.4	9.1	10.2	11.1

普通木结构、胶合木结构及轻型木结构的设计及构造参见规范。

7.7 木结构防火和防护

影响木结构使用耐久性因素包括防火和防腐两方面。本节简要介绍火灾和昆虫（主要指白蚁）对木结构建筑引起的破坏及相应的防火和防护措施。

1. 木结构防火

建筑防火安全是为尽量减少建筑物内或与其邻近人员因为建筑设计和建造的缺陷而受到火灾威胁的可能性。包括以下几个层次：防止起火、监测火灾的发生、提供逃生通道和时间、控制火势蔓延和灭火。

1) 木材耐火极限

木构件在标准耐火试验中从受到火的作用直到破坏所需的时间（一般以小时计）称为耐火极限。木结构建筑中构件的燃烧性能和耐火极限不应低于表 7-11 的规定。

木结构建筑中构件的燃烧性能和耐火极限 表 7-11

构件名称	耐火极限（h）	构件名称	耐火极限（h）
防火墙	不燃烧体 3.00	梁	难燃烧体 1.00
承重墙、分户墙、楼梯和电梯井墙体	难燃烧体 1.00	楼盖	难燃烧体 1.00
非承重墙、疏散走道两侧的隔墙	难燃烧体 1.00	屋顶承重构件	难燃烧体 1.00
分室隔墙	难燃烧体 0.50	疏散楼梯	难燃烧体 0.50
多层承重柱	难燃烧体 1.00	室内吊顶	难燃烧体 0.25
单层承重柱	难燃烧体 1.00		

注：1. 屋顶表层应采用不可燃材料；
   2. 当同一座木结构建筑由不同高度组成，较低部分的屋顶承重构件必须是难燃烧体，耐火极限不应小于 1.00h。

各类木结构建筑构件的燃烧性能和耐火极限可参阅《木结构设计规范》GB 50005—2003 附录 R 确定。

2) 木结构防火设计

防火设计仍然以构造措施为主，规范对建筑的层数、长度和面积，防火间距，材料的燃烧性能等都作出了规定，参见规范。因普通木结构，胶合木结构和轻型木结构各自的结构性质不同，其防火性能和构造也有各自特点。

(1) 普通木结构

由于普通木结构构件防火完全靠构件自身的防火性能。当普通木结构建筑不能满足规定的耐火极限的要求时，应采取防火措施满足要求。

(2) 轻型木结构

在轻型木结构中，框架构件与面板之间形成许多空腔，空腔之间，应增设挡火构造，从而阻断火焰、高温气体以及烟气的传播。

水平挡火构件能限制火焰、高温气体和烟气在水平构件中的传播。

另外，在胶合木结构中，构件之间的连接应达到构件所需的耐火极限。

2. 木结构防护

木材是一种天然有机材料，易被微生物、昆虫（主要指白蚁）等生物侵袭，造成木材的生物性破坏。

1) 木结构破坏的生物性因素

破坏木材的微生物以木腐菌为主，木腐菌属于一种低等植物。木腐菌的生长需要合适的木材湿度、氧气、适宜的温度及养料。

危害木结构的昆虫主要是白蚁。白蚁以木材、纤维品为主要食料，同时也离不开水分。白蚁以南方温暖潮湿地区最多。建设部已于1999年颁布执行《城市房屋白蚁防治管理规定》，白蚁防治可通过生态、生物、物理机械和化学防治法进行综合治理。

2) 木结构防护设计基本原则

要防止木腐菌和昆虫对木结构的破坏，最有效的办法是破坏这两种生物的生存条件。在湿度、空气、温度和养料这四种必须同时具备的条件中，破坏湿度和养料这两个条件是在建筑实际中能做到的。规范规定了应采取防潮和通风措施的部位。可考虑保护木材不受水和潮湿作用，也可考虑采用天然耐腐木材或防腐处理木材，这两种方法也可同时应用。规范规定了除从结构上采用通风和防潮措施外，还应进行药剂处理的部位。

木结构有效防护的设计和施工方法见相关专著。

思考题与习题

7-1 影响木材主要力学性能的因素有哪些？

7-2 对木材分类的目的是什么？使用木材中应注意事项有哪些？

7-3 压弯构件计算中，计算的理论依据是什么？采用了哪些假定？

7-4 木材的连接方式有哪几种？

7-5 木结构防火的主要措施有哪些？设计中应注意的主要问题是什么？

7-6 木结构防护的目的是什么？主要应从哪些方面采用措施？

第 8 章 钢筋混凝土单层厂房

8.1 结构类型及结构布置

1. 单层厂房特点

工业厂房按层数分类,可分为单层厂房和多层厂房。厂房往往设有重型设备,生产的产品重、体积大,因而大多采用单层厂房。单层厂房占地面积较大,对设备轻或虽然设备较重但产品小而轻的车间,为节约用地和满足生产工艺上的要求,宜采用多层厂房,本章重点介绍单层厂房等高排架的构成及受力特点、构件选用及设计。

单层厂房与多层厂房或民用建筑相比较,具有以下特点:

(1) 单层厂房结构的跨度大、高度大、承受的荷载大,可以构成较大的空间布置大型设备、生产重型产品。

(2) 厂房内有水平运输设备,如桥式、梁式吊车。因此,在进行结构设计时,须考虑动力荷载的影响。

(3) 单层厂房结构便于定型设计,使构配件标准化、系列化,因而可提高构配件生产工业化和现场施工机械化的程度,缩短设计和施工时间。

2. 单层厂房结构类型

单层厂房按承重结构的材料分类有:混合结构、混凝土结构和钢结构。一般来说,无吊车或吊车吨位不超过5t,跨度在15m以内,柱顶标高在8m以下,无特殊工艺要求的小型厂房,可采用混合结构(承重砖柱、钢筋混凝土屋架、木屋架或轻钢屋架)。当吊车吨位在250t(中级工作制)以上,跨度大于36m的大型厂房或有特殊要求的厂房,一般采用钢屋架、混凝土柱或全钢结构。除上述情况以外的单层工业厂房,一般采用混凝土结构,而且除特殊情况之外,一般采用装配式钢筋混凝土结构。

单层厂房按承重结构形式的不同可分为:排架结构和刚架结构两种。

排架结构由屋架(或屋面梁)、柱和基础组成,柱与屋架铰接,而与基础刚接。根据生产工艺和使用要求的不同,排架结构可设计成等高或不等高、单跨或多跨等多种形式,如图8-1所示。钢筋混凝土排架结构的跨度可超过30m,高度可达20~30m或更大,吊车吨位可达150t,甚至更大。排架结构传力明确,构造简单,施工方便。

刚架也是由横梁、柱和基础组成,柱与横梁刚接为同一构件,而与基础一般为铰接,有时也适用于刚接。门式刚架按其横梁形式的不同,分为人字形门式刚架(图 8-2a、b)和弧形门式刚架(图 8-2c、d)两种;按其顶节点的连接方式不

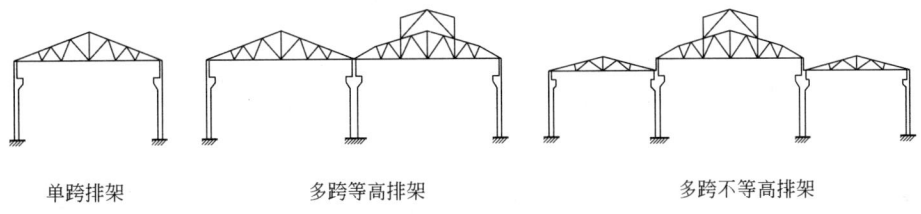

单跨排架　　　　　多跨等高排架　　　　　　多跨不等高排架

图 8-1　排架结构形式

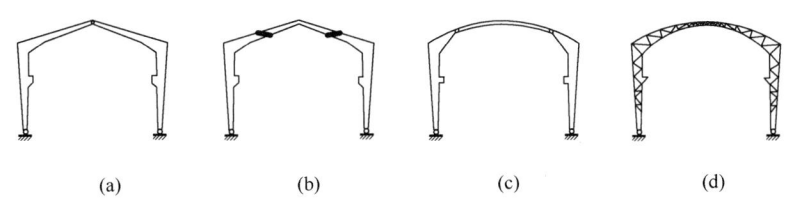

(a)　　　　(b)　　　　(c)　　　　(d)

图 8-2　门式刚架结构形式

同，又分为三铰门式刚架（图 8-2a）和两铰门式刚架（图 8-2b）。

门式刚架常用于跨度不超过 18m，檐口高度不超过 10m，无吊车或吨位不超过 10t 的仓库或车间建筑中。有些公共性建筑（如食堂、礼堂、体育馆）也可以采用门式刚架，其跨度可大些。

3. 排架结构组成

厂房构件尺寸较大（较长）且规则，在通常情况下可预制后再装配。装配式钢筋混凝土单层厂房结构是由多种构件组成的空间整体（图 8-3），这些构件主要有屋面板、屋架、吊车梁、连系梁、柱和基础。根据组成构件的作用功能不同，可将单层厂房结构的组成构件分为屋盖结构、纵横向平面排架结构和围护结构。

屋盖结构分有檩体系和无檩体系两种。无檩体系由大型屋面板、屋架或屋面梁及屋盖支撑所组成，是单层厂房中应用较广的一种形式。有檩体系是由小型屋面板、檩条、屋架及屋盖支撑所组成，适用于中、小型厂房。

横向平面排架由横梁（屋架或屋面梁）和横向柱列、基础组成，是厂房的基本承重体系。厂房承受的竖向荷载（包括结构自重、屋面荷载、雪载和吊车竖向荷载等）及横向水平荷载（包括风荷载、水平横向制动力和横向水平地震作用等）主要通过横向平面排架传至基础及地基（图 8-4）。

纵向平面排架由连系梁、吊车梁、纵向柱列（包括基础）和柱间支撑等组成，其作用是保证厂房结构的纵向稳定性和刚度，承受吊车纵向水平荷载、纵向水平地震作用、温度应力以及作用在山墙及天窗架端壁并通过屋盖结构传来的纵向风荷载等，如图 8-5 所示。

围护结构包括纵墙、横墙（山墙）、抗风柱、连系梁、基础梁等构件。这些构件所承受的荷载主要是墙体和构件的自重以及作用在墙面上的风荷载。

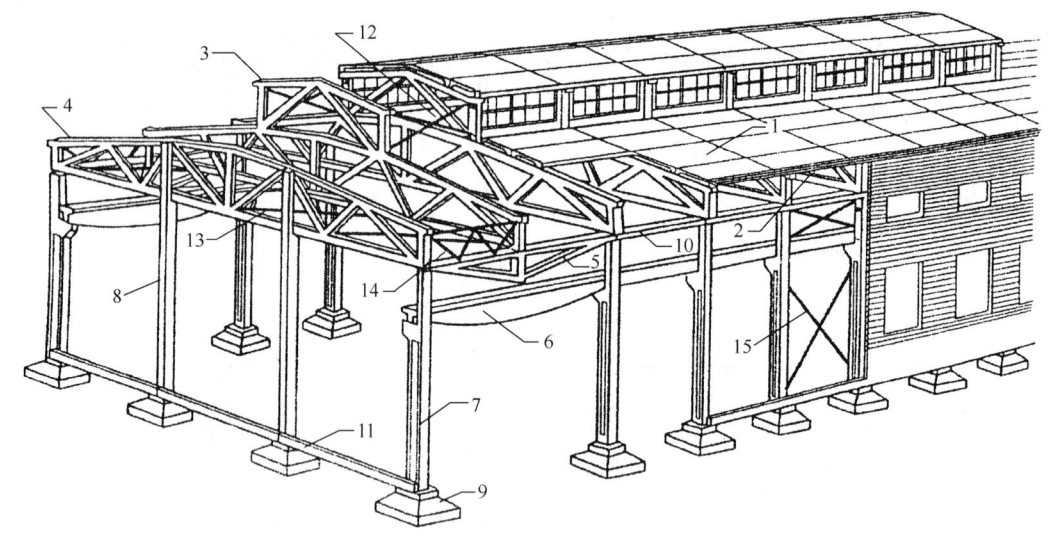

图 8-3 单层厂房结构组成

1—屋面板；2—天沟板；3—天窗架；4—屋架；5—托架；6—吊车梁；7—排架柱；8—抗风柱；9—基础；10—连系梁；11—基础梁；12—天窗架垂直支撑；13—屋架下弦横向水平支撑；14—屋架端部垂直支撑；15—柱间支撑

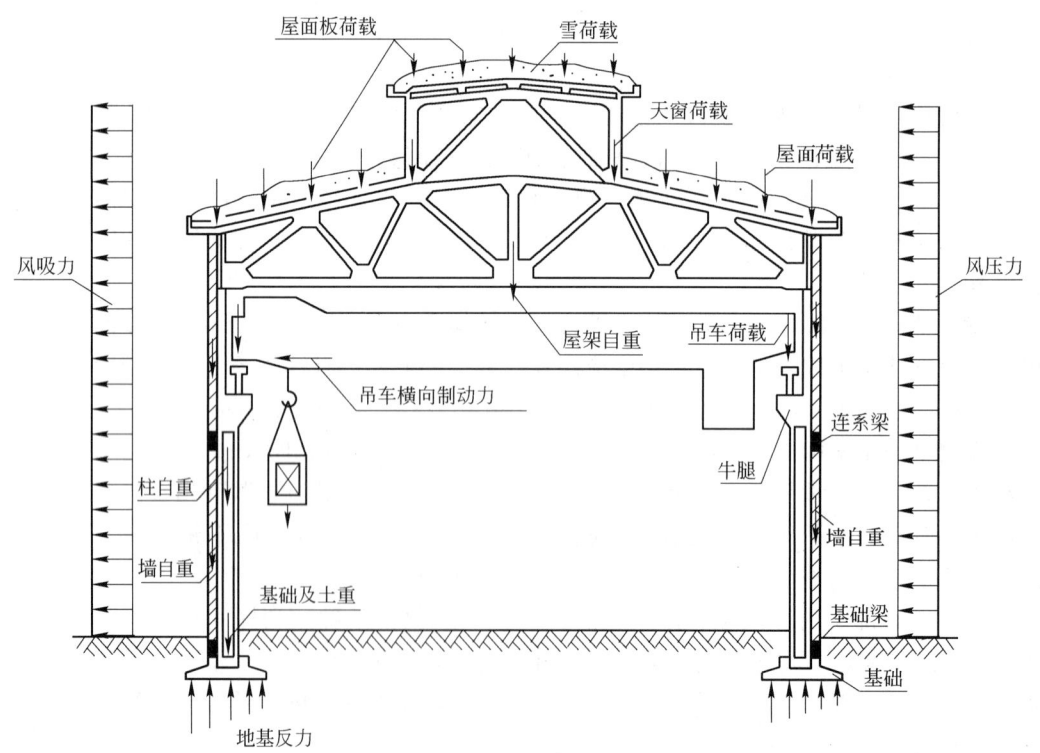

图 8-4 横向平面排架荷载示意图

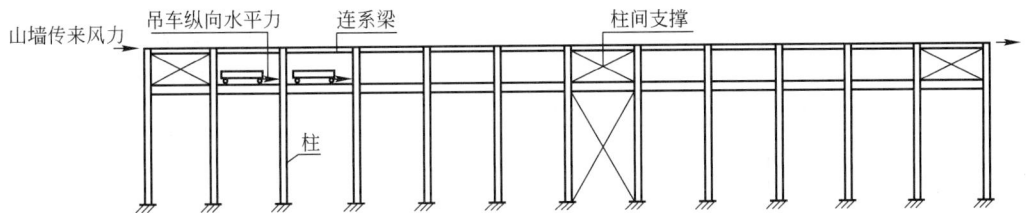

图 8-5 纵向平面排架荷载示意图

4. 结构布置

在单层厂房的结构类型确定之后,即可根据厂房生产工艺等各项要求,进行厂房结构布置,包括厂房平面布置、支撑布置和围护结构布置等。

1) 平面布置

(1) 柱网布置

厂房承重柱的纵向和横向定位轴线所形成的网格,称为柱网。柱网尺寸确定后,承重柱的位置、屋面板、屋架、吊车梁和基础梁等构件的位置也随之确定。柱网布置恰当与否,将直接影响厂房结构的经济合理性和先进性,与生产使用有密切关系。

柱网布置原则:①符合生产工艺和使用功能要求。②力求建筑平面和结构方案经济合理。③符合《厂房建筑模数协调标准》规定的统一模数制,以 100mm 为基本单位,为厂房设计标准化、生产工厂化和施工机械化创造条件。

一般情况下,当厂房跨度小于或等于 18m 时,应以 3m 为模数;当厂房跨度大于 18m 时,应以 6m 为模数。厂房柱距一般采用 6m 较为经济,当工艺有特殊要求时,可局部插柱或抽柱(图 8-6)。

为了使端部屋架与山墙抗风柱的位置不发生冲突,一般将山墙内侧第一排柱中心内移 500mm,并将端部屋面板做成一端伸展板,在厂房端部的横向定位轴线与山墙内边缘重合,屋面不留缝隙,以形成封闭式横向定位轴

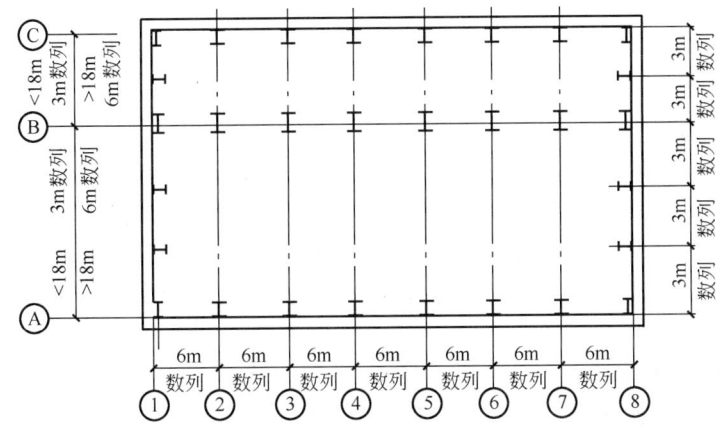

图 8-6 柱网布置示意图

线,如图 8-7 所示,伸缩缝两边的柱中心线亦需向两边移 500mm,而使伸缩缝中心线与横向定位轴线重合。

(2) 变形缝

厂房的变形缝包括伸缩缝、沉降缝和防震缝三种。温度区段的长度取决于结构类型、施工方法和结构所处的环境。装配式钢筋混凝土排架结构伸缩缝最大间距,在室内或土中时不大于 100m,处于露天时不大于 70m。

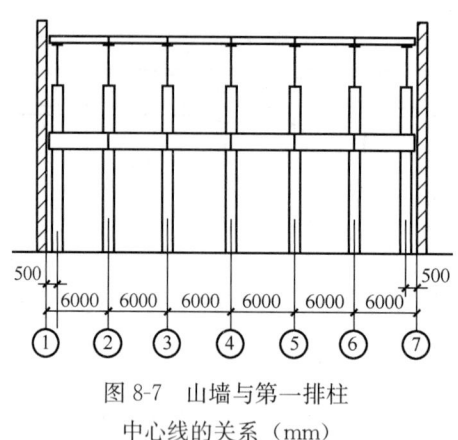

图 8-7 山墙与第一排柱中心线的关系(mm)

沿厂房纵向所设的伸缩缝一般采用双柱、双屋架,但基础不分开,双柱在一个基础上;沿横向设置伸缩缝,常采用在柱顶设滚动铰支座办法来实现。

单层厂房排架结构对地基不均匀沉降有较好的适应能力。故在一般单层厂房中可不设计沉降缝。但当厂房相邻两部分高度相差大于 10m,相邻两跨吊车起重量相差悬殊,地基承载力或下卧层土质有较大差别或厂房各部分的施工时间先后相差很长,土壤压缩程度等不同情况下,应考虑设置沉降缝。

位于地震区的单层厂房,如因生产工艺或使用要求,平、立面布置复杂或结构相邻两部分的刚度和高度相差较大时,应设置防震缝,将相邻两部分分开,防震缝的两侧应布置墙或柱。防震缝的宽度根据抗震设防烈度和缝两侧中较低一侧房屋的高度确定。对大柱网厂房或不设置柱间支撑的厂房可采用 100~150mm,其他采用 50~90mm。

2) 支撑布置

厂房的整体刚度和稳定性较差,为保证厂房在施工和使用过程中的整体性和空间刚度,须设置各种支撑。单层厂房的支撑体系包括屋盖支撑和柱间支撑两部分。

(1) 屋盖支撑

屋盖支撑包括上、下弦横向水平支撑,纵向水平支撑,垂直支撑、纵向水平系杆和天窗架支撑。

① 横向水平支撑

横向水平支撑是由交叉角钢和屋架上弦或下弦组成的水平桁架,布置在厂房端部及温度区段两端的第一或第二柱间。其作用是构成刚性框,增强屋盖的整体刚度,保证屋架的侧向稳定,同时将山墙、抗风柱所承受纵向水平力传至两侧柱列上。设置在屋架上弦、下弦平面内的水平支撑分别称为屋架上弦、下弦横向水平支撑,如图 8-8、图 8-9 所示。

② 纵向水平支撑

纵向水平支撑一般是由交叉角钢、直腹杆和屋架下弦第一节间组成的纵向水平桁架。其作用是加强屋盖结构的横向水平刚度。

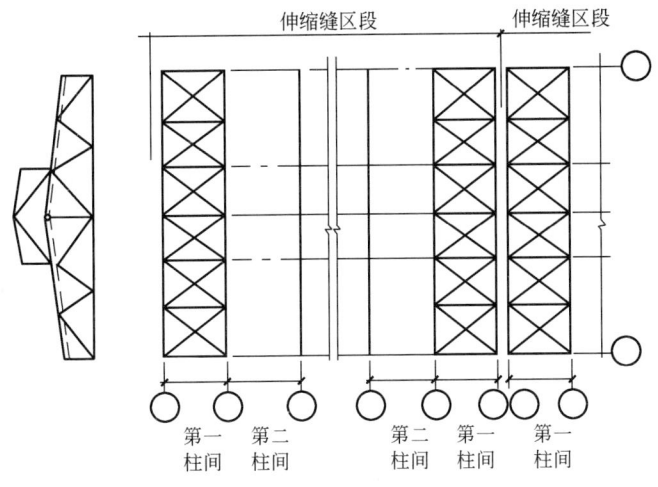

图 8-8 上弦横向水平支撑

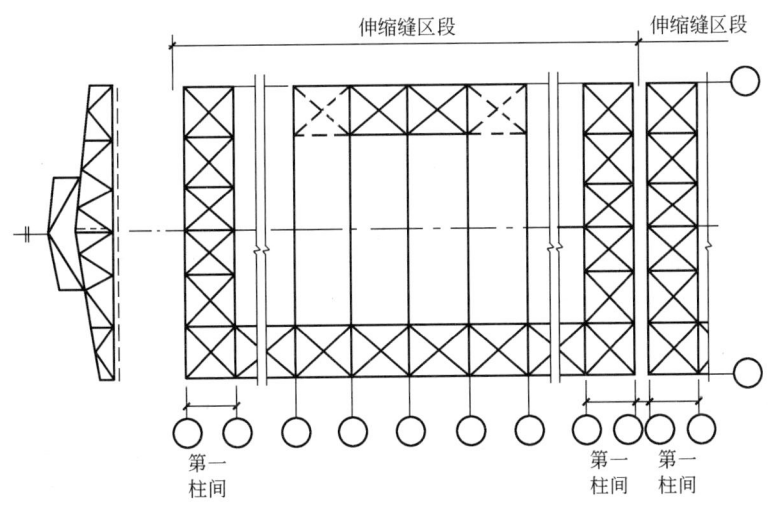

图 8-9 下弦横向水平支撑

当设置下弦纵向水平支撑时，为保证厂房空间刚度，必须同时设置相应的下弦横向水平支撑，形成封闭的水平支撑系统，如图 8-9 所示。

③ 垂直支撑及水平系杆

垂直支撑一般由角钢杆件与屋架直腹杆或天窗架的立柱组成的垂直桁架，其形式为十字交叉形或 W 形。垂直支撑的作用是保证屋架及天窗架在承受荷载后的平面外稳定并传递纵向水平力，因而应与下弦横向水平支撑布置在同一柱距内。水平系杆分为上、下弦水平系杆。上弦水平系杆可保证屋架上弦或屋面梁受压翼缘的侧向稳定，下弦水平系杆可防止吊车或有其他水平振动时屋架下弦发生侧向颤动，如图 8-10 所示。

(2) 柱间支撑

柱间支撑的作用主要是增强厂房的纵向刚度和稳定性。柱间支撑按其位置分

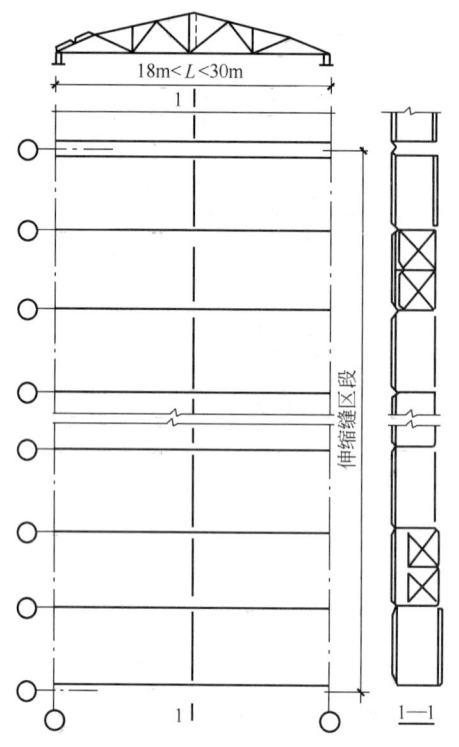

图 8-10 垂直支撑和水平系杆布置

为上部柱间支撑和下部柱间支撑。前者位于吊车梁上部，承受作用在山墙上的风荷载并保证厂房上部的纵向刚度和稳定；后者位于吊车梁下部，承受上部支撑传来的力和吊车梁传来的吊车纵向制动力，并把它们传到基础，如图 8-11 所示。

3）围护结构布置

单层厂房的围护结构包括屋面板、墙体、抗风柱、圈梁、连系梁、过梁、基础梁等构件，其作用是承受风、积雪、雨水、地震作用，以及地基产生不均匀沉降所引起的内力。抗风柱、圈梁、连系梁、过梁和基础梁按建筑要求选用标准件。

5. 主要构件选型

单层厂房中主要的承重构件是屋面板、屋架、吊车梁、柱和基础。这五种主要构件的材料用量，对一般中型厂房（跨度不大于 24m，吊车起重量不超过 15t）而言如表 8-1 所示。从表中可知，屋盖结构（屋面板和屋架）的材料用量，占总用量的 38%～60%。因此，屋盖结构设计的经济合理性，应引起重视。

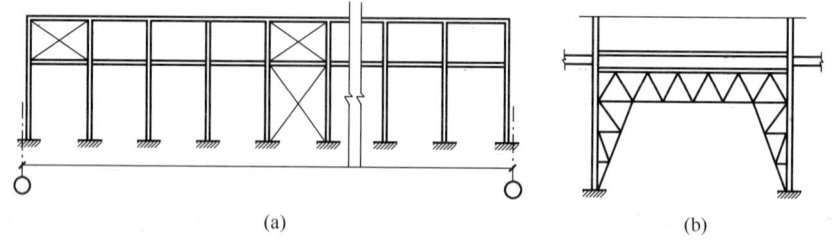

图 8-11 柱间支撑

单层厂房中的柱和基础，一般需要通过计算确定。屋面板、屋架、吊车梁以及其他大部分组成构件均有标准图或通用图，可供设计时选用。

中型钢筋混凝土单层厂房各主要构件材料用量　　表 8-1

材料	每平方米建筑面积构件材料用量	每种构件材料用量占总用量的百分比（%）				
		屋面板	屋架	吊车梁	柱	基础
混凝土	0.13～0.18m³	30～40	8～12	10～15	15～20	25～35
钢材	18～20kg	25～30	20～30	20～32	18～25	8～12

1) 屋面板

在单层厂房中，屋面板常用的形式如图8-12所示，它们都是适用于无檩体系。

预应力混凝土大型屋面板（图8-12a）组成的屋面水平刚度好，适用于柱距为6m或9m的大多数厂房，以及振动较大、对屋面刚度要求较高的车间。

预应力混凝土F形屋面板（图8-12b）或预应力混凝土单肋板（图8-12c）组成的屋面，其水平刚度及防水效果不如预应力混凝土大型屋面板，适用于跨度、荷载较小的非保温屋面，不宜用于对屋面刚度及防水要求高的厂房。

预应力混凝土空心板（图8-12d）广泛用于楼盖，也可作为屋面板用于柱距为4m左右的车间和仓库。

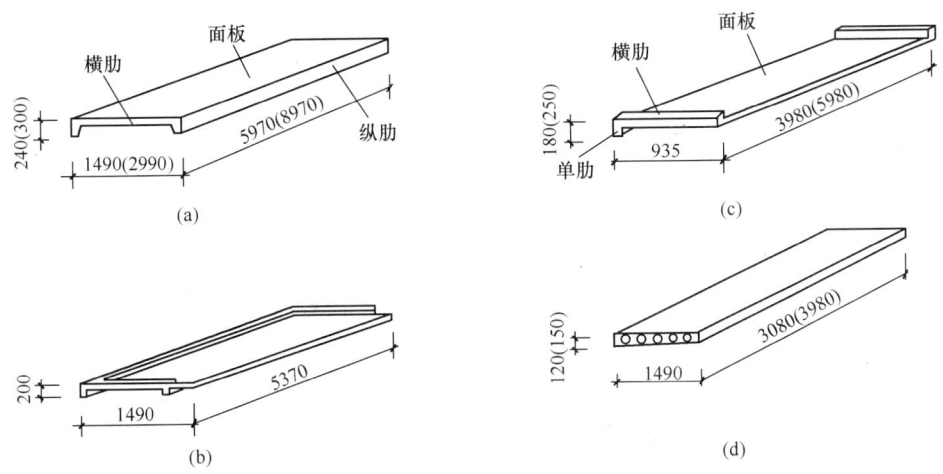

图8-12 屋面板类型
(a) 预应力混凝土大型屋面板；(b) 预应力混凝土F形屋面板；
(c) 预应力混凝土单肋板；(d) 预应力混凝土空心板

2) 屋面梁和屋架

屋面梁和屋架除承受屋面板、天窗架传来的荷载及其自重外，有时还承受悬挂吊物、高架管道等荷载。

屋面梁常用的有预应力混凝土单坡或双坡薄腹工形梁及空腹梁（图8-13a、b、c）。适用于跨度不大（18m和18m以下）、有较大振动或有腐蚀性介质的厂房。

屋架可做成拱式和桁架式两种。拱式屋架常用的有钢筋混凝土两铰拱屋架（图8-13d）。若顶节点做成铰接，则为三铰拱屋架（图8-13e）。适用于跨度为15m和15m以下的厂房。

桁架式屋架有三角形、梯形、拱形和折线形等多种（图8-13f、g、h、i）。

当桁架式屋架跨度较小（18m以内），也可采用三角形组合屋架（图8-13j）。

3) 吊车梁

吊车梁承受吊车荷载（竖向荷载及纵、横向水平制动力）、吊车轨道及吊车梁自重，并将这些力传给厂房柱。

吊车梁通常做成T形截面，以便在其上安放吊车轨道。腹板如采用厚腹的，

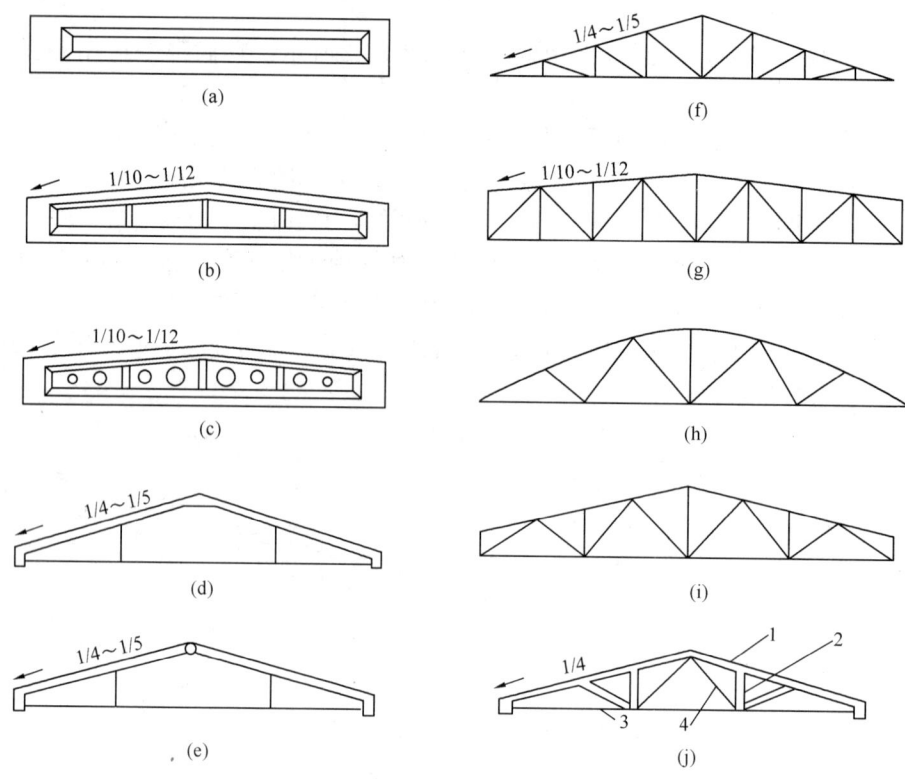

图 8-13 屋面梁和屋架类型
(a) 单坡屋面梁；(b) 双坡屋面梁；(c) 空腹屋面梁；(d) 两铰拱屋架；(e) 三铰拱屋架；
(f) 三角形屋架；(g) 梯形屋架；(h) 拱形屋架；(i) 折线形屋架；(j) 组合屋架
1、2—钢筋混凝土上弦及压腹杆；3、4—钢下弦及拉腹杆

可做成等截面梁（图 8-14a）；如采用薄腹的，则腹板在梁端局部加厚，为便于布筋采用工形截面（图 8-14b）。

根据简支吊车梁弯矩包络图跨中弯矩最大的特点，也可做成变高度的吊车梁，如预应力混凝土鱼腹式吊车梁（图 8-14c）和预应力混凝土折线式吊车梁（图 8-14d）。

对于柱距 4~6m、起重量不大于 5t 的轻型厂房，也可采用结构轻巧的桁架式吊车梁（图 8-14e、f）。

4）柱

当厂房跨度、高度和吊车起重量不大，柱的截面尺寸较小时，多采用矩形或工字形截面柱（图 8-15a、b）；当跨度、高度、起重量较大，柱的截面尺寸也较大时，宜采用平腹杆或斜腹杆双肢柱（图 8-15c、d）。

柱型的选择还应根据厂房的具体条件灵活考虑。如有的厂房为方便布置管道，柱截面高度为 800~1000mm 也采用平腹杆双肢柱；有的重型厂房，为提高柱的抗撞击能力，柱截面高度为 1000~1300mm 却采用矩形截面。

柱截面尺寸不仅要满足结构承载力的要求，而且还应使柱具有足够的刚度，柱截面尺寸不应太小。尺寸的选用参见有关图集。

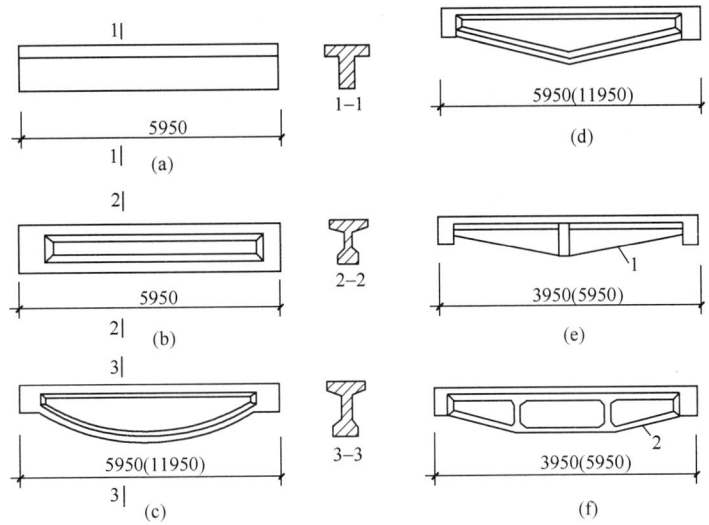

图 8-14 吊车梁形式

(a) 厚腹吊车梁；(b) 薄腹吊车梁；(c) 鱼腹式吊车梁；
(d) 折线式吊车梁；(e)、(f) 桁架式吊车梁
1—钢下弦；2—钢筋混凝土下弦

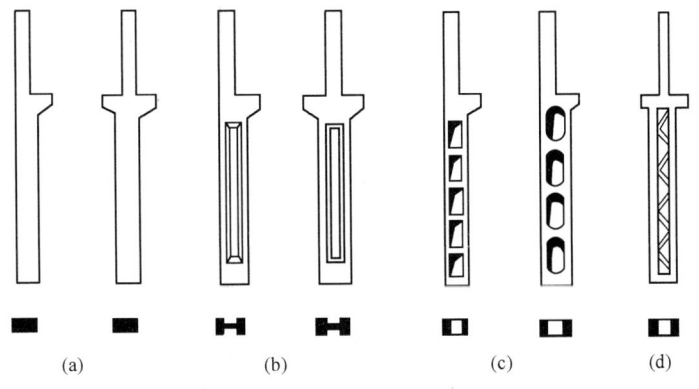

图 8-15 柱形式

(a) 矩形截面柱；(b) 工字形截面柱；(c) 平腹杆双肢柱；(d) 斜腹杆双肢柱

5) 基础

柱下单独基础，按施工方法可分为预制柱下基础和现浇柱下基础。现浇柱下基础通常用于多层现浇框架结构，预制柱下基础则用于装配式单层厂房结构。

单独基础有阶梯形和锥形两种（图 8-16a、b）。由于它们与预制柱的连接部分做成杯口，故统称为杯形基础。当因为柱下基础标高与设备基础或地坑冲突以及地质条件差等原因需要深埋时，为不使预制柱过长，且能与其他柱长一致，可做成图 8-16（c）所示的高杯口基础，它由杯口、短柱以及阶形或锥形底板组成。短柱是指杯口以下的基础上阶部分（即图中Ⅰ—Ⅰ截面到Ⅱ—Ⅱ截面之间的一段）。

对上部结构荷载大、地质条件差（持力层深）、对地基不均匀沉降要求严格控制的厂房，可采用桩基础，它的计算和构造要求详见有关专著。

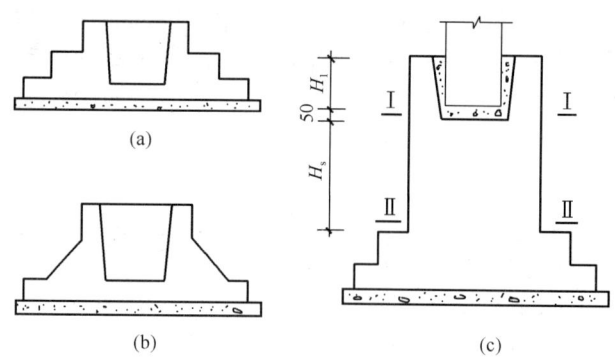

图 8-16 柱下单独基础形式
(a) 阶梯形基础;(b) 锥形基础;(c) 高杯口基础

8.2 单层厂房内力计算

单层厂房结构是一个空间结构体系,为了方便计算,可简化成横向平面排架和纵向平面排架分别进行计算。厂房纵向排架柱较多,通常其水平刚度较大,纵向排架一般可以不必计算。横向平面排架承受作用于厂房的主要荷载,包括屋面荷载、吊车荷载以及纵墙面和屋盖传来的风荷载等。排架结构的计算内容包括:计算简图确定,荷载计算,内力分析和内力组合,必要时还需验算排架侧移。

1. 计算简图确定

1) 计算单元

对于图 8-17(a) 所示的厂房结构平面,如果各榀排架的几何尺寸完全相同,作用于厂房上的屋面荷载、雪荷载和风荷载都是均布的,则可以选取图中的阴影部分面积表示该榀排架的负载面积,其计算单元如图 8-17(a) 阴影部分所示。

2) 简化假定与计算简图

基于图 8-17(a) 所示计算单元,在确定计算简图时作如下假定:

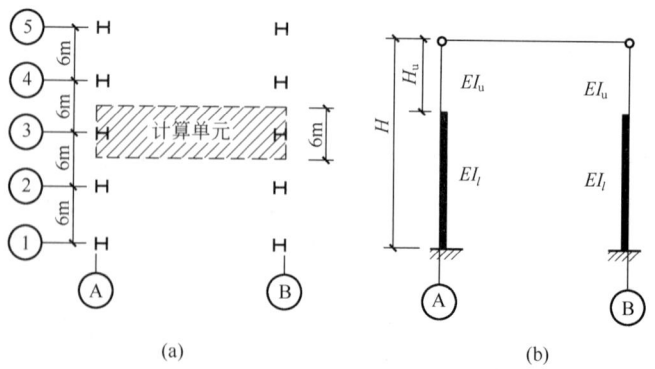

图 8-17 计算简图

图中:H——从基础顶面算起的柱子全高;
H_u——从装配式吊车梁底面或从现浇式吊车梁顶面算起的柱上部高度。

① 柱上端与屋架或屋面梁为铰接，柱下端与基础为固接；

② 横梁（即屋架或屋面架）为无轴向变形的刚性连杆，即横梁两端柱的侧移相等。

根据上述假定，可得横向排架的计算简图如图 8-17（b）所示。柱的计算长度见表 4-18。

2. 荷载计算

作用在横向排架上的荷载分恒荷载、屋面活荷载（含雪荷载、积灰荷载）、吊车荷载和风荷载等，除吊车荷载外，其他荷载均取自计算单元范围内。

1) 恒载

恒载包括屋盖、柱、吊车梁及轨道连接件、围护结构等自重，其值可根据构件的设计尺寸和材料重度计算。若选用标准构件，则可直接由相应的构件标准图集中查得。

(1) 屋盖恒载 G_1

屋盖恒载包括屋盖构造层（找平层、保温层、防水层等）、屋面板、天窗架、屋架或屋面梁、屋盖支撑以及与屋架连接的各种管道等自重。此荷载通过屋架或屋面梁的端部以竖向集中力 G_1 的形式传至柱顶，其作用点位于屋架上、下弦几何中心线汇交处（或屋面梁梁端垫板中心线处），一般在厂房纵向定位轴线内侧 150mm 处，如图 8-18（a）所示，G_1 对上柱截面几何中心存在偏心距 e_1，且对下柱截面几何中心还存在偏心距 (e_1+e_2)，如图 8-18（b）所示。

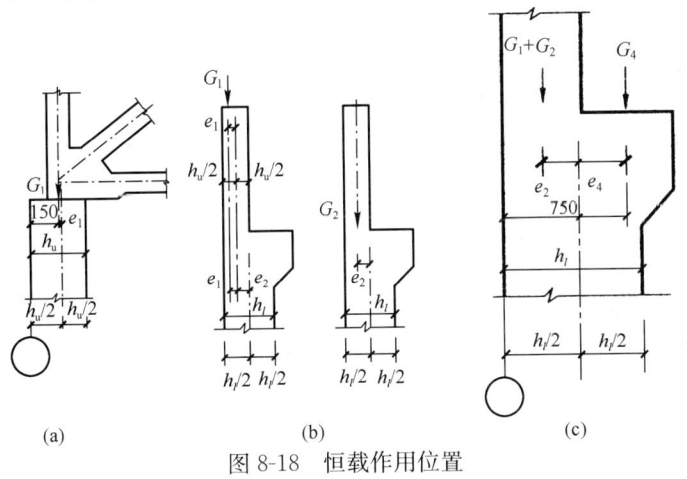

图 8-18 恒载作用位置

(2) 柱自重 G_2 (G_3)

上柱自重 G_2 和下柱自重 G_3 分别作用于各自截面的几何中心线上，其中 G_2 对下柱截面几何中心线有一偏心距 e_2，如图 8-18（b）所示。

(3) 吊车梁和轨道及连接件重力荷载 G_4

吊车梁和轨道及连接件重力荷载可以从有关标准图集中直接查得，轨道及连接件重力荷载也可以按 0.8~1.0kN/m 估算。G_4 的作用点一般距纵向定位轴线 750mm，它对下柱截面几何中心线的偏心距为 e_4，如图 8-18（c）所示。

围护结构自重 G_5 通过承重梁传至设置在柱上的牛腿，自重大小可根据相应

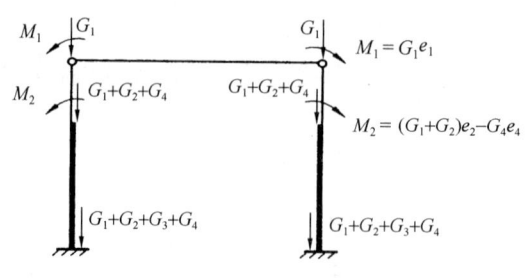

图 8-19 排架恒荷载简图

材料重度计算,并按实际作用点计算偏心距 e_5(参见图 8-4)。

各种恒载作用下荷载简图如图 8-19 所示。

2) 屋面活荷载

屋面活荷载包括屋面均布活荷载、屋面雪荷载和屋面积灰荷载三部分。通过屋架传至柱顶,其作用位置与 G_1 相同。

(1) 屋面均布荷载

按《建筑结构荷载规范》GB 50009(以下简称《荷载规范》)规定,屋面水平投影面上的屋面均布活荷载标准值为不上人屋面 $0.5\mathrm{kN/m^2}$,上人屋面 $2.0\mathrm{kN/m^2}$。

(2) 屋面雪荷载

《荷载规范》规定,屋面水平投影面上的雪荷载标准值 S_k($\mathrm{kN/m^2}$)按下式计算:

$$S_k = \mu_r S_0 \tag{8-1}$$

式中 S_0——基本雪压值($\mathrm{kN/m^2}$);

μ_r——屋面积雪分布系数(当坡屋面坡度 $\alpha \leqslant 25°$ 时,$\mu_r = 1.0$)。

屋面积灰荷载计算参见《荷载规范》第 5.4 节。

3) 风荷载

作用在排架上的风荷载,是由计算单元内墙面及屋面传来的,其作用方向垂直于建筑物表面,有压力和吸力两种情况,沿建筑表面均匀分布。

《荷载规范》规定风荷载标准值 w_k 按下式计算:

$$w_k = \beta_z \mu_s \mu_z w_0 \tag{8-2}$$

式中 w_0——基本风压值($\mathrm{kN/m^2}$);

β_z——高度 Z 处的风振系数,对高度小于 30m 的单层厂房,取 $\beta_z = 1.0$;

μ_s——风荷载体型系数;

μ_z——风压高度变化系数,根据建筑所在地区的地面粗糙程度类别和所求风压值处离地面的高度确定。

各参数取值见荷载规范。

排架结构内力分析时,通常将作用于厂房上的风荷载作如下简化:

(1) 作用在排架柱顶以下墙面上的水平风荷载近似按均布荷载计算,其风压高度变化系数可根据柱顶标高确定。

(2) 作用在排架柱顶以上屋盖上的风荷载仅考虑其水平分量对排架的作用,且以水平集中荷载的形式作用在排架柱顶。其风压高度变化系数,当无矩形天窗时,根据厂房檐口标高确定;当有矩形天窗时,根据天窗檐口标高确定。排架结构内力分析时,应考虑左吹风和右吹风两种情况。

4) 吊车荷载

对于一般的桥式吊车,作用于厂房横向排架上的吊车荷载有竖向荷载和横向水平荷载，设计时应以吊车制造厂当时的产品规格为依据确定。

(1) 吊车竖向荷载

桥式吊车由大车（即桥架）和小车组成，大车在吊车轨道上沿厂房纵向运动，小车在大车轨道上沿厂房横向运行。当小车满载（即吊有额定起重量）运行至大车一侧的极限位置时，小车所在一侧轮压将出现最大值 P_{max}，称为最大轮压，另一侧吊车轮压称为最小轮压 P_{min}，P_{max} 和 P_{min} 同时出现，如图 8-20 所示。P_{max} 和 P_{min} 可从吊车制造厂家提供的吊车产品说明书中查得。P_{max} 和 P_{min} 与吊车桥架重量 G、吊车的额定起重量 Q 以及小车重量 g 三者的重力荷载满足下列平衡关系：

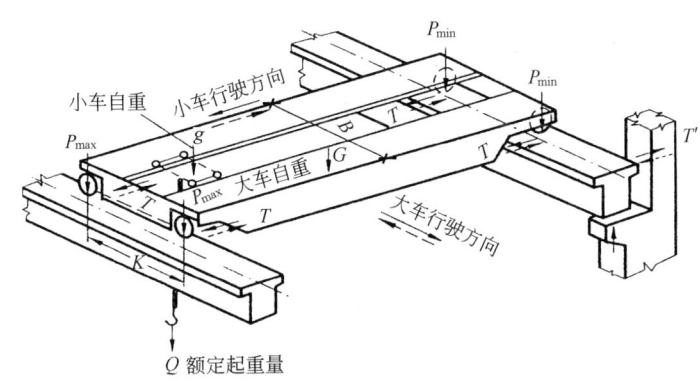

图 8-20 产生最大轮压和最小轮压的小车位置

$$n(P_{max}+P_{min})=G+Q+g \tag{8-3}$$

式中 n——吊车每一侧的轮子数。

吊车轮压 P_{max} 和 P_{min} 作用在吊车梁上，吊车梁最大支座反力 D_{max} 和 D_{min} 分别由 P_{max} 和 P_{min} 产生，还与厂房内的吊车台数和吊车作用位置有关。《荷载规范》规定：对单跨厂房的每个排架，参与组合的吊车台数不宜多于 2 台；对多跨厂房的每个排架，不宜多于 4 台。

由于吊车荷载是移动荷载，因此需要用影响线原理求吊车梁的最大支座反力，D_{max} 和 D_{min} 的标准值按下式计算：

$$D_{max}=\Sigma P_{imax}y_i \tag{8-4}$$

$$D_{min}=\Sigma P_{imin}y_i \tag{8-5}$$

式中 P_{imax}、P_{imin}——第 i 台吊车的最大轮压和最小轮压；

y_i——与吊车轮压相对应的支座反力影响线的竖向坐标值。

吊车竖向荷载 D_{max} 和 D_{min} 分别作用在同一跨两侧排架柱的牛腿顶面，作用点位置与吊车梁和轨道自重 G_4 相同，距下柱截面形心的偏心距为 e_4，它们施加于排架结构的力偶分别为 $D_{max}e_4$ 和 $D_{min}e_4$，可变荷载分项系数 $\gamma_Q=1.4$。

(2) 横向水平荷载

小车起吊重物后在启动或制动时将产生惯性力，即横向水平制动力，此力通过小车制动轮与钢轨间的摩擦传给排架结构（图 8-20）。对于一般四轮桥式吊车，每一轮子作用在轨道上的横向水平制动力 T 为：

$$T = \frac{1}{4}\alpha(Q+g) \tag{8-6}$$

式中 α 按下列规定取值：

硬钩吊车取 0.20。

软钩吊车：

当额定起重量不大于 $10t$ 时取 0.12；

当额定起重量为 $16\sim 50t$ 时取 0.10；

当额定起重量不小于 $75t$ 时取 0.08。

《荷载规范》规定，对单跨或多跨厂房的每个排架，参与水平荷载组合的吊车台数不超过 2 台。吊车横向水平制动力标准值按下式计算：

$$T_{max} = \Sigma T_i y_i \tag{8-7}$$

式中 T_i——第 i 台吊车的横向水平制动力；

y_i——同式（8-5）。

横向水平荷载作用的位置与吊车梁轨顶标高一致。

(3) 吊车纵向水平荷载

吊车纵向水平荷载标准值，按作用在一边轨道上所有刹车轮的最大轮压之和的 10% 采用，即：

$$T_0 = nP_{max}/10 \tag{8-8}$$

式中 n——施加在一边轨道上所有刹车轮数之和，对于一般的四轮吊车，$n=1$。

3. 等高排架内力计算

排架内力分析关键在于求得柱顶剪力，一旦求得柱顶剪力，问题就变为静定悬臂柱的内力计算。由结构力学可知，用剪力分配法可求得等高排架的内力，在此不详述。

4. 内力组合

排架内力组合，就是求出控制截面产生的最不利内力，作为柱和基础设计的依据。

1) 控制截面

在一般单阶柱中，上、下柱截面配筋相同，故应分别找出上柱和下柱的控制截面。如图 8-21 所示，底部截面 1—1 为上柱的控制截面；牛腿面（2—2 截面）和柱底（3—3 截面）为下柱控制截面。

2) 荷载组合

为了求得控制截面的最不利内力，就必须按荷载同时出现的可能性进行组合，具体可按荷载规范规定进行。

3) 内力组合

排架柱为偏心受压构件，由 M—N 相关曲线可知，对于矩形、工字形截面排架柱，一般应考虑以下四种内力组合：

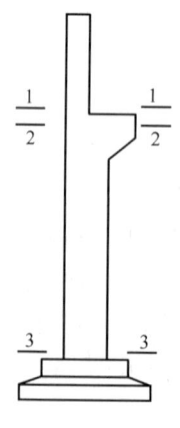

图 8-21 柱控制截面

① $+M_{max}$ 及相应的 N、V；

② $-M_{max}$ 及相应的 N、V；

③ N_{max} 及相应的 $\pm M$、V；

④ N_{min} 及相应的 $\pm M$、V。

8.3 厂房主要构件设计

单层厂房主要构件设计包括屋架或屋面梁设计、排架柱设计、柱下扩展基础设计及吊车梁设计等。本节主要介绍柱及牛腿设计。基础设计参见第 11 章。

预制混凝土排架柱的设计，包括选择柱的形式，确定截面尺寸，配筋计算，吊装验算，牛腿设计等。

1. 截面设计

柱形式及截面尺寸的选择在第 8.1 节中已叙述，参见相应内容。因为柱截面上剪力 V 比轴力 N 小，所以在矩形、工字形截面这类实腹柱的配筋计算中，一般不进行抗剪承载力计算，按构造要求配置箍筋可满足抗剪要求。柱的配筋计算和构造要求，和一般混凝土偏心受压构件相同，采用对称配筋形式排架柱计算长度 l_0 参见规范。

对于钢筋混凝土预制柱，在施工阶段还需要对吊装过程进行验算。吊装可以采用平吊也可以采用翻身吊。如柱中配筋能满足平吊时的承载力和裂缝的要求，宜采用平吊，以简化施工。但是，当平吊需增加柱中配筋时，则宜考虑改用翻身吊。

柱吊点设在牛腿的下边缘处，考虑到起吊时的动力作用，柱自重须乘以 1.5 动力系数。当采用翻身吊时，截面的受力方向与使用阶段的一致，因而承载力和裂缝均能满足要求，一般不必进行验算。当平吊时，可将 H 形截面简化为宽度为 $2h_f$、高为 b_f 的矩形截面。由于本项验算为施工阶段的验算，结构的重要性系数可降低一级取用。

构件施工阶段的承载力验算，按双筋受弯构件公式进行。裂缝宽度的验算则采用弯矩标准值进行验算。

2. 牛腿设计

在厂房结构中，吊车梁和连系梁等构件，常由设置在柱上的牛腿来支承。牛腿承受很大的竖向荷载，有时也承受地震作用和风荷载引起的水平荷载。

1) 牛腿分类

牛腿按承受的竖向荷载合力作用点至牛腿根部柱边缘水平距离 a 的不同分为两类（图 8-22）：$a>h_0$ 时为长牛腿，按悬臂梁进行设计；$a \leqslant h_0$ 时为短牛腿，是一变截面悬臂深梁。此处，h_0 为牛腿根部的有效高度（图 8-23）。本节讨论短牛腿设计。

2) 牛腿截面尺寸确定

牛腿截面宽度与柱宽相同，牛腿在使用阶段一般要求不出现斜裂缝或仅出现少量微细裂缝，设计时以不出现斜裂缝作为控制条件来确定牛腿截面高度：

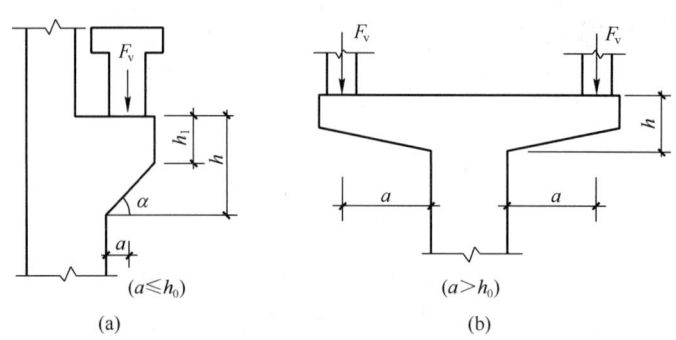

图 8-22 牛腿类别
(a) 短牛腿；(b) 长牛腿

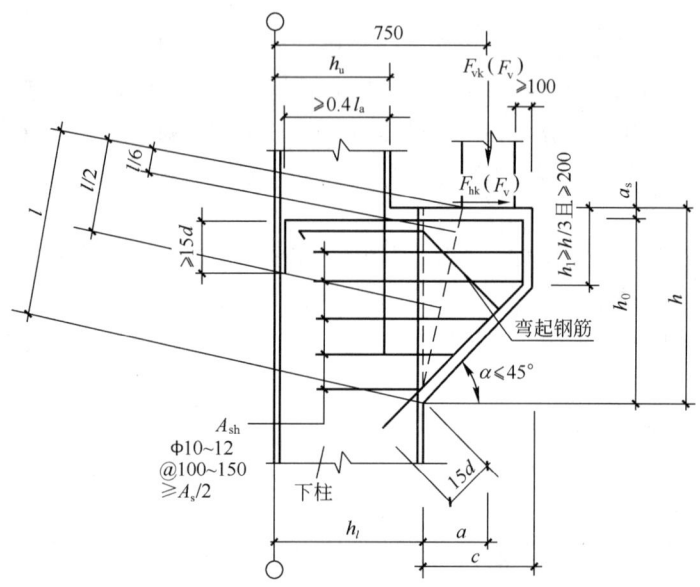

图 8-23 牛腿尺寸和钢筋布置

$$F_{vk} \leq \beta\left(1-0.5\frac{F_{hk}}{F_{vk}}\right)\frac{f_{tk}bh_0}{0.5+a/h_0} \tag{8-9}$$

式中 F_{vk}、F_{hk}——作用于牛腿顶部按荷载标准值组合计算的竖向力和水平拉力值；

β——裂缝控制系数，对支承吊车梁的牛腿，取 $\beta=0.65$，其他牛腿，取 $\beta=0.80$；

a——竖向力作用点至下柱边缘的水平距离，此时应考虑安装偏差 20mm，当考虑 20mm 安装偏差后的竖向力作用线仍位于下柱截面以内时，取 $a=0$；

b——牛腿宽度；

h_0——牛腿与下柱交接处的竖向截面有效高度，取 $h_0=h_1-a_s+c\tan\alpha$，其余符号意义见图 8-23。

此外，牛腿外边缘高度 h_1 不应小于 $h/3$，且不应小于 200mm；牛腿外边缘至吊车梁外边缘的距离不宜小于 100mm；牛腿底边倾斜角 $\alpha \leqslant 45°$，如图 8-23 所示。

为了防止牛腿顶面加载垫板下混凝土的局部受压破坏，垫板下的局部压应力应满足：

$$\sigma_c = \frac{F_{vk}}{A} \leqslant 0.75 f_c \tag{8-10}$$

式中　A——局部受压面积；
　　　f_c——混凝土轴心抗压强度设计值。

当式（8-10）不满足时，应采取加大受压面积、提高混凝土强度等级或设置钢筋网等有效措施。

3）牛腿配筋计算与构造

根据牛腿的斜压破坏形态，可近似地把牛腿看作是一个以顶部纵向受力钢筋为水平拉杆（拉力为 $f_y A_s$），以混凝土斜向压力为压杆的三角形桁架，如图 8-24 所示。

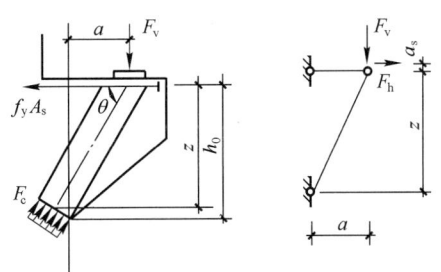

图 8-24　牛腿计算简图

根据图 8-24 所示的计算简图，可得纵向受拉钢筋总截面面积 A_s 为：

$$A_s \geqslant \frac{F_v a}{0.85 f_y h_0} + 1.2 \frac{F_h}{f_y} \tag{8-11}$$

式中　a——竖向力的作用点至柱下边缘的水平距离，考虑 20mm 的安装偏差，
　　　　　当 $a < 0.3 h_0$ 时，取 $a = 0.3 h_0$；
　　　h_0——牛腿根部截面的有效高度；
　　　f_y——纵筋强度设计值。

纵向受拉钢筋宜采用 HRB335 或 HRB400 钢筋。承受竖向力所需的纵向受拉钢筋的配筋率，按牛腿的有效截面计算不应小于 0.2% 及 $0.45 f_t / f_y$，也不宜大于 0.6%，且根数不宜少于 4 根，直径不应小于 12mm；纵筋的弯起与锚固、水平箍筋设置等要求见图 8-23。

思考题与习题

8-1　单层厂房由哪些构件组成？
8-2　单层厂房要求设置哪些支撑？作用是什么？
8-3　单层厂房中有哪些荷载？如何计算？
8-4　单层厂房排架计算有哪些基本假定？

第 9 章　多层与高层钢筋混凝土结构

什么样的建筑是高层建筑，顾名思义是层数较多、高度较高的建筑。世界各国对多层建筑与高层建筑的划分界限并不统一。在不同时期的划分界限也不尽相同。我国《高层建筑混凝土结构技术规程》规定 10 层及 10 层以上的住宅建筑或高度超过 24m 的公共建筑称为高层建筑，1~3 层建筑为低层建筑，层数介于高层和低层之间的建筑为多层建筑，高度超过 100m 的建筑称为超高层建筑。本章以介绍高层建筑的结构设计为主，但结构设计原理与方法同样适用于多层建筑的结构设计。

各国对高层建筑定义不同的原因与许多因素有关。如火灾发生时，不超过 10 层左右的建筑可通过消防车进行扑救，更高的建筑利用消防车扑救则很困难，需要有许多自救措施。从受力上讲，多层的建筑由竖向荷载产生的内力占主导地位，水平荷载的影响较小。对更高的建筑由于弯矩与高度的平方成正比，侧移与高度的四次方成正比，风荷载和地震作用产生的内力占主导地位，竖向荷载的影响相对较小，侧移验算不可忽视。

目前我国高层建筑的主要特点有：①高度越来越高，一栋建筑甚至一个城市是否有名，建筑高度是标志性因素之一，因此争高度是高层建筑无休止的主题；②超限、复杂的高层建筑越来越多，所谓超限是指高度超过规范规定的最大高度的建筑，复杂建筑包括连体、带转换层、带加强层、错层及竖向体型收进建筑，这些建筑国内外研究都不充分，我们可采取抗震设防专项审查及提高关键构件的承载力和变形能力措施；③高强混凝土及高强钢筋的广泛使用；④钢-混凝土组合构件发展迅速，大大提高了构件的抗震能力和变形能力；⑤框架-核心筒结构广泛使用，在 200m 高的高层结构中，绝大多数采用此结构形式，它具有抗侧力强，空间布置灵活的优点。

9.1　结构体系与结构布置

1. 结构体系

结构体系是结构的具体化，它是承受竖向荷载、抵抗水平荷载作用的骨架，此骨架由水平构件及竖向构件组成，有时还有起支撑作用的斜向构件。水平构件主要包括梁及楼板，竖向构件主要包括柱、剪力墙（或电梯井）。竖向荷载因结构及设备自重、活荷载而产生，水平荷载因风荷载及地震作用而产生。从荷载的传递路线上讲，作用在楼板上的竖向荷载（恒载和活荷载）通过楼板传递至梁，梁传递给柱（剪力墙）或斜向支撑，最后传递至基础和地基。作用在结构上的水平荷载通过围护结构墙（或剪力墙）传递到水平构件或竖向构件，再由水平构件传递到竖向构件，最后传递到基础和地基。根据各种骨架结构承受竖向荷载和水平荷载时的受力和变形特点，可将高层结构体系分为框架结构、剪力墙结构、框架－剪力墙结构、筒体结构及巨型结构等，各类结构体系有其不同的适用高度，随着建筑高度的不断发展，高层结构高效的抗侧力体系将随着工程经验及科研成果而不断出现。本节介绍几个主要结构体系，并就框架结构及剪力墙结构设计作一简介。

2. 结构布置

结构布置包括结构平面布置和竖向布置。结构布置与建筑平立面设计密切相关，建筑功能确定后，平立面就可以确定了，结构工程师须在满足建筑要求基础上，尽最大可能做出性价比高的结构布置。因此，合理优化结构布置是结构设计成功的关键和前提。

1) 结构平面布置

结构选型好，布置合理，不但使用方便，而且受力性能好，施工简便，造价也低。进行结构布置时，应满足下面的一般原则：

(1) 平面长度不宜过长，突出部分长度 l 不宜过大，L、l 的值应满足表 9-1（图 9-1）的要求，凹角处应采取加强措施；

L、l 的 限 值　　　　　　表 9-1

设 防 烈 度	L/B	l/B_{max}	l/b
6、7 度	≤6.0	≤0.35	≤2.0
8、9 度	≤5.0	≤0.30	≤1.5

(2) 结构应尽可能简单、规则、均匀、对称，结构质量重心与刚度中心重合，减少扭转；

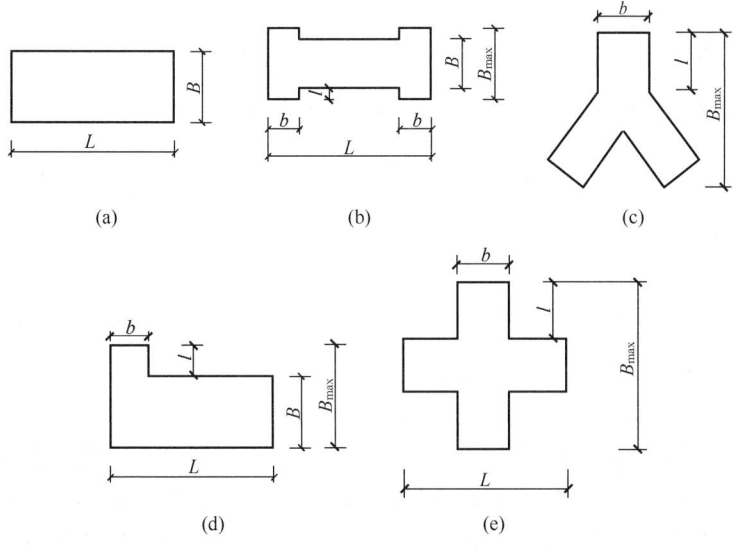

图 9-1　建筑平面

(3) 控制楼板开洞面积大小及洞边至建筑外边缘距离；

(4) 妥善处理温度、地基不均匀沉降以及地震等因素对建筑的影响。

除以上布置的一般原则外，还应满足下列原则：

(1) 柱网布置

平面布置首先是确定柱网。所谓柱网，就是柱在平面图上的位置。结构的柱网布置既要满足建筑平面布置和生产工艺的要求，又要使结构受力合理，力求避免凹凸曲折和高低错落。在高层结构设计中，为保证结构各向具有良好的抗震性能，一般都采用纵横兼顾的承重方案，且以双向板的楼盖设计为主。

(2) 变形缝布置

在房屋的初步设计中，为了消除结构不规则、收缩和温度应力、不均匀沉降等因素对结构的不利影响，可以设置变形缝将房屋分为若干相对独立的部分。

变形缝有伸缩缝、沉降缝、防震缝三种。在工程实际中，为避免影响建筑美观，应尽量少设缝或不设缝，这可简化构造、方便施工、降低造价、增强结构的整体性和空间刚度。为化解建筑受力需要与使用美观需要间的矛盾，在建筑设计时，应采取调整平面形状、尺寸、体型等措施；在结构设计时，应通过选择节点连接方式、配置构造钢筋、设置刚性层等措施；在施工方面，应通过分阶段施工、设置后浇带、做好保温隔热层等措施，来防止由于温度变化、不均匀沉降等因素引起的结构或非结构的损坏。确定是否设置变形缝及如何合理设置变形缝是确定结构方案的主要任务之一。

① 伸缩缝

季节温差、室内外温差以及迎阳面与背阳面之间的温差都使混凝土结构热胀冷缩产生温度应力，混凝土收缩及温度应力双重作用常使混凝土结构产生裂缝。在高层钢筋混凝土结构中一般不计算由于温度、收缩产生的内力及由此引起的裂缝宽度。伸缩缝是为了避免温度应力和混凝土收缩应力使房屋产生裂缝而设置的，在伸缩缝处，基础顶面以上的结构和建筑必须全部分开。伸缩缝最大间距如表9-2。伸缩缝宜设双柱，伸缩缝最小宽度为50mm。也可以采用后浇带、温度敏感部位提高配筋以及采用隔热措施和改善材料性能等方面来避免或减小伸缩缝设置。

伸缩缝的最大间距（m） 表9-2

结 构 类 别	施 工 方 法	最 大 间 距
框架结构	现 浇	55
剪力墙结构	现 浇	45

② 沉降缝

为防止地基不均匀或房屋层数和高度相差很大或重量相差悬殊引起房屋开裂而设的缝称为沉降缝。除修建在坚硬岩石上的房屋以外，房屋都会有不同程度的沉降。如果沉降是均匀的，则不会引起房屋开裂；如果沉降不均匀且超过一定量值，房屋便有可能开裂。高层建筑层数多、体量大，对不均匀沉降较敏感。沉降缝不但上部结构要断开，基础也要断开。

当既需设置伸缩缝又需设置沉降缝时,伸缩缝与沉降缝应合并设置,以使整个房屋的缝数减少。其大小宽度与地质条件及房屋高度有关,一般不小于50mm,当房屋高度超过10m时,缝宽度应不小于70mm。

在地基条件许可前提下,也可通过调整基础减小沉降差,达到不设缝的目的,措施有:可以利用天然基础,将主体和裙房放在一个刚度大的基础上;采用桩基础,将荷载传到压缩性小的土质中;将主体与裙房间设置后浇带,待两者沉降基本完成后再浇混凝土,将结构连成整体;裙房尺寸不大时,可在主体结构基础上悬挑结构,以承受裙房重量。

③ 防震缝

地震区为防止房屋或结构单元在发生地震时相互碰撞设置的缝,称为防震缝。下列情况下宜设防震缝:

a. 平面长度和外伸长度尺寸超出了规程限值而又没有采取加强措施;
b. 各部分结构刚度相差很远,采取不同材料和不同结构体系时;
c. 各部分质量相差很大时;
d. 各部分有较大错层时。

防震缝两侧结构体系不同时,防震缝宽度应按不利的结构类型确定;防震缝两侧的房屋高度不同时,防震缝宽度应按较低的房屋高度确定;当相邻结构的基础存在较大沉降差时,宜增大防震缝的宽度;防震缝宜沿房屋全高设置;地下室、基础可不设防震缝,但与防震缝对应处应加强构造和连接;结构单元之间或主楼与裙房之间如无可靠措施不应采用牛腿托梁的做法设置防震缝。

防震缝应尽可能与伸缩缝、沉降缝重合。在抗震设计时,建筑物各部分之间的关系应明确;如分开,则彻底分开;如相连,则连接牢固。

防震缝最小宽度应符合下列规定:

a. 框架房屋,高度不超过15m时不应小于100mm;高度超过15m时,6、7、8、9度相应每增加5、4、3和2m,宜加宽20mm。
b. 框架-剪力墙结构房屋可按上项规定的70%采用,剪力墙结构房屋可按上项规定的50%采用,但二者均不宜小于100mm。

2)结构竖向布置

高层建筑的竖向布置宜规则,避免有大的外挑或内收;结构的侧向刚度宜下大上小,均匀变化,避免侧向刚度不规则和楼层承载力突变,并尽量少采用转换层结构;为保证高层建筑有良好的抗震性能,宜设置地下室。

抗震设计时,当结构上部楼层收进部位到室外地面的高度 H_1 与房屋高度 H 之比大于 0.2 时,上部楼层收进后的水平尺寸 B_1 不宜小于下部楼层水平尺寸 B 的 0.75 倍(图 9-2a、b);当上部结构楼层相对于下部楼层外挑时,下部楼层水平尺寸 B 不宜小于上部楼层水平尺寸 B_1 的 0.9 倍,且水平外挑尺寸 a 不宜大于 4m(图 9-2c、d)。

侧向刚度变化、楼层承载力变化及竖向抗侧力构件连续性如不满足一定要求,则地震作用下剪力应放大。

楼层质量沿高度宜均匀分布,楼层质量不宜大于相邻下部楼层质量的

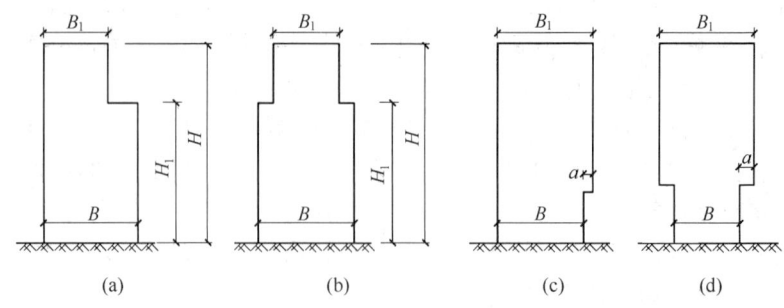

图 9-2 结构竖向收进或外挑示意

(a) $B_1 \geqslant 0.75B$；(b) $B_1 \geqslant 0.75B$；(c) $B \geqslant 0.9B_1$，$a \leqslant 4m$；(d) $B \geqslant 0.9B_1$，$a \leqslant 4m$

1.5 倍。

3）楼盖结构

房屋高度超过 50m 时，框架-剪力墙结构，筒体结构及复杂高层建筑结构应采用现浇楼盖结构，剪力墙结构和框架结构宜采用现浇楼盖结构。

房屋高度不超过 50m 时，8、9 度抗震设计时宜采用现浇楼盖结构；6、7 度抗震设计时可采用装配整体式楼盖，且应在扳门搁置长度，拉结筋等构造上满足一定要求；楼盖每层宜设置钢筋混凝土现浇层，厚度不小于 50mm。

房屋的顶层、结构转换层、大底盘多塔楼结构的底盘顶层、平面复杂或开洞过大的楼层、作为上部结构嵌固部位的地下室楼层应采用现浇楼盖结构。厚度不小于 100mm，且宜采用双层双向钢筋。

4）高层建筑的高宽比及适用高度

高宽比主要影响结构的经济性，是对刚度、承载能力及经济合理的宏观控制。对不同结构类型高宽比 H/B 限制如表 9-3、表 9-4 所示。

钢筋混凝土高层建筑结构适用的最大高宽比 H/B　　　表 9-3

结构体系	非抗震设计	抗震设防烈度		
		6度、7度	8度	9度
框架	5	4	3	—
框架-剪力墙、剪力墙	7	6	5	4
框架-核心筒	8	7	6	4
筒中筒	8	8	7	5
板柱-剪力墙	6	5	4	—

混合结构高层建筑结构适用的最大高宽比 H/B　　　表 9-4

结构体系	非抗震设计	抗震设防烈度		
		6度、7度	8度	9度
框架-核心筒	8	7	6	4
筒中筒	8	8	7	5

不同的结构体系有不同的抗侧移刚度，因而适用不同高度的房屋，按高层建筑混凝土结构技术规程规定，A、B 级高度的钢筋混凝土乙类和丙类高层建筑最大高度应符合表 9-5、表 9-6 的规定。

A级高度钢筋混凝土高层建筑最大高度（m）　　　表 9-5

结构体系		非抗震设计	抗震设防烈度				
			6度	7度	8度		9度
					0.2g	0.3g	
框架		70	60	50	40	35	—
框架-剪力墙		150	130	120	100	80	50
剪力墙	全部落地剪力墙	150	140	120	100	80	60
	部分框支剪力墙	130	120	100	80	50	不应采用
筒体	框架-核心筒	160	150	130	100	90	70
	筒中筒	200	180	150	120	100	80
板柱-剪力墙		110	80	70	55	40	不应采用

B级高度钢筋混凝土高层建筑最大高度（m）　　　表 9-6

结构体系		非抗震设计	抗震设防烈度			
			6度	7度	8度	
					0.2g	0.3g
框架-剪力墙		170	160	140	120	100
剪力墙	全部落地剪力墙	180	170	150	130	110
	部分框支剪力墙	150	140	120	100	80
筒体	框架-核心筒	220	210	180	140	120
	筒中筒	300	280	230	170	150

所谓 A 级高度的高层建筑是指常规的、一般的建筑，B 级高度的高层建筑是指较高的、设计上有更加严格要求的建筑。房屋高度指室外地面到主要屋面板板面的高度，宽度指房屋平面轮廓边缘的最小宽度尺寸。

混合结构房屋建筑的最大适用高度见表 9-7。表中，型钢（钢管）混凝土框架既可以是型钢混凝土梁与型钢混凝土柱（钢管混凝土柱）组成的框架，也可以是钢梁与型钢混凝土柱（钢管混凝土柱）组成的框架。周边的钢外筒可以是钢框筒、桁架筒或交叉网格筒。型钢（钢管）混凝土外筒主要指由型钢混凝土（钢管混凝土）柱组成的框筒、桁架筒或交叉网格筒。为减少柱的截面尺寸或增加延性而在混凝土柱的截面中部设置型钢，而梁为钢筋混凝土时，该体系不能作为混合结构；局部构件（如框支梁柱）采用钢梁柱（型钢混凝土梁柱）的结构也不应视为混合结构。钢筋混凝土核心筒的墙体内可以配置型钢、钢管或钢板。

混合结构房屋建筑的最大适用高度（m）　　　表 9-7

结构类型		非抗震设计	设 防 烈 度				
			6度	7度	8度		9度
					0.2g	0.3g	
框架-核心筒	钢框架-钢筋混凝土核心筒	210	200	160	120	110	70
	型钢（钢管）混凝土框架-钢筋混凝土核心筒	240	220	190	150	130	70
筒中筒	钢外筒-钢筋混凝土核心筒	280	260	210	160	140	80
	型钢（钢管）混凝土外筒-钢筋混凝土核心筒	300	280	230	170	150	90

9.2 框架结构

采用梁、柱等杆件刚接组成空间体系作为建筑物承重骨架的结构称为框架结构。它的特点是承受竖向荷载的能力较强，承受水平荷载（如风荷载、地震作用）的能力较弱，因而其高度受到限制。框架结构是多层房屋的常用结构形式，具有空间布置灵活、能形成较大的空间及构件简单、施工简便、较经济的特点。我国早期的高层建筑许多都采用了框架结构。

1. 结构布置

框架结构的柱距，可以是4~6m的小柱距，也可以是7~10m的大柱距，当采用组合楼盖时柱距可以更大一些。布置时应注意做到结构受力明确、布置尽量均匀对称、非承重隔墙优先采用轻质材料（减轻自重）以及减少构件类型利用工业化生产。

按框架构件传力路线的不同，框架的平面布置方案有横向框架承重方案、纵向框架承重方案和纵横框架双向承重方案3种。

1）横向框架承重方案

横向框架承重方案是在横向布置框架主梁，而在纵向布置连系梁，如图9-3（a）所示，框架在横向承受全部竖向荷载和横向水平荷载，有利于提高横向抗侧刚度。纵向框架只承受纵向水平荷载，在纵向仅需按构造要求布置连系梁，有利于房屋室内的采光与通风。

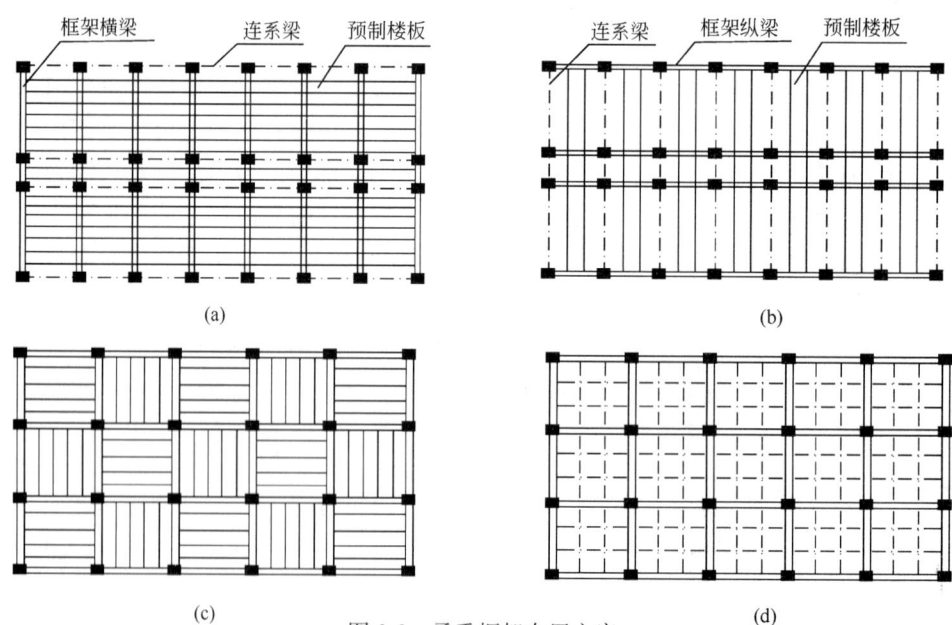

图 9-3 承重框架布置方案
(a) 横向框架承重方案；(b) 纵向框架承重方案；
(c) 纵横向框架双向承重方案（预制板）；(d) 纵横向框架双向承重方案（现浇板）

2）纵向框架承重方案

纵向框架承重方案是在纵向布置框架主梁，在横向上布置连系梁，如图9-3

(b) 所示。框架纵向为主框架，承重全部竖向荷载和纵向水平荷载，横向框架只承受横向水平荷载，它可获得较高的室内净空。另外，可利用纵向框架的刚度来调整房屋纵向方向的不均匀沉降。纵向框架承重方案的缺点是房屋的横向刚度较差。

3) 纵横向框架双向承重方案

纵横向框架双向承重方案是在两个方向均需布置框架主梁以承受楼面荷载，楼盖的荷载可传递到纵、横两个方向的框架上，布置如图 9-3 (c)、(d) 所示。纵横框架双向承重方案具有较好的整体工作性能，框架柱均为双向偏心受压构件，为空间受力体系。

需特别指出的是，在平面布置中不应采用部分由框架承重、部分由砌体墙承重的混合承重形式，框架结构中的电梯间、楼梯间及局部出屋面建筑，均应采用框架承重，不应采用砌体墙承重，这主要是因为二者结构受力性能不同，在地震中两者变形不协调，容易造成震害。

框架结构中的非承重墙宜采用轻质材料，以减轻对结构抗震的不利影响，但须在填空墙和框架柱之间设置可靠拉结，避免在地震中墙体的倒塌和掉落。

图 9-4 为一些框架结构典型平面布置图。此外，通过合理设计，框架结构可以设计成为耗能能力大、变形能力强的结构，称为"延性框架"。相对而言，钢框架结构比钢筋混凝土框架结构更容易设计成为延性结构，主要是因为钢材强度高、变形能力大。钢筋混凝土延性框架结构典型工程实例是北京长城饭店（图 9-5），它是我国 8 度抗震设防区最高的现浇钢筋混凝土框架结构，地上 18 层，局部 22 层，总高 82.85m；采用轻钢龙骨石膏板作隔断墙，外墙为玻璃幕墙。钢结构延

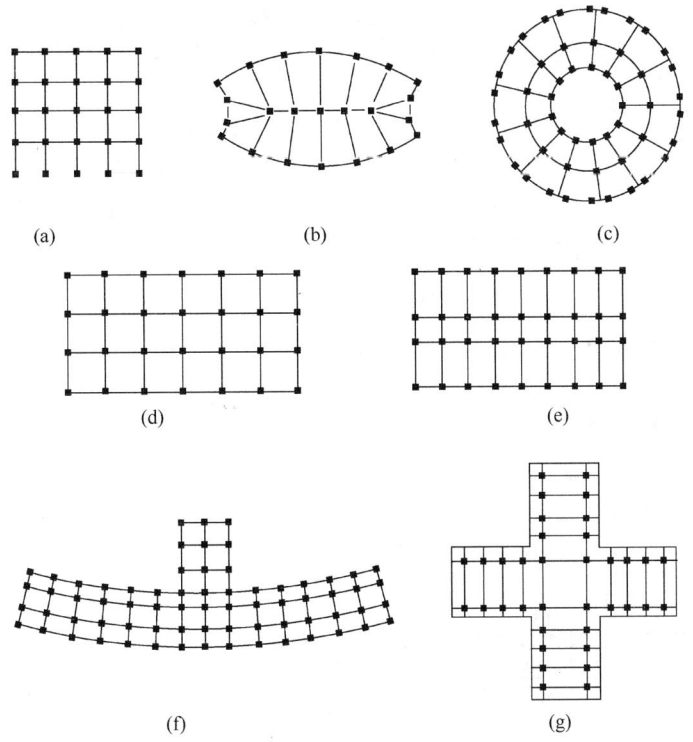

图 9-4 框架结构典型平面布置图

性框架结构典型工程实例是北京的长富宫（图9-6），它是我国高烈度地震区最高的钢框架结构，26层，94m。

在立面布置上，多层框架由横梁和立柱组成（图9-7）。框架可以是等跨或不等跨，也可以是层高相同或不完全相同（图9-7a），有时因工艺和使用要求，也可能在某层缺柱或某跨缺梁（图9-7b）。

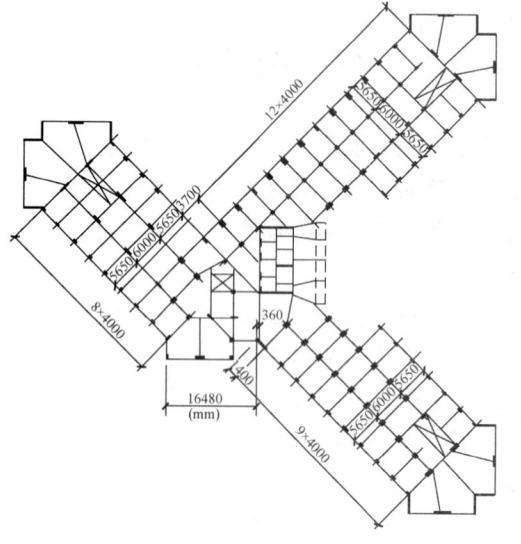

图9-5 北京长城饭店标准层平面及立面图

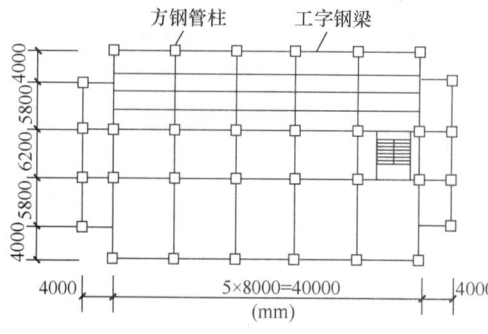

图9-6 长富宫标准层平面及立面图

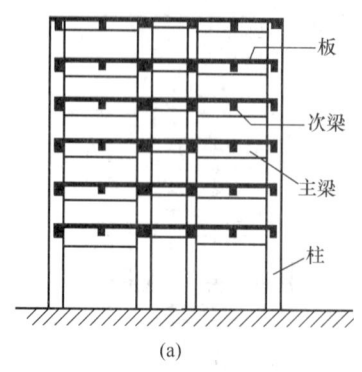
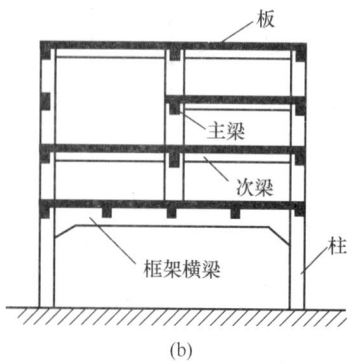

图9-7 多层框架示意
(a) 多层多跨框架组成；(b) 缺梁缺柱框架

沿建筑高度，柱网尺寸及梁截面尺寸尽量保持不变。当房屋较高时，可在上部对柱截面尺寸沿高度适当减少，并尽量减少偏心柱，尤其避免双向偏心柱及扭矩较大的柱。

2. 构件尺寸及计算简图

在设计中一般先要进行构件尺寸估算，框架梁截面形式有矩形、倒T形、梯形和花篮形等。对不承受楼面竖向荷载的连系梁，其截面常用T形、矩形、L形、Γ形等。

1) 截面尺寸初步选择

(1) 梁

梁截面可参考受弯构件的尺寸进行选择。

初步选择梁尺寸后，还可将全部竖向荷载的 0.6~0.8 作用在框架上，按简支梁核算抗弯、抗剪承载力，以判断尺寸选择的合理性。

(2) 柱

柱截面的宽与高一般不小于 (1/20~1/15) 层高，柱截面宽度不宜小于 350mm，柱截面高不宜小于 400mm，并按下述方法进行初步估算：

① 承受以轴力为主的框架柱，可按轴心受压验算。考虑到弯矩的影响，适当将轴向力乘以 1.2~1.4 的增大系数。

② 当风荷载的影响较大时，由风荷载引起的弯矩可粗略地按下式估算：

$$M = \frac{H}{2n} \Sigma F$$

式中 ΣF——风荷载设计值总和；

n——同一层中柱根数；

H——柱高度（层高）。

然后将 M 与 $1.2N$（N 为轴向力设计值）一起作用，按偏心受压构件验算。上述的轴向力 N 也可按竖向恒荷载标准值为 (10~12) kN/m² 加上楼屋面活荷载值估算。

由于柱承受的轴压力较大，还必须满足轴压比限制的要求，所谓轴压比 n 是指 $n=N/f_c A$，N 为柱轴力，f_c 为混凝土轴心抗压强度设计值，A 为柱截面面积，对一级抗震等级柱最大轴压比 n 为 0.65，二级抗震等级柱最大轴压比 n 为 0.75，三级抗震等级柱最大轴压比 n 为 0.85，四级抗震等级柱最大轴压比 n 为 0.9。

框架结构各层柱的计算长度见表 4-17。

2) 框架结构计算简图

计算简图选取前作两个基本假定：一是框架只在其自身平面内有刚度，平面外刚度很小，可忽略；二是楼板在其自身平面内刚度无限大。以上两假定确定了水平荷载在各抗侧力间的分配原则。

对规则结构，取出一榀框架作为计算单元（图 9-8）。在纵横向混合布置时，则可根据结构的不同特点进行分析，并对荷载进行适当简化，分别进行横向和纵向框架的计算。

在计算简图中，杆件用轴线表示，杆件间的连接区用节点表示，杆件长度用

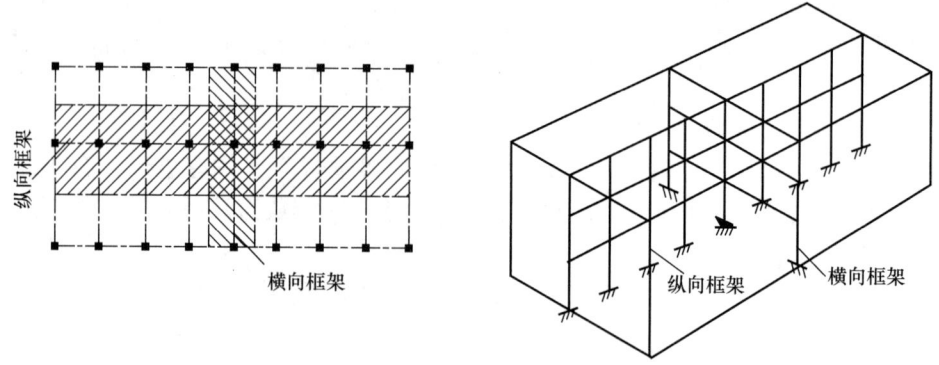

图 9-8　框架计算单元

节点间的距离表示,荷载的作用点也转移到轴线上。在一般情况下,等截面柱柱轴线取截面形心位置(图 9-9a),当上、下柱截面尺寸不同时,则取上层柱形心线作为柱轴线,跨度取柱轴线间的距离(图 9-9b)。柱高对楼层柱取层高;对底层柱,预制楼板取基础顶面至二层楼板底面之间的高度,现浇楼板则取基础顶面与二层楼板顶面之间的高度。

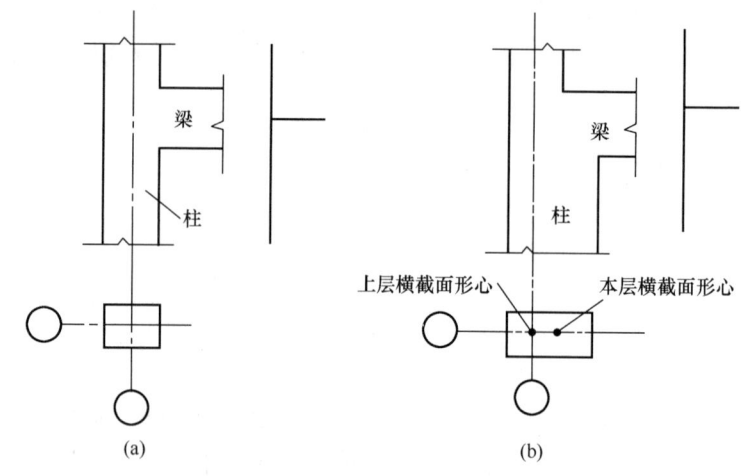

图 9-9　框架柱轴线位置

当框架各跨的跨度相差不超过 10% 时,可当作具有平均跨度的等跨框架;当屋面框架横梁为斜形或折线形,若其倾斜度不超过 1/8 时,仍当作水平横梁计算。

3. 荷载取值

作用于多层框架结构上的荷载大小可直接从《建筑结构荷载规范》GB 50009—2012 查得。此处只讨论活荷载折减和风荷载取值。

1) 楼面活荷载折减

(1) 设计楼面梁

当楼面梁的从属面积较大时,楼面活荷载布满该面积上的可能性很小,楼面梁所承受的活荷载标准值应予以折减，对住宅、宿舍、办公楼等建筑，楼面梁的从属面积超过 $25m^2$ 时，此折减系数为 0.9。

（2）设计墙、柱和基础

在设计住宅、宿舍、旅馆、办公楼、医院病房等建筑（活荷载标准值为 $2.0kN/m^2$）的墙、柱及基础时，作用于楼面上的使用活荷载标准值应乘以表 9-8 所列的折减系数。

楼面活荷载折减系数　　　　　表 9-8

墙、柱、基础计算截面以上的楼层数	1	2～3	4～5	6～8	9～20	＞20
计算截面以上各楼层活荷载总和的折减系数	1.00 (0.90)	0.85	0.70	0.65	0.60	0.55

注：当楼面梁的从属面积超过 $25m^2$ 时，采用括号内系数。

2）风荷载

垂直于建筑物表面上的风荷载标准值 w_k，应按下式计算：

$$w_k = \beta_z \mu_s \mu_z w_0$$

式中　w_0——基本风压，不得小于 $0.25kN/m^2$；

　　　μ_s——风荷载体型系数；

　　　μ_z——风压高度变化系数；

　　　β_z——高度 z 处的风振系数，对于基本自振周期 T_1 大于 0.25s 的工程结构，以及高度大于 30m 且高宽比大于 1.5 的高柔房屋需要考虑，其余可取 1.0。

以上系数均按《建筑结构荷载规范》GB 50009—2012 取值。此外，温度的变化也能使多层框架结构产生温度应力。当房屋的长度不超过规定的伸缩缝最大间距时，温度应力较小，可以不予考虑。

对地震作用的计算，可由建筑物所处地段场地土及房屋特性来计算，具体方法参见第 12 章抗震设计内容。

4. 竖向荷载和水平荷载作用下的内力计算

在竖向荷载和水平荷载作用下，框架梁、柱都将产生内力及变形。梁的内力主要为弯矩和剪力，其轴力很小，常可忽略不计；柱的内力主要为轴力、弯矩和剪力。框架变形主要是水平侧移，侧移主要由水平荷载引起，其值太大会影响房屋的正常使用，它是设计高层房屋的重要控制条件之一。

内力计算的方法详见结构力学。

5. 重力二阶效应计算

框架结构在水平荷载作用下会产生侧移，如果侧移量比较大，由结构重力荷载产生的附加弯矩也将较大，危及结构的安全与稳定。

在框架结构中，偏压构件的侧移二阶效应可采用增大系数法近似计算。当采用增大系数法近似计算结构因侧移产生的重力二阶效应（P-$\triangle$效应）时，应对引起结构侧移的荷载或作用所产生的一阶弹性分析所得的柱和梁端弯矩以及层间位移,分别乘以增大系数。

6. 荷载组合

框架在各种荷载作用下的内力确定之后,在进行框架梁柱截面配筋设计之前,必须找出构件的控制截面及其最不利内力,以作为梁、柱配筋的依据。对于每一控制截面,要分别考虑各种荷载下最不利的作用状态及其组合的可能性,从几种组合中选取最不利组合,求出最不利内力。

1) 控制截面及最不利内力类型

(1) 梁

梁的控制截面是支座截面和跨中截面。在支座截面处,一般产生最大负弯矩和最大剪力(在水平荷载作用下还有正弯矩产生),跨中截面则是最大正弯矩作用处(也可能出现负弯矩)。在求支座截面的最不利内力时,应采用柱边截面的弯矩和剪力。

(2) 柱

对于框架柱,弯矩最大值在柱的两端,剪力和轴力通常在一层内无变化或变化很小,因此柱的控制截面是柱上、下端。一般的框架柱都采用对称配筋,从而柱的最不利内力可归结为如下四种类型:

① $|M|_{max}$ 及相应的 N、V;

② N_{max} 及相应的 M、V;

③ N_{min} 及相应的 M、V。

2) 荷载组合

作用在房屋结构上的各荷载同时达到各自最大值的可能性几乎不存在,因此,在承载能力计算时,应当采用荷载效应的基本组合求荷载效应设计值。

对于一般民用建筑框架结构,有恒荷载标准值的荷载效应 S_{GK}、竖向活荷载标准值的荷载效应 S_{QK}、风荷载标准值的荷载效应 S_{WK},各基本组合参见第2.2 节。

7. 框架梁柱截面配筋

1) 梁

梁的纵向钢筋及腹筋的配置,分别按受弯构件正截面承载力和斜截面承载力的计算和构造确定,此外还应满足裂缝宽度要求。

2) 框架柱

柱属于偏心受压构件。一般在中间轴线上的框架柱,按单向偏心受压考虑;位于边轴线的角柱,则应按双向偏心受压考虑。边柱为大偏心受压构件,中柱为小偏心受压构件,内力组合时,可充分考虑这一特点。

此外还应进行斜截面受剪承载力计算;对框架的边柱,当偏心距 $e_0 > 0.55h_0$ 时,尚应进行裂缝宽度验算。

8. 现浇框架一般构造要求

1) 一般要求

(1) 混凝土强度等级不应低于 C20;纵向钢筋可采用 HRB400、HRB500、HRBF400、HRBF500、HRB335 级钢筋;箍筋一般采用 HPB300 级或 HRB335

级钢筋。

(2) 混凝土保护层：应根据框架所处的环境类别按附表 4-12 确定。

(3) 框架梁柱应分别满足受弯构件和受压构件的构造要求，地震区的框架抗震设计要求见第 12 章。

(4) 配筋形式：框架柱一般采用对称配筋，框架梁一般不采用弯起钢筋抗剪。

2) 连接构造

构件连接是框架设计的一个重要组成部分，主要是梁与柱及柱与柱之间的配筋构造。具体细节要求参见有关手册。

9.3 剪力墙结构

利用建筑物墙体构成的承受水平作用和竖向作用的结构称为剪力墙结构。剪力墙一般沿横向、纵向双向布置。它的特点是比框架结构具有更强的侧向和竖向刚度，抵抗水平作用能力强，空间整体性好。历次地震中，剪力墙结构表现了良好的抗震性能。

1. 受力特点

剪力墙结构体系的内力和位移性能与墙体洞口大小、形状和位置有关，根据剪力墙结构的受力特点剪力墙分为以下五类：

1) 整体墙

无洞口或洞口面积不超过墙面面积 15%，且孔洞间净距及洞口至墙边距离均大于洞口边长尺寸时，可忽略洞口影响，墙作为整体墙来考虑，因而截面应力可按材料力学公式计算，应力图如图 9-10 (a) 所示，变形属弯曲型。

2) 开口整体墙

当洞口稍大时，通过洞口横截面上的正应力分布已不再成一直线，而是在洞口两侧的部分横截面上，其正应力分布各成一直线，如图 9-10 (b) 所示。这说明除了整个墙截面产生整体弯矩外，每个墙肢还出现局部弯矩，局部弯矩不超过水平荷载的整体弯矩的 15%，大部分楼层上墙肢没有反弯点，可以认为剪力墙截面变形大体上仍符合平面假定，且内力和变形仍按材料力学计算，然后适当修正。

3) 双肢、多肢剪力墙

洞口开得比较大，截面的整体性已经破坏，如图 9-10 (c) 所示。连梁的刚度比墙肢刚度小得多，连梁中部有反弯点，各墙肢单独弯曲作用较为显著，个别或少数层内墙肢出现反弯点。这种剪力墙可视为由连梁把墙肢联结起来的结构体系，故称为联肢剪力墙。其中，由一列连梁把两个墙肢连接起来的称为双肢剪力墙，由两列以上的连梁把三个以上的墙肢联结起来的称为多肢剪力墙。

4) 壁式框架

洞口更大，墙肢与连梁的刚度比较接近，墙肢明显出现局部弯矩，在许多楼

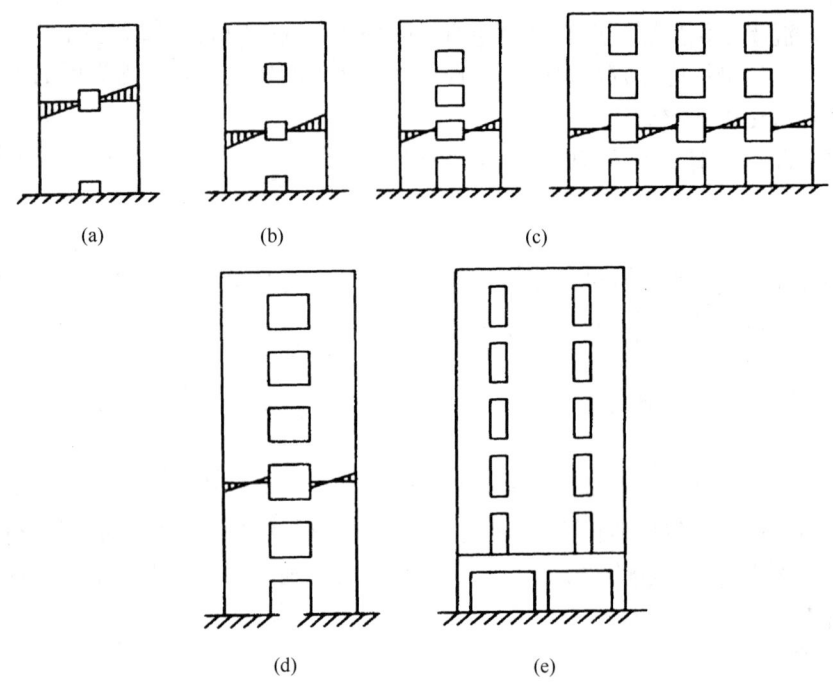

图 9-10 剪力墙结构类型
（a）整体墙；（b）小开口整体墙；（c）联肢墙；
（d）壁式框架；（e）框式剪力墙

层内有反弯点，如图 9-10（d）。剪力墙的内力分布接近框架。壁式框架实质是介于剪力墙和框架之间的一种过渡形式，它的变形已很接近框架。只不过壁柱和壁梁都较宽，因而在梁柱交接区形成不产生变形的刚域。

5）框支剪力墙

当底层需要大空间时，采用框架结构支承上部剪力墙，这种结构称为框支剪力墙结构，如图 9-10（e）。典型首层及标准层平面如图 9-11 所示。

图 9-11 框支墙平面
（a）首层平面；（b）标准层平面

虽然剪力墙结构有较大的抗侧移刚度，但还是有限，其最大高宽比及最大高度须满足表 9-3～表 9-7 中的有关要求。

2. 布置及构件尺寸

1) 布置

剪力墙结构的布置，除应满足前述一般要求外，还应符合以下要求：

(1) 沿建筑物整个高度，剪力墙应贯通，上下不错层、不中断，门窗洞口应对齐，做到规则、统一，避免在地震作用下产生应力集中和出现薄弱层，电梯井尽量与抗侧力结构结合布置。

(2) 为增大剪力墙的平面外刚度，剪力墙端部宜有翼缘（与其垂直的剪力墙），布置成 T 形、L 形和工字形结构，此外还可提高剪力墙平面内抗弯延性；剪力墙应纵横两方向双向布置，且纵横两方向的刚度宜接近。

(3) 震区剪力墙高宽比宜设计成 H/B 较大的高墙或中高墙（表 9-3、表 9-4），因为矮墙延性不好。如果墙长度太长时，宜将墙分段，以提高弯曲变形能力。

(4) 框支剪力墙结构上部各层采用剪力墙结构，结构底部一层或几层采用框-剪结构或框架-筒体结构，故属于双重结构体系（图 9-12）。框支剪力墙结构在地震中破坏严重。在震区落地剪力墙数量不应小于总量的 50%，且落地剪力墙间距不宜过大，墙厚宜增大。在 9 度区，不宜选用此种体系。

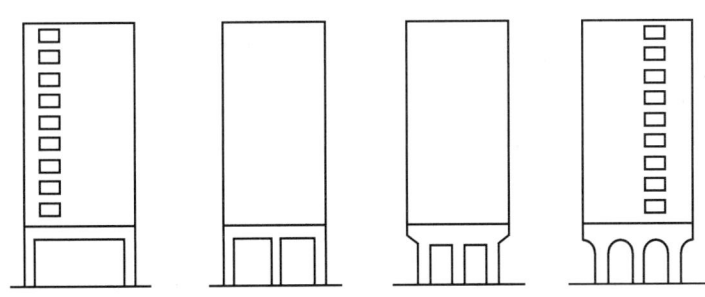

图 9-12 框支剪力墙结构

(5) 剪力墙结构剪力墙应沿结构平面主要轴线方向布置。一般情况下，当结构平面采用矩形、L 形、T 形平面时，剪力墙沿主轴方向布置。对三角形及 Y 形平面，剪力墙可沿三个方向布置。对采用正多边形、圆形和弧形平面，则可沿径向及环向布置。图 9-13～图 9-15 为国内一些典型的剪力墙结构工程实例，图 9-16 为典型剪力墙结构平面布置。

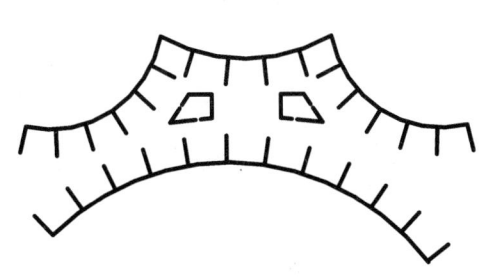 

图 9-13 北京国际饭店 26 层，高 112m

近年来，一种称为短肢剪力墙的墙体在住宅建筑中被采用。短肢剪力墙是指墙截面厚度不大于300mm、剪力墙各墙肢截面长度与厚度之比的最大值在4~8之间的剪力墙。短肢墙墙肢沿建筑高度可能在较多楼层出现反弯点，受力性能不如普通剪力墙。在短肢墙较多的剪力墙结构中短肢墙承担的底部地震倾覆力矩不宜大于结构底部地震总倾覆力的50%，房屋的最大适用高宽比比普通剪力墙结构低，短肢墙的抗震设计要求比普通剪力墙高。

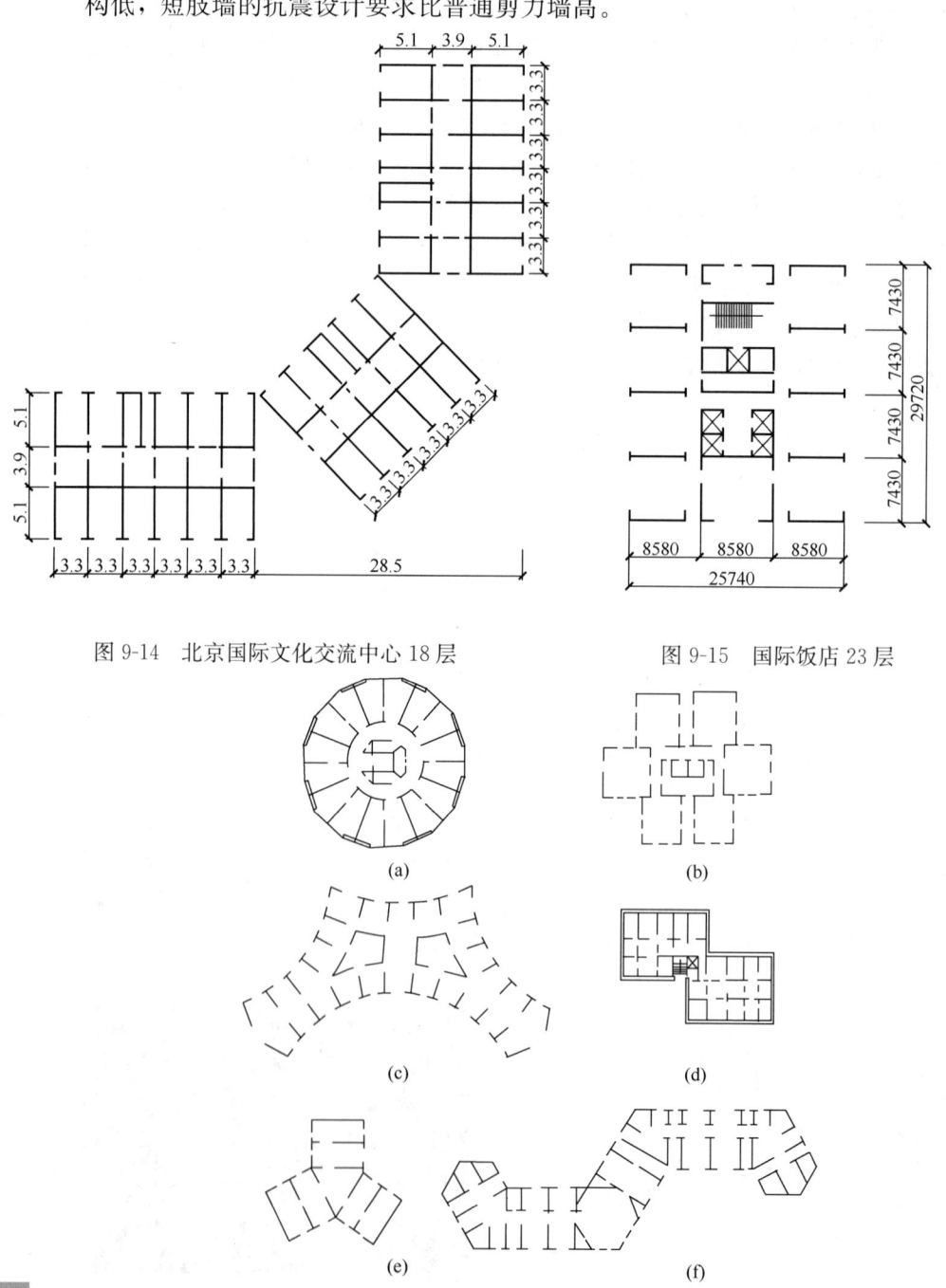

图 9-14　北京国际文化交流中心 18 层　　　图 9-15　国际饭店 23 层

图 9-16　典型剪力墙结构平面布置

2) 构件尺寸

(1) 较长的剪力墙可用跨高比不小于 5 的连梁分为若干个独立墙肢，每个独立墙肢可为整体墙或连体墙，每个独立墙段的总高度和宽度之比不应小于 3，墙肢截面高度不宜大于 8m。

(2) 抗震等级为一、二级时，不应小于楼层净高的 1/20，且不小于 160mm；三、四级抗震等级时，不应小于 140mm，且不宜小于层高的 1/25。一、二级底部加强区厚度不应小于层高的 1/16，且不应小于 200mm，当墙端部位无端柱或翼墙时，不宜小于层高的 1/12。

(3) 非抗震设计的剪力墙，其截面厚度不应小于层高或剪力墙长度的 1/25，且不应小于 160mm。

(4) 剪力墙井筒中，分隔电梯井或管道井的墙厚，可适当减小，但不小于 160mm（一、二级抗震）及 140mm（三、四级抗震）。

(5) 剪力墙的间距受到楼板构件跨度的限制，一般要求参见表 9-13。

3. 剪力墙结构内力近似计算方法

1) 计算假定及剪力分配

前面框架结构内力计算所采用的两条假定也适用于剪力墙结构。

剪力墙结构可以按纵、横两方向分别计算，每个方向是由若干片平面剪力墙组成，协调抵抗外荷载。对于每一片剪力墙，可考虑纵横墙共同形成带翼缘剪力墙，即纵墙的一部分可作为横墙的翼缘，横墙的一部分可作为纵墙的翼缘。

竖向荷载作用下按每片剪力墙的承荷面积计算荷载，直接计算墙截面上的轴力。

在水平荷载作用下，总水平荷载按各片剪力墙刚度分配到每片墙，然后分别计算各剪力墙的内力。剪力墙接近于悬臂杆件，弯曲变形是主要成分，其侧移曲线以弯曲型为主，由于还存在剪切变形，而且剪力墙上开洞，因此通常采用等效抗弯刚度 $E_c I_{eq}$（等效为悬臂杆的抗弯刚度）计算剪力墙层剪力分配。

2) 整体墙近似计算方法

无洞口或开洞较小的剪力墙，可按整体墙计算，内力及位移按材料力学方法即可计算得到。如果有小洞口，截面惯性矩取有洞口截面与无洞口截面惯性矩的加权平均值。

3) 联肢剪力墙计算方法

联肢剪力墙计算方法通常采用连续化方法进行，连续化方法是指把连梁看作分散在整个高度上的平行排列的连续连杆，连杆之间没有相互作用，该方法的基本假定为：

① 忽略连梁轴向变形，即假定各墙肢水平位移完全相同；

② 各墙肢各截面的转角和曲率都相等，因此连梁两端转角相等，连梁反弯点在中点；

③ 各墙肢截面、各连梁截面及层高等几何尺寸沿全高相同。

连续化方法适用于开洞规则、由下到上墙厚及层高都不变的联肢墙。实际工程中不可避免地会有变化，如果变化不多，可取各楼层的平均值作为计算参数。

4. 剪力墙结构荷载组合

荷载效应组合分为恒荷载和活荷载效应组合、地震作用效应组合，对于第一种组合也叫作无地震作用效应组合，它的基本荷载工况有两种，即：

（1）恒载＋活荷载

1.2×恒载标准值效应＋1.4×活载标准值效应

（2）恒载＋活荷载＋风载

1.2×恒载标准值效应＋1.4×活载标准值效应＋1.4×1.0×风载标准值效应

对有地震作用效应的组合，情况较为复杂，可参阅第12.5节。

5. 剪力墙截面设计

剪力墙截面设计包括墙肢截面设计和连梁截面设计及相应的构造要求，墙肢有轴力、弯矩和剪力，连梁主要是弯矩和剪力，墙肢的轴力可能是压力也可以是拉力，应进行平面内偏压或偏拉承载力验算和受剪承载力验算，连梁应进行受弯承载力验算和受剪承载力验算。墙肢和连梁尺寸及配筋还有一定的构造要求。

在抗震设计中，为保证剪力墙有足够的延性，应设计成延性剪力墙，为此设计中应遵循强墙肢弱连梁、强剪弱弯、限制墙肢轴压比、设置底部加强部位及连梁特别措施等原则。具体要求如下：

1）满足"强墙肢弱连梁"要求

连梁应先于墙肢屈服，使塑性变形和耗能分散在连梁中，避免因墙肢过早屈服使塑性变形集中于某一层，使某一层的变形过大而形成柱铰倒塌机制，要实现连梁先于墙肢屈服，可以在进行小震（频遇地震）作用下的弹性内力计算时，减小连梁弯矩设计值的办法来实现。

2）满足"强剪弱弯"要求

与框架结构的梁柱原则相同，剪力墙的墙肢和连梁均应设计成弯曲破坏，避免剪切破坏。在设计中，对于墙肢，可以通过增大底部加强部位截面组合的剪力计算值方法而实现，对于连梁，通过增大与弯矩设计值所对应的梁端剪力计算值方法而实现。

3）限制墙肢轴压比和设置墙肢约束边缘构件

与钢筋混凝土柱相同，限制墙肢轴压比，并对轴压比大于一定值的墙肢两端设置约束边缘构件，都能显著提高剪力墙的抗震性能。

4）设置底部加强部位

侧向力作用下的剪力墙，墙肢的塑性铰一般在结构下部一定高度范围内形成，这个高度范围称为剪力墙下部加强部位。加强部位的高度按下述办法确定：当房屋高度大于24m时，下部加强部位的高度取底部两层和墙体总高度的1/10二者的较大值；当房屋高度不大于24m时，取底部一层为加强部位的高度；对部分框支剪力墙结构的剪力墙，下部加强部位的高度取框支墙层加上框支层以上两层的高度和落地剪力墙总高度的1/10二者的较大值。对有地下室的建筑，下部加强部位的高度从地下室顶板算起，当结构计算嵌固端位于地下一层的地板或以下时，底部加强部位的高度应向下延伸到计算嵌固端。加强部位的竖向及水平钢筋直径、间距及配筋率均应加强。

此外，普通配筋的、跨高比小的连梁很难为延性构件，对抗震等级高、跨高比小的连系梁采用特殊的构造措施，使其成为延性构件。

6. 一般构造要求

1）墙肢

(1) 剪力墙材料选择

剪力墙结构混凝土强度等级不应低于C20；带有筒体和短肢剪力墙结构的混凝土强度等级不应低于C30。

(2) 配筋要求

① 高层建筑剪力墙中竖向和水平分布钢筋，厚度大于140mm时，不应采用单排配筋。当剪力墙截面厚度 b_w 不大于400mm时，可采用双排配筋；当 b_w 大于400mm，但不大于700mm，宜采用三排配筋；当 b_w 大于700mm时，宜采用四排配筋。受力钢筋均可分布成数排。各排分布钢筋之间的拉接筋间距不应大于600mm，直径不应小于6mm，在底部加强部位，约束边缘构件以外的拉接筋间距尚应适当加密。

② 矩形截面独立墙肢的截面高度 h_w 不宜小于截面厚度 b_w 的8倍；当 h_w/b_w 小于8时，其在重力荷载代表值作用下的轴压力设计值的轴压比，一、二、三级时分别不宜大于0.45、0.50、0.55；当 h_w/b_w 不大于4时，宜按框架柱进行截面设计；底部加强部位纵向钢筋的配筋率一、二级不宜小于1.2%，三、四级不宜小于1.0%；一般部位一、二级不宜小于1.0%，三、四级不宜小于0.8%，箍筋宜沿墙肢全高加密。

(3) 抗震设计时，一、二、三级抗震等级的剪力墙底部加强部位，其重力荷载代表值作用下墙肢的轴压比不宜超过表9-9的限值。

剪力墙轴压比限值　　　　表9-9

抗震等级（设防烈度）	一级（9度）	一级（6、7、8度）	二、三级
轴压比限值 $\dfrac{N}{f_c A}$	0.4	0.5	0.6

注：N—重力荷载代表值作用下剪力墙墙肢的轴向压力设计值；A—剪力墙墙肢截面面积；f_c—混凝土轴心抗压强度设计值。

(4) 一级（9度）剪力墙墙肢底截面轴压比大于0.1、一级（7、8度）轴压比大于0.2、二、三级大于0.3时，以及部分框支剪力墙结构的剪力墙，应在底部加强部位及其上一层的墙肢端部设置约束边缘构件。剪力墙约束边缘构件（图9-17）的纵向钢筋面积，配箍特征值及沿墙肢长度的设计应符合一定要求，参见《混凝土结构设计规范》GB 50010—2010 第11.7.18条规定。

(5) 剪力墙分布钢筋的配置应符合下列要求：

① 剪力墙竖向和水平分布筋的配筋率，一、二、三级抗震设计时均不应小于0.25%，四级抗震设计和非抗震设计时均不应小于0.20%。

② 剪力墙竖向和水平分布钢筋间距均不宜大于300mm，直径不宜大于墙厚

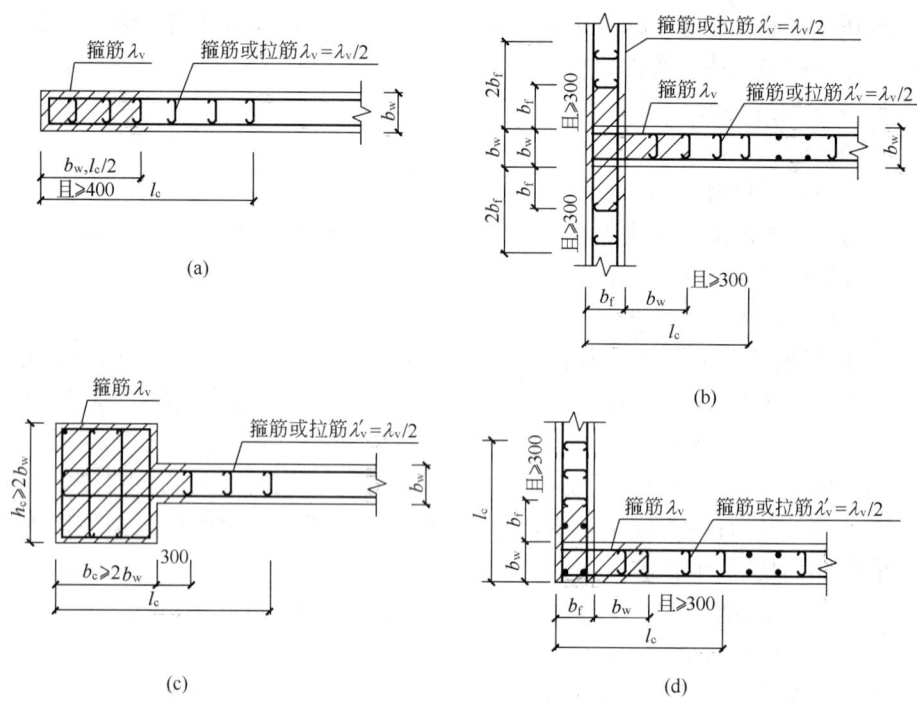

图 9-17 剪力墙约束边缘构件（单位：mm）
(a) 暗柱；(b) 有翼墙；(c) 有端柱；(d) 有转角墙（L形墙）

的 1/10，且分布钢筋直径不应小于 8mm；竖向分布钢筋直径不宜小于 10mm。

(6) 剪力墙钢筋锚固和连接应符合下列要求：

① 非抗震设计时，剪力墙纵向钢筋最小锚固长度应取 l_a。抗震设计时，剪力墙纵向钢筋最小锚固长度应取 l_{aE}。

② 剪力墙竖向及水平分布钢筋的搭接连接（图 9-18），一级、二级抗震等级剪力墙的加强部位，接头位置应错开，每次连接的钢筋数量不宜超过总数量的 50%，错开净距不宜

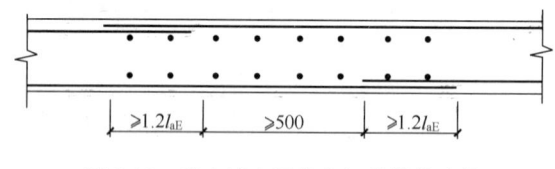

图 9-18 剪力墙水平分布钢筋搭接连接

小于 500mm；其他情况剪力墙的钢筋可在同一部位连接。非抗震设计时，分布钢筋的搭接长度不应小于 $1.2l_a$；抗震设计时，不应小于 $1.2l_{aE}$。

2) 连梁

(1) 最小截面尺寸

为避免斜裂缝过早出现和混凝土过早剪坏，连梁截面不宜过小，截面的剪力设计值应符合有关规定。

(2) 纵向钢筋配筋率

连梁的纵向钢筋配置，不宜小于最小配筋率，也不宜大于最大配筋率。

跨高比 l/h_b 不大于 1.5 的连梁，非抗震设计时，其纵向钢筋的最小配筋率为 0.2%，抗震设计时，其纵向钢筋的最小配筋率见表 9-10。跨高比大于 1.5 的连梁，其纵向钢筋的最小配筋率按框架梁要求采用。

跨高比不大于 1.5 的连梁纵向钢筋最小配筋率（%）　表 9-10

跨高比	最小配筋率（采用较大值）
$l/h_b \leq 0.5$	0.20, $45f_t/f_y$
$0.5 < l/h_b \leq 1.5$	0.25, $55f_t/f_y$

连梁纵向钢筋最大配筋率（%）　表 9-11

跨高比	最大配筋率
$l/h_b \leq 1.0$	0.6
$1.0 < l/h_b \leq 2.0$	1.2
$2.0 < l/h_b \leq 2.5$	1.5

非抗震设计时，连梁底面及顶面单侧纵向钢筋的最大配筋率为 2.5%；抗震设计时，连梁底面及顶面单侧纵向钢筋的最大配筋率见表 9-11，如不满足，应按实配钢筋进行强剪弱弯验算。

(3) 配筋构造

连梁配筋构造（图 9-19）应满足下列要求：

① 连梁顶面、底面纵向水平钢筋伸入墙肢的长度，抗震设计时不应小于 l_{aE}，非抗震设计时不应小于 l_a，且均不应小于 600mm；

② 抗震设计时，沿连梁全长箍筋的最大间距和最小直径应与框架梁端箍筋加密区箍筋构造要求相同；非抗震设计时，箍筋间距不应大于 150mm，直径不应小于 6mm；

③ 顶层连梁纵向钢筋伸入墙肢的长度范围内，应配置间距不大于 150mm 的箍筋，其直径与该连梁的箍筋直径相同；

④ 截面比较高的连梁，要设置腰筋（图 9-20）。连梁截面高度大于 700mm 时，其两侧面设置的腰筋直径不小于 8mm，间距不大于 200mm。跨高比不大于 2.5 的连梁，两侧腰筋的总面积配筋率不小于 0.3%。连梁高度范围内的墙肢水平分布钢筋可拉通作为连梁的腰筋。

(4) 交叉暗撑配筋连梁

试验研究表明，跨高比小的连梁内配置交叉暗撑或另增设斜向交叉构造钢

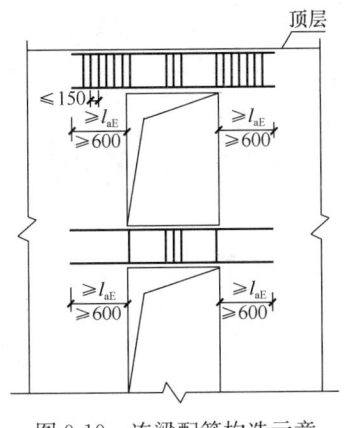

图 9-19　连梁配筋构造示意

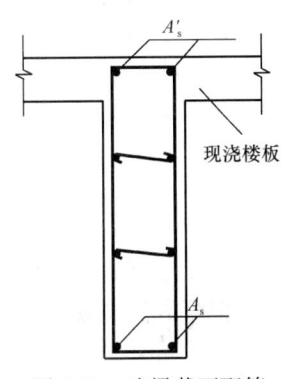

图 9-20　连梁截面配筋

筋，可以有效地改善连梁的抗剪性能，增大连梁的变形能力。

框架-核心筒结构核心筒的连梁、筒中筒结构的框筒梁和内筒连梁，当其跨高比不大于 2、截面宽度不小于 400mm 时，除配置普通箍筋外，可配置交叉暗斜撑；截面宽度小于 400mm、但不小于 200mm 时，可增设斜向交叉构造钢筋。

图 9-21 所示为交叉暗斜撑的配筋构造示意图。每根暗撑应配置不少于 4 根纵向钢筋，纵筋直径不小于 14mm，地震设计时，按规定计算确定。

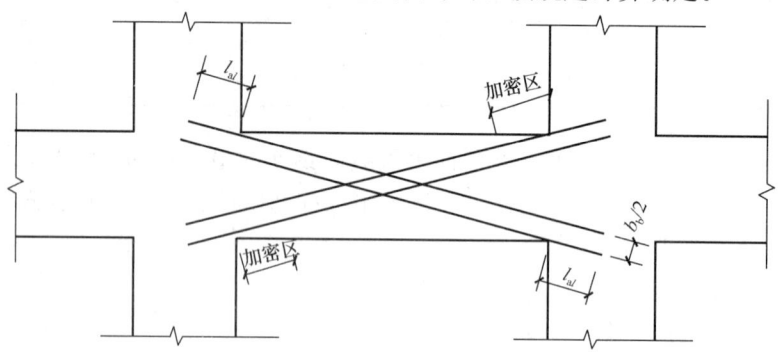

图 9-21 连梁内交叉暗斜撑配筋构造示意

9.4 框架-剪力墙结构

针对框架结构布置灵活，但抗侧移刚度小，而剪力墙结构布置空间狭小，但抗侧移刚度大的特点，以及前者以剪切变形为主，后者以弯曲变形为主的特点，将二者合理布置在同一结构中，形成框架和剪力墙共同承受竖向荷载和水平力，就成为框架-剪力墙结构。框架-剪力墙结构的剪力墙布置比较灵活，剪力墙的端部可以有框架柱，也可以没有框架柱，剪力墙也可以围成井筒。剪力墙有端柱时，墙体在楼盖位置宜设置暗梁。图 9-22 和图 9-23 分别为 18 层的北京饭店和 26 层的上海宾馆的平面图，这两幢建筑是典型的框架-剪力墙结构。

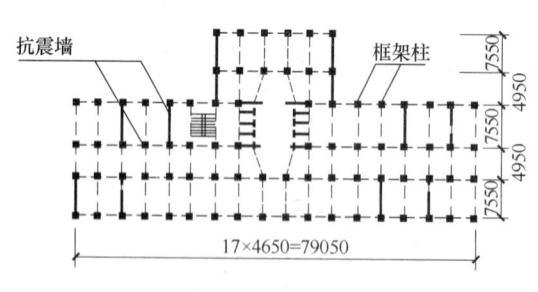

图 9-22 北京饭店平面布置及立面图

在水平力作用下，框架和剪力墙的变形曲线分别呈剪切型和弯曲型，由于楼板的作用，框架和剪力墙的侧向位移必须协调。在结构的底部，框架的侧移减小；在结构的上部，剪力墙的侧移减小，侧移曲线的形状呈弯剪型（图 9-24），层间位移沿建筑高度比较均匀，改善了框架结构及剪力墙结构的抗震性能，也减

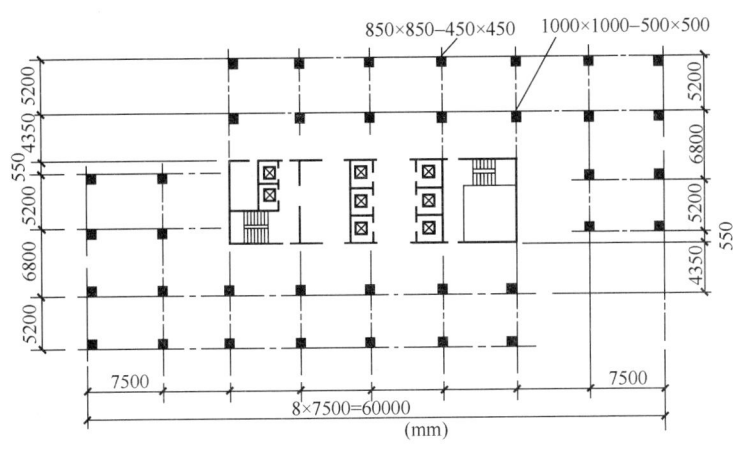

图 9-23 上海宾馆平面布置及立面图

少了小震作用下非结构构件的破坏。

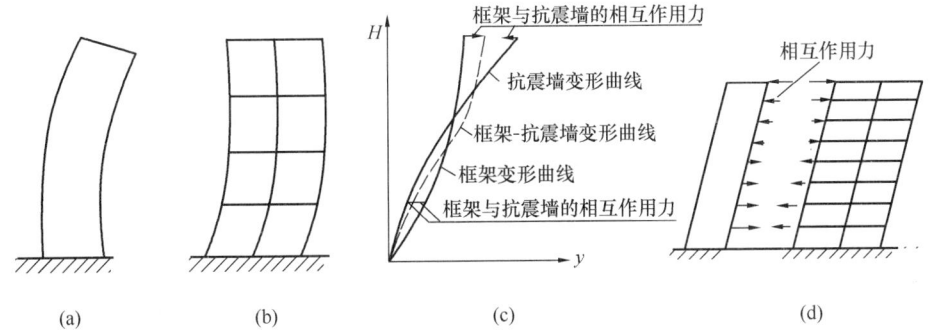

图 9-24 框架-剪力墙结构在水平力作用下协同工作
(a) 剪力墙变形；(b) 框架变形；(c) 框-剪变形；(d) 框-剪相互作用

框架-剪力墙结构布置的关键是剪力墙的数量和位置。一般来讲，多设抗震墙可以提高建筑物的抗震性能，减轻震害。但是，随着抗震墙的增加，结构刚度也会随之增大，周期缩短，作用于结构的地震作用也加大。这样，必有一个合理的抗震墙数量，能兼顾抗震性能和经济性两方面的要求。基于国内的设计经验，表 9-12 列出了底层结构截面面积（即抗震墙截面面积 A_w 和柱截面面积 A_c 之和）与楼面面积 A_f 之比、抗震墙截面面积 A_w 与楼面面积 A_f 之比的合理范围。

底层结构截面面积与楼面面积之比　　　　　　　表 9-12

设计条件	$\dfrac{A_w+A_c}{A_f}$	$\dfrac{A_w}{A_f}$
7度，2类场地	3%～5%	2%～3%
8度，2类场地	4%～6%	3%～4%

剪力墙的布置除应符合 9.3 节有关要求外，还要尽可能符合下列要求：
(1) 抗震设计时，剪力墙的布置宜使结构各主轴方向的侧向刚度接近。

(2) 平面形状凹凸较大时，宜在凸出部分的端部附近布置剪力墙。

(3) 剪力墙的间距不宜过大。若剪力墙间距过大，在水平力作用下，两道墙之间的楼板可能在其自身平面内产生弯曲变形，过大的变形对框架柱产生不利影响。因此，限制剪力墙的间距不超过表 9-13 要求。

(4) 房屋较长时，刚度较大的纵向剪力墙不宜布置在房屋的端开间，以避免由于端部剪力墙的约束作用造成楼盖梁板开裂。

剪力墙间距（m）（取较小值） 表 9-13

楼、屋盖类型	非抗震设计	设 防 烈 度		
		6度、7度	8度	9度
现浇	5.0B，60	4.0B，50	3.0B，40	2.0B，30
装配整体式	3.5B，50	3.0B，40	2.5B，30	—

注：1. B 为剪力墙之间的楼盖宽度，单位为"m"；
2. 现浇层厚度大于 60mm 的叠合楼板可以作为现浇板考虑。

9.5 筒体结构

筒体结构包括框筒、桁架筒、筒中筒和束筒结构，还有多筒和多重筒等筒体结构。它是高层建筑高效的抗侧力结构体系。

1. 框筒结构

框筒是由布置在建筑物周边的柱距小、梁截面高的密柱深梁框架组成。形式上框筒由四榀框架围成，但其受力上是空间结构，一个方向作用水平力时，沿建筑周边布置的四榀框架都参与抵抗水平力，即层剪力由平行于水平力作用方向的腹板框架抵抗，倾覆力矩由腹板框架及垂直于水平力作用方向的翼缘框架共同抵抗。框筒结构的四榀框架位于建筑物周边，形成抗侧、抗扭刚度及承载力都很大的外筒。

图 9-25 为水平力作用下的倾覆力矩在框筒柱中产生的轴力分布图。倾覆力矩使框筒的一侧翼缘框架柱受拉、另一侧翼缘框架柱受压，而腹板框架柱有拉有压。翼缘框架中各柱轴力分布并不均匀，角柱的轴力大于平均值，中部柱的轴力小于平均值；腹板框架各柱的轴力不是线性分布，这种现象称为剪力滞后。剪力滞后越严重，框筒的空间作用越小。可以采取控制最大柱距、限制梁最小尺寸、控制梁的跨高比、柱采用对称截面及限制平面两个方向的长宽比等措施减小框筒结构的剪力滞后。

水平力作用下，框筒结构腹板框架的侧移曲线呈剪切型，而翼缘框架主要抵抗倾覆力矩，其侧移曲线呈弯曲型。两者协调，框筒结构的侧移曲线以剪切型为主。

框筒可以是钢结构、钢筋混凝土结构或者混合结构。纽约世界贸易中心大厦为钢框筒结构，110 层 417m 高，平面尺寸为 63.5m×63.5m，柱距 1.02m，梁高 1.32m，标准层高度为 3.65m。设置在平面核心的 47 根钢柱仅承受竖向荷载（图 9-26）；每 32 层设置一道 7m 高的钢板圈梁，以减小剪力滞后。

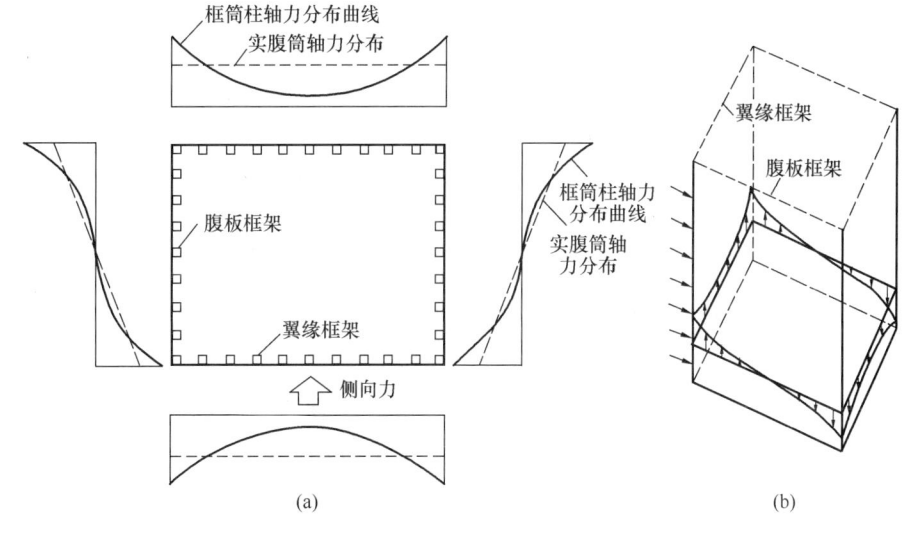

图 9-25　框筒结构的剪力滞后
(a) 平面示意图；(b) 空间分布图

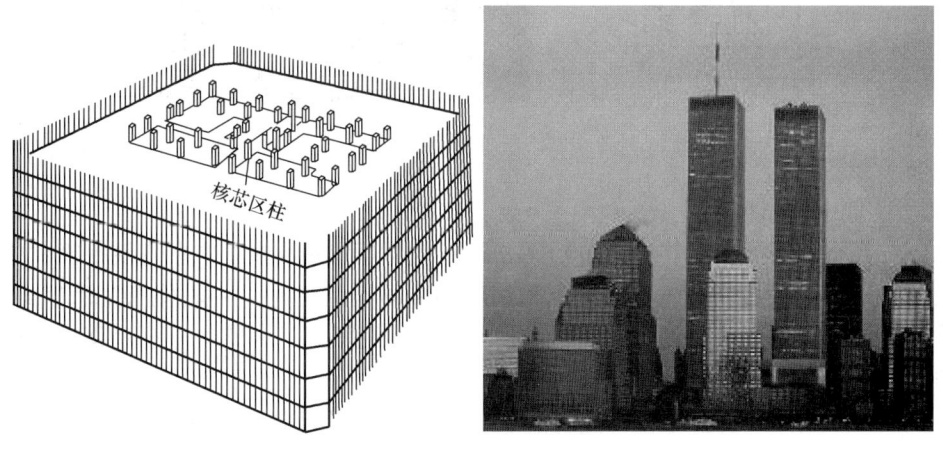

图 9-26　纽约世界贸易中心塔楼结构立面图

2. 桁架筒结构

用稀柱、浅梁和巨型支撑斜杆组成桁架，布置在建筑物的周边，就形成了桁架筒结构。

桁架筒结构主要是钢结构。钢桁架筒结构的柱距大，支撑斜杆跨越建筑的一个面的边长，沿竖向跨越数个楼层，形成巨型桁架，4 片桁架围成桁架筒，两个相邻立面的支撑斜杆相交在角柱上，保证了从一个立面到另一个立面支撑的传力路径连续，形成整体悬臂结构。水平力通过支撑斜杆的轴力传至柱和基础。钢桁架筒结构的刚度大，比框筒结构更能充分利用建筑材料，适用于更高的建筑。

图 9-27 为 1970 年建成的芝加哥汉考克大厦的立面图（John Hancock），立面为上小下大的矩形截面锥形，底面的平面尺寸为 79.9m×46.9m，顶面的平面尺寸为 48.6m×30.4m，100 层，332m 高，底层最大柱距达 13.2m，立面上巨大的 X 形支撑特别引人注目。平面中部的柱只承受竖向荷载。用钢量仅为 146kg/m²，相当于 40 层钢框架结构的用钢量。

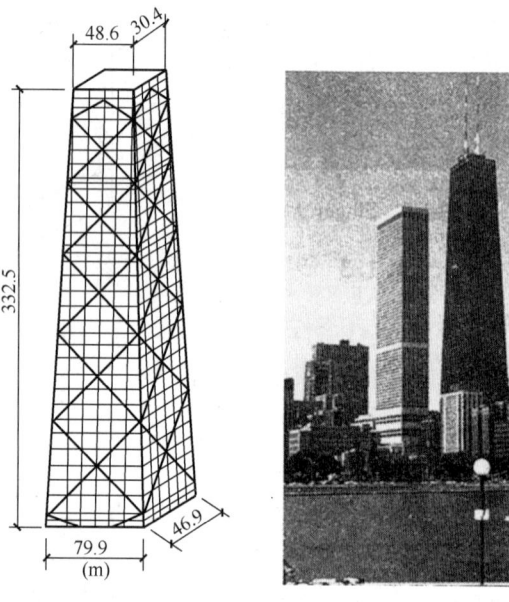

图 9-27 汉考克大厦立面图

3. 筒中筒结构

用框筒作为外筒，将楼内电梯间、管道竖井等服务设施集中在建筑平面的中心形成内筒，就成为筒中筒结构。采用钢筋混凝土结构时，一般外筒采用框筒，内筒为剪力墙围成的井筒；采用钢结构时，外筒用框筒，内筒一般采用钢支撑框架形成井筒。

筒中筒结构也是双重抗侧力体系，在水平力作用下，内外筒协同工作，其侧移曲线类似于框架-剪力墙结构，呈弯剪型。外框筒的平面尺寸大，有利于抵抗水平力产生的倾覆力矩和扭矩；内筒采用钢筋混凝土墙或支撑框架，具有比较大的抵抗水平剪力的能力。在水平力作用下，外框筒也有剪力滞后现象。

筒中筒结构的平面外形可以为圆形、正多边形、椭圆形或矩形等。矩形平面长短边长度比值不宜大于 2。内筒居中，内外筒之间的间距一般为 10～12m，不设柱，若跨度过大，可以在内外筒之间设柱以减小水平构件的跨度。内筒的边长（直径）一般为外框筒边长（直径）的 1/2 左右，为高度的 1/15～1/12，内筒要贯通建筑全高，内筒面积约为结构平面面积的 25%～30%。

图 9-28 为 1989 年建成的北京中国国际贸易大厦一期工程的结构平面图和剖

面图。国贸大厦一期高153m，39层，钢结构筒中筒结构，1~3层为钢骨混凝土结构。在内筒4个面两端的柱列内，沿高度设置中心支撑；在20层和38层，内、外筒周边各设置一道高5.4m的钢桁架，以减小剪力滞后，增大整体侧向刚度。

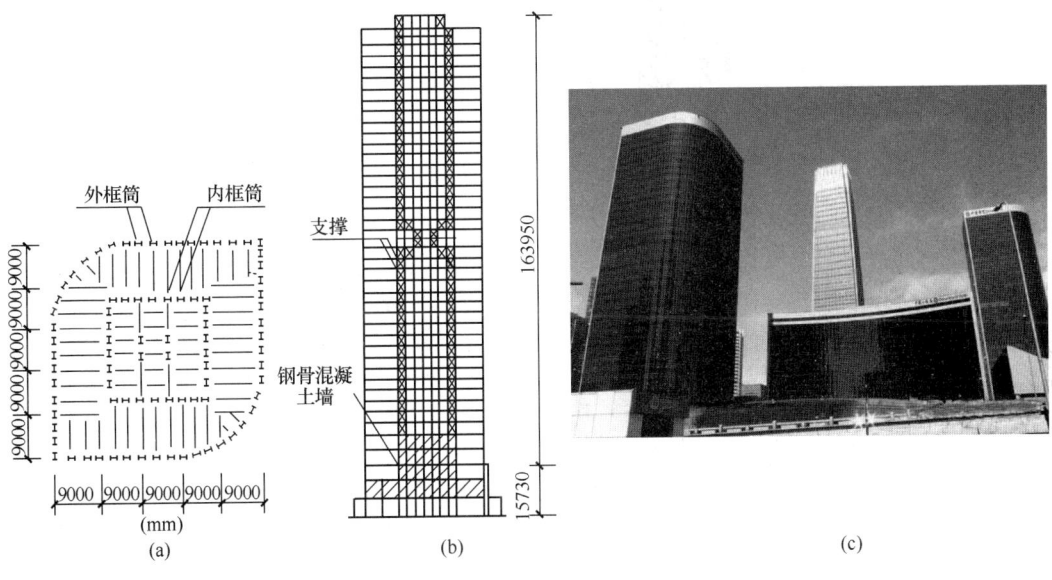

图 9-28　北京国贸大厦一期
(a) 平面图；(b) 剖面图；(c) 立面图

4. 束筒结构

两个或者两个以上框筒排列在一起，即为束筒结构。束筒结构中的每一个框筒，可以是方形、矩形或者三角形等；多个框筒可以组成不同的平面形状；其中任一个筒可以根据需要在任何高度中止。图9-29为不同平面形状的束筒结构平面图。

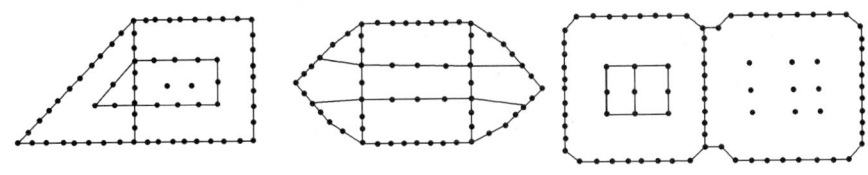

图 9-29　不同平面形状的束筒结构平面图

著名的束筒结构是芝加哥的西尔斯大厦（Sears Tower）（图9-30），110层，443m，世界上最高的钢结构建筑。底层平面尺寸为68.6m×68.6m；50层以下为9个框筒组成的束筒，51~66层是7个框筒，67~91层是5个框筒，91层以上2个框筒，在第35层、66层和第90层，沿周边框架各设一层楼高的桁架（图9-30a），对整体结构起到箍的作用，提高侧向刚度和抗竖向变形的能力。束筒结构缓解了剪力滞后，柱的轴力分布比较均匀（图9-30b）。

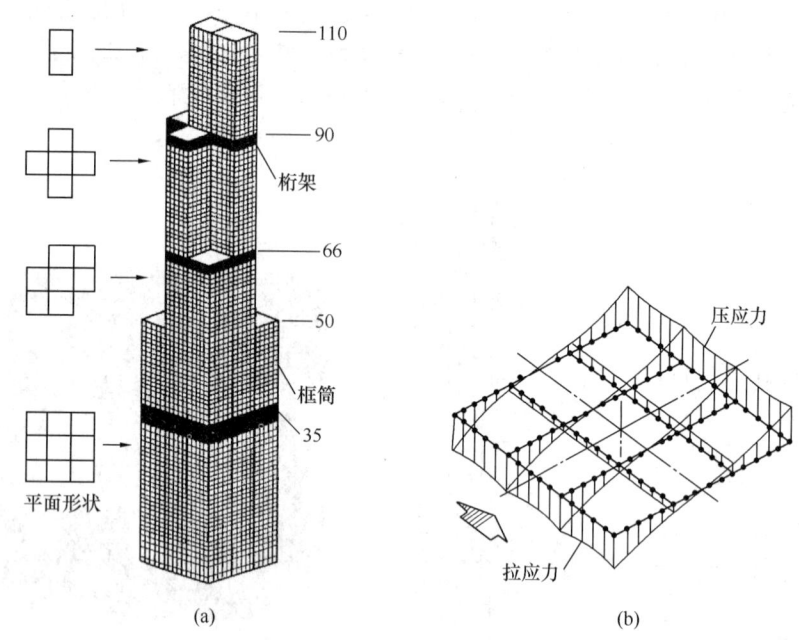

图 9-30 芝加哥西尔斯大厦
(a) 结构立面与平面；(b) 侧向力作用下柱轴力分布

9.6 框架-核心筒结构

加大筒中筒结构外框筒柱距，减小梁的高度，周边形成稀柱框架，并在平面中心设置内筒，就形成框架-核心筒结构。框架-核心筒结构的周边框架与核心筒之间距离一般为 10～12m，使用空间大且灵活，广泛用于写字楼、多功能建筑。

图 9-31 所示为深圳地王大厦结构平面图、剖面图及立面图，图 9-32 所示为深圳赛格广场大厦结构平面图及立面图。它们是典型的框架-核心筒结构。

框架-核心筒结构的周边框架为平面框架，没有框筒的空间作用，类似于框架-剪力墙结构。核心筒除了四周的剪力墙外，内部还有楼、电梯间的分隔墙，核心筒的刚度和承载力都较大，成为抗侧力的主体，框架承受的水平剪力较小。框架与核心筒之间的楼盖采用梁板体系比较好，可以加强框架与核心筒的共同工作。

当建筑高度较大时，为了增大结构的侧向刚度，同时增大结构抗倾覆力矩的能力，在核心筒和框架柱之间设置水平伸臂构件。伸臂构件使与其相连的一侧框架柱受压、另一侧框架柱受拉，对核心筒形成反弯，从而减小了结构的侧移和减小伸臂构件所在楼层以下核心筒各截面的弯矩（图 9-33）。设置水平伸臂构件的楼层，称为加强层。为了进一步增大结构的刚度，使周边的框架柱都参与抗倾覆力矩，可以在设置伸臂构件的楼层设置周边环带构件。钢结构建筑和混合结构建筑可以采用钢桁架作为水平伸臂构件和周边环带构件，钢筋混凝土建筑可以采用钢筋混凝土空腹桁架、斜腹杆桁架、梁等。

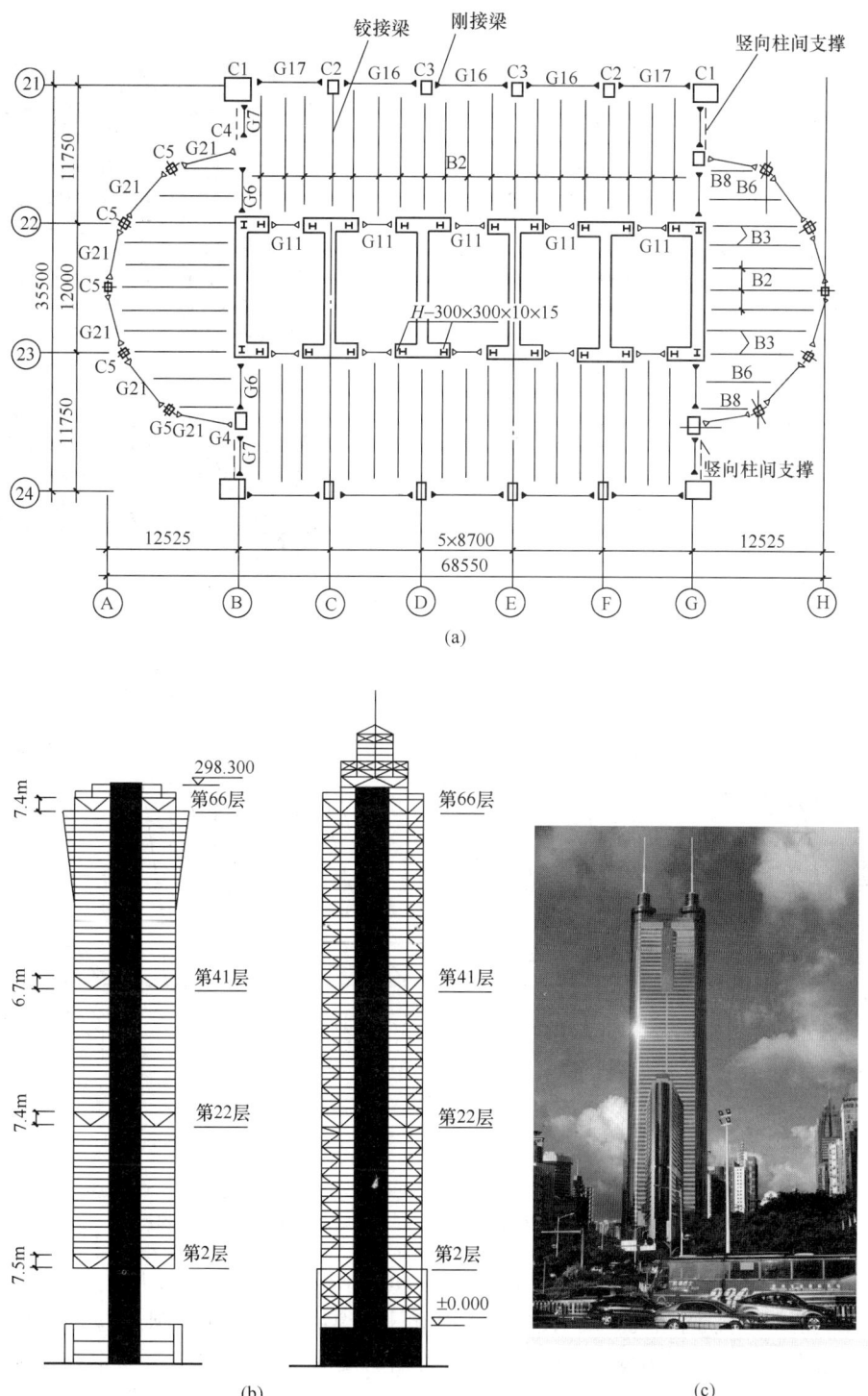

图 9-31 深圳地王大厦
(a) 结构平面图；(b) 结构剖面图；(c) 立面图

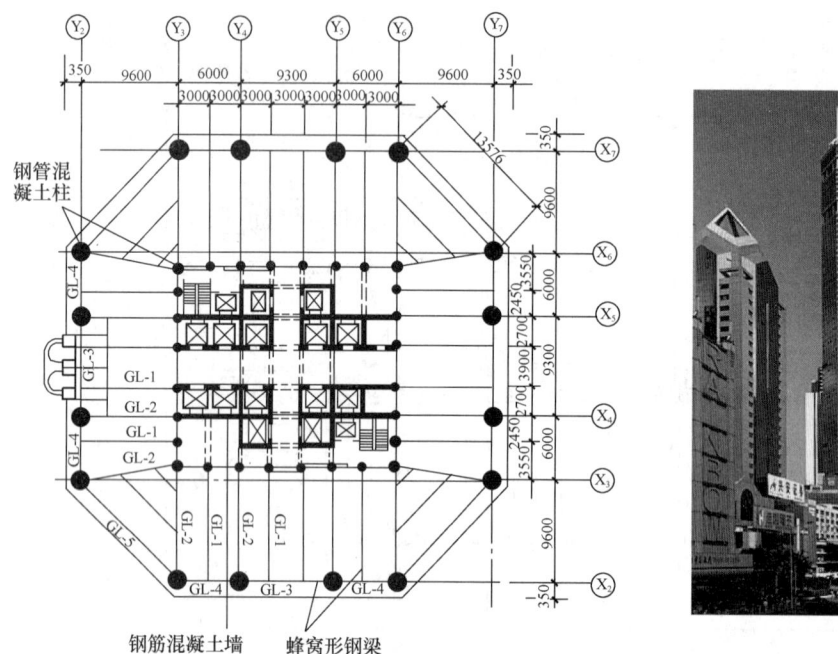

图 9-32 深圳赛格广场大厦结构平面及立面图

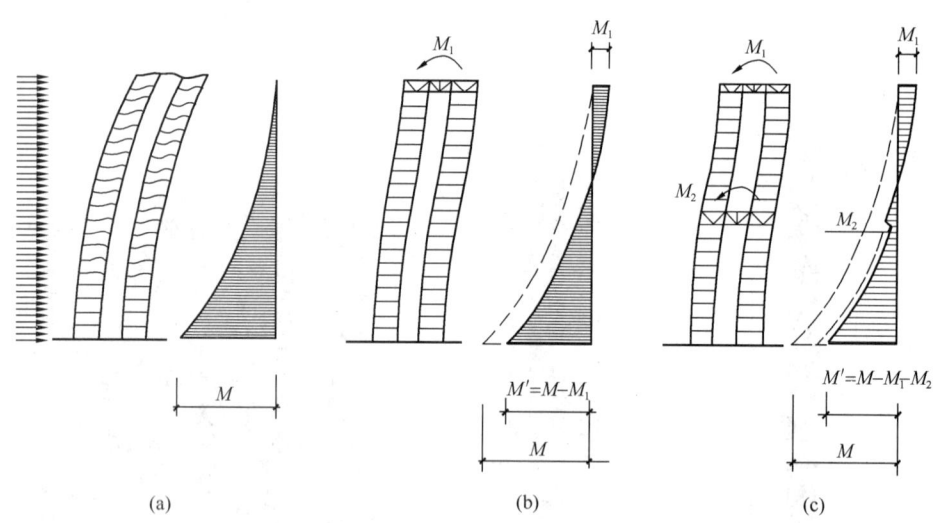

图 9-33 框架-核心筒结构位移曲线和核心筒倾覆力矩
(a) 无加强层；(b) 仅顶层有加强层；(c) 顶层和中间某一层为加强层

马来西亚吉隆坡的石油双塔（Petronat Twin Tower），88 层，建筑高度 452m，框架-核心筒结构。其周边为 16 根圆柱和梁组成的平面为圆形框架，钢梁-混凝土组合楼盖。周边框架 84 层及以下为钢筋混凝土，84 层以上为钢结构。混凝土强度等级最高为 C80。

第 60、73、82、85 层和 88 层平面尺寸减小、立面收进，第 60、73 和 82 层采用 3 层高的斜柱实现平面尺寸转换。为增大结构刚度，在第 38～40 层设置水平伸臂构件（图 9-34）。

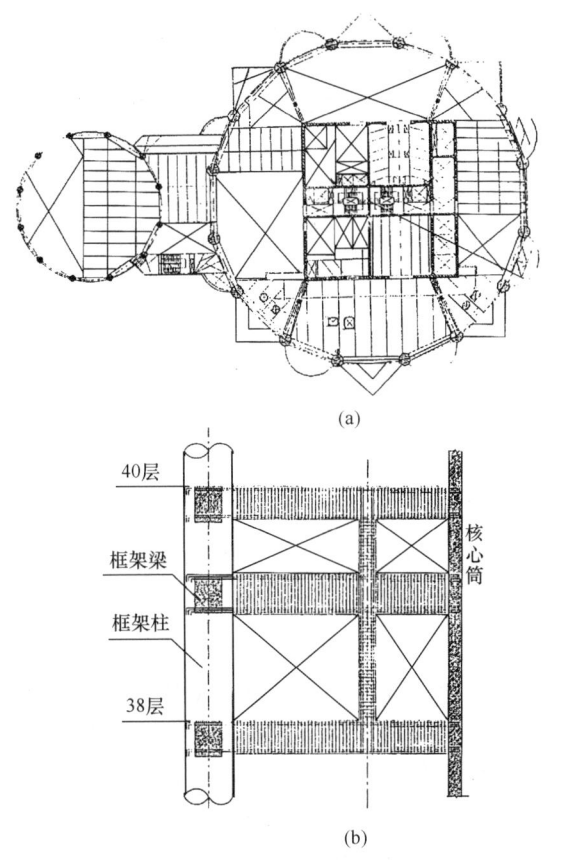

图 9-34　石油双塔
(a) 第 38 层结构平面图；(b) 水平伸臂构件立面图；(c) 立面图

加强层对抗震有一些不利的影响：加强层的刚度、楼层地震剪力突变，加强层附近可能形成薄弱层，加强层上、下难以实现"强柱弱梁"。为了减小加强层的不利影响，可以多设几个加强层，每个加强层的刚度不宜过大，以达到满足结构的弹性刚度要求为目标。加强层的数量也不是越多作用越大，一般不多于 4 层。同时为了减小加强层附近楼层柱配筋设计上的困难，宜采用刚度大而杆件不大的伸臂构件。

一般情况下，加强层在平面的两个方向都要设置水平伸臂构件；核心筒的转角处要布置伸臂构件，伸臂构件贯通核心筒，形成井字形；水平伸臂构件与周边框架的连接，采用铰接或半刚接。加强层的高度位置对其作用也有影响，加强层通常设置在建筑避难层或设备层；只设置一个加强层时，通常不在顶层，而在 0.6 倍建筑高度附近。当设置二道或多道时，一般设置在顶层一道，其余沿高度均匀布置。

为方便施工，常将伸臂与柱、墙在施工中完全连接，但随着建筑高度的增加，外柱和内筒的压缩量不同，尤其混凝土内筒徐变压缩变形的影响，竖向变形差使伸臂产生较大的附加内力，这不利于伸臂构件的受力，为减小这一附加内力，可以将伸臂构件的一端与竖向构件不完全固结（滑动连接），待主体结构施工完毕后，竖向变形已基本稳定后，再将连接节点完全固定。内力分析中，应有相应模型与此施工过程相吻合,并应考虑加强层附近楼板的变形。

框架-核心筒结构与筒中筒结构在受力性能的区别在于前者抗侧力刚度比后者的小;前者的核心筒所承受的剪力和倾覆力矩比后者内筒所承受的相应力要大,而承担的整体倾覆力则相反,这表明框架-核心筒的核心筒是主要的抗侧力结构单元,而筒中筒结构的抗剪力以内筒为主,抗倾覆以外筒为主。

1998年竣工的上海金茂大厦是典型的框架-核心筒-伸臂结构,有关介绍见9.11节。

9.7 巨型结构

1. 巨型框架结构

巨型框架结构也称为主次框架结构,主框架为巨型框架,次框架为普通框架。巨型框架相邻层的巨梁之间设置次框架,一般为4~10层,次框架支承在巨梁上,次框架梁柱截面尺寸较小,仅承受竖向荷载,竖向荷载由巨型框架传至基础;水平荷载由巨型框架承担。巨型框架一般设置在建筑的周边,中间无柱,提供更大的可使用的自由空间。

北京电视中心主楼为巨型钢框架结构,高236.4m,其巨柱由4榀竖向桁架组成,连接巨柱的巨梁为空间桁架。图9-35为日本东京市政厅大厦1号塔楼的结构平面图和剖面图,243.4m高,8根巨柱由基础直达顶部,巨柱由4榀钢桁架组成,平面尺寸为6.4m×6.4m;巨梁为一层高的空间桁架。横向设置了6道巨梁,形成4榀6层巨型框架;纵向巨梁分别设置在第9、33、44层和48层,与巨柱组成纵向的4层巨型框架。由于采用了巨型框架结构,每个楼层有19.2m×108.8m的无柱空间。

钢筋混凝土巨型框架结构的巨柱可采用由剪力墙围成的井筒,巨柱之间的跨度大,巨梁由截面尺寸很大的巨梁或桁架组成。图9-36为深圳亚洲大酒店钢筋混凝土巨型框架结构的平面图和剖面图。位于三个翼端部的筒(楼电梯间)和位于平面中心的剪力墙作为四根巨柱,每隔六层用一层高的4根大梁和楼板组成箱形大梁。巨梁之间的次框架为5层,次框架顶上有一层没有柱,形成大的空间。

2. 巨型空间桁架结构

整幢结构用巨柱、巨梁和巨型支撑等巨型杆件组成空间桁架,相邻立面的支撑交汇在角柱,形成巨型空间桁架结构。空间桁架可以抵抗任何方向的水平作用,水平作用产生的层剪力成为支撑斜杆的轴向力,可最大限度地利用材料;楼板和围护墙的重量通过次构件传至巨梁,再通过柱和斜撑传至基础。巨型桁架是既高效又经济的抗侧力结构。

香港中国银行大厦是典型的巨型空间桁架结构(图9-37)。中银大厦地面以上70层,高315m。大厦平面为52m×52m的正方形。沿平面的四边和对角布置支撑(图9-37a),支撑为矩形截面钢管,内填混凝土防止管壁压曲,并提高承载力。从25层开始,增加一根中心柱一直到顶。从25层开始,从平面上看,切去1/4;38层以上,又切去1/4;51层、52层以上,再切去1/4(图9-37b)。在平面的四角设

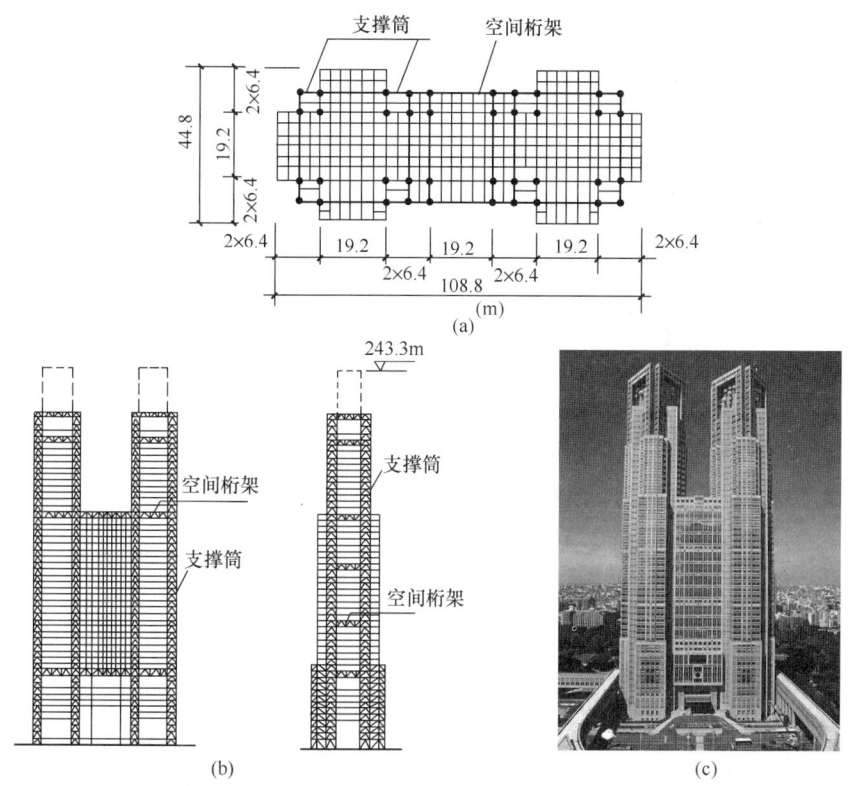

图 9-35　日本东京市政厅大厦 1 号塔楼
(a) 平面图；(b) 剖面图；(c) 立面图

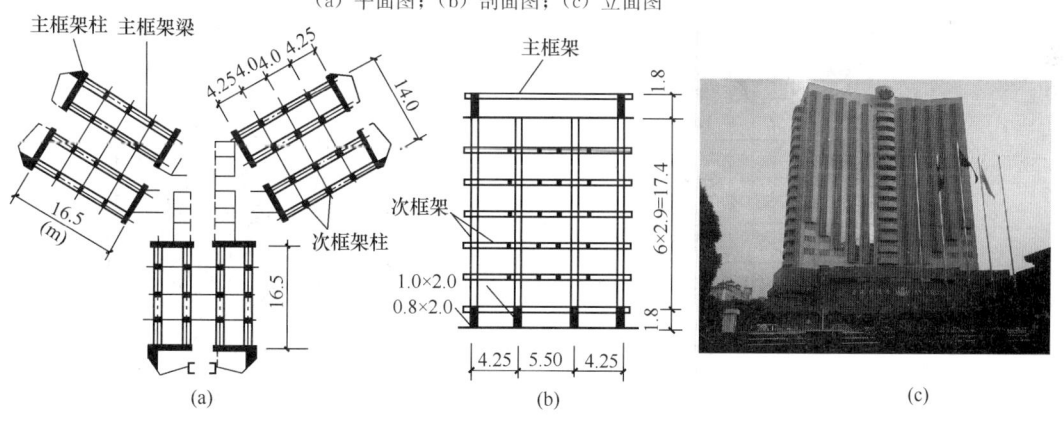

图 9-36　深圳亚洲大酒店
(a) 平面图；(b) 剖面图；(c) 立面图

置钢筋混凝土柱，最大的截面尺寸约为 4.8m×4.1m；柱内设置 3 根 H 型钢，分别与 3 个方向的钢支撑连接（图 9-37c）。每隔 12 层设置一层高的水平桁架作为巨梁，支撑斜杆跨越 12 个楼层的高度，沿正方形平面周边和对角线布置的 8 片巨型桁架组成了巨型空间桁架结构。用钢量约为 140kg/m²，是省钢的记录先驱。

3. 巨型框架（支撑框架）-核心筒-伸臂桁架结构

建筑高度达 500m 甚至更高时，巨型框架结构或巨型空间桁架结构已不再适

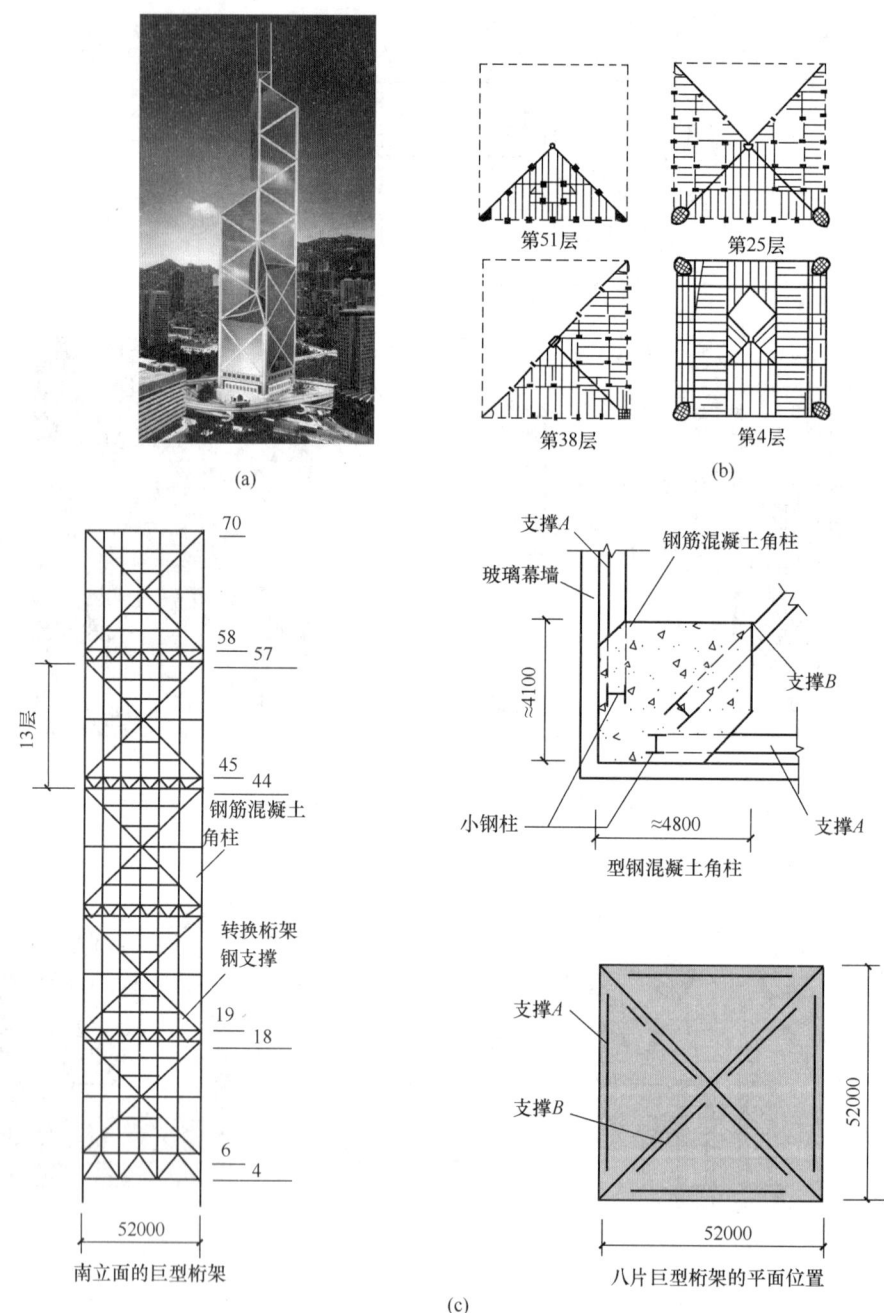

图 9-37 香港中银大厦
(a) 立面图；(b) 楼层平面图；(c) 配有钢骨的钢筋混凝土柱平面图

用，必须采用刚度更大、更经济合理的结构体系。巨型框架（支撑框架）-核心筒-伸臂桁架结构是我国目前抗震设防房屋建筑可以达到最高的结构体系。

深圳平安金融中心大厦（图9-38），塔楼地上118层，塔尖高660m，主结构高597m。平安金融中心大厦的结构体系采用了型钢混凝土巨柱-巨型钢斜撑-钢板混凝土剪力墙核心筒-钢带状桁架-钢伸臂巨型结构。沿塔楼全高设置了 4 道两层高的伸臂桁架和 7 道带状桁架,其中 4 道带状桁架设置在有伸臂桁架的楼层,伸臂桁架与内埋于核心筒角部的钢管柱相连,伸臂桁架的弦杆贯穿核心筒,同时在墙的两侧设置 X 斜撑。

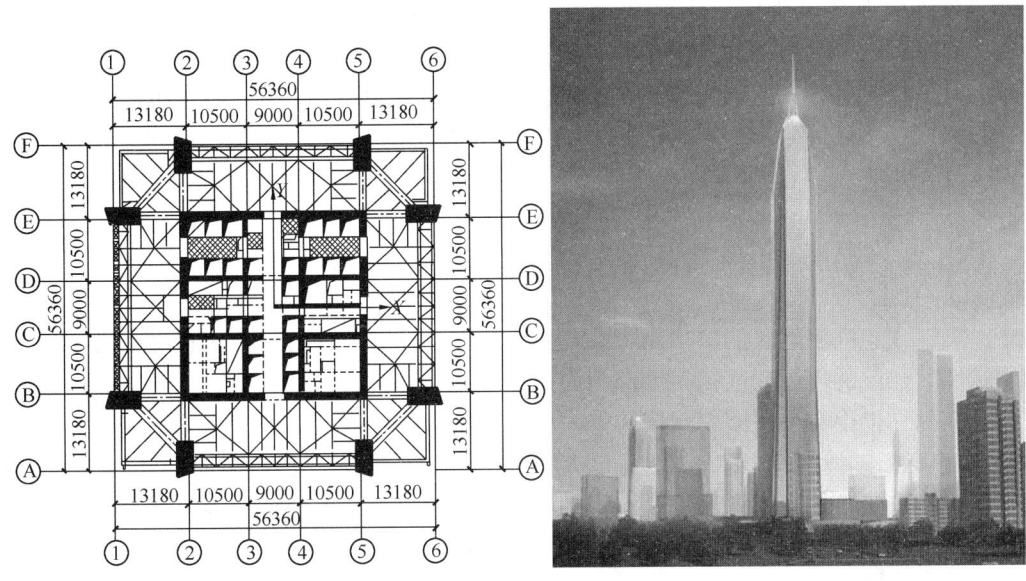

图 9-38 深圳平安金融中心大厦结构平面及立面图

上海中心大厦,地上 120 层,塔尖高度 632m,结构高度 574.6m,抗侧力结构体系为"巨型空间框架-核心筒-伸臂桁架"(图 9-39)。结构竖向分为八个区

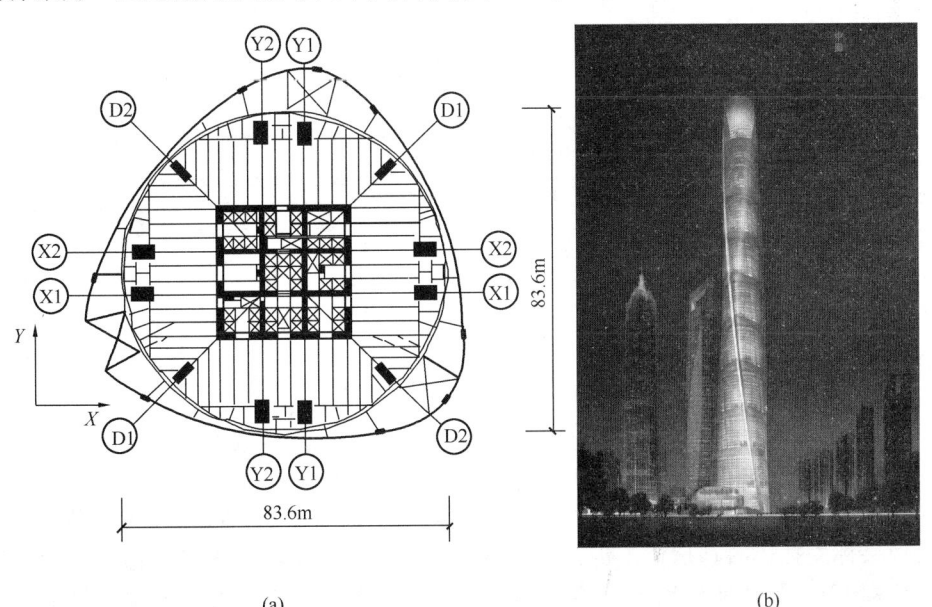

图 9-39 上海中心大厦
(a) 平面图;(b) 立面图

段，每个区段顶部两层为加强层，设置伸臂桁架和箱形环状桁架。巨型框架由八根巨型柱、四根角柱及八道两层高的箱形环状桁架组成。核心筒为一个边长约30m的方形且底部加强区内埋设钢骨的钢筋混凝土筒体，核心筒底部翼墙厚1.2m，并随高度逐渐减小至0.5m，腹墙厚度由底部的0.9m逐渐减薄至顶部的0.5m；从第五区段开始，核心筒四角被削掉，逐渐变化为十字形，直至顶部。伸臂桁架为六道两层高钢桁架，均布置在建筑机电层。

巨型框架（支撑框架）-核心筒-伸臂桁架结构属于双重抗侧力结构体系，其巨型框架（巨型支撑框架）必须分担一定量的地震层剪力，其巨柱和巨型支撑成为结构抗震的关键构件。

9.8 带转换层结构

现代高层建筑的多功能、综合用途与结构竖向构件的正常布置之间常产生矛盾，建筑的使用功能往往底部为商业、中部为办公、顶部为公寓，要求底部为大空间，上部为小空间，而结构竖向构件的正常布置是从下到上连续不间断，或底部间距小，上部间距大。为了满足建筑多功能的需要，部分竖向构件（墙、柱）不能直接落地，需要通过转换构件将其内力转移至相邻的落地构件。设置转换构件的楼层，称为转换层；设置转换层的高层建筑，即为带转换层的结构（图9-40）。

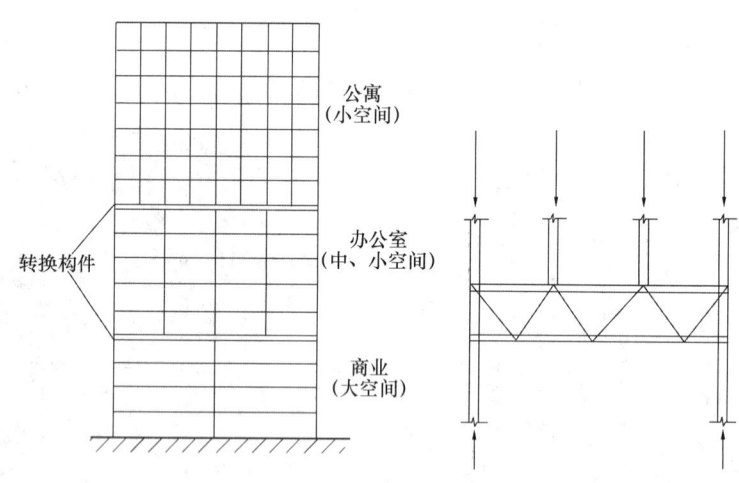

图9-40 带转换层的高层建筑结构剖面示意图

高层建筑竖向结构构件的转换有两种形式：上部剪力墙转换为底部框架，其转换层称为托墙转换层；上部框筒（或周边框架）框架转换为底部稀柱框架（或巨型框架），其转换层称为托柱转换层。托墙转换层用于剪力墙结构，将其中不能落地的剪力墙通过转换构件支承在框架上，形成框支剪力墙。托柱转换层用于框筒结构、筒中筒结构及框架-核心筒结构，将外框筒（或周边框架）中不能落地的柱通过转换构件支承在稀柱框架（或巨型框架）上。图9-41为框筒结构转换层形式示例。

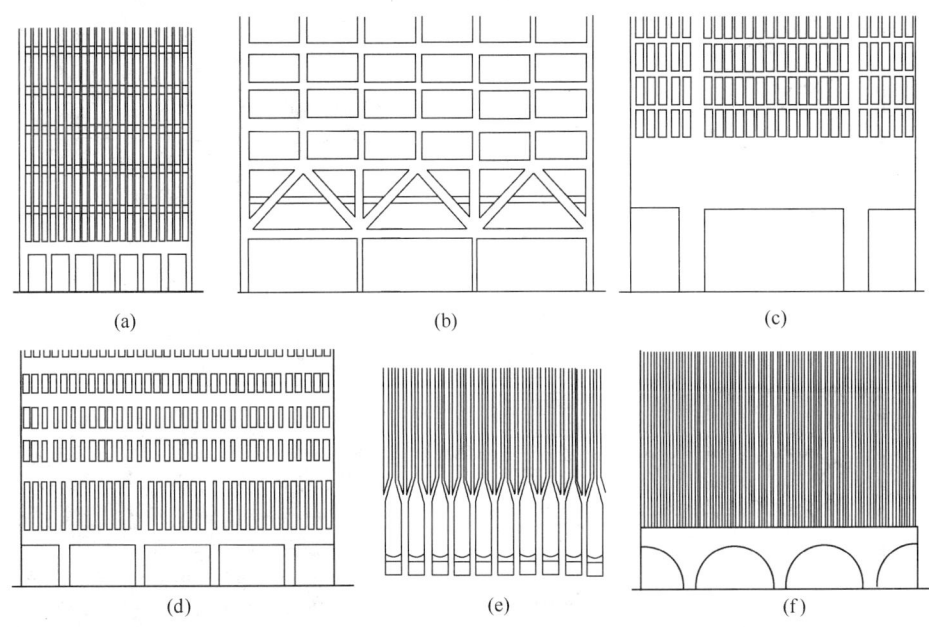

图 9-41　框筒结构转换层形式示例
(a) 转换梁；(b) 转换桁架；(c) 转换墙；(d) 间接转换拱；(e) 台柱；(f) 转换拱

转换构件可采用梁、桁架、空腹桁架、箱形结构、斜撑等，统称为转换梁、转换桁架等。非抗震设计和6度抗震设计时可采用厚板作为转换构件，7、8度抗震设计时地下室的转换构件也可采用厚板，其他情况下不能用厚板转换。广州中信大厦，80层，结构高322m，钢筋混凝土框架-核心筒结构。底部1~4层的周边仅在四角有L形截面的大型角柱，角柱边长7.75m，肢厚2.5m；第5层为转换层，转换梁截面尺寸为2.5m×7.5m。角柱与转换梁组成巨型框架，承托上部75层周边框架。图9-42为中信大厦转换层结构平面图、转换层以上结构平面图以及结构剖面图。

对于钢筋混凝土剪力墙结构，不允许将全部剪力墙用托墙转换为框支剪力墙，必须有部分剪力墙从基础到屋顶连续、贯通，形成部分框支剪力墙结构。地面以上设置转换层的位置也不宜过高。

为了避免转换层成为薄弱层或软弱层，转换层的侧向刚度与其相邻上一层的侧向刚度相比，不宜过小。当转换层设置在第1、2层时，转换层与其相邻上一层的结构等效剪切刚度比γ_{e1}尽可能接近1，非抗震设计时γ_{e1}不应小于0.4，抗震设计时γ_{e1}不应小于0.5。

当转换层设置在第2层以上时，应按规范要求验算侧向刚度比。

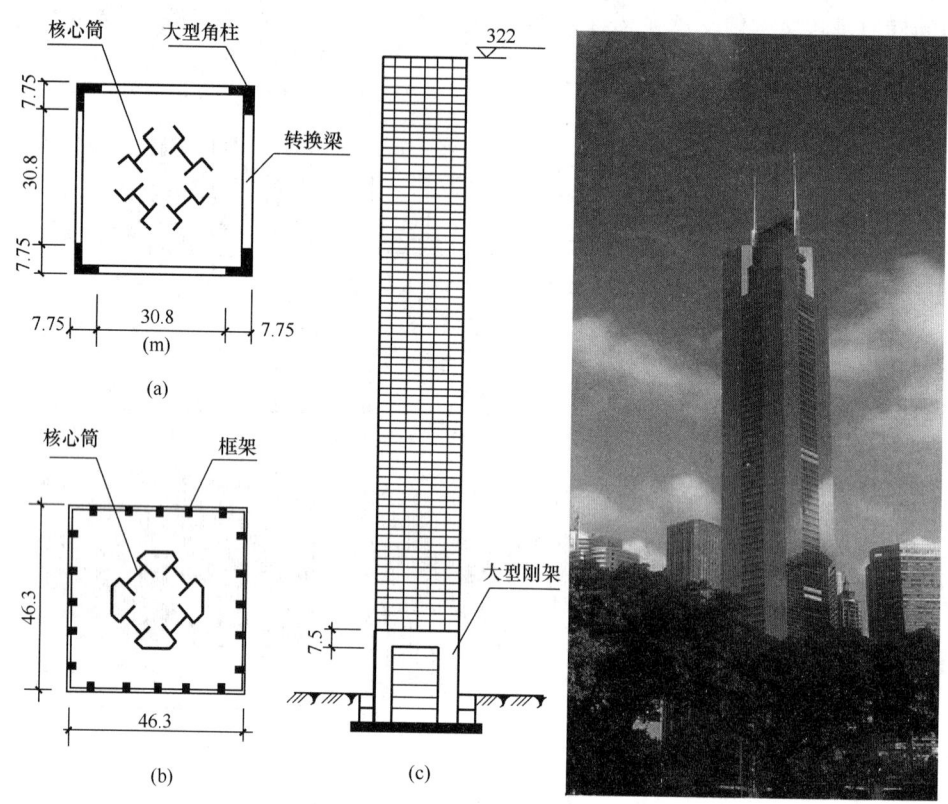

图 9-42 广州中信大厦
(a) 转换层平面；(b) 上部结构平面；(c) 立面

9.9 板柱-剪力墙结构

板柱结构是指钢筋混凝土无梁楼盖和柱组成的结构。板柱结构具有施工方便，楼板高度小，可以减小层高，能提供大的使用空间，灵活布置隔断墙等优点。但板柱连接节点的抗震性能差。地震作用在柱周边板内产生较大的附加剪力，加上竖向荷载的剪力，有可能使楼板产生冲切破坏。不能作为抗震设计的高层建筑结构体系。

在板柱结构中设置剪力墙，或将楼、电梯间做成钢筋混凝土井筒，即成为板柱-剪力墙结构。板柱-剪力墙结构可以用于设防烈度不超过 8 度的高层建筑。板柱-剪力墙结构房屋的周边应采用有梁框架，楼、电梯洞口周边宜设置边框梁，剪力墙的布置要求与框架-剪力墙结构中剪力墙的布置要求相同。

对于板柱-剪力墙结构，抗风设计时，各层筒体或剪力墙承担不小于 80% 风荷载作用下本层的剪力；抗震设计时，房屋高度不大于 12m 时，各层筒体或剪力墙承担本层全部地震水平作用力；当房屋高度大于 12m 时，各层筒体或剪力墙承担本层全部地震水平作用力；同时，各楼层板柱需承担不小于本层全部地震水平作用力 20% 的剪力。由于板柱部分结构延性差，抗震性能不好，故板柱-剪力墙结构的高度也受到限制。

9.10 混合结构

高层建筑混合结构是指梁、板、柱、剪力墙和筒体或结构的一部分，采用钢筋混凝土、钢骨混凝土、钢管混凝土、钢-混凝土组合楼板等构件组成的高层建筑结构，本节仅对其构成及适应范围作一简介，具体设计方法见规程和有关专著。

1. 混合结构构件类型

混合结构构件类型主要有：钢骨混凝土构件指在钢骨周围配置钢筋并浇筑混凝土的构件，简称为 SRC，广泛用于梁、柱构件中（图 9-43、图 9-44、图 9-45）；钢管混凝土构件指在钢管内填充混凝土的构件，简称为 CFST，主要用于柱构件中（图 9-46）；钢板混凝土剪力墙指在普通钢筋混凝土剪力墙内埋设钢板，仍用于剪力墙构件（图 9-47）；钢-混凝土组合楼盖指楼盖中利用钢梁或压型钢板承受界面弯矩产生的拉应力，混凝土承受压应力的楼板（图 9-48）。

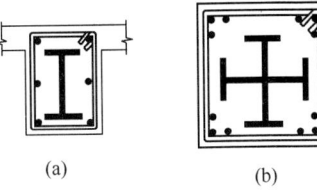

图 9-43 钢骨混凝土梁柱截面形式

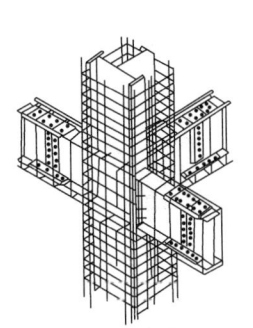

图 9-44 钢骨混凝土梁柱节点大样

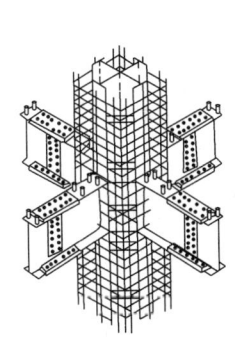

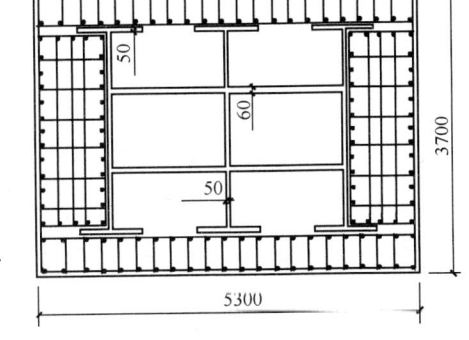

图 9-45 上海中心大厦钢骨混凝土巨柱截面

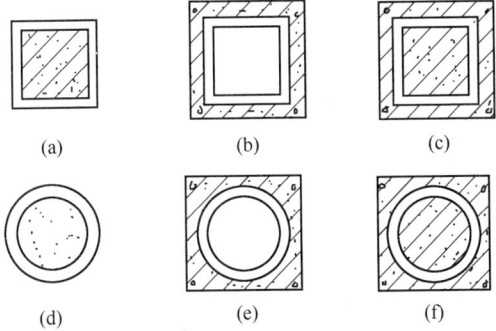

图 9-46 钢管混凝土柱截面形式

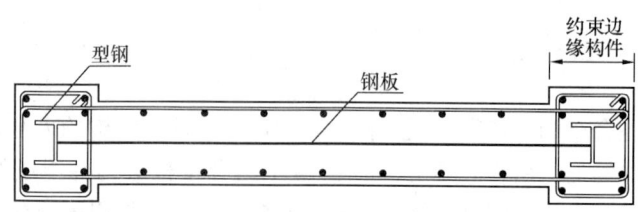

图 9-47　钢骨混凝土剪力墙截面形式

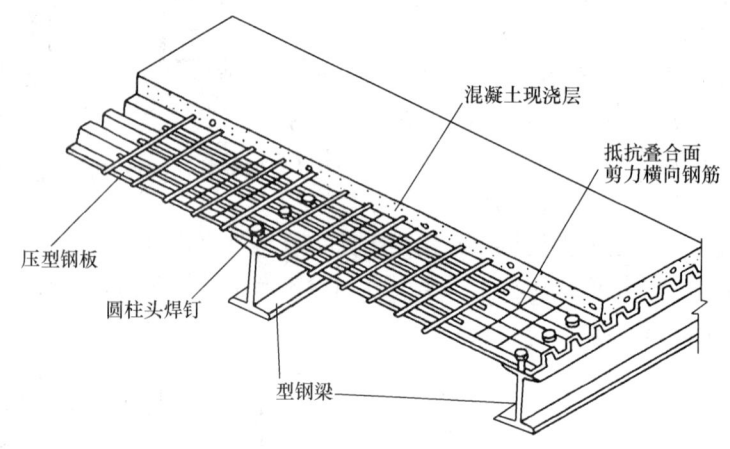

图 9-48　钢-混凝土组合楼盖

2. 混合结构体系及有关规定

混合结构抗侧力基本单元仍是框架、框-剪和筒体，所不同的是构成这些单元的构件采用前述四种主要类型，因而组合而成的结构体系就十分丰富，在工程应用中，主要有：混合框架结构、混合框架-钢筋（钢骨）混凝土剪力墙（筒体）结构、钢框架-钢筋（钢骨）混凝土剪力墙（筒体）结构以及混合筒中筒结构。按照《高层建筑钢-混凝土混合结构设计规程》（CECS 230：2008）规定，混合结构最大适用高度及抗震等级分别见表 9-14、表 9-15。

混合结构的设计有关内容及规定与普通钢筋混凝土结构内容及规定大同小异，具体设计方法可参见有关专著。值得指出的是在钢框架-核心筒混合结构中，由于二者的徐变和收缩性能的差异，在高度较大时，竖向变形差对构件受力不利，需在设计及施工中采用特别的措施。

高层建筑混合结构类型及其最大适用高度　表 9-14

结构类型		非抗震设防	抗震设防烈度			
			6	7	8	9
混合框架结构	钢梁-钢骨（钢管）混凝土柱 钢骨混凝土梁-钢骨混凝土柱	60	55	45	35	25
	钢梁-钢筋混凝土柱	50	50	40	30	—

续表

结构类型		非抗震设防	抗震设防烈度			
			6	7	8	9
双重抗侧力体系	钢框架-钢筋混凝土剪力墙	160	150	130	110	50
	钢框架-钢骨混凝土剪力墙	180	170	150	120	50
	混合框架-钢筋混凝土剪力墙	180	170	150	120	50
	混合框架-钢骨混凝土剪力墙	200	190	160	130	60
	钢框架-钢筋混凝土核心筒	210	200	160	120	70
	钢框架-钢骨混凝土核心筒	230	220	180	130	70
	混合框架-钢筋混凝土内筒	240	220	190	150	70
	混合框架-钢骨混凝土核心筒	260	240	210	160	80
	筒中筒 钢框筒-钢筋混凝土内筒 混合框筒-钢筋混凝土内筒	280	260	210	160	80
	筒中筒 钢框筒-钢骨混凝土内筒 混合框筒-钢骨混凝土内筒	300	280	230	170	90
非双重抗侧力体系	钢框架-钢筋（钢骨）混凝土核心筒 混合框架-钢筋（钢骨）混凝土核心筒	160	120	100	—	—

注：1. 当混合框架中的柱采用钢管混凝土或钢框架采用支撑框架时，高度限值在有可靠依据时可适当放宽；
2. 房屋高度指室外地面至主要屋面高度，不包括局部突出屋面的水箱、电梯机房、构架等高度；
3. "非双重抗侧力体系"是指对框架-核心筒体系，框架抗侧刚度比核心筒抗侧刚度小很多，框架不能承担足够大的刚度，当框架与核心筒共同承担地震水平力时，则为"双重抗侧力体系"；
4. 非双重抗侧力体系，7度的最大适用高度仅用于0.1g；
5. 平面和竖向均不规则的结构，最大适用高度应适当降低。

高层建筑混合结构抗震等级　　表 9-15

结构类型			烈　度						
			6		7		8		9
混合框架结构		高度(m)	≤30	>30	≤30	>30	≤30	>30	≤30
		框架	四	三	三	二	二	一	一
双重抗侧力体系	钢框架-钢筋混凝土剪力墙 钢框架-钢骨混凝土剪力墙	高度(m)	≤60	60~130	>130	≤60	60~120	>120	≤60	60~100	>100	≤50
		剪力墙	四	三	二	三	二	一	二	一	特一	特一
	钢框架-混凝土核心筒 钢框架-钢骨混凝土核心筒	高度(m)	≤60	60~150	>150	≤60	60~130	>130	≤60	60~100	>100	≤50	>50
		核心筒	三	二	一	二	一	特一	二	特一	一	特一

续表

结构类型			烈度								
			6			7			8		9
双重抗侧力体系	混合框架-混凝土墙 混合框架-钢骨混凝土墙	高度(m)	≤60	>60 ≤130	>130	≤60	>60 ≤120	>120	≤60	>60 ≤100	>100	≤50	>50
		钢骨混凝土框架	四	三	二	三	二	一	二	一	一	一	特一
		墙	三	二	二	一	一	一	特一	一	特一
	混合框架-混凝土筒 混合框架-钢骨混凝土筒	高度(m)	≤60	60~150	>150	≤60	60~130	>130	≤100	>100	≤70	>70
		钢骨混凝土框架	四	三	二	三	二	一	一	一	一	特一
		核心筒	三	二	二	一	一	特一	一	特一
	筒中筒	高度(m)	≤180	>180	≤150	>150	≤120	>120	≤80	>80
		钢骨混凝土外框筒	三	二	二	一	特一	一	特一
		内筒	三	二	二	一	一	特一	一	特一
非双重抗侧力体系	高度(m)		≤80	>80	≤60	>60				
	钢骨混凝土框架		三	二	二	—	—
	核心筒		一	一			

注：1. 表中抗震等级不适用于混合框架中的钢梁；
2. 建筑场地为Ⅰ类时，除6度外可按表内降低一度对应的抗震等级采取抗震构造措施，但相应的计算要求不应降低；
3. 接近或等于高度分界时，应允许结合房屋不规则程度及场地、地基条件确定抗震等级；
4. "内筒"是指钢筋混凝土核心筒、钢骨混凝土核心筒，而对应的外筒为钢框筒或混合框筒。

9.11 国内外高层建筑典型实例

世界上每年都有许多高层建筑竣工。因此最高的高层建筑也只是短暂的、相对的。目前世界最高的十五大建筑如表9-16所示。

目前世界最高的十五大建筑　　　　　　　表 9-16

排名	建筑名称	城市	建成年份	层数	高度（m）	结构材料	用途
1	哈利法塔	迪拜	2010	160	828	组合	多用途
2	深圳平安金融中心	深圳	2015	128	660	组合	多用途
3	上海中心大厦	上海	2016	118	632	组合	多用途
4	天津高银 117 大厦	天津	2015	117	597	组合	多用途
5	世界贸易中心一号楼	纽约	2013	102	541	组合	多用途
6	中国樽	北京	2016	108	528	组合	多用途
7	广州珠江新城东塔	广州	2015	107	530	组合	多用途
8	台北国际金融中心	台北	2004	101	508	组合	多用途
9	上海环球金融中心	上海	2008	102	492	组合	多用途
10	石油大厦	吉隆坡	1996	88	452	组合	多用途
11	西尔斯大楼	芝加哥	1974	110	443	钢	办公
12	广州珠江新城西塔	广州	2013	94	432	组合	多用途
13	金茂大厦	上海	1998	88	421	组合	多用途
14	国际金融中心二期	香港	2012	87	420	组合	多用途
*	世界贸易中心 1	纽约	1972	110	417	钢	办公
*	世界贸易中心 2	纽约	1973	110	415	钢	办公
15	帝国大厦	纽约	1931	102	381	钢	办公

注：1. 表中带"*"者，2001 年 9 月 11 日被炸毁；
　　2. 中国樽主结构高度为 524m，广州珠江新城东塔主结构高度 518m；
　　3. 以上建筑结构均采用筒体或框架-核心筒-伸臂结构体系。

在近代高层建筑中，有代表性的高层建筑有：

（1）国外

美国是近代高层建筑的发源地与中心，有代表性的高层建筑中也是以美国居多。

1886，芝加哥家庭保险公司大楼，11 层，金属框架，被认为是第一幢高层建筑。

1889，芝加哥雷特大楼，9 层，金属框架。

1891，芝加哥 Monadnock 大楼，16 层，砖石结构，世界上第一幢 16 层的住宅建筑。

1910，纽约市政大楼，24 层，钢结构。

1918，乌尔窝斯（Woolworth）大楼，60 层，242m，钢结构，是当时世界上最高的建筑。

1931，帝国大厦，102 层，381m，钢框架，它保持世界最高建筑记录达 40 年。

1972，纽约世界贸易中心，110 层，417m，钢结构，成为当时世界上最高建筑，在 2001 年 9 月 11 日被炸毁。

1974，芝加哥西尔斯大厦，110 层，443m，钢结构，在 1998 年前是世界最高建筑，至今仍是世界最高的钢结构建筑。

1995，朝鲜平壤柳京饭店，101＋4 层，334.2m，混凝土结构。

1996，马来西亚吉隆坡石油公司大厦，88 层（包括夹层为 95 层），452m，钢筋混凝土框架-核心筒结构。

目前世界上最高的建筑为阿拉伯联合酋长国迪拜大厦（又叫哈利法塔），160 层，828m 高，2004 年 9 月动工，2010 年 1 月竣工使用。

（2）国内

新中国成立前：最高为上海国际饭店，22＋2 层，85.2m，钢结构。

新中国成立后，有代表性的高层建筑为：

50 年代，北京民族饭店，12 层，47.7m，钢筋混凝土框架结构。

60 年代，广州宾馆，27 层，88m，钢筋混凝土框架-剪力墙结构。

70 年代，广州白云宾馆，33 层，114m，它是我国第一座超过 100m 的钢筋混凝土剪力墙结构建筑。

80 年代，广州国际大厦，63＋4 层，199m，采用筒中筒结构。

北京京广大酒店，57＋3 层，208m，钢框架-混凝土墙板结构，是我国当时最高的建筑。

90 年代，上海金茂大厦，88＋3 层，421m，钢筋混凝土框架-组合核心筒体系。

深圳地王大厦，78＋3 层，325m，钢框架-混凝土核心筒体系。

广州中天大厦，80 层，322m，钢筋混凝土筒中筒结构体系。

21 世纪以来，深圳平安金融中心，128 层，660 米，采用巨型框架-核心筒-伸臂桁架结构体系。上海中心大厦，120 层，632 米，采用框架-核心筒结构体系。

本节将从建筑造型与结构的结合介绍台北金融中心、西尔斯大楼、帝国大厦和上海金茂大厦。

1. 台北国际金融中心大厦

台北市建设的国际金融中心大厦，地面以上 101 层，高 448m，塔尖高度为 508m。大厦底层平面尺寸为 63.5m×63.5m。房屋高宽比值达到 6.8，已超过美国纽约世界贸易大厦的高宽比 6.5。大厦的立面，采取底段为斜坡、上段为 8 层塔台相组合的节节高升的体形（图 9-49），使塔楼的安全、防灾及视野等功能得以充分实现。

台湾地处环太平洋地震带，台北市位于地震二区；台湾又位于台风区，台北市的基本风速 $V_{10,c}=42.5$m/s。塔楼除应进行抗风设计外，还要求抗震设计。

结构采用型钢混凝土结构"芯筒-翼柱"体系：①整个结构体系由支撑芯筒、

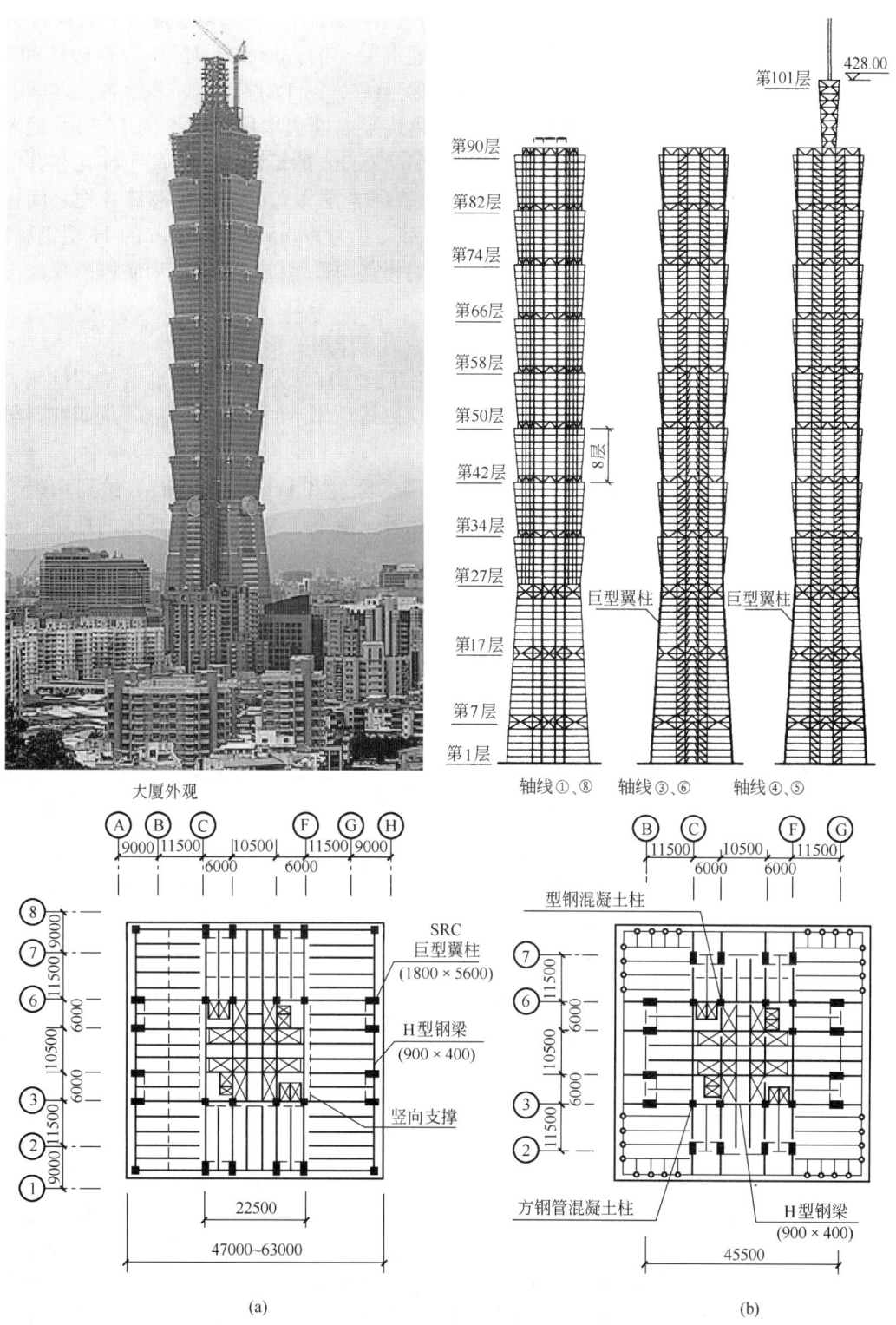

图 9-49 台北国际金融中心大厦
(a) 大厦底层平面；(b) 大厦 27 层以上平面

16根巨型翼柱与每隔8层楼一道的伸臂桁架组成。②支撑芯筒的平面尺寸为22.5m×22.5m。芯筒的4根角柱为内灌混凝土的方形拼焊钢管，8根边柱和4根内柱为外包混凝土的T形截面型钢混凝土柱。第17层以下，芯筒各柱之间设置800mm厚的钢筋混凝土抗剪墙。③建筑平面四边中段处设置的16根巨型翼柱，采用截面尺寸为5.6m×1.8m～2.7m×0.9m的矩形型钢混凝土柱，在其混凝土截面的两端各埋置一根H型钢暗柱。④各层楼盖的边梁、芯筒各柱之间连梁以及芯筒与翼柱之间连梁，均采用截面尺寸为900mm×400mm的H型钢梁，其他楼盖梁，采用较小截面钢梁；⑤各层楼盖均采用以压型钢板为底模的现浇混凝土组合楼板。

在结构设计中，采取了以下措施减少地震作用的影响：

（1）平面对称性——避免塔楼在水平荷载作用下发生扭转振动，使各抗侧力构件的侧向位移相等、受力均匀，充分发挥结构体系的抗侧力效能，从而获得最大的水平承载力。

（2）竖向匀变性——塔楼结构各楼层的刚度和承载力自下而上做到均匀变化，地震时结构各楼层的层间侧移大致相等，整个结构所吸收和耗散的地震能量最多，震害最轻。

（3）使用舒适性——大厦为特高楼房，高宽比值大，水平荷载下的侧移曲线属弯曲型，顶部侧移较大。为防止强风作用下使用者产生风振不适感，大厦抗侧力结构体系的竖向构件，安排在建筑平面的外圈，确保结构具有足够的抗侧刚度。

2. 西尔斯大楼

1974年美国芝加哥市建成了西尔斯大厦（Sears Tower）（图9-50），大厦110层，高443m（包括天线高500m）。底层平面为68.6m×68.6m的正方形，用9个75in×75in（22.9m×22.9m）的方形小框筒组成的钢结构束筒建筑。由于框筒边长过大，为减小剪力滞后现象，采用了将大框筒分为9个小框筒的筒束体系，小框筒向上在50层、66层和90层分别减少了2～3个小框筒，最后剩两个小框筒到顶。框筒密柱采用H形截面，柱截面底层为1070mm×609mm×248mm（高×宽×厚），向上逐渐分段减小，顶层柱截面为1070mm×305mm×190mm。这种布置使建筑物下部有大量办公室，可满足使用者要求。上部结构重量既可减轻，而且又可满足一些租用者希望独占一层的要求。

束筒是一个新的概念。迄今为止，只有西尔斯大楼采用了束筒结构。这9个小框筒都有一些共用的柱，使得框筒面相连，以在两个水平方向都形成两个竖向外隔板和两个竖向内隔板。建筑物平面在两个方向都分成三等分，整个结构具有很大的刚度。设计用总钢量为7.6万t，平均用钢量约为160kg/m^2，比高度低约30m的世界贸易中心大楼还小，分析表明如采用传统钢框架体系，用钢量可达290～338.3kg/m^2，可见其合理的结构体系对超高层建筑的重要性。

大楼总建筑面积约37万m^2，各楼层总平面尺寸变化如下：1～50层：9个筒体4893m^2；51～66层：7个筒体3848m^2；67～90层：5个筒体2718m^2；91～110层：2个筒体1141m^2。

第 2 篇　各种建筑结构

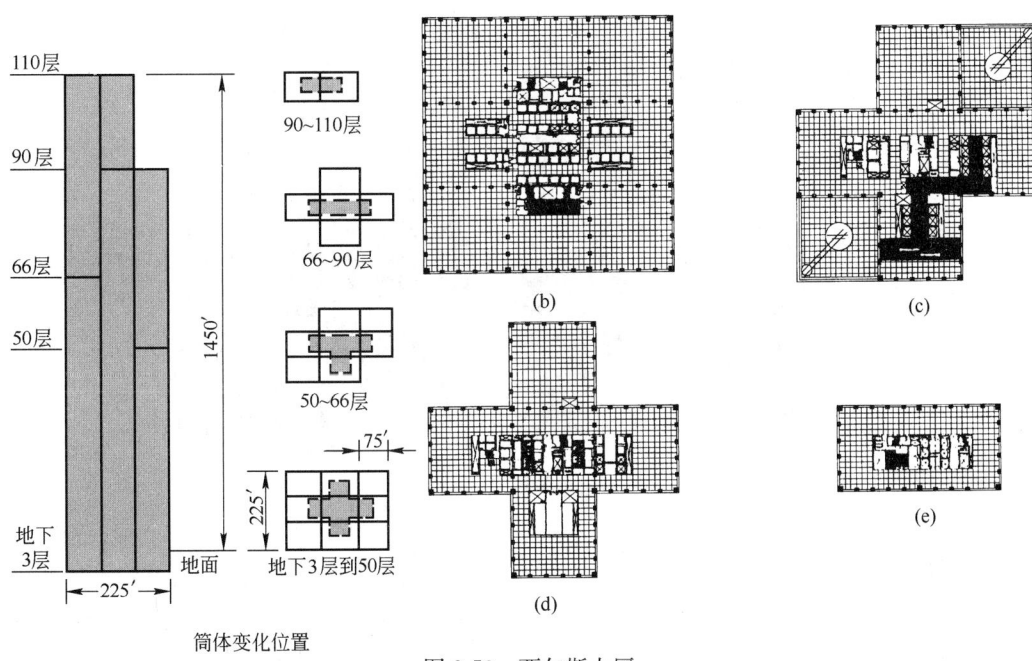

图 9-50　西尔斯大厦

(a) 立面图；(b) 1～50 层平面；(c) 51～66 层平面；(d) 67～90 层平面；(e) 91～110 层平面

把上部的一些筒体截去可以减少承受风荷载的面积并分散气流，从而减小风载下侧移。在水平荷载作用下，由于剪切滞后，中间柱承受的荷载比角柱小。

西尔斯大厦全部梁柱间的连接均为焊接，由在工厂制造的两层高的柱和每侧半跨的梁组成一个个筒壁的组合单元采用自动电渣焊拼接而成。整个大厦用了万余个这种拼接单元组成，它们在工厂制成后运到现场用爬行吊车安装就位。

全部楼板都用 63mm 厚的轻质混凝土浇筑在 76mm 高的压型钢板上做成。楼板的跨度 4.6m，支承在单向桁架上；桁架跨度为 22.9m，间距为 4.6m，高度为 1m，每片桁架都直接安装在立柱上，每隔 6 层变换一次桁架的跨度方向，使各筒体中每个立柱所受的重力荷载都比较均衡。

由于控制大厦结构的是侧向风荷载，设计时西尔斯大厦顶部的计算风压取 $3kN/m^2$，允许顶端侧移为建筑物高度的 1/500，即 90cm。建成后实测在最大风速下的顶端侧移为 46cm，达到了设计的要求。

3. 帝国大厦

世界上早期的标志性高层建筑是美国纽约的帝国大厦（Empire State Building）(图 9-51)，1929 年始建，建成于 1931 年，大厦共 102 层，高 381m（楼顶塔尖高 448m），从底层到 85 层是办公楼，86 至 102 层是观光塔楼（塔楼直径约 10m，高约 60m）。帝国大厦的建筑设计作为世界纪录保持达 42 年之久，创造了建筑史上的奇迹。受当时设计水平的限制，帝国大厦钢结构框架的用钢量达 $200kg/m^2$。

图 9-51　帝国大厦

帝国大厦的底层面积为 130m×60m，在第 6、25、72、81、85 层处逐渐分段收缩，略呈阶梯形，至 85 层平面收缩为 40m×24m。大厦的结构体系为钢框结构，采用等间距的柱网，基本的柱间距为 5.4m×7m，为了加强整个建筑物的侧向刚度，在中央电梯区的纵横向都设置了钢斜支撑。所有钢构件均用铆钉和螺栓连接，以铆钉为主，用钢总量约 5.7 万 t，折合约 $206kg/m^2$。钢结构外包炉渣混凝土，承受建筑物的全部重力荷载和全部风荷载。对已完工的建筑物量测得到的频率估算，实际建筑物的侧向刚度是裸露框架结构侧向刚度的 4.8 倍。

帝国大厦的结构体系对于主要抵抗水平荷载的高层建筑来说是相对弱的，后来的类似高层建筑都采用筒体结构或有斜撑的结构来加强。在帝国大厦建成后的第 37 年即 1968 年，在芝加哥就建成了约翰·汉考克中心，它虽比前者低 3 层，但它的结构体系却开创了高层建筑结构的新纪元。

4. 金茂大厦

金茂大厦位于上海浦东陆家嘴金融开发贸易区，大厦高 420.5m，建筑面积 29 万 m^2，占地 2.3 万 m^2。从 1994 年 7 月开工打桩到 1998 年末竣工，历时 4 年，是当时国内第一高楼，世界第三高楼，也是当时世界最高的型钢和钢筋混凝土组合结构建筑（图 9-52）。大厦地下 3 层，地上主体 88 层，其中 1~52 层为办

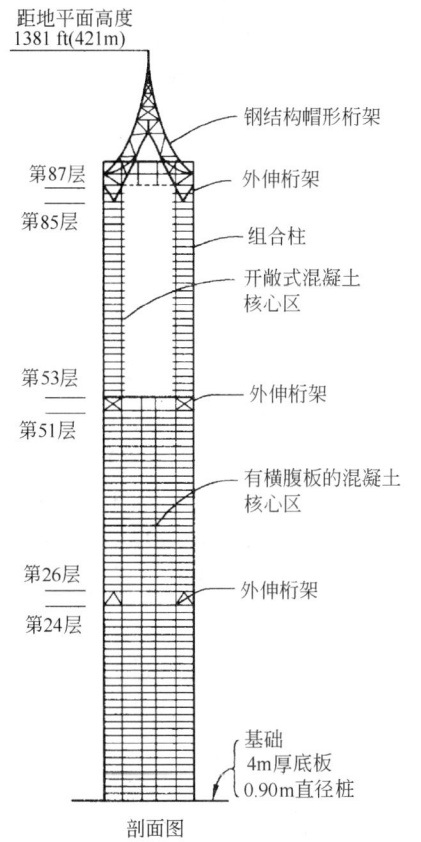

剖面图

立面图

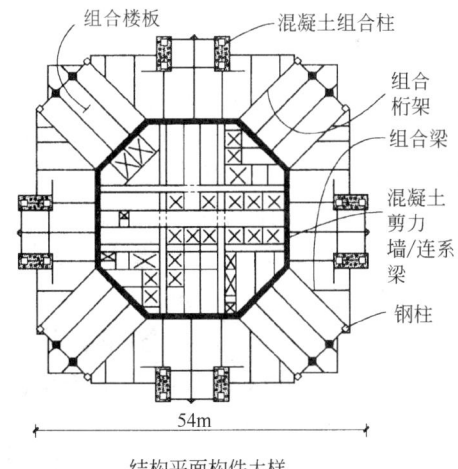

结构平面构件大样

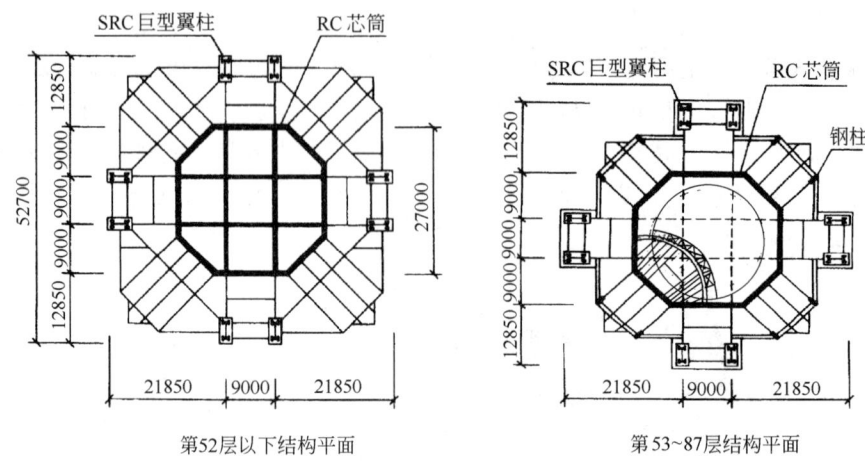

图 9-52 金茂大厦

公，53～87层为五星级宾馆，88层为观光层，89～94层为设备层。大楼平面为八角形，外观上因有横线条而呈13层高状，每隔若干层（下面层数多，上面层数少）逐渐收进，很像中国的古塔，具有独特的民族风格和文化气息。

金茂大厦经国际招标，由曾设计西尔斯大厦的美国芝加哥 SOM 设计事务所中标设计，日本及法国提供一些设备，大厦的施工由上海建工集团总承包。在建设中，创下许多建筑施工的纪录：高 420.5m 的大厦施工垂直误差只有 12mm<$H/20000$；泵送混凝土一次泵送高度达 382.2m；基础大体积混凝土整体浇筑等许多成果都达到了世界先进水平。

金茂大厦的主要抗侧力体系是用一个正八角形厚壁型钢混凝土筒体（筒壁厚 800～450mm）与外伸钢桁架和四边外侧正中处的 8 个巨型钢-混凝土组合柱相连接所形成的组合结构体系，也是一种核心筒外伸桁架结构体系，该体系有着较大的有效宽度来抵抗侧向荷载产生的倾覆力矩。核心筒内有正交的井字墙肋（46cm 厚，实质上为一9格束筒），但只是在53层以下的办公楼层中有，在53层以上的住宅楼层中核心筒内是开敞的，形成一个通向尖顶的总高约 206m 的天井（实质上为单筒，升到 337.3m）。外伸钢桁架位于第 24～26、51～53、85～87 层间，在这些层间各有8个由筒壁内伸出的桁架和8个巨型立柱相连。这些桁架的跨度短，却有两层高，因而刚度很大，它们和巨型立柱联合后起到限制混凝土核心筒在侧向荷载作用下的侧移和转角的作用，同时也用来传递核心筒和巨型立柱间的侧向作用力，加大主体结构的有效宽度，是典型的框架-核心筒-伸臂结构体系。第87层以上为三维的空间钢框架结构系统，直至顶层，用来架设屋顶的钢塔架和承受屋顶设备层的重力荷载，这意味着金茂大厦也属于一种竖向混合结构体系。巨型组合柱在基础处的截面为 1.5m×5.0m，混凝土用 C60，至第89层处的截面为 0.9m×3.5m，以适应逐渐收进的外形，混凝土用 C35。楼盖构件为 4.4m 中至中间距的钢梁，钢梁间架设截面为 7.6cm 高的压型钢板，上铺 8.25cm 厚的普通混凝土面层的楼板。

上海地区地下淤泥层很深，地基条件较差，金茂大厦采用钢管桩基础，由直径 0.9m、2.2cm 厚的钢管桩组成，钢管桩的间距一般为 2.75m，桩深打入地下 84m 深处的密实砂土层内，地下整体桩承台尺寸为 64m×64m×4m，C50 混凝土用量达 13500m³，为提高基础整体性，采用整体一次浇筑，单桩设计承载力约为 7340kN。

金茂大厦这个在上海软土地基上建造的超高层建筑结构，在它的结构概念设计中考虑了下列重大的设计和施工问题：

（1）主要抗侧力结构体系——采用厚壁混凝土筒体和巨型组合柱的核心筒外伸桁架体系，还是一个竖向混合结构体系，这是目前超高层建筑结构较为有效的结构体系。

（2）抗侧力结构所用材料及其结构形式——采用型钢、高强混凝土以及由它们组成的钢-混凝土组合结构。

（3）结构设计中的控制因素——该楼的结构设计是由风力作用下的动力性能控制，并不为它的承载力、顶点位移或层间位移所控制。

思考题与习题

9-1 简述框架结构的设计过程。

9-2 剪力墙结构平面布置的注意事项有哪些？

9-3 简述框-剪结构的变形特点。

9-4 简述混合结构的特点。

9-5 简述框架-核心筒结构的受力特点。

第10章 地基与基础

建筑物所受的水平荷载（作用）和竖向荷载通过水平和竖向承重体系传到了墙柱，墙柱通过基础将这些力传给大地土层的地基上，基础实际上起着"承上启下"的作用，即承担结构的内力并传递给地基。基础是结构承载的主要构件之一，同时地基的承载力及稳定性也是保证建筑物安全的必要条件。本章主要介绍地基土质的基本特性和基础类型及主要计算内容。

10.1 地基土分类及承载力

1. 地基土分类

作为建筑地基的土体，工程上地基土可分为岩石、碎石土、砂土、粉土、黏性土和人工填土。

1) 岩石

岩石指颗粒间牢固联结的、整体的或具有节理、裂隙的岩体；按其风化程度可分为未风化、微风化、中风化及强风化；按岩块的饱和单轴抗压强度标准值可分为坚硬岩、较硬岩、较软岩及软岩；按岩体的完整程度可分为完整、较完整、较破碎、破碎和极破碎五种。

2) 碎石土

碎石土指粒径大于 2mm 颗粒超过全重 50％的土，按粗细程度又分为块（漂）石、卵（碎）石及圆（角）砾。

3) 砂土

砂土指粒径大于 2mm 颗粒不超过全重 50％、粒径大于 0.075mm 颗粒超过全重 50％的土，按粗细程度又可分为砾砂、粗砂、中砂、细砂和粉砂。

4) 粉土

粉土为介于砂土和黏性土之间，塑性指数小于或等于 10 且粒径大于 0.075mm 的颗粒不超过全重 50％的土。

5) 黏性土

黏性土为塑性指数大于 10 的土。其中塑性指数大于 17 的土称为黏土，性质极为复杂，吸水后呈流塑状，强度很低，含水量在塑限左右时强度很高，很难夯实，干燥后易开裂。塑性指数在 10～17 的土称为粉质黏土，很容易夯实，是常用的填土材料。黏性土按状态可分为坚硬、硬塑、可塑、软塑和流塑。

6) 人工填土

根据其组成和成因，人工填土可以分为素填土、杂填土、冲填土和压实填土。素填土是由碎石土、砂土、粉土、黏性土等组成的填土。压实填土是经过压实或夯实的素填土。杂填土是含有建筑垃圾、工业废料、生活垃圾等杂物的填土。冲填土是由水力冲填泥沙形成的填土。

2. 地基承载力

荷载的增加使地基变形相应增大，地基承载力也逐渐增大，这是地基土的重要特性。另外，建筑物都有一定的使用功能要求，当变形达到或超过正常使用的限值时，地基土抗剪强度仍应有富余。所谓地基承载力是地基按正常使用极限状态设计时单位面积所能承受的最大应力值（kPa）。地基承载力即是允许承载力。

1）地基承载力特征值 f_{ak}

地基承载力特征值由载荷试验或其他原位测试、公式计算，并结合工程实践经验等方法综合确定。由荷载试验测定的地基土压力变形曲线，线性变形段内对应的压力最大值（比例界限值），即为地基承载力特征值 f_{ak}。

2）修正后的地基承载力特征值 f_a

当基础宽度大于 3m 或埋置深度大于 0.5m 时，从荷载试验、经验值等方法确定的地基承载力特征值应修正。修正公式如下：

$$f_a = f_{ak} + \eta_b \gamma (b-3) + \eta_d \gamma_m (d-0.5) \quad (10-1)$$

式中 η_b、η_d——基础宽度和埋置深度的地基承载力修正系数，人工填土、孔隙比 e 和液性指数大于等于 0.85 的黏性土，$\eta_b=0$，$\eta_d=1.0$；孔隙比和液性指数均小于 0.85 的黏性土，$\eta_b=0.3$，$\eta_d=1.6$；粉砂、细砂（不包括很湿与饱和时的稍密状态），$\eta_b=2.0$，$\eta_d=3.0$；中砂、粗砂、砾砂和碎石土，$\eta_b=3.0$，$\eta_d=4.4$；

γ——基础底面以下土的重度（kN/m³），地下水位以下取浮重度；

b——基础底面宽度（m），当小于 3m 时按 3m 考虑，大于 6m 时按 6m 考虑；

γ_m——基础底面以上土的加权平均重度（kN/m³），地下水位以下取浮重度；

d——基础埋置深度（m），一般自室外地面标高算起。

3. 基础沉降

土体由矿物颗粒、水和空气三部分组成，土体在基础传来的压力作用下被压缩，孔隙中的水被挤走，由于土的透水性不同，土体完成压缩过程的时间有很大差别，即建筑物基础完成全部沉降需要一个过程，有时沉降趋于稳定时由于外界因素的干扰（如变化土体含水率），又有新的沉降产生。基础的沉降一般采用分层总和法求得，即沉降值等于基础底面以下计算深度范围内各土层压缩量的总和。基础的沉降实质上是基础土体压缩变形的结果，从反映上看是表现为建筑物的沉降，当建筑物各部分发生均匀沉降时，建筑物不会出现由沉降而产生的裂缝，但当建筑物产生不均匀沉降时，建筑物可能产生裂缝，规范规定了建筑物相对沉降的限制。需要提出的是，基础沉降不均匀时，将对上部结构产生附加内力，此附加内力又影响沉降，从理论上讲应该考虑上下部结构的共同作用。目前，我国规范仍按不考虑上下部结构共同作用计算。解决不均匀土质引起的房屋不均匀沉降问题有效的办法之一是提高房屋的整体性，如设置圈梁、构造柱、地梁等加强整体刚度的措施，也可设置沉降缝。

10.2　基础类型及选择

基础作为建筑物与地基之间的连接体，原则上其分布方式应与结构竖向承重体系的构件（结构）相对应，有时土质条件较差，无法满足承载力或变形要求时，也可以采用扩大基础来满足要求，基础的作用就是把相对集中的上部传下来的内力分散到地基上，同时地基不超过其承载能力，并不产生过大的沉降变形。根据地基土体的形成方式地基分为天然地基和人工地基，当地基承载力不满足承载力要求或变形过大时，可以采用人工方式对地基进行加强处理，如用注浆法、深层搅拌法或强夯法加固土体，使土体强度等指标达到设计要求。人工地基目前已不多用，可参阅有关专著。

建筑物基础形式选择是否合适，不仅影响到房屋的安全，而且对房屋的造价、施工工期等都有很大影响。在选择基础类型之前，一定要仔细分析场地土的性质、施工条件、房屋类型及内力，必要时须进行多个方案的对比分析后，方可选择一性价比高的基础类型。目前主要的基础形式及其适用范围分述如下。

1. 无筋扩展基础

由砖、毛石、混凝土或毛石混凝土、灰土和三合土等材料组成，且不需要配置钢筋的基础，称为无筋扩展基础，有时也称为刚性基础。基础将荷载传向地基时，压应力分布线有一夹角，称为刚性角。刚性基础的基础底面面位于刚性角范围内，主要承受压力，故可用抗压强度高的材料砌筑或浇砌而成，刚性角随基础材料的不同而异。刚性基础主要用于砌体结构房屋的墙或柱下。常用的类型有砖基础（图10-1）、毛石基础、混凝土基础。主要适用于6层及以下砌体结构房屋的基础。

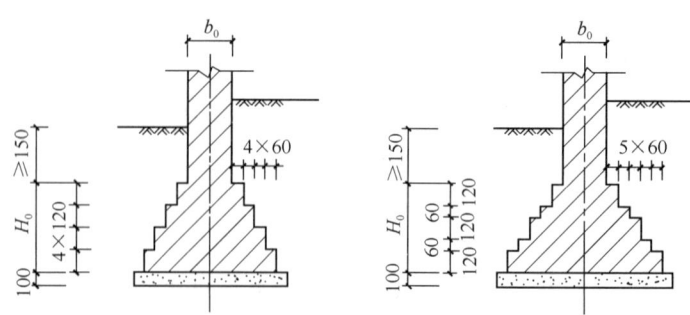

图 10-1　砖基础

2. 独立基础

当建筑物上部结构采用框架或排架承重时，其基础形式常采用方形或矩形独立基础，这种基础又称为柱式基础，如图10-2所示。独立基础按其施工方式又可分为现浇基础和杯形基础。现浇基础柱与基础都是现浇而成。杯形基础则柱采用预制构件，基础做成杯形，以便柱插入其中，并嵌固在杯口内。适用于层数不多、土质较好的框架和排架结构基础。

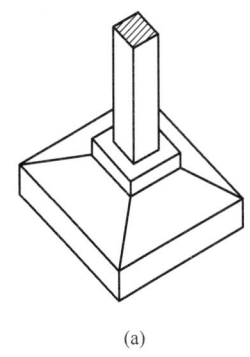
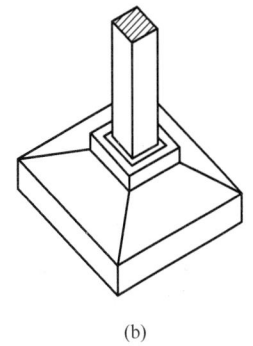

图 10-2　独立基础

（a）现浇基础；（b）杯形基础

3. 交叉梁基础

当建筑物上部采用框架结构承重，地基条件差时，为了提高建筑物的整体性，以免建筑物产生不均匀沉降，常将柱与柱之间沿纵向和横向将柱下基础连接起来，做成十字交叉形基础，又称为十字交叉基础，如图 10-3 所示。适用于层数不多、土质一般的框架、剪力墙和框架-剪力墙结构基础。

4. 筏形基础

它多用于建筑物上部荷载较大，而所在地的地基承载能力较差的情况。筏形基础有平板式和梁板式之分。图 10-4 所示为梁板式筏形基础，图 10-5 所示为平板式筏形基础。平板式筏形基础是在

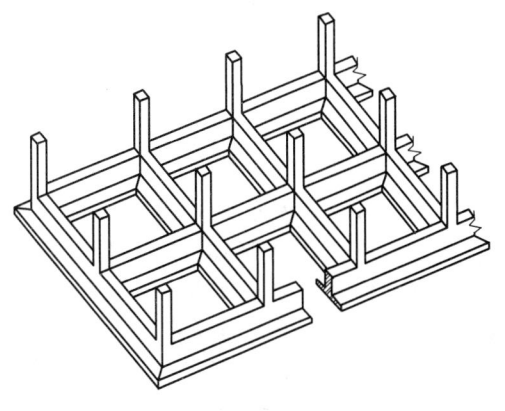

图 10-3　十字交叉基础

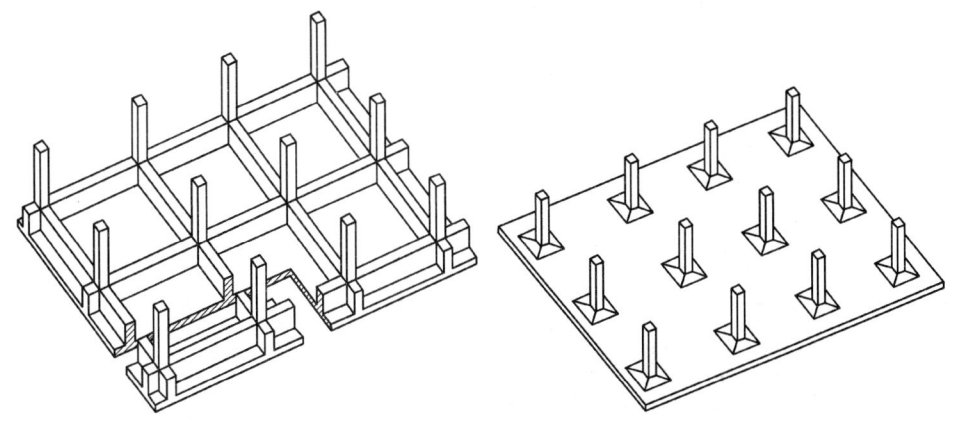

图 10-4　梁板式筏形基础　　　　图 10-5　平板式筏形基础

天然地表上，将场地整平并压实后浇筑钢筋混凝土板而成。此类基础板厚较大，用料较多，刚度较差，仅便于施工，一般较少用。梁板式筏形基础板折算厚度较小，用料较省，刚度较大，但施工麻烦，费模板。适用于层数不多、土质较弱或层数较多、土质较好的框架、剪力墙和框架-剪力墙结构基础。

5. 箱形基础

当上部结构对基础变形很敏感，而地基土又极其软弱且不均匀时，采用筏形基础其刚度可能达不到要求，这时可

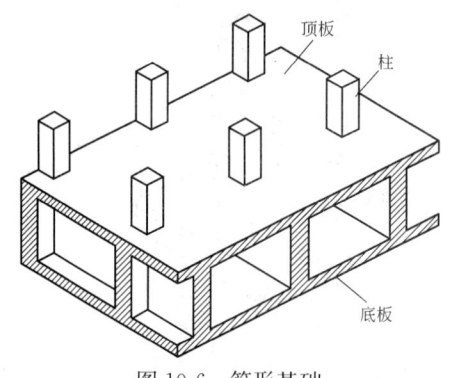

图 10-6　箱形基础

采用箱形基础。箱形基础是由顶板、底板、内壁和外壁四个部分组成的空心大盒子，如图10-6、图10-7所示。箱形基础如果中间部分容积较大时，可兼作地下室用。适用于层数较多、土质较弱的高层建筑结构基础。

6. 桩基础

当上部结构对基础变形很敏感，地基土质极其软弱，但下面土质较好，采用箱形基础达不到承载力及变形要求时，可以采用桩基础（图10-8）。适用于层数较多、地基持力层较深的高层建筑结构基础。

此外，还有桩-筏基础（图10-9）、桩箱基础（图10-10）等复合形基础，适用于超高层建筑结构或地基土较弱地区基础。

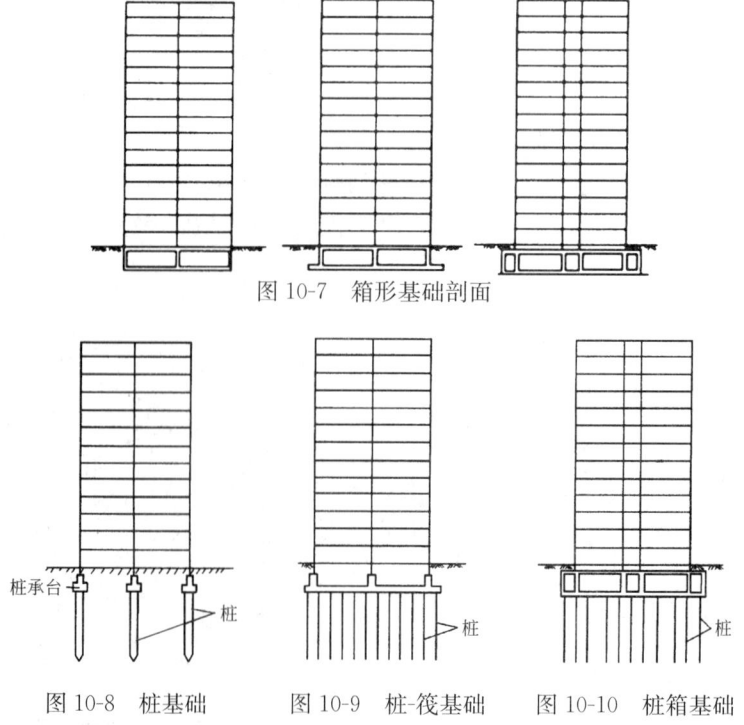

图 10-7　箱形基础剖面

图 10-8　桩基础　　图 10-9　桩-筏基础　　图 10-10　桩箱基础

10.3 基础设计

1. 基础埋置深度

基础埋置深度一般指基础底面距室外设计地面的距离,基础埋置深度的最小值不宜小于 0.5m,基础顶面距室外地坪至少为 0.15～0.2m,以保证基础不受外界的不利影响。影响基础埋置深度的因素很多,设计时应根据工程地质条件及规范要求确定合适的埋置深度,原则上,在满足地基承载力、稳定及变形要求的前提下,基础应尽量浅埋,以减少基础工程量,降低造价。此外,当新建筑物与原有建筑相邻时,新建筑物基础埋置深度还应满足水平距离为基础高差的 1～2 倍或不低于老基础埋置深度的要求,否则应采取措施防止基础失效,如采用基坑支护等方法进行。

2. 基础设计

基础设计内容包括:以满足地基承载力条件确定基础底板尺寸;以满足受冲切承载力、受剪承载力条件验算基础高度;以满足底板受弯承载力条件计算基础底板受力配筋。本书主要讲述无筋扩展基础及柱下独立基础的设计。

1) 无筋扩展基础

为保证无筋扩展基础不发生弯曲破坏,基础高度应符合下式要求:

$$H_0 \geqslant \frac{b-b_0}{2\tan\alpha} \tag{10-2}$$

式中　b——基础底面宽度;
　　　b_0——基础顶面的墙体宽度或柱脚宽度;
　　　H_0——基础高度;
　　　$\tan\alpha$——基础台阶宽高比($b_2:H_0$),其允许值按表 10-1 采用;
　　　b_2——基础台阶宽度。

基础台阶宽高比的允许值　　　表 10-1

基础材料	质量要求	台阶宽高比的允许值		
		$p_k \leqslant 100$	$100 < p_k \leqslant 200$	$200 < p_k \leqslant 300$
混凝土基础	C15 混凝土	1:1.00	1:1.00	1:1.25
毛石混凝土基础	C15 混凝土	1:1.00	1:1.25	1:1.50
砖基础	砖不低于 MU10,砂浆不低于 M5	1:1.50	1:1.50	1:1.50
毛石基础	砂浆不低于 M5	1:1.25	1:1.50	—
灰土基础	体积比为 3:7 或 2:8 的灰土,其最小干密度:粉土 1550kg/m³,粉质黏土 1500kg/m³,黏土 1450kg/m³	1:1.25	1:1.50	—

续表

基础材料	质量要求	台阶宽高比的允许值		
		$p_k \leqslant 100$	$100 < p_k \leqslant 200$	$200 < p_k \leqslant 300$
三合土基础	体积比为 1:2:4 或 1:3:6（石灰:砂:骨料），每层需铺约 220mm，夯至 150mm	1:1.50	1:2.00	—

注：1. p_k 为作用标准组合时基础底面处的平均压应力值（kPa）；
  2. 阶梯形毛石基础的每阶伸出宽度不宜大于 200mm；
  3. 当基础有不同材料叠合组成时，应对接触部分作抗压计算；
  4. 混凝土基础单侧扩展范围内基础底面处的平均压力超过 300kPa 时，应进行抗剪验算，对基底反力集中于立柱附近的岩石地基应进行局部受压承载力验算。

计算基底尺寸时，基础底面压应力应满足下式要求：

$$p_k = \frac{F_k + G_k}{A} \leqslant f_a \tag{10-3}$$

式中　f_a——修正后的地基持力层承载力特征值；

   p_k——荷载效应标准组合时，基础底面处的平均压力值；

   A——基础底面积；

   F_k——荷载效应标准组合时，上部结构传至基础顶面的竖向力值；

   G_k——基础自重和基础上的土重，对一般实体基础，可近似地取 $G_k = \gamma_G A d$（γ_G 为基础及回填土的平均重度，可取 $\gamma_G = 20\text{kN/m}^3$，$d$ 为基础平均深度）。

由式（10-3）有：

$$A \geqslant \frac{F_k}{f_a - \gamma_G d} \tag{10-4}$$

对墙下条形刚性基础，可沿基础长方向取单位长度 1m 进行计算，荷载也为相应的线荷载（kN/m），则条形基础的宽度为：

$$b \geqslant \frac{F_k}{f_a - \gamma_G d} \tag{10-5}$$

在上面的计算中，一般先要对地基承载力特征值 f_{ak} 进行深度修正，然后按计算得到的基底宽度 b，考虑是否需要对 f_{ak} 进行宽度修正。如需要，修正后重新计算基础宽度，如此反复计算一两次即可。最后确定的基底尺寸 b 和 l 均取为 100mm 的倍数。

2）柱下独立基础

（1）确定基础底面尺寸

基础底面尺寸是根据地基承载力条件、地基变形条件和上部结构荷载条件确定的。由于柱下独立基础的底面积不太大，故假定基础是绝对刚性且地基土反力为线性分布。

① 轴心受压柱下基础

轴心受压时，假定基础底面的压力为均匀分布（图 10-11），设计时应满足下式要求：

$$p_k = \frac{F_k + G_k}{A} \leqslant f_a \qquad (10\text{-}6)$$

式中各参数含义同式（10-3）。

由式（10-4）可得：

$$A \geqslant \frac{F_k}{f_a - \gamma_G d} \qquad (10\text{-}7)$$

设计时先按式（10-6）算得 A，再选定基础底面积的一个边长 b，即可求得另一边长 $l = A/b$，当采用正方形时，$b = l = \sqrt{A}$。

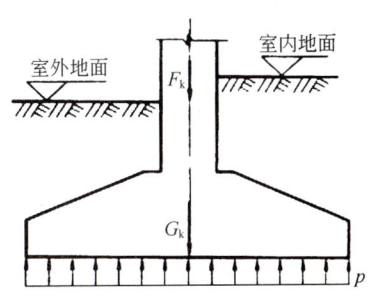

图 10-11　轴心受压基础计算简图

对于安全等级为一级的建筑物及《地基规范》规定的二级建筑物，除应根据上述地基承载力确定基础底面尺寸外，还须经地基变形验算后确定。

② 偏心受压柱下基础

在偏心荷载作用下，假定基础底面的压力按线性非均匀分布（图 10-12a），这时基础底面边缘的最大和最小压应力可按下式计算：

$$p_{k,\min}^{\max} = \frac{F_k + G_k}{A} \pm \frac{M_k}{W} \qquad (10\text{-}8)$$

式中　M_k——作用于基础底面的弯矩标准值；

　　　W——基础底面面积抵抗矩，$W = bl^2/6$，令 $e = M_k/(F_k + G_k)$，并将 $W = bl^2/6$ 代入式（10-8）。

$$p_{k,\min}^{\max} = \frac{F_k + G_k}{lb}\left(1 \pm \frac{6e}{l}\right) \qquad (10\text{-}9)$$

由式（10-9）可知，当 $e < l/6$ 时，$p_{k,\min} > 0$（图 10-12a）；当 $e = l/6$ 时，$p_{k,\min} = 0$，地基反力图形为三角形（图 10-12b）；当 $e > l/6$ 时，$p_{k,\min} < 0$（图 10-12c）。说明基础底面积的一部分将产生拉力。但由于基础与地基的接触面是不可能受拉的，所以这部分基础底面与地基之间是脱离的，而使基底压力重新分布，即承受

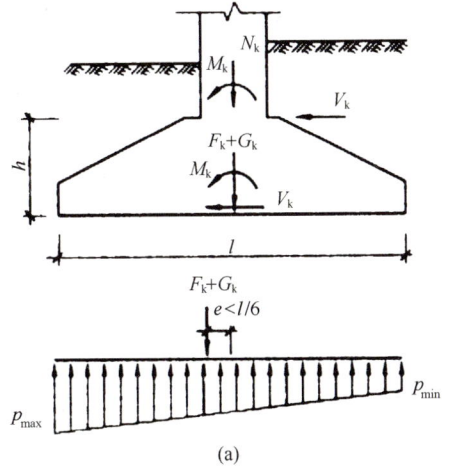
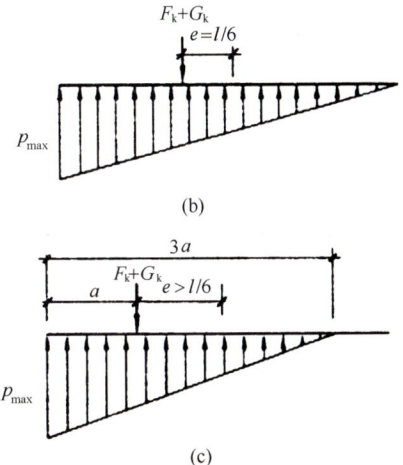

图 10-12　偏心受压基础计算简图

地基反力的基础底面积不是 bl 而是 $3al$。因此，$p_{k,max}$ 不能按式（10-9）计算，而应按下式计算：

$$p_{k,max} = \frac{2(F_k+G_k)}{3al} \tag{10-10}$$

式中 a——合力（F_k+G_k）作用点至基础底面最大受压边缘的距离，$a = \frac{l}{2} - e$；

l——力矩作用方向的基础底面边长；

b——垂直于力矩作用方向的基础底面边长。

在确定偏心受压柱下基础底面尺寸时，应同时符合下列要求

$$p_k = \frac{p_{k,max} + p_{k,min}}{2} \leqslant f_a \tag{10-11}$$

$$p_{k,max} \leqslant 1.2 f_a \tag{10-12}$$

式（10-12）中将地基承载力设计值提高 20% 的原因，是 $p_{k,max}$ 只在基础边缘的局部范围内出现，而且 $p_{k,max}$ 中的大部分是由活荷载而不是恒荷载产生的。

确定偏心受压基础底面尺寸一般采用试算法，其步骤如下：

a. 按轴心受压基础的公式（10-7），计算基础底面面积 A_1；

b. 考虑偏心影响，将基础底面面积 A_1 增大 10%～40%，即 $A = (1.1～1.4)A_1$；

c. 按式（10-9）或式（10-10）计算基底边缘最大和最小压应力；

d. 验算是否符合式（10-11）和式（10-12）的要求，如不符合则修改底面尺寸 b、l，直到符合要求为止。

(2) 确定基础高度

独立基础高度除应满足构造要求外，还应根据柱与基础交接处混凝土抗冲切承载力要求确定（对于阶梯形基础还应按相同原则对变阶处的高度进行验算）。此外，还应满足抗剪承载力的要求。

试验表明，当基础高度（或变阶处高度）不够时，柱传给基础的荷载将使基础发生如图 10-13（a）所示的冲切破坏，即沿柱边大致成 45°方向的截面被拉开而形成图 10-13（b）所示的角锥体（阴影部分）破坏。为防止冲切破坏，必须使冲切面外的地基反力所产生的冲切力 F_l 小于或等于冲切面处混凝土的抗冲切承载力。

对矩形截面柱的矩形基础，在柱与基础交接处以及基础变阶处的受冲切承载力可按下列公式计算（图 10-14）：

$$F_l \leqslant 0.7 \beta_{hp} b_m h_0 f_t \tag{10-13}$$

$$F_l = p_s A \tag{10-14}$$

$$b_m = \frac{b_t + b_b}{2} \tag{10-15}$$

式中 b_t——冲切破坏锥体最不利一侧斜截面的上边长；当计算柱与基础交接处的受冲切承载力时，取柱宽；当计算基础变阶处的受冲切承载

时，取上阶宽；

b_b——冲切破坏锥体最不利一侧斜截面的下边长；当计算柱与基础交接处的受冲切承载力时，取柱宽加两倍基础有效高度；当计算变阶处的受冲切承载力时，取上阶宽加两倍该处的基础有效高度；

h_0——冲切破坏锥体的有效高度；

β_{hp}——截面高度影响系数，当 h 不大于 800mm 时，取 1.0；当 h 不小于 2000mm 时，取 0.9，其间按线性内插法取用；

f_t——混凝土轴心抗拉强度设计值；

A——考虑冲切荷载时取用的多边形面积（图 10-14 中的阴影面积 $ABCDEF$）；

p_s——在荷载设计值作用下基础底面单位面积上的土反力（扣除基础自重及其上的土重），当为偏心荷载时可取用最大的土反力。

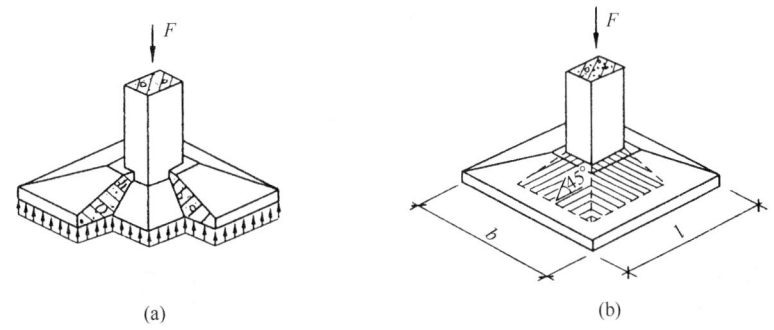

图 10-13 独立基础冲切破坏

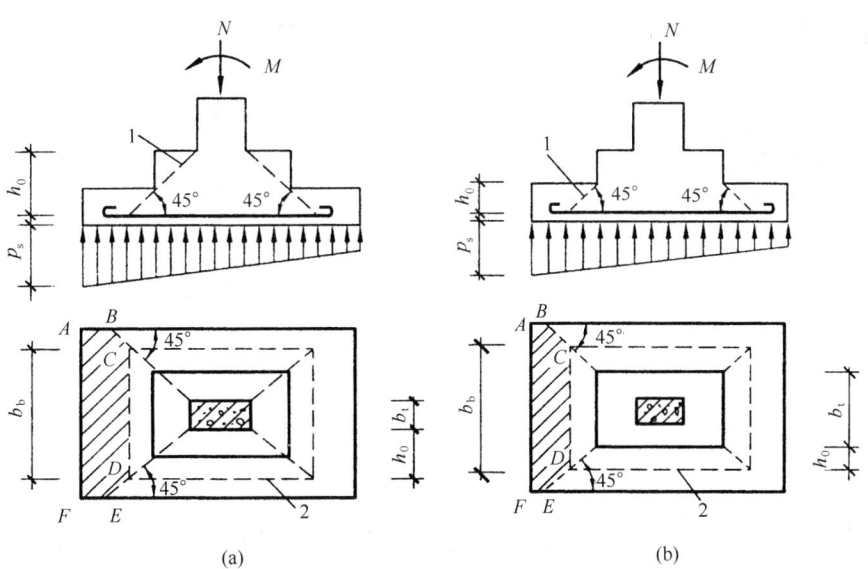

图 10-14 计算阶形基础的受冲切承载力截面位置
(a) 柱与基础交接处；(b) 基础变阶处
1—冲切破坏锥体最不利一侧的斜截面；2—冲切破坏锥体的底面线

(3) 计算底板受力钢筋

试验表明,基础底板在地基净反力作用下,在两个方向都将产生向上的弯曲。因此,需在底板两个方向都配置受力钢筋。需进行配筋计算的控制截面,一般取在柱与基础交接处及变阶处(对阶形基础)。计算两个方向的弯矩时,把基础视作固定在柱周边的四面挑出的悬臂板(图10-15)。

对于矩形基础,当台阶的宽高比小于或等于2.5和偏心距小于或等于1/6基础长边时,对轴心受压基础,Ⅰ-Ⅰ截面和Ⅱ-Ⅱ截面的计算如下:

① Ⅰ-Ⅰ截面的计算:

由图10-15可见,截面Ⅰ-Ⅰ的弯矩:

$$M_\text{I} = \frac{1}{24} p_\text{s} (l-h_\text{c})^2 (2b+b_\text{c}) \tag{10-16}$$

截面Ⅰ-Ⅰ的受力钢筋(沿长边方向)

$$A_\text{sI} = \frac{M_\text{I}}{0.9 f_y h_{0\text{I}}} \tag{10-17}$$

式中 $h_{0\text{I}}$ ——截面Ⅰ-Ⅰ的有效高度 $h_{0\text{I}} = h - a_\text{s}$。

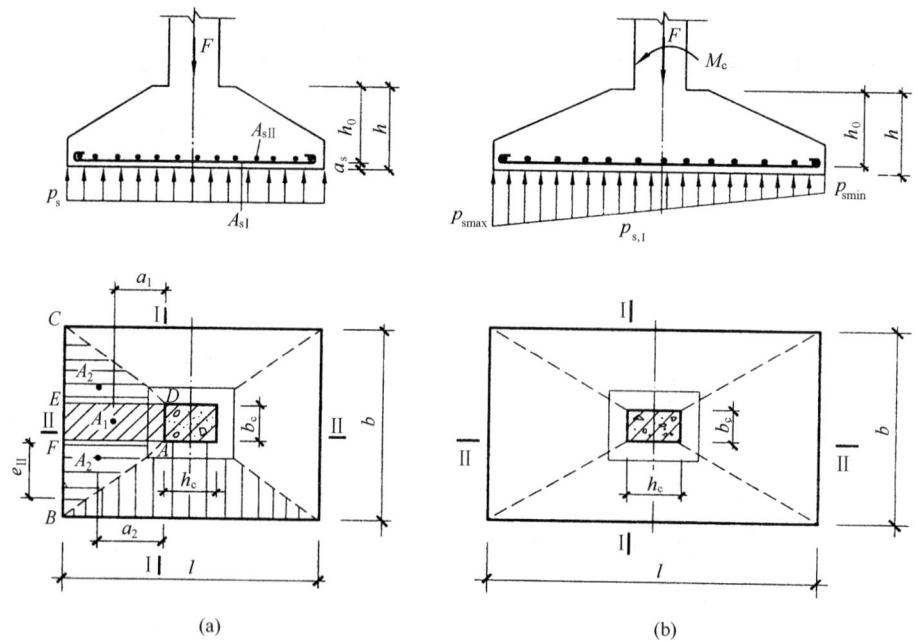

图10-15 矩形基础底板计算简图

② Ⅱ-Ⅱ截面的计算:

$$M_\text{Ⅱ} = \frac{1}{24} p_\text{s} (b-b_\text{c})^2 (2l+h_\text{c}) \tag{10-18}$$

沿短边方向的钢筋一般置于沿长边钢筋的上面,如果两个方向的钢筋直径均为d,则截面Ⅱ-Ⅱ的有效高度 $h_{0\text{Ⅱ}} = h_{0\text{I}} - d$,于是,沿短边方向的钢筋截面面积$A_\text{sⅡ}$为:

$$A_\text{sⅡ} = \frac{M_\text{Ⅱ}}{0.9 f_y (h_{0\text{I}} - d)} \tag{10-19}$$

③ 对于偏心受压基础，配筋计算仍可应用上述公式，但在计算 M_I 和 M_{II} 时需分别用 $(p_{s,max}+p_{s,1})/2$ 和 $(p_{s,max}+p_{s,min})/2$ 替代，见图 10-15（b）。

对于变阶处，截面的配筋计算方法与柱边截面的配筋计算方法相同，只需将上述公式中柱截面边长 b_c、h_c 用变阶处的截面边长代替即可。

(4) 构造要求

① 轴心受压基础的底面一般采用正方形；偏心受压基础底面应采用矩形，其长边与弯矩作用方向平行；长、短边长的比值在 1.5～2.0 之间，不应超过 3.0；

锥形基础的边缘高度不宜小于 200mm；阶梯形基础的每阶高度宜为 300～500mm。

混凝土强度等级不宜低于 C20，常用 C20 或 C25。基础下通常要做低强度混凝土（宜采用 C15）垫层，其厚度宜为 50～100mm。

底板受力钢筋一般采用 HPB300 级或 HRB335 级钢筋，其最小直径不宜小于 10mm，间距不宜大于 200mm。当有垫层时，受力钢筋的保护层厚度不宜小于 40mm，无垫层时不宜小于 70mm。基础底板的边长大于 2.5m 时，沿此方向的钢筋长度可减短 10%，并应交错布置。

对于现浇柱基础，如与柱不同时浇灌，其插筋的根数及直径应与柱内纵向受力钢筋相同。插筋的锚固及柱的纵向受力钢筋的搭接长度，均应符合《混凝土结构设计规范》GB 50010—2010 的规定。

② 预制柱基础的杯口形式和柱的插入深度。当预制柱的截面为矩形及 I 形时，柱基础采用单杯口形式；当为双肢柱时，可采取双杯口，也可采用单杯口形式。杯口的构造如图 10-16 所示。

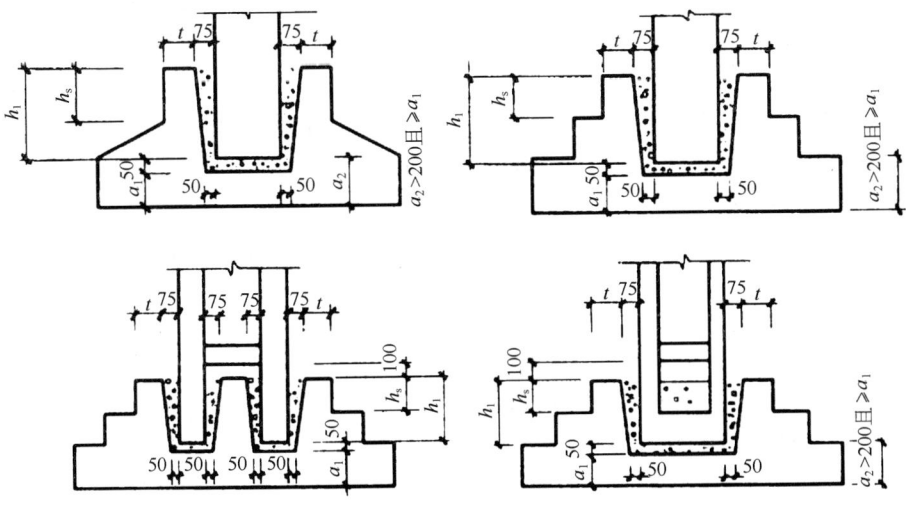

图 10-16 预制柱基础的杯口构造（单位：mm）

预制柱插入基础杯口应有足够的深度，使柱可靠地嵌固在基础中；插入深度 h_1 可按表 10-2 选用。此外，h_1 还应满足柱纵向受力钢筋锚固长度 l_a 的要求，详见《混凝土结构设计规范》9.3 规定和柱吊装时稳定性的要求,即应使 $h_1 \geq 0.05$ 倍柱长(指吊装时的柱长)。

基础的杯底厚度 a_1 和杯壁厚度 t 可按表 10-3 选用。

表 10-2 柱的插入深度 h_1(mm)

矩形或 I 形柱				单肢管柱	双肢柱
$h<500$	$500 \leq h<800$	$800 \leq h \leq 1000$	$h>1000$		
$h \sim 1.2h$	h	$0.9h$ 且≥ 800	$0.8h$ 且≥ 1000	$1.5d$ 且≥ 800	$(1/3 \sim 2/3)h_a$ $(1.5 \sim 1.8)h_b$

注:1. h 为柱截面长边尺寸;d 为管柱的外直径;h_a 为整个双肢截面长边尺寸;h_b 为双肢柱整个截面短边尺寸;

2. 轴心受压或偏心受压时,h_1 可适当减小;偏心距大于 $2h$(或 $2d$)时,h_1 应适当加大。

表 10-3 基础杯底厚度和杯壁厚度(mm)

柱截面长边尺寸 h	杯底厚度 a_1	杯壁厚度 t
$h<500$	≥ 150	$150 \sim 200$
$500 \leq h<800$	≥ 200	≥ 200
$800 \leq h<1000$	≥ 200	≥ 300
$1000 \leq h<1500$	≥ 250	≥ 350
$1500 \leq h<2000$	≥ 300	≥ 400

注:1. 双肢柱的杯底厚度值,可适当加大;

2. 当有基础梁时,基础梁下的杯壁厚度,应满足其支承宽度的要求;

3. 柱子插入杯口部分的表面应凿毛,柱子与杯口之间的空隙,应用比基础混凝土强度等级高一级的细石混凝土充填密实,当达到材料设计强度以上时,方能进行上部吊装。

③ 对砌体结构基础而言,在建筑的同一独立单元中,宜采用同一类型基础。将高压缩性土质或其他特殊土质作为天然地基时,除应采取消除地基不均匀沉降的措施外,还应在外墙体及承重墙下设置基础圈梁,以提高房屋建筑整体性。

对框架结构建筑物的基础而言,为了有效控制或减小基础不均匀沉降。在以下情况下一般布置连系梁:一、二级框架结构;结构中各柱承受的内力相差较大;基础埋置较深或相邻基础深度相差较大;在地基主要受力层范围内存在软弱土层或严重不均匀层。

抗震设计中,有关场地、地基和基础的要求参见 12.2 节有关内容,承载力调整参见规范要求。

思考题与习题

10-1 为什么要对地基承载力特征值进行修正?

10-2 基础设计的主要内容包含哪些?

10-3 简述基础连系梁的作用。

第 11 章 大跨度建筑结构

11.1 单层刚架

1. 受力特点

梁、柱杆件刚性连接的结构称为刚架。

梁柱节点刚接的刚架仍是横向受弯为主的结构，但梁柱刚接的相互约束减少了梁跨中与柱内弯矩，内力虽有轴力，但以弯矩为主，这是其承荷传力的基本特性，如图 11-1 所示。从材尽其用角度看，刚架结构形式并不理想，其跨度不能过大。

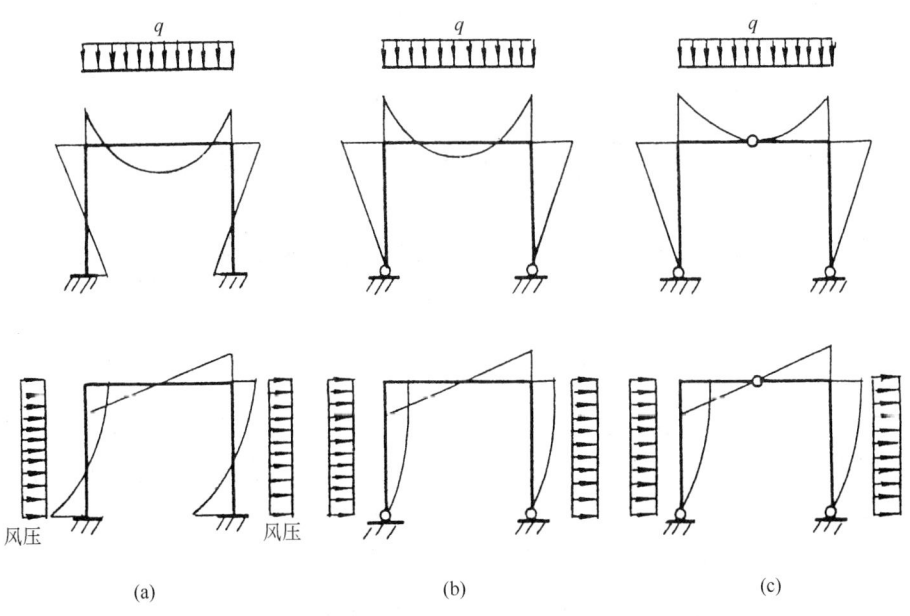

图 11-1 三种刚架的弯矩图
(a) 无铰刚架；(b) 两铰刚架；(c) 三铰刚架

2. 类型及适用范围

1) 按结构形式分类

(1) 无铰刚架

该类刚架为三次超静定结构，刚度好，结构内力均衡，但对基础和地基的要求较高。当地基有不均匀沉降时，将使刚架内产生附加内力，基础处作用力复杂，用料较多，在地质条件较差时应慎用无铰刚架。

(2) 两铰刚架

该类刚架为一次超静定结构，在竖向荷载或水平向荷载作用下，刚架内弯矩比无铰刚架大。两铰刚架基础为铰支承，当基础有转角时对刚架内力无影响，但不均匀沉降仍会使刚架内产生附加内力。

(3) 三铰刚架

该类刚架为静定结构，地基的变形和基础的不均匀沉降对刚架内力无影响，但三铰刚架内力大，刚度差，一般只宜用于跨度较小或地基较差的情况。

2) 按材料分类

(1) 胶合木刚架

胶合木刚架是利用短薄的板材拼接而成，不受原木尺寸及缺陷的限制，具有较好的防腐和耐燃性能，并可提高生产效率。另外，构造简单、造型美观且便于运输安装。

(2) 钢刚架

钢刚架可分为实腹式和格构式。实腹式适用于跨度不很大的结构，常做成两铰式，截面一般为焊接工字形，少数为Z形，制作安装较方便。当跨度或荷载较大时构件应为变截面，一般使截面高度适应弯矩图的变化。为充分发挥材料的作用，可在支座水平面内设拉杆，并施加预应力对刚架横梁产生卸荷力矩及反拱（图11-2）。

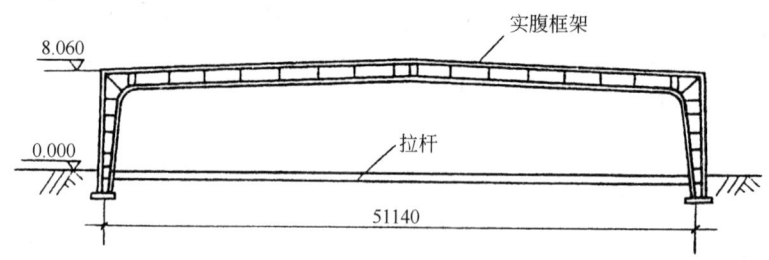

图 11-2　实腹式双铰刚架

格构式刚架的适用范围较大，且具有刚度大、耗钢省等优点。当跨度较大时，可采用两铰式或无铰式刚架（图11-3）。为了节省材料、增加刚度、减轻基础负担，也可施加预应力，以调整结构中的内力。预应力拉杆可布置在支座铰的平面内，既可布置在刚架横梁内仅对横梁施加预应力，也可对整个刚架施加预应力（图11-4）。

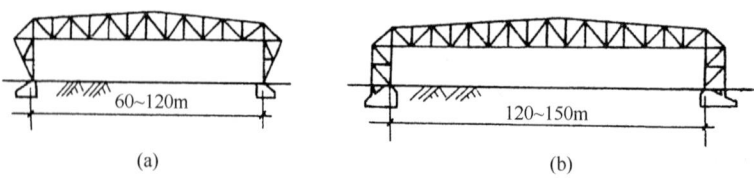

图 11-3　格构式刚架结构
(a) 两铰式；(b) 无铰式

(3) 钢筋混凝土刚架

钢筋混凝土刚架一般适用于跨度≤18m、高度≤10m的无吊车或吊车荷载≤100kN的建筑中，最大跨度可达30m。

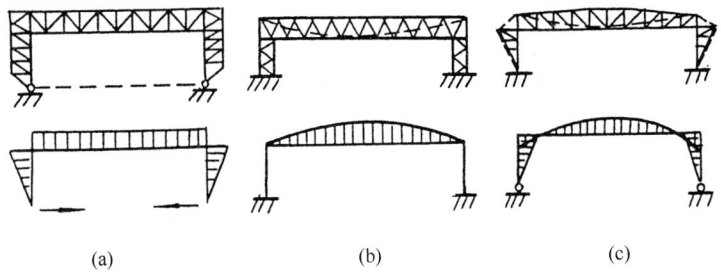

图 11-4 预应力格构式刚架结构
(a) 预应力加在支座铰平面内；(b) 仅对横梁施加预应力；(c) 对整个刚架施加预应力

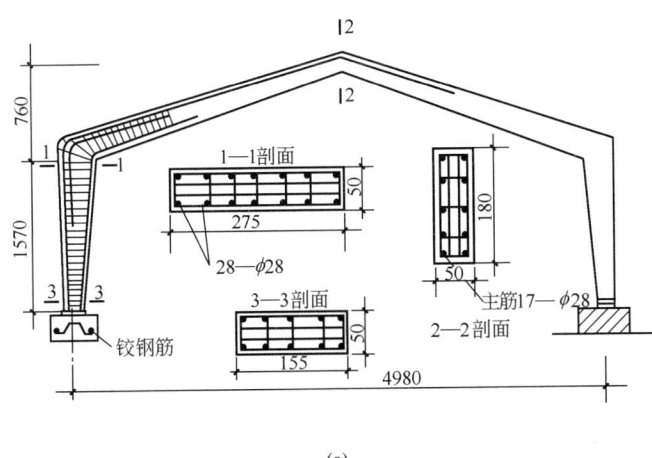

(a)

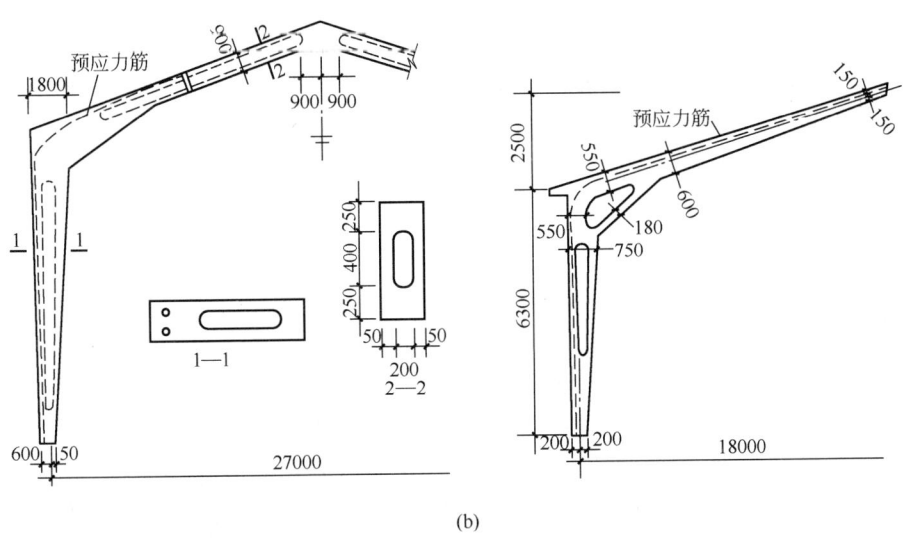

(b)

图 11-5 钢筋混凝土刚架（单位：mm）
(a) 实腹式钢筋混凝土刚架结构（广州体育馆）；(b) 空腹式刚架结构

钢筋混凝土刚架构件的截面形式一般为矩形，以便于叠层预制。为省掉不必要的混凝土可做成空心截面、工字形截面或空腹式（图 11-5）。刚架构件的截面尺寸可根据结构在外力作用下弯矩图的大小而改变，一般是截面宽度不变，而高度呈线性变化。

为了提高结构刚度，减少构件截面，可采用预应力混凝土刚架。预应力刚架最大跨度可达 50m。

另外，单层刚架从建筑体型分有平顶、坡顶、拱，单跨与多跨。

3. 常用单层刚架基本尺度

常用单层刚架基本尺度见表 11-1。

单层刚架基本尺度　　　　　表 11-1

类型		截面尺寸		适宜跨度 L	刚架柱适宜高度 H
		高 h_{max}	宽 b		
钢刚架	实腹式	$\left(\dfrac{1}{20}\sim\dfrac{1}{12}\right)L$	$\geq\dfrac{H}{30}$	≤40m 最大达 75m	≤10m
	格构式	$\left(\dfrac{1}{20}\sim\dfrac{1}{15}\right)L$	随立体刚架形式而定	60～150m	—
钢筋混凝土刚架		$\left(\dfrac{1}{20}\sim\dfrac{1}{15}\right)L$ 且 $h_{梁}\geq250mm$ $h_{柱}\geq300mm$	$\geq\dfrac{H}{30}$，且 ≥200	≤18m 最大达 30m	≤10m

注：当支座平面内设置拉杆施加预应力时，$h_{max}=\left(\dfrac{1}{40}\sim\dfrac{1}{30}\right)L$

4. 单层刚架的布置

单层刚架结构的布置十分灵活，可以是平行布置、辐射状布置或其他方式排列，形成风格多变的建筑造型（图 11-6）。

刚架的间距，对于钢筋混凝土刚架一般不大于 9m（因其连续梁一般为钢筋混凝土结构），而钢刚架当采用轻型屋面时可达 12m，甚至 15m。

刚架也可分主次刚架的方式交叉布置，或多榀组合（图 11-7）。

11.2 桁架结构

1. 受力特点

桁架结构是由上下弦杆和腹杆组成，相当于掏去了中间部分未充分受力材料的简支梁。从整体来说，外荷载所产生的弯矩图与剪力图和作用在简支梁上时完全一致，但在桁架内部，则是上弦受压、下弦受拉，由此形成力偶来平衡外荷载所产生的弯矩。外荷载所产生剪力则是由斜腹杆轴力中的竖向分量来平衡。实际桁架的受力情况一般是比较复杂的，从其主要受力状态和简化的角度，通常采用以下几个基本假定：①组成桁架的所有各杆连接处均为铰接点。②各杆都是直杆并在同一平面内其轴线通过铰中心线。③所有外力都作用在节点上并在桁架平

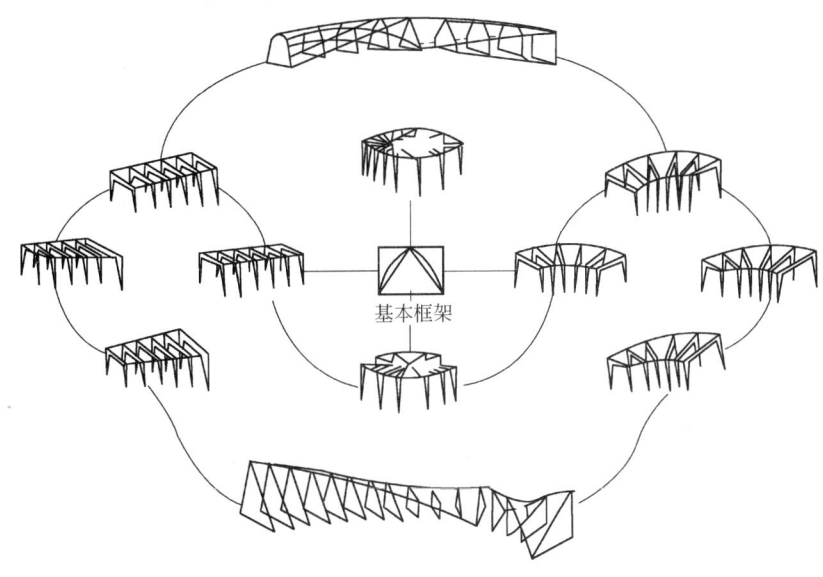

图 11-6　单层刚架结构的布置

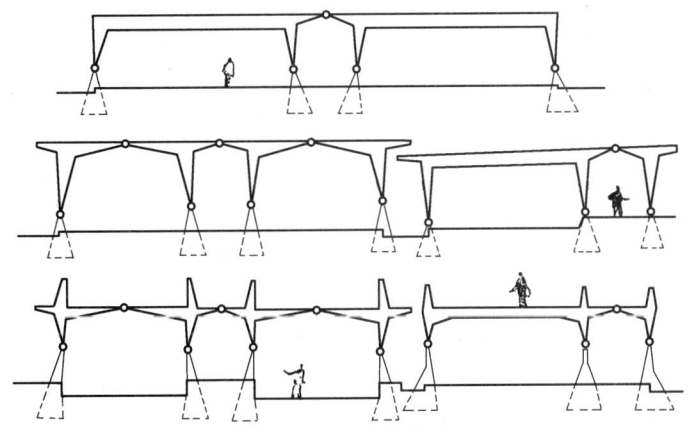

图 11-7　刚架的组合

面内。

从上述简化看，桁架的受力以轴力为主，各杆是承受拉（压）力的二力杆件，受力状态比梁合理，计算简单、施工方便、自重较轻、适应性强。但也存在结构高度大，侧向刚度小的缺点，为保证其侧向稳定而设置的支撑往往耗费过多的材料，为了构造和制作的方便往往采取由最大内力控制的等截面杆件而使材料未尽其用。

2. 桁架的类型及适用情况

桁架有时又叫屋架，其类型很多，按所使用材料的不同，可分为为木屋架、钢-木组合屋架、钢屋架、轻型钢屋架、钢筋混凝土屋架、预应力混凝土屋架、钢筋混凝土-钢组合屋架等。按屋架外形的不同可分为三角形屋架、梯形屋架、抛物线形屋架、折线形屋架、平行弦屋架等。根据受力特点及材料性能的不同，可分为桥式屋架、无斜腹杆屋架、刚接桁架、立体桁架等。

1) 木屋架

木屋架一般是方木或原木榫接的豪式屋架，有三角形、弧形、梯形三种，大都在工地手工制作，三角形屋架的内力分布不均匀，支座处大而跨中小，因此适用于盖小型瓦材，要求坡度较大，且跨度小于18m的建筑。梯形、弧形屋架受力性能比三角形屋架合理，当跨度较大时选用较适宜，适宜于采用波形瓦、金属皮、卷材等作屋面防水材料的建筑，适宜跨度为12~18m。

2) 钢-木组合屋架

钢-木组合屋架是采用钢拉杆做屋架下弦，代替存在干裂缺陷且连接不便的木材，大大提高了结构的可靠性、刚度和承载能力，而用钢量仅增加 2~4kg/m²。钢-木组合屋架的适用跨度根据形式的不同分别为：三角形适宜跨度为12~18m，梯形、折线形、弧形跨度可达 18~24m。对屋面盖料的适用情况同木屋架。

3) 钢屋架

钢屋架采用铆接、焊接或螺栓连接而成，有三角形、梯形、矩形等，为改善上弦杆的受力情况，常采用再分式腹杆的形式。

三角形钢屋架一般用于坡度较大的屋盖结构中，另外因弦杆内力变化较大，弦杆内力在支座处最大、跨中小，材料强度不能充分发挥作用，一般宜用于中小跨度的轻屋盖结构；梯形屋架一般用于坡度较小的屋盖中，其受力性能比三角形屋架优越，适用于较大跨度或荷载的工业厂房。梯形屋架一般都用于无檩体系屋盖，屋面盖料大多采用大型屋面板，这时上弦节间长度应与大型屋面板尺寸相配合，使大型屋面板的主肋正好搁置在屋架上弦节点，使上弦不产生局部弯矩。当采用檩条时，则上弦节间距视檩距而变为0.8~3.0m。

矩形屋架也称平行弦桁架。因其上、下弦平行，腹杆长度一致，杆件类型少，易于满足标准化、工业化生产要求。矩形屋架在均布荷载作用下，杆件内力分布极不均匀，故材料强度得不到充分利用，不宜用于大跨度建筑中，一般常用于托架或支撑系统。当跨度较大时为节约材料，也可采用不同的杆件截面尺寸。

当钢屋架由圆钢或小角钢、薄壁型钢连接而成时叫轻型钢屋架，一般用于跨度不大于18m，柱距 4~6m，起重量不大于 50kN 的轻、中级工作制吊车的厂房。当屋面为轻型屋面时其跨度与柱距可稍加大。

4) 钢筋混凝土屋架

根据是否对屋架下弦施加预应力，可分为钢筋混凝土屋架和预应力混凝土屋架。钢筋混凝土屋架有梯形、折线形、拱形、无斜腹杆形等，适宜跨度为15~24m；预应力混凝土屋架的适宜跨度为18~36m。

梯形屋架上弦为直线，屋面坡度 1/12~1/10，节间为3m，下弦节间为 6m，梯形屋架的自重大、刚度好，适用于重型、高温及采用井式或横向天窗的厂房。

折线三角形屋架外形较合理、结构自重轻，屋面坡度 1/4~1/3，适用于卷材防水屋面的大、中型厂房，而折线梯形屋架因坡度平缓，适用于卷材防水屋面的中型厂房。

拱形屋架上弦一般为抛物线形，为制作方便也可采用折线形，但应使节点落在抛物线上。拱形屋架外形合理、杆件内力均匀、自重轻、经济指标良好，但屋架端部屋面坡度太陡，这时可在上弦上部加设短柱、抬高屋面后使之适合卷材防水。

无斜腹杆屋架（图11-8）上弦一般为抛物线拱，因无斜腹杆而使构造简单、便于制作，屋面板可以支承在上弦上，也可支承在下弦上，较适合于井式或横向天窗的厂房，可简化天窗构造、降低

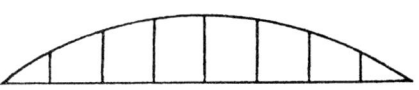

图11-8 钢筋混凝土无斜腹杆屋架

屋盖高度、减小受风面积。另外屋架中管道穿行和工人检修也方便，其屋架高度空间能充分利用。无斜腹杆屋架，因节点不能简化为铰接点，从严格意义讲并不是桁架，应按刚架或拱式结构计算，但这类屋架的技术经济指标较好，采用预应力时跨度可达36m。

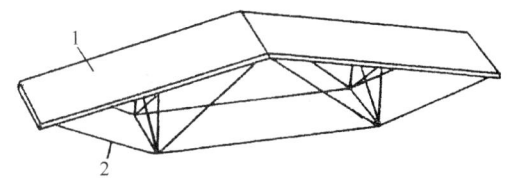

图11-9 钢筋混凝土-钢组合桥式屋架
1—屋面板；2—钢拉杆

钢筋混凝土屋架也有将屋面板和屋架合二为一的桥式屋架，如图11-9所示（本例也是一种钢筋混凝土-钢组合屋架）。屋面板与屋架共同工作，屋盖结构传力简捷、整体性好，充分利用了构件的承载能力，节省了材料，其缺点是施工复杂。桥式屋架一般直接支承在承重外墙的圈梁上或柱承重体系的边梁上，既可紧靠布置也可间隔布置。

5) 钢筋混凝土-钢组合屋架

如果将受压杆件保留为钢筋混凝土，而受拉杆件改为钢材，则形成钢筋混凝土-钢组合屋架，它能充分发挥两种材料的力学性能，自重轻、材料省、技术经济指标较好。折线形屋架是上弦及受压腹杆为钢筋混凝土，而下弦及受拉腹杆为角钢；两铰或三铰的组合屋架上弦多为钢筋混凝土或预应力构件，下弦为型钢或钢索，顶节点刚接（两铰组合屋架）或铰接（三铰组合屋架），此类屋架因具有杆件少、自重轻、受力明确、构造简单、施工方便等特点，特别适用于农村地区的中小型建筑（图11-10）。

6) 其他形式的桁架

(1) 立体桁架

平面桁架因高度较大、平面外刚度很小，需消耗许多支撑材料，为解决此问题可采用立体桁架（图11-11）。立体桁架适用于30~70m的中大跨建筑，对于长宽比超过1.5的矩形平面用立体桁架比平板网架更合适。

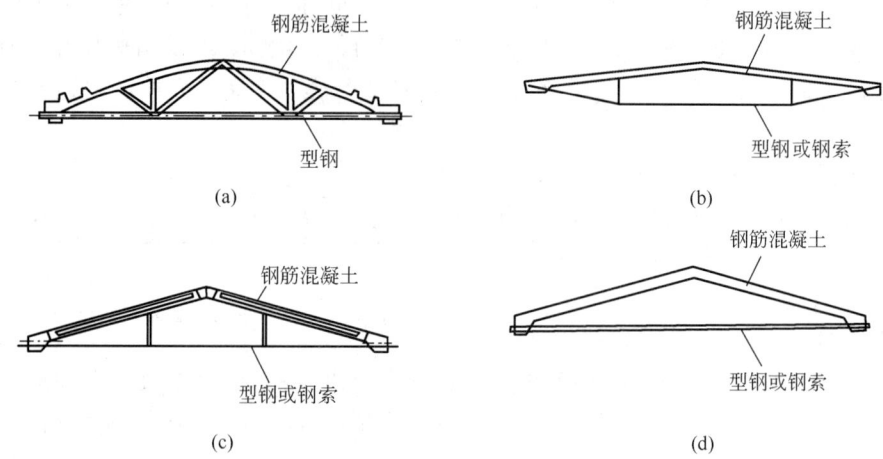

图 11-10 钢筋混凝土-钢组合屋架
(a) 折线形组合屋架；(b) 五角形组合屋架；(c) 三铰组合屋架；(d) 两铰组合屋架

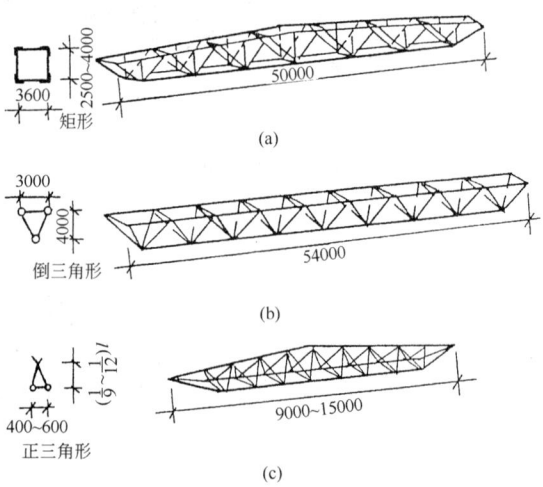

图 11-11 立体桁架（单位：mm）
(a) 矩形立体桁架（北京军区体育馆）；(b) 倒三角形立体桁架（内蒙古体育馆）；
(c) 正三角形立体桁架

(2) 刚接桁架（空腹桁架）

当桁架由于使用功能和建筑造型上的要求而无斜腹杆只设竖腹杆时，为避免形成可变体，节点不能为铰接，必须采用刚接节点形成刚接桁架。刚接桁架各杆除承受轴力外，还承受较大的弯矩与剪力。刚接桁架不一定做成矩形，可做成梯形、拱形、梭形、半月形。如上海大剧院的屋架（图 11-12），刚接桁架具有杆件少、构造简单、施工方便、体形美观等优点，但它未充分利用材料性能，只宜在特殊需要情况下使用。

3. 桁架结构的主要形式与基本尺度

桁架结构的主要形式与尺度见表 11-2～表 11-4。

木桁架、钢木桁架主要形式　　　　　表 11-2

	屋架主要形式			跨度 l (m)	高跨比 $\dfrac{H}{l}$
木桁架	豪式（Howe）	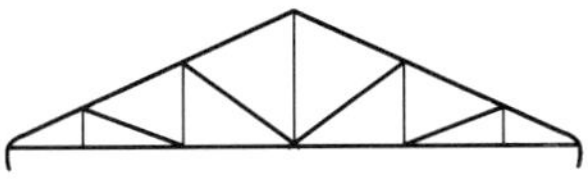	节间数 4 6 8	6～9 9～15 15～18	$\dfrac{1}{5}\sim\dfrac{1}{4}$
	弧形			 15～18	$\dfrac{1}{7}\sim\dfrac{1}{6}$
钢木桁架	三角式 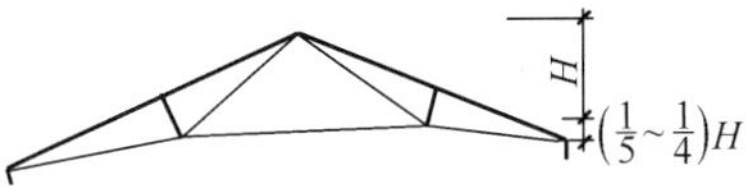		$(\dfrac{1}{5}\sim\dfrac{1}{4})H$	9～15	
	豪式（Howe）			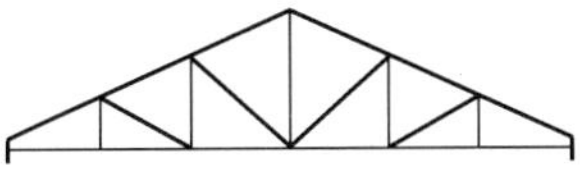 12～18	$\dfrac{1}{6}\sim\dfrac{1}{5}$
	芬克式（Fink）			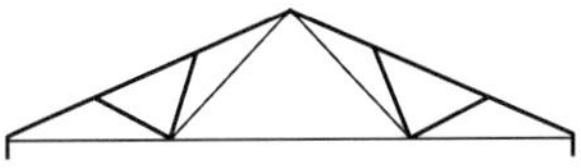 12～18	
	混合式			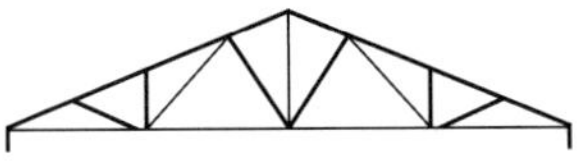 12～18	
	梯形	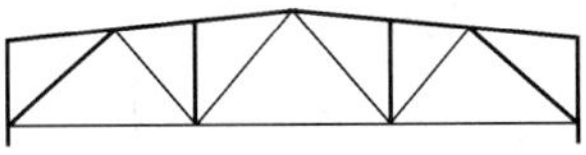	上弦节间数 4 6 8	12～15 15～21 21～24	$\dfrac{1}{7}\sim\dfrac{1}{6}$
	弧形	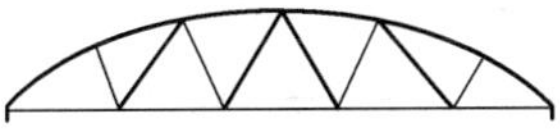	上弦节间数 4 5 6 7	12～15 15～18 18～21 21～24	$\dfrac{1}{7}$
	下折式		H	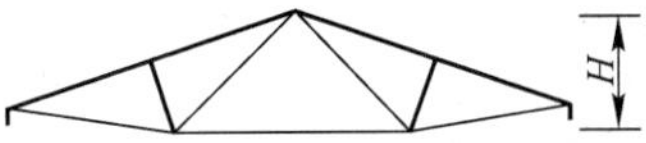 18～24	$\dfrac{1}{6}\sim\dfrac{1}{5}$
	下折式 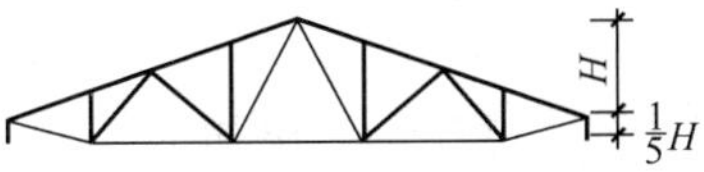		H，$\dfrac{1}{5}H$	18～24	

钢筋混凝土桁架主要形式 表 11-3

	屋架主要形式		跨度 l (m)	高跨比 $\dfrac{H}{l}$
组合屋架	三角形		12～15	$\dfrac{1}{7.5}\sim\dfrac{1}{6}$
组合屋架	拱形		18	$\dfrac{1}{6.82}$
钢筋混凝土桁架	梯形		18～24	$\dfrac{1}{7.74}\sim\dfrac{1}{6.32}$
预应力混凝土桁架	拱形(G415)		18	$\dfrac{1}{6.43}$
预应力混凝土桁架	折线形(CG423)		18	$\dfrac{1}{6.82}$
预应力混凝土桁架	折线形(CG423)		24	$\dfrac{1}{7.08}$

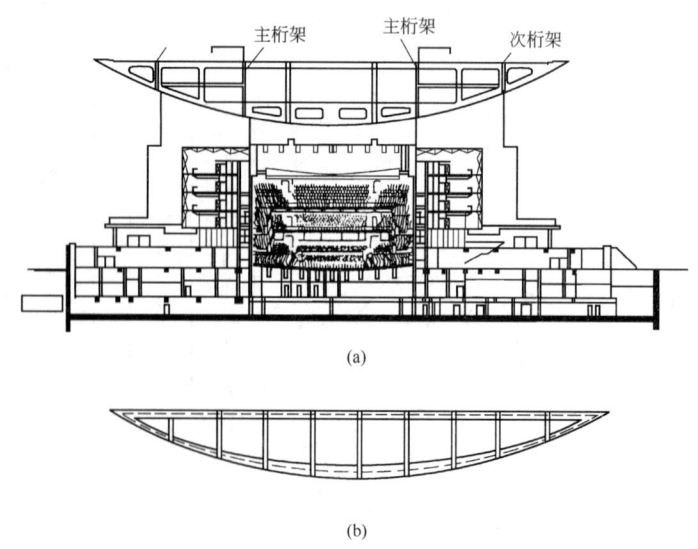

图 11-12 上海大剧院刚接桁架
(a) 上海大剧院剖面；(b) 上海大剧院横向月牙形屋架

4. 桁架结构的布置

桁架的布置一般采取平行排列。对于钢筋混凝土桁架，采用普通屋面时，考虑到檩条和屋面板的跨度，间距以 4～9m 为宜。采用轻型屋面时，间距可达 12m。钢桁架采用轻型屋面时，间距一般为 6～12m，最大可达 15m。钢桁架立面形式还可根据造型及功能要求变化，如表 11-4 所示。

钢桁架主要形式　　　　　　　　　表 11-4

桁架形式		跨度 l(m)	高跨比 $\frac{H}{l}$	间距 (m)
芬克式 (Fink)	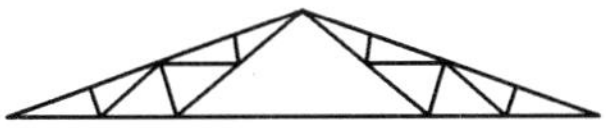	12～18	$\frac{1}{8} \sim \frac{1}{5}$	6
下折式	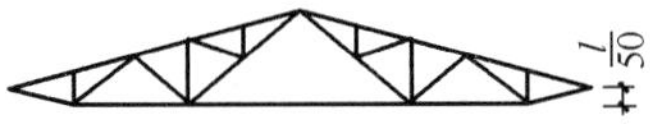	12～18	$\frac{1}{5} \sim \frac{1}{8}$	
		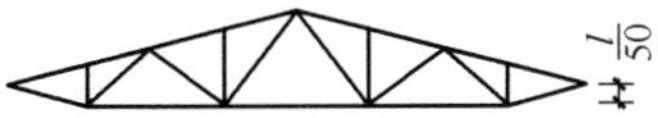 15～30		
梯形	上弦节间数　H_0 8　　1　　12 10　　1.2　　15 12　　1.5　　18 16　　1.8　　24 20　　2.2　　30		$\frac{1}{6} \sim \frac{1}{10}$	6
	再分式 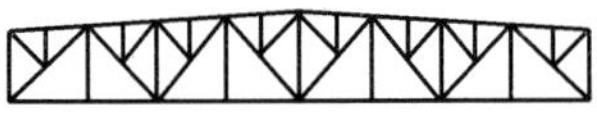	24～60	$\frac{1}{8} \sim \frac{1}{10}$	
立体桁架	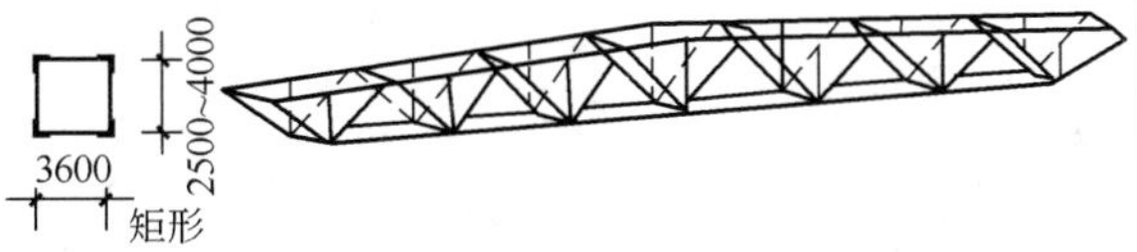 矩形 3600 × 2500~4000	30～70	$\frac{1}{10} \sim \frac{1}{14}$	
特殊形式 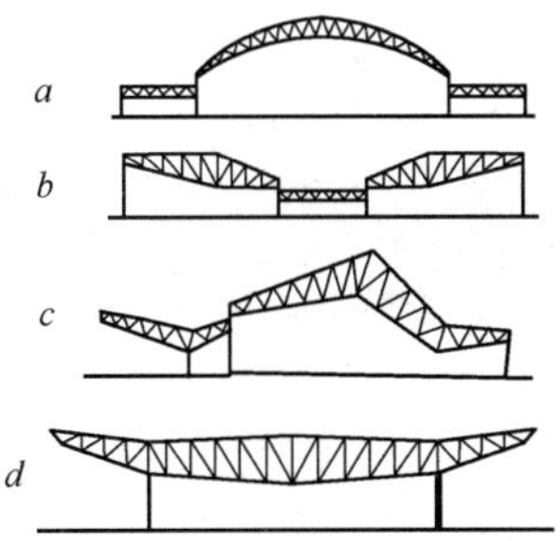	a b c d			

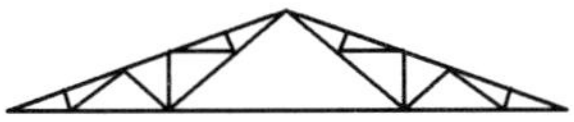

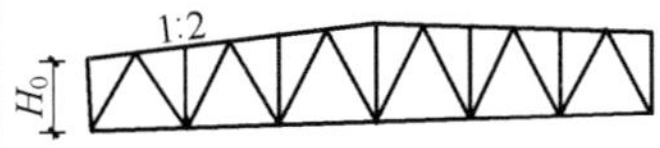

除了上述平行布置以外，也可采取单榀独用，多榀辐射汇交，如图 11-13 (a)、(b) 所示。

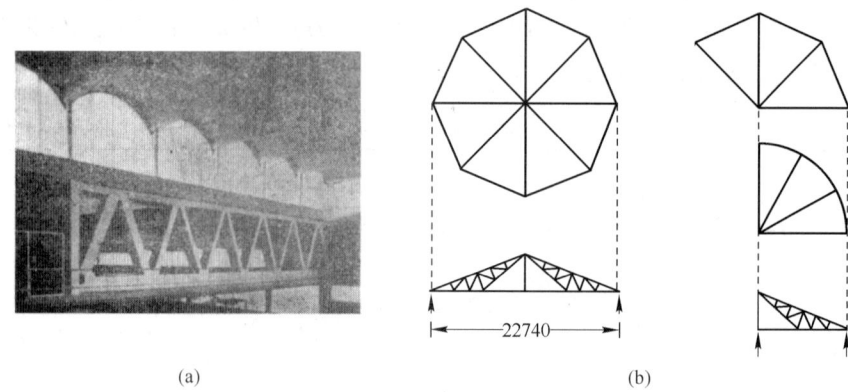

图 11-13 桁架的布置
(a) 单榀独用桁架；(b) 多榀辐射桁架

5. 工程实例

国家体育场鸟巢是北京 2008 年奥运会的主体育场。建筑顶面呈马鞍形，长轴为 332.3m，短轴为 297.3m，南北跨度结构相对标高为 42.246m，东西跨度结构相对标高为 69.900m，屋盖中间开洞长度为 185.3m，宽度为 127.5m（图 11-14a）。主桁架围绕屋盖中间的开口放射形布置，与屋面及立面的次结构一起形成了"鸟巢"的特殊建筑造型。大跨度屋盖支撑在周边的 24 根桁架柱之上，48 榀主桁架尽可能直通或接近直通，并在中部形成由分段直线构成椭圆形的内环（图 11-14b、c）。主桁架总用钢量约 14000t，桁架柱约 17020t，主桁架与桁架柱一起共同形成如图 11-14（d）所示的主要承力体系。主桁架的轴线高度为 12m，上下弦及腹杆均为箱形截面构件（图 11-14e），其空间位置复杂多变，形体宏大、美观。

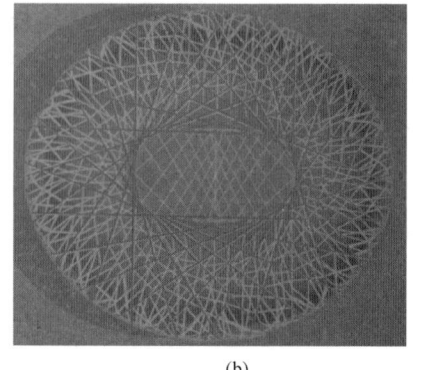

图 11-14 国家体育场鸟巢结构体系（一）
(a) 鸟巢骨架和形体；(b) 主桁架平面布置示意

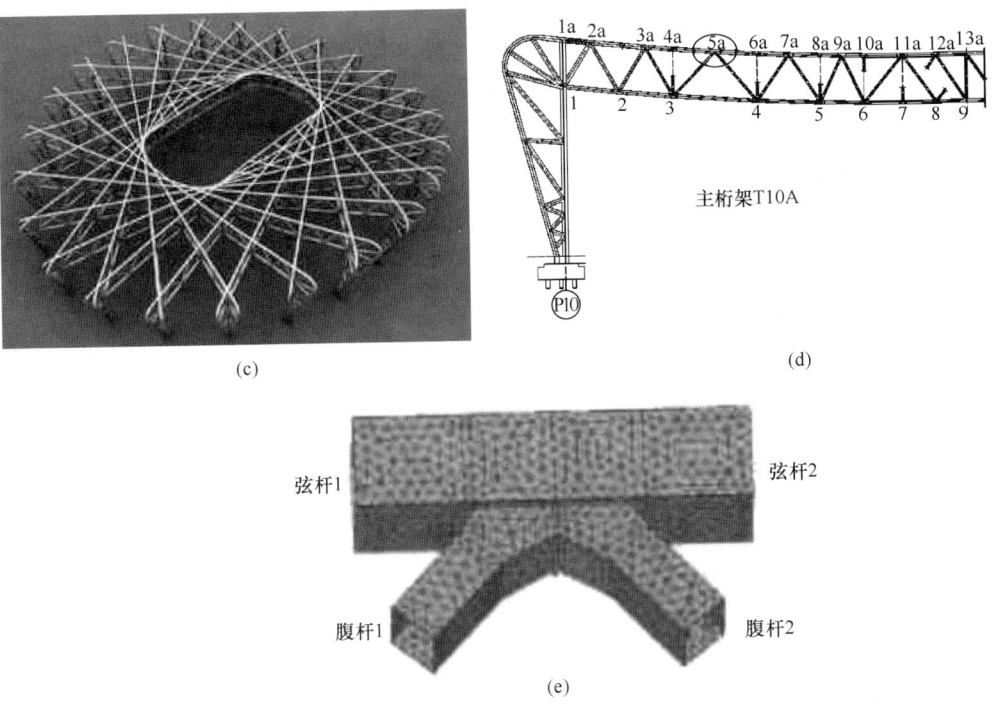

图 11-14 国家体育场鸟巢结构体系（二）
(c) 主桁架立体模型；(d) 主桁架立面示意；(e) 桁架箱型杆件节点

11.3 拱结构

1. 受力特点

拱是一种从古到今广泛应用的结构体系，杆轴为凸向外荷载的曲线，在竖向荷载作用下产生推力并以轴向受压为主，而拱脚支座的水平推力能抵消竖向荷载引起的弯矩作用，从而减少拱杆的弯矩峰值。而让拱完全没有弯矩只有压应力的曲线形式为倒悬链形（自然下垂的链条只有拉应力，推断倒转后的凸曲线只有压应力）。所以悬链形拱在均布荷载下最经济合理，但施工不便，且活荷载的影响使荷载变化，故一般做成圆弧形、抛物线形。一般情况下，结构所受外力的传递路线越短捷，其外力越是能够直接地传到基础，结构越经济，落地拱就是这样一种结构（图 11-15）。

2. 处理水平推力的方式

拱的最大特点是产生水平推力，也是其区别于梁的重要标志。为保证拱的正常工作，必须使支座能承受住推力而不产生位移，故拱脚推力的处理是拱结构设计的中心问题，抗推力的方式有以下四种。

1) 推力由拉杆承受

推力由拉杆承受后，支承拱的柱或墙就不承受推力所产生的水平力，只有竖向力，使受力简化、用料省、较经济，但带拉杆的拱使室内空间（净高与内景）欠佳，应用受到限制。落地拱如采用拉杆可使基础受力简单，减小底面积、截面尺寸

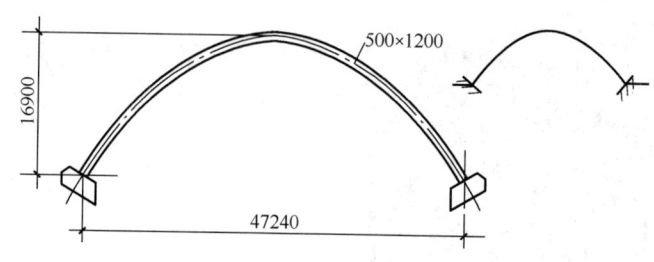

图 11-15　落地拱（单位：mm）

和埋深，当地质条件不好时，落地拱采用拉杆较为经济（图 11-16）。当钢筋混凝土梁用作拉杆时，必须充分认识到梁不仅承受弯矩和剪力作用，还承受拉力的作用。

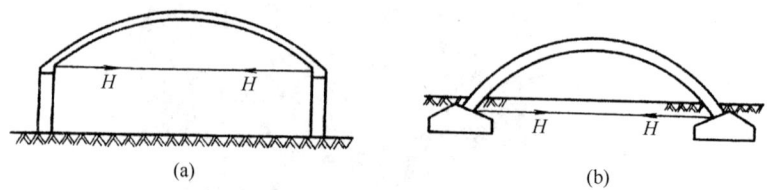

图 11-16　拱脚水平推力由拉杆承受
(a) 带拉杆拱；(b) 落地拱

2）推力由水平结构承担

让推力由拱脚标高平面内的水平结构（圈梁、挑檐板、边跨现浇混凝土屋盖等）承担，使拱脚以下的墙、柱、刚架等竖向结构顶部不承受水平推力。这一方案用料较多，造价较高（图 11-17）。

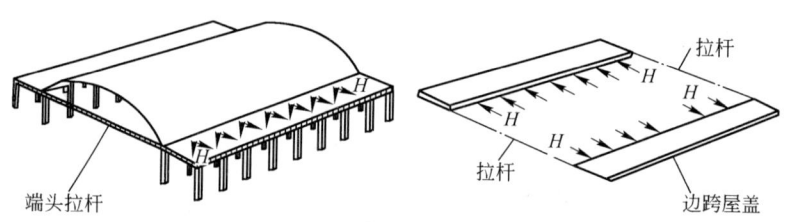

图 11-17　拱脚水平推力由山墙内的拉杆承担

3）推力由竖向结构承担

利用支承拱脚的竖向结构来抵抗推力，因此要求竖向结构应有极大刚度、极小变形。抗推力竖向结构有下列四种形式（图 11-18）。

（1）扶壁墙墩。小跨度拱的推力较小或拱脚标高较低时，推力可由带扶壁柱的砖墙或墩承担。

（2）飞券。哥特式教堂中厅尖拱的拱脚标高很高，利用凌空腾越的飞券把推力从高处向下传递给标高较低的墙墩。

（3）斜柱墩。当跨度较大、拱脚推力较大时，采用斜柱墩方案，既传力直接、用料经济合理，又造型新颖。

（4）边跨结构。当拱跨较大，且其旁侧有边跨建筑时，就可让拱脚推力传给边跨结构，靠它把推力均匀传递开去。这些抗推力的边跨结构，可以是单层或多

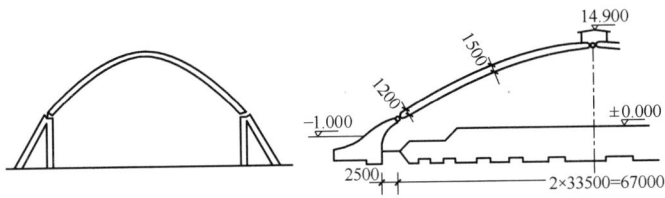

拱脚水平推力由斜柱墩承担

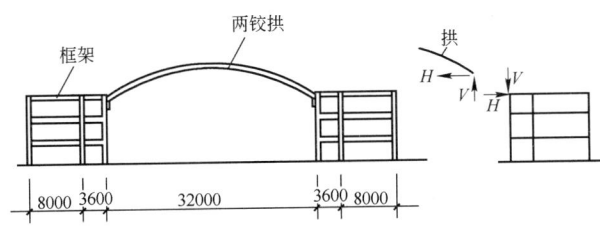

拱脚水平推力由侧边框架承担（北京崇文门菜市场）

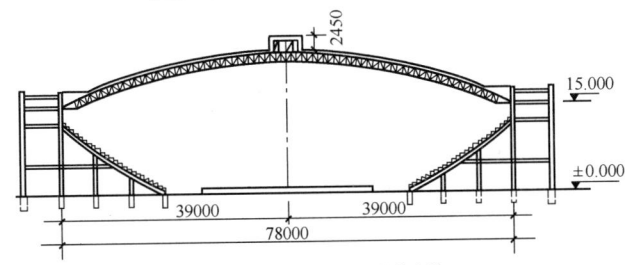

拱脚水平推力由侧边框架承担（某体育馆）

图 11-18　竖向结构承担推力

层的结构体系。为保证其侧移极小，抗侧力竖向结构必须有足够的刚度，且基底不应出现拉应力。

4）推力由基础直接承受

对落地拱，当水平推力不太大或地质条件较好时，拱的推力可由基础直接承受，并通过基础传给地基。采用这种方案基础尺寸一般都很大，材料用量较多。为了更有效地抵抗推力，基底常做成斜面形状（图 11-15）。

3. 拱的类型与基本尺度

1）类型

拱按结构组成和支承方式可分为三铰拱、两铰拱、无铰拱三种；按材料分为木拱、砖拱、石拱、钢筋混凝土拱、钢拱；按截面形式分为实体和格构式拱（截面高大于 1.5m 时），除此之外，拱身还可做成折波式或多波式的板式拱，它们既是围护结构又兼作承重构件，具有自重小、刚度好、美观的特点。

2）拱的矢高

矢高对拱的外形影响很大，直接影响建筑造型和构造处理。矢高的大小还影响拱身推力与拱脚推力大小，水平推力与矢高成反比，确定矢高要从建筑外形和结构合理性两方面考虑，一般矢高 $f = \left(\dfrac{1}{7} \sim \dfrac{1}{5}\right)L$（$L$ 为跨度），最小不小于 $\dfrac{1}{10}L$。

当 $f < \frac{1}{4}L$ 时可用圆弧形代替抛物线形以简化施工和便于标准化制作。

3）拱身截面高度

钢筋混凝土拱截面一般为实体形式，有矩形、工字形两种。钢结构拱一般采用格构式，当为实体式时一般为工字形。拱身截面高度按表 11-5 估算。

拱身截面高度估算表　　　　表 11-5

类　　型	实　体　式	格　构　式
钢筋混凝土拱	$\left(\frac{1}{40} \sim \frac{1}{30}\right)L$	—
钢结构拱	$\left(\frac{1}{80} \sim \frac{1}{30}\right)L$	$\left(\frac{1}{30} \sim \frac{1}{60}\right)L$

4. 拱结构的布置

拱结构一般平行布置，也可根据平面的需要交叉布置，构成圆形或正多边形平面（图11-19）。其中图 11-19（b）为法国巴黎工业技术展览中心结构示意图，大厅结构由三个交叉的宽拱组成，它们在拱顶处相遇。拱的水平推力由布置在地下的预应力拉杆承担，拉杆的平面布置也为正三角形，图中 H 为拱脚水平推力，T 为拉

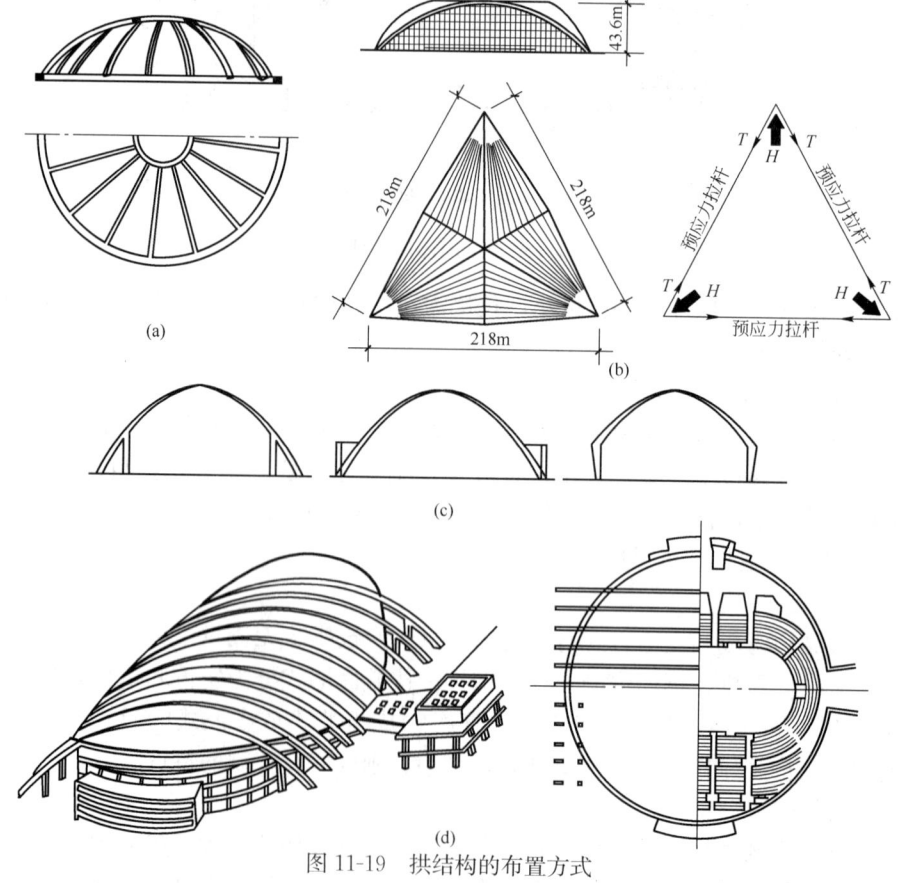

图 11-19　拱结构的布置方式
(a) 圆形平面交叉拱；(b) 法国巴黎工业技术展览中心结构示意图；
(c) 拱与建筑外墙的布置关系；(d) 美国蒙哥马利体育馆

杆拉力。

当拱从地平面开始时，拱脚处墙体构造极为不便，同时建筑物内部空间利用也不好，为此可在拱脚附近外设一排直墙，把拱包在建筑物内部；或外墙收进，将拱脚暴露在外；也可把拱脚改为直立柱式，但受力不好，如图 11-19（c）所示。

11.4 薄壳结构

1. 结构特点与优缺点

1) 壳体具有三大力学特点

（1）双向直接传力——强度大

垂直壳面的壳体厚度与壳体其他尺寸（如曲率半径 R、跨度 L 等）相比极其微小，一般要求 $t/R \leqslant 1/20$，故称其为薄壳，实际工程的壳体厚度多在 $1/1000 \leqslant t/R \leqslant 1/50$ 范围。除了其薄的外在表现外，其内在承荷传力特征具有极大的优越性，壳体相对于板来说具有拱相对于梁类似的优越性，但还有很大的区别。壳体是双向受荷传力的空间结构，对于一般的壳体结构，每一计算单元中曲面上的内力有八对（图 11-20），它们是正向力 N_x、N_y，顺剪力 $S_{xy}=S_{yx}$，横剪力 V_x、V_y，弯矩 M_x、M_y 及扭矩 $M_{xy}=M_{yx}$。上述内力可分为两类，作用于中曲面的薄膜内力（N_x、N_y、S_{xy}、S_{yx}）和作用于中曲面外的弯曲内力（V_x、V_y、M_x、M_y、M_{xy}、M_{yx}）。理论表明：在壳体支座不受弯矩、剪力作用，且转角和法向位移不受约束，壳体的曲率、厚度、荷载不突变的条件下，当 $t/R \leqslant 1/20$ 时，薄壳中内力可忽略弯曲内力而只考虑薄膜内力。这时可按壳体无矩理论对薄壳结构进行分析，即薄壳能以极小厚度通过双向直接力与顺剪力抗衡各种巨大荷载，并传给支座。

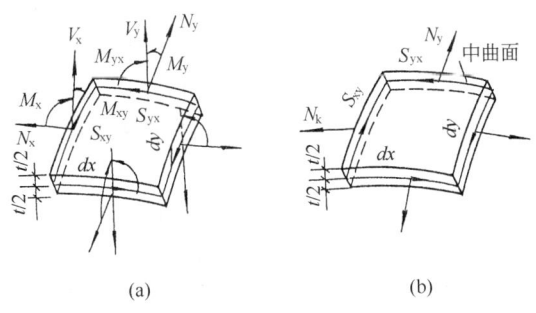

图 11-20 壳体结构内力
(a) 壳体结构的内力；(b) 薄膜内力

当然，在非对称均布荷载下壳体会产生少许横向弯矩，但只限于局部，故需适当配置钢筋或局部（一般是支座处）加厚壳体。

（2）极大空间刚度——刚度大

曲面的第二大功能是使壳体本身具有极大的空间刚度。平板两个方向的刚度均极小，单曲板有一个方向的刚度极小，只有双曲板各个方面的刚度均极大，双曲是使薄板以最少之料构成最坚之形的最经济途径，这一点已为动物的壳体所证实。

(3) 屋面承重合一——板架合一

壳体是屋面与承重两功能合一的面系结构中的曲板,能做到合理用材,材尽其用。曲板类型较多,单曲的有筒壳、锥壳等;双曲的有球壳、扁壳、扭壳等,还可切割、组合,形式类别之多为其他结构所不及。

2) 壳体的优缺点

由于壳体具有上述三大结构特点,故能充分发挥材料最大潜力,达到自重轻、强度大、刚度大,切实做到合理用材,材尽其用。另外壳体近于自然、曲线优美、形态多变,适于各种平面,为建筑提供了较好的结构条件,给建筑师较多的想象空间。但壳体也存在计算复杂、现浇施工时模板消耗与人工费很高、预制装配化施工因而曲面不能太复杂且整体性差等问题。采取地面现浇整体提升则需设备起重量大,现在也发展了柔膜喷涂成壳的施工方法,解决了一些施工中的难题。

某些壳体(球壳、扁壳)在声学上易产生回声现象及声音聚焦,并给建筑带来较大的内部结构空间,对保温不利,应考虑加以利用。

2. 薄壳结构的曲面形式

1) 按高斯曲率分类

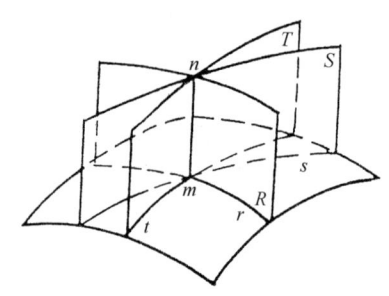

图 11-21 曲面上的曲率线

在任意形状的壳的中面上某一点 m (图 11-21) 可作法线 mn,包含该法线可作一系列的平面,各平面与中面相交可得到许多具有确定方向的平面曲线,其中有两条相互垂直或正交的曲线 r 和 t 的曲率具有极值,一条的曲率最大,另一条的曲率最小,这两条曲线的曲率称为曲面在该点的主曲率,分别以 k_1 及 k_2 表示。曲面任意点上的高斯曲率等于该点的两主曲率的乘积:$K=k_1 \cdot k_2$。

按高斯曲率的符号,可将曲面划分成下列三类:

(1) 正高斯曲率的曲面,即 $K>0$,如球面、椭球面、抛物面等 (图 11-22a)。这类曲面上的两个主曲率半径都在曲面的同一侧。

(2) 零高斯曲率的曲面,即 $K=0$,如圆柱面、圆锥面等 (图 11-22b)。曲面上每点的两主曲率之一等于零,或两主曲率半径之一是无限大。

(3) 负高斯曲率的曲面,即 $K<0$,图 11-22 (c) 所示的单叶双曲面可作为这类曲面的例子。在某点 m 上,两曲率线的曲率中心 P_1 及 P_2 位于该点的两侧,因此,k_1、k_2 具有不同的符号,从而高斯曲率 K 是负的。

壳体可按其中面的高斯曲率符号分类,分别称为正、负、零高斯曲率壳体。

2) 按其形成的几何特点分类

(1) 旋转曲面

由一平面曲线作母线绕其平面内的轴旋转而形成的曲面称旋转曲面。

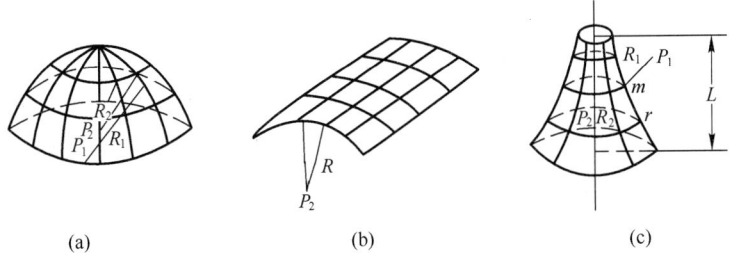

图 11-22 曲面分类
(a) 正高斯曲率曲面；(b) 零高斯曲率曲面；(c) 负高斯曲率曲面

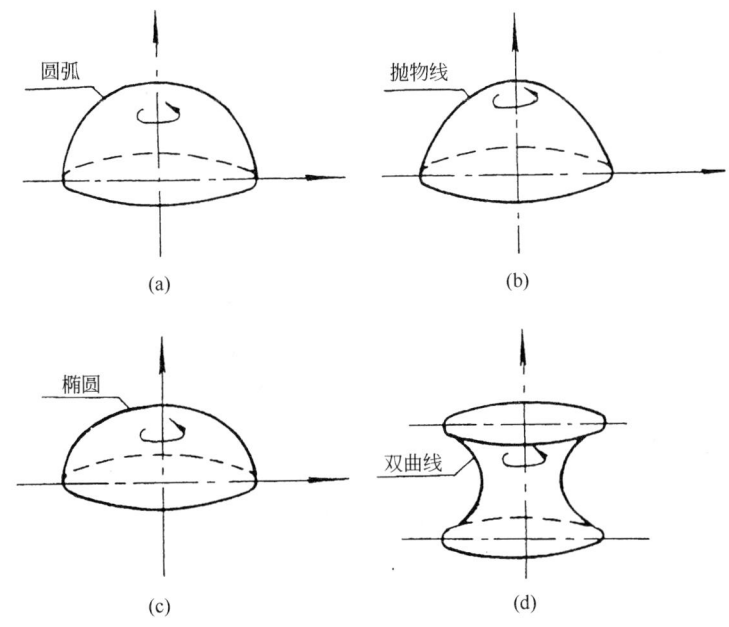

图 11-23 旋转曲面
(a) 球形曲面；(b) 旋转曲面；(c) 椭球面；(d) 旋转双曲面

在薄壁空间结构中，常用的旋转曲面有球形曲面、旋转抛物面和旋转双曲面等（图11-23），球壳结构就是旋转曲面的一种。

（2）平移曲面

一竖向母曲线沿另一竖向曲导线平移所形成的曲面称平移曲面。在工程中常见的椭圆抛物面双曲扁壳就是平移曲面。它是以一竖向抛物线作母线沿另一凸向相同的抛物线作导线平行移动而形成的曲面。因为这种曲面与水平面的截交线为椭圆曲线，所以称之为椭圆抛物面（图11-24）。

（3）直纹曲面

一段直线的两端各沿两固定曲线移动形成的曲面叫直纹曲面。常用的直纹曲有如下几种（图11-25）：

① 双曲抛物面

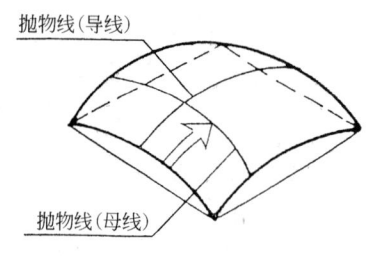

图 11-24 平移曲面

它是以一根直母线在两根相互倾斜但又不相交的直导线上平行移动而形成的曲面，工程中常称它为扭面（图 11-25a），工程中扭壳就是由扭面组成的。它也可用一根竖向抛物线沿一凸向相反的抛物线移动而形成，见图 11-25（b）。扭面也可以认为是从双曲抛物面中沿直纹方向截取的一部分，如图 11-25（a）中的曲面 $abcd$，可以从图 11-25（c）中截取。

② 柱面与柱状面

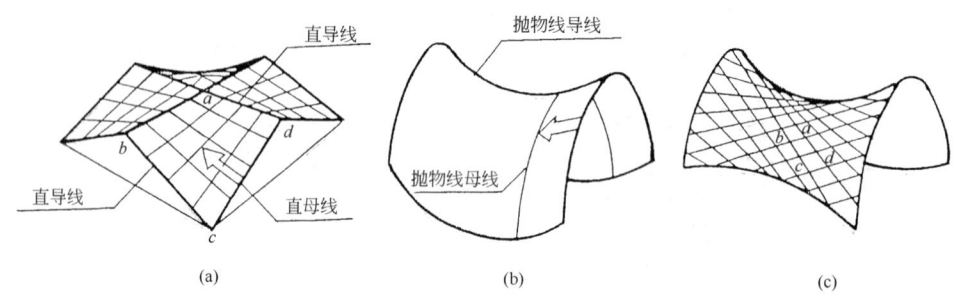

图 11-25 直纹曲面

(a) 扭面；(b) 抛物面的形成；(c) 双曲抛物面

柱面是由直母线沿一竖向曲导线移动而形成的曲面。工程中的筒壳（柱面壳）就是柱面组成的。

柱状面是由一直母线沿着两根曲率不同的竖向曲导线移动，并始终平行于一导平面而形成。工程中的柱状面壳就是由柱状面组成的（图 11-26）。

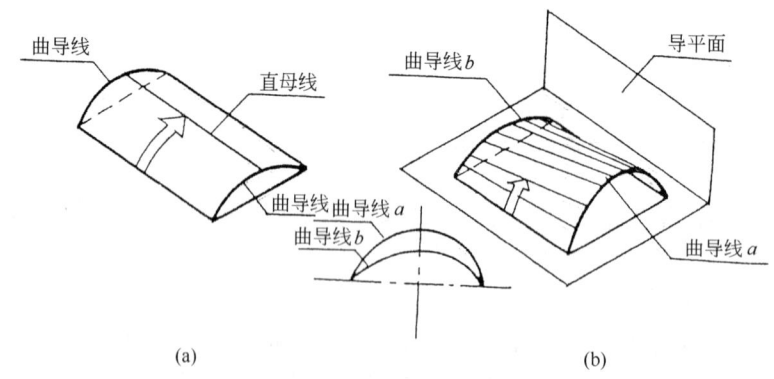

图 11-26 柱面与柱状面

(a) 柱面；(b) 柱状面

③ 锥面与锥状面

锥面是一直母线沿一竖向曲导线移动，并始终通过一定点而形成的曲面。工程中的锥面壳就是由锥面组成的。

锥状面是由直母线沿一根直导线和一根竖向曲导线移动，并始终平行于一导线平面而形成的曲面。工程中的锥状面壳（劈锥壳）就是由锥状面组成的（图 11-27）。直纹曲面壳体的最大优点是施工时模板易制作。

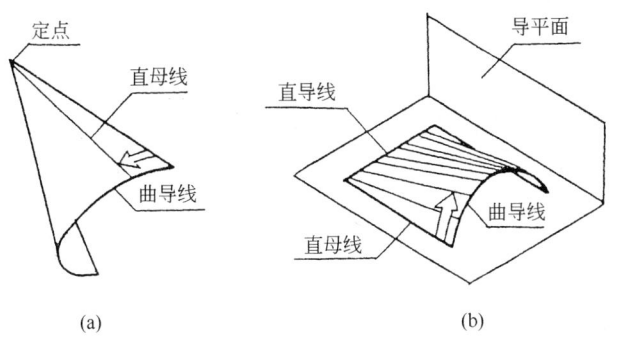

图 11-27　锥面与锥状面
（a）锥面；（b）锥状面

3. 常用形式和其尺度

1）筒壳

（1）筒壳的形式与特点

筒壳的壳板为柱形曲面，所以也称为柱面壳。它是一种单曲面壳体，外形简单，模板制作容易，施工方便。

筒壳与筒拱外形相似但不应混淆，筒拱是以横向曲线两端为支座，而筒壳有边梁和横隔板以纵向直线两端为其支座（有时四边支承）（图 11-28）。

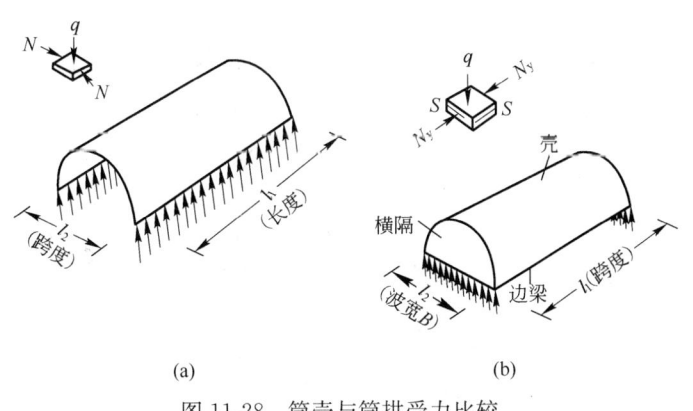

图 11-28　筒壳与筒拱受力比较
（a）筒拱的受力；（b）筒壳的受力

（2）筒壳的构造与尺度

① 短壳

a. 壳板

壳板的矢高 f_1 不应小于 $L_2/8$。壳体内力以薄膜内力为主，弯矩极小，壳板内的应力不大，通常不必计算，可按跨度及施工条件决定其厚度。对普通跨度（$L_1=6\sim12$m，$L_2=18\sim30$m）的屋盖，当矢高不小于 $L_2/8$ 时，厚度可按表 11-6 选定。

短 壳 的 板 厚　　　　　　　表 11-6

横隔的间距（m）	6	7	8	9	10	11	12
壳板的厚度（mm）	50～60	60	70	70～80	80	90	100

b. 边梁

边梁宜采用矩形截面，其高度一般为 $(1/10 \sim 1/15) L_1$，而且不应小于 $L_1/15$，宽度为高度的 $1/5 \sim 2/5$。

常用的边梁形式如图 11-29 所示：(a) 类的边梁向下，增加了薄壳的高度，使受力有利、省料，是最经济的一种；(b) 类为平板式，水平刚度大，有利于减少壳板的水平位移，适用于边梁下有墙或中间支承的建筑；(c) 类适用于小型筒壳；(d) 类可结合边缘构件做排水天沟。

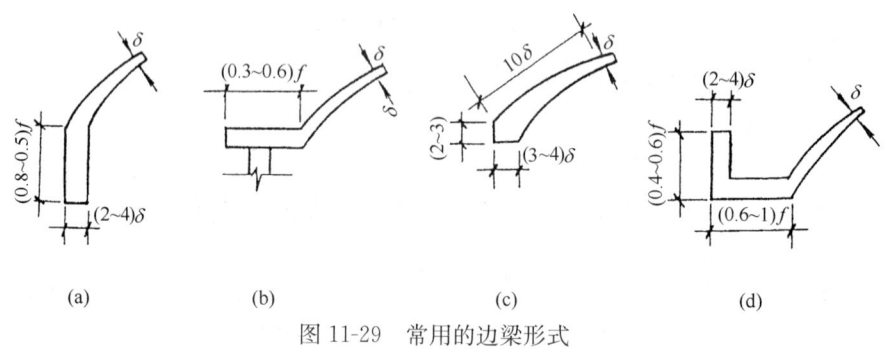

图 11-29　常用的边梁形式

c. 横隔

横隔构件是壳板和边梁的支承构件，宜采用拉杆拱。当波长较大时，也可采用拱形桁架。横隔构件的间距一般采用 6～12m。常见的横隔构件如图 11-30 所示。

② 长壳

长壳的空间作用没有短壳的明显。长壳大部分是多波式的（图 11-31）。L_1/L_2 的比值一般为 1.5～2.5，也可达 3～4。当跨度等于和超过 24m 时，宜采用预应力钢筋混凝土边梁。

为了保证壳体的强度和刚度，应使壳体截面的总高度 $f \geqslant (1/15 \sim 1/10) L_1$，采用预应力钢筋混凝土边梁的壳体可适当减少。矢高 f_1 不应小于 $L_2/8$。与壳体截面对应的圆心角以 60°～90°为宜。壳板边缘处坡度不宜超过 40°，避免浇灌混凝土时自然塌落，否则须上、下两面支模。如果角度过大，坡度太陡，夏季高温时，屋顶油毡沥青还会流淌。壳板厚度 $t = \left(\dfrac{1}{500} \sim \dfrac{1}{300}\right) L_2$，且 $\geqslant 50\text{mm}$。

常用的壳板形状为圆弧曲面。壳板厚度 t 一般为 50～80m，预制钢丝网壳厚度还可以小些，一般不宜小于 40mm。由于壳板与边梁连接处横向弯矩较大，所以在边梁附近局部加厚。

2）球壳

（1）形式与特点

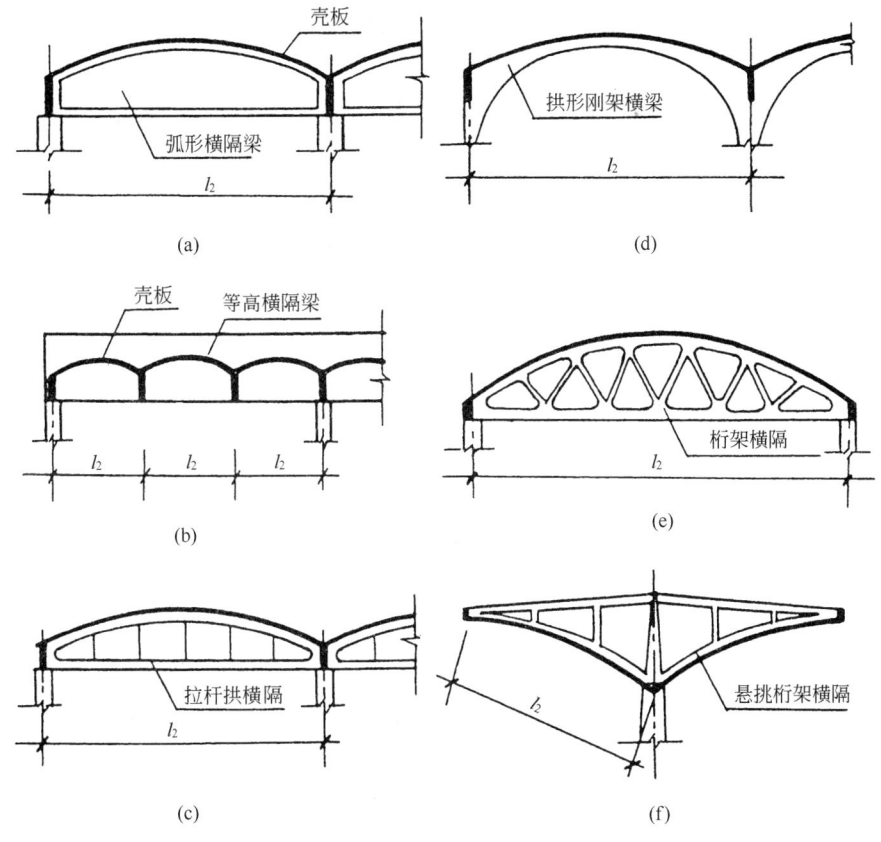

图 11-30 横隔形式
（a）弧形横隔梁；（b）等高横隔梁；（c）拉杆拱横隔；
（d）拱形刚架横隔；（e）拱形桁架横隔；（f）悬挑桁架横隔

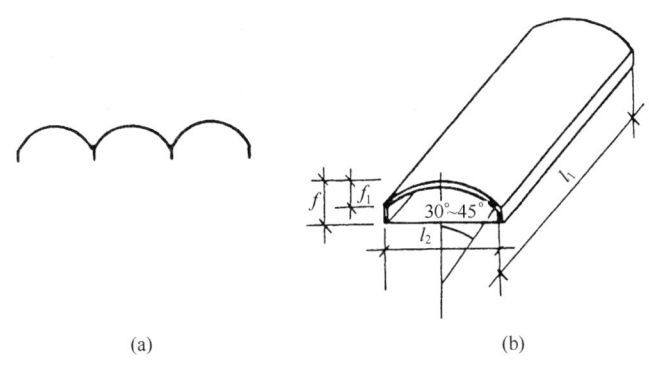

图 11-31 壳面的形式
（a）多波；（b）剖面尺寸

　　球壳属于旋转曲面壳，按壳面的构造不同，可分为平滑球壳、肋形球壳和多面球壳三种，在实际工程中平滑球壳应用较多。当建筑平面不完全是圆形及采光要求需将圆顶表面分成单独的区格时，可采用肋形球壳。肋形球壳由径向及环向肋系与壳板组成，肋与壳板整体连接，当直径不大时可只设径向肋。多面球壳是由数个拱形薄壳相交而成，其优点主要是支座距离可以比平滑球壳大，同时有较好的建筑外形，比肋形球壳自重轻、较经济。

球壳结构由于为轴对称，同一纬线上的内力均相等，在竖向均布荷载下绝大部分范围内只有薄膜内力 N_x、N_y 存在。N_x 为径向轴力，N_y 为环向轴力（图 11-32），N_x 恒为受压，N_y 则由顶部受压转入下部受拉，其过渡点为 $\sigma=51°49'$。如果球壳自球面中截取出来的幅角 $\sigma>51°49'$，则球壳的下部就有受拉的环向轴力产生。球壳的支座环承受壳身边缘传来的推力，该推力使支座环在水平面内受拉，在竖向平面内受弯，如图 11-33 所示。球壳的下部支承结构一般有以下几种：①支承在支座环上（该环支承在竖向承重构件上）；②支承在斜柱或斜拱上；③支承在框架上；④直接落地支承在基础上。

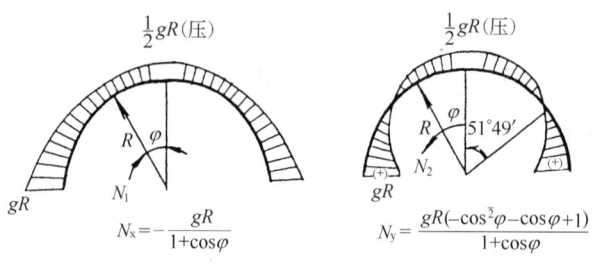

图 11-32 球形圆顶内力变化

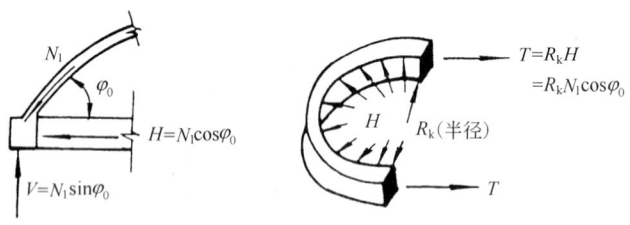

图 11-33 支座环拉力

（2）构造与尺度

球壳的壳板厚 t 一般由构造要求确定，建议可取球壳半径的 1/600，对于现浇钢筋混凝土球壳其厚度应 $\geqslant$ 40mm，对于装配整体式球壳其厚度应 $\geqslant$ 30mm，壳板边缘应局部加厚，加厚范围一般不小于壳体直径的 1/12~1/10，增加的厚度不小于壳体中间部分的厚度。

3）双曲扁壳

(1) 形式与特点

扁壳曲面实际上是庞大的普通曲面上的一小块，球面壳、柱面壳、椭圆抛物面壳、双曲抛物面壳等都可做成扁壳，矢高 f 不大于 1/5 跨度者统称为扁壳。双曲扁壳在满跨均布荷载作用下的内力以薄膜内力为主，中部区域主要为压应力，弯矩、顺剪力、扭矩都很小。边缘部分有一定正弯矩，需配置受弯钢筋。角隅区的扭矩及顺剪力均较大，具有较大的主拉应力与主压应力，是壳体的关键部位，不允许开洞。

双曲扁壳因矢高小，结构所占的空间较小，建筑造型美观、平面多变、施工方便，壳身曲面可分为等曲率与不等曲率两种，可为单波也可为双波，一般常用抛物线平移曲面。双曲扁壳由壳身及周边竖向的边缘构件组成（图 11-34）。壳身可是光面的，也可是带肋的，而边缘构件一般是带拉杆的拱或拱形桁架，跨度较小时可以用等截面或变截面的薄腹梁。

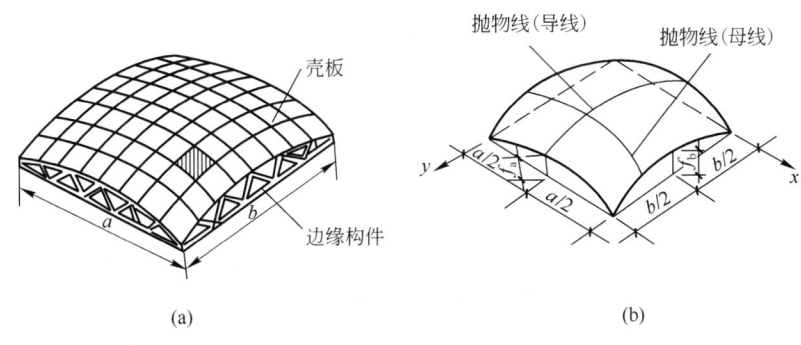

图 11-34 双曲扁壳
(a) 双曲扁壳的结构组成；(b) 双曲扁壳的面坐标

(2) 构造与尺度

双曲扁壳矢高与底面短边之比应不大于 1/5，但也不能太扁以避免向平板转化，承载力下降，材料用量增加。当双曲扁壳双面曲率不等时，较大曲率与较小曲率之比以及底面长边与短边之比，均不宜超过 2。双曲扁壳允许倾斜放置，但壳体底平面的最大倾角不宜超过 10°，其他尺度要求同球壳。

4）双曲抛物面壳

(1) 形式与特点

当平移曲面的母线与导线为反向的两抛物线时形成双曲抛物面壳，为负高斯曲率壳体，见图 11-25（c）。工程上常用的扭壳是从双曲抛物面中沿直纹方向切取的一部分，扭壳可以用单块做屋盖，也可结合成多种组合型扭壳，能灵活地适应建筑功能、平面、造型需要。

双曲抛物面壳在竖向均布荷载作用下，曲面内不产生法向力，仅存在顺剪力 S，剪力 S 产生主拉应力或主压应力，作用在与剪力成 45°的截面上，整个壳面可以想象为一系列拉索与受压拱正交而组成的曲面。在全部壳面上，沿壳的两个对角线方向（索向与拱向）的正向力是一正一负、一拉一压。受压拱存在着压曲失稳问题（故同向双曲壳体壳板不能太薄），而正好与之正交的另一方向为受拉索，把拱向两侧绷紧，能制约住拱的失稳。这就降低了对防止壳板压曲的要求，扭壳可更薄些，自重更轻些。

正是这种双向一拉一压，使双曲抛物面壳可充分利用混凝土的抗压特性与钢材的抗拉特性，所形成的空间双曲壳面既是屋面又是结构层，并且壳板中的压应力都很小，仅在边缘部分有局部弯矩，在材尽其用上，已达到非常完善的地步。

因此可作出如下结论：扭壳把壳体结构引向了正确的道路，达到了非常理想的受力状态。

扭壳发展很快，其主要优点如下：

① 双向直纹——使壳体结构能采用直料模板，沿直纹铺设双向直线钢筋、预应力筋，因此深受施工人员欢迎。

② 受力理想——拱向受压、索向受拉，彻底解决了同向双曲壳体的压曲稳定问题，且壳面各点内力一致，能做到各点都材尽其用，反向双曲刚度极好。因此具有极大的经济价值，深受结构工程师的欣赏。

③ 造型善变——扭壳式样新颖美观，组合图案优美多变，建筑平面适应性强而灵活，音响效果好。因此深受建筑师们的喜爱。

扭壳的缺点是图纸上不易表达，只用一般的平、立、剖面图是不能把扭壳表达清楚的。

(2) 构造与尺度

壳厚尺度要求同球壳，但在靠近边缘 1/10 短边长范围内壳板应加厚。对于组合型扭壳，在屋脊交接缝附近的局部区域还应逐渐加厚到 3~4 倍壳厚，加厚范围需满足受力要求，但不小于短边边长的 1/10，同时应使加厚部分光滑地过渡。

4. 工程实例

罗马小体育宫（图 11-35）为意大利工程师 R·L·奈尔维所设计，这是一个现代的落地穹顶建筑，用钢筋混凝土网格型球壳屋顶和 36 个斜向 Y 形支撑作为主体结构。壳体屋顶直径 61m，由 1620 个壁厚 25mm 的钢丝网水泥菱形槽板拼装而成，在槽板间和其上浇筑混凝土形成整体，兼做防水层。在建筑方面，把 Y 形斜向支撑露在室外，不仅在外形上显示出结构美，形象地表现了独具风格的艺术效果，而且避开了穹顶近地面处不便利用的空间。穹顶的檐边波浪起伏，优美自然，在功能上既可作为屋面与支撑构件间的过渡，又便于设置高侧窗。屋顶中央设置略为突出屋面的天窗，使穹顶不至于单调。

从室内看，结构用统一化的菱形网格构成一幅绚丽的葵花图案，蔚然成景。下部看台布置与屋顶遥相呼应，使室内空间与结构高度融为一体，协调而有韵律。在施工方面，追求工艺的先进性、经济性，采取标准化的装配整体式结构，既保证了整体性，又加快了施工进度（主体完工仅 40 天）。

因此，该工程是建筑、结构、施工完美结合的产物。

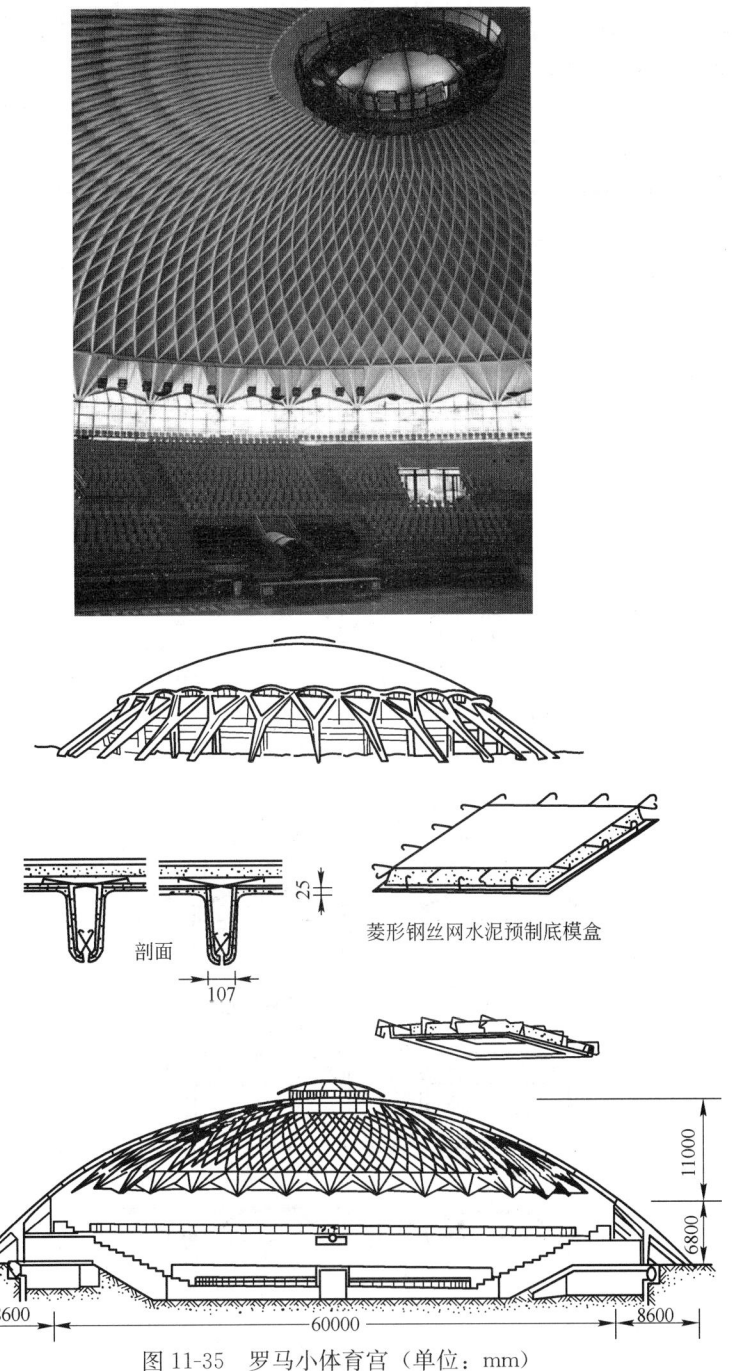

图 11-35 罗马小体育宫（单位：mm）

11.5 折板结构

1. 受力特点

它是以一定角度整体联系的薄板体系。折板结构通过折缝和端部支座或中部横隔的加劲作用,能形成具有折线形横截面的梁、刚架、拱或穹顶等结构,是一种双向受力与传力体系,横向靠多跨连续板传力,纵向靠侧缝及两侧斜板传力。故受力性能良好,又因主要是板式结构,构造简单、施工方便、模板消耗少。

2. 结构形式与尺寸

折板结构的形式主要分为有边梁和无边梁两种。无边梁的折板由若干等厚度的平板和横隔构件组成,预制 V 形折板就是其中的一种。有边梁的折板一般为现浇结构,由板、边梁和横隔构件三部分组成,与筒壳类似(图 11-36)。边梁的间距 l_2 通常也称为波长,横隔的间距 l_1 称为跨度。

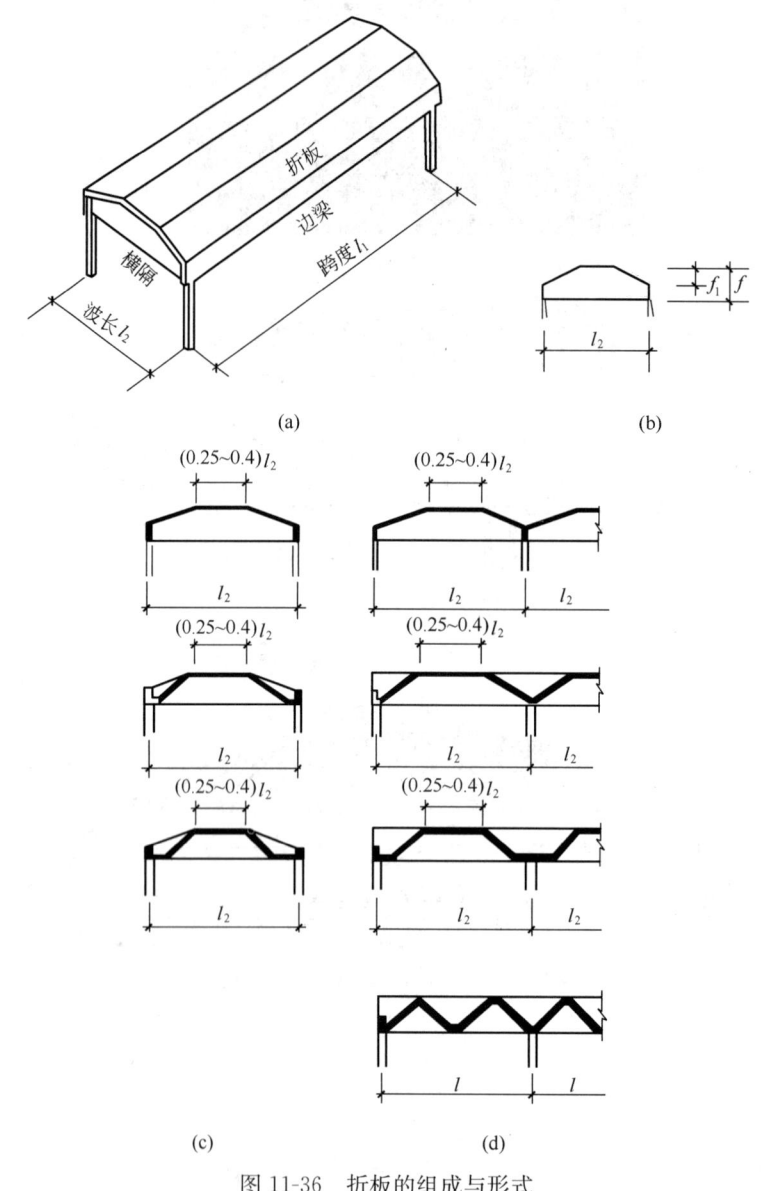

图 11-36 折板的组成与形式
(a) 折板结构的组成;(b) 折板断面尺寸;(c) 单波;(d) 多波

折板结构可以有单波和多波,单跨和多跨。板的宽度一般不宜大于 3.5m,使其厚度不超过 100mm,否则板的横向弯矩过大,板厚增加,自重大,不经济。顶板的宽度应为 (0.25～0.4)l_2。波长 l_2 一般不应大于 12m,跨度 l_1 可达 27m,甚至更大。

影响折板结构形式的主要参数有倾角 α、高跨比 f/l_1 及板厚 t 与板宽 b 之比 t/b。折板屋盖的倾角 α 越小,其刚度也越小,这就必然造成增大板厚和多配置钢筋,经济上是不合理的。因此,折板屋盖的倾角 α 不宜小于 $25°$。高跨比 f/l_1 也是影响结构刚度的主要因素之一,跨度越大,要求折板屋盖的矢高越大,以保证足够的刚度。长折板的矢高 f 一般不宜小于 $(1/15\sim1/10)l_1$;短折板的矢高 f_1 一般不宜小于 $(1/10\sim1/8)l_2$。板厚与板宽之比,则是影响折板屋盖结构稳定的重要因素,板厚与板宽之比过小,折板结构容易产生平面外失稳破坏。折板的厚度 t 一般可取 $(1/50\sim1/40)b$,且不宜小于 30mm。装配整体式 V 形折板的几何参数如图 11-37 及表 11-7 所示。

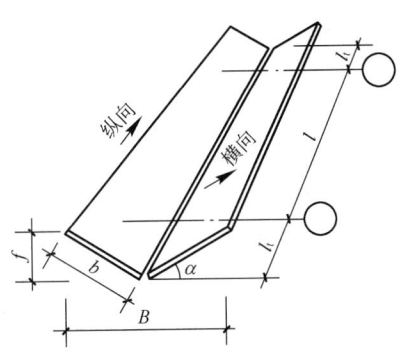

图 11-37 装配整体式 V 形折板几何参数

V 形折板几何参数　　　　表 11-7

折板类型	跨度 l (m)	倾角 α	高跨比		板厚与板宽之比 t/b	跨度与波宽之比 l/B
			简支 f/l	悬臂 f/l_1		
钢筋混凝土,V 形折板	≤21	≥25°	$>\frac{1}{15}$	$>\frac{1}{5}$	$>\frac{1}{35}$	3～7.5
预应力混凝土,V 形折板	≤27	≥25°	$>\frac{1}{20}$	$>\frac{1}{7}$	$>\frac{1}{40}$	3～10.5

3. 工程实例

建于巴黎的联合国教科文组织总部会议大厅为典型的折板结构。会议大厅采用两跨连续的折板刚架结构,其两边的支座为折板墙,中间支座为支承于 6 根柱子上的大梁,为适应抗弯需要,沿折板最大压应力曲线设置一道实心曲板(图 11-38)。

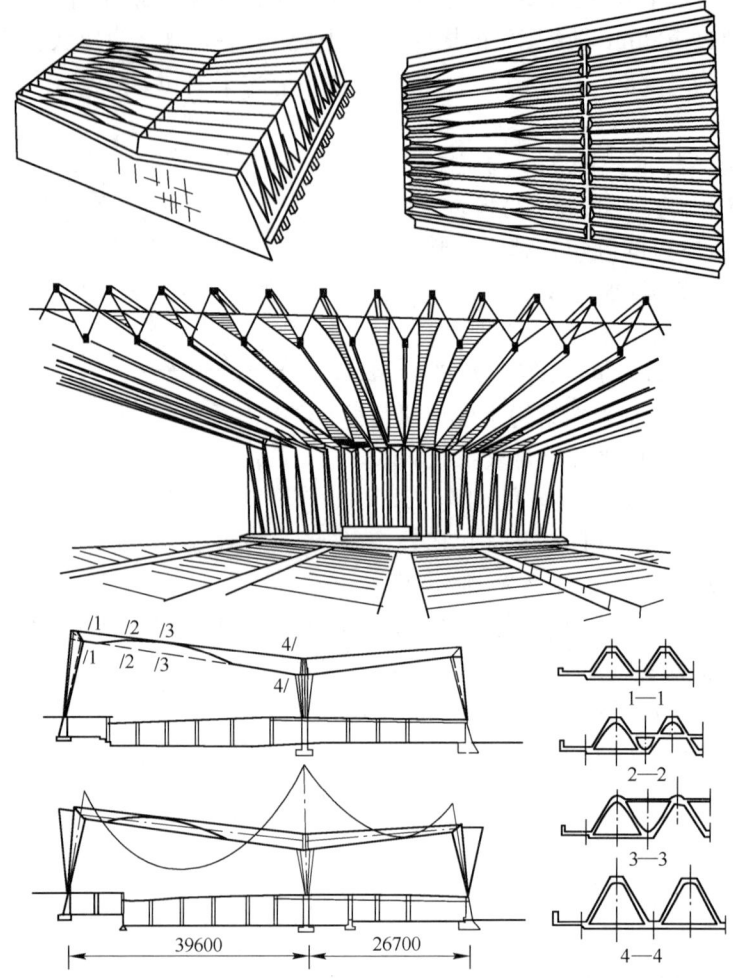

图 11-38 巴黎联合国教科文组织会议大厅（单位：mm）

11.6 网架结构

1. 特点与类别

网架是由许多杆件按照一定规律组成的网状结构，是一种受力性能很好的空间高次超静定结构体系。网架结构的材料多采用钢管或角钢制作，节点多为空心球或钢板用焊接、螺栓或铆钉相连。

1) 网架结构的优缺点

(1) 网架结构具有以下优点：

① 三维受力的网架结构较平面结构节省材料。网架结构比传统的钢结构节省 20%～30%的用钢量，如采用轻屋面，经济效果将会更显著。

② 应用范围广、适应性强。网架结构不仅用于中小跨度的工业与民用建筑，更适用于大跨度的公共建筑，且能适应于各种平面形状，给建筑带来极大的灵活

性与通用性。

③ 网架结构上、下弦之间的结构空间可以利用，这样可以降低层高，减少造价，获得良好的经济效果。

④ 网架结构整体空间刚度大，稳定性能及抗震性能好，安全储备高，对于承受集中荷载、非对称荷载、局部超载、地基不均匀沉陷等均较有利。

⑤ 网格尺寸小，上弦便于设置轻屋面，下弦便于设置悬挂吊车，且可在两个方向设置悬挂吊车，悬挂吊车的起重量一般为 10～50kN，最大可达 100kN。

⑥ 网架结构的建筑造型美观、大方、轻巧、形式新颖。

⑦ 网架结构用于大柱网的工业厂房，可灵活布置工艺流程，并可做成标准化的工业厂房。

⑧ 网架结构采光方便，可设置点式采光、块式采光或带式采光，采光的方式可设置升起的平天窗或侧天窗。

⑨ 网架结构屋盖通风方便，既可采用侧窗通风，也可在屋面上开洞设流风机。

⑩ 便于定型化、工业化、工厂化、商品化生产，便于集装箱运输，零件尺寸小，重量轻，便于存放、装卸、运输和安装，现场安装不需要大型起重设备。

⑪ 网架结构如采用螺栓连接，便于拆卸，可适用于临时建筑。

⑫ 计算绘图简便，设计出图极快，为下部结构的设计提供了方便条件。

(2) 网架结构的缺点：

① 网架为板式受弯构件，内力变化大，差值大，而为了型号规格的统一，使很多材料不能材尽其用；

② 制作、装配精度要求高，尤其是壳形网架。

2) 网架结构的类别

(1) 按外形可分为平板型网架与壳形网架，平板型网架都是双层的，壳形网架则有单层、双层，单曲、双曲等形状。

(2) 按材料分有钢筋混凝土网架、钢木组合网架、钢网架，一般前两种采用较少，大都采用钢结构。

2. 平板网架的形式与适用范围

平板网架是一种杆件为轴向受力的空间多向桁架，但其整体仍为板式受弯，是格构化的板。它可分为交叉桁架体系和角锥体系两类：

1) 交叉桁架体系网架

这类网架结构是由许多上、下弦平行的平面桁架相互交叉联成一体的网状结构。网架的节点构造与平面桁架类似。交叉桁架体系网架的主要形式可分为：

(1) 两向正交正放网架（井字形网架）

这种网架是由两个方向相互交叉成 90°的桁架组成，而且两个方向的桁架与其相应的建筑平面边线平行，见图 11-39 (a)。这种网架构造比较简单。一般适用于正方形或接近正方形的矩形建筑平面，这样两个方向的桁架跨度相等或接近，才能共同受力发挥空间作用。如果建筑平面为长方形，受力状态就类似于单向板结构，长向桁架相当于次梁，短向桁架相当于主梁，网架的空间作用会很小，而且主要是短向桁架受力。因此，两向正交正放网架构造不适用于长方形的建筑平面。

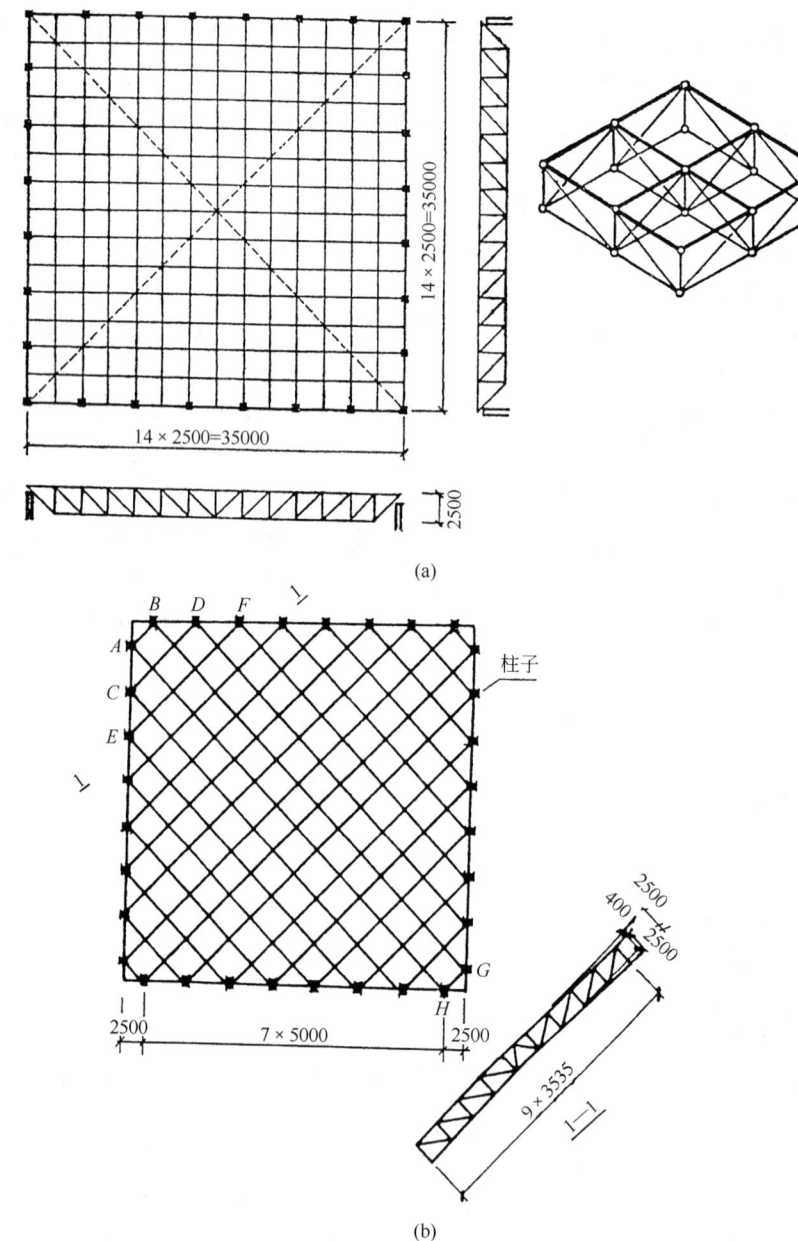

图 11-39 两向正交网架（单位：mm）
(a) 两向正交正放网架；(b) 两向正交斜放网架

对于中等跨度（50m 左右）的正方形建筑平面，采用两向正交正放网架较为有利。

在实际工程中，这种形式的网架用得较少，尤其是当网架周边支承时，它不如两向正交斜放网架刚度大，用钢量也较多。当为四点支承时，它就比正交斜放的网架有利。

两向正交正放网架当为四点支承时,其周边一般均向外悬挑,悬挑长以 1/4 柱距为宜。这种形式的网架,从平面图形看是几何可变的,为了保证网架的几何不变性和有效传递水平力,必须适当设置水平支撑。

(2) 两向正交斜放网架

这种网架是由两个方向相互交角为 90°的桁架组成,桁架与建筑平面边线的交角为 45°,见图 11-39 (b)。从受力上看,当这种网架周边为柱子支承时,因为角部短桁架 C-D、E-F 等的相对刚度较大,于是便对与其垂直的长桁架 A-H、B-G 等起弹性支承作用,使长桁架在角部产生负弯矩,从而减少了跨度中部的正弯矩,改善了网架的受力状态,见图11-39 (b)。但由于角部负弯矩的存在,对四角支座产生较大的拉力,为了不使拉力过大,北京国际俱乐部网球馆把角柱去掉,使拉力分散,由角部两个柱共同来承担,避免了拉力集中,简化了支座构造。但这样做的结果是屋面起坡脊线的构造处理较为复杂。所以,当需四坡起拱时,长桁架通往角柱是有利的。

两向正交斜放网架用于较长的矩形建筑平面时,布置如图 11-40 所示。其平面桁架长度 L 为其相应的直角边的 $\sqrt{2}$ 倍,桁架最大的长度为 $\sqrt{2}L_1$。由此可以看出桁架长度并不因 L_2 的增加而改变。它克服了两向正交正放网架当建筑平面为长条矩形时接近单向受力状态的缺陷。

这种网架不仅适用于正方形建筑平面,而且也适用于不同长度的矩形建筑平面。由于它的建筑形式比较美观,因此,使用范围较两向正交正放网架广泛。在周边支撑的情况下,它与正交正放网架相比,不仅空间刚度较大,而且用钢量也较省,特别在大跨度时,其优越性更为明显。

(3) 两向斜交斜放网架

由于使用和建筑立面要求,有时相邻两个立面的柱距不等,于是,两个方向的桁架不能正交,只能相交成任意角度,如图 11-41 所示。采用这种网架要注意的是两个方向桁架的夹角不宜太小,以免造成构造上不合理。这种网架在实际工程中用得较少。

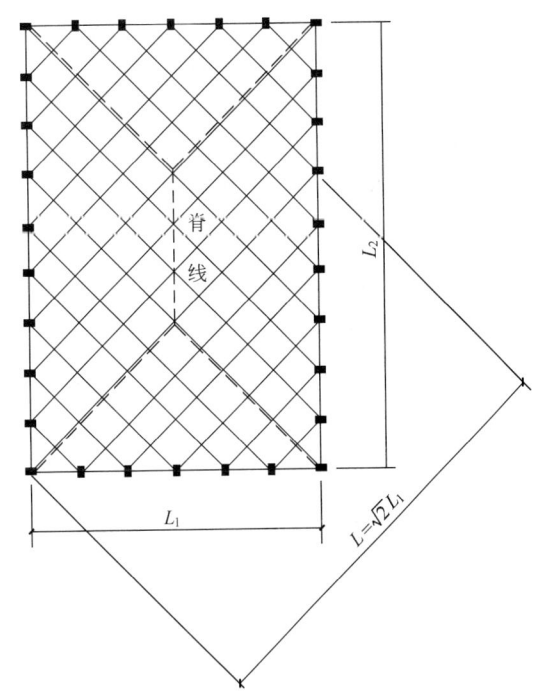

图 11-40 长桁架通网角柱

（4）三向交叉网架

它是由三个方向的平面桁架互为60°夹角组成的空间网架。它比两向网架的空间刚度大。在非对称荷载作用下，杆件内力比较均匀。但它的杆件多，节点构造复杂。当采用钢管杆件球节点时，节点构造比较简单。它适合于大跨度的建筑，特别适合于三角形、多边形和圆形平面的建筑，如图11-42所示。

这种网架的节间一般较大，有时可达6m以上，因此适于采用再分式桁架。

2) 角锥体系网架

角锥体系网架是由三角锥、四角锥或六角锥单元分别组成的空间网架结构。由三角锥单元组成的叫三角锥体网架，由四角锥和六角锥单元组成的分别叫四角锥和六角锥体网架。它比交叉桁架体系网架刚度大，受力性能好。它还可以预先做成标准体单元，这样安装、运输、存放都很方便（图11-43）。

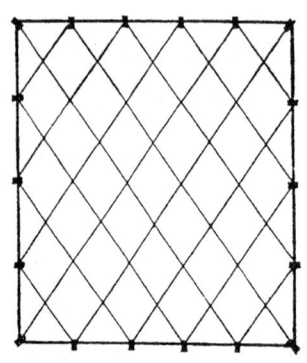

图 11-41　两向斜交斜放网架

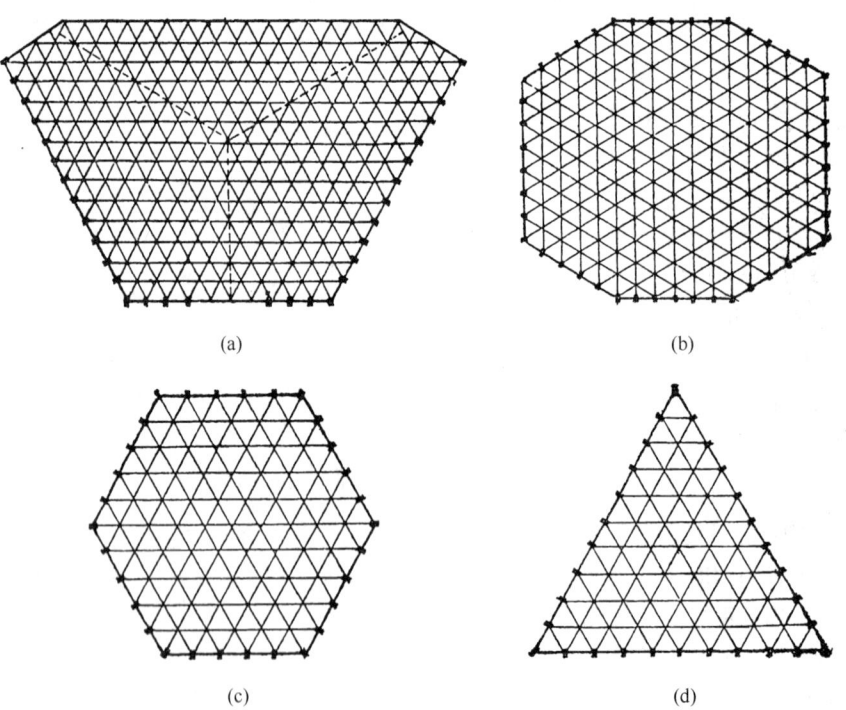

图 11-42　三向交叉网架
(a) 扇形平面（上海文化广场）；(b) 八角形平面（江苏体育馆）；(c) 六角形平面；(d) 三角形平面

（1）四角锥体网架

一般四角锥体网架的上弦和下弦平面均为方形网格，上、下弦错开半格，用斜腹杆连接上、下弦的网格交点，形成一个个相连的四角锥体。四角锥体网架上

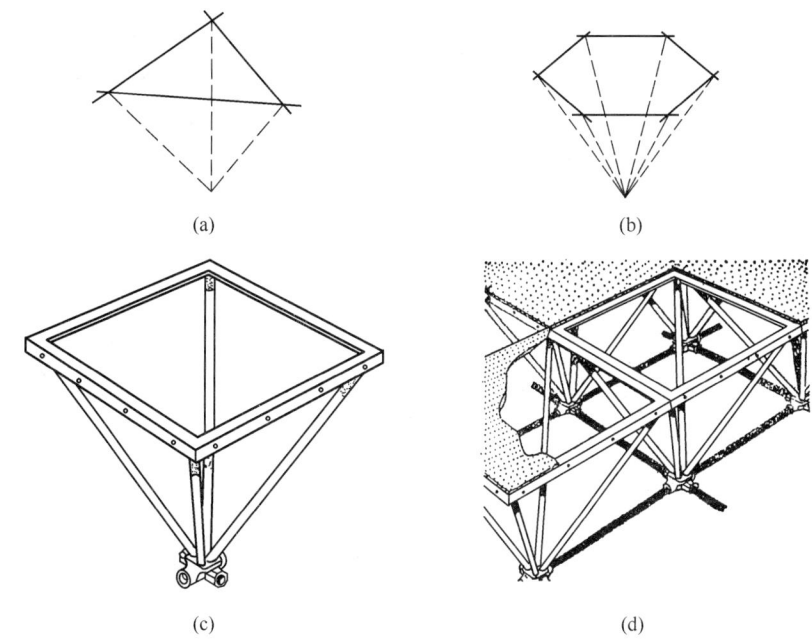

图 11-43 角锥网架
(a) 三角锥单元；(b) 六角锥单元；(c) 四角锥单元；(d) 四角锥单元拼装

弦不易设置再分杆，因此，网格尺寸受限制，不宜太大，它适用于中小跨度。

目前，常用的四角锥体网架有两种。

① 正放四角锥体网架

所谓正放，是指锥的底边与相应的建筑平面周边平行。正放四角锥网架可以由倒四角锥（锥尖向下）单元组成，锥的底边相连成为网架的上弦杆，锥尖的连杆为网架的下弦杆，上、下弦杆平面错开半个网格，锥体的棱角杆件为腹杆（图 11-44a 为杭州歌剧院网架）。

正放四角锥网架也可由正四角锥（锥尖向上）单元组成。这样，锥的底边相连成为网架的下弦杆，锥尖的连杆为上弦杆，上、下弦杆平面也错开半个网格。上海师院球类房屋顶结构就是这种网架（31.5m×40.5m）（图 11-44b）。

正放四锥体网架杆件内力比较均匀。当为点支承时，除支座附近的杆件内力较大外，其他杆件的内力也比较均匀。屋面板规格比较统一，上、下弦杆等长，无竖杆，构造比较简单。

这种网架适用于平面接近正方形的中、小跨度周边支撑的建筑，也适用于大柱网的点支承、有悬挂吊车的工业厂房和屋面荷载较大的建筑。

为了降低用钢量，使构造简单以及便于屋面设置采光通风天窗，也可以跳格布置四角锥（图 11-45）。

② 斜放四角锥体网架

所谓斜放，是指四角锥单元的底边与建筑平面周边夹角 45°（图 11-46）。它比正放四角锥体网架受力更为合理。因为四角锥体斜放以后，上弦杆短，对受压有利，下弦杆虽长，但为受拉杆件，这样可以充分发挥材料强度。斜放四角锥体

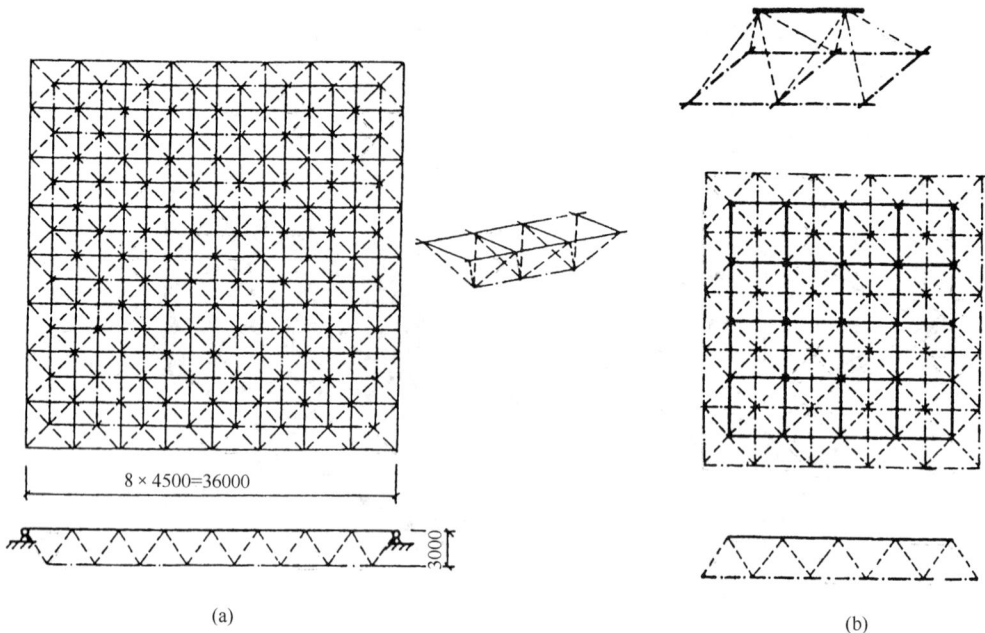

图 11-44 四角锥体网架（单位：mm）
(a) 杭州歌剧院网架正放四角锥体网架（锥尖向下）；(b) 正放四角锥体网架（锥尖向上）

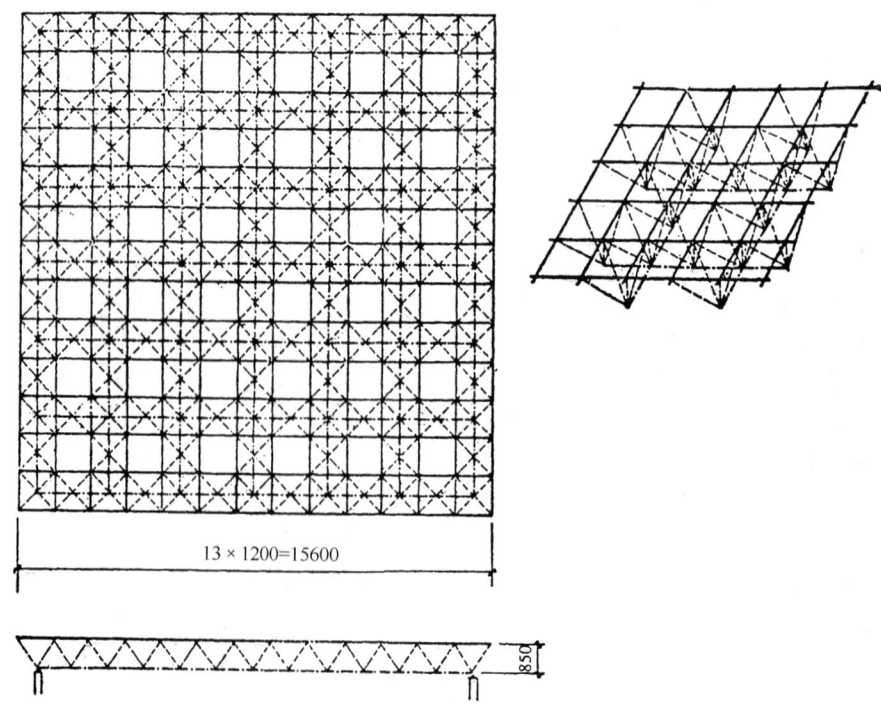

图 11-45 跳格布置四角锥网架（单位：mm）

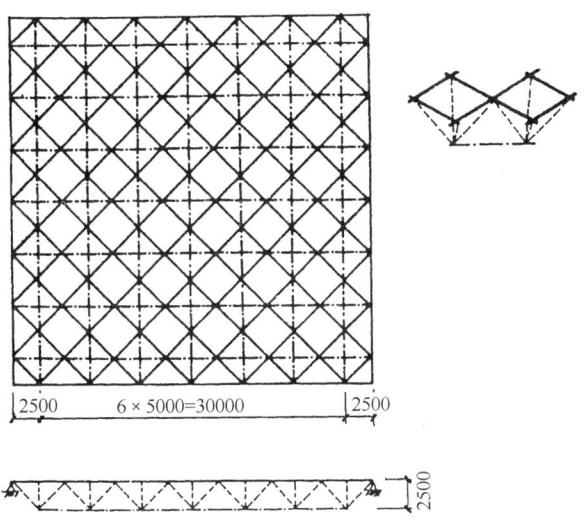

图 11-46 斜放四角锥体网架（单位：mm）

网架的形式新颖，经济指标较好，节点汇集的杆件数目少，构造简单，因此近年来用得较多。它适用于中小跨度和矩形平面的建筑。它的支承方式可以是周边支承或边支承与点支承相结合，当为点支承时，要注意在周边布置封闭的边桁架以保证网架的稳定性。

（2）六角锥体网架

这种网架由六角锥单元组成，当锥尖向下时，上弦为正六边形网格，下弦为正三角形网格（图 11-47a）。与此相反，当锥尖向上时，上弦为正三角形网格，下弦为正六边形网格（图 11-47b）。

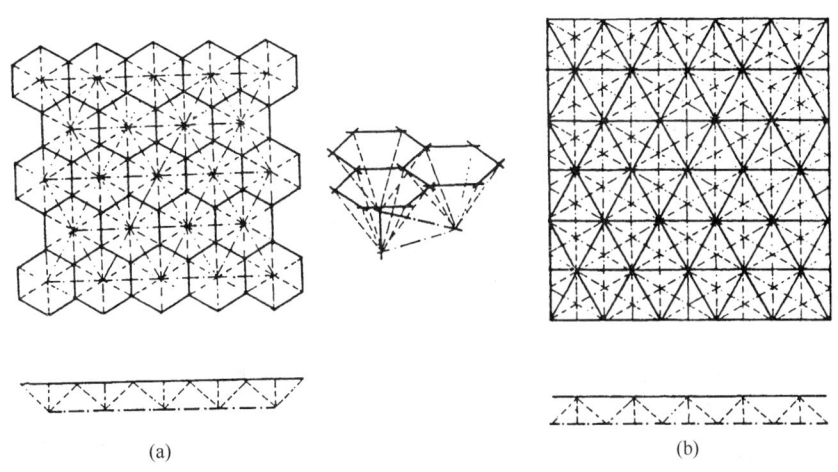

图 11-47 六角锥体网架

这种形式的网架杆件多，节点构造复杂，屋面板为六角形或三角形，施工也比较困难。因此，仅在建筑有特殊要求时采用，一般不宜采用。

（3）三角锥体网架

三角锥体网架是由三角锥单元组成。这种网架受力均匀，刚度较前述网格形式好，是目前各国在大跨度建筑中广泛采用的一种形式。它适合于矩形、三角形、梯形、六边形和圆形等建筑平面。

三角锥体网格常见的形式有两种。一种是上、下弦平面均为正三角形的网格，另一种是跳格三角锥体网格，其上弦为三角形网格，下弦为三角形和六角形网格，天津塘沽车站候车室就属于此类，其平面为圆形，直径为47.18m。跳格三角锥网架的用料较省。同时，杆件减少，构造也较简单，但空间刚度不如前者（图11-48）。

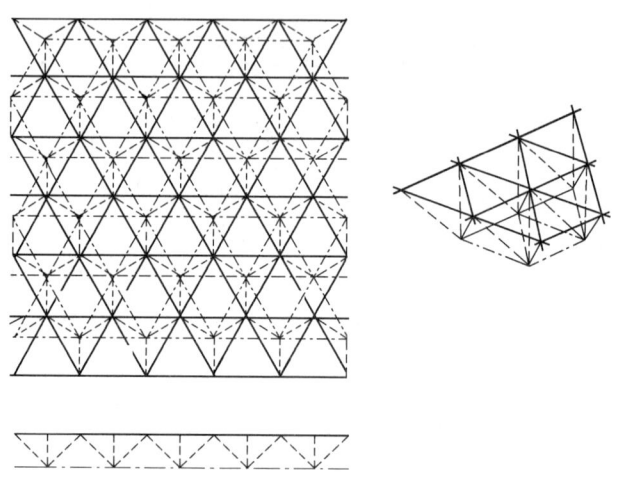

图 11-48　三角锥体网架

3. 平面网架结构的主要尺度

进行结构选型和确定建筑方案剖面时，必须了解网架的高度、网格尺寸、腹杆布置等尺度。

1）网架高度

网架的高度（即厚度）直接影响网架的刚度和杆件内力。增加网架的高度可以提高网架的刚度，减少弦杆内力，但相应的腹杆长度增加，围护结构加高。网架的高度主要取决于网架的跨度。网架的高度与短向跨度之比一般为：

跨度<30m时，为1/14～1/10；

跨度为30～60m时，为1/16～1/12；

跨度>60m时，为1/20～1/14。

屋面荷载较大或有悬挂吊车时，为了满足刚度要求（一般控制挠度小于1/250跨度），网架高度可大些；当采用轻屋面时，网架高度可小些。当建筑平面为方形或接近方形时，网架高度可小些；当建筑平面为长条形时，网架高度可大些，因为长条形平面网架的单向梁作用较为明显。当采用螺栓球节点时，则希望网架高度大些，以减小弦杆内力，并尽可能使各杆件内力相差不要太大，以便统一杆件和螺栓球的规格；当采用焊接节点时，网架高度则可小些。

2) 网格尺寸（主要指上弦）

网格尺寸应与网架高度配合确定，以获得腹杆的合理倾角；同时还要考虑柱距模数、屋面构件和屋面做法等。

网格的尺寸也取决于网架的跨度。在可能的条件下，网格宜大些，减少节点数和更有效地发挥杆件的截面强度，简化构造，节约钢材。当采用钢筋混凝土屋面时，网格尺寸不宜过大，一般不超过3m×3m，否则构件重，吊装困难；当采用轻型屋面时，可取檩条间距的倍数。当网架杆件为钢管时，由于杆件截面性能好，网格尺寸可以大些。当杆件为角钢时，由于截面受长细比限制，杆件不宜太长，网格尺寸不宜太大。

网格尺寸与网架短向跨度之比一般为：

跨度<30m时，为1/12～1/8；

跨度为30～60m，为1/16～1/10；

跨度>60m时，为1/20～1/12。

3) 腹杆布置

腹杆布置应尽量使受压杆件短，受拉杆件长，减少压杆的长细比，充分发挥杆件的承载力，使网架受力合理。对交叉桁架体系网架，腹杆倾角一般在40°～55°之间，对角锥网架，斜腹杆的倾角宜采用60°，这样可以使杆件标准化。对于大跨度网架，因网格尺寸较大，为减少上弦长度可采用再分式腹杆（图11-49）。

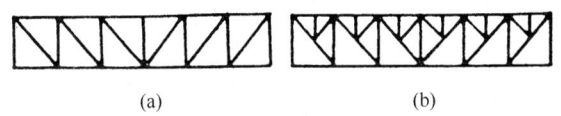

图 11-49 腹杆布置

(a) 一般式；(b) 再分式

4. 杆件、节点及支承方式

1) 杆件

网架杆件常用的为钢管和角钢两种。其中钢管受力性能最好、刚度大、承载力高、厚度最薄为1.5mm、用材合理、截面简单、节点好处理，且易于焊接。因此，在可能条件下应尽量选用薄壁钢管。在网架形式比较简单、跨度较小的情况下，可采用角钢。

2) 节点

网架常用节点一般为三种：板节点、焊接空心球节点、螺栓球节点，各类节点见图 11-50。板节点刚度大，整体性好，加工简单，质量易保证，成本低，适于两向正交网架；螺栓球节点主要工作在工厂完成，现场工作量小，施工速度快，但机械加工量大；而焊接空心球现场工作量大，对工人技术要求高。

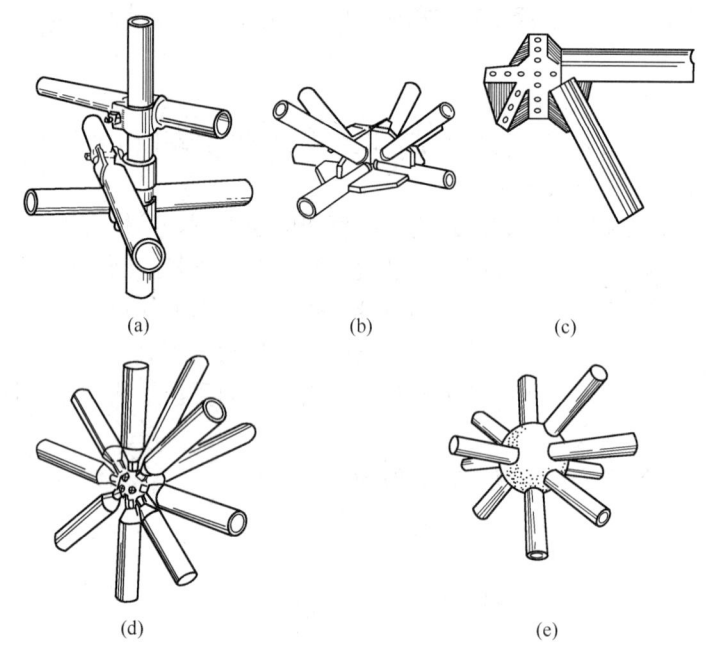

图 11-50　网架常用节点
（a）扣件连接；（b）节点板节点；
（c）螺栓板节点；（d）螺栓球节点；（e）焊接球节点

3）支承方式

(1) 不动铰支座

对于跨度较小的网架，可采用平板支座（图 11-51）。对于跨度较大的网架，由于挠度较大和温度应力的影响，宜采用可转动的弧形支座，即在支座板与柱顶板之间加一弧形钢板（图 11-52）。以上两种属于不动铰支座。

(2) 可动铰支座

当网架跨度大，或网架处于温差较大的地区，其支座的转动和侧移都不能忽视时，为了满足既能转动又能有一定侧移的要求，支座可以作成半滑动铰式的摇摆支座（图 11-53a）。支座的上、下托座之间装一块两面为弧形的铸钢块。这种支座的缺点是只能在一个方向转动，且对抗震不利。球形铰支座，既可以满足两个方向的转动，又有利于抗震（图 11-53b）。

(3) 抗拉支座

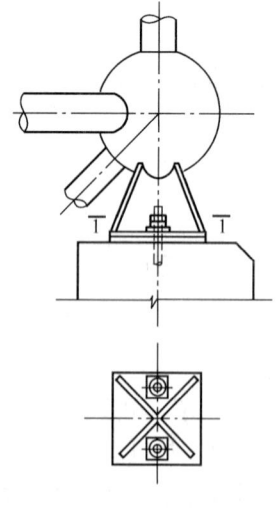

图 11-51　平板支座

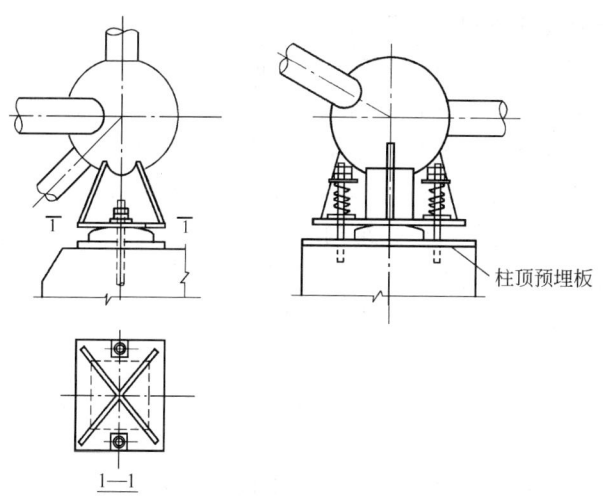

图 11-52　弧形支座

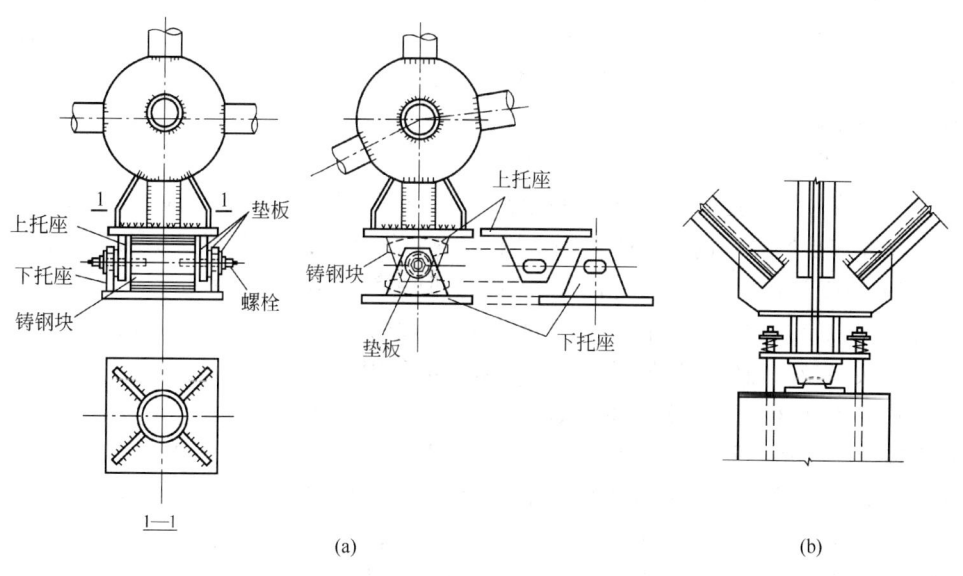

图 11-53　可动铰支座
(a) 摇摆支座；(b) 球铰支座

对网架（如两向正交斜放网架）角部产生拉力的支座要求采用与主体锚固的拉力支座。

（4）橡胶垫支座

当跨度大时，一般可采用橡胶垫支座，利用橡胶垫的剪切变形来消除温度应力，橡胶垫的厚度及钢板的厚度与层数是根据计算来确定的。

5. 曲面网架（网壳）结构的特点及分类

网壳是格构化的壳体，由网肋纵横交叉形成网格状。

1）特点

（1）网壳结构的杆件主要承受轴力，结构内力分布比较均匀，应力峰值较小，因而可以充分发挥材料强度作用。

（2）由于它可以采用各种壳体结构的曲面形式，在外观上可以与薄壳结构一样具有丰富的造型，无论是建筑平面或建筑形体，网壳结构都能给设计人员以充分的设计自由和想象空间，通过使结构动静对比、明暗对比、虚实对比，把建筑美与结构美有机地结合起来，使建筑更易于与环境相协调。

（3）由于杆件尺寸与整个网壳结构的尺寸相比很小，可把网壳结构近似地看成各向同性或各向异性的连续体，利用薄壳理论进行分析。

（4）网壳结构中网格的杆件可以用直杆代替曲杆，即以折面代替曲面，如果杆件布置和构造处理得当，可以具有与薄壳结构相似的良好受力性能。同时，又便于工厂制造和现场安装，在构造上和施工方法上具有与平板网架结构一样的优越性。

综上所述，网壳结构兼有薄壳结构和平板网架结构的优点，是一种很有竞争力的大跨度空间结构，近年来发展十分迅速。网壳结构的缺点是计算、构造、制作安装均较复杂，使其在实际工程中的应用受到限制。但是，随着计算机技术的发展，网壳结构的计算和制作中的复杂性将由于计算机的广泛应用而得到克服，而网壳结构优美的造型、良好的受力性能和优越的技术经济指标将日益明显，其应用将越来越广泛。

2）分类

（1）按杆件布置方式分类，有单层网壳、双层网壳。一般中小跨度（≤40m时）采用单层网壳，跨度较大时则采用双层网壳。单层网壳杆件少、重量轻、节点简单、施工方便，具有较好的经济指标。但平面外刚度差，稳定性差。双层网壳能承受一定的弯矩，具有较高的稳定性与承载力，当屋顶需安装灯具、音响、空调等设备及管道时，选用双层网壳能有效地利用空间。

（2）按材料分类，有木网壳（图11-54）、钢筋混凝土网壳、钢网壳、铝网壳（图11-55）、塑料网壳、玻璃钢网壳等。木网壳结构仅在早期的少数建筑中采用，近年来，在一些木材丰富的国家也有采用胶合木建造网壳的，有的跨度已超过100m，但用得不多。钢筋混凝土网壳结构常为单层，且常用预制钢筋混凝土杆件装配而成，自重大、节点构造复杂，一般只宜用于跨度60m以下。钢网壳在我国用得最多，可单层或双层，具有重量轻、强度高、构造简单、施工方便等优

图11-54　日本Ohdate Jukai Dome　木网壳　　　图11-55　长沙市经开区管委会办公楼　铝网壳

点。铝合金网壳结构由于重量轻、强度高、耐腐蚀、易加工制造和安装方便,在国外已被大量应用,其杆件可为圆形、椭圆形、方形或矩形截面的管材,塑料网壳和玻璃钢网壳结构目前较少采用。

(3) 网壳结构按曲面形式分类,有单曲面和双曲面两种。单曲面网壳即为筒网壳或柱面壳,双曲面网壳目前常用的有球网壳和扭网壳两种,也有其他曲面的扁网壳及组合网壳。

6. 网壳结构主要形式

1) 筒网壳结构

筒网壳也称为柱面网壳,是单曲面结构,其横截面常为圆弧形,也可采用椭圆形、抛物线形和双中心圆弧形等。

(1) 单层筒网壳

单层筒网壳若以网格的形式及其排列方式分类,有以下五种形式(图 11-56)。

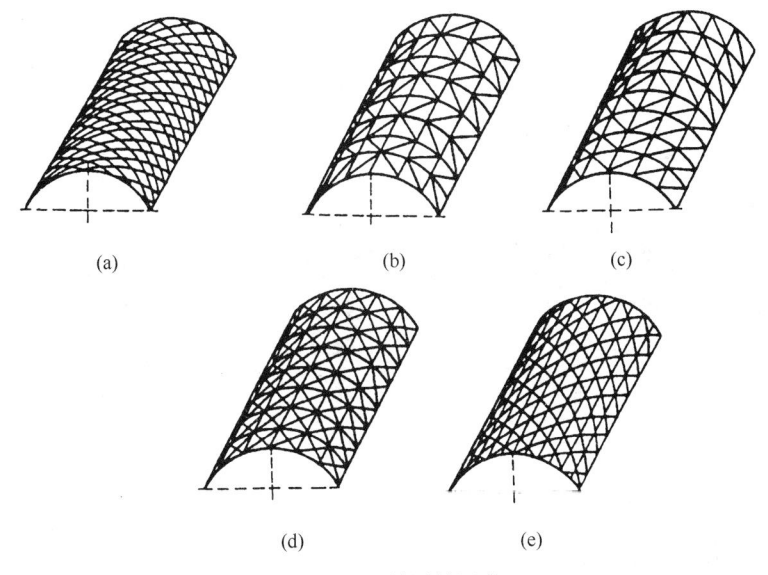

图 11-56 单层筒网壳

(a) 联方网格型;(b) 弗普尔型;(c) 单斜杆型;(d) 双斜杆型;(e) 三向网格型

联方型网壳受力明确,屋面荷载从两个斜向拱的方向传至基础,简洁明了。室内呈菱形网格,犹如撒开的渔网,美观大方,其缺点是稳定性较差。由于网格中每个节点连接的杆件数少,故常采用钢筋混凝土结构。

弗普尔型和单斜杆型筒网壳结构形式简单,用钢量少,多用于小跨度或荷载较小的情况。双斜杆型筒网壳和三向网格型筒网壳具有相对较好的刚度和稳定性,构件比较单一,设计及施工都比较简单,可适用于跨度较大和不对称荷载较大的屋盖中。

为了增强结构刚度,单层筒网壳的端部一般都设置横向端肋拱(横隔),必要时,也可在中部增设横向加强肋拱。对于长网壳,还应在跨度方向边缘设置边桁架。

(2) 双层筒网壳

由于单层筒网壳在刚度和稳定性方面的不足，不少工程采用双层筒网壳结构。双层筒网壳结构的形式很多，常用的如图 11-57 所示。一般可按几何组成规律分类，也可按弦杆布置方向分类。

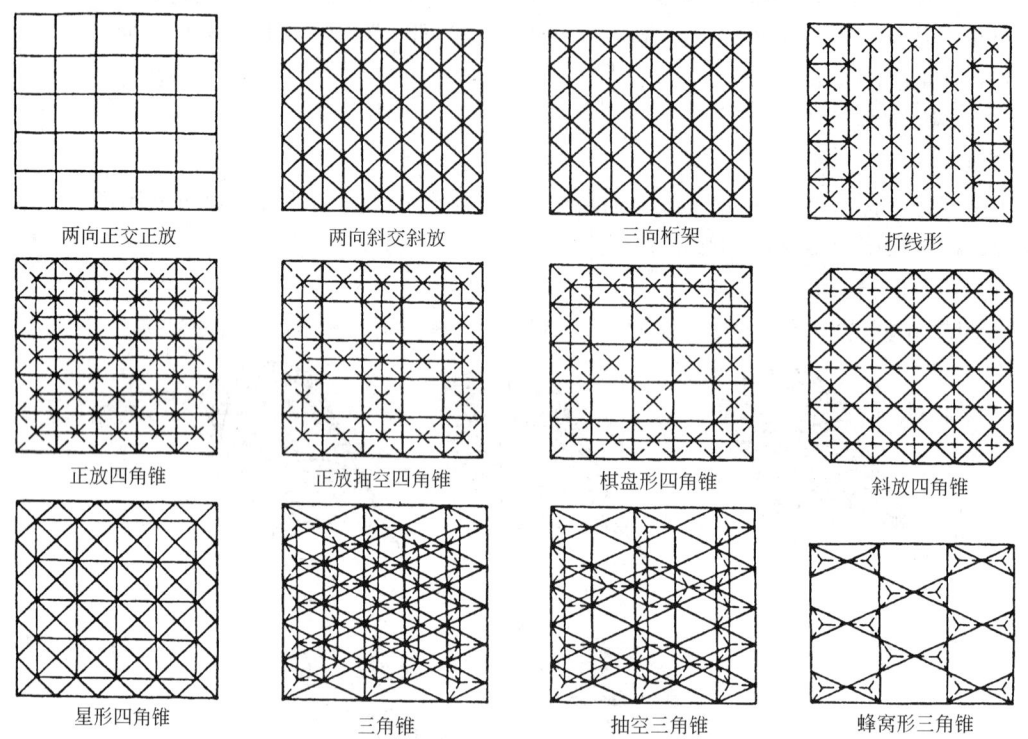

图 11-57　双层筒网壳

① 按几何组成规律分类

a. 平面桁架体系双层筒网壳

平面桁架体系双层筒网壳是由两个或三个方向的平面桁架交叉构成。图 11-57 中两向正交正放、两向斜交斜放、三向桁架就属于这一类结构。

b. 四角锥体系双层筒网壳

四角锥体系双层筒网壳是由四角锥按一定规律连接而成。图 11-57 中折线形、正放四角锥、正放抽空四角锥、棋盘形四角锥、斜放四角锥、星形四角锥网壳等都属于这一类结构。

c. 三角锥体系双层筒网壳

三角锥体系双层筒网壳是由三角锥单元按一规律连接而成。图 11-57 中三角锥、抽空三角锥、蜂窝形三角锥网壳等都属于这一类结构。

② 按弦杆布置方向分类

与平板网架一样，双层筒网壳主要受力构件为上、下弦杆。力的传递与上、下弦杆的走向直接关系，因此可按上、下弦杆的布置方向分成三类：

a. 正交类双层筒网壳

正交类双层筒网壳的上、下弦杆与网壳的波长方向正交或平行。图 11-57 中两向正交正放、折线形、正放四角锥、正放抽空四角锥网壳等属于这一类结构。

b. 斜交类双层筒网壳

斜交类双层筒网壳的上、下弦杆件与网壳的波长方向的夹角均小于或大于 90°，图 11-57 中只有两向斜交斜放网壳属于这一类结构。

c. 混合类双层筒网壳

混合类双层筒网壳的部分弦杆与网壳的波长方向正交、部分斜交。图 11-57 中除上述 6 种外，均属这一类结构。

从总体来看，根据双层筒网壳的几何外形及其支承条件，网壳结构的作用可看成为波长方向拱的作用与跨度方向梁的作用的组合，其内力分布规律及变形也与两铰拱相似。但由于各种形式的双层筒网壳杆件排列方式不一样，拱作用的表现也不一。

正交类网壳的外荷载主要由波长方向的弦杆承受，纵向弦杆的内力很小。很明显，结构是处于单向受力状态，以拱的作用为主，网壳中内力分布比较均匀，传力路线短。

斜交类网壳的上、下弦杆是与壳体波长方向斜交的，因此，外荷载也是沿着斜向逐步卸荷的，拱的作用不是表现在波长方向，而是表现在与波长斜交的方向。通常，最大内力集中在对角线方向，形成内力最大的"主拱"，主拱内上、下弦杆均受压。

混合类网壳受力比较复杂，对于斜放四角锥网壳、星形四角锥网壳，其上弦平面内力类似于斜交类网壳，而下弦内力分布却类似于正交类网壳。棋盘形四角锥网壳与它们相反，上弦内力分布与正交类网壳相似，下弦内力分布与斜交类网壳相似。三角锥类网壳以及三向桁架网壳的内力分布也有上述特点，即荷载向各个方向传递，结构空间作用明显。

(3) 筒网壳结构的受力特点

网壳结构的受力与其支承条件也有很大关系。网壳结构的支承一般有两对边支承或四边支承、多点支承等。

① 两对边支承

当筒网壳结构以跨度方向为支座时，即成为筒拱结构，推力解决方式同拱结构。

当筒网壳结构在波长方向设支座时，网壳以纵向梁的作用为主。

② 四边支承或多点支承

四边支承或多点支承的筒网壳结构可分为短壳、长壳和中长壳。筒网壳的受力同时有拱式受压和梁式受弯两个方面，两种作用的大小同网格的构成及网壳的跨度与波长之比有关。其中，短网壳的拱式受压作用比较明显，而长网壳表现出更多的梁式受弯特性，中长壳的受力特点则介于两者之间。由于拱的受力性能要优于梁，因此，在工程中一般都采用短壳。对于因建筑功能而要求必须采用长网壳结构时，可考虑在筒网壳纵向的中部增设加强肋，把长壳分隔成两个甚至多个短壳，充分发挥短壳空间多向抗衡的良好力学性能，以增强拱的作用。

2) 球网壳结构

（1）单层球网壳

单层球网壳的主要网格形式有以下几种。

① 肋环型网格

肋环型网格只有径向杆和纬向杆，无斜向杆，大部分网格呈四边形，其平面图酷似蜘蛛网，如图 11-58 所示。它的杆件种类少，每个节点只汇交四根杆件，节点构造简单，但节点一般为刚性连接。这种网壳通常用于中小跨度的穹顶。

② 施威特勒（Schwedler）型网格

施威特勒型网格由径向网肋、环向网肋和斜向网肋构成，如图 11-59 所示。其特点是规律性明显，内部及周边无不规则网格，刚度较大，能承受较大的非对称荷载，可用于大中跨度的穹顶。

③ 联方型网格

联方型网格由左斜肋与右斜肋构成菱形网格，两斜肋的夹角为 30°～50°，如图 11-60（a）所示；为增加刚度和稳定性，也可加设环向肋，形成三角形网格，如图 11-60（b）所示。联方型网格的特点是没有径向杆件，规律性明显，造型美观，从室内仰视，像葵花一样。其缺点是网格周边大，中间小，不够均匀。联方型网格网壳刚度好，可用于大中跨度的穹顶。

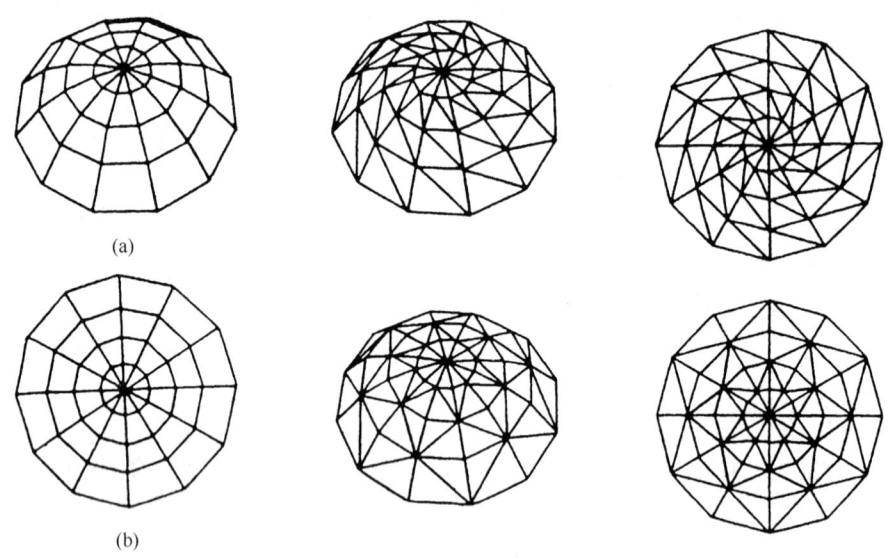

图 11-58　肋环型网格
(a) 透视图；(b) 平面图

图 11-59　施威特勒型网格

④ 凯威特（Kiewitt）型网格

凯威特型网格是先用 n 根（n 为偶数，且不小于 6）通长的径向杆将球面分成 n 个扇形曲面，然后在每个扇形曲面内用纬向杆和斜向杆划分成比较均匀的三角形网格。在每个扇区中各左斜杆相互平行，各右斜杆也相互平行，故亦称为平行联方型网格。这种网格由于大小均匀，避免了其他类型网格由外向内大小不均的缺点，且内力分布均匀、刚度好，故常用于大中跨度的穹顶中（图 11-61）。

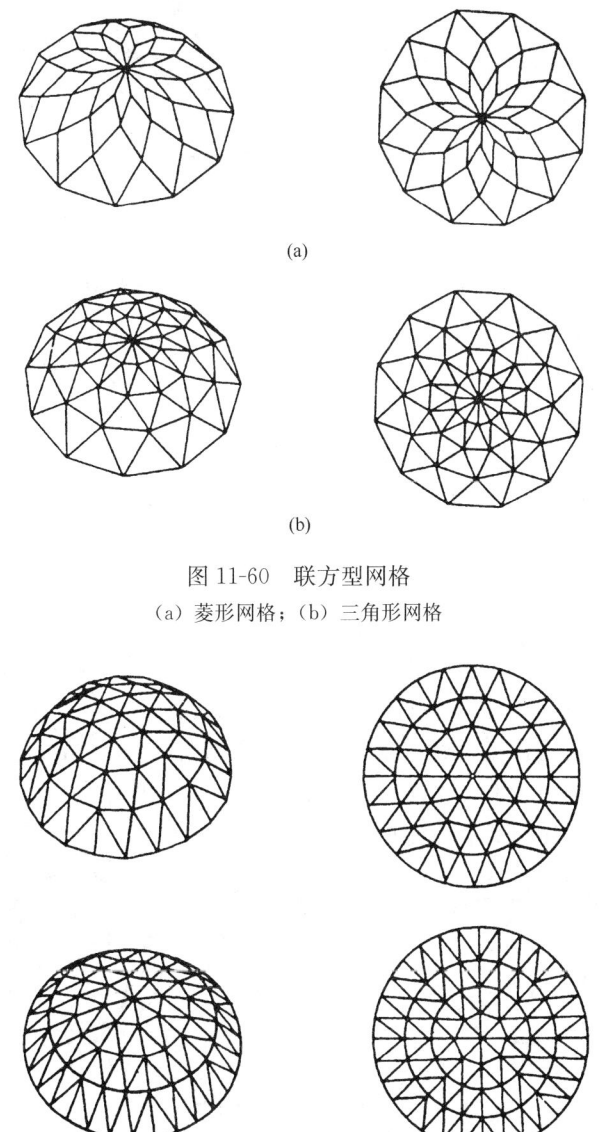

图 11-60 联方型网格
(a) 菱形网格；(b) 三角形网格

图 11-61 凯威特型网格

⑤ 三向型网格

由竖平面相交成 60° 的三族竖向网肋构成，如图 11-62 所示。其特点是杆件种类少，受力比较明确。可用于中小跨度的穹顶。

⑥ 短程线型网格

这种网壳的网格划分由前人研究结果证明，球面最多能划分出 20 个相同的等正三角形，这就是大家所熟知的 20 面体。这 20 面体由 20 个等正三角形组成。而正三角形的顶点，即每边的顶点可以内接在一个球面内，但不能外切于一个同心球面上。由此而知这 20 面体的正三角形是具有边长相等和等立体角的 20 个球面正三

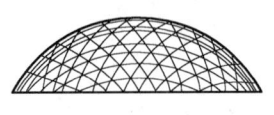 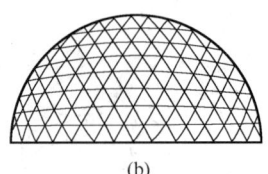

图 11-62 三向型网格
(a) 立面图；(b) 平面图

角形，可以组成一个完整的球面。

它是以一个正 20 面体的小三角形边长对相向半径球体的投影为基础。所谓短程线型，是将球面三角形可展开布置不同的网格图形，每个球面三角形内部可作等弧长划分，或用其他方法来划分。这样的划分方法，两点之间的距离为最短，故称为短程线法。这是杆长规格最少且杆长最短的球壳网格（图 11-63a）。但该网格的边长为 $0.5257D$（D 为球的直径），杆长太大，在建筑工程中并不实用，而要把这些球面正三角形再完全等分成更小的球面正三角形又不可能，因此，以后只能根据弧长相等的原则进行二次划分（图 11-63b），所得到的网格称为短程线型网格。二次划分的次数称为短程线型网格的频率。通过不同的划分方法，可以得到三角形、菱形、半菱形、六角形等不同的网格形式。二次划分后的所有小三角形虽不完全相等，但相差甚微（图 11-63c）。因此，短程线型网格规整均匀，杆件和节点种类在各种球面网壳中是最少的，适合于在工厂大批量生产。短程线型网格穹顶受力性能好，内力分布均匀，传力路线短，而且刚度大，稳定性能好，因此具有良好的应用前景。从受力角度来看，经向拉力传递不直接，这就要求节点做法具有一定的刚性。

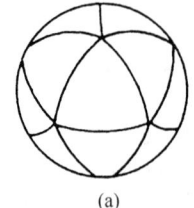 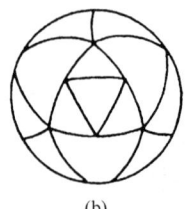 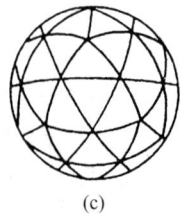

图 11-63 短程线型网格

图 11-64 为北京东城区少年宫气象厅和潍坊艺海大厦屋顶水箱网壳划分示意。

⑦ 双向子午线网格

双向子午线网格是由位于两组子午线上的交叉杆件所组成，如图 11-65 所示。它的所有杆件都是连续的等曲率圆弧杆，所形成的网格均接近方形且大小接近。该结构用料节省，施工方便，是经济有效的大跨度空间结构之一，已被广泛采用。

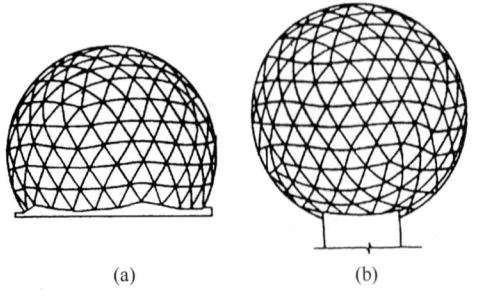

图 11-64 单程短程线型网格
(a) 北京东城区少年宫气象厅；
(b) 潍坊艺海大厦屋顶水箱

（2）双层球网壳

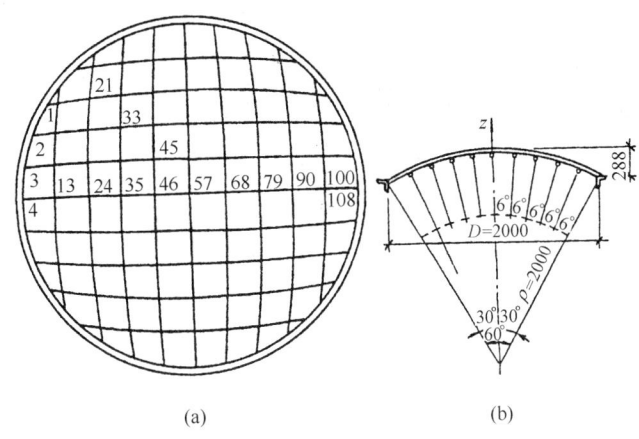

图 11-65　双向子午线网格
(a) 平面图；(b) 剖面图

① 双层球网壳的形成

当跨度大于 40m 时，不管是从稳定性还是从经济性的方面考虑，双层网壳要比单层网壳好得多。双层球壳是由两个同心的单层球面通过腹杆连接而成。各层网格的形成与单层网壳相同，对于肋环型、施威特勒型、联方型、凯威特型和双向子午线型等双层球面网壳，通常都选用交叉桁架体系。三向网格型和短程线型等双层球面网壳，一般均选用角锥体系。凯威特型和有纬向杆的联方型双层球面网壳也可选用角锥体系。短程线型的双层球面网壳，根据内、外层球面上网格划分形式的不同，可以得到多种形式，最常见的两种连接形式如图 11-66 所示。第一种是内、外两层节点不在同一半径延线上，如外层节点在内层三角形网格的中心上，则可以形成六边形和五边形、内三角形的划分（图 11-66a）。第二种是内、外两层节点在同一半径延线上，实际上是两个划分完全相同但大小不等

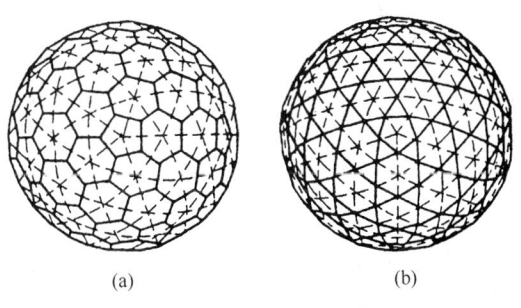

图 11-66　双层球网壳

的单层网壳通过腹杆连接而成，图 11-66（b）是抽掉部分外层节点时的情形。

北京科技馆穹幕影院为一个内径 32m、外径 35m、高 25.5m 的 3/4 双层球网壳，内层采用 6 分频划分的完整的短程线穹顶，外层则是内层径向延伸并抽掉一部分外层杆件和节点形成六边形与五边形组合的图案（图 11-67）。

② 双层球网壳的布置

已建成的双层球网壳大多数是等厚度的，即内、外两层壳面是同心的。但从杆件内力分布来看，一般情况下，周边部分的杆件内力大于中央部分杆件的内力。因此，在设计时，为了使网壳既具有单双层网壳的主要优点，又避免它们的缺点，既不受单层网壳稳定性控制，又能充分发挥杆件的承载力，节省材料，可采用变厚度或局部双层网壳。其主要形式有以下几种：

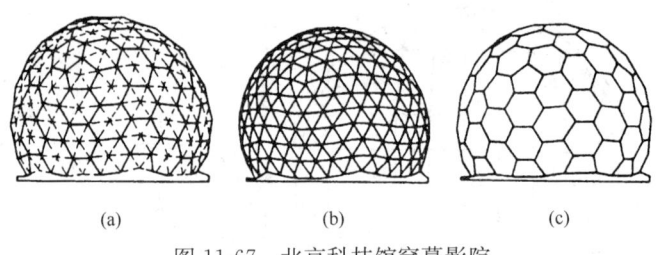

图 11-67 北京科技馆穹幕影院
(a) 总体；(b) 内层；(c) 外层

a. 从支承周边到顶部，网壳的厚度均匀地减少（图 11-68a）；
b. 网壳的下部为双层，顶部为单层；
c. 网壳的大部分为单层，仅在支承区域为双层（图 11-68b）；
d. 在双层等厚度网壳上大面积抽空布置。

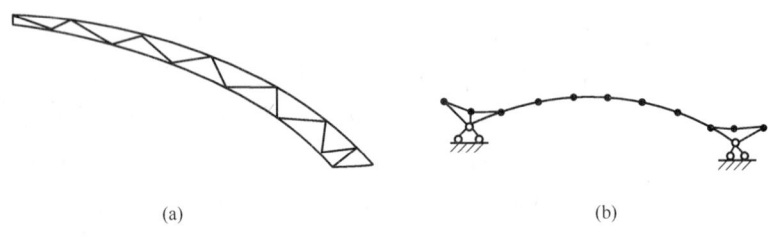

图 11-68 球网壳厚度变化

(3) 球网壳结构的受力特点

球网壳是格构化的球壳，其受力状态与球壳的受力相似，网壳的杆件为拉杆或压杆。球网壳的底座一般设置环梁，以便增强结构的刚度。随网壳支座约束的增强，球网壳内力逐渐均匀，且最大内力也相应减少，同时，整体稳定系数也不断提高。为增大刚度，单层球网壳也可再增设多道环梁，环梁与网壳节点用钢管焊接。

为使球网壳的受力符合薄膜理论，球网壳应沿其边缘设置连续的支承结构。否则，在支座附近，应力向支座集中，内力分布将会与薄膜理论有较大出入。

3) 扭网壳结构

扭网壳为双向直纹曲面，壳面上每一点都可作两根互相垂直的直线，这是其最大特点。因此，扭网壳可以采用直线杆件直接形成，采用简单的施工方法就能准确地保证杆件按壳面布置。由于扭网壳为负高斯曲壳，可避免其他扁壳所具有的聚焦现象，能产生良好的室内声响效果。扭壳造型轻巧活泼，适应性强，很受建筑师和业主的欢迎。

(1) 单层扭网壳

单层扭网壳杆件种类少，节点连接简单，施工方便。单层扭网壳按网格形式的不同，有正交正放网格和正交斜放网格两种（图 11-69）。

图 11-69 (a)、图 11-69 (b) 所示杆件沿两个直线方向设置，组成的网格为正交正放。在实际工程中，一般都在第三个方向再设置杆件，即斜杆，从而构成三角形网格。图 11-69 (a) 所示为全部斜杆沿曲面的压拱方向布置，图 11-69

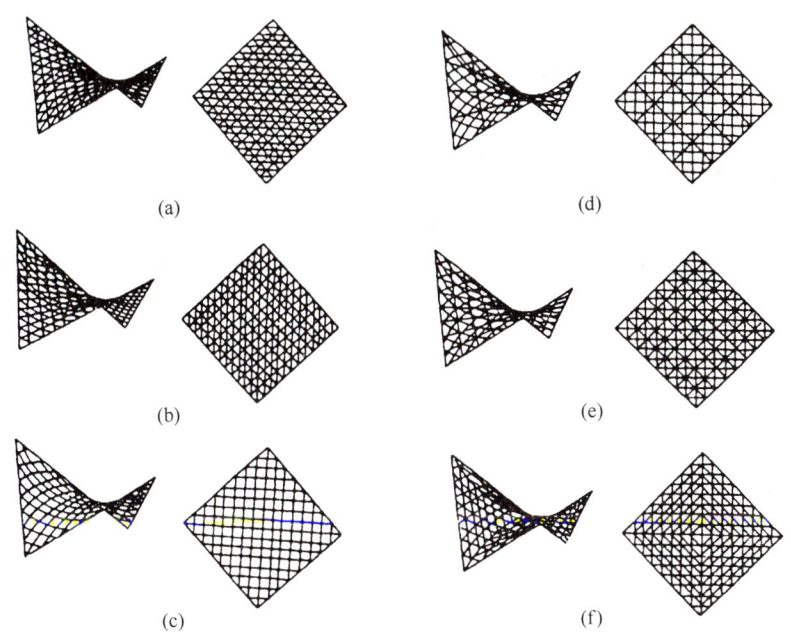

图 11-69 单层扭网壳

(b) 所示为全部斜杆沿曲面的拉索方向布置。这两种形式应用较多。

图 11-69 (c) 所示为杆件沿曲面最大曲率方向设置,组成的网格为正交斜放。此时,杆件受力最直接。但其中由于没有第三方向的杆件,网壳平面内的抗剪切刚度较差,对承受非对称荷载不利。改善的办法是在第三方向全部或局部地设置直线方向的杆件,如图 11-69 (d)、(e)、(f) 所示。

(2) 双层扭网壳

双层扭网壳结构的构成与双层筒网壳结构相似。网格的形式与单层扭网壳相似,也可分为两向正交正放网格和两向正交斜放网格 (图 11-70)。为了增强结构的稳定性,双层扭网壳一般都设置斜杆形成三角形网格。

① 两向正交正放网格的扭网壳

两组桁架垂直相交且平行或垂直于边界。这时,每榀桁架的尺寸均相同,每榀桁架的上弦为一直线,节间长度相等。这种布置的优点是杆件规格少,制作方便。缺点是体系的稳定性较差,需设置适当的水平支撑及第三向桁架来增强体系的稳定性并减少网壳的垂直变形,而这又会导致用钢量的增加。

② 两向正交斜放网格的扭网壳

两组桁架垂直相交但与边界成 45°斜交,两组桁架中,一组受拉(相当于悬索受力),一组受压(相当于拱受力),充分利用了扭壳的受力特性。并且上、下弦受力同向,变化均匀,形成了壳体的工作状态。这种体系的稳定性好,刚度较大,不需设置较多的第三向桁架,但桁架杆件尺寸变化多,给施工增加了一定的难度。

(3) 扭网壳结构的受力特点

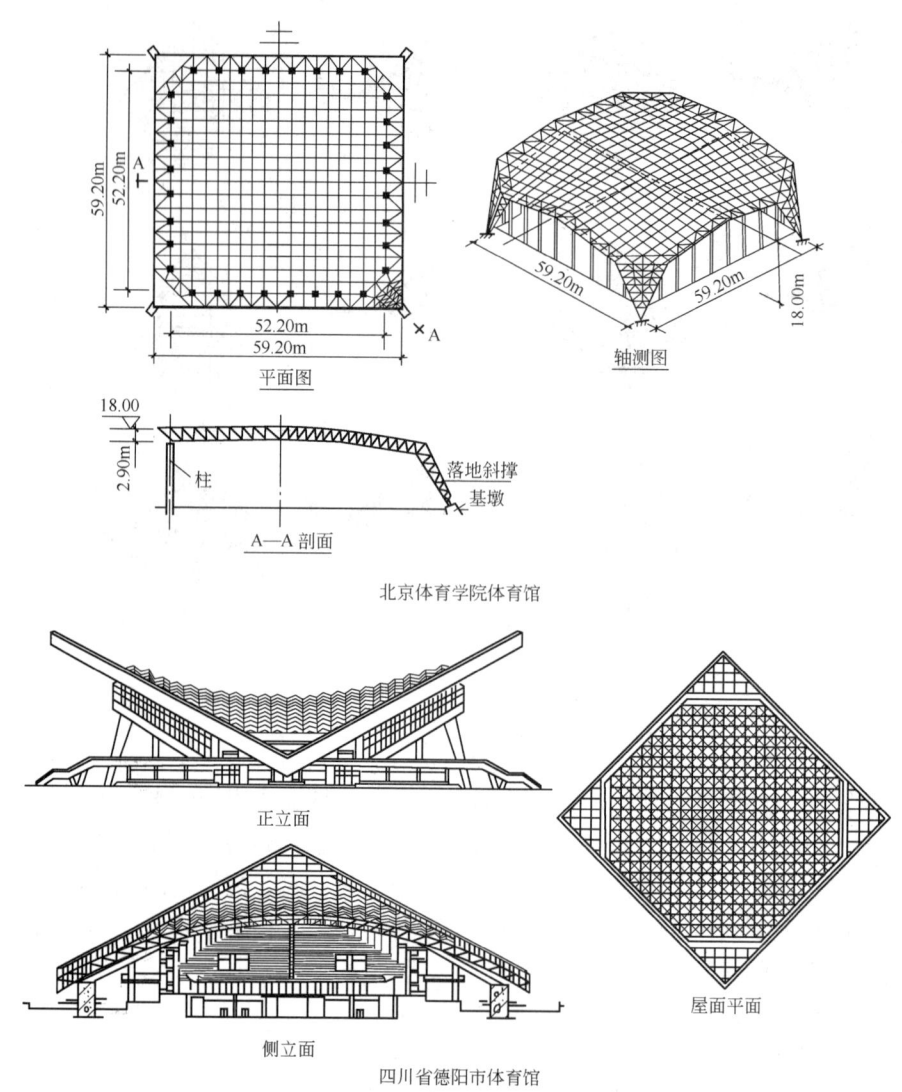

图 11-70 双层扭网壳

扭网壳结构的受力与双曲抛物面壳类似，是格构化的扭壳。

单层扭网壳本身具有较好的稳定性，但在其平面外刚度较小，在扭壳的周边，布置水平斜杆，以形成周边加强带，可提高抗侧能力。

另外，控制扭网壳的挠度是设计中的关键，采取屋脊处设加强桁架，能明显地减少屋脊附近的挠度，但随着与屋脊距离的增加，加强桁架的影响则下降。因此，在屋脊处设加强桁架只能部分地解决问题。

扭网壳的支承考虑到其脊线为直线，会产生较大的温度应力，应采用橡胶支座，放松水平约束。为抵抗网壳的水平推力，可在相邻柱间设拉杆或做落地斜撑。

7. 网壳的尺度

1) 网格尺寸

网格数或网格尺寸，对于网壳的挠度影响较小，而对用钢量影响较大，网格尺寸越大用钢量越省，但网格尺寸太大，不利于杆件的稳定，网格尺寸太小会增加用钢量和安装费。选定网格尺寸时宜与屋面板模数相协调。网格尺寸还必须保证与网壳厚度有适合的比例，使腹杆与弦杆之间的夹角在 40°～55°之间。

2) 网壳的矢高与厚度

矢跨比对建筑体型有直接影响，也是影响网壳结构内力的主要因素之一。矢跨比越大，网壳表面积越大，屋面材料及用钢量增加，室内空间大，使用期间能耗大，但可减少推力，降低下部结构的造价；矢跨比越小，材料消耗量相应减少，但侧推力增加，从而提高了下部结构的造价，柱面网壳的矢跨比可取 1/8～1/4，单层柱面网壳的矢跨比宜大于 1/5，球面网壳的矢跨比一般取 1/7～1/2。

双层网壳的厚度取决于跨度、荷载大小、边界条件及构造要求，它是影响网壳挠度和用钢量的重要参数。厚度小时，结构的空间作用较强，上下层杆件内力分布比较均匀，用钢量小，但当跨度大、荷载大、承受非对称荷载或有悬挂吊车及支承点较少时，网壳厚度应取大一些。影响网壳结构矢高与厚度的主要因素是跨度。一般来说，跨度越大，越能发挥网壳的优越受力性能，可以充分发挥材料的强度作用，并可减少柱和边缘构件用量。但是，对于跨度要求不严格的建筑，宜尽量将大跨度的建筑平面分割为中小跨度的柱网并采用多跨连续的网壳结构，以减少造价。

8. 工程实例

国家大剧院总建筑面积约 15 万 m^2，由中心建筑、北侧建筑、南侧建筑三部分组成，覆盖在一个长 212.2m、宽 143.64m、高 46.285m 的超级椭球体钢网壳内（图 11-71a、c）。其椭球体屋盖，分为顶部结构和下部结构，顶部结构由钢管环梁、箱型梁、短轴钢板梁架、长轴 H 型钢梁架、钢管连系杆等组成。下部结构是由径向等弦布置的 148 榀主构架和 42 道环向内外布置的双层系杆构成空间网壳结构，整个壳体由 4 片在上下弦布置的斜撑（图 11-71d、e）分为 4 个区域，同时增强了结构主体的抗扭性能。主构架下端支承在钢筋混凝土圈梁上，上端支承在钢内环梁上，是长度为 76～98m、底部宽度 4m、顶部宽度 2m 的弧形桁架，短轴桁架由 200mm×60mm 的钢板拼焊而成，长轴桁架由 H 型钢焊接而成；短轴环向系杆由 ϕ195×5mm 钢管和铸钢造型件构成，长轴环向系杆 ϕ140～194×8mm 钢管和套筒件组成（图 11-71b、e、f）。钢壳体主要钢材为 Q345D，总用钢量约 6750t。

(a)   (b)

图 11-71 国家大剧院（一）

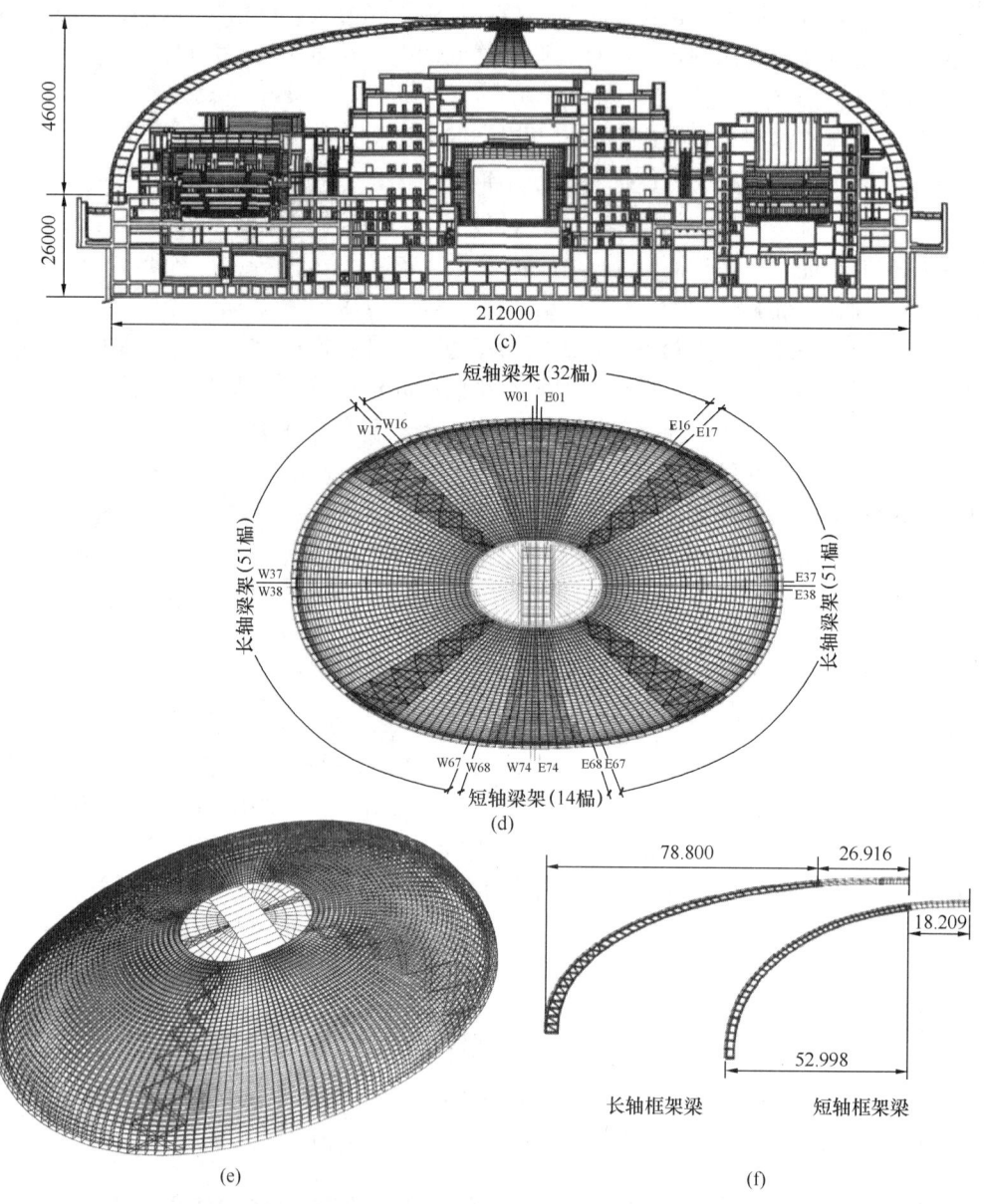

图 11-71 国家大剧院（二）

11.7 悬索结构

悬索是以一系列受拉的索作为主要承重构件，这些索按一定规律组成各种不同形式的体系，并悬挂在相应的支承结构上。悬索一般采用由高强钢丝组成的高强钢丝束、钢绞线或钢丝绳，也可采用圆钢筋、带钢或薄钢板等材料。

1. 悬索结构的特点

1) 悬索结构的优点

(1) 悬索结构受力合理，用料经济。当采用高强材料时，更可大大减轻结构自重，因而可以较经济地跨越很大的跨度。根据对国外悬索屋盖所做的统计，当结构跨度不超过160m时，每1m² 屋盖的钢索用量一般在10kg以下。但悬索体系的支承结构往往需要耗费较多的材料，其用钢量均超过钢索部分。国内外的许多悬索工程实践说明，只要做到合理设计与施工，悬索结构完全可以取得好的综合经济效益。

(2) 施工便捷、施工设施简单。由于钢索自重很小，索的架设安装利用简便的施工机具便可完成，不需要大型起重设备和搭设大量脚手架，也不需要模板，还可利用架设好的钢索安装屋面材料。

(3) 适应性强，造型美观。悬索结构适应于各种建筑平面和外形轮廓。利用曲线索，采用不同的支承形式，可方便地创造出各种新颖独特的建筑造型，是建筑师们乐于采用的一种结构形式。

(4) 与桁架、刚架、拱和网架等常规结构相比，悬索结构的工作性能有以下特点：

① 悬索的荷载与位移、荷载与索力的关系曲线呈非线性，是动态变化的，计算悬索要采用几何非线性理论。

② 悬索是一种可变体系，其平衡形式随荷载分布方式而变化。悬索抵抗机构性位移的能力就是悬索的形状稳定性，它与悬索的张紧程度有关。为使悬索结构具有足够的形状稳定性，应在悬索体系内建立适当的预应力，使悬索绷紧。

2) 悬索结构的缺点

悬索存在动荷载下的共振问题及不能承受反向荷载的弱点。

2. 悬索结构的分类

悬索结构形式极其丰富多彩，根据几何形状、组成方法、悬索材料以及受力特点等不同因素，可有多种不同的划分。按组成方法和受力特点，可分为以下类型。

1) 单层悬索体系

单层悬索体系由一系列、按一定规律布置的单根悬索组成，悬索两端锚挂在稳固的支承结构上。

(1) 结构方案

有平行布置、辐射式布置和网状布置三种结构方案形式。

① 平行布置

平行布置的单层索系形成下凹的单曲率曲面，适应于矩形或多边形的建筑平面，可用于单跨和多跨以上的建筑（图11-72）。悬索两端可以等高，也可以不等高，依建筑造型和使用要求而定。

合理可靠地解决水平力的传递是悬索结构设计中的重要问题，索的水平力不外乎是采用闭合的边缘构件、支承框架或地锚等承受。图11-72表示了各种不同的悬索支承体系。

② 辐射式布置

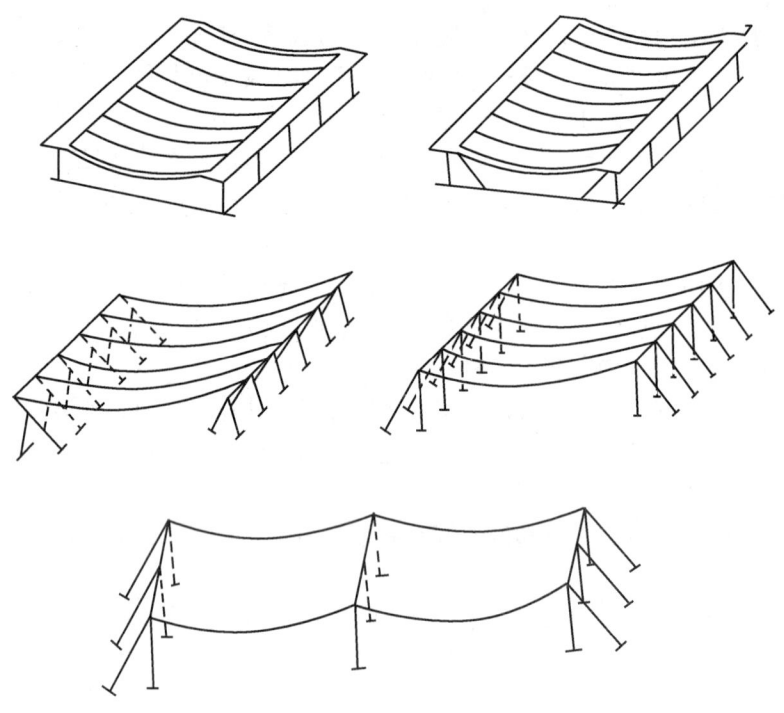

图 11-72　平行单层悬索体系

单索辐射式布置形成下凹的双曲率蝶形屋顶，适用于圆形、椭圆形平面（图 11-73a）。显然下凹的屋面不便于排水。当房屋中容许设支柱时，利用支柱升起为悬索提供中间支承，做成伞形屋面（图 11-73b），以利于排水。辐射式布置的单层索系中，要在圆形平面的中央设置中心环；在外围设置外环梁。索的一端锚在中心环上，另一端锚在外环梁上。在索的拉力水平分量作用下，内环受拉，外环受压；内环、悬索、外环形成一自平衡体系。悬索拉力的竖向分力不大，由外环梁传到下部的支承柱。在这一体系中，受拉内环采用钢制。受压外环一般采用钢筋混凝土结构，材尽其用，经济合理，因而辐射式布置的单层索系可比平行索系做到较大跨度。

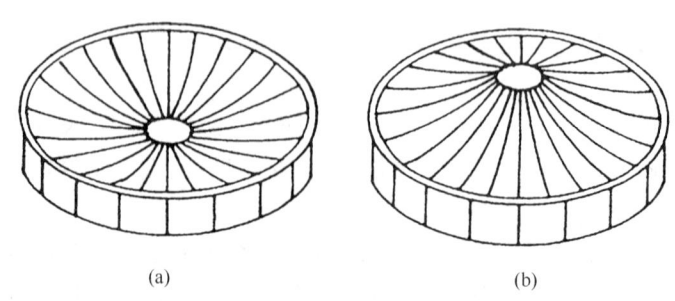

(a)　　　　　　　　(b)

图 11-73　辐射式布置单层悬索体系

③ 网状布置

网状布置的单层索系形成下凹的双曲率曲面。两个方向的索一般呈正交布置，可用于圆形、矩形等各种平面，用于圆形平面时，与辐射式布置相比，省去了中心拉环（图11-74）。网状布置的单层索系屋面板规格较统一，但边缘构件的弯矩大于辐射式布置。

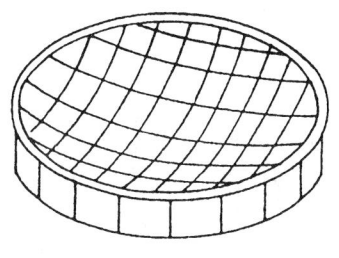

图 11-74 网状布置单层悬索体系

(2) 受力特点

仅有一系列下凹的单层柔索组成的悬索体系，其工作性能与单索相似，属几何可变，所以形状稳定性不好。一方面，索系在局部荷载作用下会产生较大的机构性位移；另一面，索系的抗风能力也很差。

提高单层索系形状稳定性的做法一般可以采用重屋面，利用较大的均布荷载使悬索始终保持较大的张紧力，以加强维持其原始形状的能力，或使整个屋面形成一个预应力混凝土薄壳，以加强这种屋盖的稳定性和改善它的工作性能。另一种办法是设置横向加劲梁或加劲桁架，形成所谓的索梁体系或索桁体系，这些构件使原来单独工作的悬索连接成整体，与悬索共同承受外荷，改善了整个屋盖的受力性能。

2) 预应力双层悬索体系

双层悬索体系是由一系列下凹的承重索和上凸的稳定索以及它们之间的连系杆（拉杆或压杆）组成，图11-75表示双层索系的几种一般形式。一般连系杆的内力不大，采用圆钢、方钢、角钢等均可。

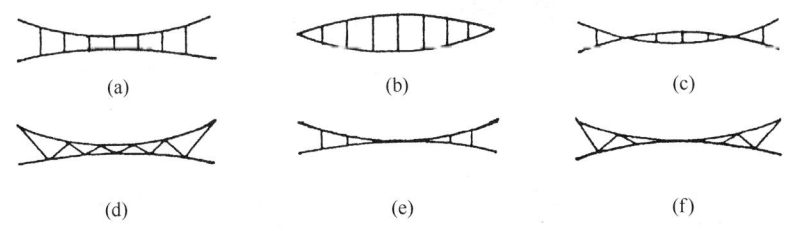

图 11-75 双层悬索体系的一般布置

(1) 结构方案

在竖向关系上，承重索可以在稳定索之上（图 11-75a）或之下（图 11-75b），也可相互交错（图11-75c）。相互交错时，可减小屋盖结构所占空间。承重索与稳定索在跨中可以相连（图11-75e、f）或不相连。在对称均匀分布荷载作用时，跨中相连与否，索系的工作性能没有区别。在不对称荷载作用下，跨中相连的索系具有较大的抵抗不对称变形的能力。两组索之间的连系杆可以竖向布置或斜向布置，连系杆斜向布置的索系具有较大抵抗不对称变形的能力。

在平面关系上，承重索、稳定索和连系杆一般布置在同一竖向平面上，由于其外形和受力特点类似于承受横向荷载的传统平面桁架，又常称为索桁架。承重索和稳定索也可相互错开布置,而不位于同一竖向平面,这种布置形成的波形屋面便于屋面排水(图11-76)。

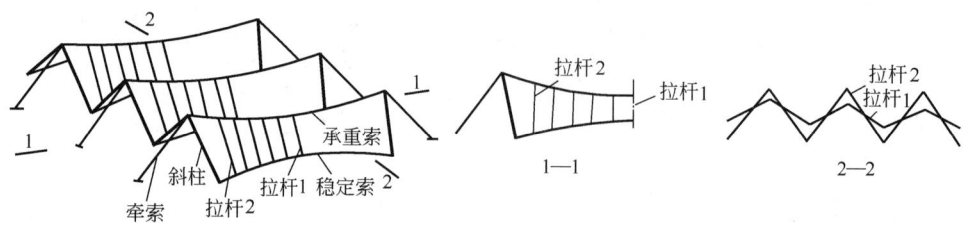

图 11-76　承重索和稳定索相互错开布置

与建筑平面相适应,双层索系也有平行布置、辐射式布置和网状布置三种形式(图11-77)。

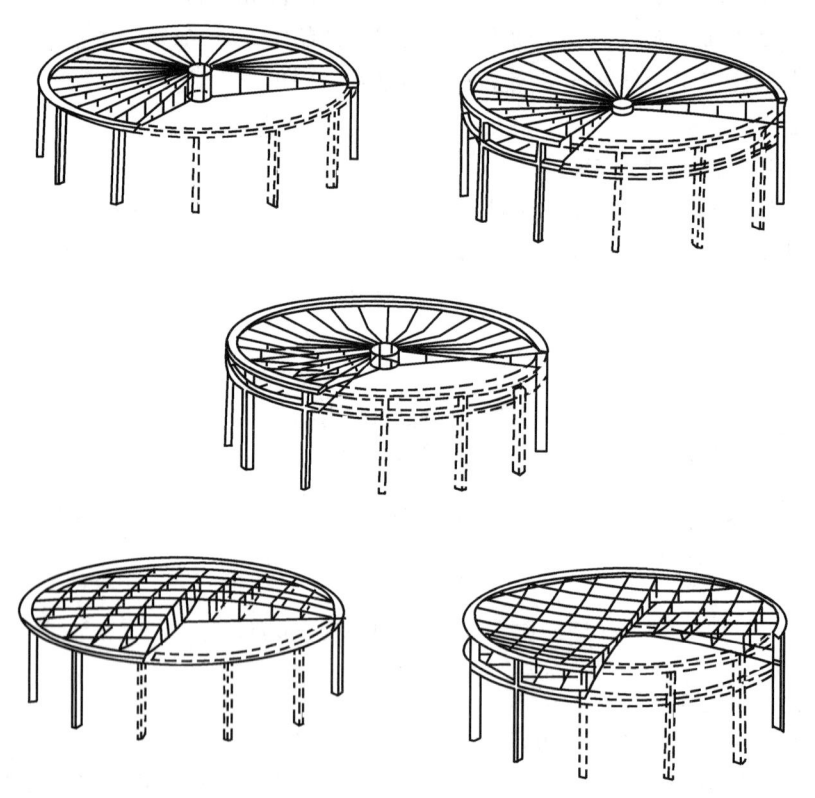

图 11-77　双层索系布置方式

平行布置的双层索可用于矩形、多边形建筑平面,并可用于单跨、双跨及多跨。双层索系的承重索与稳定索要分别锚固在稳固的支承结构上,支承结构形式与单层索体系基本相同。

辐射式布置的双层索系可用于圆形、椭圆形建筑平面。为解决双层索在圆形平面中央的汇交问题。在圆心处通常要设置受拉内环，双层索一端锚挂于内环上，另一端锚挂在周边的受压外环上。根据所采用的索桁架形式不同，对应承重索和稳定索可能要设置两层外环梁或两层内环梁。

(2) 受力特点

双层悬索体系中，设置了相反曲率的稳定索及相应的连系杆，不仅能够有效地抵抗风吸力作用，而且可以对体系加预应力。通过张拉承重索或稳定索，或对它们都施行张拉，均可使索系绷紧，在承重索和稳定索内保持足够的预拉力，以使索系具有必要的形状稳定性。此外，由于存在预应力，稳定索能与承重索一起抵抗竖向荷载作用，从而使整个体系的刚度得到提高。采用预应力双层索系是解决悬索屋盖形状稳定性问题的一个十分有效的途径。预应力双层索系具有良好的结构刚度和形状稳定性，因此可以采用轻屋面，如石棉板、纤维水泥板、彩色涂层压型钢板及高效能的保温轻质材料。此外，双层悬索体系还具有较好的抗震性能。

3) 预应力鞍形索网

鞍形索网是由相互正交、曲率相反的两组钢索直接叠交而形成一种负高斯曲率的曲面悬索结构。两组索中，下凹的承重索在下，上凸的稳定索在上，两组索在交点处相互连接在一起，索网周边悬挂在强大的边缘构件上，图 11-78 给出了几种常见的鞍形索网形式。

(1) 结构方案

如把预应力鞍形索网视为一张网式蒙皮，则它可以覆盖任意平面形状，绷紧并悬挂在任意空间的边缘构件上，形成各式各样的鞍形索网结构。索网的边缘构件可根据建筑要求选取各种结构形式和做各种灵活布置。归纳起来，常见的边缘构件形式有如下几类：

① 闭合空间曲梁

圆形或椭圆形平面的双曲抛物面索网多采用这种形式（图 11-78a），空间曲梁的轴线是双曲抛物面与圆柱面或椭圆柱面的相截线，空间曲梁可设支柱支承。索网的两组索力水平分量由闭合空间曲梁承受，并形成自平衡体系。采用这种边缘构件，因索的水平力不下传，下部支承结构和基础设计均得以简化。

② 空间框架

菱形平面双曲抛物面索网的边缘构件，即为由直梁组成的空间框架（图 11-78b）。与空间曲梁相比，空间框架在索的拉力作用下，将产生很大弯矩，因此不如空间曲梁受力合理。同时，还会产生框架高端向索网跨中内移和框架低端外推的内力和变形，从而给下部支承结构的设计带来麻烦。因此，在实际悬索结构中，这种形式很少应用。

③ 拱

图 11-78（c）、(d)、(e) 采用了拱作边缘构件。由于拱主要以轴向压力抵抗外荷作用，因此以拱作为鞍形索网的边缘构件比较合理。

鞍形索网采用两个倾斜的大拱作为边缘构件的工程实例较多，此时，索网不

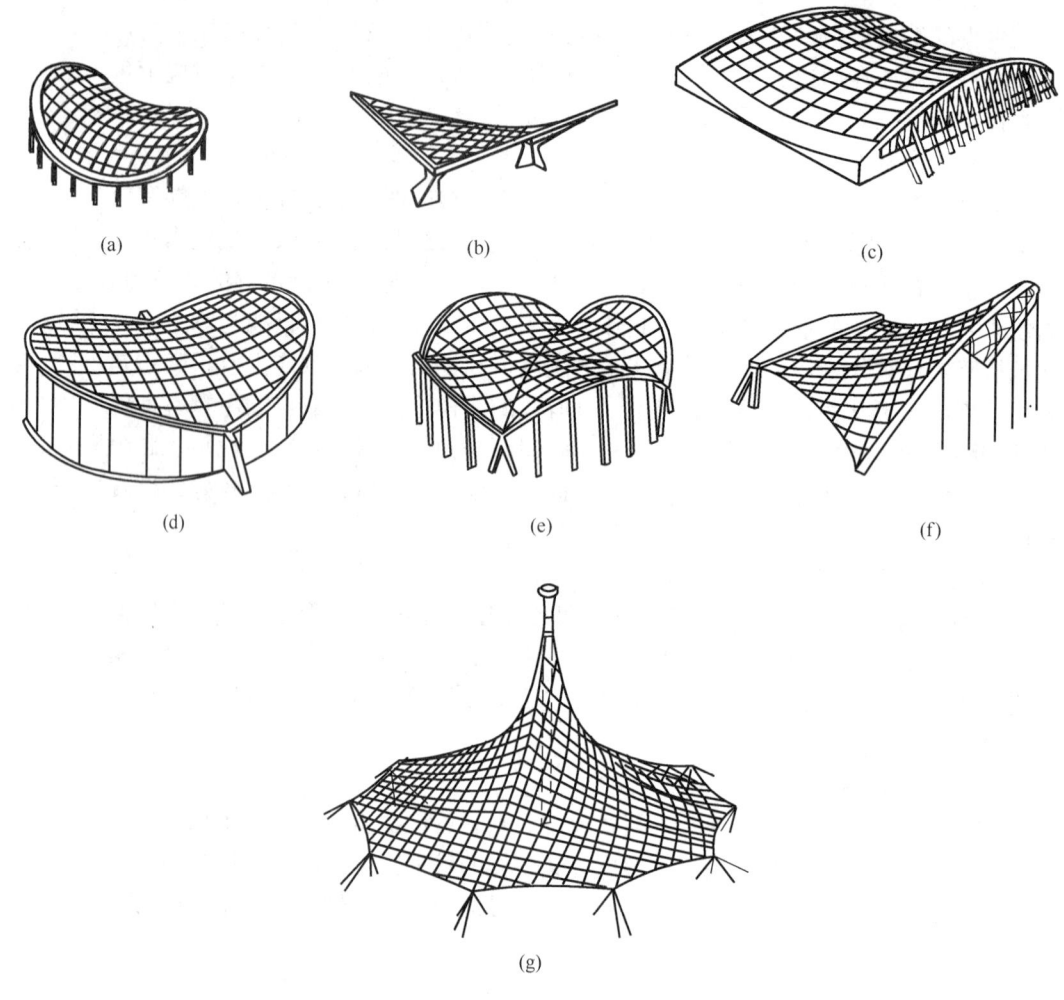

图 11-78 预应力鞍形索网

再是双曲抛物面。两个倾斜拱的轴线一般采用平面抛物线。两拱交叉或不交叉以及交叉点的位置均要结合建筑要求确定。

④ 柔性边缘构件——边界索

图 11-78（f）、（g）所示的索网均采用了柔性的边缘构件——边界索。图 11-78（f）所示索网采用柔性与刚性的混合边缘构件；图 11-78（g）所示为由若干片鞍形索网组成的帐篷式结构，帐篷中间立一桅杆柱，索网在里侧连于由桅杆吊挂下来的主索上；索网外侧与边界索相连，边界索再与锚在地面上的若干支架相连。边界索实际是一种受拉型的边缘构件，一般采用粗大截面的钢丝绳，并须施以很大的预应力。由柔性边界索组成的索网，上面以透明的涂层纤维织物覆盖，自重很轻，在国外，广泛应用于大跨度的永久性建筑。

(2) 受力特点

鞍形索网的工作原理与双层索系相同，但作为空间结构，其受力分析要比双层索系复杂。

与双层悬索体系一样，对鞍形索网也必须进行预张拉。由于两组索的曲率相反，因此可以对其中任意一组或同时对两组索进行张拉，在索网中建立预应力。

另外，因柔性悬索不能抗弯、抗压，因此为改进这一缺点而出现了一些结合体系。如劲性索结构、横向加劲单层索系与索拱体系，将两片或以上的悬索体系和强大的中间支承结构组合在一起，还可形成各种组合悬索结构。

3. 悬索结构的尺度

悬索结构的尺度主要是承重索的垂跨比与稳定索的拱跨比，其各体系适宜的尺度如表 11-8。

悬索结构的尺度　　　　　　　　　表 11-8

类　　别	承重索垂跨比	稳定索拱跨比
单 层 索 系	$\frac{1}{20} \sim \frac{1}{10}$	—
双 层 索 系	$\frac{1}{20} \sim \frac{1}{15}$	$\frac{1}{30} \sim \frac{1}{20}$
鞍 形 索 网	$\frac{1}{20} \sim \frac{1}{10}$	$\frac{1}{30} \sim \frac{1}{15}$

4. 工程实例

浙江省人民体育馆（图 11-79）的屋面为双曲面交叉索网结构，也称鞍形索网结构。比赛大厅为椭圆形平面，椭圆长轴长 80m，短轴长 60m，可容纳 5420 人。

索网由 6 股 7Φ（4~12）高强钢绞线组成，见图 11-79（a）。长轴方向为下凹的承重主索，中间一根索的垂度为 4.4m，相当于 $L_1/8$（L_1 为长轴长），索间距 1m。短轴方向为上凸的稳定索，为副索；中间一根索的拱度为 2.6m，相当于 L_2/L_3（L_2 为短轴长），索间距 1.5m。承重索与稳定索均施加预应力，使互相张紧构成双曲鞍形索网，它的刚度大，稳定性好。承重索与稳定索的连接见图 11-80。

边缘构件为一钢筋混凝土空间曲线形环梁（$b \times h = 2000mm \times 800mm$），环梁截面形心的高差为 7m。呈椭圆形的扁平环梁能抵抗索网的水平拉力，与此同时，为了减小环梁所受的弯矩，在每根稳定索的支座处增设水平拉杆，直接承受水平拉力，并在平面的对角方向增设了交叉索，以增强环梁在水平面内的刚度。环梁支承在 44 根不同高度的立柱上，既可减少空间曲线形环梁所受的弯矩，又限制了环梁在水平方向的变形。

屋面和吊顶做法见图 11-81（a），若要将屋面板换成混凝土或轻质混凝土屋面板，则构造做法见图 11-81（b）。

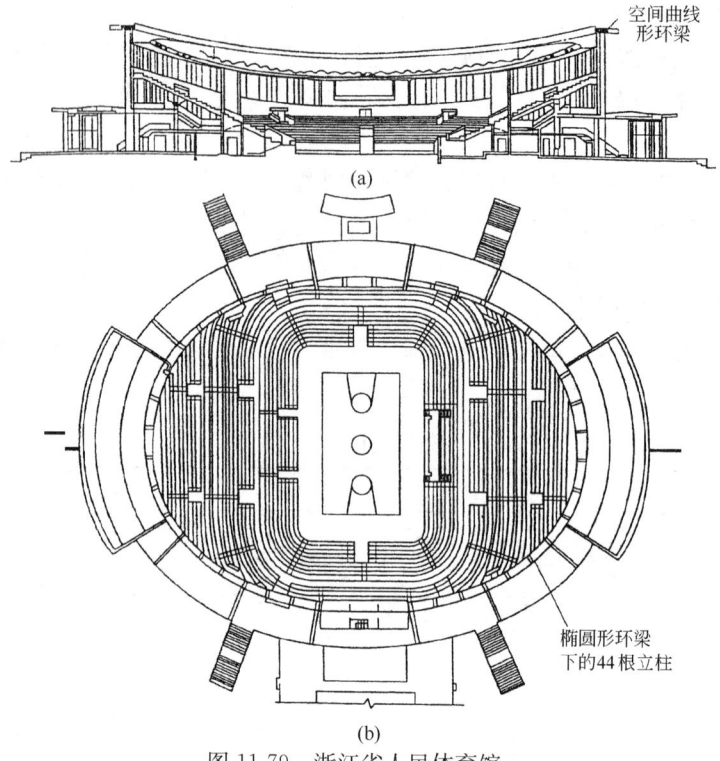

图 11-79 浙江省人民体育馆

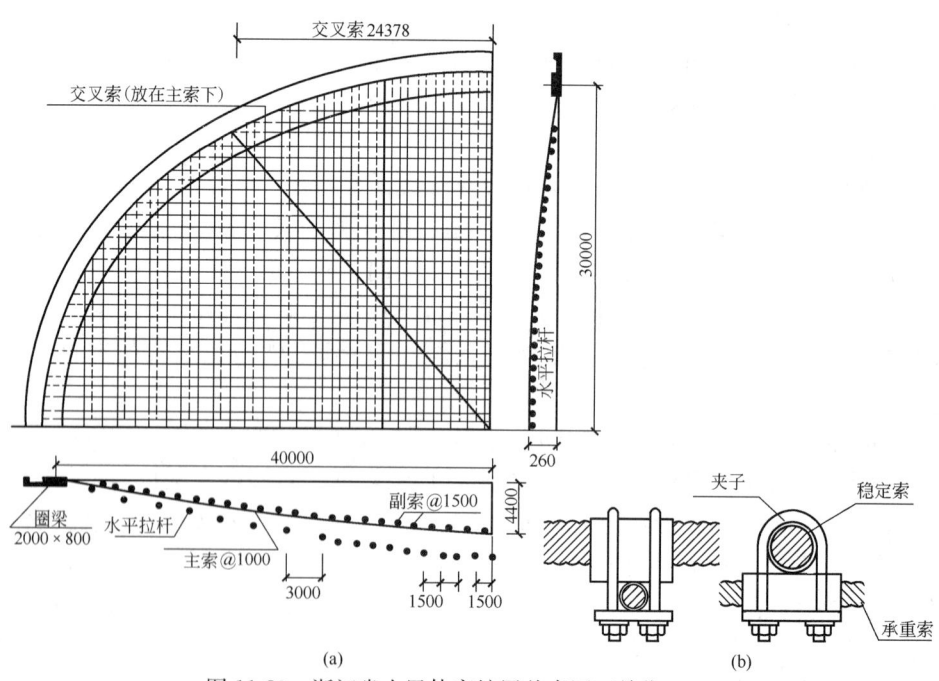

图 11-80 浙江省人民体育馆屋盖索网（单位：mm）
（a）平剖面布置；（b）承重索与稳定索的连接

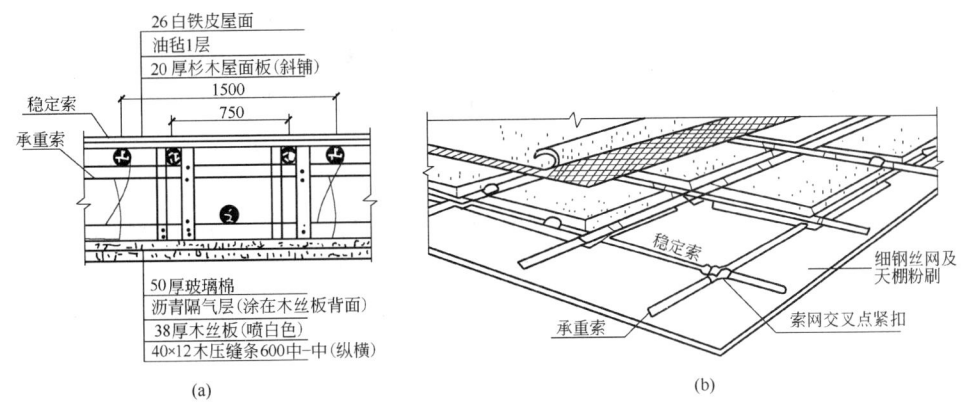

图 11-81 屋面板及吊顶构造做法（单位：mm）
(a) 屋盖构造；(b) 索网塔屋面板构造

11.8 薄膜结构

1. 薄膜结构优缺点与受力特点
1) 薄膜结构优缺点

薄膜结构是最近发展起来的张拉结构中的一种形式，它以性能优良的柔软织物为材料，可以是膜内充气，由空气压力支撑膜面，也可以是利用柔软性的拉索结构或刚性的支撑结构将薄膜绷紧或撑起，从而形成具有一定刚度、能够覆盖大跨度空间的结构体系。薄膜结构由于其轻质柔软、不透气、不透水、耐火性好，有一定的透光率、有足够的受拉承载力，加上新近研制的膜材耐久性有了明显地提高，因此，薄膜结构在近几年得到了较大的发展。在国内外已被较多地应用于大跨度建筑中。

薄膜结构是建筑与结构完美结合的一种结构体系。薄膜既承受膜面内的张力，作为结构的一部分；又可防雨、挡风，起围护作用；同时还可采光，以节省室内照明的能源。膜材本身的受弯刚度几乎为零，但通过不同的支撑体系使薄膜承受张力，而形成具有一定刚度的稳定曲面。薄膜结构的建筑造型是结合结构构造的布局而自然产生的，力的平衡状态直接被表现在结构的形状上，这就使薄膜结构成为一种建筑与结构自然有机结合的新型大跨度建筑。

薄膜材料具有优良的力学特性。目前以织物与有机涂料复合而成的薄膜材料，其受拉强度可达 1400N/cm，薄膜的受力为单纯受拉，膜材只承受膜面的张力，因而可充分发挥材料的受拉性能。同时，膜材厚度小，重量轻，一般厚度在 0.5~0.8mm，重量约为 0.005~0.02kN/m²，采用拉力薄膜结构、充气薄膜结构的屋盖，其自重约为 0.02~0.15kN/m²，仅为传统大跨度建筑屋盖自重的 1/30~1/10，它是跨度重量比最大的一种结构。

薄膜结构还是一种理想的抗震建筑物。它的自重轻，对地震反应很小，为柔性结构，具有良好的变形性能，易于耗散地震能量。另外，薄膜结构即使破坏，也不会造成人员伤亡，更不会造成支承结构或下部承重结构的连锁性破坏。此外，由于膜材大多为不燃或阻燃材料，耐火性好，增强了建筑物的防火能力。

薄膜结构制作方便，施工速度快，造价经济。薄膜材料为轻质、柔软织物，可在工厂裁剪、制作、打包成卷运往工地，搬运容易，而且现场施工非常方便。由于它自重轻，施工时几乎不需要脚手架，使屋盖工程的施工工期大为缩短。根据国外经验，以运动场为例，薄膜结构屋盖工程可比一般结构如钢筋混凝土薄壳或钢桁架节省土建造价50%，工程总造价可降低15%~20%，施工工期可缩小1/4~1/2。

薄膜材料与传统屋盖材料相比，具有透光性。膜材是半透明的织物，透光率一般可达4%~16%，能满足大跨度建筑在平时使用的采光要求，白天几乎不需要人工照明。这不仅可以节约大量的能源费用，而且给人一种宽敞明快的感觉。但夏天会产生温室效应，气温比室外高出5℃~10℃，使人明显地感到不舒适。因此，薄膜结构多采用反射能力强的浅色材料。薄膜结构还可解决一些社会性、商业性、政治性的难题，当自然灾难突然降临的时刻，薄膜结构可以立刻解决人们的住房和储存空间短缺的问题。帐篷、气垫床、充气家具可随野战部队南征北战，随极区探险家走向南极、北极，随宇航员飞向太空。大跨度建筑结构中，薄膜充气结构还可以作为混凝土薄壳的模具，在充气薄膜外喷射混凝土，待混凝土结硬后即可拆除薄膜模壳，省去传统的模板、脚手架和塔吊。

薄膜结构的主要缺点是耐久性较差。早期的织物薄膜，不仅强度低，而且只有5~10年的寿命，因此，薄膜结构常常被认为只能用于临时性建筑。最近几年，由于高强、防火、透光、耐久性好、性能稳定的薄膜材料的出现和应用，薄膜结构的设计寿命可达30年以上，使人们认识到薄膜结构也可作为永久性屋盖结构。薄膜结构的另一问题是，由于薄膜张力的连续性，局部的破坏就会造成整个薄膜结构垮掉。

2) 薄膜受力特点

薄膜是一块薄到实际上只能产生拉力的材料，肥皂泡是我们所能造成的最薄的薄膜之一。薄膜能够绷在平面的或扭曲的边框上，而且具有一个明显的特点，即它所形成的曲面是在一给定边界的所有曲面中面积最小的曲面。此外，薄膜又是与一给定边界的所有点相连的最平滑的曲面。

虽然薄膜是一种双向抵抗结构，但它不能产生明显弯曲应力（弯、扭应力和垂直于薄膜面的剪应力），因为它的厚度相对于它的跨度来说是极小的。因此，薄膜的承载能力只能来源于在它面内的薄膜应力。

薄膜以类似双向悬索作用来支承荷载，见图11-82，并表现了同样良好的结构效率。另外，由于其扭转作用引起的"剪切作用"能平衡部分外载，这种作用增大了薄膜的承载力，见图11-83。但上述三种力的任何一种都会随其曲率和扭转的不存在而消失。

2. 薄膜结构的分类

薄膜结构主要可分为充气薄膜结构、悬挂薄膜结构、骨架支撑薄膜结构等。

1) 充气薄膜结构

充气薄膜结构通常分为三大类：气压式、气承式和混合式。其区别主要在于其静态工作原理、结构和使用特点。

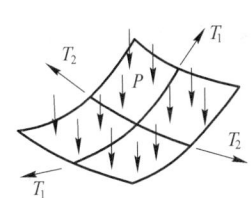

图 11-82　薄膜的悬索作用

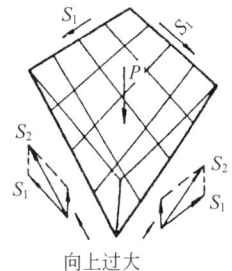

向上过大

图 11-83　薄膜剪力作用

(1) 气压式薄膜结构

气压薄膜结构也称为气胀式薄膜结构，它是在若干气肋或充气的密闭空间内保持空气压力，以保证其支承能力的结构（图 11-85）。其工作原理与轮胎、游泳救生圈相似。薄膜结构可直接落地构成建筑空间（图 11-84a），也可作为屋顶搁置在墙、柱等竖向承重构件上（图 11-84b）。如将薄膜制造成传统结构的构架形式，如梁、柱、拱等，则可获得我们所熟悉的建筑形式。

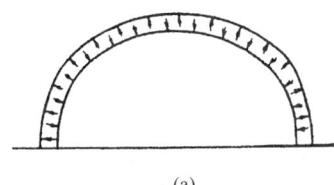
(a)

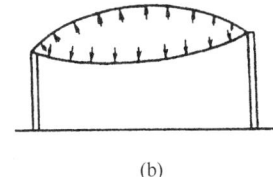
(b)

图 11-84　气压式薄膜结构

气压式薄膜结构有两种形式，即气肋结构和气被结构。前者是用加压充气管组成框架以支撑防风挡雨的受拉薄膜。该薄膜也能增加结构的稳定，气管内气量不大，适用于小跨度的结构。后者是在双层的薄膜之间充入空气，双层薄膜用线或隔膜连接起来，这种形式的结构中可以充入较大的气量，其适用跨度比气肋跨度大得多。

气压式薄膜结构的承载能力依赖于薄膜构架的结构形式、薄膜材料的特性及作用于薄膜内的气压。其优点是其使用空间内无需创造剩余压力，与此相连的是无需设置鼓风机外室，空间自由开放，建筑造型灵活多样（图 11-85），同时，由于空气层的阻隔，隔热性好。但气压式薄膜结构适用跨度受到限制，充气肋或充气被内工作压力高，因而对材料的强度、气密性等质量要求也高，因此，造价较高（比气承式薄膜结构高 2~3 倍）。至今工程实用仍然不多。

(2) 气承式薄膜结构

气承式薄膜结构是靠不断地向壳体内鼓风，在较高的室内气压作用下使其自行撑起，以承受自重和外荷载的结构。一般采用沿周围边布置砂包，或沿四周及对角线方向布置拉索的方法，来保证屋盖结构的整体稳定性。气承式薄膜结构具

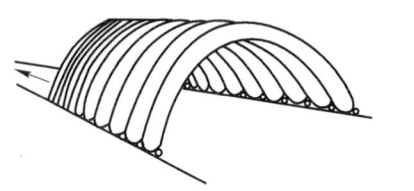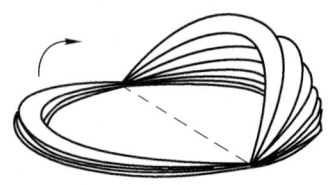

图 11-85　气压式薄膜结构形式

有建造速度快、结构简单、使用安全可靠、价格低廉（因其对材料的气密性要求不高）、在内部安装拉索的情况下其跨度和面积可以无限制地扩大等优点。而且，气承式薄膜结构的室内外气压差一般在 100～300Pa，相当于 1 层楼与 7 层楼的气压差，除特别敏感的人以外，一般人无任何不适的感觉。因此，它在建筑业中得到了极为广泛的应用。

气承式薄膜结构的承载能力依赖于支承薄膜的气压、与地面锚固的手段及进出建筑的方式。气承式充气结构需要长期不间断地向室内送风，以保证适当的室内外气压差，因此，需要有一整套加压送风的机械、控制系统和长期的能源消耗。另一方面，又要沿充气结构四周设砂包加压或设拉索拉锚，以保证充气结构的稳定性，在出入口要进行适当的布置，以防止空气从进出口泄漏，这就使得结构设计复杂化，也给使用带来不便。

当覆盖面积较大时，要求薄膜有很高的强度，要提高薄膜强度，需研制新型材料，这在技术上是可行的，但经济上是不合算的。如增大薄膜厚度，其透光度会受到损害。因此，较为合理的办法是增加拉索系统。拉索的布置应考虑覆盖面积、平面形状、支撑结构的形式等因素。可以是单向的，亦可以是双向的，相互交叉的钢索构成正方形或菱形网格。对于椭圆形、正方形（圆角）、矩形（切角）等平面，拉索的方向应平行于对角线，这样可使支撑环梁的弯矩为零或最小。而对于长宽比较大的矩形平面，则宜采用单向平行索。拉索的距离依薄膜强度、膜壳形状和风荷载大小而定（图 11-86）。

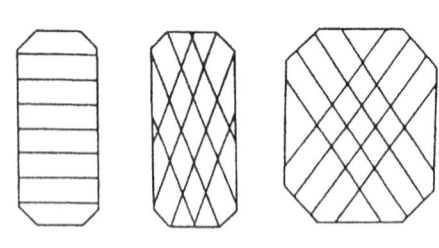

图 11-86　拉索的布置

（3）混合式薄膜结构

由于气压式薄膜结构和气承式薄膜结构都有其局限性，于是便出现了混合式结构。混合式结构有两种形式，第一种是将气压式薄膜结构与气承式薄膜结构混合，这样既发挥了气承式结构跨度大的优点，又利用了双层薄膜性能好的特点。因为从两个方面获得结构的稳定，防止结构倒塌的安全性有所提高。第二类是将充气结构与其他传统的建筑结构相结合，其变化是无穷的。例如在气承式薄膜结构中增加一个轻钢刚架结构，可以解决气承式薄膜结构中需要连续充气及进出建筑时气压消失等问题。在无风雪的情况下，这种结构可以不用充气而自由出入，在风雪荷载作用下，则需要向内部充气来增强结构的承载能力。

2) 悬挂薄膜结构

悬挂薄膜结构是从帐篷结构得到启发而来的。它采用桅杆、拱、拉索等支撑结构将薄膜张挂起来，利用柔性索向膜面施加张力将膜绷紧，形成稳定的薄膜屋盖结构（图11-87）。它造型新颖，适合于中小跨度的建筑物。

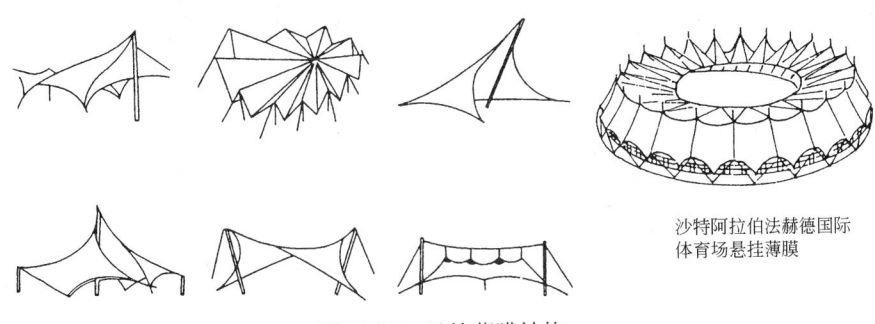

图 11-87 悬挂薄膜结构

悬挂薄膜结构的支承方式一般由索或拱所产生的波状曲线支承和在内部由立桅杆或拉索所形成的点支承。上述支承及其组合使薄膜形成鞍形曲面，使薄膜结构的受力性能相当于悬索结构中的交叉索网体系。在点支承的薄膜结构中，薄膜内各个方向的拉力在支承点平衡，则在该点势必会造成应力集中，为此，应在支承点处采取适当的构造措施。

3) 骨架支撑薄膜结构

骨架支撑薄膜结构是利用拱、刚架、空间网格结构、张拉整体结构等刚性骨架来支撑薄膜的。实际上是以薄膜作为上述屋盖结构的屋面覆盖层，使屋面自重可以大大减轻，而且构造也比较简单，适合于各类大跨度建筑。这种薄膜结构的承载力实际上是由骨架支撑结构来保证的，对薄膜的强度要求较低，维护保养也与传统的大跨度结构较为接近，在我国很有推广价值（图11-88）。

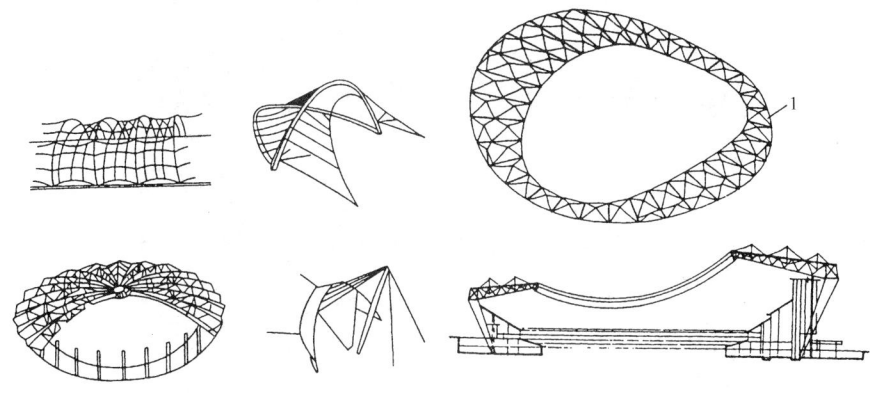

图 11-88 骨架支撑薄膜结构
1—悬挂薄膜

3. 工程实例

东京棒球馆建于1988年，是一建筑面积45570 m²，可容纳5万名观众的气承式薄膜结构建筑（图11-89）。

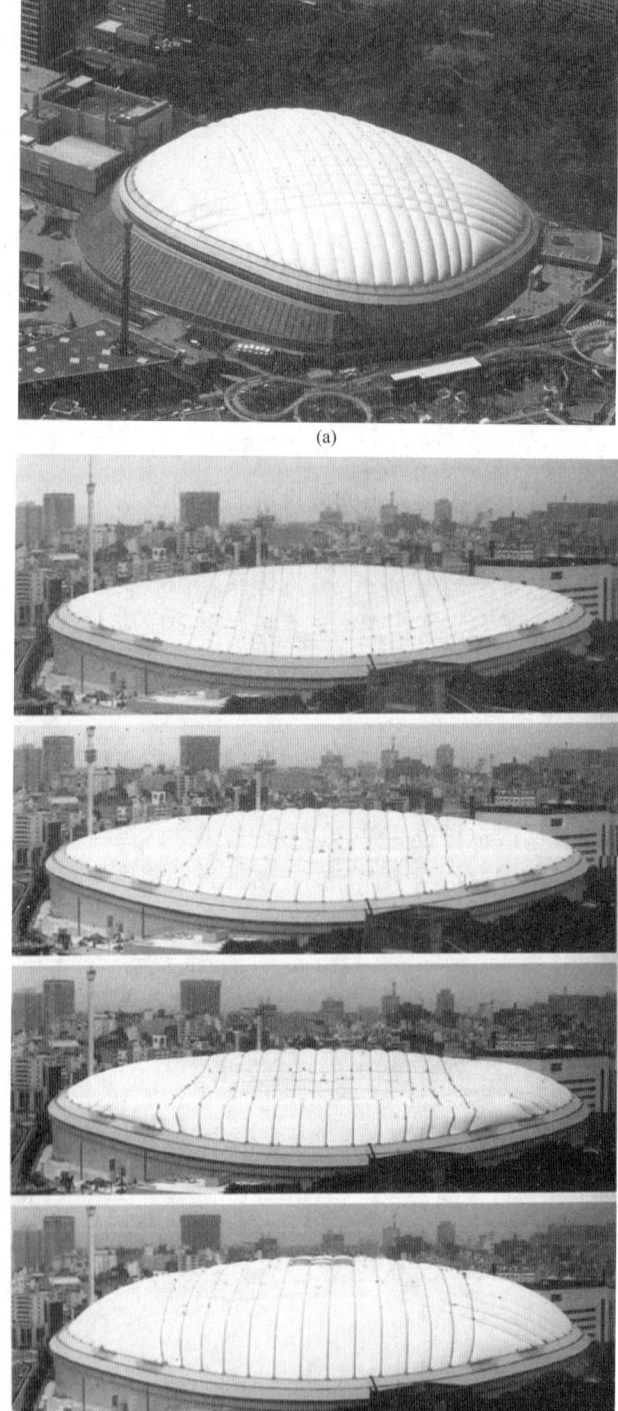

图11-89 东京棒球馆
(a) 全貌；(b) 充气过程

屋顶由稳定索加强的空气膜结构、压力环及支承框架构成的边界结构组成。索是直径 80mm 的钢绞线束，膜材为 0.81mm 的四氟化乙烯树脂玻璃纤维，其预期使用年限为 25~30 年。为使屋顶成为具有防眩、保温、融雪功能的系统，在结构膜内侧设置袋状悬垂玻璃纤维布，形成二重屋顶，其透光率为 6%。

屋顶在正常状态下由通风系统将室内压力增大到高于外压约 0.3%（约 0.3kN/m²）的状态，使屋顶由内压支承。而屋顶平均重量（包括悬吊重在内）约 0.142kN/m²，因此足以支承屋顶结构。在正常内压状态下，平均风速 10~12m/s 的风荷载不会对结构造成大变形，对超过此风速的强风，可通过增加内压提高屋顶刚度保持稳定。另外，二重结构的膜内可输送暖气来融雪，避免积雪。

屋顶的形状见图 11-90，平面为超椭圆，外形尺寸为 180m×201m，这种形状使正交两方向配置稳定索时压力环中弯曲应力最小。稳定索设在屋顶的对角线方向，每向 14 根，共 28 根，索间距考虑柱跨度与膜强度采用 8.5m 间距。

屋顶呈约 1/10 的倾斜度支承在下部结构上，对此斜线的矢跨比（H/L）为 0.124，见图 11-90。

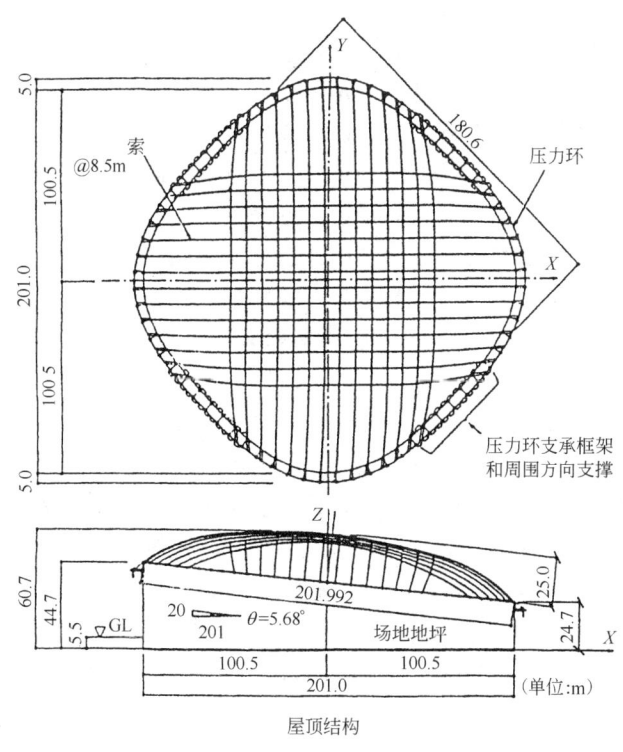

图 11-90 东京棒球馆屋盖结构

11.9 组合空间结构

1. 组合空间结构特点

组合空间结构可定义为用不同的结构单元或不同的材料组合而成的一种空间

结构。"结构单元"有柔性索、刚性杆（直杆或曲杆）、板壳（平面的或曲面的）等；"不同材料"有钢筋混凝土、钢丝网水泥、钢、木、复合板、织物、薄膜、尼龙绳等。

它利用不同形式的结构受力性能的不同，或利用不同材料的强度性能的不同，使各种结构充分发挥各自的特长，使各种材料取长补短共同工作，有时还可使承重结构与围护结构合二为一，达到了材尽其用之目的。组合空间结构不仅传力合理、技术先进，而且可以综合各种建筑结构的优势，扬长补短。因此，它往往更能满足建筑多样化、多功能的要求，比其他单一结构形式更易于使建筑或结构融为一体，更能传达建筑的文化内涵并产生具有视觉冲击效果的独特造型，正越来越多地受到重视并得到广泛应用，并将引导建筑新颖结构形式发展的趋势并创造新的结构体系。

2. 组合空间结构的组合方式

组合空间结构是由刚架、桁架、拱、壳体、网架、悬索、薄膜等结构中的两种或三种结构单元组合成一种新的结构，以实现建筑上的独特造型和结构上的经济合理。一般来说，组合空间结构中常常以巨大的刚架、拱、悬索或斜拉结构形成巨型骨架，勾画出建筑造型的主轮廓。以巨型骨架、侧边构件或周边承重结构作为支座，在其上布置平板网架、网壳、悬索、薄膜等屋盖，形成风格各异的屋面，可以形成外形轻巧、造型丰富的建筑体型，是一种跨越能力大、经济合理的结构体系。巨型骨架结构和屋盖结构可以进行不同的组合，形成多种结构方案，由各种结构体系组合的各种组合空间结构见图11-94。

从形式上看，只要两种或几种空间结构形式相组合，就成为组合空间结构。但实际上，组合空间结构不仅要求建筑形式新颖，还要考虑结构的合理性，要充分考虑各个结构单元的受力性能，扬长避短，以取得最佳的社会效益和经济效益。组合空间结构的组成应考虑以下几个原则：

(1) 应满足建筑功能的需要。建筑主题孕育于建筑形式之中，混合空间结构不一定是最经济的，但它们必须具有很强的造型功能，使建筑艺术与结构技术完美地统一于一体，以改善城市环境，满足人们精神文化生活的需要。

(2) 结构受力均匀合理，动力性能相互协调，材料强度得到充分发挥。

(3) 结构刚柔并济，并具有良好的整体稳定性。柔性结构具有良好的抗震性，刚性结构具有良好的抗风性，两者结合，利于结构的动力性能和整体稳定性。

(4) 尽量采用各种先进的技术手段，以改善结构的受力性能，节省材料，并可以使结构更加轻巧。

(5) 施工比较简捷，造价比较合理。

3. 工程实例

1) 刚架索组合空间结构

图11-91为丹东体育馆比赛大厅屋盖承重结构简图，采用了刚架-索组合空间结构。大厅平面尺寸为$45m \times 80m$，建筑纵横中轴线处的剖面如图11-91 (a) 所示。沿建筑物的横向在中轴线处设巨形刚架，刚架横梁为部分预应力钢筋混凝土箱形截面，刚架立柱为矩形截面的钢筋混凝土筒体。两个筒体中心的间距即刚架

的跨度为 48m。刚架的两侧为单曲面拉索屋盖结构，跨度为 40m。拉索高端锚固在刚架横梁上，低端锚固在两侧由看台斜框架支承的钢筋混凝土横梁上。该建筑中部的刚架拔地而起，两侧的拉索屋盖坚实秀丽，使体育的力量和健美得到了完美的体现。

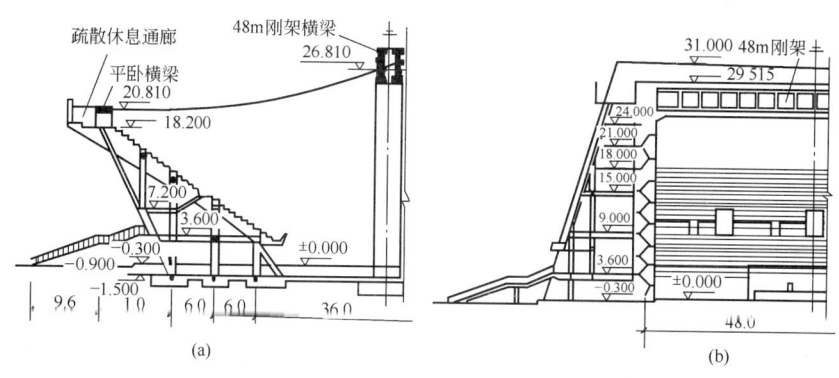

图 11-91 丹东体育馆比赛大厅（单位：mm）
(a) 纵向拉索布置；(b) 横向巨型刚架布置

2) 拱-网架组合空间结构

江西省体育馆建筑平面呈长八边形，东西长 84.3m，南北宽 74.6m。结构平面、剖面如图 11-92 所示。通过在大拱上悬吊一空间桁架作为网架的支座，把一个较大跨度的网架分成了两榀较小跨度的网架。网架一边通过钢桁架悬挂在大拱上，另三边则支承在体育馆周边的看台框架柱上。形成了拱、吊杆桁架与网架组合受力的大跨度空间结构。拱身为箱形截面，其结构是钢管混凝土半刚性骨架，见图 11-92 (d)。施工时先制作一个钢管混凝土骨架作为施工期间的承重支架，拱身的模板就直接悬挂在这个骨架上。拱的混凝土浇筑完毕后，这个骨架就留在混凝土内，作为拱的劲性配筋。因此拱的施工用钢和结构用钢合二为一，节省了工程的总用钢量。同时，钢管的制作可在工厂内完成，便于拱身空间曲面的放样、支模和定位。高大的抛物线拱矢高 51m，跨度为 88m，正立面呈抛物线形，侧立面呈人字形，给人以一种庄重、稳定和蓬勃向上的感受。

3) 拱-悬索组合结构

图 11-93 为美国耶鲁大学冰球馆，建于 1958 年，采用钢筋混凝土拱与交叉索网的组合结构体系。该建筑除中央一个 60.4m×25.9m 的溜冰场外，还包括了 3000 个座位的观众席和进出口台阶。垂直布置的钢筋混凝土落地拱作为承重索的中间支座，拱中间高度为 53.4m，截面 915mm×1530mm，截面的高和宽都是向着支座基础逐渐增加的。承重索的另一端锚固在建筑周边的墙上，外墙沿着溜冰场的两边，形成两垛相对的曲线墙，犹如一个竖向悬臂构件，承受悬索的拉力。承重索直径 24mm，间隔 1.83m，每边 38 根，稳定索分布在屋脊的两侧，每侧 9 根，锚固在拱脚附近的水平状的四榀钢桁架及弧形外墙上。

4) 悬索拱交叉索网组合空间结构

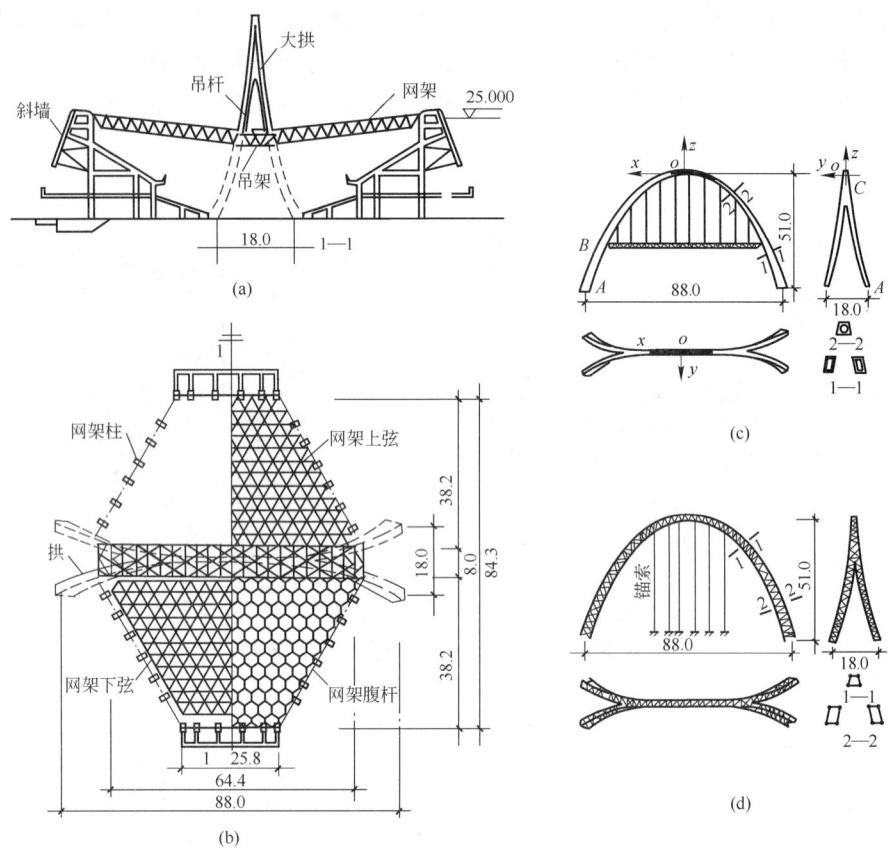

图 11-92 江西省体育馆（单位：m）
(a) 结构剖面；(b) 结构平面；(c) 大拱结构布置；(d) 钢管混凝土骨架

北京朝阳体育馆屋盖结构由中央"索-拱结构"和两片预应力鞍形索网组成，索网悬挂在中央"索-拱结构"和外侧的边缘构件之间，中央索拱结构由两条悬索和两个格构式的钢拱组成，索和拱的轴线均为平面抛物线，分别布置在相互对称的四个斜平面内，通过水平和竖向连杆两两相连，构成桥式的立体预应力索拱体系（图 11-94）。

该屋盖结构的形式十分符合体育馆内部空间的需要，下垂的索网与看台的坡度协调一致，在中央比赛场地的上方，则由于设置了钢拱而得以抬高，以满足体育比赛对高度的要求。因此，该组合屋盖结构所形成的空间既满足了体育的功能需要，又没有造成空间的浪费，因而可达到节约能源的目的。

5）悬索-交叉索网组合结构

日本代代木体育中心大体育馆，是 1964 年东京奥运会体育场，它是典型的悬索—交叉索网组合结构。建筑具有十分奇特的造型，平面呈反对称，屋顶用粗大的钢索形成悬垂的屋脊，钢索支承在两座混凝土塔架上，并通过拉锚锚固在混凝土块上，屋面鞍形索网就支承在中间的钢索和周边的拱上（图 11-95）。

6）张弦梁结构

张弦梁结构是一种区别于传统结构的新型杂交屋盖体系。它由承受弯矩和压

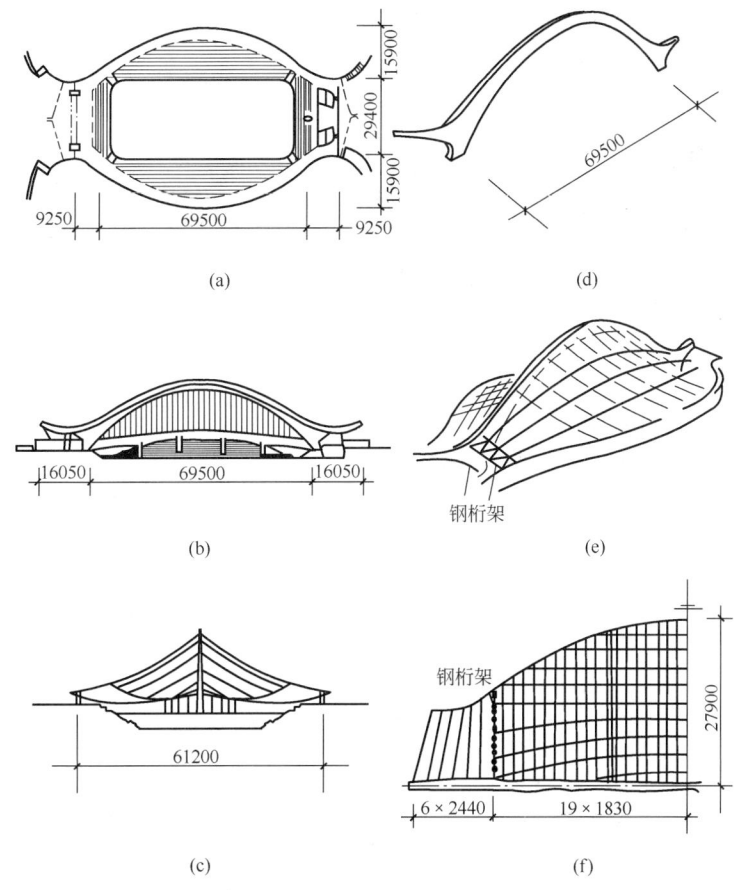

图 11-93 美国耶鲁大学冰球馆（单位：mm）
(a) 平面；(b) 纵剖面；(c) 横剖面；(d) 拱；(e) 透视图；(f) 索网布置

力的刚性上弦梁、拱或桁架，下弦柔性拉索，中间连以撑杆形成的混合结构体系。张弦梁结构的受力机理为通过在下弦拉索中施加预应力使上弦压弯构件产生反挠度，结构在荷载作用下的最终挠度得以减少，而撑杆对上弦的压弯构件提供弹性支撑，改善结构的受力性能。张弦梁结构可充分发挥高强索的强抗拉性能改善整体结构受力性能，使压弯构件和抗拉构件取长补短、协同工作、达到自平衡，充分发挥了每种结构材料的作用，是一种大跨度预应力自平衡空间结构体系，也是混合结构体系发展中的一个比较成功的创造。张弦结构体系简单、受力明确、结构形式多样、充分发挥了刚柔两种材料的优势，并且制造、运输、施工简捷方便，因此具有良好的应用前景。

张弦梁结构按受力特点可以分为平面张弦梁结构和空间张弦梁结构。

平面张弦梁结构是指其结构构件位于同一平面内，且以平面内受力为主的张弦梁结构；平面张弦梁结构根据上弦构件的形状可以分为三种基本形式：直线形张弦梁、拱形张弦梁、人字形张弦梁结构。直线形张弦梁结构主要用于楼板结构和小坡度屋面结构，拱形张弦梁结构充分发挥了上弦拱的受力优势适用于大跨度

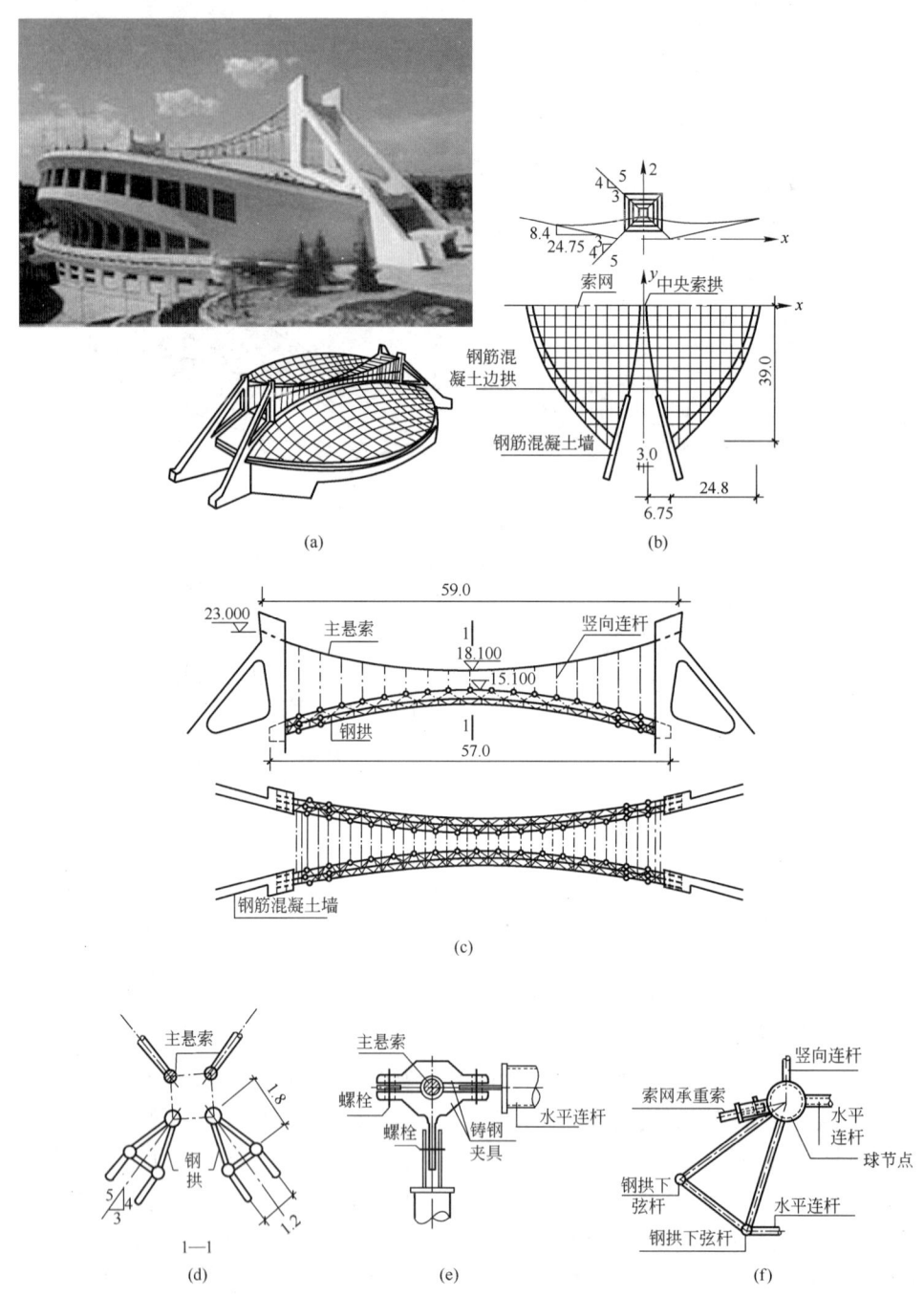

图 11-94 北京朝阳体育馆屋盖结构（单位：m）
(a) 体育馆结构全貌；(b) 组合悬索屋盖结构的平面及剖面；(c) 中央索拱体系；
(d) 索拱结构横剖面；(e) 主悬索与连杆的连接；(f) 连杆、索网与钢拱的连接

的屋盖结构，人字形张弦梁结构适用于跨度较小的双坡屋盖结构。

空间张弦梁结构是以平面张弦梁结构为基本组成单元，通过不同形式的空间

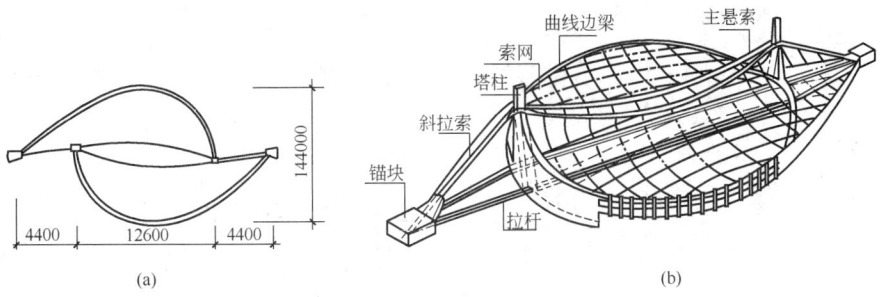

图 11-95 日本代代木体育馆（单位：mm）
(a) 结构平面；(b) 结构全貌

布置所形成的张弦梁结构；空间张弦梁结构主要有单向张弦梁结构、双向张弦梁结构、多向张弦梁结构、辐射式张弦梁结构。单向张弦梁结构由于设置了纵向支撑索形成的空间受力体系，保证了平面外的稳定性，适用于矩形平面的屋盖结构。双向张弦梁结构由于交叉平面张弦梁相互提供弹性支撑，形成了纵横向的空间受力体系，该结构适用于矩形、圆形、椭圆形等多种平面屋盖结构。多向张弦梁结构是平面张弦梁结构沿多个方向交叉布置而成的空间受力体系，该结构形式适用于圆形和多边形平面的屋盖结构。辐射式张弦梁结构是由中央按辐射状放置上弦梁，梁下设置撑杆用环向索而连接形成的空间受力体系，适用于圆形平面或椭圆形平面的屋盖结构。

上海浦东国际机场主楼钢屋架为 3 跨连续大跨度的空间张弦梁结构（图 11-96），其总长为 217.6m，单榀重约 170t，跨度分别为 64.298m、89m、64.298m，屋脊顶标高为 40m。大跨度张弦梁屋盖结构采用变截面连续箱形钢梁作为屋架的上弦杆，圆管、钢棒分别作为屋架的腹杆、下弦杆，下弦钢棒需要进行张拉。

7）其他组合结构

图 11-97 为日本代代木体育中心小体育馆（篮球馆）。这座建筑具有雕塑的造

(a)

图 11-96 上海浦东国际机场（一）
(a) 浦东机场全貌

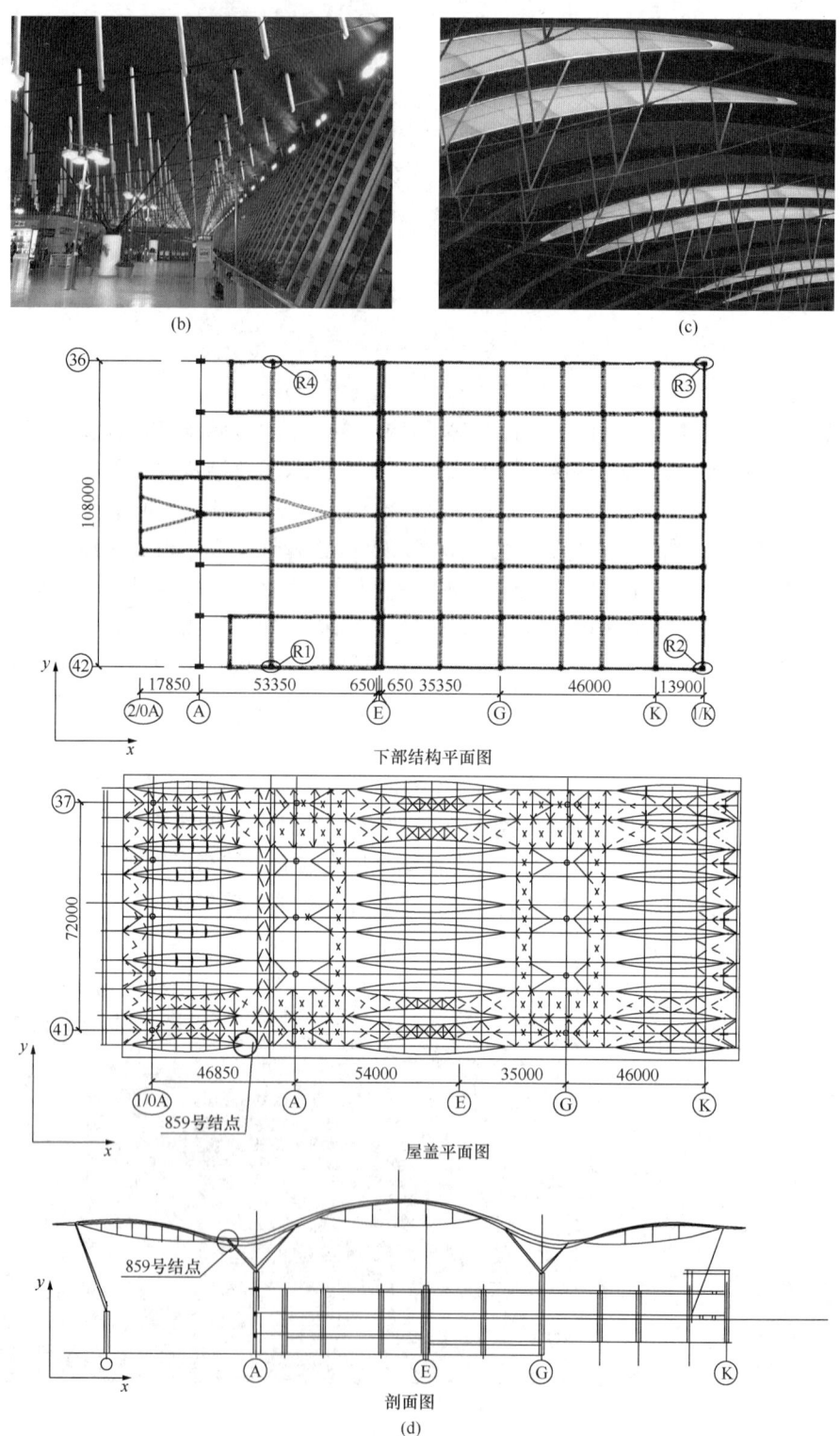

图 11-96 上海浦东国际机场（二）
(b) 中跨内景；(c) 边跨内景；(d) 结构平面布置及横剖面

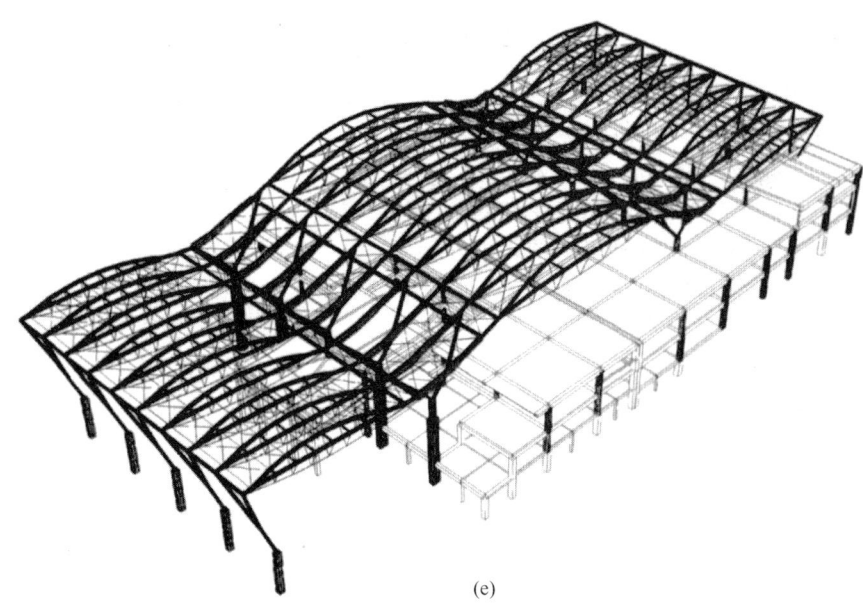

图 11-96 上海浦东国际机场（三）
(e) 结构空间骨架透视图

型，是建筑艺术的杰作。它采用的非对称外形、辐射状排列的屋面构件不是钢索，而是具有一定抗弯能力的桁架。桁架的一端搁置在屋盖周边的一系列柱上，这些柱同时也是看台框架结构的柱。另一端由中心处的悬吊钢管支承着，钢管在混凝土桅杆顶和锚块间形成一个空间螺旋曲线。代代木体育中心小体育馆很好地诠释了现代建筑的空间构图设计思想：可以借助于结构体形所形成的空间界面的变化来造成和增强视觉空间向前、向上、旋转、起伏等动势感，这显示出现代生活中的速度感与节奏感，适应审美心理的变化，同时，在许多情况下，这种动势感在空间序列中还具有吸引与组织人流的功能作用。

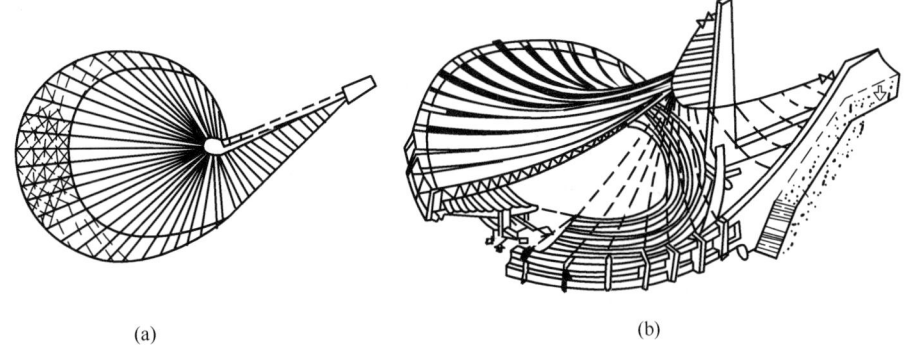

图 11-97 日本代代木体育中心小体育馆
(a) 结构平面；(b) 结构全貌

思考题与习题

11-1　刚架的结构特点有哪些?
11-2　拱的推力可以用哪些办法处理?
11-3　拱形桁架与拱有哪些区别?
11-4　比较拱结构与薄壳结构的受力异同点。
11-5　比较网架结构与桁架结构的受力异同点。
11-6　分析悬索结构、薄膜结构在立面和空间的优缺点。
11-7　平面体系的刚架拱桁架如何考虑其间距布置?
11-8　网壳如何通过合理的空间形态改善其受力状态?

第3篇
建筑抗震设计基本知识

Part 3
Basic Knowledge of Seismic Design of Building

第 12 章 抗震设计基本概念

地震按其成因主要分为火山地震、陷落地震和构造地震。由于火山爆发而引起的地震叫火山地震；由于地表或地下岩层突然大规模陷落和崩塌而造成的地震叫陷落地震；由于地壳运动，推挤地壳岩层使其薄弱部位发生断裂错动而引起的地震叫构造地震。火山地震和陷落地震的影响范围和破坏程度相对较小，而构造地震的分布范围广，破坏作用大，本章只介绍构造地震相关问题。

地震是一种自然现象，成因是地震学科中的一个重大课题。现在比较流行的是大家普遍认同的板块构造学说，认为地球的岩石圈不是一个连续的整体，而是由若干块体组成，每一块体称为板块。这些板块及它们之间的活动构造边界的整体所呈现的全球构造格局，称为板块构造。1968 年，法国地质学家勒皮雄将全球划分为太平洋板块、欧亚板块、印度洋板块、非洲板块、美洲板块和南极洲板块六大板块。板块与板块的交界处是地壳活动比较活跃的地带，也是火山、地震较为集中的地带。据统计，地球上平均每年发生震级为 8 级以上、震中烈度 11 度以上的毁灭性地震 2 次；震级为 7 级以上、震中烈度在 9 度以上的大地震不到 20 次；震级在 2.5 级以上的有感地震在 15 万次以上。

我国东临环太平洋地震带，南接欧亚地震带，地震分布相当广泛。我国大致可划分为 6 个地震活动区：①台湾及其附近海域；②喜马拉雅山脉活动区；③南北地震带；④天山地震活动区；⑤华北地震活动区；⑥东南沿海地震活动区。

12.1 地震基本概念

1. 震源和震中

地层构造运动中，在地下岩层产生剧烈相对运动的部位大量释放能量，产生剧烈振动，此处就叫做震源，震源正上方的地面位置叫震中（图 12-1）。震中附近的地面振动最剧烈，也是破坏最严重的地区，叫震中区或极震区。地面某处至震中的水平距离叫做震中距。把地面上破坏程度相同或相近的点连成的曲线叫做等震线。震源至地面的垂直距离叫做震源深度。

按震源的深浅，地震又可分为：①浅源地震，震源深度在 70km 以内；②中源地震，震源深度在 70~300km 范围；③深源地震，震源深度超过 300km。

2. 地震波

地震引起的振动以波的形式从震源向各个方向传播并释放能量，这就是地震波。地震波具有强烈的随机性，它包含可以通过地球本体的两种"体波"和只限于在地面附近传播的两种"面波"。

体波是指通过介质体内传播的波。介质质点振动方向与波的传播方向一致的波称为纵波；质点振动方向与波的传播方向正交的波称为横波。纵波比横波的传播速度要快，通常把纵波叫"P波"（即初波），把横波叫"S波"（即次波），如图12-1所示。

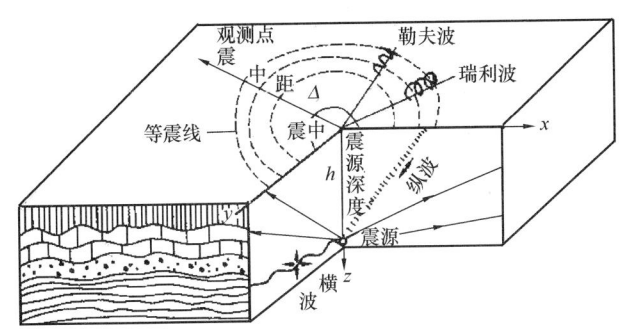

图 12-1　地震波传播示意

面波是指沿着介质表面（地面）及其附近传播的波。在半空间表面上一般存在两种波的运动，即瑞利波（R波）和勒夫波（L波）。瑞利波传播时，质点在波的传播方向和自由面（即地表面）法向组成的平面内作椭圆运动，在地表以垂直运动为主。勒夫波只是在与传播方向相垂直的水平方向运动，即地面水平运动或者说在地面上呈蛇形运动形式。

一般认为，地震波在地表面引起的破坏力主要是S波和面波的水平（L波）和竖向（R波）振动。

3. 震级

震级是表示地震本身大小的尺度，是按一次地震本身强弱程度而定的等级。国际上比较通用的是里氏震级，其原始定义是在1935年由C.F.Richter给出，即地震震级M为：

$$M = \log A \tag{12-1}$$

式中　A——标准地震仪（指摆的自振周期0.8s，阻尼系数0.8，放大倍数2800的地震仪）在距震中100km处记录的以微米（$1\mu m = 10^{-6} m$）为单位的最大水平地动位移（即振幅）。

震级表示一次地震释放能量的多少，所以一次地震只有一个震级。震级M与震源释放的能量E之间有如下对应关系：

$$\log E = 1.5M + 11.8 \tag{12-2}$$

由上可知，震级每差一级，地震释放的能量将差32倍。

一般认为，小于2级的地震，人们感觉不到，只有仪器才能记录下来，称为微震；2~4级地震，人可以感觉到，称为有感地震；5级以上地震能引起不同程度的破坏，称为破坏性地震；7级以上的地震，则称为强烈地震或大地震；8级以上的地震，称为特大地震。目前世界上已记录到的最大地震震级为8.9级。

4. 地震烈度

地震烈度表示地震时一定地点振动的强弱程度。对于一次地震，它对不同地点的影响是不一样的。一般距震中愈远，地震影响愈小，烈度就愈低；反之，距震中愈近，烈度就愈高。此外，地震烈度与地震大小、震源深度、地震传播介质、表土性质、建筑物动力特性等许多因素有关。震中区的烈度称为震中烈度。对于大量的震源深度在 10～30km 的浅源地震，其震中烈度 I_0 与震级 M 的对应关系见表 12-1。

震中烈度与震级的大致对应关系　　表 12-1

震级 M	2	3	4	5	6	7	8	>8
震中烈度 I_0	1～2	3	4～5	6～7	7～8	9～10	11	12

为评定地震烈度，就需要建立一个标准，这个标准称为地震烈度表。

我国曾先后编制了三代地震烈度表，和世界大多数国家一样采用了 12 等级的地震烈度表（表 12-2）。

中国地震烈度表（1999）　　表 12-2

烈度	在地面上人的感觉	房屋震害程度		其他震害现象	水平向地面运动	
		震害现象	平均震害指数		峰值加速度（m/s²）	峰值速度（m/s）
1	无感					
2	室内个别静止中人有感觉					
3	室内少数静止中人有感觉	门、窗轻微作响		悬挂物微动		
4	室内多数人、室外少数人有感觉，少数人梦中惊醒	门、窗作响		悬挂物明显摆动，器皿作响		
5	室内普遍、室外多数人有感觉，多数人梦中惊醒	门窗、屋顶、屋架颤动作响，灰土掉落，抹灰出现微细裂缝，有檐瓦掉落，个别屋顶烟囱掉砖		不稳定器物摇动或翻倒	0.31 (0.22～0.44)	0.03 (0.02～0.04)
6	多数人站立不稳，少数人惊逃户外	损坏—墙体出现裂缝，檐瓦掉落，少数屋顶烟囱裂缝、掉落	0～0.10	河岸和松软土出现裂缝，饱和砂层出现喷砂冒水；有的独立砖烟囱轻度裂缝	0.63 (0.45～0.89)	0.06 (0.05～0.09)
7	大多数人惊逃户外，骑自行车的人有感觉，行驶中的汽车驾乘人员有感觉	轻度破坏—局部破坏，开裂，小修或不需要修理可继续使用	0.11～0.30	河岸出现塌方；饱和砂层常见喷砂冒水，松软土地上地裂缝较多；大多数独立砖烟囱中等破坏	1.25 (0.90～1.77)	0.13 (0.10～0.18)

续表

烈度	在地面上人的感觉	房屋震害程度		其他震害现象	水平向地面运动	
		震害现象	平均震害指数		峰值加速度（m/s²）	峰值速度（m/s）
8	多数人摇晃颠簸，行走困难	中等破坏—结构破坏，需要修复才能使用	0.31~0.50	干硬土上亦出现裂缝；大多数独立砖烟囱严重破坏；树梢折断；房屋破坏导致人畜伤亡	2.50 (1.78~3.53)	0.25 (0.19~0.35)
9	行动的人摔倒	严重破坏—结构严重破坏，局部倒塌，修复困难	0.51~0.70	干硬土上许多地方有裂缝；基岩可能出现裂缝、错动；滑坡塌方常见；独立砖烟囱倒塌	5.00 (3.54~7.07)	0.50 (0.36~0.71)
10	骑自行车的人会摔倒，处不稳状态的人会摔离原地，有抛起感	大多数倒塌	0.71~0.90	山崩和地震断裂出现；基岩上拱桥破坏；大多数独立砖烟囱从根部破坏或倒毁	10.00 (7.08~14.14)	1.00 (0.72~1.41)
11		普遍倒塌	0.91~1.00	地震断裂延续很长；大量山崩滑坡		
12				地面剧烈变化，山河改观		

注：1. 表中"个别"表示 10% 以下；"少数"表示 10%~50%；"多数"表示 50%~70%；"大多数"表示 70%~90%；"普遍"表示 90% 以上；
2. 表中震害指数是从各类房屋的震害调查和统计中得出的，反映破坏程度的数字指标，0 表示无震害，1 表示倒平。

5. 地震动特性

地震动是指由震源释放出来的地震波引起的地面运动。这种地面运动可以用地面质点的加速度、速度或位移的时间函数来表示。利用强震加速度仪可以观测强震时的地震动，地震动是地震与结构抗震之间的桥梁，是结构抗震设防时所必须考虑的依据。地震动的主要特性可以通过三个基本要素来描述，即地震动的幅值、频谱和持续时间。

1) 地震动幅值特性

通常将加速度作为描述地震动强弱的变量。加速度最大值 a_{max} 是最直观的地震动幅值定义。这一指标在抗震工程界得到了普遍的接受与应用。

2) 地震动频谱特性

地震动频谱特性是指地震动对具有不同自振周期的结构的反应特性，通常可以用反应谱来表示。反应谱现已成为工程结构抗震设计的基础。

3) 地震动持时特性

地震动持时对结构的破坏程度有着较大的影响。在相同的地面运动最大加速度作用下，当强震的持续时间长，则该地点的地震烈度高，结构物的地震破坏重；反之，当强震的持续时间短，则该地点的地震烈度低，结构物的破坏轻。

地震动强震持时对结构反应的影响主要表现在结构的非线性反应阶段。大多数情况是，结构从局部破坏开始到倒塌，往往要经历几次、几十次甚至是上百次的往复振动过程，塑性变形的不可恢复性需要耗散能量，因此在这一振动过程中即使结构最大变形反应没有达到静力试验条件下的最大变形，结构也可能因贮存能量能力的耗损达到某一限值而发生倒塌破坏。

12.2 抗震设计基本要求

1. 建筑抗震设防分类和设防标准

根据建筑物使用功能的重要性，按其地震破坏产生的后果，《建筑抗震设计规范》GB 50011（以下简称"抗震规范"）将建筑分为四个抗震设防类别：

① 甲类建筑：应属于重大建筑工程和地震时可能发生严重次生灾害的建筑，如遇地震破坏，会导致严重后果（如产生放射性物质的污染、大爆炸）的建筑等；

② 乙类建筑：应属于地震时使用功能不能中断或需要尽快恢复的建筑，如城市生命线工程的建筑和地震时救灾需要的建筑等；

③ 丙类建筑：应属于除甲、乙和丁类以外的一般建筑，如大量的一般工业与民用建筑等；

④ 丁类建筑：应属于次要建筑，如遇地震破坏，不易造成人员伤亡和较大经济损失的建筑等。

根据国家标准《建筑工程抗震设防分类标准》GB 50223—2008 规定，各抗震设防类别建筑的抗震设防标准是不同的，其中甲类建筑的要求最高，丁类建筑最低。抗震设防标准包括设防烈度及抗震构造措施两方面内容。

抗震设防烈度为 6 度时，除规范有具体规定外，对乙、丙、丁类建筑可不进行地震作用计算。抗震构造措施是指根据抗震概念设计原则，一般不需计算而对结构和非结构各部分必须采取的各种细部要求。

2. 三水准抗震设防目标及两阶段抗震设计方法

抗震设防是指对建筑物进行抗震设计和采取抗震构造措施，以达到抗震的效果。抗震设防的依据是抗震设防烈度。我国抗震规范中提出，一般情况下建筑物抗震设防目标如下：

① 当遭受低于本地区抗震设防烈度（基本烈度）的多遇地震影响时，主体结构不受损坏或不需进行修理仍可继续使用；

② 当遭受相当于本地区抗震设防烈度的地震影响时，结构的损坏经一般性修理仍可继续使用；

③ 当遭受高于本地区抗震设防烈度预估的罕遇地震影响时，不致倒塌或发生危及生命的严重破坏。

为达到上述三点抗震设防目标，可以用三个地震烈度水准来考虑，即多遇烈度、基本烈度和罕遇烈度。遵照现行规范设计的建筑物，在遭遇到多遇烈度（即小震）时，基本处于弹性阶段，一般不会损坏；在罕遇地震作用下，建筑物将产生严重破坏，但不至于倒塌。即建筑物抗震设防的目标就是要做到"小震不坏，中震可修，大震不倒"。

当基准设计期为50年时，则50年内多遇烈度（有时又称为众值烈度）的超越概率为63.2%，即50年内发生超过多遇地震烈度的地震大约有63.2%，这就是第一水准的烈度。50年超越概率约10%的烈度大体相当于现行地震区划图规定的基本烈度，将它定义为第二水准的烈度。对于罕遇地震烈度，其50年期限内相应的超越概率约为2%，这个烈度又可称为大震烈度，作为第三水准的烈度。由烈度概率分布分析可知，基本烈度与众值烈度相差约为1.55度，而基本烈度与罕遇烈度相差约为1度。例如，当基本烈度为8度时，其众值烈度（多遇烈度）为6.45度左右，罕遇烈度为9度左右。

抗震规范提出了两阶段设计方法以实现上述三个烈度水准的抗震设防要求。第一阶段设计是在方案布置符合抗震原则的前提下，按与基本烈度相对应的众值烈度（相当于小震）的地震动参数，用弹性反应谱法求得结构在弹性状态下的地震作用标准值和相应的地震作用效应，然后与其他荷载效应按一定的组合系数进行组合，对结构构件截面进行承载力验算，对较高的建筑物还要进行变形验算，以控制侧向变形不要过大。这样，既满足了第一水准下具有必要的承载力可靠度，又满足第二水准损坏可修的设防要求，再通过概念设计和构造措施来满足第三水准的设计要求。对大多数结构，可只进行第一阶段设计；对少部分结构，如有特殊要求的建筑和地震时易倒塌的结构以及有明显薄弱层的不规则结构，除进行第一阶段设计外，还要进行第二阶段设计，即在罕遇地震烈度作用下，验算结构薄弱层的弹塑性层间变形，并采取相应的构造措施，以满足第三水准大震不倒的设防要求。

3. 结构抗震计算一般规定及剪力调整

1）抗震计算规定

结构抗震计算可分为地震作用计算和结构抗震验算两部分。在进行结构抗震设计的过程中，结构方案确定后，首先要计算的是地震作用，然后计算结构和构件的地震作用效应（包括弯矩、剪力、轴向力和位移），再将地震作用效应与其他荷载效应进行组合，验算结构和构件的承载力与变形。

地震作用计算以弹性反应谱理论为基础，结构的内力分析以线弹性理论为主，结构构件的截面抗震验算仍需采用各种静力设计规范的方法和基本指标；大震作用下的变形验算是为了保证建筑物"大震不倒"，即进行结构薄弱层（部位）的弹塑性变形验算，使之不超过允许的变形限值以防止倒塌。

(1) 各类建筑结构的地震作用原则

各类建筑结构的地震作用，应按下列原则考虑：

① 一般情况下，应至少在建筑结构的两个主轴方向分别计算水平地震作用并进行抗震验算，各方向的水平地震作用应由该方向抗侧力构件承担，如该构件带有翼缘，尚应包括翼缘作用。

② 有斜交抗侧力构件的结构，当相交角度大于 15°时，应分别计算各抗侧力构件方向的水平地震作用。

③ 质量和刚度分布明显不对称的结构，应计入双向水平地震作用下的扭转影响；其他情况，应允许采用调整地震作用效应的方法计入扭转影响。

④ 8 度和 9 度时的大跨度结构（如跨度大于 24m 的屋架等）、长悬臂结构（如 1.5m 以上的悬挑阳台等），9 度时的高层建筑，应计算竖向地震作用。

（2）各类建筑结构的抗震计算方法

底部剪力法和振型分解反应谱法是结构抗震计算的基本方法，而时程分析法作为补充计算方法，仅对特别不规则、特别重要和较高的高层建筑才要求采用。

根据建筑类别、设防烈度以及结构的规则程度和复杂性，抗震规范为各类建筑结构的抗震计算规定以下三种方法：

① 高度不超过 40m，以剪切变形为主且质量和刚度沿高度分布比较均匀的结构，以及近似于单质点体系的结构，宜采用底部剪力法等简化方法。

② 除第①条外的建筑结构，宜采用振型分解反应谱法。

③ 特别不规则的建筑（表 12-3 和表 12-4）、甲类建筑和表 12-5 所列高度范围的高层建筑，应采用时程分析法进行多遇地震下的补充计算。

平面不规则的主要类型　　　　　　　　　　　　表 12-3

不规则类型	定　义
A. 扭转不规则	在规定的水平力作用下，楼层的最大弹性水平位移（或层间位移），大于该楼层两端弹性水平位移（或层间位移）平均值的 1.2 倍
B. 凹凸不规则	结构平面凹进的一侧尺寸，大于相应投影方向总尺寸的 30%
C. 楼板局部不连续不规则	楼板的尺寸和平面刚度急剧变化，例如有效楼板宽度小于该层楼板典型宽度的 50%，或开洞面积大于该层楼面面积的 30%，以及较大的楼层错层

注：1. 刚性楼盖，按国外的规定，指楼盖周边两端位移不超过平均位移 2 倍的情况，并不是刚度无限大；因此，计算扭转位移比时楼盖刚度按实际情况确定而不限于刚度无限大假定；

2. 给定的水平力，一般采用振型组合后的楼层地震剪力换算的水平作用力，并考虑偶然偏心；

3. 偶然偏心大小的取值，应考虑具体的平面形状和抗侧力构件的布置，可近似采用该方向最大尺寸的 5%。

竖向不规则的主要类型　　　　　　　　　　　　表 12-4

不规则类型	定　义
A. 侧向刚度不规则（有柔软层）	该层侧向刚度小于相邻上一层的 70%，或小于其上相邻三个楼层侧向刚度平均值的 80%；除顶层或出屋面小建筑外，局部收进的水平向尺寸大于相邻下一层的 25%
B. 竖向抗侧力构件不连续	竖向抗侧力构件（柱、抗震墙、抗震支撑）的内力由水平转换构件（梁、桁架等）向下传递

续表

不规则类型	定义
C. 楼层承载力突变（有薄弱层）	抗侧力结构的层间受剪承载力小于相邻上一楼层的80%

注：1. 对于侧向刚度的不规则，建议采用多种方法，包括楼层标高处单位位移所需要的水平力，结构层间位移角的变化等进行综合分析，不能仅简单依靠某个方法和某个参考数值决定；
2. 特别不规则建筑，是指多项均超过表12-3和表12-4中不规则指标或某一项超过规定指标较多，具有较明显的抗震薄弱环境，将会引起不良后果者。

采用时程分析法房屋高度范围　　　　表 12-5

烈度、场地类别	房屋高度范围（m）
8度Ⅰ、Ⅱ类场地和7度	>100
8度Ⅲ、Ⅳ类场地	>80
9度	>60

与各类结构相适应的地震作用分析方法如图12-2所示。

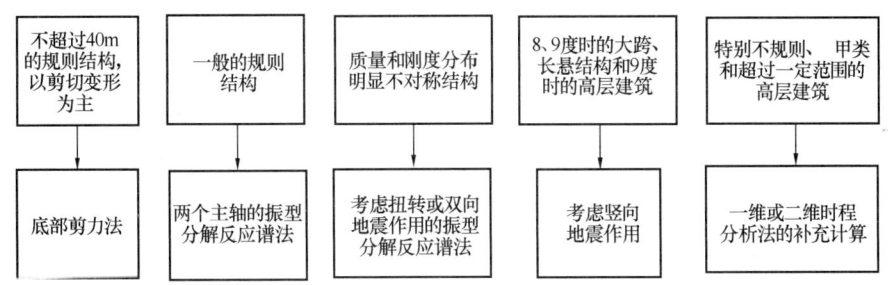

图 12-2　与各类型结构相适应的地震作用分析方法

平面不规则且竖向不规则的建筑结构，有针对性地采取不低于上述要求的各项抗震措施。特别不规则时，应经专门研究，采取更有效的加强措施或对薄弱部位采用相应的抗震性能设计方法。

（3）结构的重力荷载代表值

在计算结构的水平地震作用标准值和竖向地震作用标准值时，都要用到集中在质点处的重力荷载代表值 G。抗震规范规定，结构的重力荷载代表值应取结构和配件自重标准值加上各可变荷载组合值，即：

$$G_E = G_k + \sum_{i=1}^{n} \psi_{Qi} G_{ik} \quad (12\text{-}3)$$

式中　G_{ik}——第 i 个可变荷载标准值；
　　　ψ_{Qi}——第 i 个可变荷载的组合值系数，详见表12-6。

重力荷载代表值组合值系数 表 12-6

公式	$G_E = G_k + \sum_{i=1}^{n} \psi_{Qi} G_{ik}$							
G_k	结构构件、配件永久荷载（自重）标准值							
Q_{ik}	有关可变荷载的标准值							
有关可变荷载的地震组合值系数 ψ_{Qi}								
荷载类型	雪荷载	屋面积灰荷载	屋面活荷载	楼面活荷载			悬吊物重力	
				按实际情况考虑	按等效均布荷载考虑		软钩吊车	硬钩吊车
					书库档案库	其他民用建筑		
ψ_{Qi}	0.5	0.5	0.0	1.0	0.8	0.5	0.0	0.3

注：1. 地震作用效应基本组合时，悬吊物重力的 $\psi_{Qi}=1.0$ 并按不利情况取值；
    2. 工业设备，按永久荷载考虑时取其自重标准值，按可变荷载考虑时宜按实际情况取组合值系数；
    3. 工业建筑的楼面活荷载，原则上按实际情况考虑，当用等效均布活荷载替代时，可根据实际情况取大于一般民用建筑的组合值数。

2) 楼层最小地震剪力系数及楼层地震剪力调整

楼层最小地震剪力系数是指多遇地震时，楼层水平地震剪力标准值与该楼层及以上各层重力荷载代表值之和的比值，也称剪重比。这主要是对于基本周期较长的高层建筑，按反应谱法求得的楼层水平地震力太小，出于结构抗震安全考虑对此系数提出控制要求。此系数与结构基本周期及设防烈度有关。

楼层地震剪力调整是指主要抗侧力构件为剪力墙的结构，为了实现多道抗震设防线，多遇地震作用下，框架的楼层地震剪力标准值不应过小。整体结构计算中，按侧向刚度分配的框架分担的剪力标准值过小时需要调整。对框-剪结构，框架承担的剪力不小于本层总剪力的 20%；对钢框架-支撑结构，此系数为 25%；对框筒及筒中筒结构，此系数为 10%；对板柱-剪力墙结构，房屋高度不大于 12m 时，各层板柱部分承担不小于 20% 本层地震剪力，房屋高度大于 12m 时，各层剪力墙或筒体承担本层全部地震剪力。

4. 结构抗震概念设计

在抗震设计中，要使建筑物具有尽可能好的抗震性能，首先应从大的方面入手，做好抗震概念设计。如果整体设计没有做好，计算工作再细致，也难免在地震时建筑物不发生严重的破坏，乃至倒塌。结构抗震概念设计是指根据地震灾害和工程经验等所形成的基本设计原则和设计思想，进行建筑和结构总体布置并确定细部构造的过程。我们应当根据在学习和实践中所建立的正确概念，正确和全面地把握结构的整体性能，并对结构品性（承载能力、变形能力、耗能能力等）进行正确把握，合理地确定结构总体与局部设计，使结构自身具有好的品性。

抗震概念设计的主要内容包括：选择有利的结构抗震体系、合理的结构布置；设置多道抗震防线；保证结构有足够的延性和耗能能力；控制结构变形、保证结构的整体性；合理选择材料、减轻自重、妥善处理非结构构件；选择有利结构抗震的场地、地段和地基。

第3篇 建筑抗震设计基本知识

5. 抗震等级

抗震等级是确定结构构件抗震计算中内力调整和构造措施的依据。不同建筑结构应根据设防类别、烈度、结构类型和房屋高度采用不同抗震等级，并应符合相应的计算和构造措施要求。按抗震设计规范，现浇钢筋混凝土房屋的抗震等级分四级，一级要求最高，丙类建筑的抗震等级应按表12-7确定。

现浇钢筋混凝土房屋的抗震等级　　　　　　表 12-7

结构类型		设防烈度						
		6		7		8		9
框架结构	高度（m）	≤24	>24	≤24	>24	≤24	>24	≤24
	框架	四	三	三	二	二	一	一
	大跨度框架	三		二		一		一
框架-抗震墙结构	高度（m）	≤60	>60	≤24	25～60	>60	≤24	25～60	>60	≤24	25～50
	框架	四	三	四	三	二	三	二	一	二	一
	抗震墙	三	三	三	二	二	一	一
抗震墙结构	高度（m）	≤80	>80	≤24	25～80	>80	≤24	25～80	>80	≤24	25～60
	剪力墙	四	三	四	三	二	三	二	一	二	一
部分框支抗震墙结构	高度（m）	≤80	>80	≤24	25～80	>80	≤24	25～80		
	抗震墙 一般部位	四	三	四	三	二	三	二		
	抗震墙 加强部位	三	二	三	二	一	二	一		
	框支层框架	二		二		一		一			
筒体结构	框架-核心筒 框架	三		二		一		一
	框架-核心筒 核心筒	二		二		一		一
	筒中筒 外筒	三		二		一		一
	筒中筒 内筒	三		二		一		一
板柱-抗震墙结构	高度（m）	≤35	>35	≤35	>35	≤35	>35	
	板柱的柱	三	二	二	二	一	一	
	抗震墙	二	二	二	二	二	一	

注：1. 建筑场地为Ⅰ类时，除6度外可按表内降低1度所对应的抗震等级采取抗震构造措施，但相应的计算要求不应降低；
2. 接近或等于高度分界时，应允许结合房屋不规则程度及场地、地基条件确定抗震等级；
3. 大跨度框架指跨度不小于18m的框架；
4. 高度不超过60m的框架-核心筒结构按框架-抗震墙的要求设计时，应按表中框架-抗震墙结构的规定确定其抗震等级。

钢筋混凝土房屋抗震等级的确定，还需符合下列规定：

（1）框架结构中设置少量抗震墙，在规定的水平力作用下，框架底部所承担的地震倾覆力矩大于结构总地震倾覆力矩的50%时，其框架的抗震等级仍应按框架结构确定，抗震墙的抗震等级可与框架的抗震等级相同。

（2）裙房与主楼相连，应按裙房本身确定外，相关部位不应低于按主楼确定的抗震等级；主楼结构在裙房顶层及相邻上下各一层应适当加强构造措施。裙房与主楼分离时，应按裙房本身确定抗震等级。

按《高层建筑混凝土结构技术规程》，A 级、B 级高度丙类建筑钢筋混凝土结构以及《高层建筑钢－混凝土混合结构设计规程》丙类建筑的抗震等级，应根据设防烈度、结构类型、建筑高度查规范相应表格确定。

6. 重力二阶效应及结构稳定

在水平力作用下，高层建筑结构产生水平侧移，竖向重力荷载由于水平侧移而使结构产生附加内力，附加内力又增大水平侧移，这种现象称为重力二阶效应，也称为几何非线性或 P-Δ 效应。结构在水平力作用下的重力附加弯矩大于初始弯矩的 10% 时，要计入重力二阶效应的影响。

钢结构的侧向刚度相对较小，水平力作用下进行内力分析时，应计入重力二阶效应的影响；高层建筑结构在进行罕遇地震作用下的弹塑性分析时，应计入重力二阶效应的影响。对钢筋混凝土高层结构，当弹性等效侧向刚度大于一定值时，可不考虑二阶效应的影响。当不满足时，结构弹性计算时应考虑重力二阶效应对水平作用下结构内力和位移的影响。

重力二阶效应的影响可采用有限元法计算，也可采用对未考虑重力二阶效应的计算结果乘以增大系数的方法近似计入。计入二阶效应后计算的位移仍应满足最大层间位移角限制的规定。

结构整体稳定性验算主要是控制在风荷载或水平地震作用下，高层建筑重力荷载产生的二阶效应不致过大，以免引起结构的失稳、倒塌。为使重力的 P-Δ 效应产生的内力、位移增量可控制在 20% 之内，结构弹性等效侧向刚度须大于一定值，此时结构的稳定性具有适宜的安全储备。否则，应调整并增大结构的侧向刚度。为便于表达，可用结构的刚重比（弹性侧向刚度与楼层高度之比 $\sum G_j/h_i$）来描述结构整体稳定性。

7. 建筑场地、地基和基础

为了考虑场地条件对设计反应谱的影响，常将场地按某些指标和描述划分为若干类，以便采取合理的设计参数和有关抗震措施。

1）场地分类

场地由场地土组成。根据剪切波速和覆盖层厚度，将场地划分为以下四类，见表 12-8，其中 Ⅰ 类分为 I_0 和 I_1 两个亚类。

建筑场地类别划分与覆土厚度　　　　　　　　　　表 12-8

剪切波速（m/s）	场地类别				
	I_0	I_1	Ⅱ	Ⅲ	Ⅳ
$V_s>800$	0				
$800 \geqslant V_s>500$		0			
$500 \geqslant V_s>250$		<5m	≥5m		
$250 \geqslant V_s>150$		<3m	3～50m	>50m	
$V_s \leqslant 150$		<3m	3～15m	>15～80m	>80m

在四类场地中，Ⅰ类场地土为坚硬土或岩石，Ⅱ类场地为中硬土，Ⅲ类场地土为中软土和Ⅳ类场地土为软弱土。Ⅰ类场地最好，Ⅳ类最差。

2）场地选择

在选择建筑场地时，应根据工程需要，掌握地震活动情况，宜选择有利地段，避开不利地段，不应在危险地段建设甲、乙、丙类建筑。各地段对建筑危害如表 12-9 所示。

各类地段的划分　　　　　　　　　　表 12-9

地段类型	地质、地形、地貌
有利地段	稳定基岩坚硬土、密实均匀的中硬土等
不利地段	软弱土、液化土、条状突出的山嘴，河岸或边坡边缘等
危险地段	地震时可能出现滑坡、崩塌、地陷、地裂及发震断裂带上可能发生地表错位的部位

3）地基和基础

地基在地震作用下的稳定性对基础至上部结构的内力分布是较为敏感的，故确保地震时地基基础能够承受上部结构传来的竖向和水平地震作用以及倾覆力矩而不发生过大变形和不均匀沉降是地基基础抗震设计的基本要求。

一般情况下有以下注意事项：

（1）单独柱基础适用于层数不多、地基土质较好的框架结构。交叉梁带形基础以及筏式基础适用于层数较多的框架。抗震规范规定，对不利场地的框架结构，可沿两主轴方向设置基础系梁，其目的是加强基础在地震作用下的整体工作，以减少基础间的相对位移以及由于地震作用引起的柱端弯矩以及基础的转动等。

（2）抗震墙结构以及框架－抗震墙结构的抗震墙基础应具有良好的整体性和抗转动能力，否则一方面会影响上部结构的屈服，使位移增大，另一方面将影响框架－抗震墙结构的侧力分配关系，将使框架所分配的侧力增大。因此，当按天然地基设计时，最好采用整体性较好的基础结构并有相应的埋置深度。抗震墙结构和框架－抗震墙结构当上部结构的重量和刚度分布不均匀时，宜结合地下室采用箱形基础以加强结构的整体性。当表层土质较差时，为了充分利用较深的坚实土层，减少基础嵌固程度，可以结合以上基础类型采用桩基础。

（3）选择对抗震有利的基础类型，在抗震验算时应尽量考虑结构、基础和地基的相互作用影响。

12.3　设计地震反应谱

为了简化抗震设计，抗震规范分别采用抗震设防烈度和设计特征周期来表征地震反应谱的幅值特性和频谱特性。

1. 地震影响因素

1）抗震设防烈度

抗震设防烈度是一个地区作为抗震设防依据的地震烈度，抗震设防烈度与设计基本地震加速度取值的对应关系如表 12-10 所示。设计基本加速度是指 50 年设计基准期超越概率 10% 的地震加速度的设计取值。规范规定，抗震设防烈度为 6 度及以上地区的建筑，必须进行抗震设计。

抗震设防烈度和设计基本地震加速度值的对应关系 表 12-10

抗震设防烈度	6 度	7 度	8 度	9 度
设计基本加速度值	0.05g	0.10（0.15）g	0.20（0.30）g	0.40g

2）设计特征周期

抗震规范采用建筑设计特征周期来表征地震反应谱的相对形状。地震反应谱的相对形状与许多因素有关，如震源特性、震级大小和震中距离、传播途径和方位以及场地条件等。但震级大小和震中距离以及场地条件是相对易于考虑的因素，这三个因素在抗震规范中分别采用所在地的设计地震分组和场地类别予以反映。

2. 设计反应谱

地震作用下，单自由度弹性体系所受到的最大地震作用 F 为：

$$F = m\left|\ddot{x}(t) + \ddot{x}_g(t)\right|_{\max} = mS_a \tag{12-4}$$

将上式进一步改写为：

$$F = mS_a = mg\frac{S_a}{\left|\ddot{x}_g(t)\right|_{\max}} \cdot \frac{\left|\ddot{x}_g(t)\right|_{\max}}{g} = G\beta k = \alpha G \tag{12-5}$$

式中 G——集中于质点处的重力荷载代表值；
g——重力加速度；
β——动力系数，它是单自由度弹性体系的最大绝对加速度反应与地面运动最大加速度的比值；
k——地震系数，它是地面运动最大加速度与重力加速度的比值；
α——地震影响系数，它是动力系数与地震系数的乘积。

抗震规范采用式（12-5）的最后一个等式 $F=\alpha G$，即用 $\alpha=\beta k$ 来综合反映地震影响，作出了标准的 α-T 曲线，称为地震影响系数曲线，即抗震设计反应谱。可以看出，抗震设计中的反应谱包含地震动强度（地面运动峰值加速度，对应地震系数 k）和频谱特性（对应动力系数 β）的影响。前者影响谱坐标的绝对值，后者影响谱形状。表 12-11 给出了水平地震影响系数最大值 $\alpha_{\max}$。

水平地震影响系数最大值 $\alpha_{\max}$ 表 12-11

地震影响	6 度	7 度	8 度	9 度
多遇地震	0.04	0.08（0.12）	0.16（0.24）	0.32
罕遇地震	0.28	0.50（0.72）	0.90（1.20）	1.40

注：括号中数值分别用于设计基本地震加速度为 0.15g 和 0.30g 的地区。

抗震规范规定的地震影响系数曲线如图 12-3 所示。图中特征周期 T_g 应根据场地类别和设计地震分组按表 12-12 采用，计算 8、9 度罕遇地震作用时，特征周期应增加 0.05s。

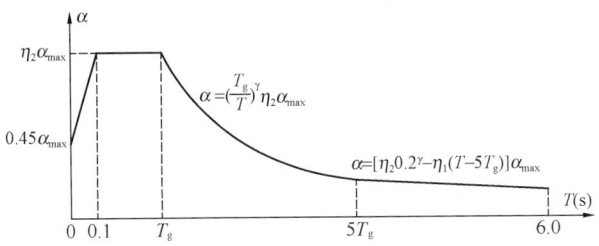

图 12-3 地震影响系数曲线

特征周期 T_g（s） 表 12-12

设计地震分组	场地类别				
	I_0	I_1	II	III	IV
第一组	0.20	0.25	0.35	0.45	0.65
第二组	0.25	0.30	0.40	0.55	0.75
第三组	0.30	0.35	0.45	0.65	0.90

建筑结构地震影响系数曲线（图 12-3）的形状参数和阻尼调整应符合下列要求：

1）除有专门规定外，建筑结构的阻尼比应取 0.05，地震影响系数曲线的阻尼调整系数应按 1.0 采用，形状参数应符合下列规定：

（1）直线上升段，周期小于 0.1s 的区段；

（2）水平段，周期自 0.1s 至特征周期 T_g 的区段，地震影响系数应取最大值（α_{max}）；

（3）曲线下降段，自特征周期至 5 倍特征周期区段，衰减指数 γ 应取 0.9；

（4）直线下降段，自 5 倍特征周期至 6s 区段，下降斜率调整系数 η_1 应取 0.02。

2）当建筑结构的阻尼比按有关规定不等于 0.05 时，地震影响系数曲线的阻尼调整系数和形状参数应符合下列规定：

（1）曲线下降段衰减指数应按下式确定：

$$\gamma = 0.9 + \frac{0.05 - \zeta}{0.3 + 6\zeta} \tag{12-6}$$

式中 γ——曲线下降段衰减指数；

ζ——阻尼比。

（2）直线下降段的下降斜率调整系数应按下式确定：

$$\eta_1 = 0.02 + \frac{0.05 - \zeta}{4 + 32\zeta} \tag{12-7}$$

式中 η_1——直线下降段的下降斜率调整系数，小于零时取零。

（3）阻尼调整系数应按下式确定：

$$\eta_2 = 1 + \frac{0.05 - \zeta}{0.08 + 1.6\zeta} \tag{12-8}$$

式中 η_2——阻尼调整系数,当小于 0.55 时,应取 0.55。

(4) 不同阻尼比有关调整系数值见表 12-13。

不同阻尼比有关调整系数　　　　　表 12-13

ζ	γ	η_1	η_2	ζ	γ	η_1	η_2
0.01	1.54	0.97	0.025	0.10	0.75	0.85	0.014
0.02	1.34	0.95	0.024	0.15	0.63	0.82	0.008
0.03	1.20	0.93	0.023	0.20	0.56	0.80	0.001
0.05	1.00	0.90	0.020	—	—	—	—

12.4　水平地震作用计算

地震设计反应谱是现阶段计算地震作用的基础,它是通过反应谱把随时间变化的地震作用转换为最大的等效侧向力。它是一条在给定的地震加速度作用期间内,单质点体系弹塑性最大反应随质点自振周期变化的曲线。

实际工程结构中的多层和高层建筑,不能简化为单质点体系,而通常是将一个楼层当作一个质点,整个楼层的重力荷载代表值集中到楼面或屋面标高处,堆集在相应楼层的质点上,各楼层质点由无质量的弹性直杆连接并支承于地面上,形成所谓多质点弹性体系。

1. 多质点弹性体系地震作用计算

多质点弹性体系地震作用计算方法有:底部剪力法、振型分解法和时程分析法。各方法适应范围见图 12-4。

1) 底部剪力法

底部剪力法最为简单,根据建筑物的重力荷载代表值可计算出结构底部的总剪力,然后按一定的规律分配到各楼层,得到各楼层的水平地震作用,然后按静力法计算结构内力。

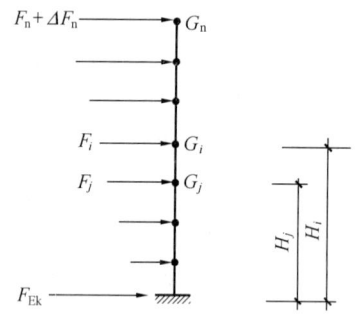

图 12-4　底部剪力法计算简图

采用底部剪力法计算高层建筑结构的水平地震作用时,各楼层在计算方向可仅考虑一个自由度(图 12-4),并按下列步骤计算。

(1) 结构底部水平地震作用标准值按下列公式计算

$$F_{Ek} = \alpha_1 G_{eq} \tag{12-9}$$

$$G_{eq} = 0.85 G_E \tag{12-10}$$

式中　F_{Ek}——结构总水平地震作用标准值;

α_1——相当于结构基本自振周期 T_1 的水平地震影响系数;

G_{eq}——结构等效重力荷载代表值;

G_E——结构重力荷载代表值,参见公式(12-3)。

(2) 质点 i 的水平地震作用标准值按下式计算

$$F_i = \frac{G_i H_i}{\sum_{j=1}^{n} G_j H_j} F_{Ek}(1-\delta_n) \qquad (12\text{-}11)$$

$$(i = 1, 2 \cdots\cdots n)$$

式中　F_i——质点 i 的水平地震作用标准值；

　　　G_i、G_j——分别为集中于质点 i、j 的重力荷载代表值；

　　　H_i、H_j——分别为质点 i、j 的计算高度；

　　　δ_n——顶部附加地震作用系数，可按表 12-14 采用。

顶部附加地震作用系数　　　　　　表 12-14

T_g (s)	$T_1 > 1.4 T_g$	$T_1 \leqslant 1.4 T_g$
≤0.35	$0.08 T_1 + 0.07$	
0.35～0.55	$0.08 T_1 + 0.01$	0.0
≥0.55	$0.08 T_1 - 0.02$	

注：T_g 为场地特征周期；T_1 为结构基本自振周期。

(3) 主体结构顶层附加水平地震作用标准值可按下式计算

$$\Delta F_n = \delta_n F_{Ek} \qquad (12\text{-}12)$$

式中　ΔF_n——主体结构顶层附加水平地震作用标准值。

震害表明，突出屋面的屋顶间、女儿墙及烟囱等，它们的震害比下部主体结构严重。这是由于出屋面的这些建筑的质量和刚度突然变小，地震反应随之增大的缘故。在地震工程中，把这种现象称为"鞭梢效应"。因此，采用底部剪力法时，突出屋面的屋顶间、女儿墙及烟囱等的地震作用效应，宜乘以增大系数 3，此增大部分不应往下传递，但与该突出部分相连的构件应予以计入。

2) 振型分解法

振型分解法首先计算结构的自振振型，选取若干个振型分别计算各振型的水平地震作用，再计算各振型水平地震作用下的结构内力，最后将各振型内力进行组合，得到地震作用下的结构内力。它是地震作用分析的基本方法，用途最为广泛。

采用振型分解反应谱方法时，对于不考虑扭转影响的结构，可按下列规定进行地震作用和作用效应的计算：

(1) 结构第 j 振型 i 质点的水平地震作用的标准值应按下式确定

$$F_{ji} = \alpha_j \gamma_j X_{ji} G_i \qquad (12\text{-}13)$$

$$\gamma_j = \frac{\sum_{i=1}^{n} X_{ji} G_i}{\sum_{i=1}^{n} X_{ji}^2 G_i} (i = 1, 2\cdots n; j = 1, 2\cdots m) \qquad (12\text{-}14)$$

式中　G_i——质点 i 的重力荷载代表值；

　　　F_{ji}——第 j 振型 i 质点水平地震作用的标准值；

　　　α_j——相应于 j 振型自振周期的地震影响系数；

X_{ji} —— j 振型 i 质点的水平相对位移；

γ_j —— j 振型的参与系数；

n —— 结构计算总质点数，小塔楼宜每层作为一个质点参与计算；

m —— 结构计算振型数；规则结构可取 3，当建筑较高、结构沿竖向高度不均匀时可取 5～6。

（2）水平地震作用效应（内力和位移）应按下式计算

$$S = \sqrt{\sum_{j=1}^{m} S_j^2} \quad (12\text{-}15)$$

式中 S —— 水平地震作用效应；

S_j —— j 振型的水平地震作用效应（弯矩、剪力、轴向力和位移等）。

3）时程分析法

时程分析法又称直接动力法，将高层建筑结构作为一个多质点的振动体系，输入已知的地震波，用结构动力学的方法，分析地震全过程中每一时刻结构的振动状况，从而了解地震过程中结构的反应（加速度、速度、位移及内力）。

2. 结构自振周期计算

按振型分解法计算多质点体系的地震作用时，需要确定体系的基频和高频以及相应的主振型。从理论上讲，它们可能通过解频率方程得到。但是，当体系的质点数多于三个时，手算就会感到困难。因此，在工程计算中，常采用近似法。近似法有瑞雷法、折算质量法、顶点位移法、矩形迭代法等多种方法。

《高层建筑混凝土结构技术规程》JGJ 3—2010 对比较规则的结构，推荐了结构基本自振周期 T_1 的计算公式。对于质量和刚度沿高度分布比较均匀的框架结构、框架-剪力墙结构和剪力墙结构，其基本自振周期可按下式计算：

$$T_1 = 1.7\psi_T \sqrt{u_T} \quad (12\text{-}16)$$

式中 T_1 —— 结构基本自振周期（s）；

u_T —— 假想的结构顶点水平位移（m），即假想把集中在各楼层处的重力荷载代表值 G_i 作为该楼层水平荷载计算结构顶点弹性水平位移；

ψ_T —— 考虑非承重墙刚度对结构自振周期影响的折减系数。

结构基本自振周期也可采用根据实测资料并考虑地震作用影响的经验公式确定。

以上讨论的是水平地震作用计算，对竖向地震作用计算，我国抗震设计规范规定，对于 8、9 度时的大跨度和长悬臂结构及 9 度时的高层建筑，应计算竖向地震作用，不同结构类型的简化方法各有差异，可参见规范要求。

12.5 结构抗震验算

在进行建筑结构抗震设计时，抗震规范采用了两阶段设计的方法：第一阶段设计，验算构件截面抗震承载力以及结构的弹性变形；第二阶段设计，验算结构的弹塑性变形。结构抗震验算分为截面抗震验算和结构抗震变形验算两部分。

1. 截面抗震验算

抗震规范规定，截面抗震验算应符合下列规定：

（1）6度时的建筑以及生土房屋和木结构房屋等，允许不进行截面抗震验算，但应符合有关的抗震措施要求；

（2）6度时不规则建筑、建造于Ⅳ类场地上较高的高层建筑，7度和7度以上的建筑结构，应进行多遇地震作用下的截面抗震验算。

1）地震作用效应和其他荷载效应的基本组合

结构构件的地震作用效应和其他荷载效应的基本结合，按下式计算：

$$S = \gamma_G S_{GE} + \gamma_{Eh} S_{Ehk} + \gamma_{Ev} S_{Evk} + \psi_w \gamma_w S_{wk} \tag{12-17}$$

式中 S——结构构件内力组合设计值，包括弯矩、轴力和剪力设计值；

γ_G——重力荷载分项系数，一般采用1.2，当重力荷载效应对构件承载能力有利时，不应大于1.0；

γ_{Eh}、γ_{Ev}——分别为水平、竖向地震作用分项系数，按表12-15采用；

γ_w——风荷载分项系数，采用1.4；

S_{GE}——重力荷载代表值效应；

S_{Ehk}——水平地震作用标准值效应，尚应乘以相应的增大系数或调整系数；

S_{Evk}——竖向地震作用标准值效应，尚应乘以相应的增大系数或调整系数；

S_{wk}——风荷载标准值效应；

ψ_w——风荷载组合值系数，一般结构取0.0，风荷载起控制作用的高层建筑应采用0.2。

地震作用分项系数　　　　　　　　　表 12-15

地震作用	γ_{Eh}	γ_{Ev}
仅计算水平地震作用	1.3	0.0
仅计算竖向地震作用	0.0	1.3
同时计算水平与竖向地震作用（水平地震为主）	1.3	0.5
同时计算水平与竖向地震作用（竖向地震为主）	0.5	1.3

2）截面抗震验算

结构构件截面抗震验算，应采用下列表达式：

$$S = \frac{R}{\gamma_{RE}} \tag{12-18}$$

式中 R——结构构件承载力设计值；

γ_{RE}——承载力抗震调整系数，除另有规定外，应按表12-16采用。

承载力调整系数　　　　　　　　　表 12-16

材料	结构构件	受力状态	γ_{RE}
钢	柱、梁、支撑、节点板件、螺栓、焊缝	强度	0.75
	柱、支撑	稳定	0.80

续表

材料	结构构件	受力状态	γ_{RE}
砌体	两端均有构造柱、芯柱的抗震墙	受剪	0.90
	其他抗震墙	受剪	1.0
混凝土	梁	受弯	0.75
	轴压比小于0.15的柱	偏压	0.75
	轴压比不小于0.15的柱	偏压	0.80
	抗震墙	偏压	0.85
	各类构件	受剪、偏拉	0.85

2. 抗震变形验算

结构的抗震变形验算包括多遇地震作用下的变形验算和罕遇地震作用下的变形验算两个部分，要求在多遇地震作用下，建筑主体结构不受损坏，保证建筑的正常使用功能；在罕遇地震作用下，建筑主体结构遭受破坏或严重破坏但不倒塌。抗震规范采用层间位移角作为评价指标以衡量结构变形能力是否满足上述功能要求。

1) 多遇地震作用下结构抗震变形验算

为保证建筑的正常使用功能，须对各类结构在多遇地震作用下的变形加以验算，使其最大层间弹性位移小于规定的限值。结构楼层内最大的弹性层间位移应符合下式要求：

$$\Delta u_e \leqslant [\theta_e] h \qquad (12\text{-}19)$$

式中　Δu_e——多遇地震作用标准值产生的楼层内最大弹性层间位移；计算时，除弯曲变形为主的高层建筑外，可不扣除结构整体弯曲变形；应计入扭转变形，各作用分项系数均采用1.0；钢筋混凝土结构构件的截面刚度可采用弹性刚度；

$[\theta_e]$——弹性层间位移角限值，按表12-17采用。

弹性层间位移角限值　　　　表 12-17

结构类型	$[\theta_e]$
钢筋混凝土框架	1/550
钢筋混凝土框架-抗震墙、板柱-抗震墙、框架-核心筒	1/800
钢筋混凝土抗震墙、筒中筒	1/1000
钢筋混凝土框支层	1/1000
多、高层钢结构	1/250

2) 罕遇地震作用下结构抗震变形验算

为防止结构在罕遇地震作用下，由于薄弱楼层（部位）弹塑性变形过大而倒塌，必须对延性要求较高的结构进行弹塑性变形验算，具体结构类型参见《建筑抗震设计规范》GB 50010 第5.5.2条规定。结构薄弱层（部位）弹塑性层间位移应符合下式要求：

$$\Delta u_p \leqslant [\theta_p]h \quad (12\text{-}20)$$

式中 Δu_p——罕遇地震作用标准值产生的楼层内最大弹塑性层间位移,具体计算方法参见《建筑抗震设计规范》GB 50011 第 5.5.3 和第 5.5.4 条规定;

$[\theta_p]$——弹塑性层间位移角限值,按表 12-18 采用,对钢筋混凝土框架结构,当轴压比小于 0.40 时,可提高 10%;当柱全高的箍筋构造比抗震规范中规定的最小配箍特征值大 30% 时,可提高 20%,但累计不超过 25%;

h——薄弱层楼层高度或单层厂房上柱高度。

弹塑性层间位移角限值　　　　　表 12-18

结构类型	$[\theta_p]$
单层钢筋混凝土柱排架	1/30
钢筋混凝土框架	1/50
底部框架砖房中的框架-抗震墙	1/100
钢筋混凝土框架-抗震墙、板柱-抗震墙、框架-核心筒	1/100
钢筋混凝土抗震墙、筒中筒	1/120
多、高层钢结构	1/50

12.6 提高抗震性能措施

1. 设置多道抗震防线

单一结构体系只有一道防线,一旦破坏就会造成建筑物倒塌。如果建筑物采用的是多重抗侧力体系,第一道防线的抗侧力构件在强烈地震作用下遭到破坏后,后备的第二道乃至第三道防线的抗侧力构件立即接替,抵挡住后续的地震动冲击,保证建筑物最低限度的安全,免于倒塌。在遇到建筑物基本周期与地震动卓越周期相同或接近的情况时,多道防线就更显示出其优越性。当第一道抗侧力防线因共振而破坏,第二道防线接替工作,建筑物自振周期将出现较大幅度的变动,与地震动卓越周期错开,使建筑物的共振现象得以缓解,避免再度严重破坏。

1) 结构体系的多道设防

框架-抗震墙结构体系的主要抗侧力构件是剪力墙,它是第一道防线。在弹性地震反应阶段,大部分侧向地震作用由抗震墙承担,但是一旦抗震墙开裂或屈服,此时框架承担地震作用的份额将增加,框架部分起到第二道防线的作用,并且在地震动过程中承受主要的竖向荷载。参见第 9.10 节混合结构双层抗侧力体系。

单层厂房纵向体系中,柱间支撑是第一道防线,柱是第二道防线。通过柱间支撑的屈服来吸收和消耗地震能量,从而保证整个结构的安全。

2) 结构构件的多道防线

联肢抗震墙中，连系梁先屈服，然后墙肢弯曲破坏丧失承载力。当连系梁钢筋屈服并具有延性时，它既可以吸收大量地震能量，又能继续传递弯矩和剪力，对墙肢有一定的约束作用，使抗震墙保持足够的刚度和承载力，延性较好。如果连系梁出现剪切破坏，按照抗震结构多道设防的原则，只要保证墙肢安全，整个结构就不至于发生严重破坏或倒塌。

3) 第一道防线的构件选择

第一道防线一般应优先选择不负担或少负担重力荷载的竖向支撑或填充墙，或选择轴压比值较小的抗震墙、实墙、筒体之类的构件作为第一道防线的抗侧力构件。不宜选择轴压比很大的框架柱作为第一道防线。在纯框架结构中，宜采用"强柱弱梁"的延性框架。在地震作用下，梁处于第一道防线，用梁的变形去消耗输入的地震能量，其屈服先于柱的屈服，使柱处于第二道防线。

2. 提高结构延性

提高结构延性，就是要求结构不仅具有必要的抗震承载力，而且要求结构同时具有良好的变形和消耗地震能量的能力，以增强结构的抗倒塌能力。

"结构延性"这个术语有三层含义，即可以是结构总体延性、结构楼层延性、构件延性或杆件延性。

一般而言，在结构抗震设计中，对结构中重要构件的延性要求，高于对结构总体延性要求；对构件中关键杆件或部位的延性要求，又高于对整个构件的延性要求。因此，要求提高重要构件及关键杆件或关键部位的延性，其原则是：

(1) 在结构的竖向，应重点提高建筑中可能出现塑性变形集中的相对柔性楼层的构件延性。例如，对于刚度沿高度均布的简单体型高层建筑，应着重提高底层构件的延性；对于带大底盘的高层建筑，应着重提高主楼与裙房顶面相衔接的楼层中构件的延性；对于底框上部砖房结构体系，应着重提高底部框架的延性。

(2) 在平面上，应着重提高房屋周边转角处、平面突变处以及复杂平面各翼缘相接处的构件延性。对于偏心结构，应加大房屋周边特别是刚度较弱一端构件的延性。

(3) 对于具有多道抗震防线的抗侧力体系，应着重提高第一道防线中构件的延性。如框架－抗震墙体系，重点提高抗震墙的延性；筒中筒体系，重点提高内筒的延性。

(4) 在同一构件中，应着重提高关键杆件的延性。对于框架应优先提高柱的延性；对于多肢墙，应重点提高连梁的延性。

(5) 在同一杆件中，重点提高延性的部位应是预期该构件地震时首先屈服的部位，如梁的两端、柱上下端、抗震墙肢的根部等。

我国抗震设计规范没有对结构延性系数和耗能能力做出定量的规定，但规定了各种结构体系在罕遇地震作用下的弹塑性层间位移角限值，这实际上是给出了结构层间位移角延性系数，如对钢筋混凝土框架结构而言，其层间屈服位移角为 1/200，弹塑性层间位移角限值为 1/50，也即要求框架结构的层间位移延性系数不得小于 4，如何保证 4 的延性系数，则需通过结构设计来解决。

3. 形成良好屈服机制

多高层钢筋混凝土房屋的屈服机制可分为整体机制（图12-5a）、楼层机制（图12-5b）及由这两种机制组合而成的混合机制。整体机制表现为绝大多数横向构件屈服而竖向构件除根部外均处于弹性，整体结构围绕根部作刚体转动。楼层机制则表现为绝大多数竖向构件屈服而横向构件处于弹性。房屋整体屈服机制优先于楼层机制，前者可在承载力基本保持稳定的条件下，持续地变形而不倒塌，最大限度地耗散地震能量。为形成理想的整体机制，一方面应防止塑性铰在某些竖向构件上出现，另一方面迫使塑性铰发生在其他次要构件上，同时尽量推迟塑性铰在某些关键部位（如框架根部、双肢或多肢抗震墙的根部等）的出现。

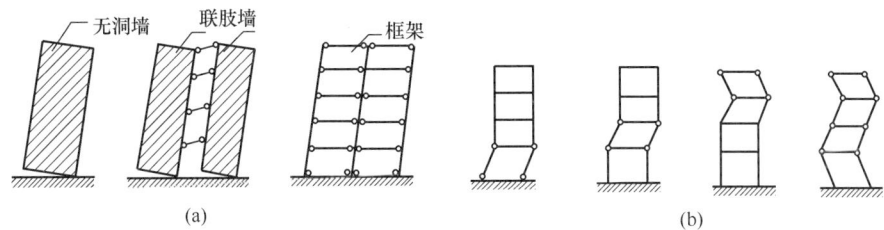

图 12-5　屈服机制
(a) 整体机制；(b) 楼层机制

在抗震设计中，增强承载力要和刚度、延性要求相适应，不适当地将某一部分结构增强，可能造成结构另一部分相对薄弱。因此，不合理地加强配筋以及在施工中以高强钢筋代替原设计中主要钢筋的做法，都要慎重考虑。

4. 采用隔震结构和消能减震结构

传统的抗震设计需要保证结构本身具有足够的强度、刚度和延性。震害表明，按延性设计方法设计的建筑物在承受大地震后虽没有倒塌，但难以恢复其使用功能，且维修加固费用巨大，为此人们提出了两种新型抗震结构：隔震结构和消耗减震结构。所谓隔震结构是指通过在基础结构和上部结构之间设置隔震层，使上部结构与地震动的水平成分隔离，从而大为减少上部结构承受的水平地震作用，隔震层中可设置隔震支座和阻尼器等各种装置，前者支承建筑物重量，并具有适当的弹性回复力，后者吸收地震能量，限制结构位移，因而隔震结构可同时满足抗震设计的两个基本要素，在罕遇地震时，也很容易对上部结构进行弹性分析。消能减震结构是指在房屋结构中设置消能装置，通过结构局部变形提供附加阻尼，以消耗输入上部结构的地震能量，也即把结构的某些构件（如支撑、剪力墙等）设计成消能构件，或在某些部位安装消能装置，在小震下，这些构件或装置与结构共同工作，结构处于弹性状态，在大震作用下，构件或装置能产生较大的阻尼，消耗大量输入结构的地震能量，快速减少结构地震反应，使主体结构不进入明显非线性状态，避免丧失其使用功能。此外，质量调谐减震（TMD）技术也是一种很有效的减震结构，台北国际金融中心及广州电视塔就是使用TMD技术减震。

思考题与习题

12-1 什么是震级？它们是如何划分的？
12-2 抗震设防的目标是什么？
12-3 抗震设防的依据是什么？
12-4 如何选用建筑场地？
12-5 什么是重力荷载代表值？
12-6 如何计算水平地震作用？
12-7 何谓纵波、横波和面波？它们分别引起建筑物哪些震动现象？
12-8 试说明地震震级和烈度的区别与联系。
12-9 何谓反应谱？试说明地震反应谱的特征及其影响因素。

第13章 多高层钢筋混凝土框架结构抗震设计简述

钢筋混凝土框架结构具有建筑平面布置灵活、可以任意分隔空间等优点，容易满足生产工艺和使用要求，因而在多层工业与民用建筑中得到广泛应用。但是，框架结构的抗侧移刚度较小，在水平地震作用下的侧向变形较大，从而限制了框架结构使用高度。

13.1 地震破坏特点

近几十年来，国内外许多城市都发生了较强烈的地震，震害的调查与分析对不断提高多高层建筑结构的抗震设计水平具有十分重要的意义。有必要在充分吸取历史地震经验和教训的基础上，在基本理论、计算方法和构造措施等多方面，研究改进工程结构的抗震设计技术，不断地提升工程抗震领域的整体技术水平。

汶川地震后，震害调查小组对钢筋混凝土多层房屋进行了震害调查，地震烈度7~9度，调查结果如表13-1所示。

钢筋混凝土框架结构破坏统计（7~9层建筑） 表13-1

城镇	破坏统计
北川	调查24栋：整体倒塌8栋，部分倒塌7栋，未倒塌9栋
都江堰	调查139栋：基本完好72%，轻微破坏12%，中等破坏8%，严重破坏7%。 调查242栋：122栋（50%）基本完好，75栋（31%）轻微破坏，31栋（13%）中等破坏，10栋（4%）严重破坏，4栋（2%）倒塌。 调查126栋：基本完好46%，轻微破坏33%，中等破坏12%，严重破坏4%，倒塌2%
绵竹	调查96栋：基本完好18%，轻微破坏39%，中等破坏26%，严重破坏16%，倒塌1%
江油	调查110栋：45栋（41%）基本完好，40栋（36%）轻微破坏，25栋（23%）中等破坏，无严重破坏及倒塌
绵阳	调查32栋：基本完好23栋（72%），轻微破坏9栋（28%）

唐山地震时，位于8度区内的天津碱厂一座十三层的框架结构蒸汽塔，六层以上全部倒塌。同在8度区的天津友谊宾馆东段为8层框架结构，地震作用使得结构产生很大变形，实心砖填充墙普遍严重破坏，个别梁、柱也受到破坏。

美国旧金山附近的一幢钢筋混凝土框架结构建筑，严格按照延性框架要求设计与施工，采用轻质隔断，改进了轻质外墙与框架的连接构造，在1989年10月17日的地震中，经受了强烈地震，而建筑物未发生任何裂缝与破坏。这是延性钢筋混凝土框架结构抗震成功的一个例子。

大量调查表明，未经抗震设防或抗震设计不合理的框架结构在 8 度和 8 度以上的地震作用下，有部分房屋会发生中等程度或严重的破坏，个别甚至倒塌。而经过合理的抗震设计后，框架结构具有良好的抗震性能，能够抵抗较为强烈的地震作用。

1. 框架结构地震破坏特点

地震引起框架结构的破坏包括：结构构件破坏；非结构构件破坏以及场地和地基的破坏。结构构件破坏主要指框架柱、框架梁和梁柱节点的破坏；非结构构件破坏主要指的是填充墙的破坏。

1) 框架柱的破坏

在地震作用下，框架柱受到轴力、两个主轴方向的弯矩和水平剪力的共同作用，受力状态复杂。一般情况下，框架柱的震害重于梁，角柱的震害重于内柱，短柱的震害重于一般柱，柱上端的震害重于下端。从受力状态上区分，柱的破坏主要有压弯破坏、剪切破坏和弯曲破坏。

框架柱柱端弯矩较大部位的混凝土压碎剥落，使得钢筋外露，主筋压屈（图13-1），这种破坏称为压弯破坏。柱的轴压比过大、受弯纵向钢筋不足、箍筋过稀等都会造成这种破坏，其破坏部位一般在梁底、柱顶的交接处。这是一种脆性破坏，且较难修复，在高烈度区较为常见。

剪切破坏是指柱在地震反复剪力作用下，会出现斜裂缝或 X 形裂缝，裂缝的宽度很大（图 13-2），难以修复，这种破坏也属于脆性破坏。若柱的剪跨比较小，刚度较大，地震时将会吸收较多的地震剪力，如果设计时没有采取可靠措施来提高其抗震能力，将会发生剪切破坏；长柱箍筋不足时，也会发生剪切破坏。

图 13-1 柱的压弯破坏

图 13-2 柱的剪切破坏

弯曲破坏是指在反复弯矩作用下，柱身发生的水平开裂破坏，一般柱的纵向钢筋不足时发生。弯曲破坏的裂缝一般很小，容易修复。

2) 框架梁的破坏

框架梁的破坏一般发生在梁端，常见的破坏有正截面破坏，斜截面破坏和锚固破坏。正截面破坏是指在弯矩作用下，梁端或跨中受拉边出现的竖向裂缝。当梁的抗剪强度不足时，地震作用下，梁端将会出现斜裂缝或交叉裂缝，这种破坏称为斜截面破坏。当梁的主筋在节点内锚固长度不足、或锚固构造不当、或节点区混凝土破坏时，钢筋与混凝土的粘结力受到破坏，钢筋移动、甚至从混凝土中拔出，这种破坏称为锚固破坏。

梁的破坏后果没有柱的严重，且梁的破坏属于局部破坏，一般不会引起结构的整体倒塌。但是梁的斜截面和锚固破坏都是脆性破坏，应该避免。

图 13-3　框架节点破坏

3）框架节点破坏

节点区的破坏主要是抗剪强度不足引起的剪切破坏。在早期设计的框架节点中，往往不配置箍筋或箍筋不足，而强烈地震时，节点区受到的剪力很大，导致节点区产生 X 形交叉裂缝（图 13-3）。节点的破坏将使得与之相连的梁柱均失效，且为脆性破坏，应该避免。

4）填充墙破坏

地震时，框架和填充墙共同工作，抵抗地震作用。

填充墙的刚度大、变形性能差、承载力低，所以填充墙破坏发生早、破坏严重（图 13-4）。

图 13-4　墙体剪切破坏

填充墙震害大多表现为墙面产生斜向裂缝或交叉裂缝，在窗口上、下的墙面上也经常可以见到水平裂缝；当墙面高大，并且开有较大的洞口时，也会发生整片墙体倒塌的现象。

填充墙的破坏程度与地震烈度、墙体构造和材料以及施工质量密切相关。在 8 度和 8 度以上地震作用下，填充墙的震害明显加重。框架填充墙震害的一般规律是：上轻下重、空心砌体重于实心砌体、砌块墙重于砖墙。

5）场地和地基失效

场地和地基失效有两方面的含义。一是地基失效：地基在地震作用下丧失承载力，从而引起建筑物的倒塌和倾覆，最典型的例子是1964年日本新潟地震中，砂土液化造成一幢四层公寓大楼整体倾倒80°，图13-5为砂土液化时的场地破坏情况；二是结构自振周期与场地振动周期接近时，框架结构易发生共振，此时的地震作用

图13-5 砂土液化时的场地破坏情况

迅速增加，结构震害严重。

6）防震缝两侧结构破坏

当防震缝宽度不足时，地震作用引起防震缝两侧的结构构件发生碰撞，从而造成结构的破坏。例如天津友谊宾馆主楼东、西段间设有150mm宽的防震缝，唐山地震时，主体结构基本完好，但是由于防震缝宽度不足，房屋发生碰撞，造成严重的结构破坏。

7）底部楼层侧移过大导致倒塌（图13-6）

由于底层作为商用或公共停车场等大空间使用，上部楼层为住宅或宾馆，填充墙使上部楼层的层刚度增大，形成柔性底层结构，这类问题需在结构整体抗震方案中给予充分考虑。

2. 框架结构地震破坏原因

框架结构地震破坏主要由以下原因造成：

1）结构布置不合理

建筑结构的平、立面是否规则，对结构抗震性具有最重要的影响，也是建筑设计首先遇到的问题。规则的建筑结构体现在体形（平面和立面的形状）简单，抗侧力体系的刚度和承载力上下变化连续、均匀，平面布置对称。宜采用抗震性能好的规则的设计方案，不宜采用抗震性能较差的不规则的设计方案，不应采用抗震性能差的严重不规则的设计方案。

图13-6 底部楼层倒塌

不合理的平、立面会造成结构地震作用增大、应力和破坏集中，而且结构会受到扭转效应的作用，结构震害严重，甚至倒塌。防震缝的设置也是结构布置的重要内容，设计时必须综合考虑各种影响因素的作用，合理确定是否设缝以及缝宽。不合理的防震缝宽度将使防震缝两侧结构由于相互碰撞而受到破坏。

2）框架梁、柱或节点的强度或延性不足

框架结构在地震中常因梁、柱或节点的强度或延性不足而发生破坏。为了保证结构具有必要的承载力、刚度、稳定性、延性及耗能等方面的性能,主要耗能构件应有较高的延性和适当刚度,承受竖向荷载的主要构件不宜作为主要耗能构件。由于柱的震害重于梁,节点的震害重于构件。因此,框架结构抗震设计中应遵守"强柱弱梁、强剪弱弯、强节点弱构件"的原则。

3) 场地和地基选择不当

地震对建筑物的破坏作用是通过场地、地基和基础传递给上部结构的。同时,场地和地基又支撑着上部结构,因此地基具有双重作用。场地和地基的破坏是指地震时首先发生场地和地基的破坏从而引起建筑物的破损和其他灾害,场地和地基的破坏作用大致包括地面开裂、滑坡和坍塌、地基失效等类型,一般通过场地选择和地基处理来减轻场地和地基破坏引起的震害。

13.2 设计一般规定

1. 钢筋混凝土框架结构房屋适用的最大高度、最大高宽比及抗震等级的确定分别见第 9 章和 12 章相关内容。

2. 抗震结构的多道抗震设防

结构多道抗震设防的概念,一是要求结构具有良好的吸能能力,二是要求结构具有尽可能多的赘余度。结构系统的吸能和耗能能力,主要依靠结构或构件在预定部位产生塑性铰,但结构体系或构件如果没有赘余度,则某些部分塑性铰的形成,会使"结构"变成"机构",并可能失稳和倒塌。一般来说,不静定的次数愈高,对结构的抗震愈有利,但这不是充分条件,为使结构各部分及尽可能多的构件都有效地发挥抗震能力,需要把能量耗散在整个结构的平面上和高度方向上。这要求在结构的适当部位设置一系列容许发生的屈服区,使这些并不危险的部位有意识地首先形成塑性铰或塑性区,或发生可以修复的破坏,从而使主要的承重构件得到很大程度的保护。

对于框架结构而言,框架填充墙结构是一种性能较差的多道抗震设防。在地震时,填充墙与框架共同工作,填充墙刚度大而承载力低,首先达到极限承载力,然后发生刚度快速退化,将较多的地震作用转移给框架部分,因此填充墙构成了框架填充墙结构的第一道抗震设防,框架结构本身是第二道设防。在实际设计时,一般只考虑填充墙的重量和刚度对框架的不利影响,而不计其承载力的有利作用。

3. 结构布置原则

建筑物的结构布置是对建筑物的平面和立面形状、结构刚度和楼层承载力分布等方面因素的综合考虑。建筑体型简单、结构布置规则有利于结构抗震,但在实际工程中,不规则是难免的,规范列出了三种平面不规则及三种竖向不规则类型(参见第 2.2 节),并明确应采用不同的抗震措施分别处理。平面不规则主要有扭转不规则、凹凸不规则及楼板局部不连续;竖向不规则主要有侧向刚度不均匀、竖向抗侧力构件不连续和楼层承载力突变。

1) 建筑物平面

建筑平面复杂、结构质量和刚度不对称及楼板不连续时,地震容易引起结构的整体扭转和局部应力集中，如果不采取相应的加强措施，将会造成严重的震害。为了减小地震作用对建筑结构的整体和局部的不利影响，建筑平面形状宜规则，避免过大的外伸和内收。规范规定：当房屋平面的凹角或凸角不大于该方向总长度的30%时，可以认为建筑外形是规则的（参见第12.2节）；楼板不连续及扭转不规则具体的定义，可参见表12-3；楼板局部不连续包括有效楼板宽度小于该层典型梁板宽度的一半，或开洞面积大于该层楼面面积的30%，楼层错层面积大于该层总面积的30%；扭转不规则表现在竖向构件的最大弹性水平位移（和层间位移）与该楼层两端弹性水平位移（和层间位移）平均值之比（称作扭转位移比）大于1.2；扭转位移比大于1.5时（B级高度及复杂建筑为1.4），即为扭转严重不规则；以扭转为主第一自振周期 T_t 与平动为主的第一自振周期 T_1 之比大于0.9（B级高度及复杂建筑为0.85）时，为扭转特别不规则建筑。

水平地震作用由两个相互垂直的地震作用构成，所以钢筋混凝土框架结构应在两个主轴方向上均具有良好的抗震能力，而且应该尽量使得横向和纵向框架的抗震能力相匹配。

甲、乙类建筑及高度大于24m的丙类建筑，不应采用单跨框架结构；高度不大于24m的丙类建筑不宜采用单跨框架结构。

2) 建筑物立面

建筑物不但在平面布置上要规则，在立面布置上也要规则，结构沿高度布置应连续、均匀，使结构侧向刚度和承载力上下相同或下大上小，自下而上连续、逐渐减小，避免存在刚度和承载力突然变小的楼层。

在水平地震作用下，结构处于弹性阶段时，其层间弹性位移分布主要取决于层间刚度分布，层间刚度较弱的部位将产生较大的层间弹性位移。在弹塑性阶段，结构层间弹塑性位移主要取决于层间屈服强度相对值，即层间屈服强度系数 ξ_y。如果层间屈服强度系数的分布不均匀，层间弹塑性变形集中现象越严重。

为了避免薄弱层的出现，抗震规范定义的竖向不规则结构为：该层侧向刚度小于相邻上一层的70%，或小于其上相邻三个楼层侧向刚度平均值的80%（图13-7）；层间受剪承载力小于相邻上一层层间受剪承载力的80%（图13-8）；竖向抗侧力构件不连续主要是指转换层结构，其在多遇地震作用下与其相连构件的内

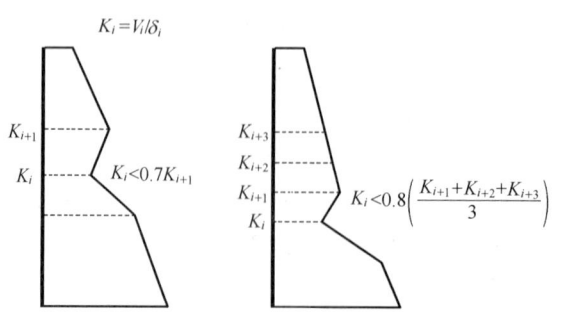

图13-7 层间侧向刚度分布不规则结构

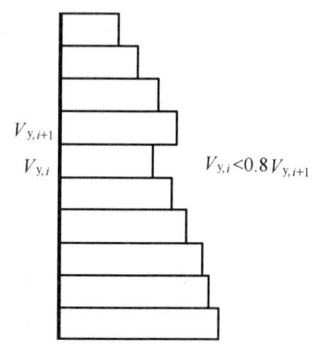

图13-8 楼层承载力突变示意

坏，因为在地震中刚度弱的楼层变形集中，成为薄弱层，地震中结构破坏严重。如美国圣费尔南多奥立弗医疗中心的主楼为六层钢筋混凝土结构，其中一、二层为框架结构，三到六层为框架-抗震墙结构（图13-9），上下刚度相差十倍，1971年的地震导致底部框架柱严重破坏，产生很大的塑性变形，侧移达600mm。从这个震害实例可以看出，钢筋混凝土结构抗震设计时应该纠正"增加构件强度总是有利无害"的非抗震设计概念，在设计和施工中不宜盲目提高混凝土强度等级和配筋量。

 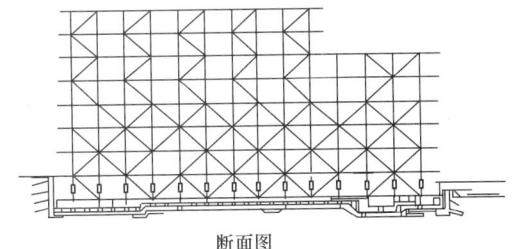

断面图

图 13-9 奥立弗医疗中心

高层建筑的不规则程度可分为不规则、特别不规则和严重不规则，若有不多于两项达到或超过上述不规则类型的指标，则此结构为不规则结构，不规则的建筑应按规定采取加强措施；若具有上述 6 个主要不规则类型（参见第 12.2 节）的指标达 3 个或以上，或有一项超过不规则类型的指标比较多，如扭转位移比达 1.4，扭转周期比大于 0.9，本层侧向刚度小于相邻上层的 50%，在地震作用下，可能引起结构不良后果的，此结构为特别不规则结构，特别不规则的建筑应进行专门研究和论证，采取特别的加强措施。严重不规则结构则是指体型复杂、多项不规则指标超过上限值或某一项大大超过规定值，可能导致地震破坏的严重后果，不应采用严重不规则结构。

4. 结构破坏机制

钢筋混凝土框架结构具有良好的塑性内力重分布能力，如果整体结构同时具有合理的破坏机制，能够较充分地吸收和耗散输入结构的地震能量，就可以保证结构在强震作用下不会过早地发生严重破坏甚至倒塌。为了保证框架结构具有合理的破坏机制，设计框架结构时应该满足以下要求：

1）整体机制（梁铰机制）优于楼层机制（柱铰机制）

梁铰机制是指塑性铰出现在梁端，柱端不出现塑性铰（图13-10a）。柱铰机制是指在同一楼层绝大多数柱在上下端形成塑性铰（图13-10b）。从抗震耗能角度出发，显然梁铰机制优于柱铰机制，因为梁铰是分散在各层，不易形成倒塌机制，柱铰是集中在某一层出现，塑性变形集中在此层，形成了薄弱层，层间位移角较大，影响结构承受竖向荷载的能力，形成倒塌机构。梁为受弯构件，易达到大的延性及耗能能力，柱为压弯构件，难以实现大的延性及耗能能力。在实际工程中，很难实现完全的梁铰机制，往往是既有梁铰又有柱铰的混合铰机制（图13-10c）。设计中，应使塑性铰出现在梁端，尽量减少柱铰，至少要尽量推迟柱角较大,影响结构承受竖向荷载的能力,形成倒塌机构。梁为受弯构件,易达到大的延性及耗能能力,柱为压弯构件,难以实现大的延性及耗能能力。在实际工程中,很难实现完全的梁铰机制,往往是既有梁铰又有柱铰的混合铰机制(图13-10c)。设计中,应使塑性铰出现在梁端,尽量减少柱铰,至少要尽量推迟柱铰的出现。这可通过加强底层柱下端截面承载力来实现。

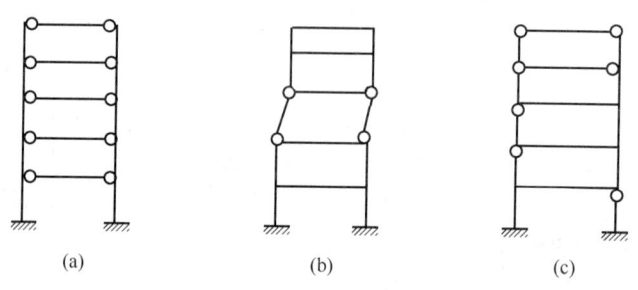

图 13-10 框架屈服机制
(a) 整体机制;(b) 楼层机制;(c) 混合机制

2) 满足"强剪弱弯"的要求

这要求是指梁柱的实际受剪承载力应大于其实际受弯承载力对应的剪力。在设计上可以通过调整梁柱截面受剪承载力与受弯承载力之间的相对值,从而使梁柱发生延性弯曲破坏,避免发生脆性剪切破坏。

3) 满足"强柱弱梁"的要求

钢筋混凝土框架的层间变形能力取决于梁、柱的变形性能。柱是压弯构件,其变形能力不如弯曲构件梁。合理的框架破坏机制应该是梁的塑性屈服要早于柱的塑性屈服,底层柱的塑性屈服最晚发生,同时柱的塑性屈服要尽量分散,避免集中在某一层。这样的框架才具有良好的变形能力和整体抗震能力。

4) 满足"强节点弱构件"的要求

框架的梁柱节点是保证框架有效地抵御地震作用的关键部位,它的破坏将直接导致交于该节点的梁、柱失效,同时节点的破坏为剪切脆性破坏,变形能力极差,所以要保证节点有足够的抗剪承载力,使其在梁柱构件达到极限承载力前不发生破坏,设计时要保证节点区混凝土强度、密实性及在节点核心区内配置足够的箍筋。

此外加强角柱、框支柱等受力尤为不利部位的构件承载力及构造以及限制柱轴压比、加强柱箍筋对混凝土的约束,都能推迟柱铰的出现及避免柱的破坏,达到预想破坏机构的目的。

确保框架构件具有一定的变形能力是实现延性框架结构的前提,为此规范对框架构件的轴压比、剪跨比、剪压比及最大和最小纵筋配筋率、箍筋直径、间距、配箍率等都进行了具体的规定,在后面将讲到。

5. 防震缝

设置防震缝时,如果缝宽过小,在强烈地震作用下,地面的运动和变形将使得防震缝两侧相邻的结构构件发生碰撞而破坏;如果缝宽过大,会给建筑处理造成困难。因此，在选择建筑方案时，尽量不要设置防震缝，应采取合理的计算方法、构造措施和施工方法，来解决不设防震缝引起的不利影响。如果必须设置防震缝，防震缝的宽度要满足规范的要求，对于8度和9度设防的钢筋混凝土框架结构，防震缝两侧还要设置抗撞墙。

1) 防震缝设置

防震缝设置原则和宽度要求参见第9.1节，计算防震缝宽度 t 时，按照框架结构并取房屋高度 H 确定缝宽（图13-11）。

2) 抗撞墙设置

地震时，钢筋混凝土框架结构的碰撞将造成较为严重的破坏，对于按8度和9度设防的钢筋混凝土框架结构房屋，当防震缝两侧结构高度、刚度或层高相差较大时，应在防震缝两侧，沿墙体的全高设置垂直于防震缝的抗撞墙，每一侧抗撞墙的数量不少于两道，宜分别对称布置，墙肢长度可不大于一个柱距和不大于1/2层高，如图13-12所示。防震缝两侧抗撞墙的端柱和框架的边柱，箍筋应沿房屋的全高加密。

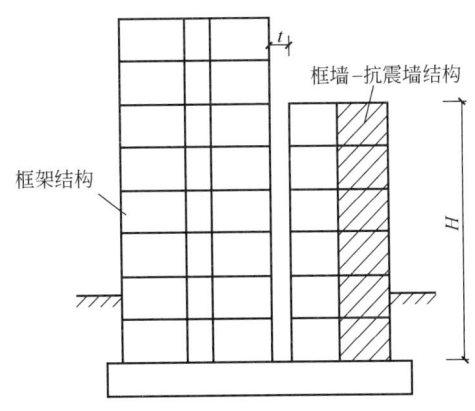

图13-11 防震缝宽度确定

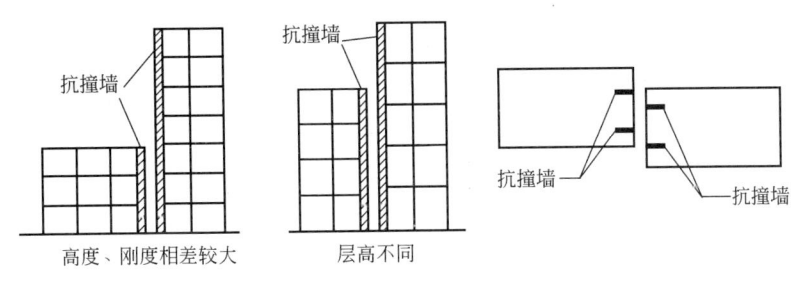

图13-12 框架结构抗撞墙示意图

13.3 抗震验算

1. 水平地震作用下框架内力计算

框架结构可以采用有限元法建立三维空间计算模型，并在此基础上采用反应谱法计算得到水平地震作用。当采用简化计算方法例如底部剪力法时，可在建筑结构的两个主轴方向分别考虑水平地震作用，各方向的水平地震作用由该方向抗侧力框架结构来承担。一般将砖填充墙仅作为非结构构件，不考虑其抗侧力作用。

水平地震作用下框架内力的简化计算常采用 D 值法。D 值法近似地考虑了框架节点转动对侧移刚度和反弯点高度的影响，比较精确，得到广泛应用。

2. 水平地震作用下框架变形验算

1) 多遇地震作用下框架层间弹性位移验算

多遇地震作用下,采用底部剪力法计算框架结构的层间弹性位移基本步骤是:

(1) 计算梁、柱线刚度,并采用 D 值法计算柱侧移刚度 D_j 及 $\sum_{j=1}^{n} D_j$;

(2) 计算结构的基本周期 T_1;

(3) 采用底部剪力法计算结构总水平地震作用标准值 F_{Ek};

(4) 计算第 i 楼层的水平地震剪力 V_i,并计算层间弹性位移:

$$\Delta u_e = \frac{V_i}{\sum_{j=1}^{n} D_j} \tag{13-1}$$

(5) 层间弹性位移验算:

$$\Delta u_e \leqslant [\theta_e]h \tag{13-2}$$

式中各符号意义见式 (12-19)。

2) 罕遇地震作用下框架层间弹塑性位移验算

罕遇地震作用下,采用底部剪力法计算框架结构层间弹塑性位移基本步骤是:

(1) 按梁、柱实际配筋计算各构件极限抗弯承载力,并确定各楼层的屈服承载力 V_{yi};

(2) 计算罕遇地震作用下结构总水平地震作用标准值 F_{Ek},并计算各楼层的弹性地震剪力 V_{ei} 和层间弹性位移 Δu_e;

(3) 计算各楼层的屈服强度系数 $\xi_{yi} = V_{yi}/V_{ei}$,并找出薄弱层;

(4) 计算薄弱层的层间弹塑性位移 $\Delta u_p = \eta_p \Delta u_e$;

(5) 层间弹塑性位移验算:

$$\Delta u_p \leqslant [\theta_p]h \tag{13-3}$$

式中各符号意义见式 (12-20)。

3. 框架结构抗震验算

通过框架结构内力分析,获得了在水平地震作用下构件的内力标准值。在框架抗震设计时,应考虑地震作用效应和其他荷载效应的基本组合,可参阅第 12.5 节。当只考虑水平地震作用与重力荷载代表值时,结构构件的内力组合设计值 S (组合的弯矩、轴力和剪力设计值) 可写成:

$$S = 1.2S_{GE} + 1.3S_{Ehk} \tag{13-4}$$

式中 S_{GE}——重力荷载代表值效应;

S_{Ehk}——水平地震作用标准值效应。

截面抗震验算同式 (12-18)。

13.4 抗震设计

1. 框架结构抗震设计原则

为了保证框架结构具有良好的抗震性能，应符合下列基本要求：

（1）梁、柱构件应避免剪切破坏，使得构件的杆端出现弯曲塑性铰而不产生斜截面的脆性破坏。

（2）梁、柱之间应设置为"强柱弱梁"，使得梁比柱的塑性屈服尽可能早发生和多发生，底层柱底的塑性铰较晚形成。

（3）梁、柱节点承载能力宜大于梁、柱构件承载能力，使得在梁柱构件达到极限承载力前节点不应发生破坏。

（4）框架结构宜双向布置，尽量使横向和纵向框架的抗震能力相匹配。

为实现以上抗震概念设计要求，框架结构的内力组合设计值需要进行调整，之后再按抗震设计规范和混凝土结构设计规范相关的要求进行构件截面抗震设计。

2. 框架梁抗震设计

1）抗震概念设计

（1）按强剪弱弯设计，避免发生剪切破坏。用增大端部截面剪力方式予以保证。

（2）控制纵向受拉钢筋面积，避免发生少筋梁和超筋梁破坏。为了避免少筋梁破坏，规定了纵向受拉钢筋的最小配筋率 ρ_{min}（%）（表 13-2）。为了避免超筋梁破坏，规定纵向受拉钢筋的配筋率不宜大于 2.5%。

框架梁纵向受拉钢筋的最小配筋百分率（%）　　　　表 13-2

抗震等级	位置	
	支座（取较大值）	跨中（取较大值）
一级	0.4 和 80 f_t/f_y	0.3 和 65 f_t/f_y
二级	0.3 和 65 f_t/f_y	0.25 和 55 f_t/f_y
三、四级	0.25 和 55 f_t/f_y	0.2 和 45 f_t/f_y

（3）限制受压区高度，保证适筋梁延性。影响梁延性大小的主要因素是混凝土截面受压区高度 ξ，抗震等级越高的框架，要求梁的延性越大，限制梁端部截面受压区高度就越严。配置受压钢筋，能增大梁的延性。

（4）控制截面尺寸，提高框架梁延性。在地震作用下，梁端塑性铰区混凝土保护层容易剥落。如果梁截面宽度过小则截面损失比例较大，为了对节点核心区提供约束以提高节点受剪承载力，需对尺寸进行限制。

（5）设置箍筋加密区，提高梁端塑性铰区延性。为了使塑性铰区具有良好的塑性转动能力，同时为了防止受压钢筋过早屈曲。箍筋数量除按计算所需以外，梁端箍筋的加密区长度、箍筋最大间距、最小直径以及沿梁全长箍筋的面积配筋率应符合表 13-3 的要求；当梁端纵向受拉钢筋配筋率大于 2% 时，表中箍筋最小直径应增大 2mm。

梁端箍筋加密区构造要求　　　　　　　　　表 13-3

抗震等级	加密区长度 （取较大值）(mm)	箍筋最大间距 （取较小值）(mm)	箍筋最小直径 (mm)	沿梁全长箍筋的面积 配筋率（%）
一	$2h_b$，500	$6d$，$h_b/4$，100	10	$0.3 f_t/f_{yv}$
二	$1.5h_b$，500	$8d$，$h_b/4$，100	8	$0.28 f_t/f_{yv}$
三	$1.5h_b$，500	$8d$，$h_b/4$，150	8	$0.26 f_t/f_{yv}$
四	$1.5h_b$，500	$8d$，$h_b/4$，150	6	$0.26 f_t/f_{yv}$

注：1. d 为纵向钢筋直径，h_b 为梁截面高度；

2. 箍筋直径大于 12mm、数量不少于 4 肢且肢距小于 150mm 时，一、二级的最大间距应允许适当放宽，但不应大于 150mm。

箍筋加密区范围内的箍筋肢距，一级不宜大于 200mm 和 20 倍箍筋直径的较大值，二、三级不宜大于 250mm 和 20 倍箍筋直径的较大值，四级不宜大于 300mm。抗震设防的框架梁不用弯起钢筋抗剪。

2）截面抗震验算

（1）正截面受弯承载力

考虑地震作用组合的框架梁，其正截面抗弯承载力验算式为：

$$M \leqslant \frac{1}{\gamma_{RE}}[(A_s - A'_s)f_y(h_0 - 0.5x) + A'_s f'_y(h_0 - a'_s)] \tag{13-5a}$$

式中　M——梁端截面弯矩设计值；

　　　A_s、A'_s——分别为受拉钢筋和受压钢筋面积；

　　　a'_s——受压钢筋中心至截面受压边缘的距离；

　　　x——混凝土受压区高度，按下式计算：

$$x = \frac{f_y(A_s - A'_s)}{a_1 f_c b}$$

混凝土受压区高度 x 应符合：

$$x \geqslant 2a'_s$$

当 $x < 2a'_s$ 时，应取 $x = 2a'_s$，此时梁受弯承载力按下式验算：

$$M \leqslant \frac{1}{\gamma_{RE}} f'_y A'_s(h_0 - a'_s) \tag{13-5b}$$

（2）斜截面受剪承载力

反复荷载下框架梁的受剪承载力计算公式中混凝土项取为非抗震情况下混凝土受剪承载力的 60%，而箍筋项则不考虑反复荷载作用的降低。

对于矩形、T 形和 I 字形截面的一般框架梁，斜截面受剪承载力验算式为：

$$V \leqslant \frac{1}{\gamma_{RE}}\left(0.42 f_t b h_0 + f_{yv} \frac{A_{sv}}{s} h_0\right) \tag{13-6a}$$

式中　f_{yv}——箍筋抗拉强度设计值；

　　　A_{sv}——同一截面箍筋各肢全部截面面积；

　　　γ_{RE}——承载力抗震调整系数。

集中荷载较大（包括有多种荷载，其中集中荷载对节点边缘产生的剪力值占总剪力的75％以上情况）的框架梁，应按下式验算：

$$V \leqslant \frac{1}{\gamma_{RE}}\left(\frac{1.05}{\lambda+1}f_t bh_0 + f_{yv}\frac{A_{sv}}{s}h_0\right) \quad (13\text{-}6b)$$

式中　λ——计算截面的剪跨比，可取 $\lambda = a/h_0$，a 为集中荷载作用点至节点边缘的距离；$\lambda < 1.5$ 时，取 $\lambda = 1.5$；$\lambda > 3$ 时，取 $\lambda = 3$。

3. 框架柱抗震设计

1) 抗震概念设计

（1）按强柱弱梁设计，尽量实现梁铰破坏机制。采用增大柱底层固定端弯矩加大角柱设计内力予以保证。

（2）按强剪弱弯设计，避免发生剪切破坏。采用加大柱剪力设计值的方法提高其受剪承载力予以保证。

（3）控制剪跨比和轴压比，实现大偏心受压破坏。框架柱抗震设计一般应限制在大偏心受压破坏范围，以保证柱有一定延性。轴压比是指柱平均轴向压应力与混凝土轴心抗压强度设计值比值：

$$\mu_N = \frac{N}{bhf_c} \quad (13\text{-}7)$$

式中　N——有地震作用组合时柱轴压力设计值；

　　　b、h——分别为柱截面宽度和高度。

框架柱轴压比不宜大于表13-4规定的限值。对短柱应有更严的轴压比限值。

框架柱轴压比限值　　　　　　表13-4

结构体系	抗震等级			
	一	二	三	四
框架结构	0.65	0.75	0.85	0.90
板柱-抗震墙、框架-抗震墙及筒体	0.75	0.85	0.90	0.95
部分框支抗震墙	0.60	0.70	—	—

注：1. 表内限值适用于剪跨比大于2、混凝土强度等级不高于C60的柱；剪跨比不大于2的柱，其轴压比限值应按表中数值减小0.05；对剪跨比小于1.5的柱，轴压比限值应专门研究并采取特殊构造措施；
2. 根据箍筋配置不同，表中值可修正，参见规范；
3. 柱经采用上述加强措施后，其最终的轴压比限值不应大于1.05。

（4）控制截面尺寸，保证框架柱延性。

（5）设置箍筋加密区，改善框架柱延性。

① 箍筋加密区要求

根据框架柱的部位和重要性，箍筋加密区的范围应符合一定要求。且加密区的箍筋形式、直径、间距和肢距都有要求。

箍筋加密区的最大间距和最小直径应符合下列要求（表13-5）：

柱端加密区构造要求　　　　　　　　　　　　　　　表 13-5

抗震等级	箍筋最大间距（取较小者）(mm)	箍筋最小直径（mm）
一	$6d$，100	10
二	$8d$，100	8
三	$8d$，150（柱根 100）	8
四	$8d$，150（柱根 100）	6（柱根 8）

② 箍筋加密区体积配箍率

为了避免配箍率过小，规定了最小体积配箍率，其应符合下列要求：

$$\rho_v = \frac{\sum a_s l_s}{l_1 l_2 s} \geqslant \frac{\lambda_v f_c}{f_{yv}} \tag{13-8}$$

式中　ρ_v——柱箍筋加密区的体积配箍率，一级不应小于 0.8%，二级不应小于 0.6%，三、四级不应小于 0.4%；

　　　$\sum a_s l_s$——箍筋各段体积（面积×长度）的总和，计算复合箍的体积配箍率时，可不扣除重叠部分；

　　　l_1、l_2——分别为箍筋包围的混凝土核心区两个边长；

　　　s——箍筋间距；

　　　λ_v——柱最小配箍特征值，按表 13-6 采用。

柱箍筋加密区箍筋最小配箍特征值　　　　　　　　　　表 13-6

抗震等级	箍筋形式	轴压比								
		≤0.3	0.4	0.5	0.6	0.7	0.8	0.9	1.0	1.05
一	普通箍、复合箍	0.10	0.11	0.13	0.15	0.17	0.20	0.23	—	—
	螺旋箍、复合或连续复合矩形螺旋箍	0.08	0.09	0.11	0.13	0.15	0.18	0.21	—	—
二	普通箍、复合箍	0.08	0.09	0.11	0.13	0.15	0.17	0.19	0.22	0.24
	螺旋箍、复合或连续复合矩形螺旋箍	0.06	0.07	0.09	0.11	0.13	0.15	0.17	0.20	0.22
三、四	普通箍、复合箍	0.06	0.07	0.09	0.11	0.13	0.15	0.17	0.20	0.22
	螺旋箍、复合或连续复合矩形螺旋箍	0.05	0.06	0.07	0.09	0.11	0.13	0.15	0.18	0.20

常用普通箍、复合箍、螺旋箍及复合螺旋箍、连续复合螺旋箍的具体箍筋形式如图 13-13 所示。

(6) 控制纵向钢筋面积，提高框架柱延性

为了避免地震作用下柱过早进入屈服，并获得较大的屈服变形，必须满足柱纵向钢筋最小总配筋率的要求（表 13-7）。且每一侧配筋率不应小于 0.2%。框架柱全部纵向受力钢筋配筋率不应大于 5%。

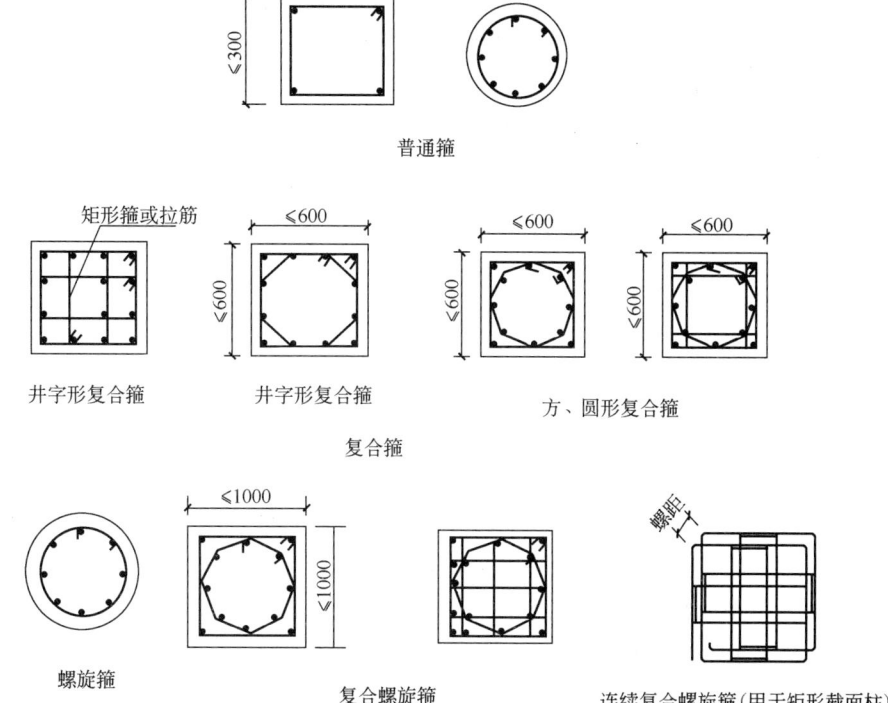

图 13-13 常用的矩形和圆形柱截面的箍筋类别

柱全部纵向受力钢筋最小总配筋百分率（%） 表 13-7

抗震等级	一	二	三	四
框架中、边柱	1.0	0.8	0.7	0.6
框架角柱、框支柱	1.1	0.9	0.8	0.7

注：Ⅳ类场地土上较高的高层建筑，按表中数值增加 0.1 采用。

2）截面抗震验算

（1）正截面受弯承载力

矩形截面柱正截面受弯承载力按下式验算：

$$\eta M \leqslant \frac{1}{\gamma_{RE}}\left[a_1 f_c bx\left(h_0 - \frac{x}{2}\right) + f'_y A'_s (h_0 - a'_s)\right] + 0.5N(h_0 - a_s) \quad (13-9)$$

受压区高度由下式确定：

$$N = \frac{1}{\gamma_{RE}}(a_1 f_c bx + f'_y A'_s - \sigma_s A_s) \quad (13-10)$$

式中　η——偏心距增大系数，一般不考虑；

σ_s——受拉边或受压较小边钢筋的应力；当 $\xi = x/h_0 \leqslant \xi_b$ 时（大偏心受压）取 $\sigma_s = f_y$；当 $\xi > \xi_b$ 时（小偏心受压）取：

$$\sigma_s = \frac{f_y}{\xi_b - 0.8}\left(\frac{x}{h_0} - 0.8\right)$$

当 $\xi > h/h_0$ 时，取 $x = h$，σ_s 仍用计算的 ξ 值按上式计算。

（2）斜截面受剪承载力

矩形截面柱斜截面受剪承载力按下式验算：

$$V \leqslant \frac{1}{\gamma_{RE}}\left(\frac{1.05}{\lambda+1}f_t bh_0 + f_{yv}\frac{A_{sv}}{s}h_0 + 0.056N\right) \quad (13\text{-}11)$$

式中 λ——框架柱的计算剪跨比，取 $\lambda = M/(Vh_0)$；$\lambda < 1$ 时，取 $\lambda = 1$；$\lambda > 3$ 时，取 $\lambda = 3$；

N——考虑地震作用组合的柱轴向压力设计值，当 N 大于 $0.3f_c A$ 时，取 $N = 0.3f_c A$。

当矩形截面框架柱出现拉力时，其斜截面受剪承载力按下式验算：

$$V \leqslant \frac{1}{\gamma_{RE}}\left(\frac{1.05}{\lambda+1}f_t bh_0 + f_{yv}\frac{A_{sv}}{s}h_0 - 0.2N\right) \quad (13\text{-}12)$$

式中 N——与剪力设计值 V 对应的轴向拉力设计值，取正值；当上式右端括号内的计算值小于 $f_{yv}A_{sv}h_0/s$，应取等于 $f_{yv}A_{sv}h_0/s$，并且 $f_{yv}A_{sv}h_0/s$ 值不应小于 $0.36f_t bh_0$。

4. 框架节点抗震设计

1）节点核心区抗震概念设计

节点核心区的破坏为剪切破坏，设计时要求采取强节点、强锚固的设计措施。

图 13-14 表示在水平地震作用和竖向荷载的共同作用下，节点核心区所受到的力系统，主要是压力和剪力的组合作用。设计时，取梁端截面达到受弯承载力时相应的核心区剪力作为核心区的剪力设计值，并按不同的抗震等级分别计算所需要的箍筋数量。抗震等级为四级时，核心区剪力较小一般不需验算，但要求按构造配置箍筋。

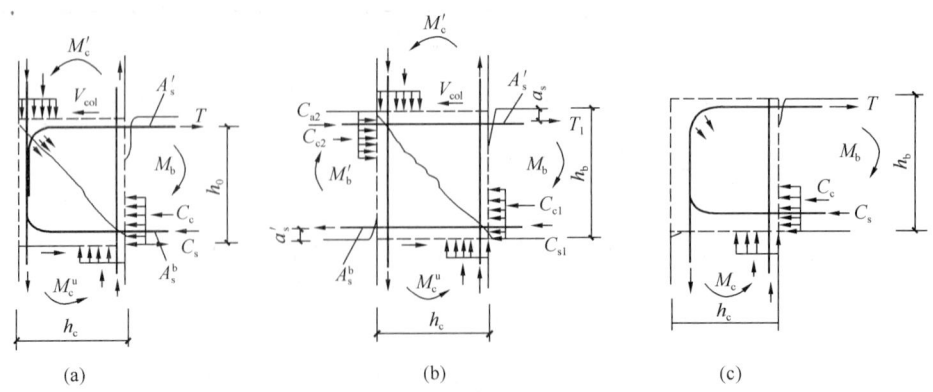

图 13-14 框架节点核心区受力示意图
(a) 边节点；(b) 中节点；(c) 角节点

2）节点核心区截面受剪验算

（1）节点核心区剪压比限值：为控制节点核心区的剪应力不致过高，一般应限制截面最小尺寸。

（2）节点核心区受剪承载力：节点核心区受剪承载力可以由混凝土和节点箍筋共同组成，轴向压力的存在有利于受剪承载力的提高。

3）节点核心区抗震构造要求

（1）节点核心区箍筋要求

节点核心区内箍筋最大间距和最小直径应满足柱端加密区的构造要求。

（2）梁、柱纵筋在框架节点区锚固和搭接要求

纵向受拉钢筋的抗震锚固长度 l_{aE} 应按下列公式计算：

$$l_{aE} = \xi_a l_a \tag{13-13}$$

式中　l_a——纵向受拉钢筋非抗震设计的最小锚固长度，按《混凝土结构设计规范》规定选取；

　　　ξ_a——纵向受拉钢筋锚固长度修正系数，一、二级取 1.15，三级取 1.05，四级取 1.0。

框架梁柱纵向受力钢筋在节点区的锚固和搭接应符合下列要求（图 13-15）：

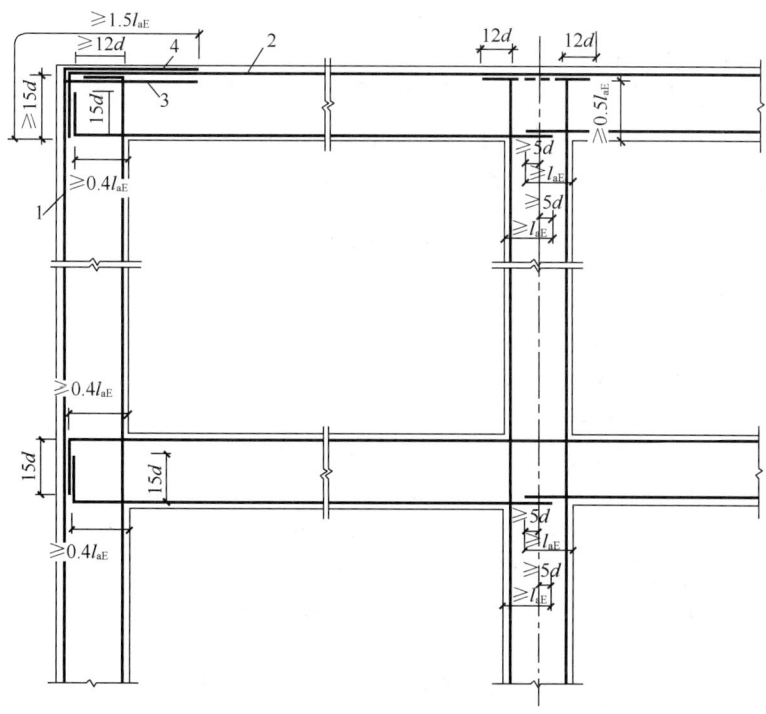

图 13-15　框架梁柱纵筋在节点核心区的锚固和搭接
1—柱外侧纵向钢筋；2—梁上部纵向钢筋；3—伸入梁内的柱外侧纵向钢筋；
4—不能伸入梁内的柱外侧纵向钢筋，可伸入板

① 中间层中间节点：框架梁的上部纵向钢筋应贯穿中间节点；对一、二级抗震等级，梁下部纵向钢筋伸入中间节点的锚固长度不应小于 l_{aE}，且伸过中心线不应小于 $5d$（d 为梁下部纵向钢筋的直径）。梁内贯穿中柱的每根纵向钢筋直

径，对一、二、三级抗震等级，不宜大于柱在该方向截面尺寸的 1/20；对圆柱截面，不宜大于纵向钢筋所在位置柱截面弦长的 1/20。

② 中间层端节点：当框架梁上部纵向钢筋用直线锚固方式锚入端节点时，其锚固长度除不应小于 l_{aE} 外，尚应伸过柱中心线不小于 $5d$。当水平直线段锚固长度不足时，梁上部纵向钢筋应伸至柱外边并向下弯折。弯折前的水平投影长度不应小于 $0.4\,l_{aE}$，弯折后的竖直投影长度取 $15d$。梁下部纵向钢筋在中间层端节点中的锚固措施与梁上部纵向钢筋相同，但竖直段应向上弯入节点。

③ 顶层中间节点：柱纵向钢筋应伸至柱顶。当采用直线锚固方式时，其自梁底边算起的锚固长度应不小于 l_{aE}。当直线段锚固长度不足时，该纵向钢筋伸到柱顶后可向内弯折，弯折前的锚固段竖向投影长度不应小于 $0.5\,l_{aE}$，弯折后的水平投影长度取 $12d$。当楼盖为现浇混凝土，且板混凝土强度不低于 C20、板厚不小于 80mm 时，也可向外弯折，弯折后的水平投影长度取 $12d$，对一、二级抗震等级，贯穿顶层中间节点的梁上部纵向钢筋的直径，不宜大于柱在该方向截面尺寸的 1/25。

④ 顶层端节点：柱外侧纵向钢筋可伸至柱顶，并向内弯折与梁上部纵向钢筋搭接连接，搭接长度不应小于 $1.5\,l_{aE}$，且伸入梁内的柱外侧纵身钢筋截面面积不宜少于柱外侧全部柱纵向钢筋截面面积的 65%，其中不能伸入梁内的外侧柱纵向钢筋，宜沿柱顶伸至柱内边；梁上部纵向钢筋应伸至柱外边并向下弯折到梁底标高。当柱外侧纵向钢筋配筋率大于 1.2% 时，宜分两批截断，其截断点之间的距离不宜小于 $20d$（d 为梁上部纵向钢筋的直径）。

⑤ 柱纵向钢筋不应在中间各层节点内截断。

思考题与习题

13-1 框架结构地震破坏的特点是什么？

13-2 框架结构在不同地震区的最大高度是多少？

13-3 什么是抗震结构的多道设防？

13-4 如何设计延性框架？

13-5 框架梁纵向受力钢筋锚入支座长度有什么要求？

13-6 框架节点有哪些构造要求？

13-7 举例说明现浇钢筋混凝土高层建筑结构抗震等级的确定。

13-8 简述框架结构内力和位移计算的方法与步骤。

13-9 试说明框架柱抗震设计的要点和抗震的构造措施。

13-10 试说明框架梁柱节点抗震设计的要求和抗震的构造措施。

13-11 分析钢筋混凝土框架结构、框架-抗震墙结构和抗震墙结构的受力特点、结构布置原则及各自的适用范围。

附 表

结构构件的裂缝控制等级及最大裂缝宽度的限值（mm）　　　　附表 2-1

环境类别	钢筋混凝土结构		预应力混凝土结构	
	裂缝控制等级	$w_{\lim}$	裂缝控制等级	$w_{\lim}$
一	三级	0.30（0.40）	三级	0.20
二 a	三级	0.20	三级	0.10
二 b	三级	0.20	二级	—
三 a、三 b	三级	0.20	一级	—

注：1. 对处于年平均相对湿度小于 60% 地区一类环境下的受弯构件，其最大裂缝宽度限值可采用括号内的数值；
2. 在一类环境下，对钢筋混凝土屋架、托架及需作疲劳验算的吊车梁，其最大裂缝宽度限值应取为 0.20mm，对钢筋混凝土屋面梁和托梁，其最大裂缝宽度限值应取为 0.30mm；
3. 在一类环境下，对预应力混凝土屋架、托架及双向板体系，应按二级裂缝控制等级进行验算；对一类环境下的预应力混凝土屋面梁、托梁、单向板，按表中二 a 类环境的要求进行验算；在一类和二 a 类环境下的需作疲劳验算的预应力混凝土吊车梁，应按裂缝控制等级不低于二级的构件进行验算；
4. 表中规定的预应力混凝土构件的裂缝控制等级和最大裂缝宽度限值仅适用于正截面的验算；预应力混凝土构件的斜截面裂缝控制验算应符合《混凝土结构设计规范》第 7 章的要求；
5. 对于烟囱、筒仓和处于液体压力下的结构构件，其裂缝控制要求应符合专门标准的有关规定；
6. 对于处于四、五类环境下的结构构件，其裂缝控制要求应符合专门标准的有关规定；
7. 表中的最大裂缝宽度限值为用于验算荷载作用引起的最大裂缝宽度。

受弯构件的挠度限值　　　　附表 2-2

构 件 类 型	挠 度 限 值
吊车梁：手动吊车	$l_0/500$
电动吊车	$l_0/600$
屋盖、楼盖及楼梯构件：	
当 $l_0<7$m 时	$l_0/200$（$l_0/250$）
当 $7\text{m}\leqslant l_0\leqslant 9$m 时	$l_0/250$（$l_0/300$）
当 $l_0>9$m 时	$l_0/300$（$l_0/400$）

注：1. 表中 l_0 为构件的计算跨度；
2. 表中括号内的数值适用于使用上对挠度有较高要求的构件；
3. 如果构件制作时预先起拱，且使用上也允许，则在验算挠度时，可将计算所得的挠度减去起拱值；对预应力混凝土构件，尚可减去预加力所产生的反拱值；
4. 计算悬臂构件的挠度限值时，其计算跨度 l_0 按实际悬臂长度的 2 倍取用。

普通钢筋强度标准值（N/mm²） 附表 4-1

牌号	符号	公称直径 d（mm）	屈服强度标准值 f_{yk}	极限强度标准值 f_{stk}
HPB300	Φ	6～22	300	420
HRB335 HRBF335	Φ ΦF	6～50	335	455
HRB400 HRBF400 RRB400	Φ ΦF ΦR	6～50	400	540
HRB500 HRBF500	Φ ΦF	6～50	500	630

预应力筋强度标准值（N/mm²） 附表 4-2

种类	符号	公称直径 d（mm）	屈服强度标准值 f_{pyk}	极限强度标准值 f_{ptk}
中强度预应力钢丝	Φ^{PM} Φ^{HM} 光面 螺旋肋	5、7、9	620	800
			780	970
			980	1270
预应力螺纹钢筋	Φ^T 螺纹	18、25、32、40、50	785	980
			930	1080
			1080	1230
消除应力钢丝	Φ^P Φ^H 光面 螺旋肋	5	—	1570
			—	1860
		7	—	1570
		9	—	1470
			—	1570
钢绞线	Φ^S 1×3（三股）	8.6、10.8、12.9	—	1570
			—	1860
			—	1960
	1×7（七股）	9.5、12.7、15.2、17.8	—	1720
			—	1860
			—	1960
		21.6	—	1860

注：极限强度标准值为 1960N/mm² 的钢绞线作后张预应力配筋时，应有可靠的工程试验。

普通钢筋强度设计值（N/mm²）　　　　附表 4-3

牌　号	抗拉强度设计值 f_y	抗压强度设计值 f'_y
HPB300	270	270
HRB335、HRBF335	300	300
HRB400、HRBF400、RRB400	360	360
HRB500、HRBF500	435	410

预应力筋强度设计值（N/mm²）　　　　附表 4-4

种　类	极限强度标准值 f_{ptk}	抗拉强度设计值 f_{py}	抗压强度设计值 f'_{py}
中强度预应力钢丝	800	510	410
	970	650	
	1270	810	
消除应力钢丝	1470	1040	410
	1570	1110	
	1860	1320	
钢绞线	1570	1110	390
	1720	1220	
	1860	1320	
	1960	1390	
预应力螺纹钢筋	980	650	410
	1080	770	
	1230	900	

钢筋的弹性模量（×10⁵ N/mm²）　　　　附表 4-5

牌号或种类	弹性弹量 E_s
HPB300 钢筋	2.10
HRB335、HRB400、HRB500 钢筋 HRBF335、HRBF400、HRBF500 钢筋 RRB400 钢筋 预应力螺纹钢筋	2.00
消除应力钢丝、中强度预应力钢丝	2.05
钢绞线	1.95

注：必要时可采用实测的弹性模量。

钢筋的计算截面面积及理论重量

附表 4-6

公称直径 (mm)	不同根数钢筋的计算截面面积 (mm²)									单根钢筋理论重量 (kg/m)
	1	2	3	4	5	6	7	8	9	
6	28.3	57	85	113	142	170	198	226	255	0.222
6.5	33.2	66	100	133	166	199	232	265	299	0.260
8	50.3	101	151	201	252	302	352	402	453	0.395
8.2	52.8	106	158	211	264	317	370	423	475	0.432
10	78.5	157	236	314	393	471	550	628	707	0.617
12	113.1	226	339	452	565	678	791	904	1017	0.888
14	153.9	308	461	615	769	923	1077	1231	1385	1.21
16	201.1	402	603	804	1005	1206	1407	1608	1809	1.58
18	254.5	509	763	1017	1272	1527	1781	2036	2290	2.00
20	314.2	628	942	1256	1570	1884	2199	2513	2827	2.47
22	380.1	760	1140	1520	1900	2281	2661	3041	3421	2.98
25	490.9	982	1473	1964	2454	2945	3436	3927	4418	3.85
28	615.8	1232	1847	2463	3079	3695	4310	4926	5542	4.83
32	804.2	1609	2413	3217	4021	4826	5630	6434	7238	6.31
36	1017.9	2036	3054	4072	5089	6107	7125	8143	9161	7.99
40	1256.6	2513	3770	5027	6283	7540	8796	10053	11310	9.87
50	1964	3928	5982	7856	9820	11784	13748	15712	17675	15.42

注：表中直径 $d=8.2$ mm 的计算截面面积及理论重量仅适用于有纵肋的热处理钢筋。

钢绞线公称直径、公称截面面积及理论重量

附表 4-7

种 类	公称直径 (mm)	公称截面面积 (mm²)	理论重量 (kg/m)
1×3	8.6	37.7	0.296
	10.8	58.9	0.462
	12.9	84.8	0.666
1×7 标准型	9.5	54.8	0.430
	17.8	191	1.500
	12.7	98.7	0.775
	15.2	140	1.101

钢丝公称直径、公称截面面积及理论重量

附表 4-8

公称直径 (mm)	公称截面面积 (mm²)	理论重量 (kg/m)
4.0	12.57	0.099
5.0	19.63	0.154
6.0	28.27	0.222
7.0	38.48	0.302
8.0	50.26	0.394
9.0	63.62	0.499

附表

混凝土强度标准值（N/mm²）　　　　　　　　　　　　附表 4-9

强度种类	混凝土强度等级													
	C15	C20	C25	C30	C35	C40	C45	C50	C55	C60	C65	C70	C75	C80
f_{ck}	10.0	13.4	16.7	20.1	23.4	26.8	29.6	32.4	35.5	38.5	41.5	44.5	47.4	50.2
f_{tk}	1.27	1.54	1.78	2.01	2.20	2.39	2.51	2.64	2.74	2.85	2.93	2.99	3.05	3.11

混凝土强度设计值（N/mm²）　　　　　　　　　　　　附表 4-10

强度种类	混凝土强度等级													
	C15	C20	C25	C30	C35	C40	C45	C50	C55	C60	C65	C70	C75	C80
f_c	7.2	9.6	11.9	14.3	16.7	19.1	21.1	23.1	25.3	27.5	29.7	31.8	33.8	35.9
f_t	0.91	1.10	1.27	1.43	1.57	1.71	1.80	1.89	1.96	2.04	2.09	2.14	2.18	2.22

注：1. 计算现浇钢筋混凝土轴心受压及偏心受压构件时，如截面的长边或直径小于300mm，则表中混凝土的强度设计值应乘以系数0.8。当构件质量（如混凝土成型、截面和轴线尺寸等）确有保证时，可不受此限制；
2. 离心混凝土的强度设计值应按专门标准取用。

混凝土弹性模量（×10⁴N/mm²）　　　　　　　　　　附表 4-11

混凝土强度等级	C15	C20	C25	C30	C35	C40	C45	C50	C55	C60	C65	C70	C75	C80
E_c	2.20	2.55	2.80	3.00	3.15	3.25	3.35	3.45	3.55	3.60	3.65	3.70	3.75	3.80

混凝土保护层的最小厚度 C（mm）　　　　　　　　　附表 4-12

环境类别	板、墙、壳	梁、柱、杆
一	15	20
二 a	20	25
二 b	25	35
三 a	30	40
三 b	40	50

注：1. 混凝土强度等级不大于C25时，表中保护层厚度数值应增加5mm；
2. 钢筋混凝土基础宜设置混凝土垫层，基础中钢筋的混凝土保护层厚度应从垫层顶面算起，且不应小于40mm。

纵向受力钢筋的最小配筋百分率 ρ_{min} （%）　　附表 4-13

受力类型			最小配筋百分率
受压构件	全部纵向钢筋	强度等级 500MPa	0.50
		强度等级 400MPa	0.55
		强度等级 300MPa、335MPa	0.60
	一侧纵向钢筋		0.20
受弯构件、偏心受拉、轴心受拉构件一侧的受拉钢筋			0.20 和 $0.45 f_t/f_y$ 中的较大值

注：1. 受压构件全部纵向钢筋最小配筋百分率，当采用 C60 以上强度等级的混凝土时，应按表中规定增加 0.10；
　2. 板类受弯构件（不包括悬臂板）的受拉钢筋，当采用强度等级 400MPa、500MPa 的钢筋时，其最小配筋百分率应允许采用 0.15 和 $0.45 f_t/f_y$ 中的较大值；
　3. 偏心受拉构件中的受压钢筋，应按受压构件一侧纵向钢筋考虑；
　4. 受压构件的全部纵向钢筋和一侧纵向钢筋的配筋率以及轴心受拉构件和小偏心受拉构件一侧受拉钢筋的配筋率均应按构件的全截面面积计算；
　5. 受弯构件、大偏心受拉构件一侧受拉钢筋的配筋率应按全截面面积扣除受压翼缘面积 $(b'_f - b)h'_f$ 后的截面面积计算；
　6. 当钢筋沿构件截面周边布置时，"一侧纵向钢筋"系指沿受力方向两个对边中一边布置的纵向钢筋。

每米板宽度各种钢筋间距时钢筋截面面积　　附表 4-14

钢筋间距 (mm)	当钢筋直径（mm）为下列数值时的钢筋截面面积（mm²）											
	3	4	5	6	6/8	8	8/10	10	10/12	12	12/14	14	14/16	16
70	101	179	281	404	561	719	920	1121	1369	1616	1908	2199	2536	2827
75	94.3	167	262	377	524	671	859	1047	1277	1508	1780	2053	2367	2681
80	88.4	157	245	354	491	629	805	981	1198	1414	1669	1924	2218	2513
85	83.2	148	231	333	462	592	758	924	1127	1331	1571	1811	2088	2365
90	78.5	140	218	314	437	559	716	872	1064	1257	1484	1710	1972	2234
95	74.5	132	207	298	414	529	678	826	1008	1190	1405	1620	1868	2116
100	70.6	126	196	283	393	503	644	785	958	1131	1335	1539	1775	2011
110	64.2	114	178	257	357	457	585	714	871	1028	1214	1399	1614	1828
120	58.9	105	163	236	327	419	537	654	798	942	1112	1283	1480	1676
125	56.5	100	157	226	314	402	515	628	766	905	1068	1232	1420	1608
130	54.4	96.6	151	218	302	387	495	604	737	870	1027	1184	1366	1547
140	50.5	89.7	140	202	281	359	460	561	684	808	954	1100	1268	1436
150	47.1	83.8	131	189	262	335	429	523	639	754	890	1026	1183	1340
160	44.1	78.5	123	177	246	314	403	491	599	707	834	962	1110	1257
170	41.5	73.9	115	166	231	296	379	462	564	665	786	906	1044	1183
180	39.2	69.8	109	157	218	279	358	436	532	628	742	855	985	1117
190	37.2	66.1	103	149	207	265	339	413	504	595	702	810	934	1058
200	35.3	62.8	98.2	141	196	251	322	393	479	565	668	770	888	1005
220	32.1	57.1	89.3	129	178	228	292	357	436	514	607	700	807	914
240	29.4	52.4	81.9	118	164	209	268	327	399	471	556	641	740	838
250	28.3	50.2	78.5	113	157	201	258	314	383	452	534	616	710	804
260	27.2	48.3	75.5	109	151	193	248	302	368	435	514	592	682	773
280	25.2	44.9	70.1	101	140	180	230	281	342	404	477	550	634	718
300	23.6	41.9	65.5	94	131	168	215	262	320	377	445	513	592	670
320	22.1	39.2	61.4	88	123	157	201	245	299	353	417	481	554	628

注：表中钢筋直径中的 6/8，8/10……系指两种直径的钢筋间隔放置。

钢筋混凝土受弯构件配筋计算用 α_s—ξ 表   附表 4-15

α_s	0	1	2	3	4	5	6	7	8	9
0.00	0.0000	0.0010	0.0020	0.0030	0.0040	0.0050	0.0060	0.0070	0.0080	0.0090
0.01	0.0101	0.0111	0.0121	0.0131	0.0141	0.0151	0.0161	0.0171	0.0182	0.0192
0.02	0.0202	0.0212	0.0222	0.0233	0.0243	0.0253	0.0263	0.0274	0.0284	0.0294
0.03	0.0305	0.0315	0.0325	0.0336	0.0346	0.0356	0.0367	0.0377	0.0388	0.0398
0.04	0.0408	0.0419	0.0429	0.0440	0.0450	0.0461	0.0471	0.0482	0.0492	0.0503
0.05	0.0513	0.0524	0.0534	0.0545	0.0555	0.0566	0.0577	0.0587	0.0598	0.0609
0.06	0.0619	0.0630	0.0641	0.0651	0.0662	0.0673	0.0683	0.0694	0.0705	0.0716
0.07	0.0726	0.0737	0.0748	0.0759	0.0770	0.0780	0.0791	0.0802	0.0813	0.0824
0.08	0.0835	0.0846	0.0857	0.0868	0.0879	0.0890	0.0901	0.0912	0.0923	0.0934
0.09	0.0945	0.0956	0.0967	0.0978	0.0989	0.1000	0.1011	0.1022	0.1033	0.1045
0.10	0.1056	0.1067	0.1078	0.1089	0.1101	0.1112	0.1123	0.1134	0.1146	0.1157
0.11	0.1168	0.1180	0.1191	0.120	0.1214	0.1225	0.1236	0.1248	0.1259	0.1271
0.12	0.1282	0.1294	0.1305	0.1317	0.1328	0.1340	0.1351	0.1363	0.1374	0.1386
0.13	0.1398	0.1409	0.1421	0.1433	0.1444	0.1456	0.1468	0.1479	0.1491	0.1503
0.14	0.1515	0.1527	0.1538	0.1550	0.1562	0.1574	0.1586	0.1598	0.1610	0.1621
0.15	0.1633	0.1645	0.1657	0.1669	0.1681	0.1693	0.1705	0.1717	0.1730	0.1742
0.16	0.1754	0.1766	0.1778	0.1790	0.1802	0.1815	0.1827	0.1839	0.1851	0.1864
0.17	0.1876	0.1888	0.1901	0.1913	0.1925	0.1938	0.1950	0.1963	0.1975	0.1988
0.18	0.2000	0.2013	0.2025	0.2038	0.2050	0.2063	0.2075	0.2088	0.2101	0.2113
0.19	0.2126	0.2139	0.2151	0.2164	0.2177	0.2190	0.2203	0.2215	0.2228	0.2241
0.20	0.2254	0.2267	0.2280	0.2293	0.2306	0.2319	0.2332	0.2345	0.2358	0.2371
0.21	0.2384	0.2397	0.2411	0.2424	0.2437	0.2450	0.2463	0.2477	0.2490	0.2503
0.22	0.2517	0.2530	0.2543	0.2557	0.2570	0.2584	0.2597	0.2611	0.2624	0.2638
0.23	0.2652	0.2665	0.2679	0.2692	0.2706	0.2720	0.2734	0.2747	0.2761	0.2775
0.24	0.2789	0.2803	0.2817	0.2831	0.2845	0.2859	0.2873	0.2887	0.2901	0.2915
0.25	0.2929	0.2943	0.2957	0.2971	0.2986	0.3000	0.3014	0.3029	0.3043	0.3057
0.26	0.3072	0.3086	0.3101	0.3115	0.3130	0.3144	0.3159	0.3174	0.3188	0.3203
0.27	0.3218	0.3232	0.3247	0.3262	0.3277	0.3292	0.3307	0.3322	0.3337	0.3352
0.28	0.3367	0.3382	0.3397	0.3412	0.3427	0.3443	0.3458	0.3473	0.3488	0.3504
0.29	0.3519	0.3535	0.3550	0.3566	0.3581	0.3597	0.3613	0.3628	0.3644	0.3660
0.30	0.3675	0.3691	0.3707	0.3723	0.3739	0.3755	0.3771	0.3787	0.3803	0.3819
0.31	0.3836	0.3852	0.3868	0.3884	0.3901	0.3917	0.3934	0.3950	0.3967	0.3983
0.32	0.4000	0.4017	0.4033	0.4050	0.4067	0.4084	0.4101	0.4118	0.4135	0.4152
0.33	0.4169	0.4186	0.4203	0.4221	0.4238	0.4255	0.4273	0.4290	0.4308	0.4325
0.34	0.4343	0.4361	0.4379	0.4396	0.4414	0.4432	0.4450	0.4468	0.4486	0.4505
0.35	0.4523	0.4541	0.4559	0.4578	0.4596	0.4615	0.4633	0.4652	0.4671	0.4690
0.36	0.4708	0.4727	0.4746	0.4765	0.4785	0.4804	0.4823	0.4842	0.4862	0.4881
0.37	0.4901	0.4921	0.4940	0.4960	0.4980	0.5000	0.5020	0.5040	0.5060	0.5081
0.38	0.5101	0.5121	0.5142	0.5163	0.5183	0.5204	0.5225	0.5246	0.5267	0.5288
0.39	0.5310	0.5331	0.5352	0.5374	0.5396	0.5417	0.5439	0.5461	0.5483	0.5506
0.40	0.5528	0.5550	0.5573	0.5595	0.5618	0.5641	0.5664	0.5687	0.5710	0.5734
0.41	0.5757	0.5781	0.5805	0.5829	0.5853	0.5877	0.5901	0.5926	0.5950	0.5975
0.42	0.6000	0.6025	0.6050	0.6076	0.6101	0.6127	0.6153			

注: $\alpha_s = \dfrac{M}{\alpha_1 f_c b h_0^2}$, $A_s = \dfrac{\alpha_1 f_c}{f_y} b h_0$。

钢筋混凝土受弯构件配筋计算用 α_s—γ_s 表

附表 4-16

α_s	0	1	2	3	4	5	6	7	8	9
0.00	1.000	0.9995	0.9990	0.9985	0.9980	0.9975	0.9970	0.9965	0.9960	0.9955
0.01	0.9950	0.9945	0.9940	0.8835	0.9930	0.9924	0.9919	0.9914	0.9909	0.9904
0.02	0.9899	0.9894	0.9889	0.9884	0.9879	0.9873	0.9868	0.9863	0.9858	0.9853
0.03	0.9848	0.9843	0.9837	0.9832	0.9827	0.9822	0.9817	0.9811	0.9806	0.9801
0.04	0.9796	0.9791	0.9785	0.9780	0.9775	0.9770	0.9764	0.9759	0.9954	0.9749
0.05	0.9743	0.9738	0.9733	0.9728	0.9722	0.9717	0.9712	0.9706	0.9701	0.9696
0.06	0.9690	0.9685	0.9680	0.9674	0.9669	0.9664	0.9658	0.9653	0.9648	0.9642
0.07	0.9637	0.9631	0.9626	0.9621	0.9615	0.9610	0.9604	0.9599	0.9593	0.9588
0.08	0.9583	0.9577	0.9572	0.9566	0.9561	0.9555	0.9550	0.9544	0.9539	0.9533
0.09	0.9528	0.9522	0.9517	0.9511	0.9506	0.9500	0.9494	0.9489	0.9483	0.9478
0.10	0.9472	0.9467	0.9461	0.9455	0.9450	0.9444	0.9438	0.9433	0.9427	0.9422
0.11	0.9416	0.9410	0.9405	0.9399	0.9393	0.9387	0.9382	0.9376	0.9370	0.9365
0.12	0.9359	0.9353	0.9347	0.9342	0.9336	0.9330	0.9324	0.9319	0.9313	0.9307
0.13	0.9301	0.9295	0.9290	0.9284	0.9278	0.9272	0.9266	0.9260	0.9254	0.9249
0.14	0.9243	0.9237	0.9231	0.9225	0.9219	0.9213	0.9207	0.9201	0.9195	0.9189
0.15	0.9183	0.9177	0.9171	0.9165	0.9159	0.9153	0.9147	0.9141	0.9135	0.9129
0.16	0.9123	0.9117	0.9111	0.9105	0.9099	0.9093	0.9087	0.9080	0.9074	0.9068
0.17	0.9062	0.9056	0.9050	0.9044	0.9037	0.9031	0.9025	0.9019	0.9012	0.9006
0.18	0.9000	0.8994	0.8987	0.8981	0.8975	0.8969	0.8962	0.8956	0.8950	0.8943
0.19	0.8937	0.8931	0.8924	0.9818	0.8912	0.8905	0.8899	0.8892	0.8886	0.8879
0.20	0.8873	0.8867	0.8860	0.8854	0.8847	0.8841	0.8834	0.8828	0.8821	0.8814
0.21	0.8808	0.8801	0.8795	0.8788	0.8782	0.8775	0.8768	0.8762	0.8755	0.8748
0.22	0.8742	0.8735	0.8728	0.8722	0.8715	0.8708	0.8701	0.8695	0.8688	0.8681
0.23	0.8674	0.8667	0.8661	0.8654	0.8647	0.8640	0.8633	0.8626	0.8619	0.8612
0.24	0.8606	0.8599	0.8592	0.8586	0.8578	0.8571	0.8564	0.8557	0.8550	0.8543
0.25	0.8536	0.8528	0.8521	0.8514	0.8507	0.8500	0.8493	0.8486	0.8479	0.8471
0.26	0.8464	0.8457	0.8450	0.8442	0.8435	0.8428	0.8421	0.8413	0.8406	0.8399
0.27	0.8391	0.8384	0.8376	0.8369	0.8362	0.8354	0.8347	0.8339	0.8332	0.8324
0.28	0.8317	0.8309	0.8302	0.8294	0.8286	0.8279	0.8271	0.8263	0.8256	0.8248
0.29	0.8240	0.8233	0.8225	0.8217	0.8209	0.8202	0.8194	0.8186	0.8178	0.8170
0.30	0.8162	0.8154	0.8146	0.8138	0.8130	0.8122	0.8114	0.8106	0.8098	0.8090
0.31	0.8082	0.8074	0.8066	0.8058	0.8050	0.8041	0.8033	8025	0.8017	0.8008
0.32	0.8000	0.7992	0.7983	0.7975	0.7966	0.7958	0.7950	0.7941	0.7933	0.7924
0.33	0.7915	0.7907	0.7898	0.7890	0.7881	0.7872	0.7864	0.7855	0.7846	0.7837
0.34	0.7828	0.7820	0.7811	0.7802	0.7793	0.7784	0.7775	0.7766	0.7757	0.7748
0.35	0.7739	0.7729	0.7720	0.7711	0.7702	0.7693	0.7683	0.7674	0.7665	0.7655
0.36	0.7646	0.7636	0.7627	0.7617	0.7608	0.7598	0.7588	0.7579	0.7569	0.7559
0.37	0.7550	0.7540	0.7530	0.7520	0.7510	0.7500	0.7490	0.7481	0.7470	0.7460
0.38	0.7449	0.7439	0.7429	0.7419	0.7408	0.7398	0.7387	0.7377	0.7366	0.7356
0.39	0.7345	0.7335	0.7324	0.7313	0.7302	0.7291	0.7280	0.7269	0.7258	0.7247
0.40	0.7236	0.7225	0.7214	0.7202	0.7191	0.7179	0.7168	0.7156	0.7145	0.7133
0.41	0.7121	0.7110	0.7098	0.7086	0.7074	0.7062	0.7049	0.7037	0.7025	0.7012
0.42	0.7000	0.6987	0.6975	0.6962	0.6949	0.6936	0.6924			

注：$\alpha_s = \dfrac{M}{\alpha_1 f_c b h_0^2}$，$A_s = \dfrac{M}{f_y \gamma_s h_0}$。

钢筋排成一行时梁的最小宽度   附表 4-17

钢筋直径（mm）	3根	4根	5根	6根	7根
12	180/150	200/180	250/220		
14	180/150	200/180	250/220	300/300	
16	180/180	220/200	300/250	350/300	400/350
18	180/180	250/220	300/300	350/300	400/350
20	200/180	250/220	300/300	350/350	400/400
22	200/180	250/250	350/300	400/350	450/400
25	220/200	300/250	350/300	450/350	500/400
28	250/220	350/300	400/350	450/400	550/450
32	300/250	350/300	450/400	550/450	

注：斜线以左数值用于梁的上部，以右数值用于梁的下部。

连续梁板的计算跨度 l_0 附表 4-18

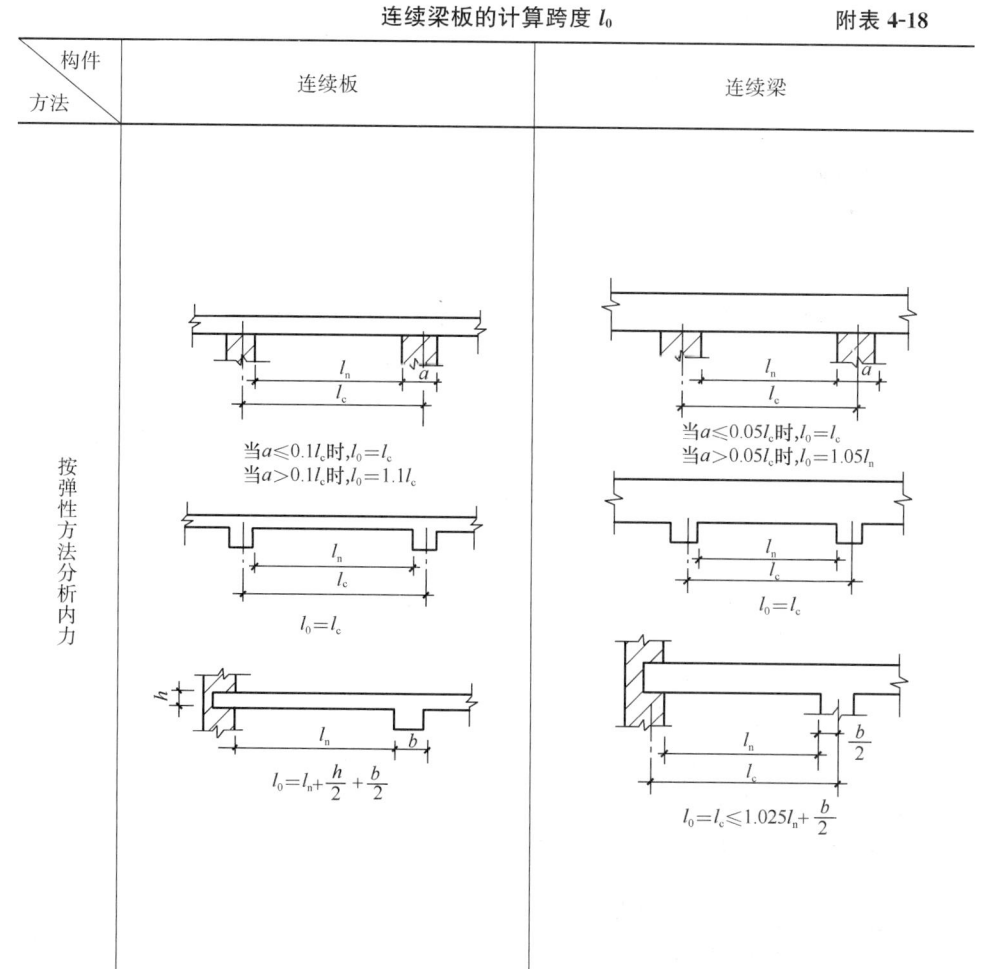

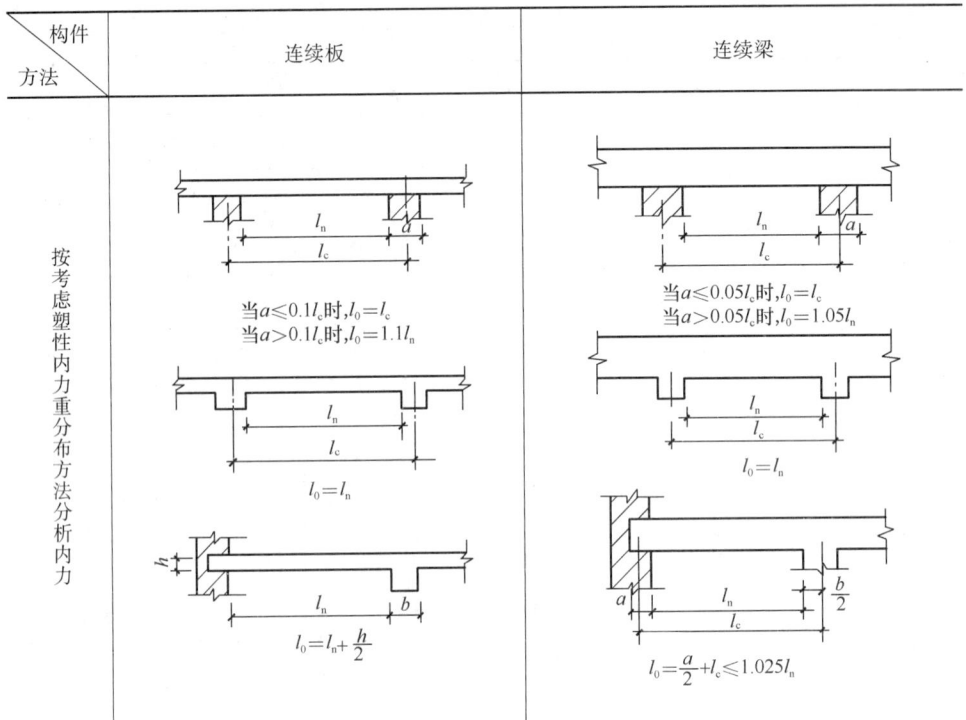

等截面等跨连续梁在常用荷载作用下按弹性分析的内力系数 附表 4-19

1. 在均布及三角形荷载作用下：
$$M = 表中系数 \times ql_0^2$$
$$V = 表中系数 \times ql_0$$

2. 在集中荷载作用下：
$$M = 表中系数 \times Pl_0$$
$$V = 表中系数 \times P$$

3. 内力正负号规定：

M：使截面上部受压、下部受拉为正；

V：对邻近截面所产生的力矩沿顺时针方向者为正。

两 跨 梁　　　　　　　附表 4-19-1

荷载图	跨中最大弯矩		支座弯矩	剪　力		
	M_1	M_2	M_B	V_A	V_{Bl} / V_{Br}	V_C
(均布荷载)	0.070	0.070	−0.125	0.375	−0.625 / 0.625	−0.375
(左跨均布)	0.096	—	−0.063	0.437	−0.563 / 0.063	0.063
(三角形荷载)	0.048	0.048	−0.078	0.172	−0.328 / 0.328	−0.172

续表

荷载图	跨中最大弯矩		支座弯矩	剪力		
	M_1	M_2	M_B	V_A	V_{Bl} / V_{Br}	V_C
三角形分布荷载 q	0.064	—	−0.039	0.211	−0.289 / 0.039	0.039
两个P对称	0.156	0.156	−0.188	0.312	−0.688 / 0.688	−0.312
跨中单个P	0.203	—	−0.094	0.406	−0.594 / 0.094	0.094
四个P	0.222	0.222	−0.333	0.667	−1.333 / 1.333	−0.667
两个P	0.278	—	−0.167	0.833	−1.167 / 0.167	0.167

三 跨 梁　　　附表 4-19-2

荷载图	跨内最大弯矩		支座弯矩		剪力			
	M_1	M_2	M_B	M_C	V_A	V_{Bl} / V_{Br}	V_{Cl} / V_{Cr}	V_D
满布均布荷载 q (A B C D, l_0 l_0 l_0)	0.080	0.025	−0.100	−0.100	0.400	−0.600 / 0.500	−0.500 / 0.600	−0.400
第1、3跨均布	0.101	—	−0.050	−0.050	0.450	−0.550 / 0	0 / 0.550	−0.450
中跨均布	—	0.075	−0.050	0.050	0.050	−0.050 / 0.500	−0.500 / 0.050	0.05
第1、2跨均布	0.073	0.054	−0.117	−0.033	0.383	−0.617 / 0.583	−0.417 / 0.033	0.033
满布三角形	0.054	0.021	−0.063	−0.063	0.183	−0.313 / 0.250	−0.250 / 0.313	−0.188
第1、3跨三角形	0.068	—	−0.031	−0.031	0.219	−0.281 / 0	0 / 0.281	−0.219
中跨三角形	—	0.052	−0.031	−0.031	0.031	−0.031 / 0.250	−0.250 / 0.031	0.031
第1、2跨三角形	0.050	0.038	−0.073	−0.021	0.177	−0.323 / 0.302	−0.198 / 0.021	0.021

续表

荷 载 图	跨内最大弯矩		支座弯矩		剪 力			
	M_1	M_2	M_B	M_C	V_A	V_{Bl} / V_{Br}	V_{Cl} / V_{Cr}	V_D
(P P P)	0.175	0.100	−0.150	−0.150	0.350	−0.650 / 0.500	−0.500 / 0.650	−0.350
(P P)	0.213	—	−0.075	−0.075	0.425	−0.575 / 0	0 / 0.575	−0.425
(P)	—	0.175	−0.075	−0.075	−0.075	−0.075 / 0.500	−0.500 / 0.075	0.075
(P P)	0.162	0.137	−0.175	−0.050	0.325	−0.675 / 0.625	−0.375 / 0.050	0.050
(PP PP PP)	0.244	0.067	−0.267	−0.267	0.733	−1.267 / 1.000	−1.000 / 1.267	−0.733
(PP PP)	0.289	—	0.133	−0.133	0.866	−1.134 / 0	0 / 1.134	−0.866
(PP)	—	0.200	−0.133	0.133	−0.133	−0.133 / 1.000	−1.000 / 0.133	0.133
(PP PP)	0.229	0.170	−0.311	−0.089	0.689	−1.311 / 1.222	−0.778 / 0.089	0.089

四 跨 梁 附表 4-19-3

荷 载 图	跨内最大弯矩				支座弯矩			剪 力			
	M_1	M_2	M_3	M_4	M_B	M_C	M_D	V_A	V_{Bl} / V_{Br}	V_{Cl} / V_{Cr}	V_{Dl} / V_{Dr}	V_E
(均布 A B C D E)	0.077	0.036	0.036	0.077	−0.107	−0.071	−0.107	0.393	−0.607 / 0.536	−0.464 / 0.464	−0.536 / 0.607	−0.393
($M_1 M_2 M_3 M_4$)	0.100	—	0.081	—	−0.054	−0.036	−0.054	0.446	−0.554 / 0.018	0.018 / 0.482	−0.518 / 0.054	0.054
	0.072	0.061		0.098	−0.121	−0.018	−0.058	0.380	−0.620 / 0.603	−0.397 / −0.040	−0.040 / 0.558	−0.442
	—	0.056	0.056	—	−0.036	−0.107	−0.036	−0.036	−0.036 / 0.429	−0.571 / 0.571	−0.429 / 0.036	0.036

附 表

续表

荷 载 图	跨内最大弯矩				支座弯矩			剪 力				
	M_1	M_2	M_3	M_4	M_B	M_C	M_D	V_A	V_{Bl} / V_{Br}	V_{Cl} / V_{Cr}	V_{Dl} / V_{Dr}	V_E
图1	0.062	0.028	0.028	0.052	−0.067	−0.045	−0.067	0.183	−0.317 / 0.272	−0.228 / 0.223	−0.272 / 0.317	−0.183
图2	0.067	—	0.055	—	0.084	−0.022	−0.034	0.217	0.234 / 0.011	0.011 / 0.239	−0.261 / 0.034	0.034
图3	0.049	0.042	—	0.066	−0.075	−0.011	−0.036	0.175	−0.325 / 0.314	−0.186 / −0.025	−0.025 / 0.286	−0.214
图4	—	0.040	0.040	—	−0.022	−0.067	−0.022	−0.022	−0.022 / 0.205	−0.295 / 0.295	−0.205 / 0.022	0.022
图5	0.169	0.116	0.116	0.169	−0.161	−0.107	−0.161	0.339	−0.661 / 0.554	−0.446 / 0.446	−0.554 / 0.661	−0.330
图6	0.210	—	0.183	—	−0.080	−0.054	−0.080	0.420	−0.580 / 0.027	0.027 / 0.473	−0.527 / 0.080	0.080
图7	0.159	0.146	—	0.206	−0.181	−0.027	−0.087	0.319	−0.681 / 0.654	−0.346 / −0.060	−0.060 / 0.587	−0.413
图8	—	0.142	0.142	—	−0.054	−0.161	−0.054	0.054	−0.054 / 0.393	−0.607 / 0.607	−0.393 / 0.054	0.054
图9	0.238	0.111	0.111	0.238	−0.286	−0.191	−0.286	0.714	1.286 / 1.095	−0.905 / 0.905	−1.095 / 1.286	−0.714
图10	0.286	—	0.222	—	−0.143	−0.095	−0.143	0.857	−0.143 / 0.048	0.048 / 0.952	−1.048 / 0.143	0.143
图11	0.226	0.194	—	0.282	−0.321	−0.048	−0.155	0.679	−1.321 / 1.274	−0.726 / −0.107	−0.107 / 1.155	−0.845
图12	—	0.175	0.175	—	−0.095	−0.286	−0.095	−0.095	−0.095 / 0.810	−1.190 / 1.190	−0.810 / 0.095	0.095

双向板计算系数表   附表 4-20

$$B_C = \frac{Eh^3}{12(1-\mu^2)}$$

式中　B_C——板的抗弯刚度；
　　　E——混凝土的弹性模量；
　　　h——板厚；
　　　μ——混凝土的泊桑比。

表中其余符号含义如下：
　f，f_{max}——分别为板中心点的挠度和最大挠度；
　m_x，m_{xmax}——分别为平行于 l_x 方向板中心点单位板宽内的弯矩和板跨内最大弯矩；
　m_y，m_{ymax}——分别为平行于 l_y 方向板中心点单位板宽内的弯矩和板跨内最大弯矩；
　m'_x——固定边中点沿 l_x 方向单位板宽内的弯矩；
　m'_y——固定边中点沿 l_y 方向单位板宽内的弯矩。

代表简支　　　代表固支

正负号规定：
弯矩——使板的受荷面受压为正；挠度——变位方向与荷载方向相同者为正。

1. 四边简支板

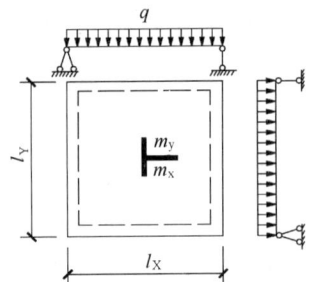

挠度 = 表中系数 $\times \dfrac{ql^4}{B_C}$；

$\mu = 0$，弯矩 = 表中系数 $\times ql^2$；

式中 l 取 l_x 和 l_y 中较小者。

四边简支板计算系数表　附表 4-20-1

l_x/l_y	f	m_x	m_y	l_x/l_y	f	m_x	m_y
0.50	0.01013	0.0965	0.0174	0.80	0.00603	0.0561	0.0334
0.55	0.00940	0.0892	0.0210	0.85	0.00547	0.0506	0.0348
0.60	0.00867	0.0820	0.0242	0.90	0.00496	0.0456	0.0358
0.65	0.00796	0.0750	0.0271	0.95	0.00449	0.0410	0.0364
0.70	0.00727	0.0683	0.0296	1.00	0.00406	0.0368	0.0368
0.75	0.00663	0.0620	0.0317				

2. 一边固支、另三边简支板

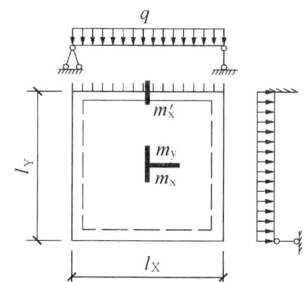

挠度 $=$ 表中系数 $\times \dfrac{ql^4}{B_C}$；

$\mu=0$，弯矩 $=$ 表中系数 $\times ql^2$；

式中 l 取 l_x 和 l_y 中较小者。

一边固支、另三边简支板计算系数表　　附表 4-20-2

l_x/l_y	l_y/l_x	f	f_{max}	m_x	m_{xmax}	m_y	m_{ymax}	m'_x
0.50		0.00488	0.00504	0.0583	0.0646	0.0060	0.0063	−0.1212
0.55		0.00471	0.00492	0.0563	0.0618	0.0081	0.0087	−0.1187
0.60		0.00453	0.00472	0.0539	0.0589	0.0104	0.0111	−0.1158
0.65		0.00432	0.00448	0.0513	0.0559	0.0126	0.0133	−0.1124
0.70		0.00410	0.00422	0.0485	0.0529	0.0148	0.0154	−0.1087
0.75		0.00388	0.00399	0.0457	0.0496	0.0168	0.0174	−0.1048
0.80		0.00365	0.00376	0.0428	0.0463	0.0187	0.0193	−0.1007
0.85		0.00343	0.00352	0.0400	0.0431	0.0204	0.0211	−0.0965
0.90		0.00321	0.00329	0.0372	0.0400	0.0219	0.0226	−0.0922
0.95		0.00299	0.00306	0.0345	0.0369	0.0232	0.0239	−0.0880
1.00	1.00	0.00279	0.00285	0.0319	0.0340	0.0243	0.0249	−0.0839
	0.95	0.00316	0.00324	0.0324	0.0345	0.0280	0.0287	−0.0882
	0.90	0.00360	0.00368	0.0328	0.0347	0.0322	0.0330	−0.0926
	0.85	0.00409	0.00417	0.0329	0.0347	0.0370	0.0378	−0.0970
	0.80	0.00464	0.00473	0.0326	0.0343	0.0424	0.0433	−0.1014
	0.75	0.00526	0.00536	0.0319	0.0335	0.0485	0.0494	−0.1056
	0.70	0.00595	0.00605	0.0308	0.0323	0.0553	0.0562	−0.1096
	0.65	0.00670	0.00680	0.0291	0.0306	0.0627	0.0637	−0.1133
	0.60	0.00752	0.00762	0.0268	0.0289	0.0707	0.0717	−0.1166
	0.55	0.00838	0.00848	0.0239	0.0271	0.0792	0.0801	−0.1193
	0.50	0.00927	0.00935	0.0205	0.0249	0.0880	0.0888	−0.1215

3. 两对边固支、两对边简支板

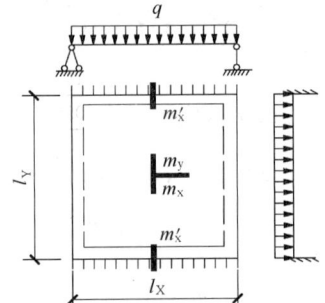

挠度 = 表中系数 × $\dfrac{ql^4}{B_C}$；

$\mu = 0$，弯矩 = 表中系数 × ql^2；

式中 l 取 l_x 和 l_y 中较小者。

两对边固支、两对边简支板计算系数表　　附表 4-20-3

l_x/l_y	l_y/l_x	f	m_x	m_y	m'_x
0.50		0.00261	0.0416	0.0017	−0.0843
0.55		0.00259	0.0410	0.0028	−0.0840
0.60		0.00255	0.0402	0.0042	−0.0834
0.65		0.00250	0.0392	0.0057	−0.0826
0.70		0.00243	0.0379	0.0072	−0.0814
0.75		0.00236	0.0366	0.0088	−0.0799
0.80		0.00228	0.0351	0.0103	−0.0782
0.85		0.00220	0.0335	0.0118	−0.0763
0.90		0.00211	0.0319	0.0133	−0.0743
0.95		0.00201	0.0302	0.0146	−0.0721
1.00	1.00	0.00192	0.0285	0.0158	−0.0698
	0.95	0.00223	0.0296	0.0189	−0.0746
	0.90	0.00260	0.0306	0.0224	−0.0797
	0.85	0.00303	0.0314	0.0266	−0.0850
	0.80	0.00354	0.0319	0.0316	−0.0904
	0.75	0.00413	0.0321	0.0374	−0.0959
	0.70	0.00482	0.0318	0.0441	−0.1013
	0.65	0.00560	0.0308	0.0518	−0.1066
	0.60	0.00647	0.0292	0.0604	−0.1114
	0.55	0.00743	0.0267	0.0698	−0.1156
	0.50	0.00844	0.0234	0.0798	−0.1191

4. 两邻边固支、两邻边简支板

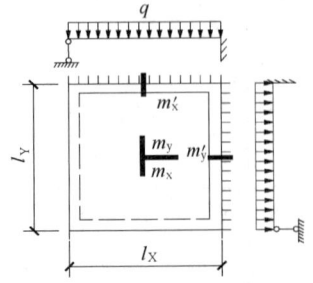

挠度 = 表中系数 × $\dfrac{ql^4}{B_C}$；

$\mu = 0$，弯矩 = 表中系数 × ql^2；

式中 l 取 l_x 和 l_y 中较小者。

两邻边固支、两邻边简支板计算系数表　　附表 4-20-4

l_x/l_y	f	f_{max}	m_x	m_{xmax}	m_y	m_{ymax}	m'_x	m'_y
0.50	0.00468	0.00471	0.0559	0.0562	0.0079	0.0135	−0.1179	−0.0786
0.55	0.00445	0.00454	0.0529	0.0530	0.0104	0.0153	−0.1140	−0.0785
0.60	0.00419	0.00429	0.0496	0.0498	0.0129	0.0169	−0.1095	−0.0782
0.65	0.00391	0.00399	0.0461	0.0465	0.0151	0.0183	−0.1045	−0.0777
0.70	0.00363	0.00368	0.0426	0.0432	0.0172	0.0195	−0.0992	−0.0770
0.75	0.00335	0.00340	0.0390	0.0396	0.0189	0.0206	−0.0938	−0.0760
0.80	0.00308	0.00313	0.0356	0.0361	0.0204	0.0218	−0.0883	−0.0748
0.85	0.00281	0.00286	0.0322	0.0328	0.0215	0.0229	−0.0829	−0.0733
0.90	0.00256	0.00261	0.0291	0.0297	0.0224	0.0238	−0.0776	−0.0716
0.95	0.00232	0.00237	0.0261	0.0267	0.0230	0.0244	−0.0726	−0.0698
1.00	0.00210	0.00215	0.0234	0.0240	0.0234	0.0249	−0.0667	−0.0677

5. 三边固支、一边简支板

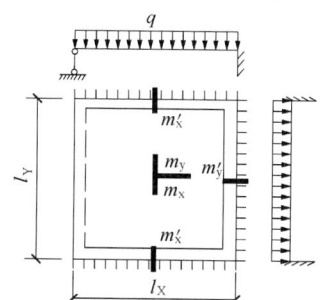

挠度 = 表中系数 $\times \dfrac{ql^4}{B_c}$；

$\mu = 0$，弯矩 = 表中系数 $\times ql^2$；

式中 l 取 l_x 和 l_y 中较小者。

三边固支、一边简支板计算系数表　　附表 4-20-5

l_x/l_y	l_y/l_x	f	f_{max}	m_x	m_{xmax}	m_y	m_{ymax}	m'_x	m'_y
0.50		0.00257	0.00258	0.0408	0.0409	0.0028	0.0089	−0.0836	−0.0569
0.55		0.00252	0.00255	0.0398	0.0399	0.0042	0.0093	−0.0827	−0.0570
0.60		0.00245	0.00249	0.0384	0.0386	0.0059	0.0105	−0.0814	−0.0571
0.65		0.00237	0.00240	0.0368	0.0371	0.0076	0.0116	−0.0796	−0.0572
0.70		0.00227	0.00229	0.0350	0.0354	0.0093	0.0127	−0.0774	−0.0572
0.75		0.00216	0.00219	0.0331	0.0335	0.0109	0.0137	−0.0750	−0.0572
0.80		0.00205	0.00208	0.0310	0.0314	0.0124	0.0147	−0.0722	−0.0570
0.85		0.00193	0.00196	0.0289	0.0293	0.0138	0.0155	−0.0693	−0.0567
0.90		0.00181	0.00184	0.0268	0.0273	0.0159	0.0163	−0.0663	−0.0563
0.95		0.00169	0.00172	0.0247	0.0252	0.0160	0.0172	−0.0631	−0.0558
1.00	1.00	0.00157	0.00160	0.0227	0.0231	0.0168	0.0180	−0.0600	−0.0550
	0.95	0.00178	0.00182	0.0229	0.0234	0.0194	0.0207	−0.0629	−0.0599
	0.90	0.00201	0.00206	0.0228	0.0234	0.0223	0.0238	−0.0656	−0.0653
	0.85	0.00227	0.00233	0.0225	0.0231	0.0255	0.0273	−0.0683	−0.0711
	0.80	0.00256	0.00262	0.0219	0.0224	0.0290	0.0311	−0.0707	−0.0772
	0.75	0.00286	0.00294	0.0208	0.0214	0.0329	0.0354	−0.0729	−0.0837
	0.70	0.00319	0.00327	0.0194	0.0200	0.0370	0.0400	−0.0748	−0.0903
	0.65	0.00352	0.00365	0.0175	0.0182	0.0412	0.0446	−0.0762	−0.0970
	0.60	0.00386	0.00403	0.0153	0.0160	0.0454	0.0493	−0.0773	−0.1033
	0.55	0.00419	0.00437	0.0127	0.0133	0.0496	0.0541	−0.0780	−0.1093
	0.50	0.00449	0.00463	0.0099	0.0103	0.0534	0.0588	−0.0784	−0.1146

6. 四边固支板

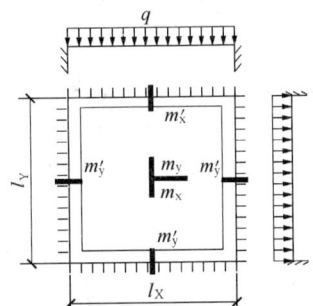

挠度 = 表中系数 $\times \dfrac{ql^4}{B_C}$；

$\mu = 0$，弯矩 = 表中系数 $\times ql^2$；

式中 l 取 l_x 和 l_y 中较小者。

四边固支板计算系数表 附表 4-20-6

l_x/l_y	f	m_x	m_y	m'_x	m'_y
0.50	0.00253	0.0400	0.0038	−0.0829	−0.0570
0.55	0.00246	0.0385	0.0056	−0.0814	−0.0571
0.60	0.00236	0.0367	0.0076	−0.0793	−0.0571
0.65	0.00224	0.0345	0.0095	−0.0766	−0.0571
0.70	0.00211	0.0321	0.0113	−0.0735	−0.0569
0.75	0.00197	0.0296	0.0130	−0.0701	−0.0565
0.80	0.00182	0.0271	0.0144	−0.0664	−0.0559
0.85	0.00168	0.0246	0.0156	−0.0626	−0.0551
0.90	0.00153	0.0221	0.0165	−0.0588	−0.0541
0.95	0.00140	0.0198	0.0172	−0.0550	−0.0528
1.00	0.00127	0.0176	0.0176	−0.0513	−0.0513

钢材强度设计值（N/mm²） 附表 6-1

钢材牌号	厚度或直径 (mm)	抗拉、抗压和抗弯 f	抗剪 f_v	端面承压（刨平顶紧）f_{ce}
Q235 钢	≤16	215	125	325
	>16~40	205	120	
Q345 钢	≤16	310	180	400
	>16~35	295	170	

注：1. 表中厚度系指计算点的厚度，对轴心受力构件系指截面中较厚板的厚度；
2. 更大厚度或直径的 Q235 钢、Q345 钢、Q390 钢和 Q420 钢的强度设计值均见《钢结构设计规范》。

焊缝强度设计值（N/mm²） 附表 6-2

焊接方法和焊条型号	构件钢材		对接焊缝				角焊缝
	牌号	厚度或直径 (mm)	抗压强度 f_c^w	抗拉强度 f_t^w 一级、二级	抗拉强度 f_t^w 三级	抗剪强度 f_v^w	抗拉、抗压、抗剪强度 f_f^w
自动焊、半自动焊和 E43 型焊条的手工焊	Q235 钢	≤16	215	215	185	125	160
		>16~40	205	205	175	120	
自动焊、半自动焊和 E50 型焊条的手工焊	Q345 钢	≤16	310	310	265	180	200
		>16~35	295	295	250	170	

注：1. 表中厚度系指计算点的厚度，对轴心受力构件系指截面中较厚板的厚度；
2. 更大厚度或直径的 Q235 钢、Q345 钢、Q390 钢和 Q420 钢的强度设计值均见《钢结构设计规范》。

螺栓连接强度设计值（N/mm²） 附表 6-3

螺栓的钢材牌号（或性能等级）和构件的钢材牌号		普通螺栓						承压型连接高强度螺栓		
		C 级螺栓			A 级、B 级螺栓					
		抗拉 f_t^b	抗剪 f_v^b	承压 f_c^b	抗拉 f_t^b	抗剪 f_v^b	承压 f_c^b	抗拉 f_t^b	抗剪 f_v^b	承压 f_c^b
普通螺栓	4.6 级、4.8 级	170	140	—	—	—	—	—	—	—
	5.6 级	—	—	—	210	190	—	—	—	—
	8.8 级	—	—	—	400	320	—	—	—	—
承压型连接高强度螺栓	8.8 级	—	—	—	—	—	—	400	250	—
	10.9 级	—	—	—	—	—	—	500	310	—
构件	Q235 钢	—	—	305	—	—	405	—	—	470
	Q345 钢	—	—	385	—	—	510	—	—	590

轴心受压构件稳定系数 TC17、TC15 及 TB20 级木材的 φ 值表 附表 7-1-1

λ	0	1	2	3	4	5	6	7	8	9
0	1.000	1.000	0.999	0.998	0.998	0.996	0.994	0.992	0.990	0.988
10	0.985	0.981	0.978	0.974	0.970	0.966	0.962	0.957	0.952	0.947
20	0.941	0.936	0.930	0.924	0.917	0.911	0.904	0.898	0.891	0.884
30	0.877	0.869	0.862	0.854	0.847	0.839	0.832	0.824	0.816	0.808
40	0.800	0.792	0.784	0.776	0.768	0.760	0.752	0.743	0.735	0.727
50	0.719	0.711	0.703	0.695	0.687	0.679	0.671	0.663	0.655	0.648
60	0.640	0.632	0.625	0.617	0.610	0.602	0.595	0.588	0.580	0.573
70	0.566	0.559	0.552	0.546	0.539	0.532	0.519	0.506	0.493	0.481
80	0.469	0.457	0.446	0.435	0.425	0.415	0.406	0.396	0.387	0.379
90	0.370	0.362	0.354	0.347	0.340	0.332	0.326	0.319	0.312	0.306
100	0.300	0.294	0.288	0.283	0.277	0.272	0.267	0.262	0.257	0.252

续表

λ	0	1	2	3	4	5	6	7	8	9
110	0.248	0.243	0.239	0.235	0.231	0.227	0.223	0.219	0.215	0.212
120	0.208	0.205	0.202	0.198	0.195	0.192	0.189	0.186	0.183	0.180
130	0.178	0.175	0.172	0.170	0.167	0.165	0.162	0.160	0.158	0.155
140	0.153	0.151	0.149	0.147	0.145	0.143	0.141	0.139	0.137	0.135
150	0.133	0.132	0.130	0.128	0.126	0.125	0.123	0.122	0.120	0.119
160	0.117	0.116	0.114	0.113	0.112	0.110	0.109	0.108	0.106	0.105
170	0.104	0.102	0.101	0.100	0.0991	0.0980	0.0968	0.0958	0.0947	0.0936
180	0.0926	0.0916	0.0906	0.0896	0.0886	0.0876	0.0867	0.0858	0.0849	0.0840
190	0.0831	0.0822	0.0814	0.0805	0.0797	0.0789	0.0781	0.0773	0.0765	0.0758
200	0.0750									

表中的 φ 值系按下列公式计算：

当 $\lambda \leqslant 75$ 时：$\varphi = \dfrac{1}{1+\left(\dfrac{\lambda}{80}\right)^2}$

当 $\lambda > 75$ 时：$\varphi = \dfrac{3000}{\lambda^2}$

TC13、TC11、TB17、TB15、TB13 及 TB11 级木材的 φ 值表   附表 7-1-2

λ	0	1	2	3	4	5	6	7	8	9
0	1.000	1.000	0.999	0.998	0.996	0.994	0.992	0.988	0.985	0.981
10	0.977	0.972	0.967	0.962	0.956	0.949	0.943	0.936	0.929	0.921
20	0.914	0.905	0.897	0.889	0.880	0.871	0.862	0.853	0.843	0.834
30	0.824	0.815	0.805	0.795	0.785	0.775	0.765	0.755	0.745	0.735
40	0.725	0.715	0.705	0.696	0.686	0.676	0.666	0.657	0.647	0.638
50	0.628	0.619	0.610	0.601	0.592	0.583	0.574	0.565	0.557	0.548
60	0.540	0.532	0.524	0.516	0.508	0.500	0.492	0.485	0.477	0.470
70	0.463	0.456	0.449	0.442	0.436	0.429	0.422	0.416	0.410	0.404
80	0.398	0.392	0.386	0.380	0.374	0.369	0.364	0.358	0.353	0.348
90	0.343	0.338	0.331	0.324	0.317	0.310	0.304	0.298	0.292	0.286
100	0.280	0.274	0.269	0.264	0.259	0.254	0.249	0.244	0.240	0.236
110	0.231	0.227	0.223	0.219	0.215	0.212	0.208	0.204	0.201	0.198
120	0.194	0.191	0.188	0.185	0.182	0.179	0.176	0.174	0.171	0.168
130	0.166	0.163	0.161	0.158	0.156	0.154	0.151	0.149	0.147	0.145
140	0.143	0.141	0.139	0.137	0.135	0.133	0.131	0.130	0.128	0.126
150	0.124	0.123	0.121	0.120	0.118	0.116	0.115	0.114	0.112	0.111
160	0.109	0.108	0.107	0.105	0.104	0.103	0.102	0.100	0.0992	0.0980
170	0.0969	0.0958	0.0946	0.0936	0.0925	0.0914	0.0904	0.0894	0.0884	0.0874
180	0.0864	0.0855	0.0845	0.836	0.0827	0.0818	0.0809	0.0801	0.0792	0.0784
190	0.0776	0.0768	0.0760	0.0752	0.0744	0.0736	0.0729	0.0721	0.0714	0.0707
200	0.0700									

表中的 φ 值系按下列公式算得：

当 $\lambda \leqslant 91$ 时：$\varphi = \dfrac{1}{1+\left(\dfrac{\lambda}{65}\right)^2}$

当 $\lambda > 91$ 时：$\varphi = \dfrac{2800}{\lambda^2}$

参考文献

[1] 建筑结构设计术语和符号标准 GB/T 50083—97[S]. 北京：中国建筑工业出版社，1997.
[2] 中华人民共和国国家标准. 建筑结构可靠度设计统一标准 GB 50068—2001[S]. 北京：中国建筑工业出版社，2001.
[3] 中华人民共和国国家标准. 建筑结构荷载规范 GB 50009—2012[S]. 北京：中国建筑工业出版社，2006.
[4] 中华人民共和国国家标准. 混凝土结构设计规范 GB 50010—2010[S]. 北京：中国建筑工业出版社，2010.
[5] 中华人民共和国国家标准. 砌体结构设计规范 GB 50003—2011[S]. 北京：中国建筑工业出版社，2011.
[6] 中华人民共和国国家标准. 钢结构设计规范 GB 50017—2003[S]. 北京：中国建筑工业出版社，2003.
[7] 中华人民共和国国家标准. 木结构设计规范 GB 50005—2003[S]. 2005年版. 北京：中国建筑工业出版社，2006.
[8] 中华人民共和国国家标准. 建筑地基基础设计规范 GB 50007—2011[S]. 北京：中国建筑工业出版社，2011.
[9] 高层建筑混凝土结构技术规程 JGJ 3—2010[S]. 北京：中国建筑工业出版社，2010.
[10] 高层民用建筑钢结构技术规程 JGJ 99—2012[S]. 北京：中国建筑工业出版社，2012.
[11] 中华人民共和国国家标准. 建筑抗震设计规范：GB 50011—2010[S]. 北京：中国建筑工业出版社，2011.
[12] 沈蒲生主编. 混凝土结构设计[M]. 4版. 北京：高等教育出版社，2013.
[13] 沈蒲生主编. 楼盖结构设计原理[M]. 北京：中国建筑工业出版社，2003.
[14] 施楚贤主编. 砌体结构[M]. 3版. 北京：中国建筑工业出版社，2012.
[15] 施楚贤，徐建，刘桂秋. 砌体结构设计与计算[M]. 北京：中国建筑工业出版社，2003.
[16] 施楚贤主编. 砌体结构理论与设计[M]. 3版. 北京：中国建筑工业出版社，2013.
[17] 陈绍蕃主编. 钢结构. 北京：中国建筑工业出版社，1994.
[18] 沈祖炎，陈杨骥，陈以一. 钢结构基本原理[M]. 北京：中国建筑工业出版社，2005.
[19] 叶列平. 混凝土结构[M]. 北京：清华大学出版社，2005.
[20] 哈尔滨建筑工程学院，重庆建筑工程学院，福州大学. 木结构[M]. 北京：中国建筑工业出版社，1981.
[21] 张建荣主编. 建筑结构选型[M]. 2版. 北京：中国建筑工业出版社，2011.
[22] 轻型钢结构设计指南(实例与图集)编辑委员会编. 轻型钢结构设计指南(实例与图集)[M]. 北京：中国建筑工业出版社，2000.
[23] 哈尔滨建筑大学，华南理工大学主编. 建筑结构[M]. 2版. 北京：中国建筑工业出版社，1998.
[24] 王心田主编. 建筑结构体系与选型[M]. 上海：同济大学出版社，2003.

[25] （日）增田一真主编. 结构形态与建筑设计[M]. 任莅棣译. 北京：中国建筑工业出版社，2002.
[26] 虞季森主编. 中大跨建筑结构体系及选型[M]. 北京：中国建筑工业出版社，1990.
[27] 赵西安. 高层建筑结构设计[M]. 北京：中国建筑工业出版社，1995.
[28] 何广乾，陈祥福，徐至钧. 高层建筑设计与施工[M]. 北京：科学出版社，1992.
[29] 方鄂华. 高层建筑钢筋混凝土结构概念设计[M]. 北京：机械工业出版社，2006.
[30] 钱稼茹，赵作周，叶列平. 高层建筑结构设计[M]. 北京：中国建筑工业出版社，2004.
[31] 罗福午，张惠英，杨军主编. 建筑结构概念设计及案例[M]. 北京：清华大学出版社，2003.
[32] 李爱群，丁幼亮，高振世. 工程结构抗震设计[M]. 北京：中国建筑工业出版社，2014.
[33] 高振世，朱继澄等. 建筑结构抗震设计[M]. 北京：中国建筑工业出版社，1997.
[34] 沈聚敏，周锡元，高小旺，刘晶波. 抗震工程学[M]. 北京．中国建筑工业出版社，2000.
[35] 李爱群，高振世. 工程结构抗震与防灾[M]. 南京：东南大学出版社，2003.
[36] 东南大学，天津大学，同济大学. 混凝土结构[M].5 版. 北京：中国建筑工业出版社，2012.
[37] 包世华，张铜生. 高层建筑结构设计和计算[M]. 北京：科学出版社，2005
[38] 《木结构设计手册》编辑委员会. 木结构设计手册[M].3 版. 北京：中国建筑工业出版社，2005.
[39] 钢骨混凝土结构设计技术规程 YB 9082—97[S]. 北京：冶金工业出版社，1998.
[40] 型钢混凝土组合结构技术规程 JGJ 138—2001[S]. 北京：中国建筑工业出版社，2001.
[41] 高层建筑钢—混凝土混合结构设计规程 CECS 30：2008[S]. 中国工业建设标准化协会，2008.
[42] 陈肇元，钱稼茹主编. 汶川地震建筑震害调查与灾后重建分析报告[R]. 北京：中国建筑工业出版社，2008.
[43] 叶献国. 建筑结构选型概论[M].2 版. 武汉：武汉理工大学出版社，2013.
[44] 罗福午，邓雪松. 建筑结构[M].2 版. 武汉：武汉理工大学出版社，2012.
[45] 崔钦淑，聂洪达. 建筑结构与类型[M]. 北京：化学工业出版社，2015.
[46] 董石麟. 组合网架的发展与应用[M]. 建筑结构，1990.(6).
[47] 黄真，林少培. 现代结构设计的概念与方法[M]. 北京：中国建筑工业出版社，2010.
[48] 陈宝胜. 建筑结构选型[M]. 上海：同济大学出版社，2008.
[49] 计学闰，王力. 结构概念与体系[M]. 北京：高等教育出版社，2004.
[50] 过镇海，时旭东. 钢筋混凝土原理和分析[M]. 北京：科学出版社，2003.
[51] 张其林. 索和膜结构[M]. 上海：同济大学出版社，2002.
[52] 刘西拉. 结构工程进展与前景[M]. 北京：中国建筑工业出版社，2007.
[53] 陈务军. 膜结构工程设计[M]. 北京：中国建筑工业出版社，2005.
[54] 聂洪达，郄恩田. 房屋建筑学[M].2 版. 北京：北京大学出版社，2012.
[55] 聂洪达，赵淑红. 建筑技术赏析[M].2 版. 武汉：华中科技大学出版社，2014.
[56] 何敏娟，FrankLAM，杨军，张盛东. 木结构设计[M]. 北京：中国建筑工业出版社，2008.
[57] 郑方，张欣. 水立方—国家游泳中心[J]. 建筑学报，2008.(6).

[58] 哈里斯，李凯文. 桅杆结构建筑[M]. 钱稼茹，陈勤，纪晓东译. 北京：中国建筑工业出版社，2009.
[59] 杨俊杰，李豪康，朱天志. 混凝土结构设计原理[M]. 北京：科学出版社，2007.
[60] 沈世钊，徐崇宝，陈昕. 哈尔滨速滑馆巨型网架结构[J]. 建筑结构学报，1995(6).
[61] 张毅刚，薛素铎，杨庆山等. 大跨空间结构[M]. 北京：机械工业出版社，2005.
[62] 程文瀼，颜德姮，康谷贻. 混凝土结构[M]. 北京：中国建筑工业出版社，2002.
[63] 高立人，方鄂华，钱稼茹. 高层建筑结构概念设计[M]. 北京：中国计划出版社，2005.